禽病诊治原色图谱

（第2版）

陈鹏举　李灵娟　张宜娜　李晓迎　主编

河南科学技术出版社
·郑州·

图书在版编目（CIP）数据

禽病诊治原色图谱 / 陈鹏举等主编. — 2版. —郑州：河南科学技术出版社, 2021.9

ISBN 978-7-5725-0467-9

Ⅰ. ①禽… Ⅱ. ①陈… Ⅲ. ①禽病—诊疗—图谱 Ⅳ. ①S858.3-64

中国版本图书馆CIP数据核字（2021）第127873号

出版发行：河南科学技术出版社

地址：郑州市郑东新区祥盛街27号　　邮编：450016

电话：（0371）65737028 65788613

网址：www.hnstp.cn

策划编辑：陈淑芹　申卫娟

责任编辑：申卫娟

责任校对：崔春娟

封面设计：张德琛

责任印制：张艳芳

印　　刷：河南瑞之光印刷股份有限公司

经　　销：全国新华书店

开　　本：787 mm × 1 092 mm　1/16　　印张：29　　字数：670千字

版　　次：2021年9月第2版　　2021年9月第1次印刷

定　　价：298.00元

本书编写人员名单

主　　审　丁　壮

名誉主编　张龙现

主　　编　陈鹏举　李灵娟　张宜娜　李晓迎

副 主 编　（按姓氏笔画排序）

尤永君　尹兴好　刘长清　刘占通

刘先敏　李进国　李海利　杨国栋

何　雷　陈　阳　陈　静　赵作帅

钱　晶　韩　月　焦文强　翟新国

编　　者　（按姓氏笔画排序）

王清凤　乔小亮　刘　升　李丁杰

李向超　李军朝　李进光　陈文平

陈勇臻　范秉辉　周雷涛　赵勤勤

袁奎超　郭腾达　黄秀英　管　倩

主编简介

陈鹏举 九三学社社员，博士，高级兽医师，执业兽医师，郑州市科技专家库入库专家，中国兽医协会家禽兽医分会副会长，河南农业大学动物医学院本科实践指导老师，河南省现代中兽医研究院院长。发表论文62篇，主编著作5部，参编1部。获得国家发明专利20项、省科技成果登记证书24个、河南省科学技术进步三等奖1项、河南省农业科学系统科技成果一等奖1项、国家三类新兽药《柴桂口服液》1项，主持或参加省部级项目9项。获得2011年度“河南省青年科技领军人物”荣誉称号、2019年度“勃林格殷格翰杯”杰出兽医提名奖等。研究方向：动物传染病诊疗；中兽药研发及细菌耐药性传播与控制；新型功能性饲料添加剂的研究与应用。

李灵娟 中共党员，博士，执业兽医师。现任河南牧翔动物药业有限公司研发总监，主要从事畜禽疫病诊断、兽药制剂和功能性添加剂的研发与应用。获得国家发明专利47项；发表论文23篇，SCI收录3篇；获得郑州市科学技术进步二等奖1项、河南省科学技术进步三等奖2项；参与修订国家药典标准3项；参与研发新兽药11项。主持或参加省部级项目6项。2021年4月被聘任为河南农业大学动物医学学院本科生校外教学实践指导老师。

张宜娜 中共党员，博士后，硕士生导师。现任职于河南农业大学动物医学院，研究方向为动物分子病毒与免疫学。先后在*Autophagy*等国内外核心期刊发表学术论文11篇；作为主编出版著作1部。获得2016年全国兽医学博士生学术论坛学术创新奖，博士和博士后期间赴泰国、南非和英国等参加学术会议并做专题报告。

李晓迎 博士后，硕士生导师。现任职于河南农业大学动物医学院，研究方向为人兽共患寄生虫病学。截至目前，在*Journal of Biological Chemistry*，*Journal of Immunology*，*Immunology*等期刊共发表SCI论文8篇。2010年以青年学者身份赴日本参加短期学术培训并做报告。2011—2015年获国家留学基金委国家建设高水平大学公派研究生项目奖学金，于英国爱丁堡大学获得博士学位。2012年和2013年分别参加欧洲免疫学大会和英国免疫学大会学术会议并进行海报展示。2021年参加中国畜牧兽医学会兽医寄生虫学分会第16次学术研讨会并做大会报告。

序

《禽病诊治原色图谱》一书，从概述、流行特点、临床症状、鉴别诊断、病理变化及防治措施等方面对鸡、鸭、鹅等家禽常见病毒性疾病、细菌性疾病、寄生虫病及普通病等分别进行了系统性的阐述，并且配有清晰的临床与病理照片，还增加了最新流行的禽腺病毒感染及以“大舌病”为特征的鸭细小病毒病等病症的典型照片，尤其增加了抗微生物药适应证、用法与用量以及实用的中兽医治疗方剂，帮助更多的养禽工作者从疫病诊治的桎梏中突围。

陈鹏举博士出于兽医工作者的责任，以服务我国家禽业健康发展为己任，在其团队没有经费支持的情况下，克服种种困难，对家禽常见病进行实地调研，拍照、整理并核对内容，并以彩色图片印刷出版。此书全面系统、图文并茂、内容丰富、涵盖面广，是一本具有学术性和实践性的著作，有很强的理论性、实用性和针对性，对危害我国养禽生产的常发病、多见病及最新流行的禽腺病毒感染及以“大舌病”为特征的鸭细小病毒病等病，提出行之有效的防治对策、方法。此书还是一部具有较高水平、较好应用价值的工具书，为养禽企业与养禽从业人员提供了可以借鉴的案例与思路。

《禽病诊治原色图谱》有助于养殖者掌握基本禽病诊断技术和用药原则，有助于广大禽病防治工作者开展临床诊断和防治工作。目前有关禽病诊治的著作众多，但是关于家禽最新疾病综合诊治图谱，尚无他著。《禽病诊治原色图谱》的出版将有助于提高国人的养禽水平，有助于养禽业健康持续发展。

2017 年 5 月

前言

《禽病诊治原色图谱》从2017年7月出版以来，深受广大读者的喜爱，但鉴于老病未除，混合感染增多，新病知识点不能及时更新，无法满足读者实际需求，故决定更新、补充和调整相关内容进行再版，以满足读者的需求。

此次修订主要在第1版的基础上删旧增新，对整体进行调整。增加病毒病和细菌病病原学内容，尤其增加鸭坦布苏病毒病、雏鹅星状病毒病、鸡肝炎-脾肿大综合征、传染性腺肌胃炎、滑液囊支原体感染、鸭支原体病、肉毒梭菌毒素中毒症等最新的流行病知识介绍；更新了传染性支气管炎、新呼肠孤病毒感染、传染性喉气管炎、心包积液综合征、传染性鼻炎、弧菌性肝炎、多病因呼吸道病等疫病的最新流行特点；更新和增补清晰、直观的典型临床症状与病理变化图片，尤其是增加临床典型混合感染图片；更新治疗处方，对抗微生物药进行调整完善；增加免疫程序及新兽药等，目的是让读者能看图识病、科学用药。

本书修订由第1版主要编写人员完成，并增加了经验丰富的编者，完成单位分别是河南省现代中兽医研究院、河南农业大学、河南牧翔动物药业有限公司、天津瑞普生物技术股份有限公司、河南省兽药饲料监察所。在修订的基础上本书得到吉林大学、河南省农业农村厅、河南农业大学、中国兽医协会家禽兽医分会、河南牧业经济学院、河南省农业科学院、天津瑞普生物技术股份有限公司、河南亮点动物药业有限公司、颖河（焦作）中药生物工程有限责任公司、山东鲁兽研生物科技有限公司等多家单位的鼎力相助，尤其得到河南农业大学胡功政教授、河南牧业经济学院李新正教授的支持与帮助。此次修订又引进一些专家、学者最新的文献资料，在此一并表示衷心的感谢。

此外，本书中引用的部分禽病照片拍摄于恩师尹凤阁教授的动物门诊，恩师已故去，在此对先生的谆谆教导表示诚挚的感谢，先生千古！

本书编写的具体分工如下：第一章第一节、第二节及第二章第一节、第二节由陈鹏举、钱晶、韩月编写，第一章第八节至第十四节及附录2由李灵娟、管倩、刘升编写，第一章第三节至第七节由张宜娜编写，第三章由李晓迎编写，第二章第五节至第七节由李海利编写，第五章由刘占通编写，第一章第二十二节至第二十四节及附录1由尤永君、李向超编写，第二章第十二节至第十八节由何雷、杨国栋编写，第二章第八节至第十节由焦文强编写，第一章第十六节、第十七节由陈静编写，第一章第十五节、第四章第四节至第六节由刘长清、黄秀英、陈文平编写，第一章第十八节 、第十九节由刘先敏编写，第二章第三节、第四节由翟新国编写，第四章第一节至第三节由李进国编写，第一章第二十节、第二十一节由陈阳编写， 第四章第七节至第十四节由赵作帅、乔小亮、尹兴好、李军朝、李丁杰、陈勇臻、赵勤勤、郭腾达、李进光编写，第二章第十一节、第四章第十五节至第二十一节由周雷涛、范秉辉、袁奎超、王清凤编写。

虽然编者们在修订过程中付出了很多的心血，但本书中可能尚有纰漏或不妥之处，恳请广大读者、专家批评指正，以便再版时修订。

编者

2020年8月

目录

第一章　病毒性疾病

第一节　禽流感……2
第二节　新城疫……34
第三节　水禽副黏病毒病……46
第四节　传染性法氏囊病……51
第五节　传染性喉气管炎……58
第六节　传染性支气管炎……64
第七节　禽痘……75
第八节　产蛋下降综合征……81
第九节　鸡包涵体肝炎……85
第十节　禽心包积液综合征……87
第十一节　鸡肝炎－脾肿大综合征……94
第十二节　马立克病……98
第十三节　鸡病毒性关节炎……107
第十四节　禽脑脊髓炎……110
第十五节　禽白血病……113
第十六节　鸡传染性贫血病……123
第十七节　鸭瘟……127
第十八节　鸭病毒性肝炎……135
第十九节　小鹅瘟……142
第二十节　番鸭细小病毒病……148
第二十一节　鸭呼肠孤病毒病……153
第二十二节　鸭出血症……160
第二十三节　鸭坦布苏病毒病……163
第二十四节　鹅星状病毒病……168

第二章　细菌性疾病

第一节　禽大肠杆菌病……………………………………………………………174
第二节　鸡白痢…………………………………………………………………191
第三节　禽伤寒…………………………………………………………………202
第四节　禽副伤寒………………………………………………………………208
第五节　禽霍乱…………………………………………………………………213
第六节　禽曲霉菌病……………………………………………………………223
第七节　传染性鼻炎……………………………………………………………239
第八节　禽葡萄球菌病…………………………………………………………245
第九节　鸡毒支原体感染………………………………………………………254
第十节　滑液囊支原体感染……………………………………………………262
第十一节　鸭支原体病…………………………………………………………267
第十二节　鸡弧菌性肝炎………………………………………………………270
第十三节　坏死性肠炎…………………………………………………………276
第十四节　溃疡性肠炎…………………………………………………………283
第十五节　肉毒梭菌毒素中毒症………………………………………………286
第十六节　链球菌病……………………………………………………………288
第十七节　禽念珠菌病…………………………………………………………290
第十八节　鸭传染性浆膜炎……………………………………………………292

第三章　寄生虫病

第一节　鸡球虫病………………………………………………………………302
第二节　鸭球虫病………………………………………………………………311
第三节　鹅球虫病………………………………………………………………314
第四节　住白细胞原虫病………………………………………………………316
第五节　禽组织滴虫病…………………………………………………………322
第六节　禽绦虫病………………………………………………………………326
第七节　禽蛔虫病………………………………………………………………329

第八节　吸虫病……333
第九节　隐孢子虫病……336

第四章　普通病

第一节　维生素缺乏症……339
第二节　微量元素缺乏症……345
第三节　禽痛风……347
第四节　禽脂肪肝综合征……354
第五节　笼养蛋鸡疲劳综合征……356
第六节　蛋鸡开产期水样腹泻综合征……357
第七节　啄癖……360
第八节　鸭淀粉样变性……363
第九节　中毒病……364
第十节　鸡肌胃糜烂病……368
第十一节　鸭光过敏综合征……370
第十二节　腹水综合征……372
第十三节　肠毒综合征……377
第十四节　传染性腺肌胃炎……381
第十五节　中暑……387
第十六节　鸡肿头综合征……392
第十七节　多病因呼吸道病……395
第十八节　阴茎脱垂……404
第十九节　皮下气肿……406
第二十节　产蛋异常综合征……408
第二十一节　新母鸡病……411

第五章　抗微生物药

第一节　抗生素……416
第二节　合成抗菌药……428

第三节 抗真菌药…………………………………………………………………… 434
第四节 抗微生物药合理选用………………………………………………………… 436

附录

附录 1 家禽免疫程序 ……………………………………………………………… 439
附录 2 相关新兽药的研究 …………………………………………………………… 446

第一章

病毒性疾病

第一节 禽流感

一、概述

禽流感（avian influenza，AI）是禽流感病毒（avian influenza virus，AIV）引起多种家禽及野生禽类发病的一种高度接触性传染病，以呼吸系统病症，伴有精神沉郁、饮水和采食量下降、产蛋量下降为特征，其中高致病性禽流感（HPAI）被世界动物卫生组织（OIE）列为必须通报的疫病，也是我国法定的一类传染病，是目前严重危害养禽业的一种传染病。人类感染某些 AIV 毒株会引起严重的呼吸道疾病。

二、病原特征

禽流感病毒属于正黏病毒科A型流感病毒属，属单股负链RNA病毒，病毒粒子形状呈多形性，直径为20～120 nm，新分离的或传代不多的病毒多为丝状体，长短不一，长可达4 000 nm。病毒基因可分为8个片段，核衣壳呈螺旋状对称，有囊膜，囊膜上分布两种纤突：血凝素（HA）和神经氨酸酶（NA），均为糖蛋白，二者形态和功能各不相同，但其免疫原性良好，同时具有很强的变异性，是血清分型及毒株分类的重要依据。与其他甲型流感病毒一样，“抗原漂移”和“抗原转换”是引起禽流感病毒变异的主要方式，其中“抗原漂移”可诱发变异产生新的病毒毒株，引起病毒的中小流行；“抗原转换”可诱发产生新的病毒亚型，常常发生较大的疫病流行，造成更严重的危害。

目前依据A型流感病毒的HA不同可分为17个亚型（H1～H17），NA的不同可分为10个亚型（N1～N10），两者不同的排列组合可形成众多的血清亚型。不同AIV血清亚型的宿主特异性及致病性存在一定的差异，根据AIV的毒力不同，可分为高致病性毒株、低致病性毒株和非致病性毒株。到目前为止，发现AIV高致病性毒株只有H5和H7的亚型，对禽类具有高度的致病力并可引起禽类重症流感的暴发流行，但并非所有的H5和H7亚型都是高致病性的。由于不同血清亚型之间的交叉保护性较弱，给本病的防治及疫苗研发带来了较大的困难。

三、流行病学

传染源：病禽、带毒禽和候鸟是主要传染源。

传播途径：以呼吸道和消化道感染为主。通过病禽分泌物和病毒污染的饲料、饮水及其他动物等多途径引起感染，带毒鸟类和鸭、鹅等野生水禽在本病传播中起着重要作用，人员和往来车辆、候鸟的迁徙等可能起一定的传播作用。

易感动物：不同品种及各种日龄的禽均易感染。家禽日龄越小发病率、死亡率越高，成年禽相对较低；蛋禽产蛋率下降，一般很难恢复到原来水平。

禽流感呈全球性分布，四季均可发生，尤其以冬季和春季较为严重。本病潜伏期从数小时到数天不等，一般3 ~ 14 d，最长可达21 d。潜伏期的长短受多种因素的影响，如病毒的毒力、感染的数量、禽的日龄大小和品种、机体的抵抗力、饲养管理与日粮营养水平高低、有无并发症及有无应急措施等。

多数病例病程为1 ~ 3 d，家禽感染高致病性禽流感毒株常突然发病，传播速度快，呈流行性或大流行性，数小时内引起全群死亡。目前低致病性禽流感（LPAI）流行呈上升趋势，具有发病慢、传播快、低死亡率的特征，蛋禽（尤其是产蛋高峰期）、45日龄以上的土鸡和18 ~ 20日龄、28 ~ 32日龄肉鸡多发，目前蛋鸭、蛋鹅发病率逐渐上升。

临床发现：近几年，肉鸡发病时常与大肠杆菌病、慢性呼吸道病、传染性鼻炎、新城疫、传染性支气管炎、传染性喉气管炎等病混合感染，引起支气管栓塞症、“黑心肺”，致使死亡率增加。

若鸡（尤其是白羽肉鸡）鸡冠两侧羽毛竖立，1‰左右的鸡出现呼吸道或流泪等症，一般3 d左右出现禽流感的临床症状。这一点在临床中有较大的诊断意义。

四、临床症状

发病前1 ~ 3 d，整群禽精神、采食量、产蛋率无明显变化，接着高热，精神萎靡或沉郁，昏睡，采食量明显减少，甚至食欲废绝，产蛋率急剧大幅度下降或停产，死亡率急剧上升。

多数病禽死前口、眼、鼻孔流出暗红色带血分泌物。

严重下痢，拉白色或淡黄色或黄绿色稀粪，肛门附近羽毛被粪便粘住。

冠和肉髯瘀血、肿胀，头颈部及皮下水肿。

鼻窦肿胀，鼻腔分泌物增多，流鼻液，呼吸困难，张口呼吸，咳嗽等。

流泪，眼结膜潮红、充血、出血，眼角膜混浊等。

跗关节及胫部鳞片下出血，出现运动失调、震颤、扭颈、角弓反张等神经症状。

五、病理变化

高致病性禽流感和低致病性禽流感病理变化差异不显著。

以内脏组织器官、浆膜、黏膜和皮肤有不同程度水肿、出血和坏死为主要特征。

头面部、颈部和趾部肿胀，有出血斑点，冠髯和脚鳞片下出血、坏死、发绀。

剪开头颈肿胀部可见皮下有胶冻样浸润或黄色干酪样物。

眼结膜充血、出血，眶下窦内有干酪样物。

鼻腔黏膜充血、出血和水肿，黏液增多，鼻腔充满血样黏性分泌物。

喉头及气管黏膜充血、出血，内有大量黏性分泌物，严重时气管分叉处被黄色干酪样物阻塞（俗称“支气管堵塞”）。

肺脏水肿、出血、坏死，呈紫黑色（俗称“黑心肺”），切面流出泡沫状液体等。气囊囊壁增厚、混浊，甚至气囊坏死。

心包积液，心内外膜出血，心肌有出血点和出血斑，心肌有灰白色或条索状坏死。

肝脏肿大、出血，质脆，呈土黄色；肾脏肿大、出血，呈花斑样。

法氏囊出血，浆膜水肿；胸腺出血、萎缩。

脾脏肿大、充血、瘀血，表面散在白色针头大小坏死灶。

胰脏有黄色坏死斑点或出血点，胰脏边缘出血，胰脏变性等。

腹部脂肪、心冠脂肪、肠系膜脂肪、胃部脂肪、龙骨下脂肪及腿肌内侧四角区脂肪点状出血。

胸骨滑液囊组织呈黄色胶冻样，腹膜有奶油状乳白色炎性渗出物附着。

食道出血，腺胃肿胀，腺胃乳头出血，内有脓性分泌物；肌胃角质层溃烂，角质层下出血；十二指肠及小肠黏膜环状或条状出血，盲肠扁桃体肿胀、出血、溃疡，直肠及泄殖腔黏膜充血、出血。

输卵管水肿或萎缩，内有白色脓性分泌物或干酪样物，卵泡膜严重充血和有较大出血斑，卵泡变形、出血、液化、变黑，呈紫葡萄状，卵黄性腹膜炎等。

部分病例颅顶骨和脑膜严重出血或点状出血，脑组织有大小不一的灰白色坏死灶。

低致病性禽流感因病程相对较长，常与大肠杆菌病、慢性呼吸道病、传染性浆膜炎等混合感染，易引起“三炎”（心包炎、肝周炎、气囊炎）、支气管栓塞症、“黑心肺”等。

六、防治

1.免疫

（1）疫苗免疫是控制或降低本病发生的关键措施，建立完善的免疫体系并确保接种质量是重中之重。

（2）平时加强饲养管理，严格执行生物安全措施，降低各种应激因素，场内严禁其他畜禽存在或混养，坚持定期消毒和临时消毒相结合的原则，做好常规疫苗免疫如新城疫、传染性喉气管炎、马立克病等，确保禽群保持较高的新城疫HI抗体滴度。

（3）疾病高发期，及时消毒，饲料或饮水中添加维生素C或多种维生素电解质和清热解毒、凉血的中药制剂等，对预防本病有效。

2.治疗方案

（1）高致病性禽流感尚无有效治疗药物，一旦发病，要立即向主管部门报告疫情，封锁禽场，销毁病禽和可疑病禽，对养殖场进行彻底消毒，对污水、粪便等进行无害化处理，对疫区、受威胁区的所有禽类进行紧急免疫接种。

（2）根据低致病性禽流感的发病特点，可采用中西医结合的方法试治（仅供参考）。

1）抗微生物药饮水或拌料，控制细菌的继发感染。同时饲料或饮水中添加维生素C可溶性粉、卡巴匹林钙可溶性粉及干扰素、白介素、转移因子、蜂毒肽或高免卵黄抗体等辅助治疗。

2）采用具有抗病毒功效的中药制剂治疗。

【处方1】荆防败毒散

荆芥、茯苓各45 g，防风、柴胡、枳壳、桔梗各30 g，羌活、前胡、独活、川芎各25 g，甘草、薄荷各15 g。

【用法与用量】鸡1～3 g/只。

【处方2】银翘散

金银花60 g，连翘、牛蒡子、桔梗各45 g，薄荷、荆芥、淡豆豉各30 g，淡竹叶20 g，甘草15 g。

【用法与用量】禽1～3 g/只（若呼吸不畅，伴有发热，配合麻杏石甘散效果更佳）。

【处方3】清瘟败毒散

石膏120 g，地黄、栀子、知母、连翘各30 g，水牛角60 g，黄连、牡丹皮各20 g，黄芩、赤芍、玄参、桔梗、淡竹叶各25 g，甘草15 g。

【用法与用量】禽1～3 g/只。

【处方4】普济消毒散

大黄、连翘、板蓝根各30 g，黄芩、薄荷、玄参、升麻、柴胡、桔梗、荆芥、青黛各25 g，黄连、马勃、陈皮各20 g，甘草15 g，牛蒡子45 g，滑石80 g。

【用法与用量】禽1～3 g/只。

【处方5】板青颗粒

板蓝根600 g，大青叶900 g。

【用法与用量】鸡0.5 g/只（每100 g相当于原生药100 g）。

【处方6】金叶清瘟散

金银花、大青叶各320 g，板蓝根、柴胡各240 g，蒲公英、紫花地丁、连翘、甘草各160 g，鹅不食草128 g，天花粉、白芷各120 g，防风80 g，赤芍48 g，浙贝母112 g，乳香、没药各16 g。

【用法与用量】混饲，禽每1 kg饲料5～10 g。

【处方7】忍冬黄连散

忍冬藤500 g，黄芩、连翘各250 g。

【用法与用量】内服，鸡每1 kg体重0.5～1.0 g，2次/d。

【处方 8】瘟毒克散

穿心莲363 g，板蓝根163 g，鱼腥草120 g，连翘100 g，石菖蒲、广藿香、石膏各40 g，蟾酥9 g，冰片60 g，芦根65 g。

【用法与用量】禽0.5 g/只。

【处方9 】双黄连散

金银花、黄芩各375 g，连翘750 g。

【用法与用量】鸡 0.75 ~ 1.5 g/只。

【处方10】茵陈金花散

茵陈70 g，金银花50 g，黄芩、龙胆、防风、荆芥各60 g，黄柏、柴胡、甘草各40 g，板蓝根120 g。

【用法与用量】一次量，鸡每1 kg体重0.5 g，2次/d，连用3 d。

【处方11】金丝桃素

【用法与用量】50 ~ 70 mg/只。

【处方12】柴胡、葛根、陈皮各10 g，金银花、连翘各15 g。

【用法与用量】煎水灌服，供15 ~ 20只一次量使用。

【处方13】羌活、防风、白芷、前胡、桔梗、枳壳、薄荷、甘草各60 g，荆芥、杏仁、浙贝母各120 g。

【用法与用量】研末，开水泡汁，倒入热饲料中，喂服2 000只雏鸭；或熬汁煮谷，喂1 000只中鸭，或700只成鸭。

【临床应用】用本方防治鸭流感不影响食欲，不影响产蛋，治愈率高。

【处方14】肺炎康（河南省现代中兽医研究院研制）

枯芩、鱼腥草、茵陈、板蓝根各12 g，苦杏仁、厚朴、陈皮、紫萁贯众、连翘各9 g，大青叶、桑白皮各13 g，山豆根11 g，贝母7 g等。

【用法与用量】禽0.25 ~ 2.0 g/只，1次/d，连用5 ~ 7 d。病情严重时加倍使用。

【临床应用】用于治疗低致病性禽流感引起的呼吸道感染，总有效率达94.1%。

严重病例若出现高热、张口伸颈呼吸时则配合麻杏石甘颗粒、卡巴匹林钙可溶性粉、氯化铵等饮水，6 ~ 8 h即可缓解高热、呼吸道症状，配合用药一般2 ~ 3 d。

（3）个别严重病例采取单独给药方式治疗。

聚肌胞或干扰素1 ~ 2 mg/只，板蓝根注射液1 ~ 2 mL/只，阿米卡星注射液4万 ~ 6万IU/kg体重或头孢喹诺2.6 mg/kg体重，肌内注射。

鸡、鹌鹑的禽流感图

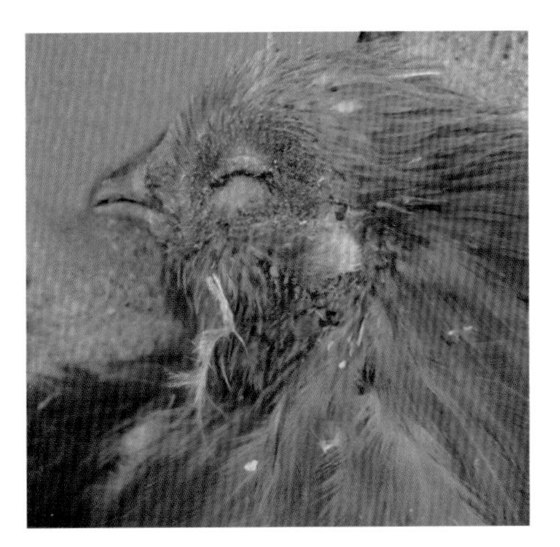

面部肿胀发绀，眼睑黏合

鸡冠发紫、坏死，面部肿胀

鸡冠呈蓝紫色

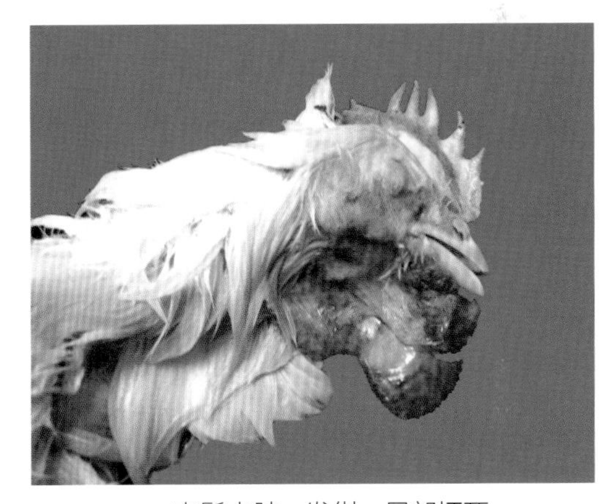

肉髯水肿、发绀，局部坏死

下颌肿胀、变硬

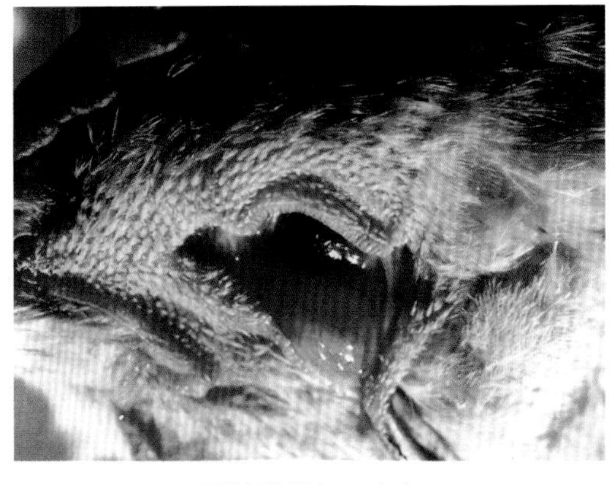

眼结膜潮红、出血

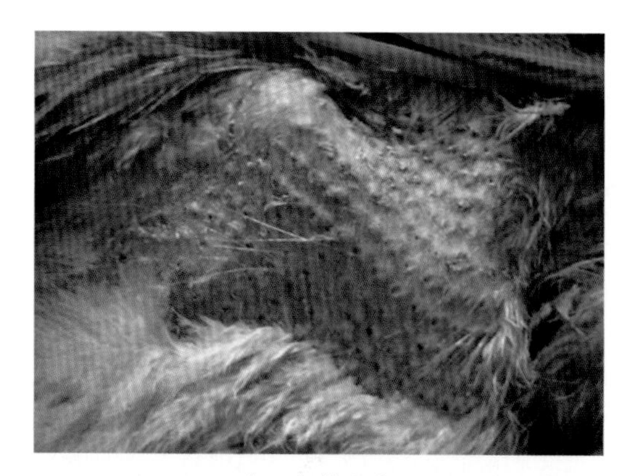

皮下点状出血

爪部肿胀出血，鳞片下出血

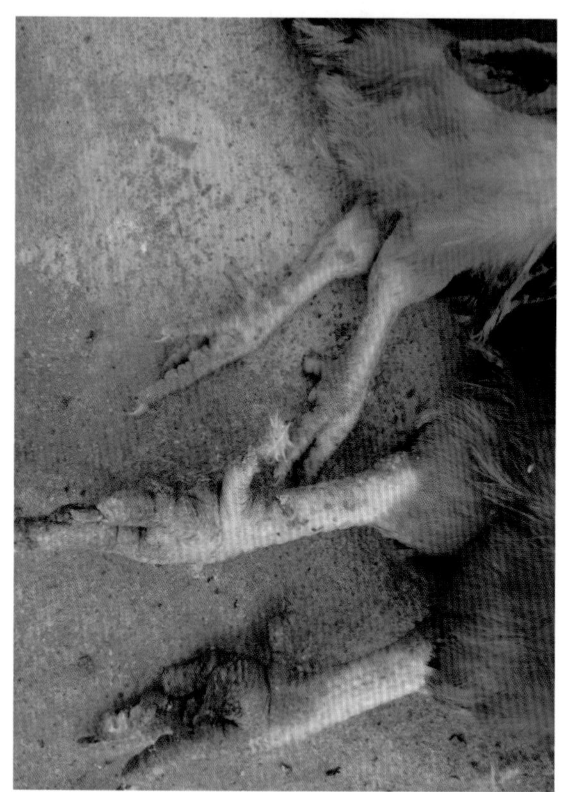

鳞片下出血

鳞片下出血

山鸡感染流感引起瘫痪

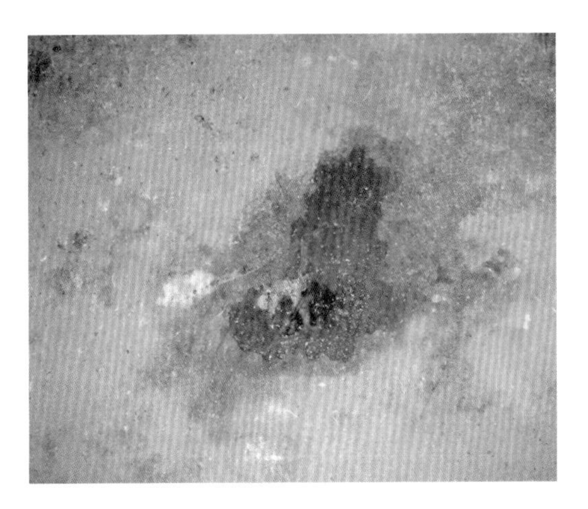

病鸡拉黄绿色稀粪

病鸡拉带有黏液的黄绿色粪便

软壳蛋、薄壳蛋、砂壳蛋等增多

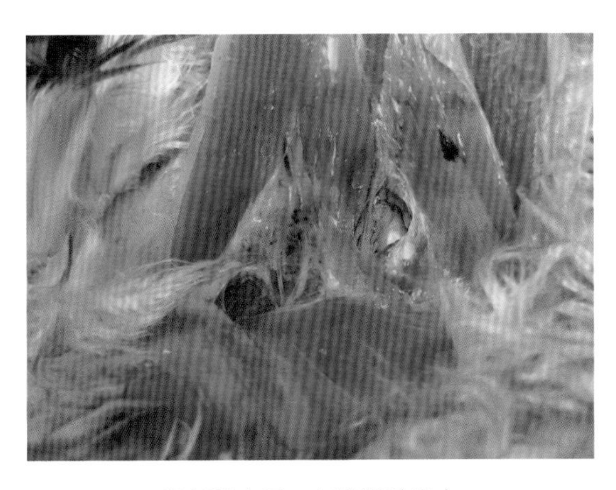

腿部肌肉及三角肌脂肪出血

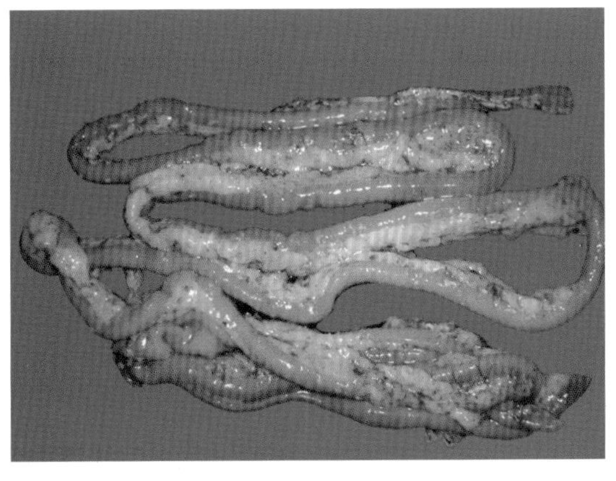

肠系膜脂肪点状出血

肠系膜脂肪出血

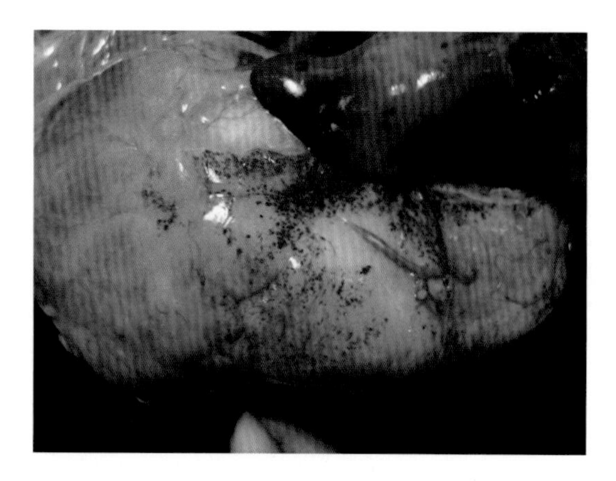
胃部脂肪出血

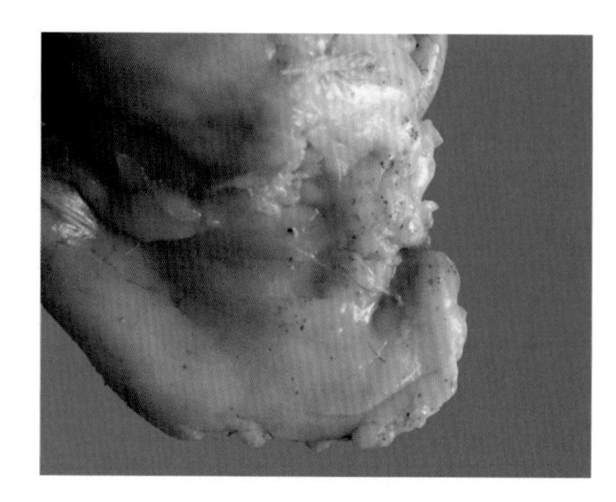
腹部脂肪点状出血

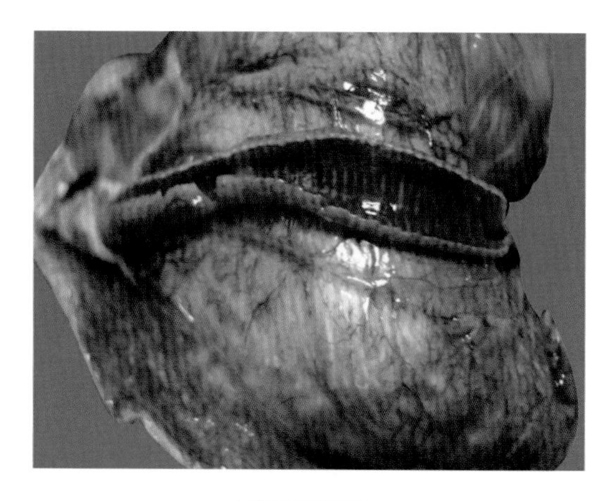
气管严重出血

气管出血，内有黄白色黏液

气管不同程度地出血，内有黄色黏液

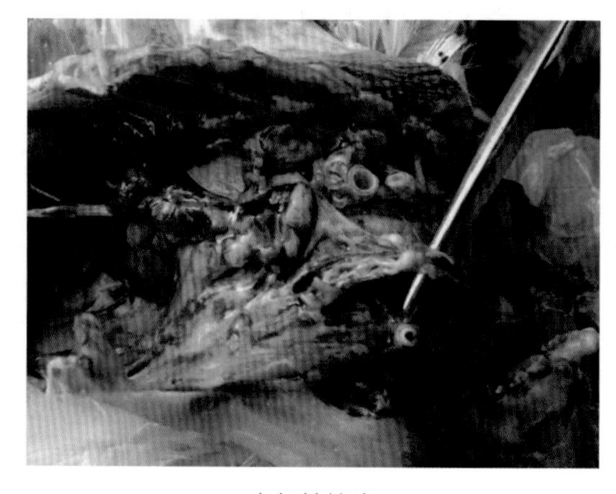
支气管堵塞

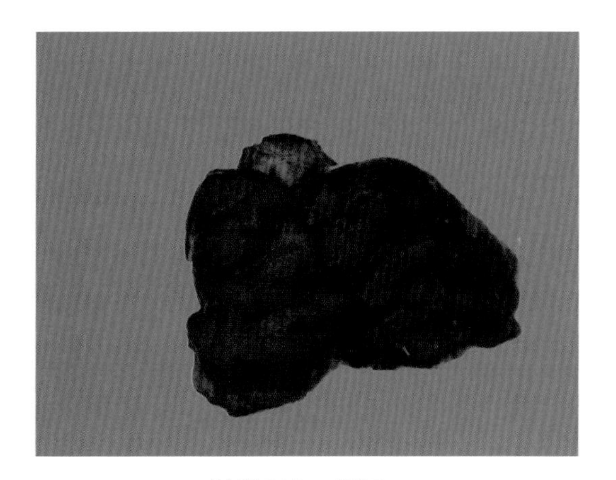

肺脏出血、坏死

肺脏水肿、出血

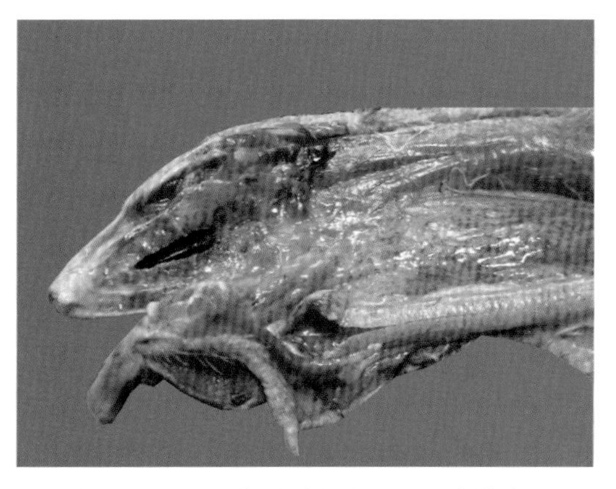

鼻腔、口腔及食道黏膜大量出血点散在

食管点状出血

腺胃乳头水肿、出血，肌胃角质层溃烂

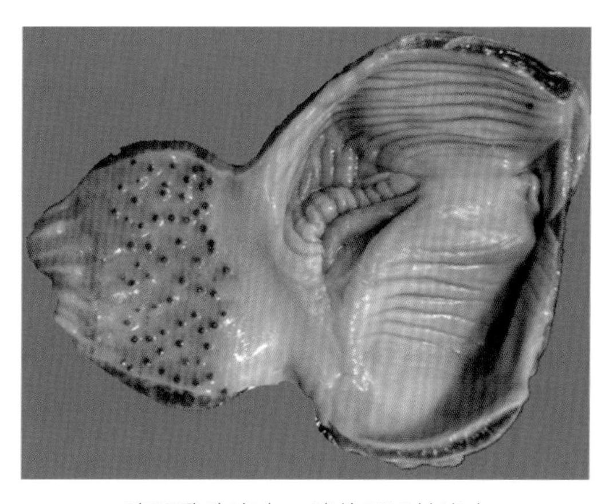

腺胃乳头出血，腺体开口处出血

腺胃乳头水肿，点状或局部斑状出血，脂肪有出血点

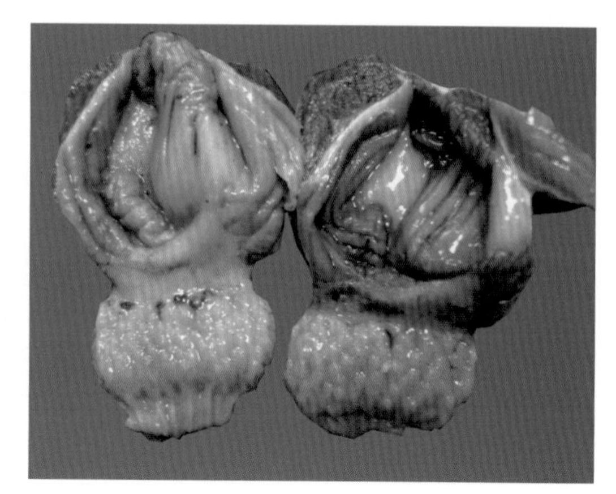

腺胃乳头水肿，腺胃与肌胃交界处出血

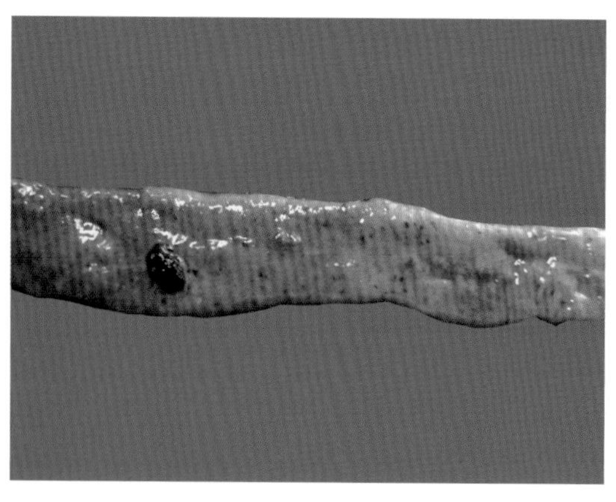

肠黏膜水肿，点状出血

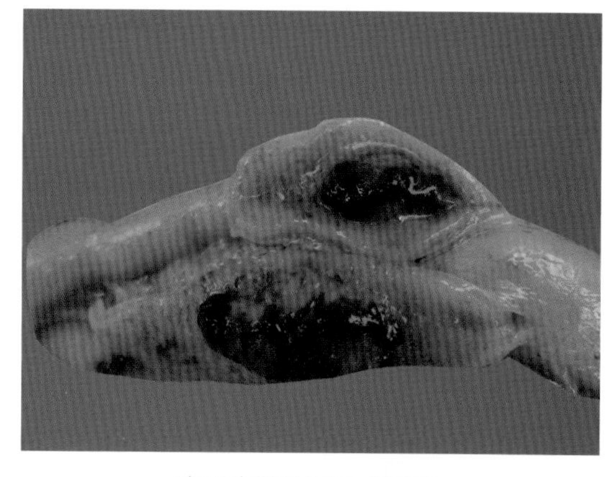

盲肠扁桃体出血或溃疡

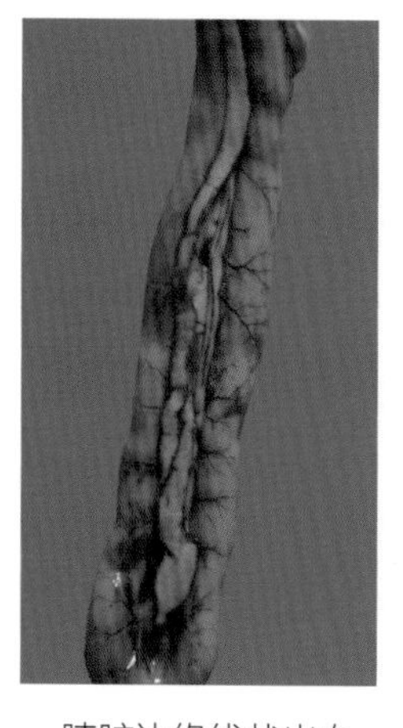

胰脏边缘线状出血

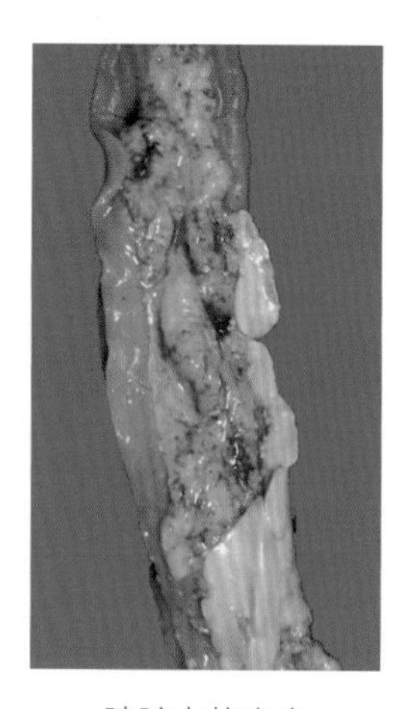

胰脏点状出血

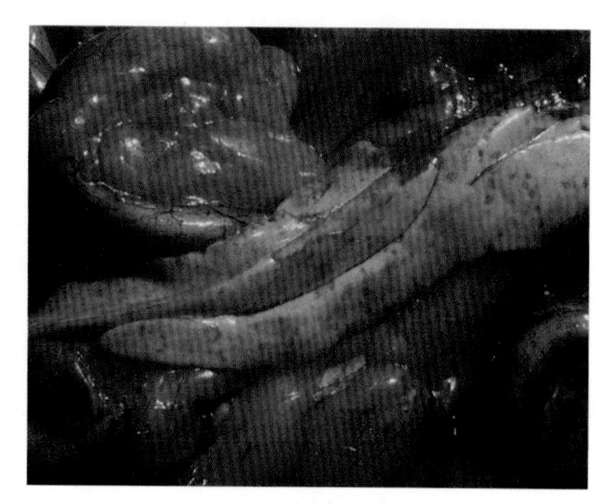

胰脏有褐色点状半透明样变性

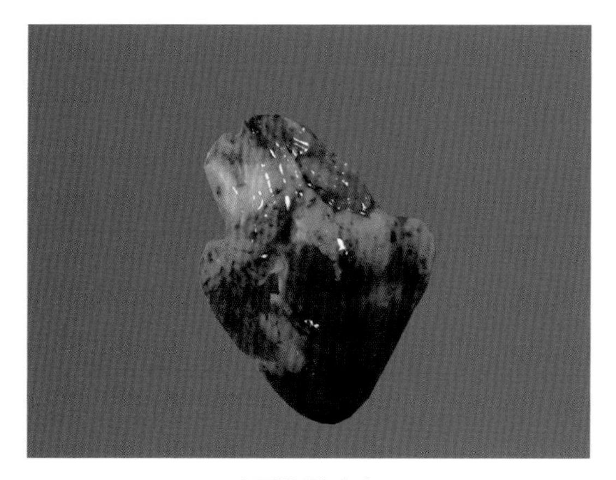

心冠脂肪出血

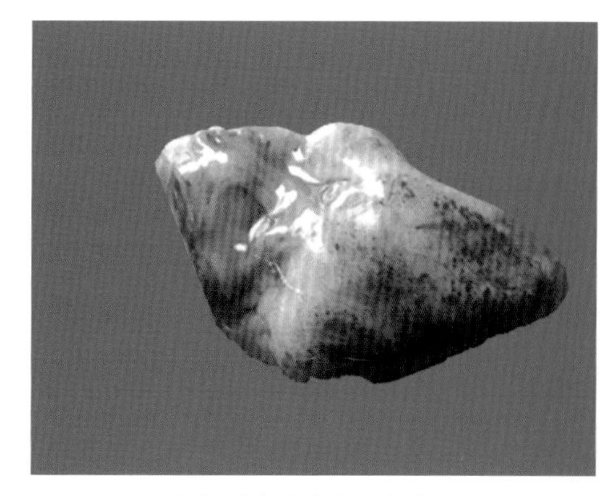

心外膜有出血点、出血斑

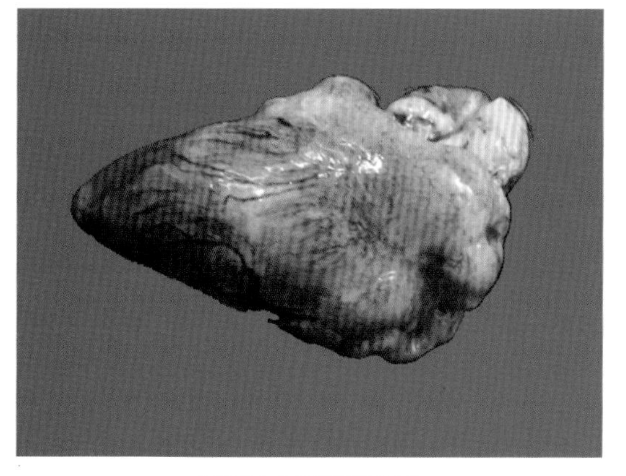

心肌及心冠脂肪出血

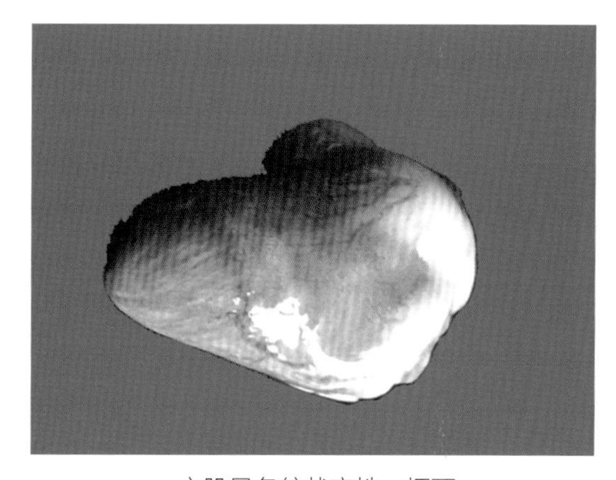

心肌呈条纹状变性、坏死

心内膜出血

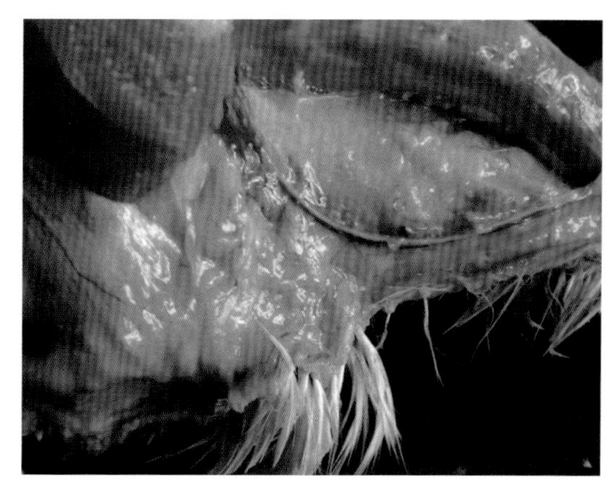

胸腺出血

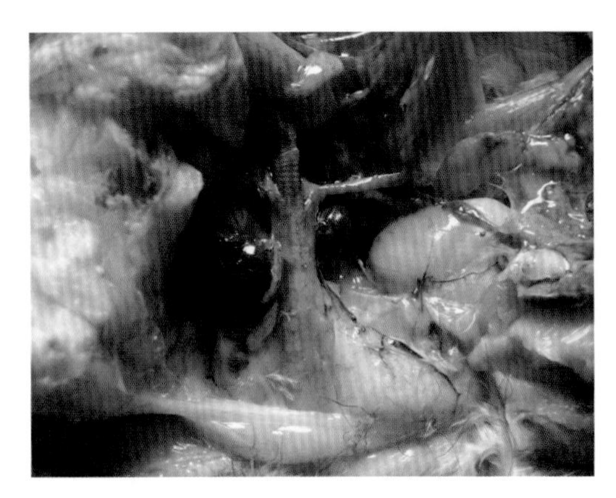
甲状腺肿大、出血

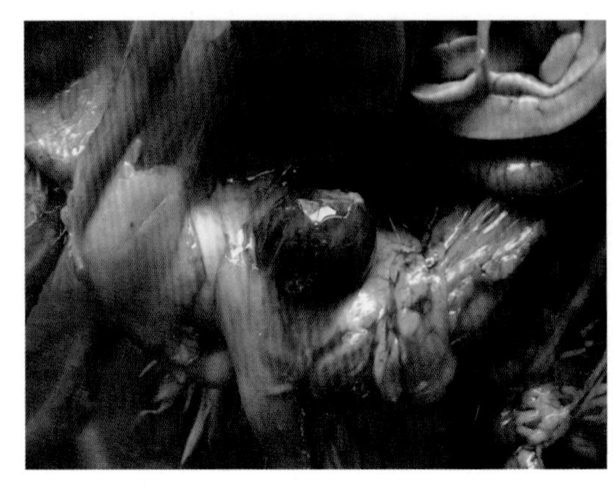
法氏囊出血呈紫色，浆膜水肿

脾脏有灰白色的坏死灶

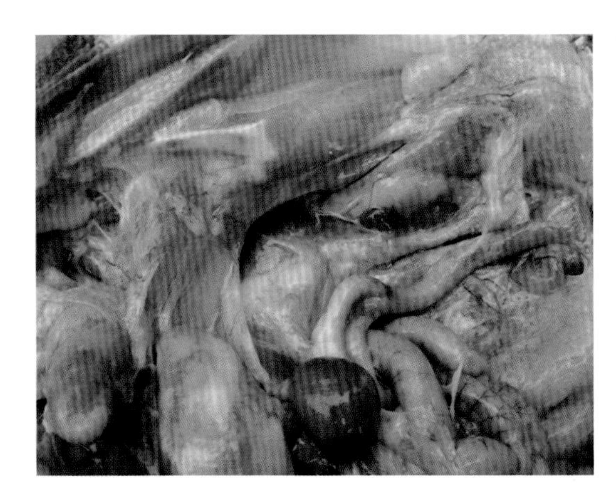
脾脏出血，肾脏出血，盲肠与直肠交界处出血

大脑和小脑脑膜下有细小的出血点

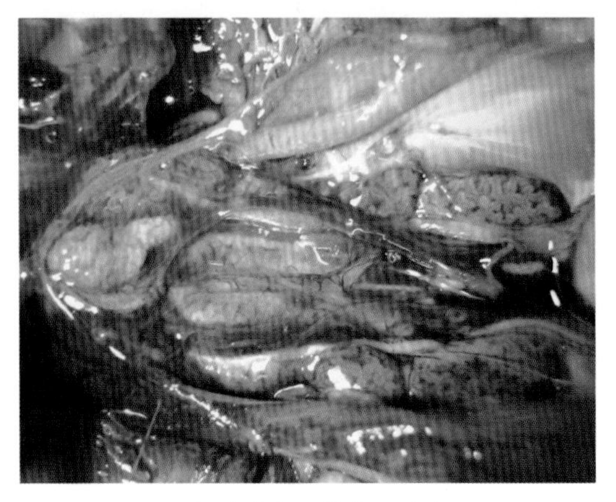
肾脏肿大、苍白、出血

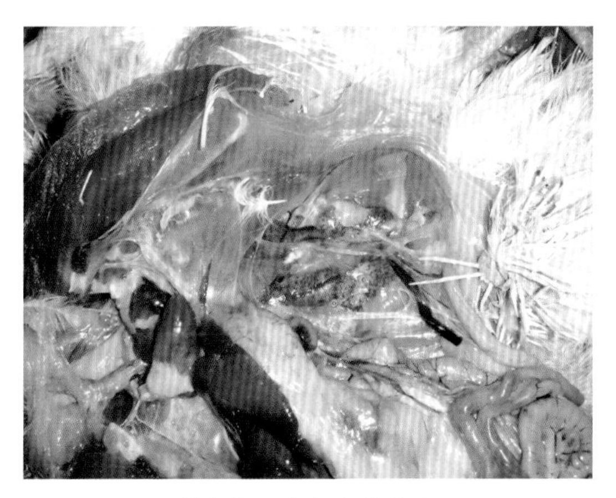
花斑肾，睾丸斑状出血

花斑肾，输尿管内有尿酸盐沉积

肝脏出血

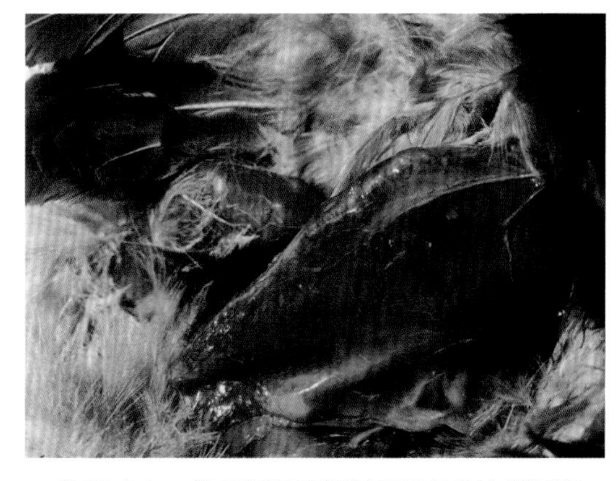
胸肌瘀血，胸骨滑液囊组织呈黄色胶冻样浸润

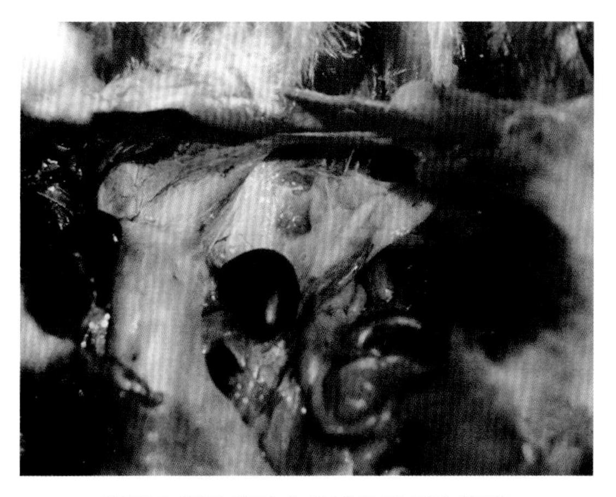
腹膜有奶油状乳白色炎性渗出物附着

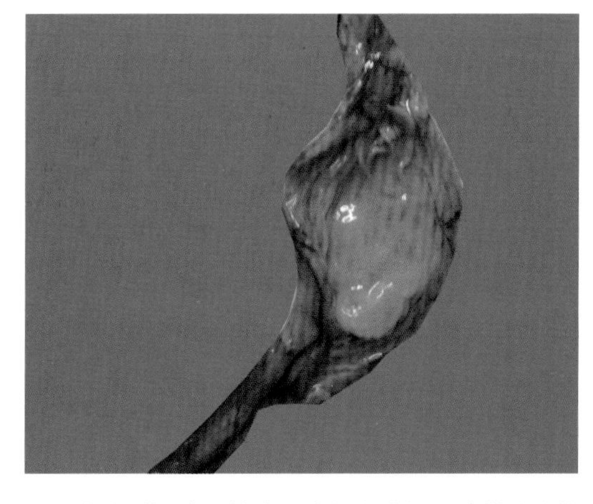
鹌鹑感染引起输卵管内形成似凝非凝蛋清样分泌物

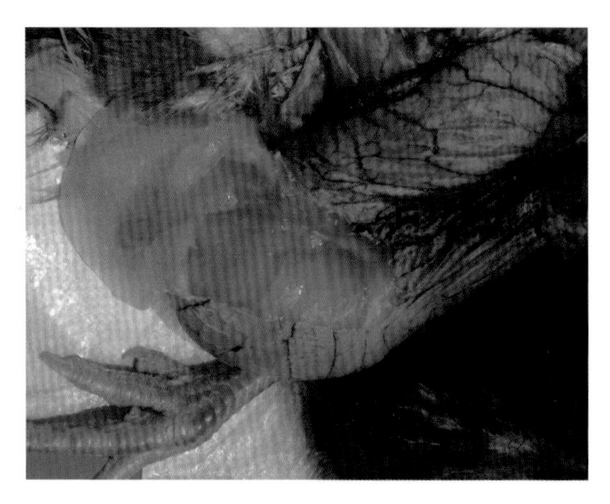

输卵管内有白色胶冻样物

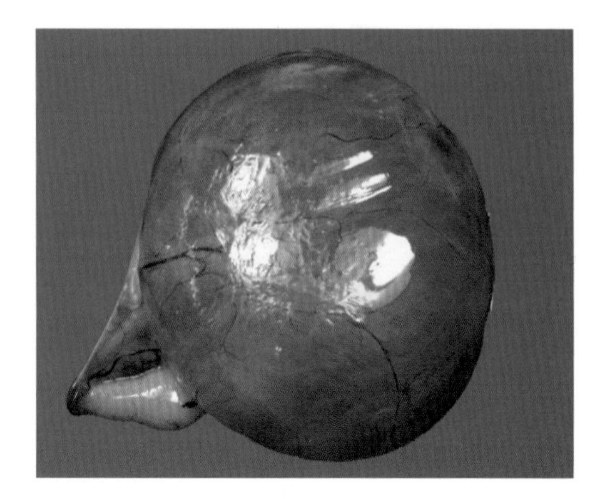

输卵管系膜水肿

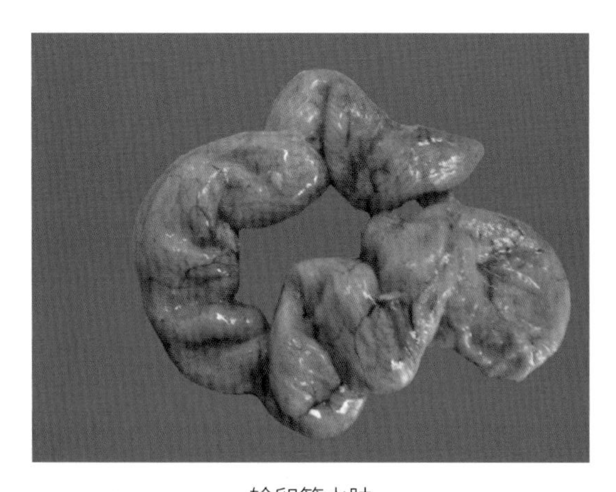

输卵管水肿

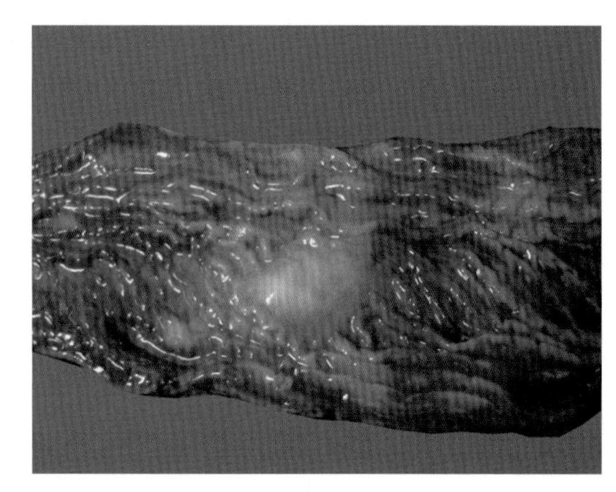

输卵管广泛性出血，内有白色脓性分泌物

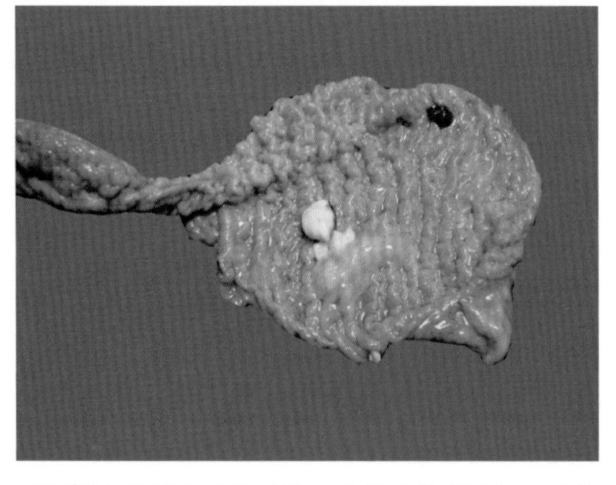

输卵管内有黄白色块状物、白色脓性分泌物、血凝块

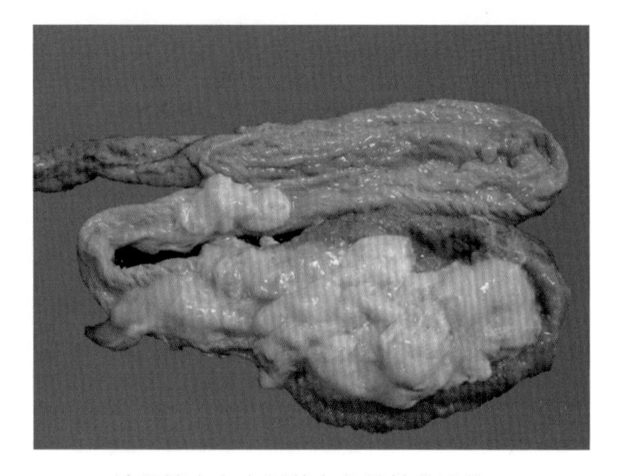

输卵管内有大量黄白色脓性分泌物

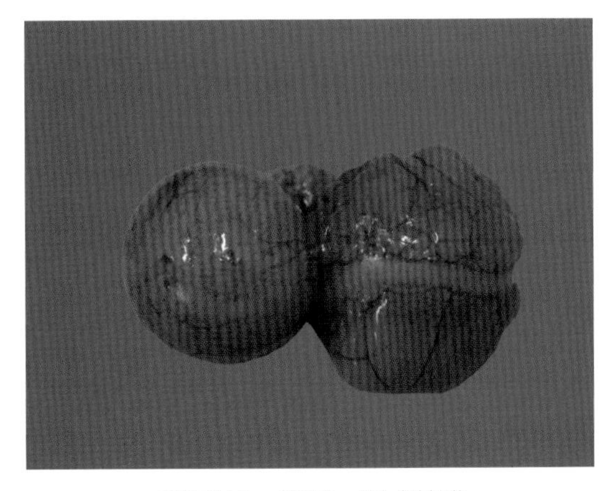

卵泡出血、萎缩，形成筋膜

卵泡出血、坏死

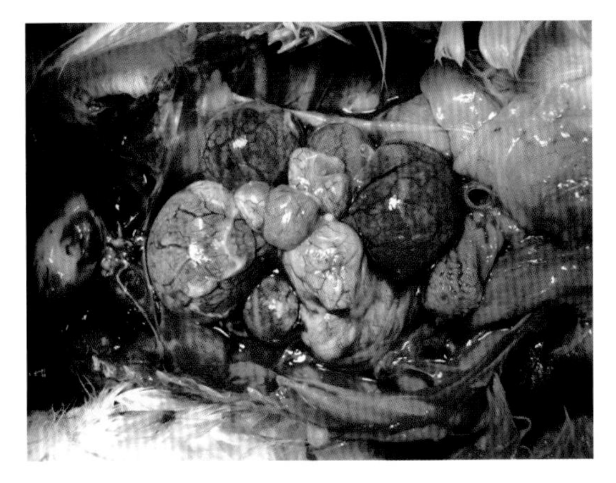

卵巢坏死、萎缩

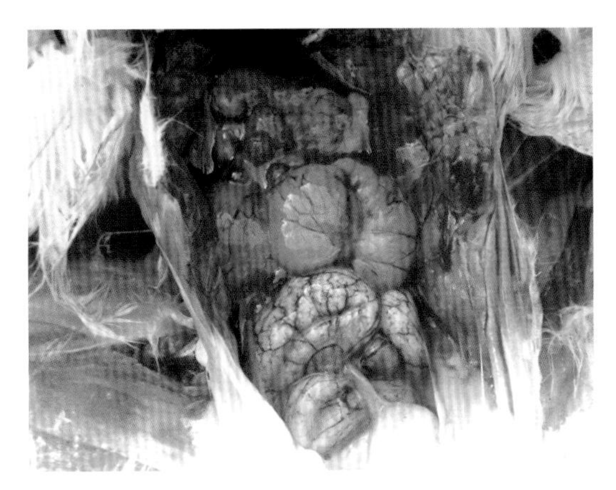

卵泡破裂、坏死，呈菜花状

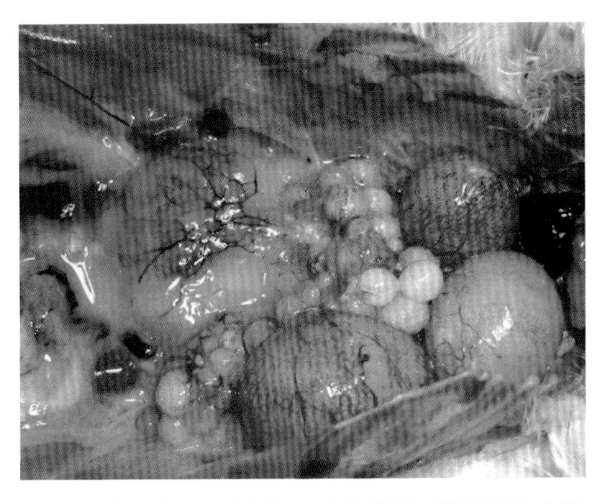

卵泡充血、出血、液化，掉入腹腔后最终形成卵黄性腹膜炎

鸭的禽流感图

精神沉郁，呆立，不愿下水

两脚发软，站立不稳，出现扭颈、震颤、转圈等神经症状

扭颈，眼盲，类似白内障

眼圈潮湿，形成湿眼圈

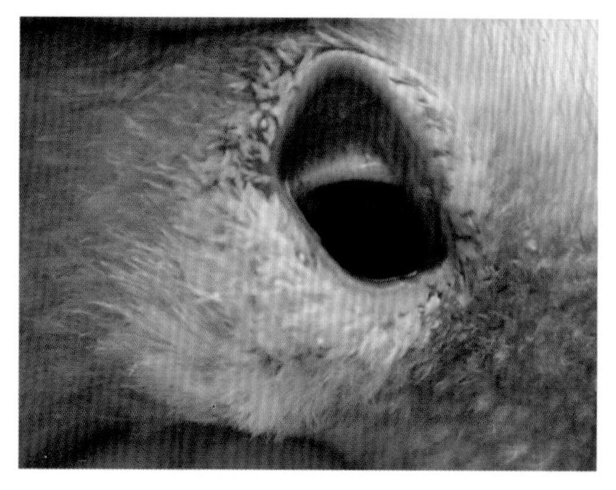

眼结膜潮红，红眼

蓝眼睛

脸部皮瘤出血

脸部皮肤发绀

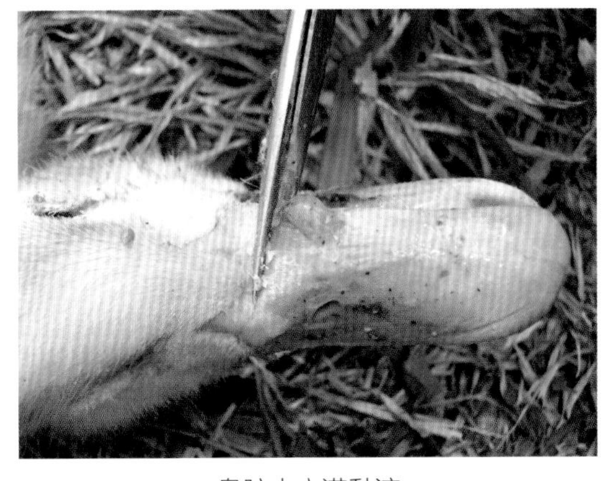
鼻腔内充满黏液

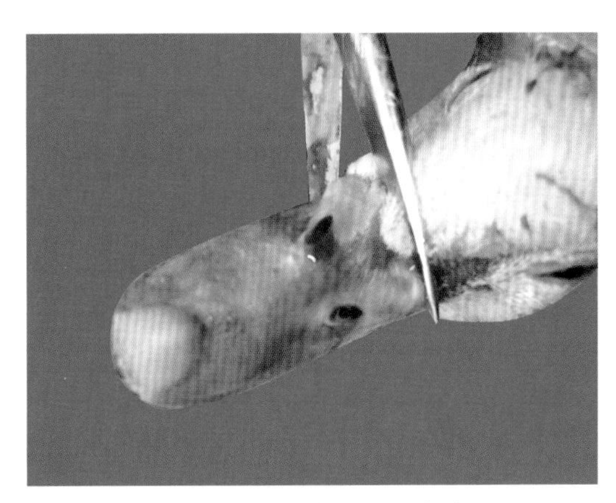
喙呈暗红色，鼻腔流出血液

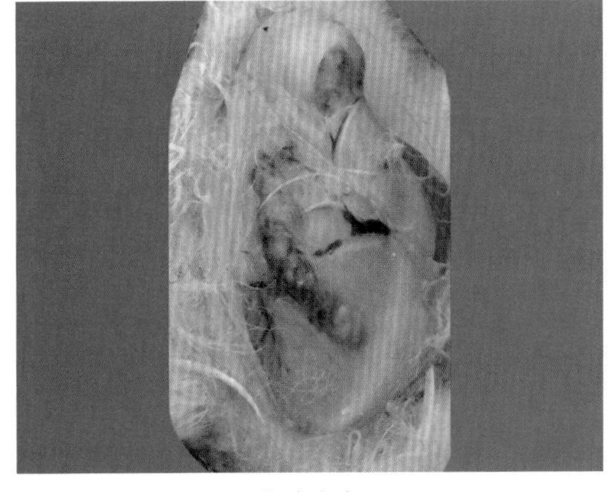
胸腺出血

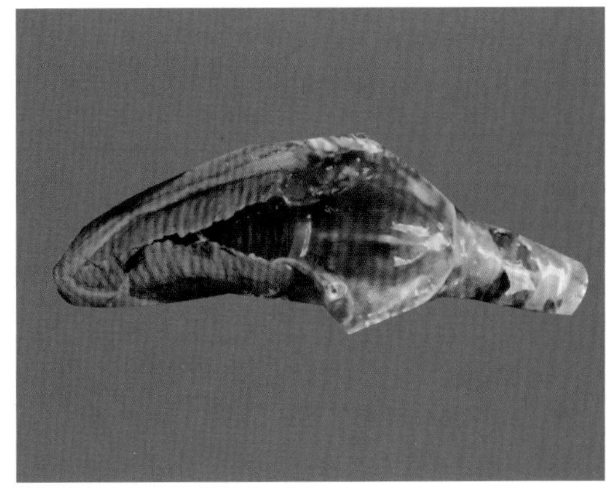
喉头、气管出血

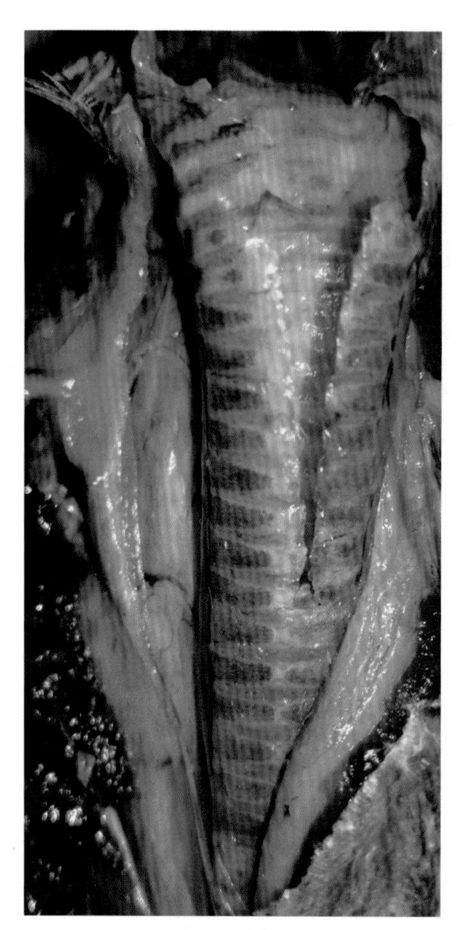

气管环黏膜出血

肺脏出血，呈暗红色

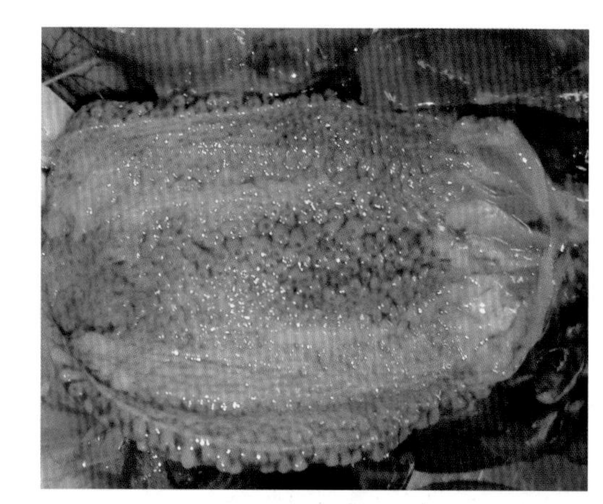

腺胃乳头水肿

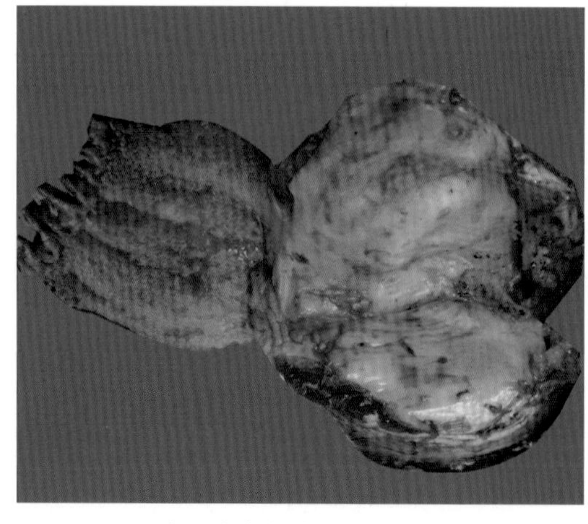

腺胃乳头水肿，肌胃出血

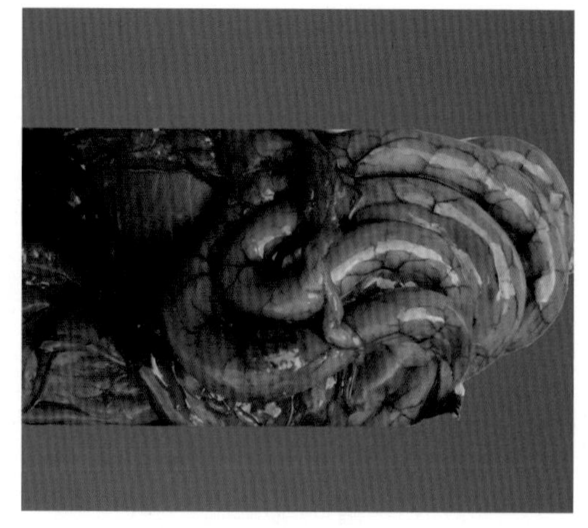

空肠、回肠有间断性 2~5 cm 的出血环状带

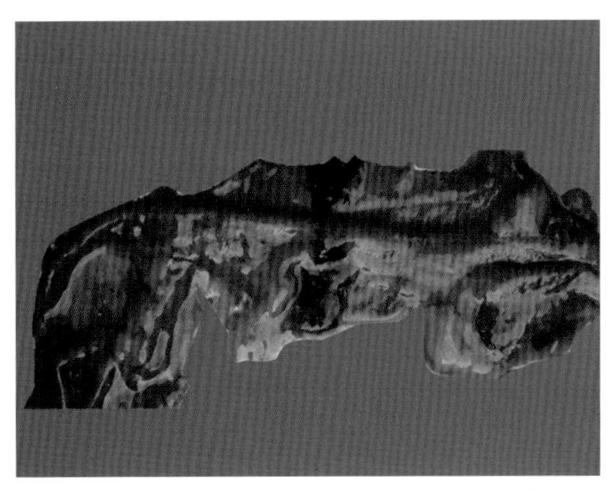

剪开肿胀的环状带，肠黏膜局灶性出血斑或出血性溃疡

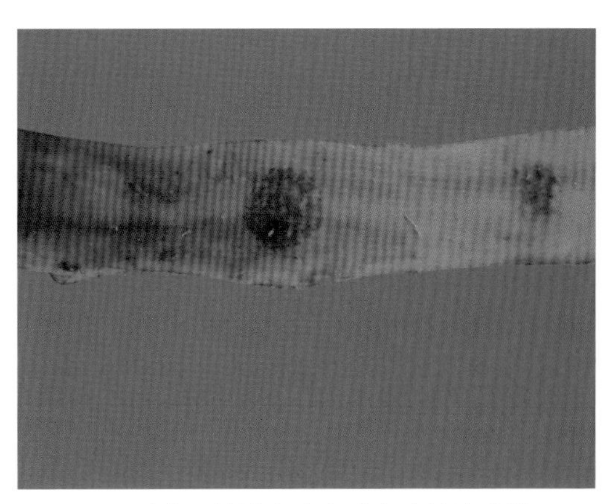

肠黏膜局灶性出血斑或出血性溃疡灶

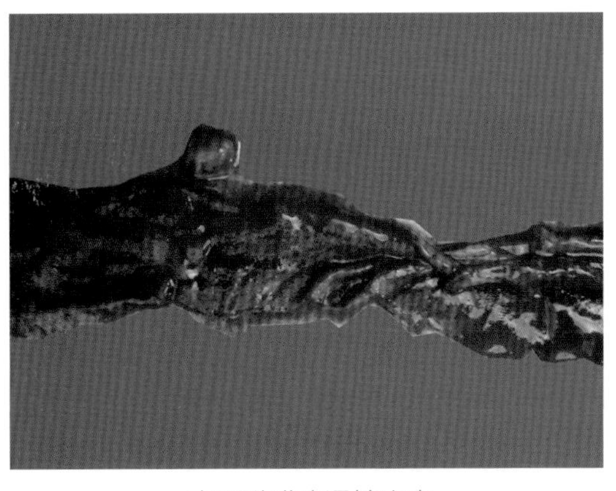

直肠黏膜弥漫性出血

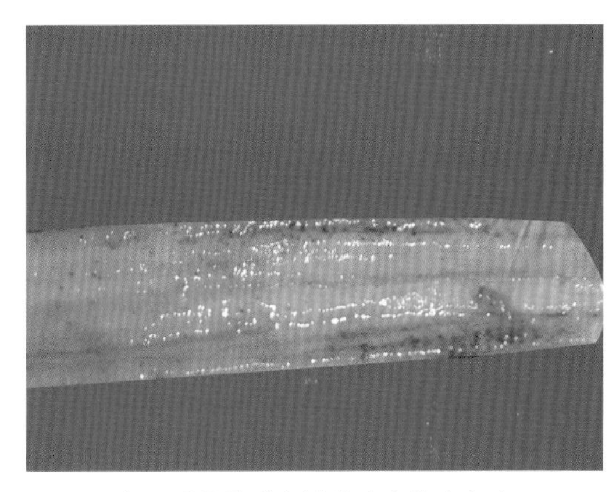

直肠后段黏膜有针头大小的出血点

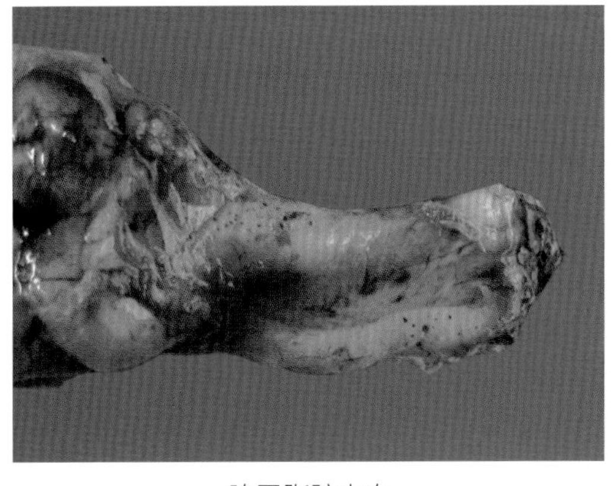

腺胃脂肪出血

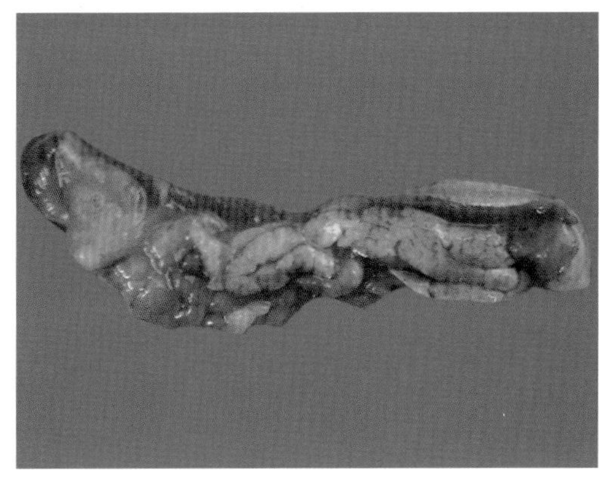

胰腺出血、坏死

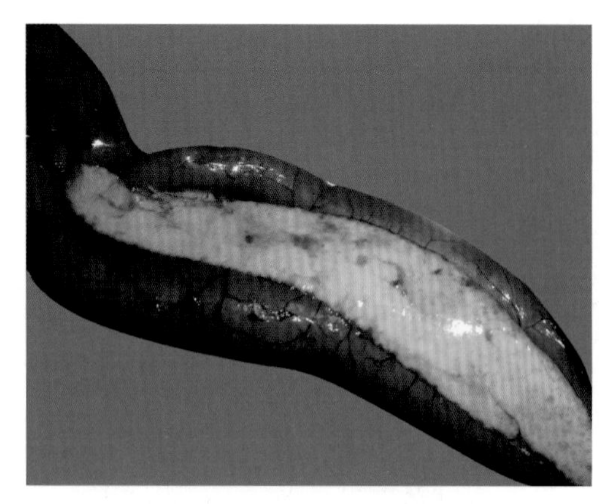

胰腺表面有透明样坏死点

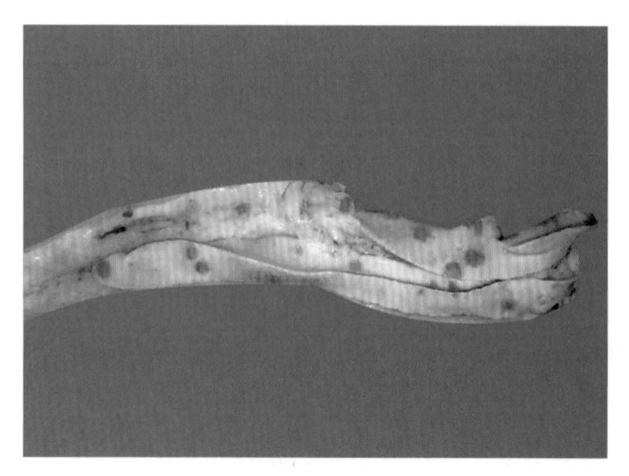

胰腺呈透明样变性

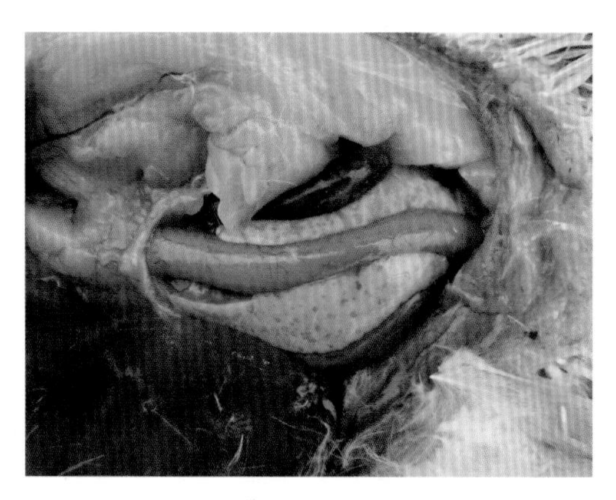

胰腺坏死灶呈透明样

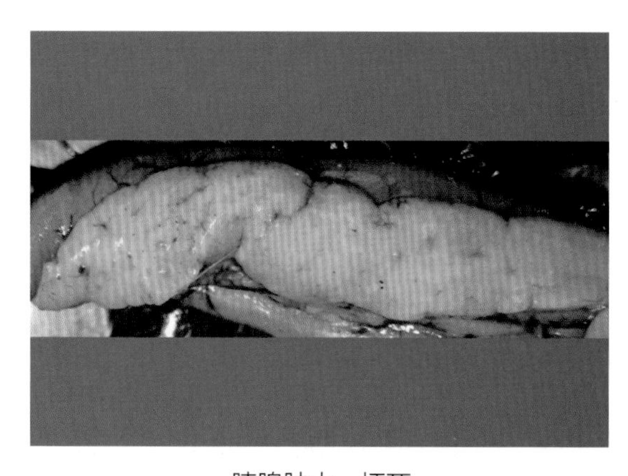

胰腺肿大、坏死

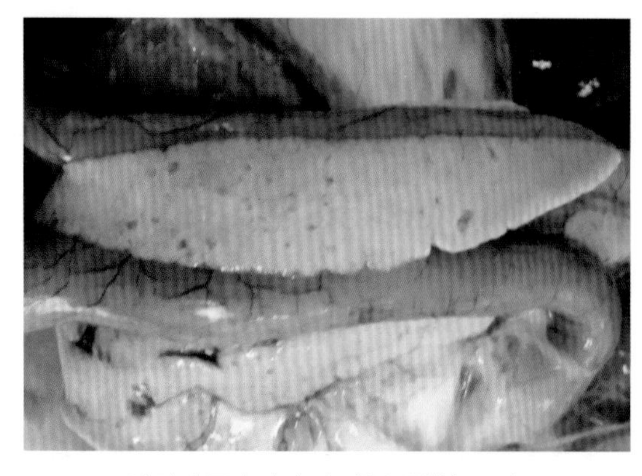

胰腺表面有出血点或透明样坏死点

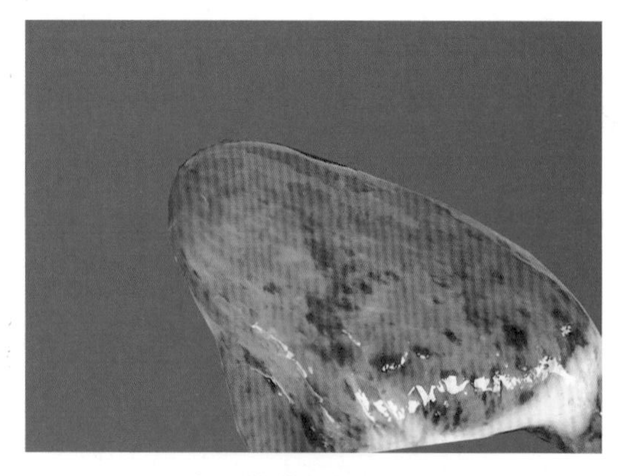

心肌外膜出血、坏死

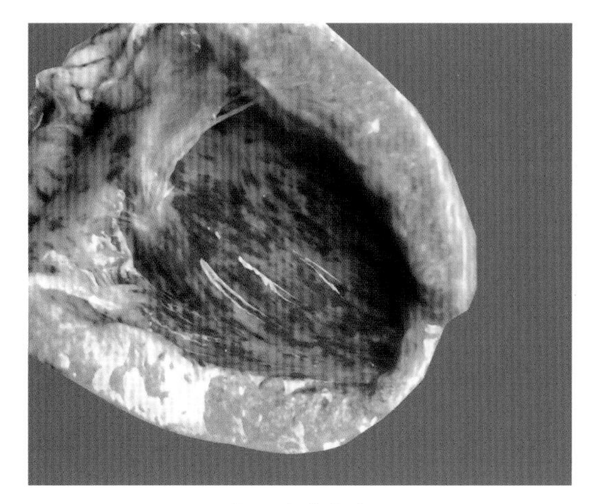

心肌内膜出血

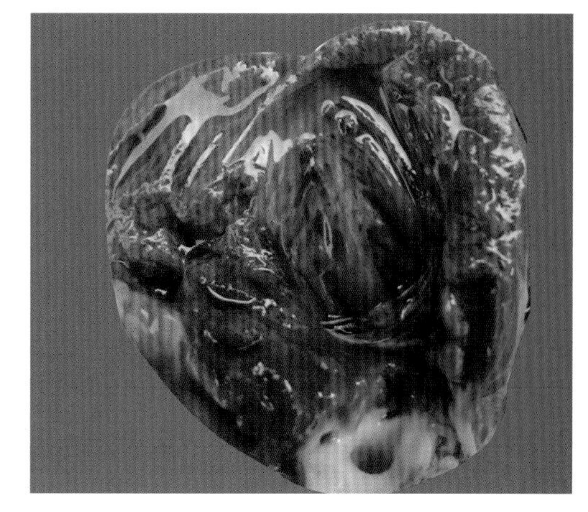

心内膜有出血点散在

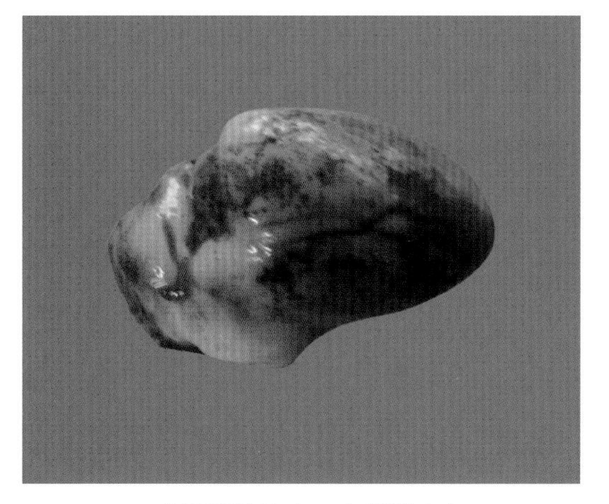

心冠脂肪出血，心外膜出血

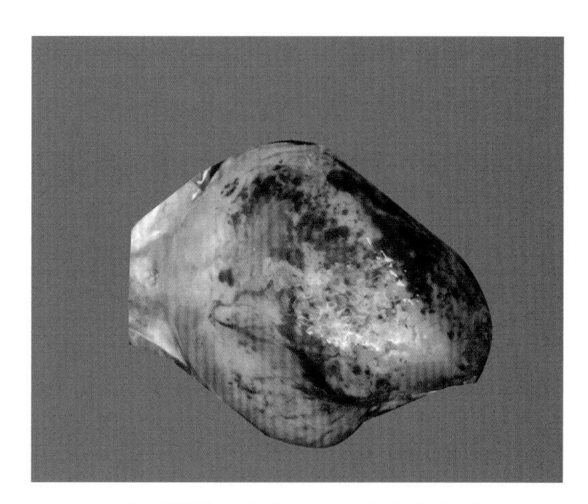

心冠脂肪及心肌出血，局部呈片状

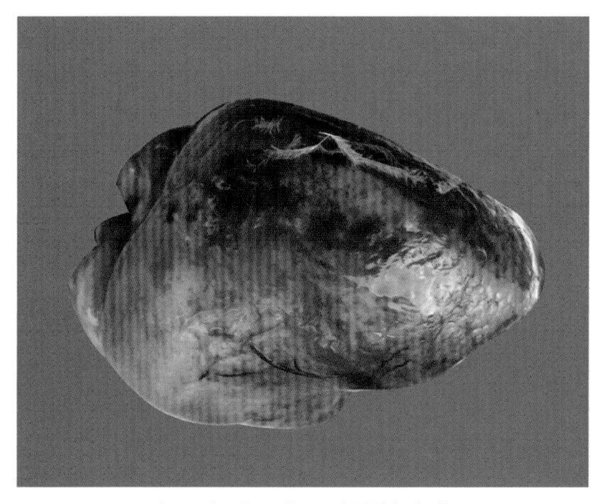

心冠脂肪及心肌弥漫性出血

心肌坏死，呈水煮样，心包积液； 肝脏质脆、出血

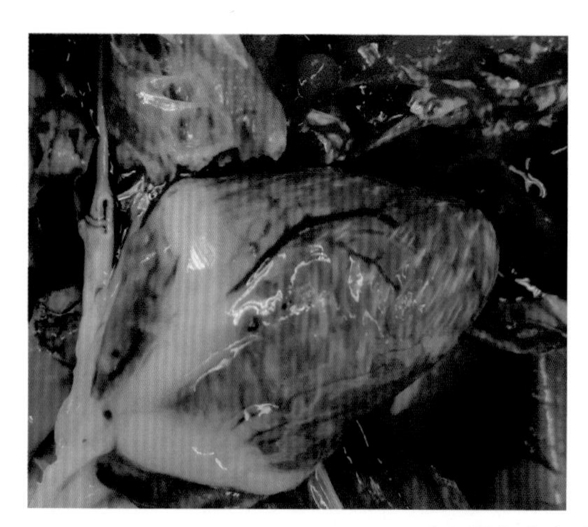

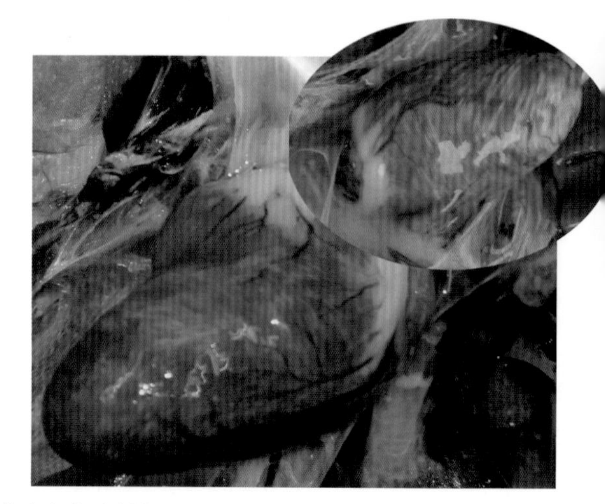

心肌呈灰白色或黄白色条索状坏死

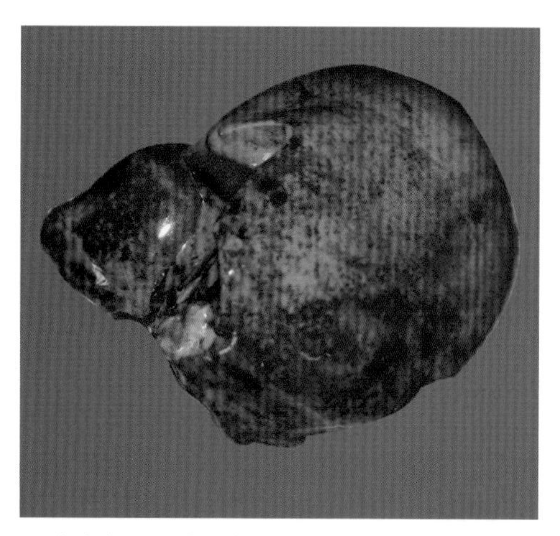

肝脏肿大、质脆，有出血点散在，有时出血点连成一片形成片状出血

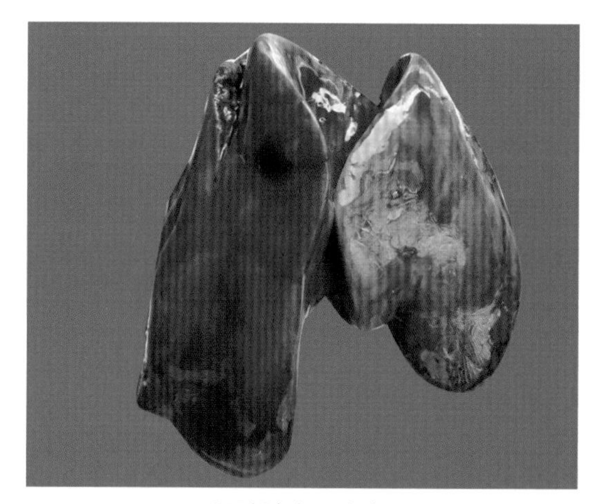

肝脏肿大、出血

肝脏肿大、出血，有坏死点散在

脾脏肿大、出血，有灰白色坏死灶散在

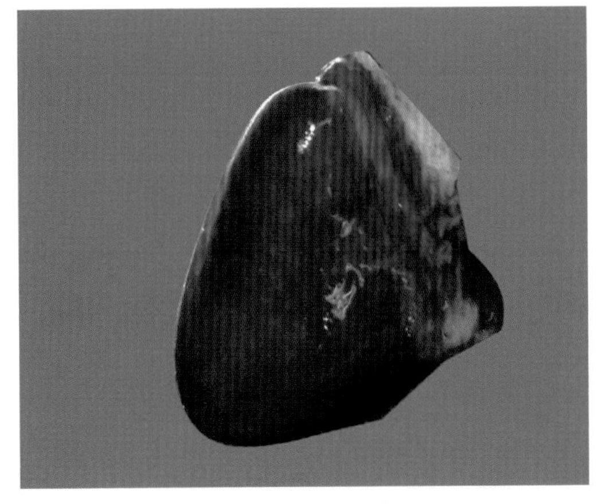

脾脏肿大、充血

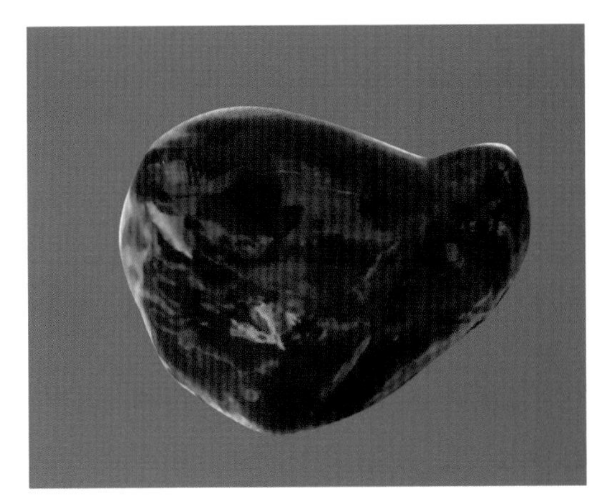

脾脏出血、坏死

输卵管积液

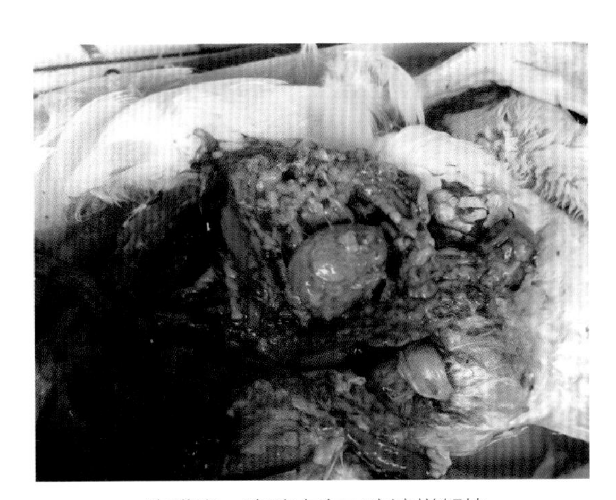

腹膜炎，腹腔内有豆腐渣样凝块

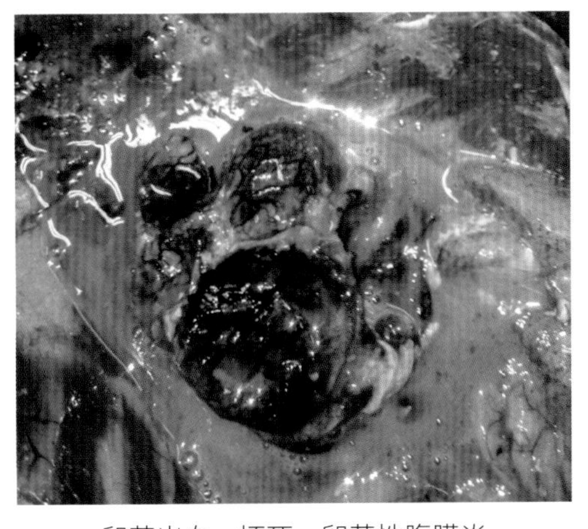

卵黄出血、坏死，卵黄性腹膜炎

鹅的禽流感图

濒死前出现神经症状

神经症状（腿软劈叉）

病鹅（左）扭头，（右）下颌肿胀，蓝眼睛

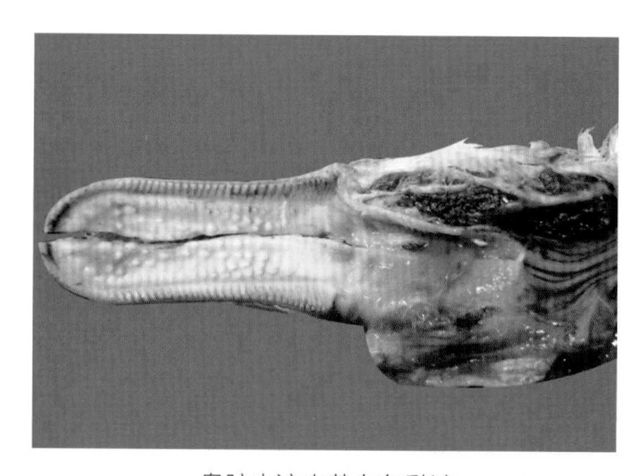
鼻腔内流出黄白色黏液

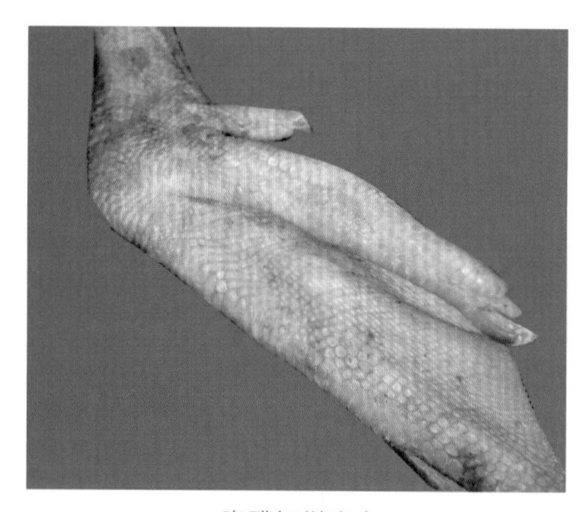
脚蹼轻微出血

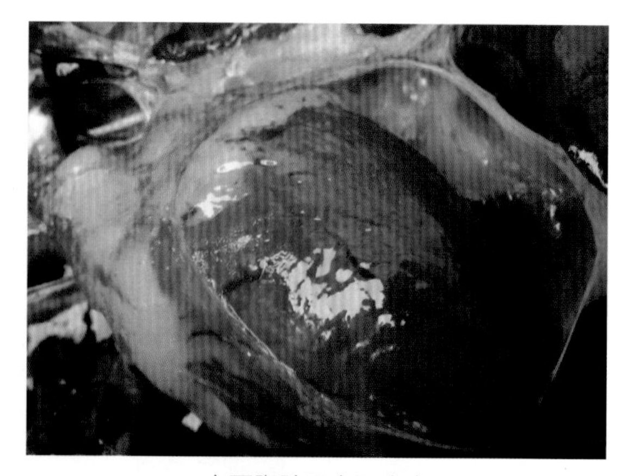
心冠脂肪及心肌出血

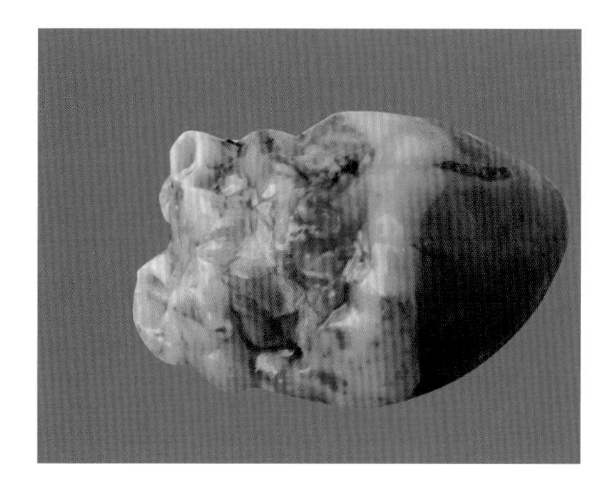

心冠脂肪出血

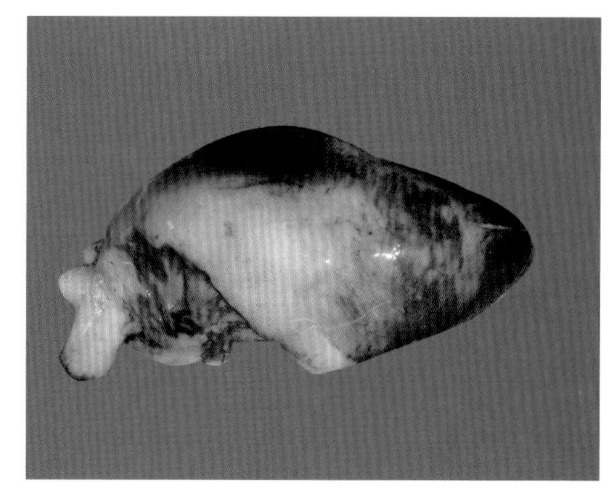

心肌呈水煮样坏死

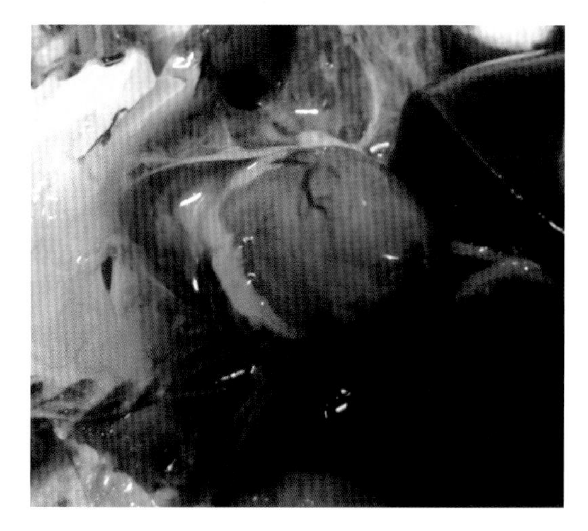

心尖出血，心包积液

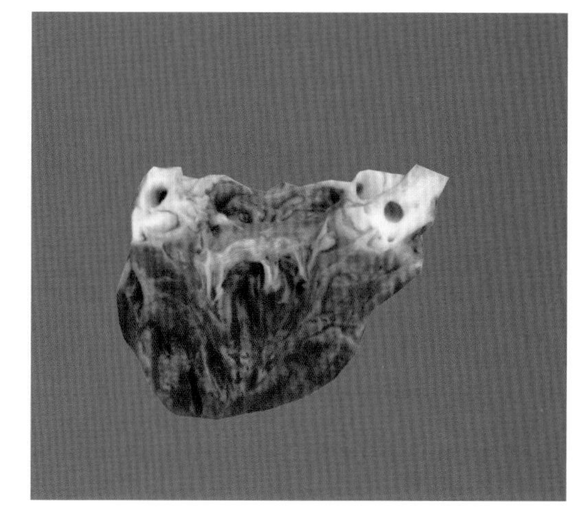

心肌内膜出血

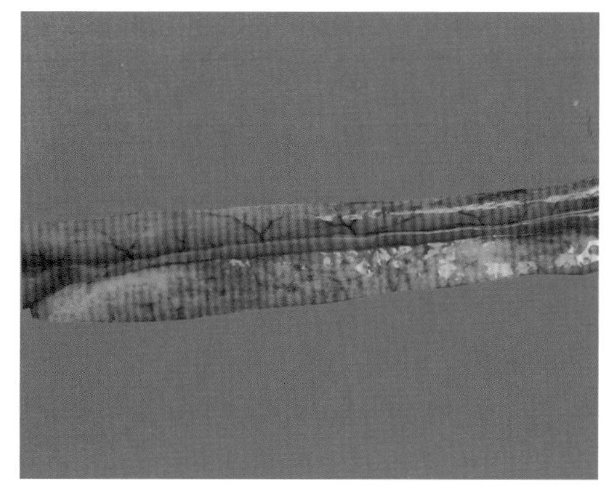

胰腺点状出血

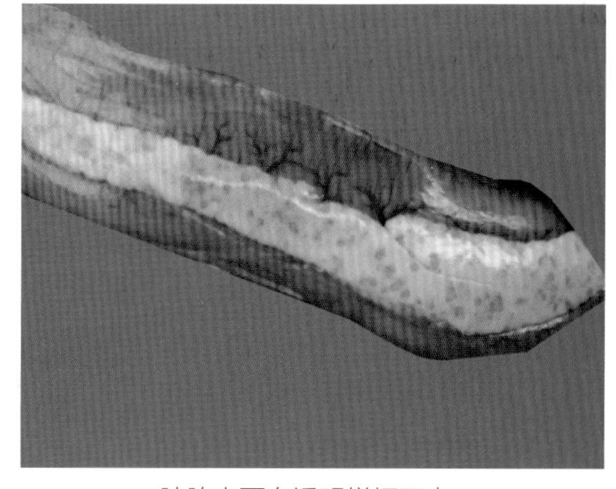

胰腺表面有透明样坏死点

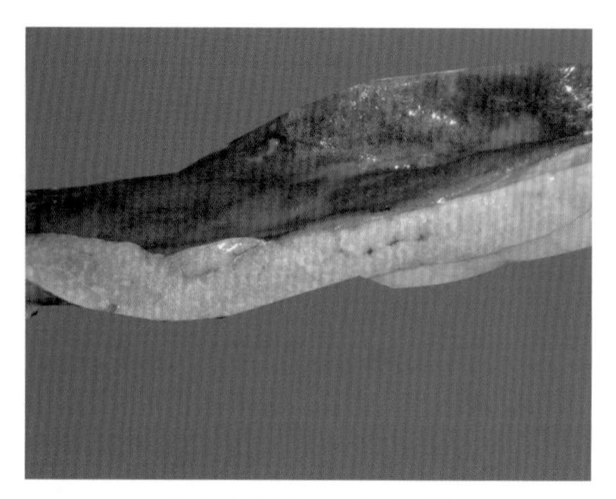

胰腺片状坏死，呈透明样

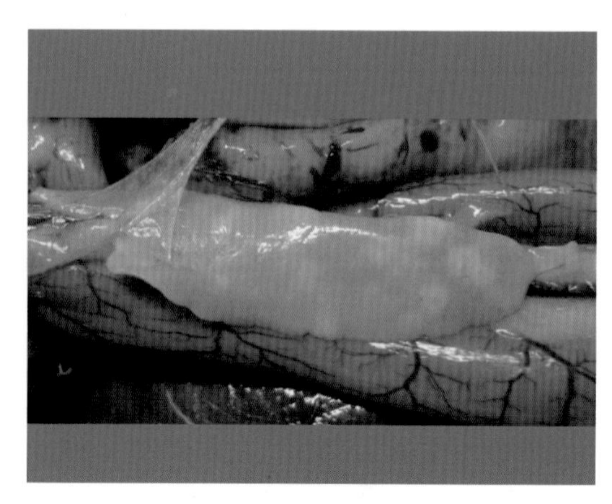

胰腺斑点状坏死

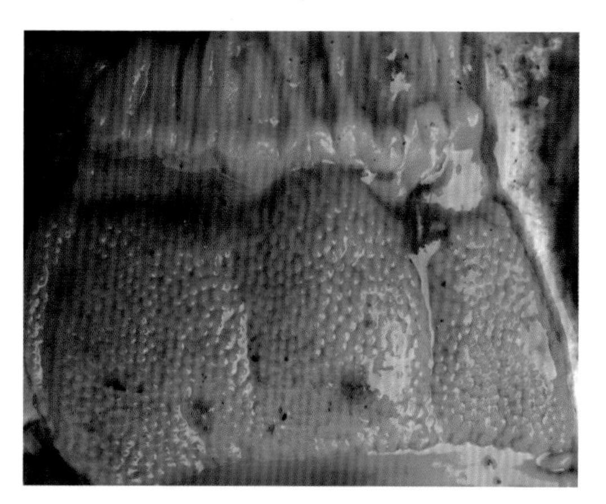

腺胃乳头水肿

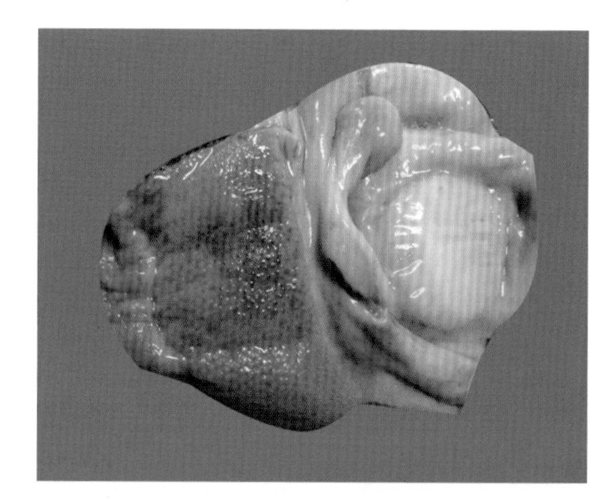

腺胃乳头出血，肌胃出血

腺胃出血

腺胃乳头出血

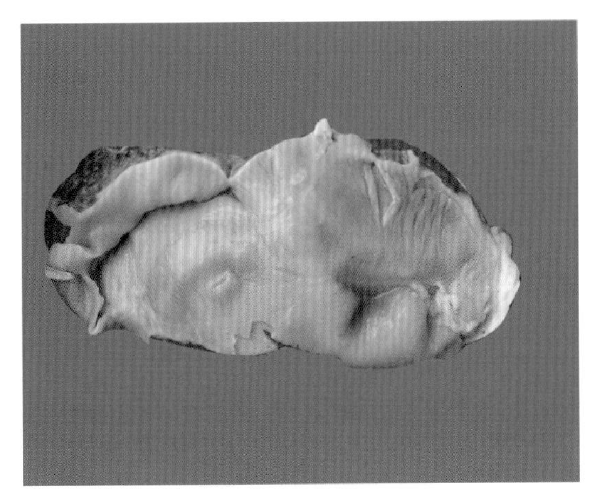

肌胃角质层脱落、溃疡

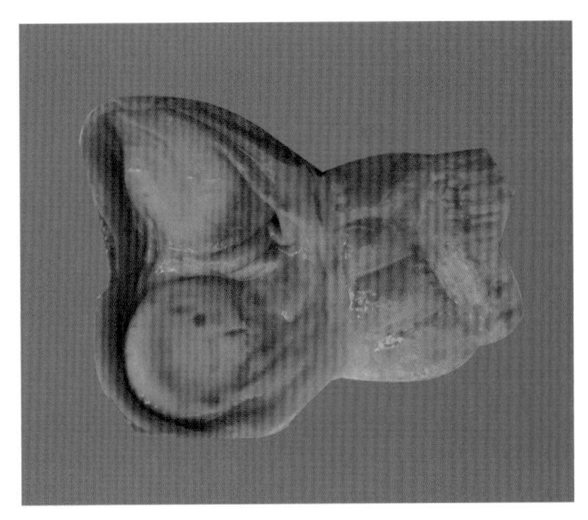

肌胃角质层下出血

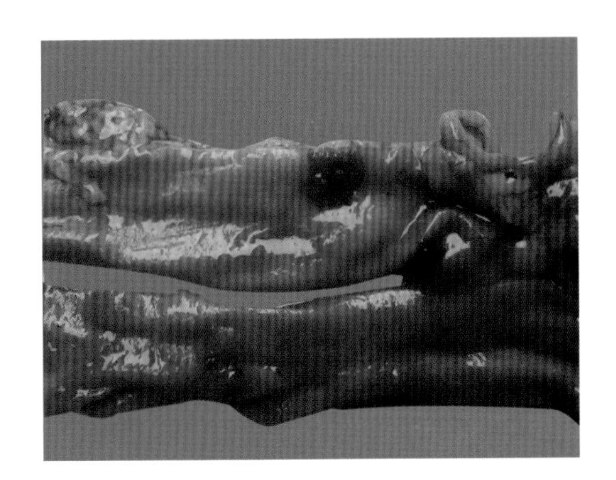

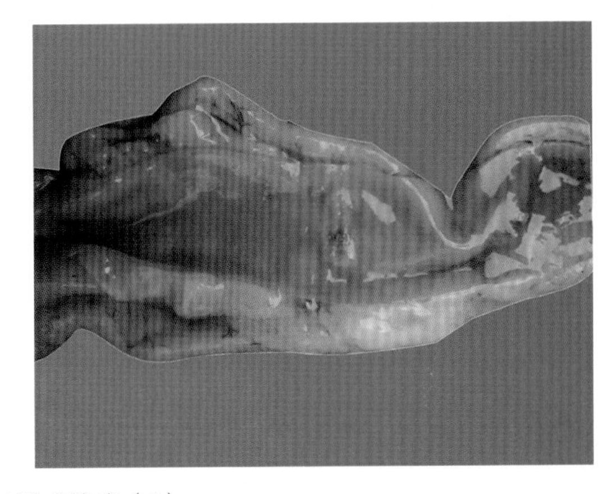

肠淋巴滤泡密集处形成溃疡（1）

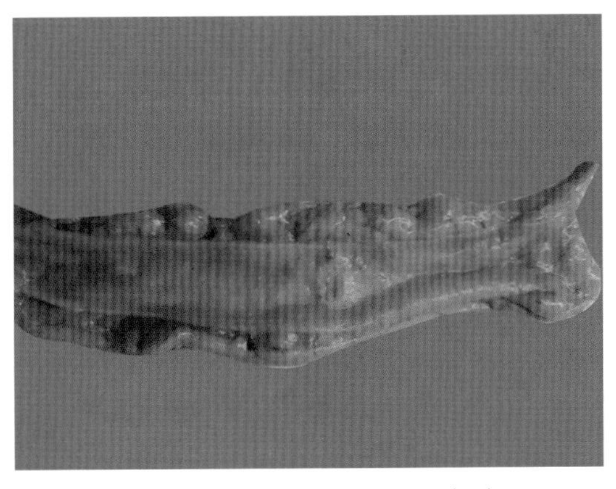

肠淋巴滤泡密集处形成溃疡（2）

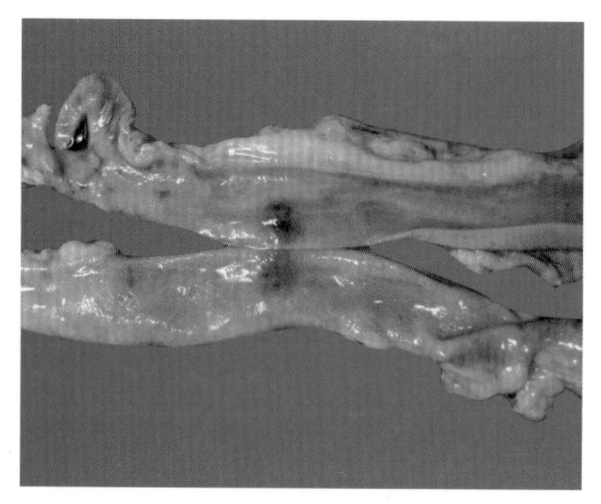

淋巴滤泡肿胀、出血

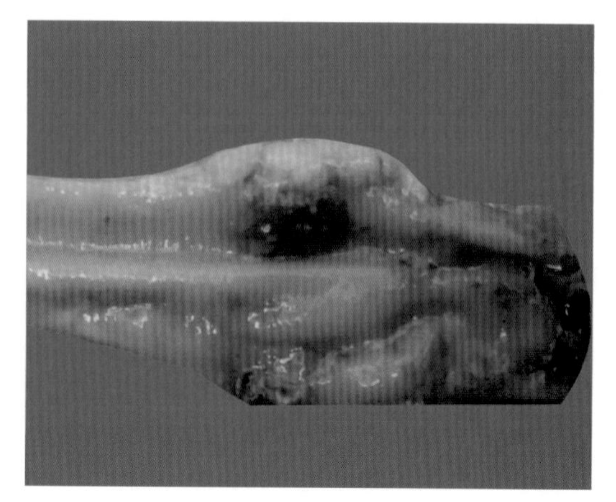

肠淋巴滤泡密集处有枣核样出血

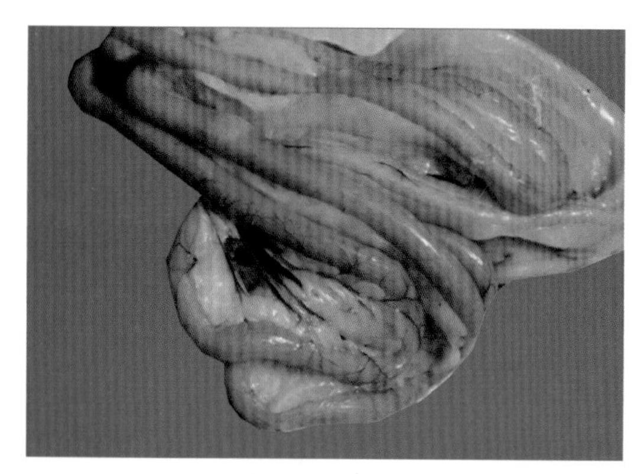

小肠环状变性

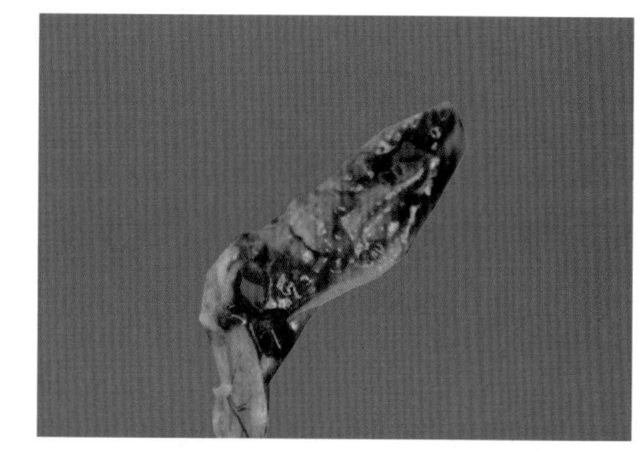

小肠淋巴滤泡变性、坏死、溃疡

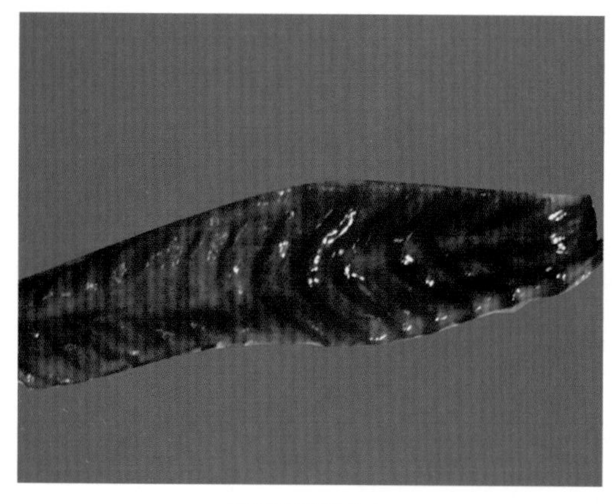

直肠严重出血

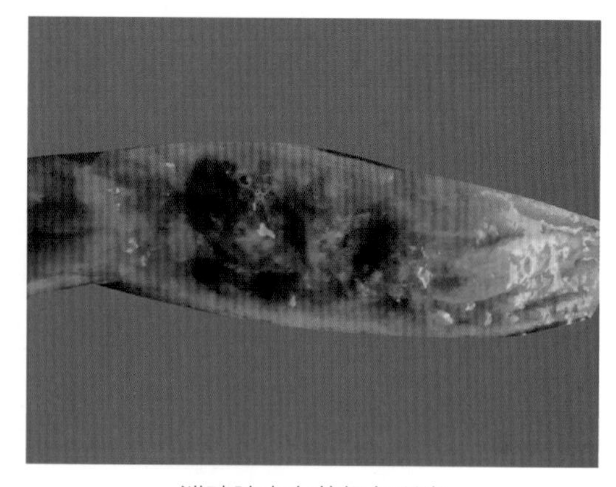

泄殖腔内有黄绿色稀粪

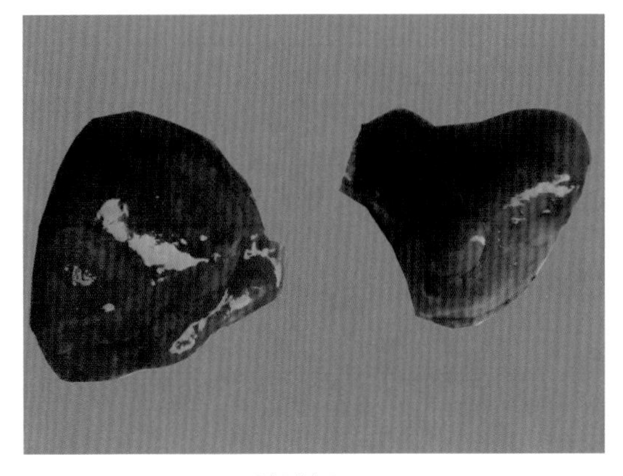

脾脏坏死

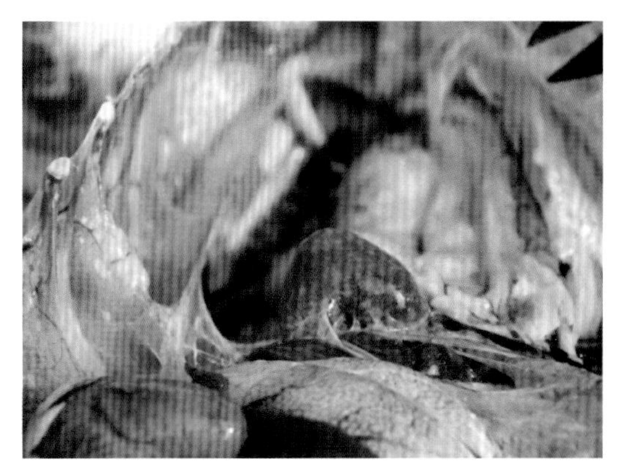

脾脏出血、坏死，花斑脾

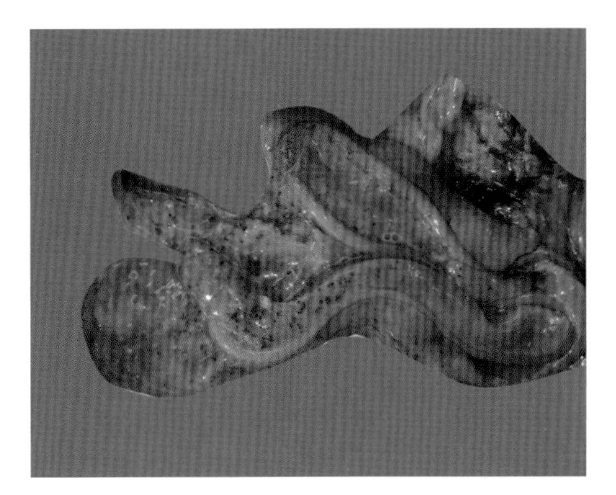

肠系膜脂肪点状出血

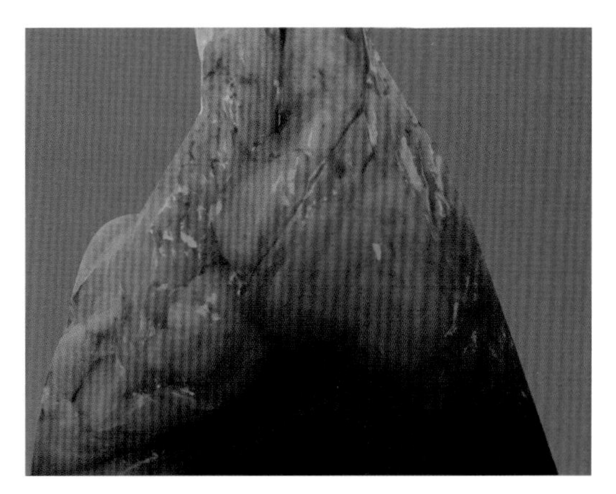

腹部脂肪有出血点

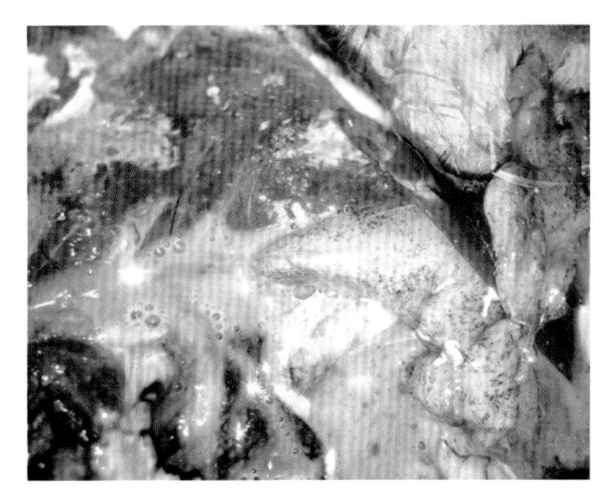

腹部脂肪弥漫性点状出血

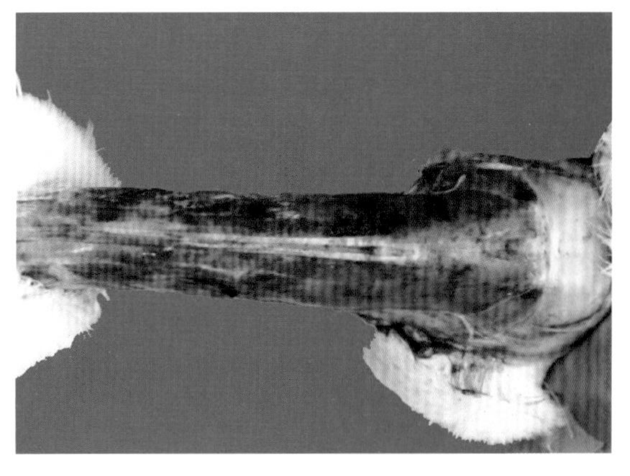

颈部肌肉出血

头部皮下胶冻样浸润

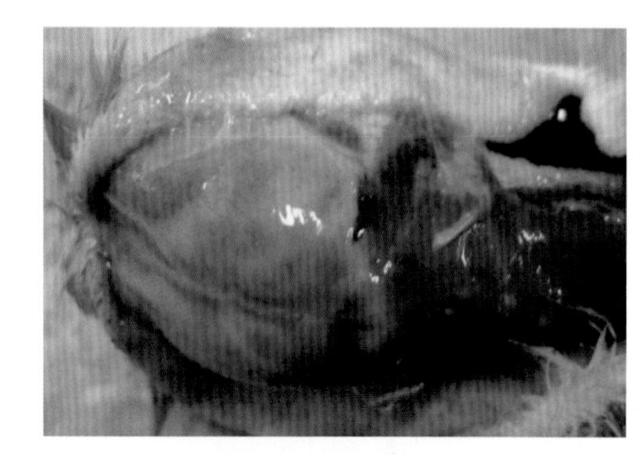

颅骨充血，颈部肌肉出血

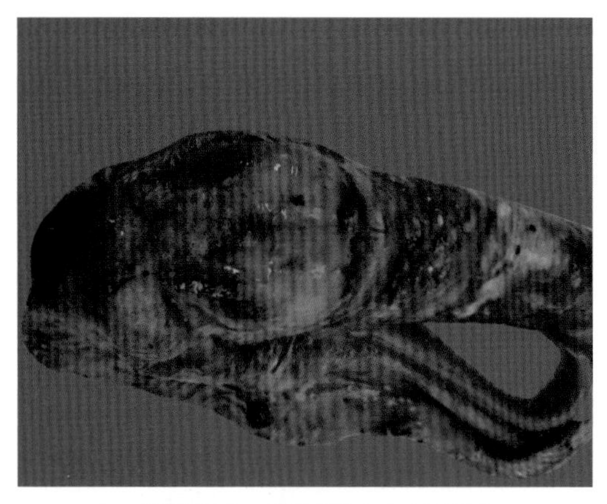

颅骨出血，颈部肌肉白色坏死

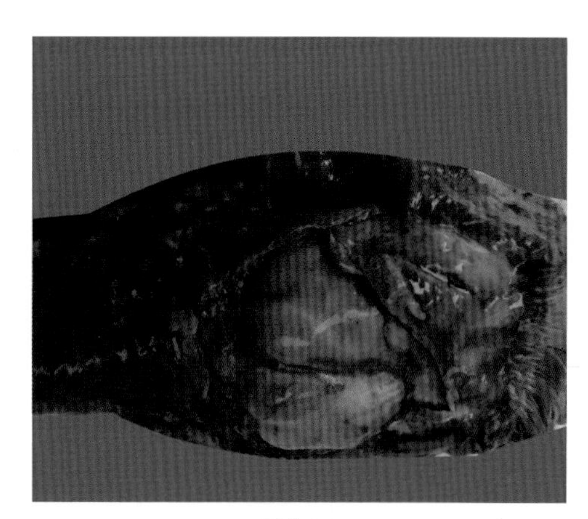

脑坏死

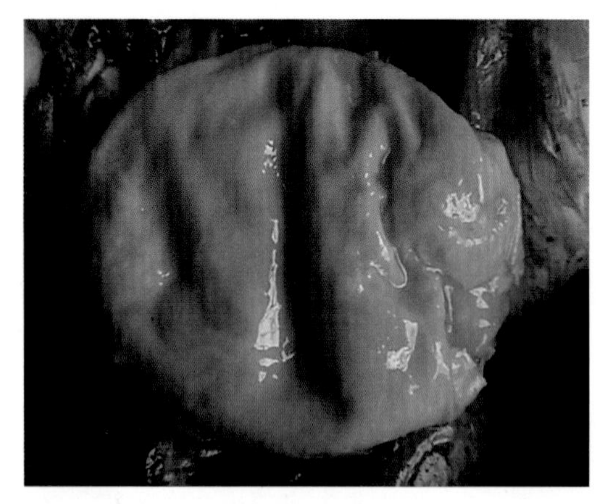

输卵管内有软皮蛋

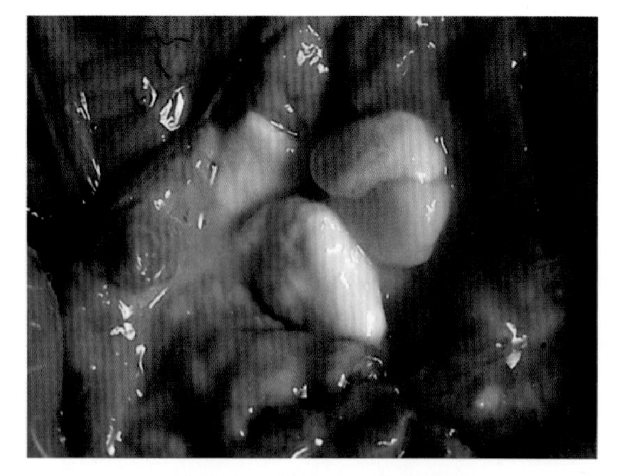

输卵管内有黄白色干酪样物

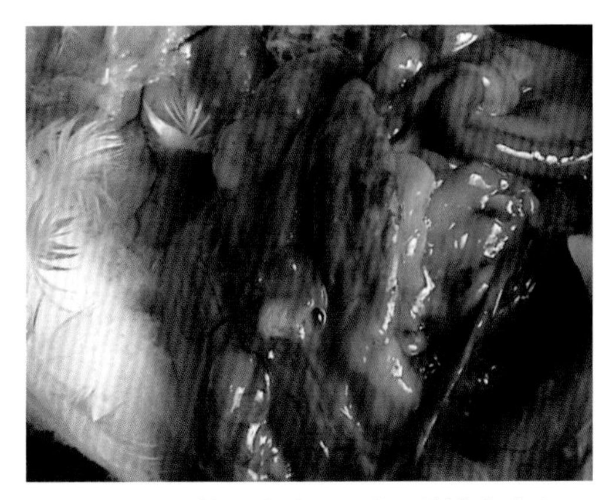

卵泡破裂后掉入腹腔，形成卵黄性腹膜炎

卵黄充血、出血

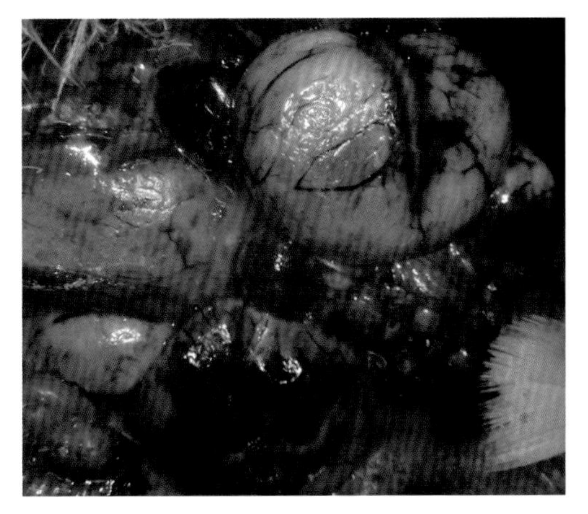

卵黄变性、坏死

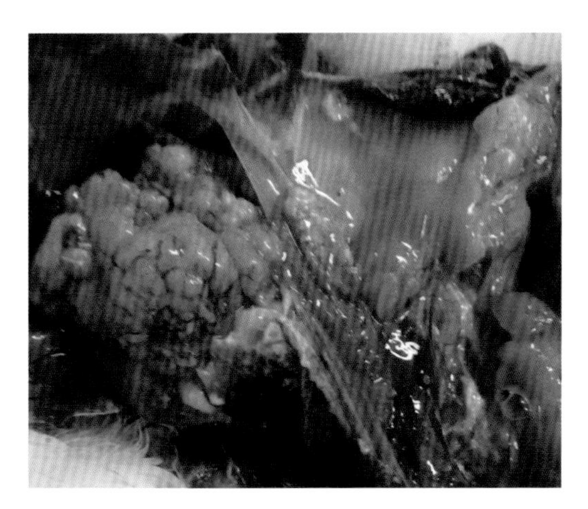

卵巢呈菜花状

第二节 新 城 疫

一、概述

新城疫（newcastle disease，ND）是由新城疫病毒（newcastle disease virus，NDV）强毒株引起鸡、火鸡的一种急性、高度接触性传染病，常呈败血症经过。新城疫是OIE规定的A类传染病，我国将新城疫列为一类动物疫病。临床分为典型新城疫和非典型新城疫，近几年非典型新城疫发病率高于典型新城疫，呈上升趋势，并不单独发病，常与大肠杆菌病、传染性法氏囊病、慢性呼吸道病、球虫病等一种或几种疾病混合感染，导致病情加重，给临床诊断和治疗带来困难，因此新城疫仍是目前养鸡业主要的疾病之一。

二、病原特征

新城疫病毒属于副黏病毒科禽腮腺炎病毒属。NDV完整病毒粒子形状不一，大多数为球形，直径100～500 nm，但也可呈不同长度的细丝状，核衣壳呈螺旋对称型，有囊膜，囊膜的外层有呈放射状排列的突起物称为纤突，具有能刺激宿主产生抑制红细胞凝集素和病毒中和抗体的抗原成分。病毒核酸类型为单股负链不分节段RNA，基因组由15 186、15 192或15 198个核苷酸组成，在NDV基因组上依次排列着NP、P、M、F、HN和L基因，分别编码核衣壳蛋白（NP）、磷蛋白（P）、基质蛋白（M）、融合蛋白（F）、血凝素-神经氨酸酶（HN）和大分子蛋白（L）。禽副黏病毒（APMV）有10个血清型即APMV-1至APMV-10，NDV是APMV-1，其不同毒株毒力差别很大，NDV能凝集多种动物的红细胞，而从火鸡和其他鸟类分离的APMV-3与APMV-1有交叉反应。NDV存在于病鸡的所有组织和器官内，包括血液、分泌物和排泄物，以脑、脾和肺含毒量最高，骨髓含毒时间最长。

三、流行病学

传染源：病鸡和带毒鸡是主要传染源。

传播途径：呼吸道和消化道传播是主要传播途径，其次是眼结膜，带毒种蛋、创伤及交配也可传染。而非易感的野禽、体外寄生虫及人畜均可机械地传播新城疫病毒。

易感动物：不同日龄的鸡易感性有差异，70日龄以下的鸡易感性最高，15～32日龄、40～60日龄及产蛋期的鸡发病率高。

传播媒介：被NDV污染的水、饲料、器械及带毒的野生飞禽、体外寄生虫及厂区工作人员等是主要的传播媒介。

本病四季均可发生，以春冬两季较多，发病取决于不同季节新鸡的数量、流动情况和适于病毒存活及传播的条件，污染的环境和带毒的鸡群是造成本病流行的常见原因。目前新城疫发病日龄越来越早，最早的在3日龄可发病，死亡率的高低取决于体内抗体水平的高低，抗体水平低或没有免疫接种的鸡群，病死率高达75%～100%；免疫鸡群仍可发病，病死率变化比较大，在3%～40%。

目前非典型新城疫发病呈上升趋势，常与大肠杆菌病、传染性鼻炎、慢性呼吸道病、禽流感等混合感染，致使死亡率明显增加。

四、临床症状

自然感染时潜伏期3～5 d，人工感染时为2～5 d。

1.典型新城疫

病初体温高达43～44℃，精神沉郁，眼半闭似昏睡状，采食量减少，饮水量增加，嗉囊内有大量酸臭液体，少走动，翅下垂，冠、肉髯呈青紫色，呼吸困难并带有“呼噜声”，排黄绿色粪便；中后期病鸡出现腿翅麻痹、运动失调、原地转圈、观星等神经症状，伴随体温下降，最终昏迷而死。

产蛋鸡产蛋率下降20%～70%不等，软皮蛋、砂皮蛋、褪色蛋、白壳蛋、小蛋等明显增多，种鸡受精率明显下降。

商品肉鸡群多集中在18日龄、30日龄左右发病，先呼吸不畅、体温升高，后期出现神经症状，终因消瘦死亡。

2.非典型新城疫

初期与典型新城疫相似，免疫后的鸡群多发，发病率、死亡率相对低，死亡持续时间长，主要表现为呼吸道症状、神经系统障碍及生殖系统受损，其他症状表现不明显。

产蛋鸡群发病后，精神和采食基本正常，有的拉稀；发病5～7 d后，病鸡出现瘫痪、扭脖、观星、摇头、头点地等神经症状；一般发病7～10 d后，产蛋率下降，白壳蛋、畸形蛋、砂壳蛋、破壳蛋等增多，种鸡受精率、孵化率、健雏率等均低于正常水平，或终因继发感染大肠杆菌病、沙门杆菌病等疾病引发卵黄性腹膜炎，产蛋率不易恢复正常水平。

雏鸡及青年蛋鸡可能会出现不同程度的呼吸道症状，如摇头、咳嗽及轻微的呼噜声，个别张口呼吸等。

五、病理变化

以全身黏膜和浆膜出血，淋巴组织肿胀、出血和坏死，消化道和呼吸道出血为主要病理特征。

嗉囊内聚积酸臭味、混浊的液体。

喉头和气管黏膜充血、出血，内有大量黄白色黏液或黄色干酪样物。

嗉囊与腺胃交界处、腺胃与肌胃交界处有出血点或出血带，腺胃黏膜肿胀、出血，腺胃乳头和乳头间出血，或溃疡、坏死，肌胃角质层下有出血斑点，或粟粒状溃疡。

肠黏膜有大小不等的出血点或弥漫性出血，直肠黏膜皱褶有条状出血或点状出血，或有黄色纤维性坏死灶。淋巴组织和盲肠扁桃体肿大、出血、坏死和溃疡，肠黏膜表面有纤维素性坏死性假膜，略高于黏膜表面，浆膜面呈红色枣核样。

腹部脂肪和心冠脂肪出血；胸腺、脾脏肿大、出血；肾脏充血、水肿，输尿管内有尿酸盐沉积。

输卵管黏膜充血，卵泡充血、出血、变性，甚至坏死，卵黄破裂掉入腹腔后形成卵黄性腹膜炎。

六、防治

1.预防

疫苗接种是预防新城疫的关键措施，并确保接种质量，根据HI抗体的测定结果，确定首次免疫和再次免疫时间；平时加强饲养管理，饲养密度适宜，通风良好，饲喂营养均衡饲料，适当增加维生素用量，以增强鸡的体质，提高抗病力；严格执行消毒制度，做到临时消毒与定期消毒相结合，切断病原的传播途径等。

2.治疗方案

发病后及时向有关部门报告疫情并严格隔离病鸡，将病死鸡进行深埋或焚烧，对污染的场地、物品、用具进行彻底消毒，同时对没有发病的鸡群进行紧急接种，以保护未被感染的健康鸡。

非典型新城疫治疗方案仅供参考，治疗效果受多种因素影响。

（1）肌内注射抗新城疫高免血清1 mL或高免卵黄抗体1 ~ 2 mL。

（2）抗微生物药饮水或拌料，控制细菌的继发感染。配合卡巴匹林钙可溶性粉和维生素C可溶性粉，可以缓解病毒引起的高热症，干扰素、白介素、植物血凝素、转移因子或蜂毒肽饮水，抑制病毒复制。

（3）疫苗紧急接种 24 h后，选择清瘟败毒、凉血、开窍的中药制剂治疗。

【处方1】清瘟败毒散

石膏120 g，地黄、栀子、知母、连翘各30 g，水牛角60 g，黄连、牡丹皮各20 g，黄芩、赤芍、玄参、桔梗、淡竹叶各25 g，甘草15 g。

【用法与用量】禽1 ~ 3 g/只。

【处方2】普济消毒散

大黄、连翘、板蓝根各30 g，黄芩、薄荷、玄参、升麻、柴胡、桔梗、荆芥、青黛各25 g，黄连、马勃、陈皮各20 g，甘草15 g，牛蒡子45 g，滑石80 g。

【用法与用量】禽1 ~ 3 g/只。

【处方3】板青颗粒

板蓝根600 g，大青叶900 g（每100 g相当于原生药100 g）。

【用法与用量】鸡 0.5 g/只。

【处方4】金银花、连翘、板蓝根、蒲公英、青黛、甘草各120 g。

【用法与用量】水煎取汁，供100只鸡1次饮服，1剂/d，连用3 ~ 5 d。

【处方5】石竹散（河南省现代中兽医研究院研制）

生石膏、水牛角各12 g，知母、生地黄、牡丹皮、板蓝根、淡竹叶各9 g，甘草、连翘各7 g，大青叶11 g，黄连、金银花各6 g，人参叶5 g等。

【功能】清热解毒，凉血。

【主治】热毒上冲，头面、腮颊肿胀，发斑，高热神昏等症。

【用法与用量】禽0.25 ~ 1.5 g/只，1次/d，连用3 ~ 5 d。病情严重时加倍使用。

【应用】用于治疗非典型新城疫，总有效率达94.3%。将确诊的鸡单独饲养、单独给药：一般用药24 h，鸡群精神状态好转，采食量开始上升；48 h后，70%绿色粪便基本消失、粪便成形，精神状态、采食量、饮水量明显改善，死亡率下降；72 h后，粪便形态、精神状态、采食量、饮水量恢复至80% ~ 90%；5 d后鸡群基本恢复正常，生产性能逐步恢复正常。

鸡的新城疫图

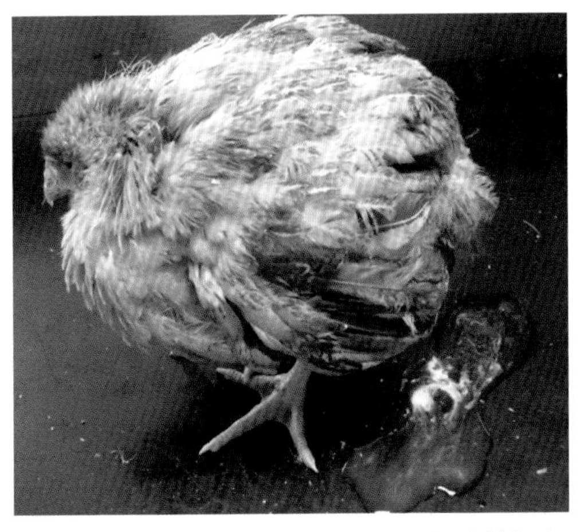

病鸡精神沉郁，羽毛蓬乱，拉黄白色或黄绿色如蛋清样稀粪

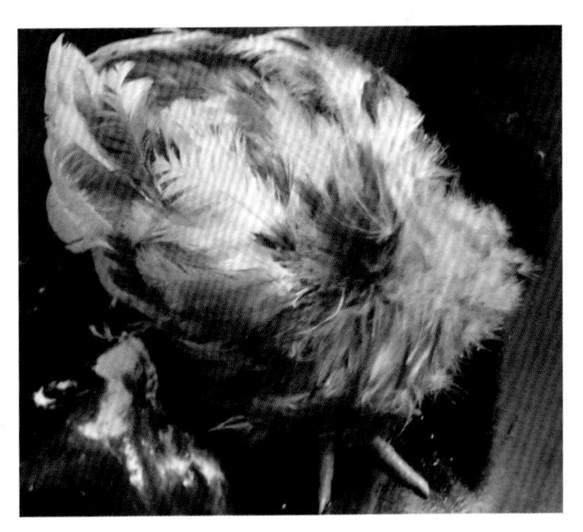

病鸡扭颈，拉白色稀粪

病鸡扭颈，呈观星状

病鸡呼吸困难，张口呼吸

病鸡口腔流出绿色酸臭黏液

蛋壳褪色，易破碎

软皮蛋

砂壳蛋

鸡蛋大小差异显著

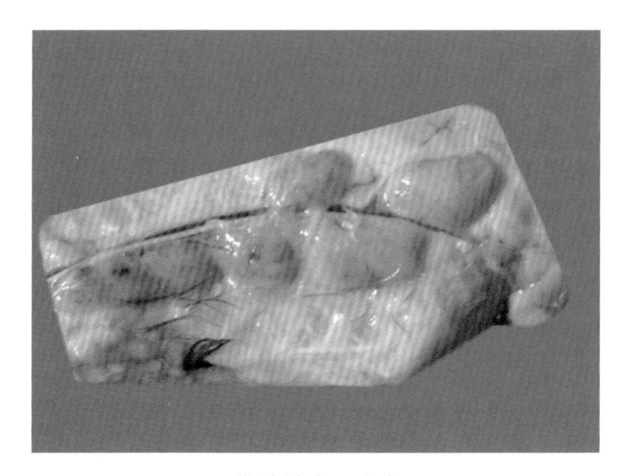

胸腺肿大、出血

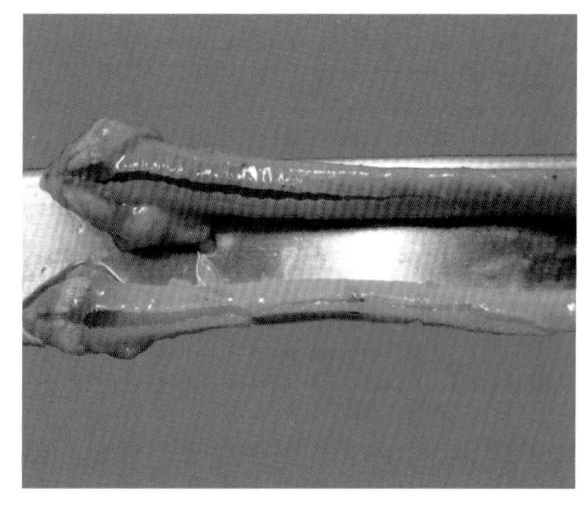

上：气管水肿、充血　下：正常气管

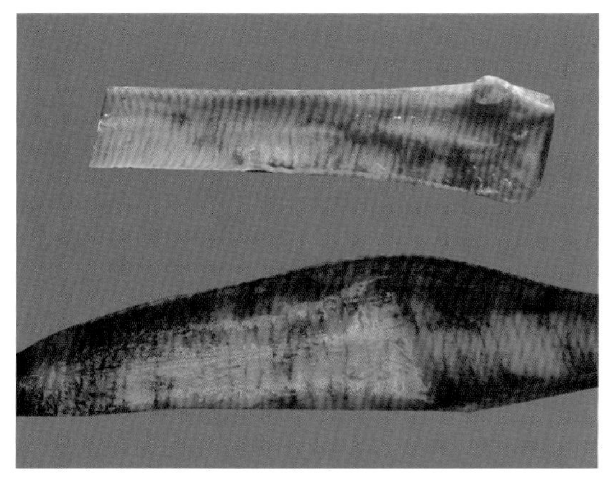

上：气管黏膜出血，内有黏液
下：气管黏膜出血

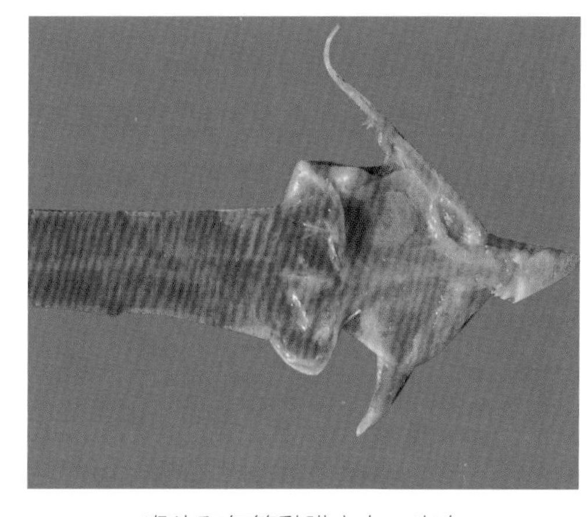

喉头和气管黏膜充血、出血

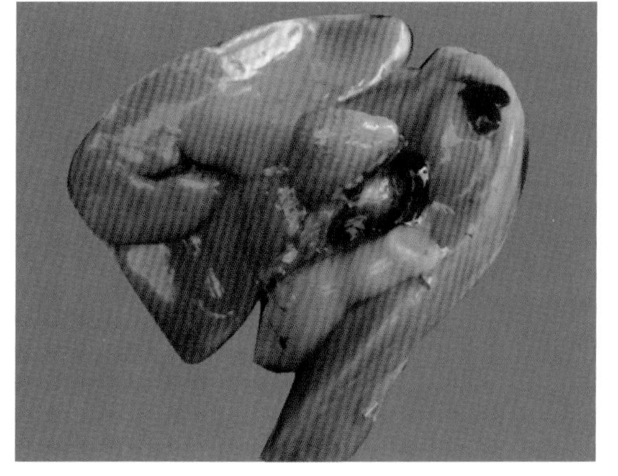

脾脏点状出血

脾脏肿大、出血

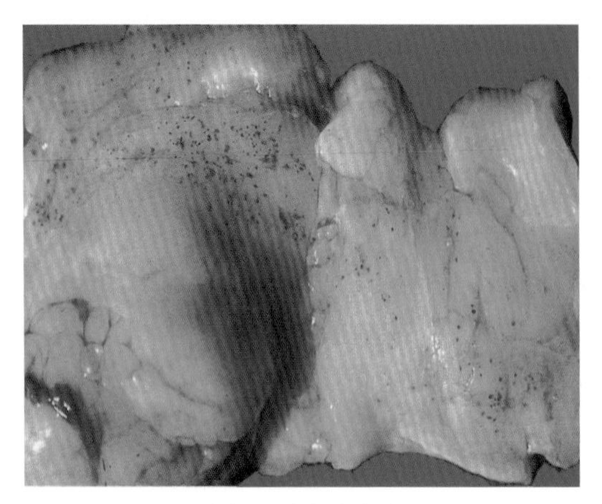

腹部脂肪有出血点

强毒新城疫引起的肾脏肿大、出血

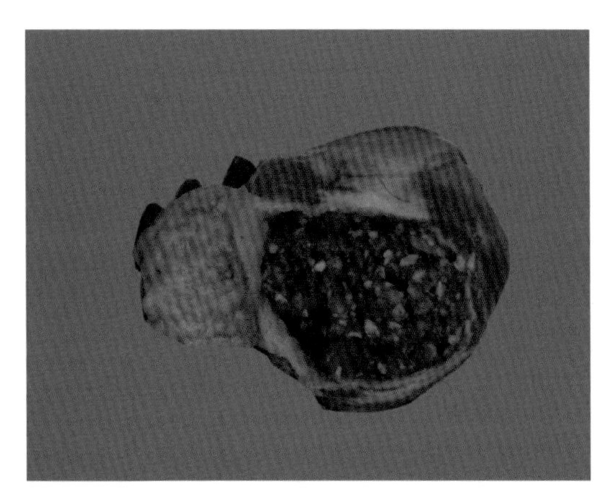

胆汁反流，肌胃内容物呈绿色

腺胃肿胀、出血，肠道淋巴滤泡丛红肿

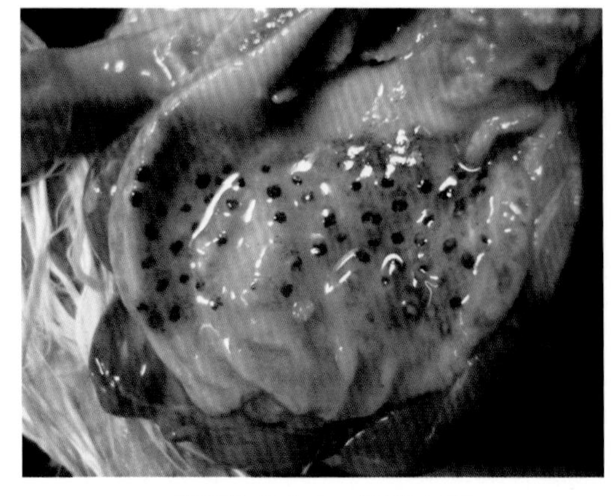

腺胃乳头出血，胃壁变薄

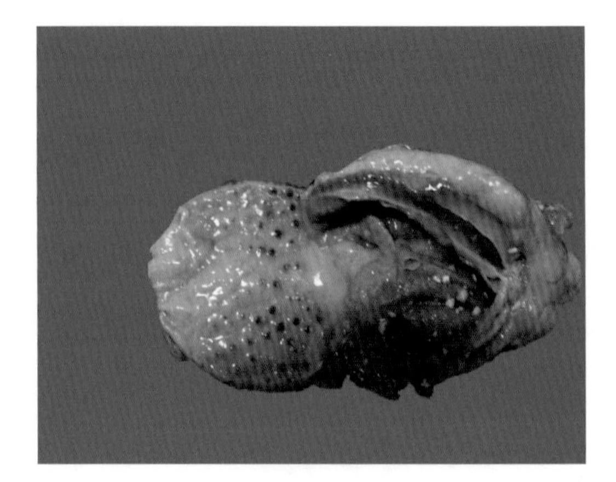

腺胃乳头出血

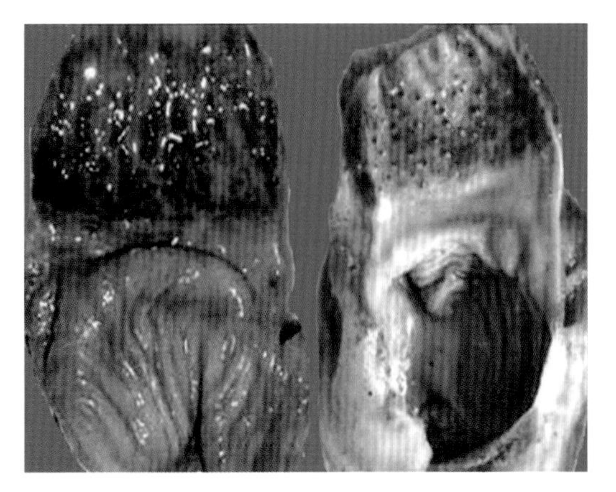
腺胃广泛性出血，腺胃表面有乳白色分泌物

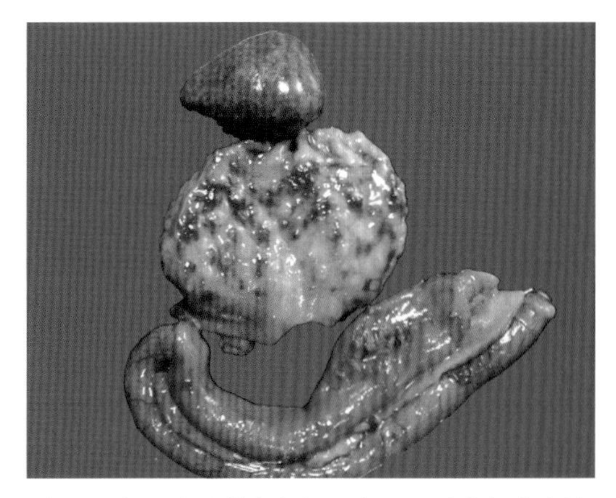
腺胃出血，脾脏黄白色坏死点，肠黏膜有溃疡灶

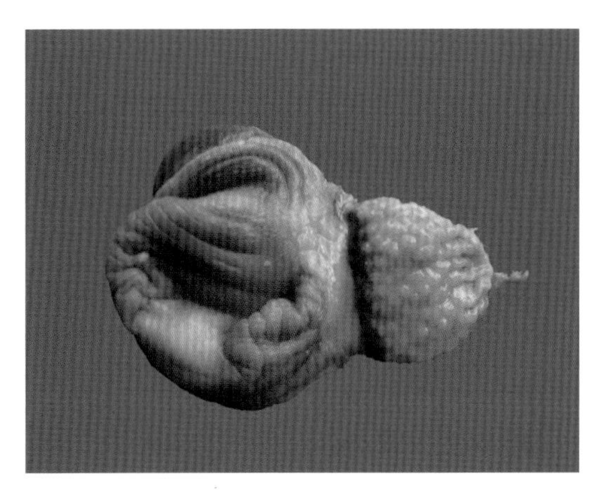
肌胃与腺胃交界处出血

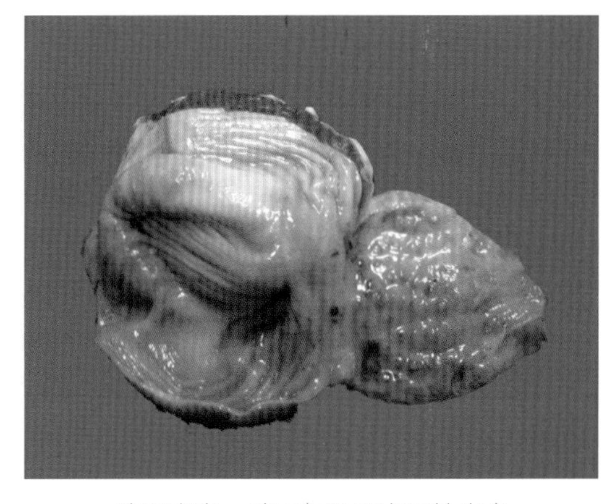
腺胃出血，腺胃与肌胃交界处出血

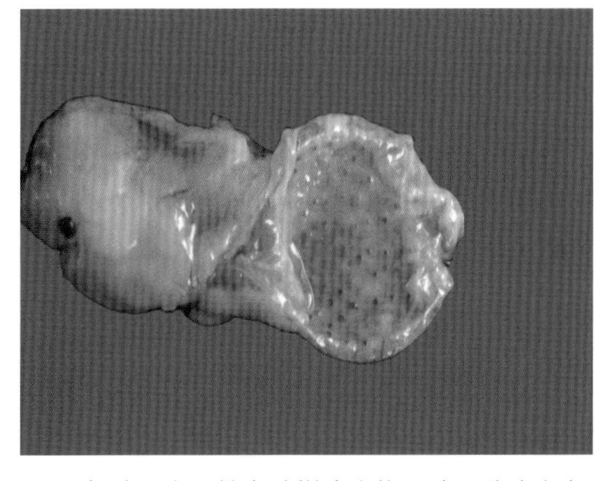
肌胃与腺胃交界处有胶样渗出物，腺胃乳头出血

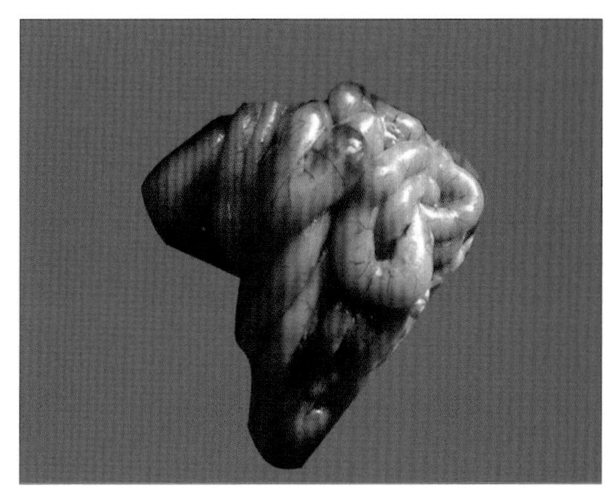
肠道淋巴滤泡丛集合处红肿

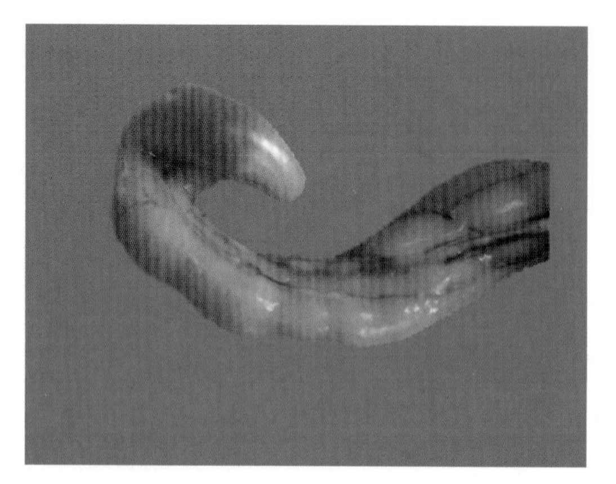

强毒新城疫引起的十二指肠“U”袢出血

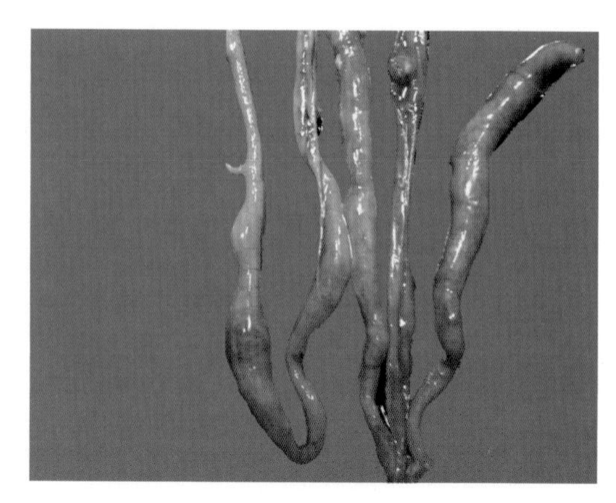

肠道淋巴滤泡丛集合处肿大、出血

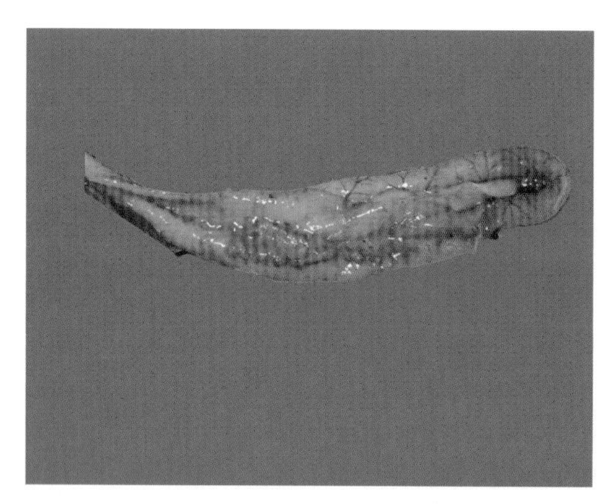

十二指肠淋巴滤泡丛肿胀、溃疡

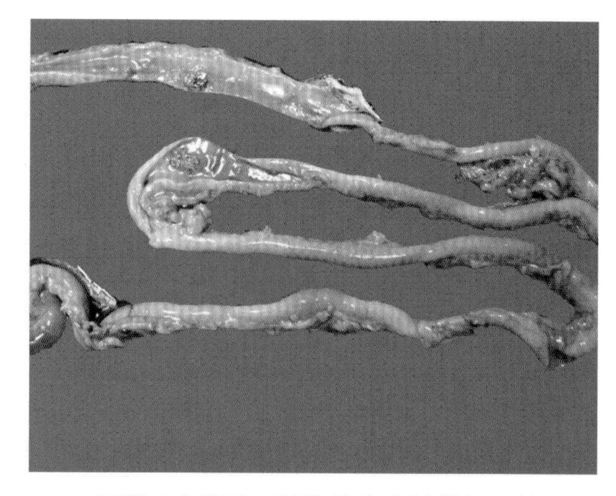

肠道内多处淋巴滤泡丛有枣核样坏死灶

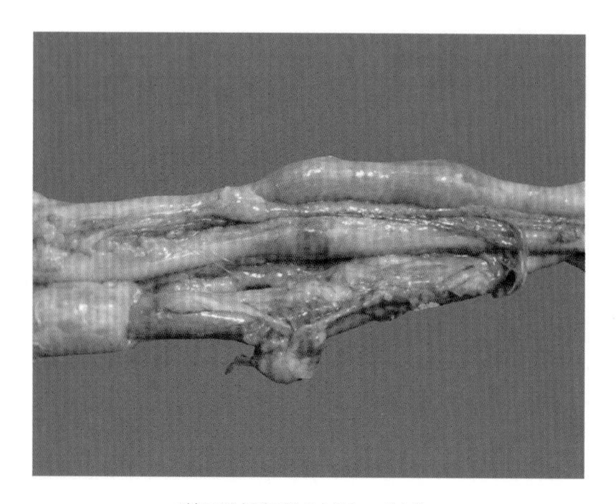

淋巴滤泡丛肿胀、出血

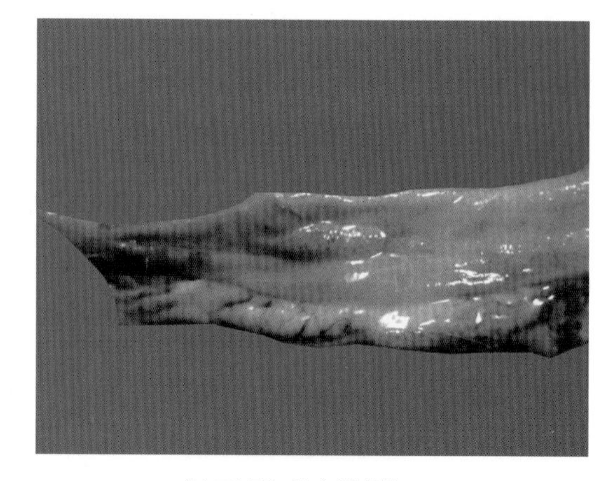

淋巴滤泡丛枣核样坏死

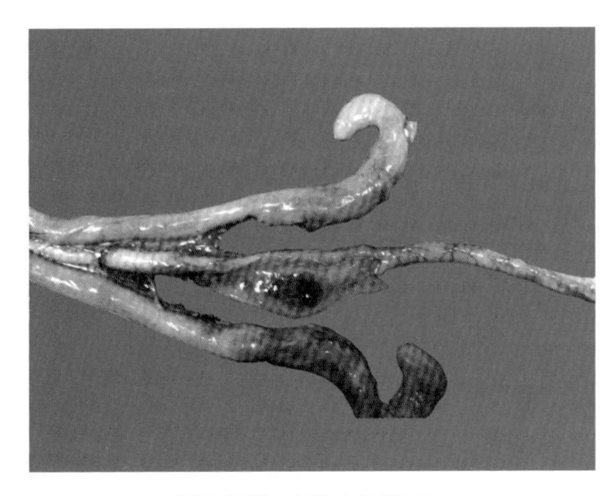

淋巴滤泡丛出血性溃疡

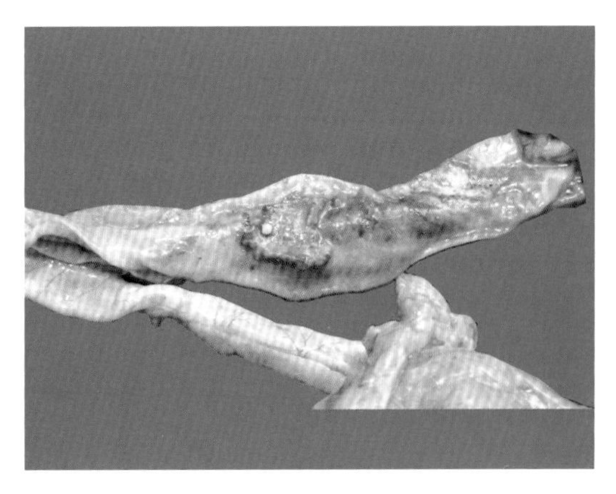

肠黏膜脱落，有坏死灶

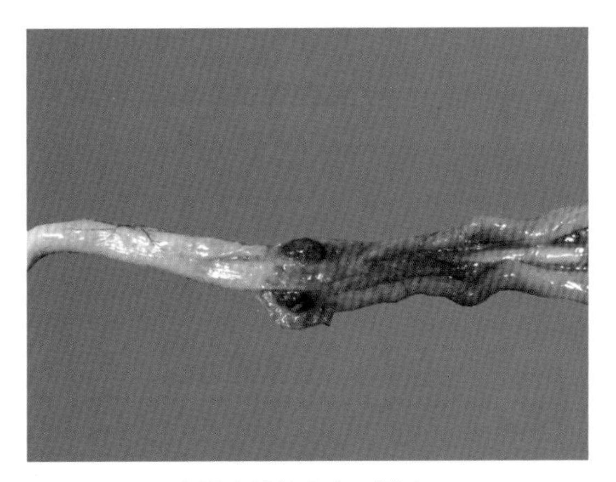

盲肠扁桃体出血、溃疡

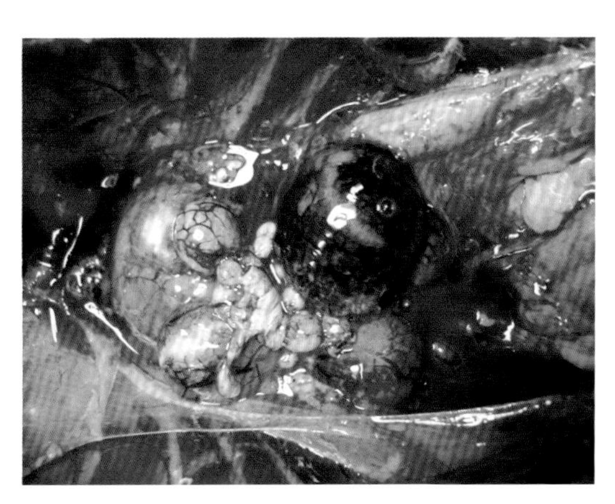

卵泡充血、出血、变性，甚至坏死，卵黄破裂掉入腹腔后形成卵黄性腹膜炎

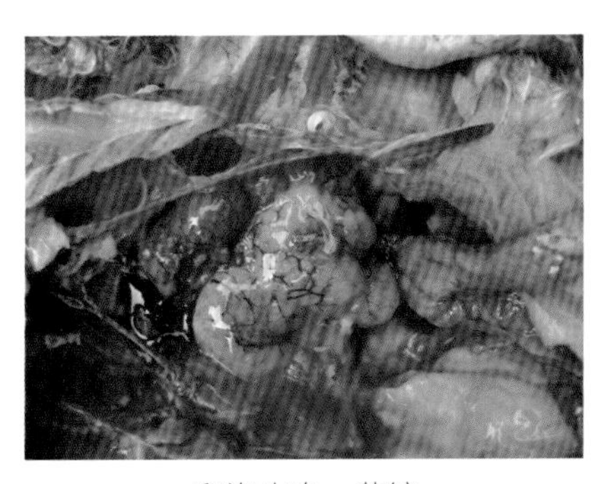

卵泡出血、萎缩

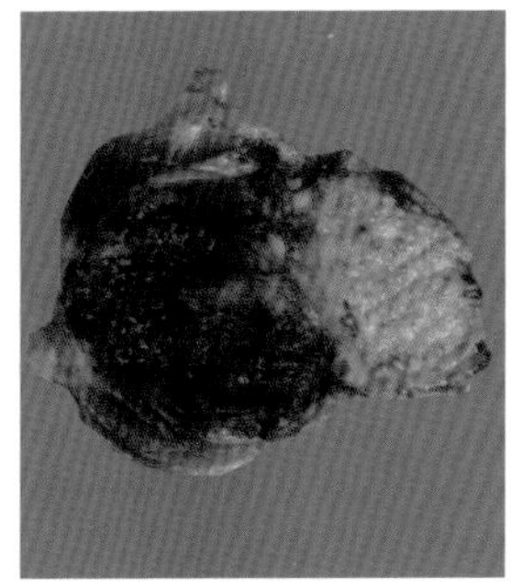

新城疫与曲霉菌病混合感染引起腺胃乳头出血，肌胃角质层溃疡

病鸡受到刺激后表现的系列神经症状

鸽、鹌鹑的新城疫图

眼睑出血，濒死前口中流出黏液

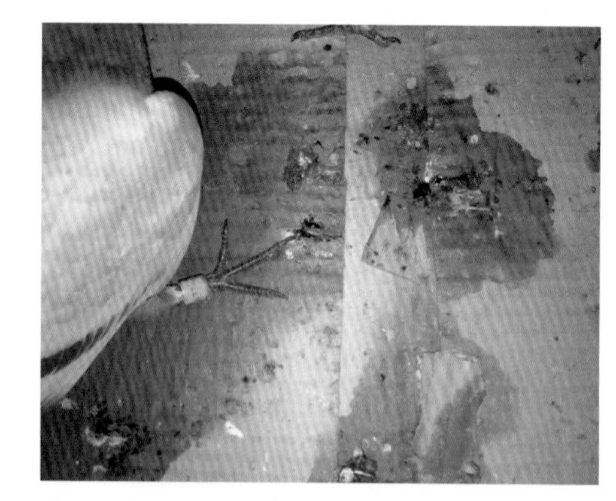

腹泻，粪便呈绿色或黄绿色，混有白色如牛奶样粪便

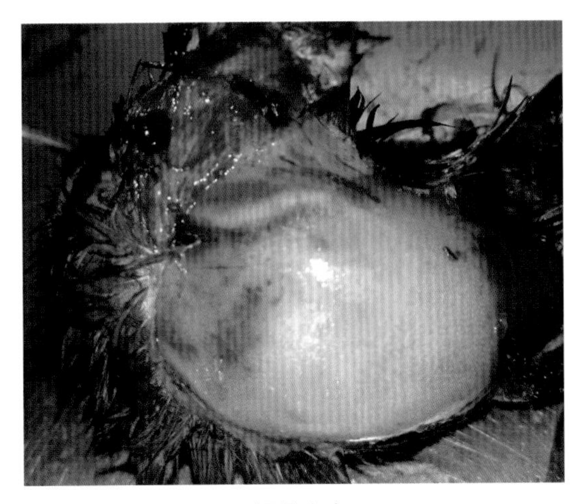

颅骨出血

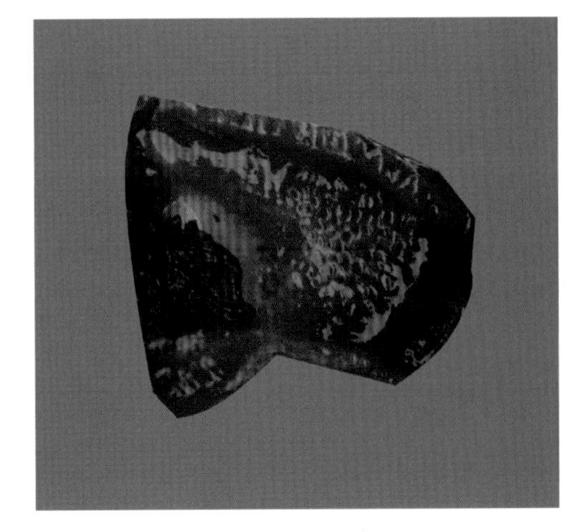

腺胃乳头出血

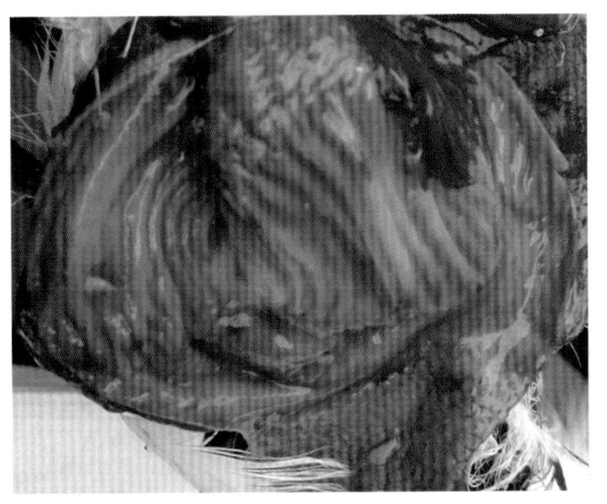

腺胃乳头水肿，腺胃与肌胃交界处出血，肌胃角质层下出血

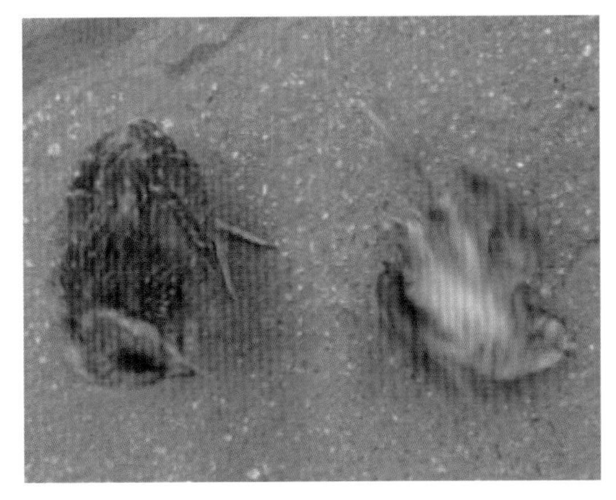

鹌鹑感染新城疫出现扭颈神经症状

第三节　水禽副黏病毒病

一、概述

水禽副黏病毒病（waterfowl paramyxovirus disease，WPD）是由禽副黏病毒（avian paramyxovirus，APMV）引起的鸭、鹅等水禽的急性传染性病毒病，是近年来新出现的一种传染病。本病主要侵害消化道和呼吸道，不同品种、不同日龄的水禽均可感染。临床特征为急性水样腹泻、两腿无力、呼吸困难和出现神经症状及产蛋率下降。病理特征为脑、肝脏、消化管和呼吸系统器官黏膜充血、出血、坏死、溃疡或弥漫性点状出血，胰腺及脾脏肿胀、表面有大小不等的灰白色坏死灶等。本病具有病程短、发病率和死亡率高的特点。本病流行趋势呈上升状态，已经成为危害我国水禽业发展的重要疫病之一。本书主要介绍鸭、鹅副黏病毒病。

二、病原特征

禽副黏病毒属副黏病毒科禽腮腺炎病毒属，核酸为单股负链不分节段的RNA，有囊膜，囊膜表面有辐射状纤突。病毒粒子呈多形性，有球形、椭圆形、杆状或蝌蚪状等，大小差异显著，球形病毒直径100 ~ 250 nm，椭圆形病毒长轴220 ~ 330 nm、短轴110 ~ 200 nm，杆状病毒长轴270 ~ 370 nm、短轴70 ~ 100 nm。APMV目前确定有10个血清型，即APMV-1至APMV-10，其中APMV-4、APMV-6、APMV-8、APMV-9只能感染鸭和鹅等水禽。该病毒能凝集鸡、豚鼠、绵羊、小白鼠和人的O型红细胞，可存在于病禽所有器官、体液、分泌物和排泄物中，其中以脑、脾、肺和气管中病毒含量最高，以骨髓存留时间最长。

三、流行病学

传染源：病禽及流行期间的带毒禽是主要传染源。

传播途径：以消化道和呼吸道传播为主，也可通过被病禽污染的空气、饲料、饮水、用具及排泄物、尸体等感染，也可经蛋传播。

易感动物：各种日龄的水禽均易感，雏禽最易感。

本病发生与流行无明显季节性，流行性呈上升趋势，不同日龄水禽（3 ~ 300日龄）均可发病，20日龄以内的水禽和产蛋期水禽发病率和死亡率最高，死亡率高达100%。本病多与传染性浆膜炎、大肠杆菌病、禽流感等混合感染，致使治疗效果不佳，死亡率增加等。

四、临床症状

病禽精神沉郁，食欲减少或废绝，饮水量增加，体温升高，闭目缩颈，羽毛松乱缺乏油脂并易附着污物，怕冷扎堆。

病禽鼻孔周围有黏性分泌物，口中流出黏液，甩头，呼吸困难。

病禽水样腹泻，排淡黄白色、灰白色、绿色或黄绿色稀薄粪便，迅速消瘦。

部分病禽后期走路不稳，两腿无力，孤立一旁，或出现瘫痪、转圈、摇头、扭颈或向后仰等神经症状。

蛋禽发病后产蛋率下降。

本病若与传染性浆膜炎、大肠杆菌病、禽流感等混合感染，易引起心包炎、肝周炎、卵黄性腹膜炎等，造成死亡率增加，产蛋率不易恢复等。

五、病理变化

喉头及气管出血，肺脏出血或瘀血。

食道黏膜有芝麻大小灰白色或淡黄色的结痂，易剥离，剥离后可见紫色斑点或溃疡。

腺胃乳头与黏膜、腺胃与肌胃交界处有出血点或出血斑。

十二指肠、空肠、回肠及泄殖腔黏膜出血、坏死，有时结肠黏膜有豆状大小的溃疡。

胰腺出血，表面有少量白色或灰白色坏死点散在。

脾脏肿大，心肌色淡偶有出血。

肝脏肿大，呈土黄色，出血、坏死等。

六、防治

1.预防

疫苗接种是预防本病的关键措施，要确保接种质量，平时加强饲养管理，搞好环境卫生，严格执行消毒制度，做到临时消毒与定期消毒相结合消灭病原，切断病原的传播途径等。

2.治疗方案

（1）采用特异性卵黄抗体治疗或新城疫Ⅳ系疫苗紧急接种。

1）副黏病毒卵黄抗体（也可用干扰素、转移因子、蜂毒肽等注射）：1～2 mL/只，阿米卡星：2～4 IU/kg体重，混合后，肌内注射，隔天1次；7 d后采用副黏病毒灭活苗接种，每只1 mL。

2）新城疫Ⅳ系疫苗4倍量饮水。

（2）抗微生物药饮水或拌料，控制细菌继发感染。若发热严重则配合卡巴匹林钙可溶性粉，饮水中添加维生素C可溶性粉或复方维生素纳米乳口服液。

（3）采用清瘟败毒、凉血的中药制剂治疗。

【处方1】清瘟败毒散

石膏120 g，地黄、栀子、知母、连翘各30 g，水牛角60 g，黄连、牡丹皮各20 g，黄芩、赤芍、玄参、桔梗、淡竹叶各25 g，甘草15 g。

【用法与用量】禽1 ~ 3 g/只。

【处方2】金银花、板蓝根、紫花地丁各60 g，穿心莲、乌梅、诃子、栀子、鱼腥草各45 g，党参、黄芪、淫羊藿、升麻、葶苈子各30 g，雄黄15 g。

【用法与用量】用1 500 mL水煎2次，早晚各拌水供500只鹅饮1次。病重鹅，灌服4 ~ 5 mL，连用4 d。

【应用】用本方治疗鹅副黏病毒病，用药2 d后病情得到控制，基本不再发生死亡，再连续用药2 d后，病鹅精神状态和饮食情况得到好转。

【处方3】石竹散（河南省现代中兽医研究院研制）

生石膏、水牛角各12 g，知母、生地黄、牡丹皮、板蓝根、淡竹叶各9 g，甘草、连翘各7 g，大青叶11 g，黄连、金银花各6 g，人参叶5 g等。

【用法与用量】禽0.25 ~ 1.5 g/只，1次/d，连用3 ~ 5d。病情严重时加倍使用。

鸭副黏病毒病图

病鸭离群呆立，不愿下水

病鸭两腿无力，瘫痪，张口呼吸

病鸭出现扭颈、转圈等神经症状

病鸭拉黄白绿色稀粪

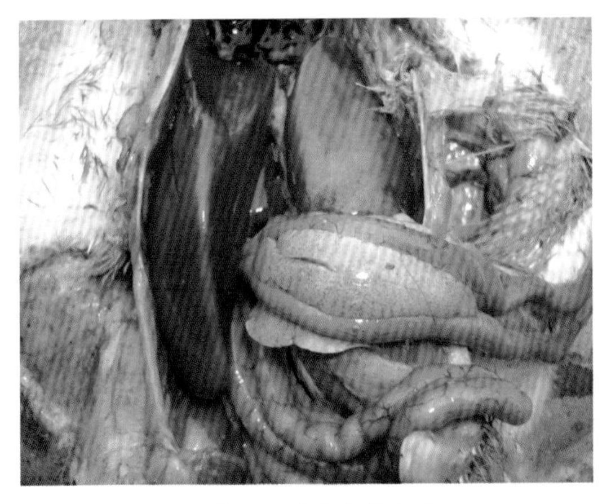

肝肿大，胰腺点状出血

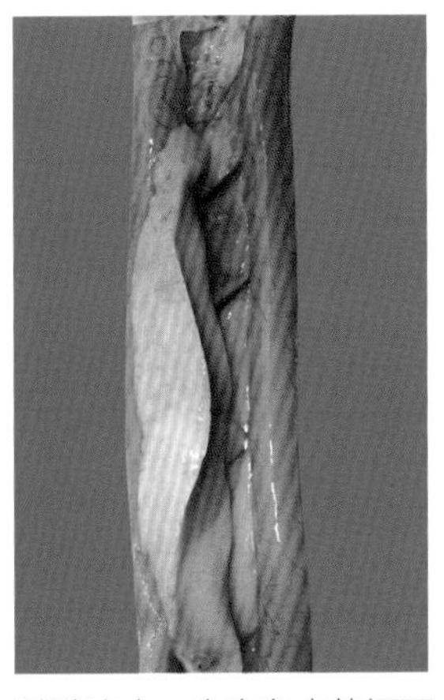

胰腺出血，有白色点状坏死

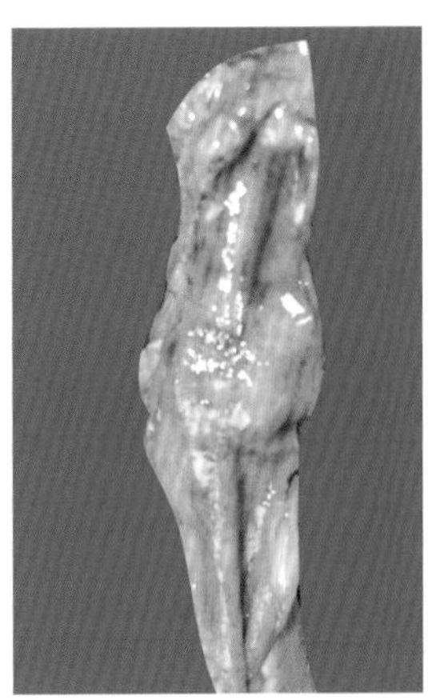

肠道弥漫性出血

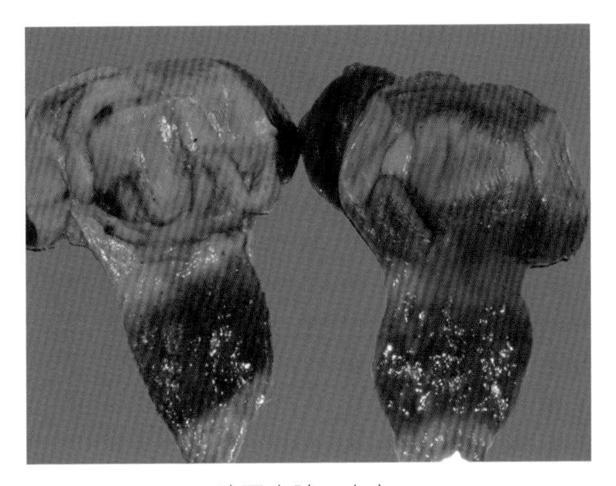

腺胃水肿、出血

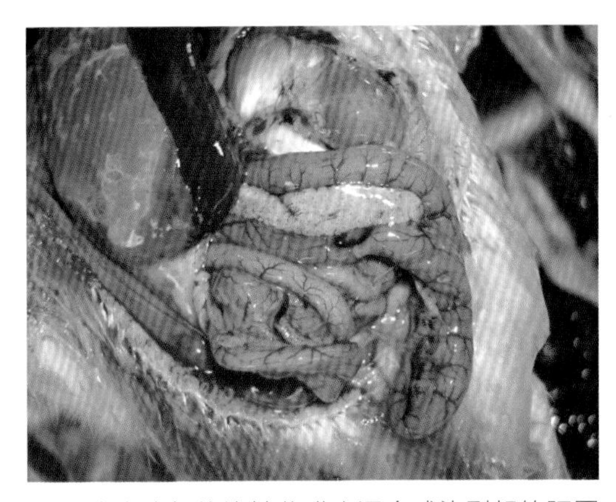

副黏病毒病与传染性浆膜炎混合感染引起的肝周炎、肠道肿胀、胰腺点状出血或有透明样坏死点

鹅副黏病毒病图

病鹅张口呼吸

发病后期病鹅出现走路不稳、转圈、摇头、扭颈或后仰、观星等症状

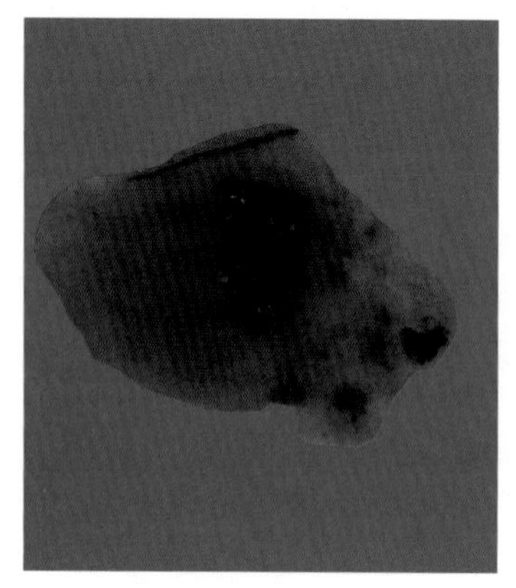
病鹅拉黄白色水样稀便

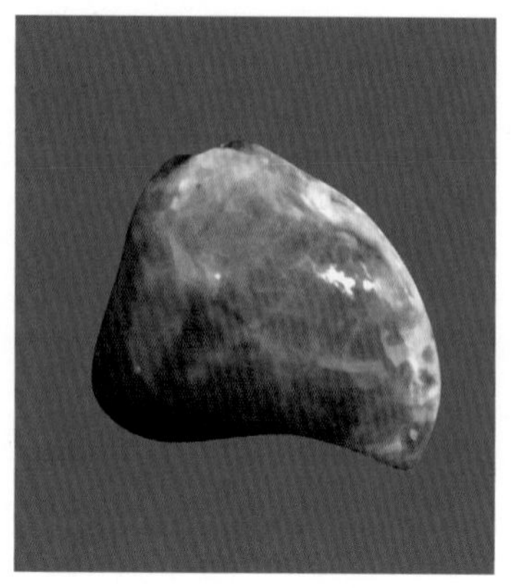
脾脏肿大、瘀血，有坏死灶散在

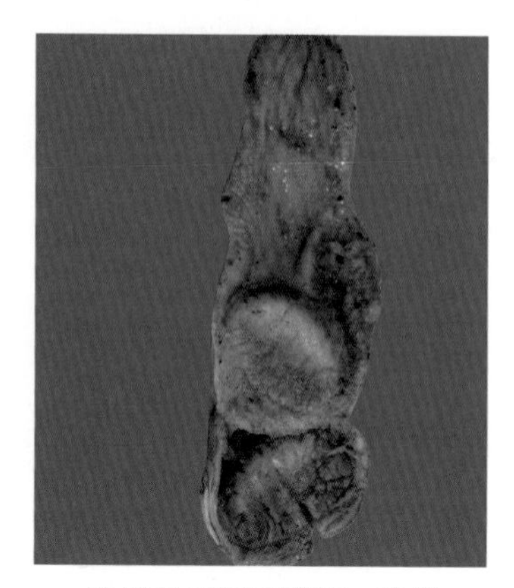
肌胃角质层易脱落、溃烂

第四节 传染性法氏囊病

一、概述

传染性法氏囊病（infectious bursal disease，IBD）是由传染性法氏囊病毒（infectious bursal disease virus，IBDV）引起雏鸡的一种急性、高度接触性传染病。本病具有突然发病、传播迅速、病程短、死亡曲线呈尖峰式的特点，临床特征主要为腹泻、颤抖、极度衰弱、死亡等，典型病理特征为法氏囊高度肿胀、出血或萎缩，花斑肾及胸肌、腿肌、腺胃与肌胃交界处有不同程度出血。目前本病呈世界性流行，雏鸡感染后可导致免疫抑制，造成免疫失败或诱发多种疾病。我国将其列为二类动物疫病，也是严重危害养鸡业的主要传染病之一。

二、病原特征

传染性法氏囊病毒属于双RNA病毒科禽双RNA病毒属。IBDV基因组由两个片段的双股RNA构成，故命名为双RNA病毒，IBDV颗粒为球形，单层衣壳，无囊膜，为二十面体立体对称结构，直径55～65 nm，无红细胞凝集特性。IBDV有5种衣壳蛋白即VP1、VP2、VP3、VP4和VP5，VP2能诱导产生具有保护性的中和抗体，VP2与VP3可共同诱导具有中和病毒活性的抗体产生，VP1是病毒RNA聚合酶，VP4是病毒蛋白酶，VP5的功能尚未完全清楚，可能对病毒的释放和散布起调节作用。目前已知IBDV有2个血清型，即血清Ⅰ型（鸡源性毒株，只对鸡致病）和血清Ⅱ型（火鸡源性毒株，对鸡及火鸡一般均无致病性），抗VP2单克隆抗体可鉴别病毒的2个血清型。血清Ⅰ型毒株中可分为6个亚型（包括变异株），血清Ⅰ型IBDV各毒株之间毒力差异很大，有的毒株毒力很强，称为超强毒株（vvIBDV），这也可能是造成免疫失败的原因。IBDV主要存在于法氏囊和脾脏等器官内，而且该病毒对外界环境的抵抗力极强，外界环境一旦被病毒污染可长期传播病毒。

三、流行病学

传染源：病鸡和带毒鸡是主要传染源。

传播途径：通过被鸡排泄物污染的饲料、饮水和垫料等经消化道传染，也可以通过呼吸道和眼结膜等传播。

易感动物：各种品种的鸡均可感染，3～6周龄的鸡易感，成年鸡一般呈隐性感染。

本病潜伏期为2～3 d，所有的鸡均可发病，具有发病日龄范围广、病程长、免疫鸡群仍可发病的特点。近几年法氏囊病毒超强毒株（vvIBDV）普遍存在，变异较快，感染日龄早化，最早可见3日龄发病。感染后3 d开始死亡，5～7 d达到高峰，以后逐渐停息，死亡曲线呈尖峰式；而免疫鸡群尖峰死亡不明显，但反复发病。

本病因法氏囊受损导致免疫抑制，造成马立克病、新城疫等免疫失败。本病易与大肠杆菌病、沙门杆菌病、球虫病、新城疫及慢性呼吸道病等混合感染，致使死亡率明显增加，治疗更为困难。

临床发现：鸡群中若1‰～3‰的鸡出现呆立，尾部下垂呈犬坐样，拉黄白色奶状粪便，肝脏呈黄灰色或土黄色（死后因肋骨压挤呈红黄相间的条纹状，周边有梗死灶）等症，一般3 d后出现传染性法氏囊病的临床症状，这一点对于早期发现本病具有较大的诊断意义。

四、临床症状

本病潜伏期为2～3 d。

突然发病，自啄泄殖腔，精神萎靡，羽毛蓬松，翅膀下垂，震颤，闭目打盹呈昏睡状，步态不稳，严重时卧下不动呈三足鼎立姿势。

食欲下降或废绝，饮水量剧增，拉白色或水样粪便，泄殖腔周围的羽毛被粪便污染。

发病中后期病鸡对外界刺激反应迟钝或消失，体温下降，扎堆，垂头，卧地不起，严重脱水，极度衰弱而死。

五、病理变化

机体脱水，鸡爪发干，肌肉暗淡无光泽。

腿肌和胸肌有出血点或出血斑，呈刷状或条纹状。

肾脏呈不同程度的肿胀，多因尿酸盐沉积而呈红白相间的“花斑肾”外观，输尿管内有尿酸盐沉积，严重时堵塞输尿管。

法氏囊水肿、出血，比正常肿大2倍以上，严重时呈紫黑色葡萄状，5 d后逐渐萎缩；法氏囊内黏液增多，黏膜皱褶多混浊不清，黏膜表面有点状出血或弥漫性出血，严重时法氏囊内有奶油样或干酪样渗出物。

肌胃与腺胃交界处有条状出血。

肝脏呈黄灰色或土黄色，死后因肋骨压挤呈红黄相间的条纹状，周边有梗死灶。

六、防治

1.预防

免疫接种是预防本病的关键措施，根据当地的疫情状况、饲养管理条件、疫苗毒株的特点、鸡群母源抗体水平等确定最佳的免疫时间并确保接种质量，通过提高种鸡的母源抗体水平，雏鸡可获得较高、较整齐的母源抗体。

加强饲养管理，搞好环境卫生，做好消毒工作，消灭环境中的病毒，减少或杜绝强毒的感染机会，饲喂优质的饲料，给鸡群创造适宜的小环境，尽量减少应激等是预防本病的重要措施。

2.治疗方案

（1）发病后隔离病鸡，舍内外彻底消毒，适当提高鸡舍温度，饮水中添加补液盐和电解多维（尤其是维生素C），供应充足饮用水，适当降低饲料中蛋白2%～3%等措施，利于本病的康复。

（2）发病鸡和假定健康鸡肌内注射高免卵黄抗体或血清，20日龄以内的鸡0.5 mL/只，20日龄以上的鸡1～2 mL/只（建议注射时配合抗微生物药以控制细菌的继发感染）。治疗8～ 10 d后接种疫苗。

（3）采用扶正祛邪、清热解毒、凉血止痢的中药制剂治疗。

【处方1】扶正解毒散

板蓝根、黄芪各60 g，淫羊藿30 g。

【用法与用量】鸡0.5～1.5 g/只。

【处方2】清瘟败毒散

石膏120 g，地黄、栀子、知母、连翘各30 g，水牛角60 g，黄连、牡丹皮各20 g，黄芩、赤芍、玄参、桔梗、淡竹叶各25 g，甘草15 g。

【用法与用量】禽1～3 g/只。

【处方3】金叶清瘟散

金银花、大青叶各320 g，板蓝根、柴胡各240 g，蒲公英、紫花地丁、连翘、甘草各160 g，鹅不食草128 g，天花粉、白芷各120 g，防风80 g，赤芍48 g，浙贝母112 g，乳香、没药各16 g。

【用法与用量】混饲，禽每1 kg饲料5～10 g。

【处方4】法氏宁散

黄芪、板蓝根各150 g，大青叶、猪苓各100 g，金银花、茯苓各80 g，党参、当归、栀子各70 g，苍术60 g，红花30 g，甘草40 g。

【用法与用量】混饲，鸡每100 kg饲料2 kg，重症鸡每1 kg体重2 g，预防用量酌减。使用时也可以按上述用量将药用开水适量浸泡1 h，取上清液供鸡饮用，药渣拌料饲喂。

【处方5】三黄金花散

黄芪、蒲公英、板蓝根、金荞麦、茯苓、党参、大青叶、红花各200 g，黄连80 g，金银花、黄芩、茵陈、藿香各100 g，甘草150 g，石膏50 g。

【用法与用量】拌料，一次量，鸡每1 kg体重0.5～0.8 g，3次/d。

【处方6】石穿散

生石膏500 g，板蓝根、穿心莲、白头翁各300 g，葛根、黄连、地黄、白芍、秦皮、黄芪各200 g，木香、连翘各150 g，甘草100 g。

【用法与用量】一次量，鸡每1 kg体重0.6 ~ 0.9 g，2次/ d。

【处方7】金翘败毒散

金银花、连翘、黄芩、栀子、板蓝根、知母、丹参、大青叶、玄参、地黄、黄柏、牡丹皮各40 g，绵马贯众、赤芍、甘草各30 g，石膏100 g，黄连20 g。

【用法与用量】一次量，鸡每1 kg体重 0.4 ~ 0.5 g，1 ~ 2次/d，连用3 ~ 5 d。

【处方8】板二黄散

黄芪、板蓝根各600 g，白术450 g，淫羊藿400 g，连翘、山楂各300 g，黄柏（盐炙）、地黄各350 g。

【用法与用量】一次量，鸡每1 kg体重0.6 ~ 0.8 g，2次/d，连用2 d。

【处方9】攻毒汤

党参、黄芪、金银花、板蓝根、大青叶各30 g，蒲公英40 g，甘草（去皮）10 g，蟾蜍1只（100 g以上）。

【用法与用量】将蟾蜍置砂罐中，加水1 500 kg煎沸，稍后加入其他中药，文火煎沸，放冷取汁，供100只中雏，混饮或混饲3次/d。也可干燥制成粉末拌料，用量可减至1/3 ~ 1/2。

【应用】用本方防治鸡传染性法氏囊病，效果良好。

【处方10】党参、黄芪、蒲公英、大青叶各100 g，板蓝根150 g，金银花、黄柏、车前草、甘草各50 g，黄芩、藿香各30 g。

【用法与用量】将上述药物装入砂罐内用凉水浸泡30 min后煎熬，煎沸后文火煎0.5 h，连煎2次。混合药液浓缩至2 000 mL左右。给鸡群自饮，对病重不饮水的鸡用滴管灌服，每次1 ~ 2 mL/只，3次/d。

【应用】应用本方治疗鸡传染性法氏囊病效果显著。在治疗期间，配合口服补液盐饮水（配方：氯化钠3.5 g，碳酸氢钠2.5 g，氯化钾1.5 g，葡萄糖20 g，水2 500 ~ 5 000 mL）。

【处方11】清解汤

生石膏130 g，生地黄、板蓝根各40 g，赤芍、牡丹皮、栀子、玄参、黄芩各30 g，连翘、黄连、大黄各20 g，甘草10 g。

【用法与用量】将药在凉水中浸泡1.5 h，然后加热至沸，文火维持15 ~ 20 min，得药液1 500 ~ 2 000 mL。复煎1次，药液合并混匀，供300只鸡1 d饮服。给药前断水1.5 h。

【应用】用本方治疗鸡传染性法氏囊病效果显著。

鸡的传染性法氏囊病图

病鸡精神萎靡，闭目打盹

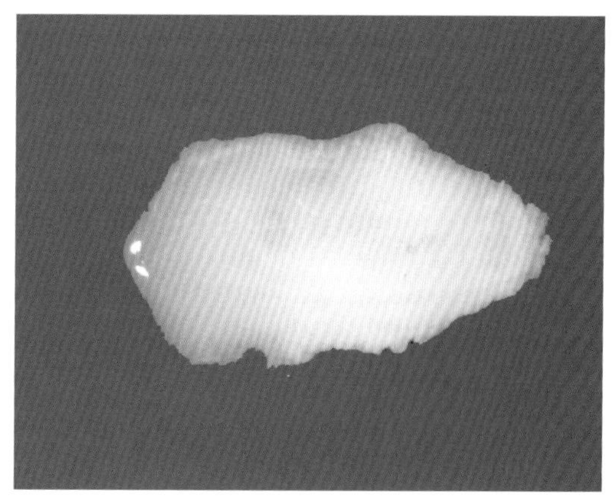

病鸡拉黄白色奶状粪便

肝脏呈土黄色

肌胃与腺胃交界处出血

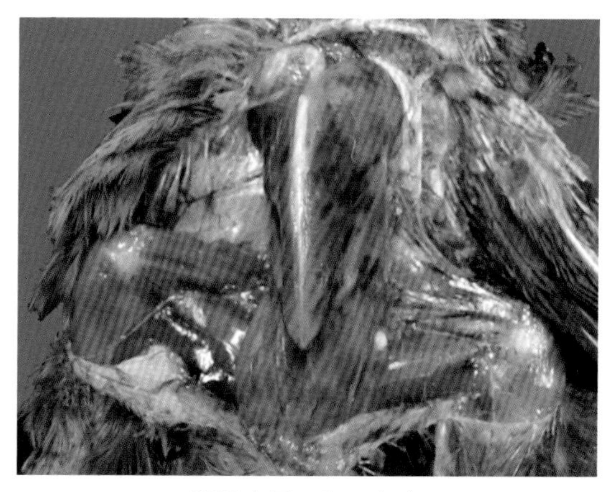

腿肌内侧及胸肌出血

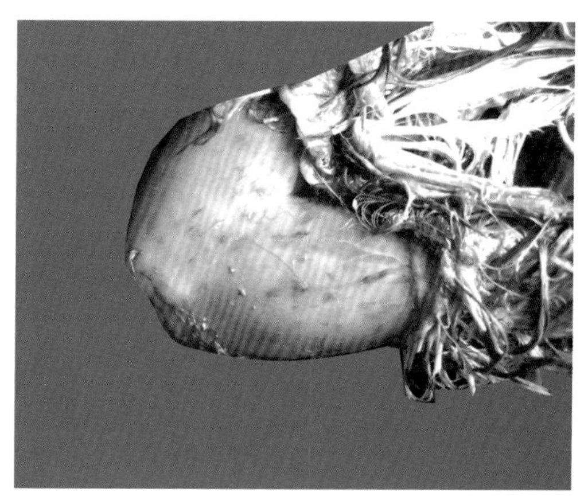

腿肌呈刷状出血

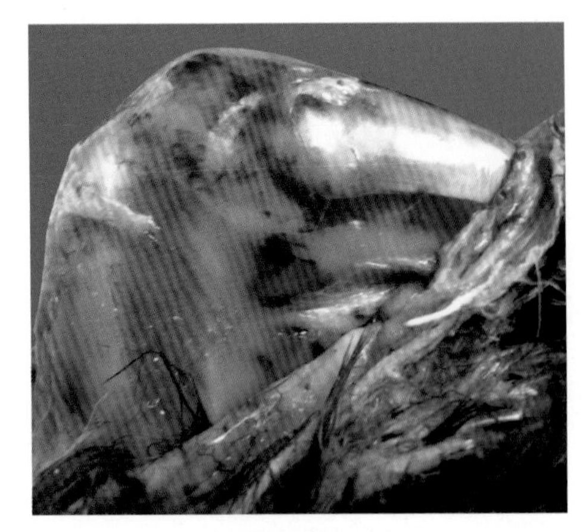

腿肌严重出血

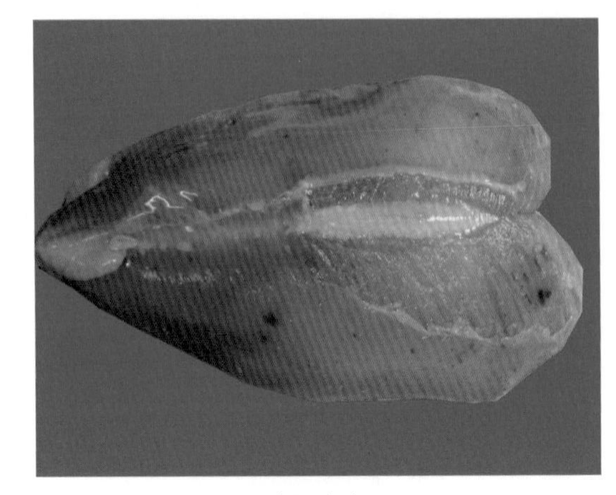

胸肌出血

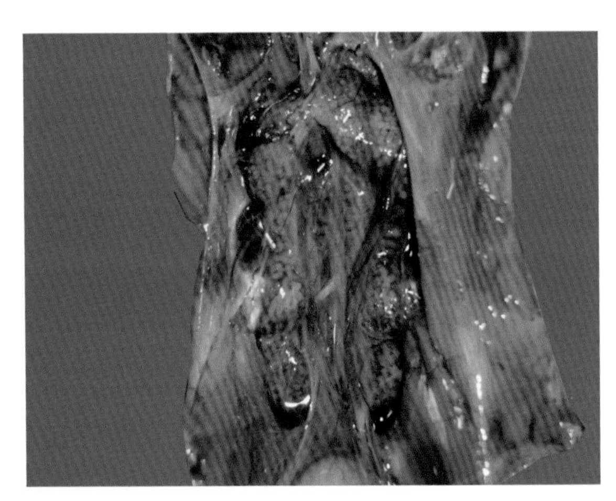

肾脏肿大、出血，呈斑驳状（俗称“花斑肾”）

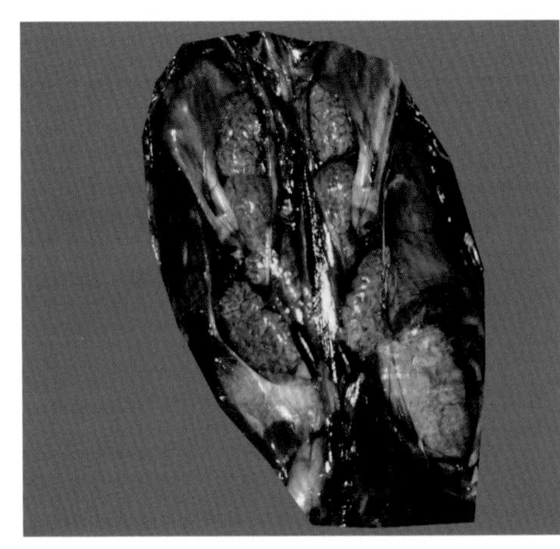

肾脏肿大、出血，花斑肾； 输尿管内有白色尿酸盐沉积

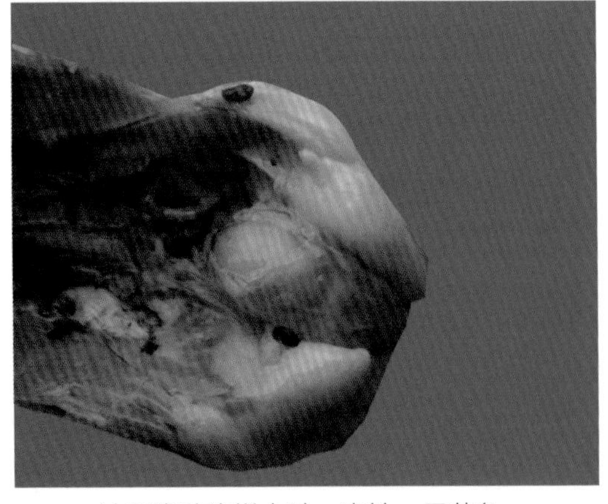

法氏囊胶冻样水肿、变性，呈黄色

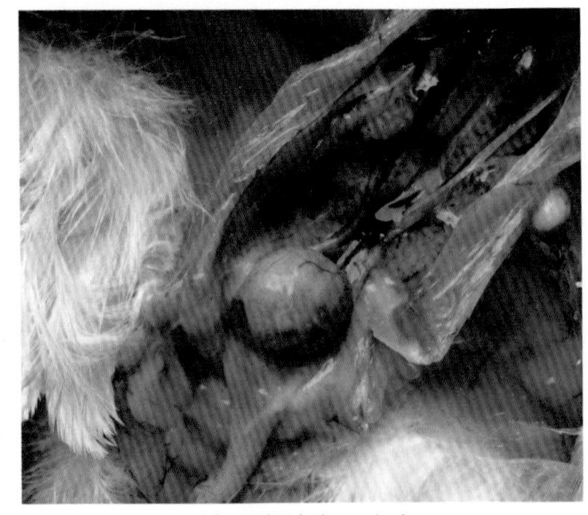

法氏囊肿大、出血

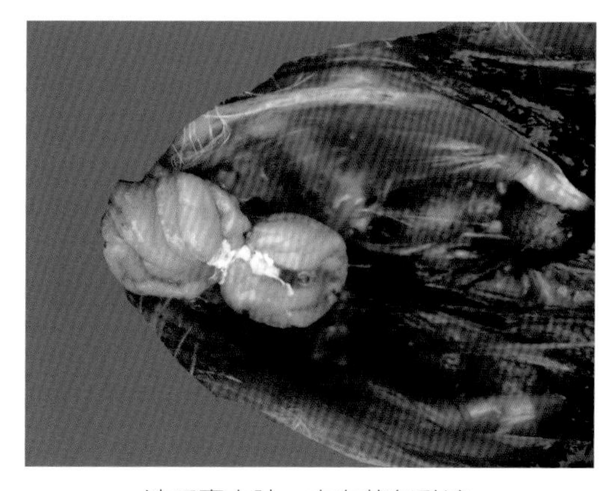
法氏囊水肿，内有黄色黏液

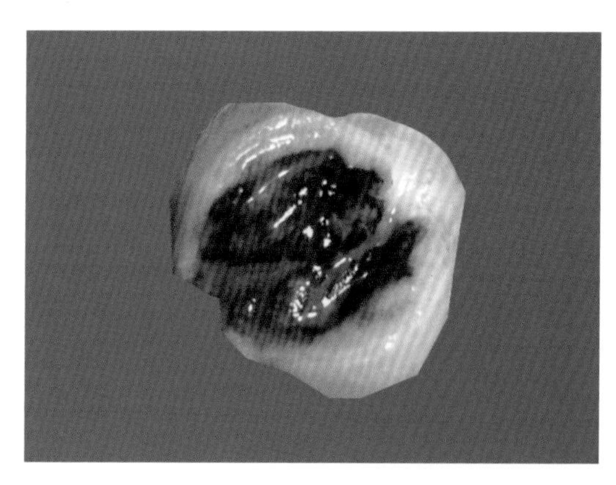
法氏囊皱褶出血，内有乳白色液体

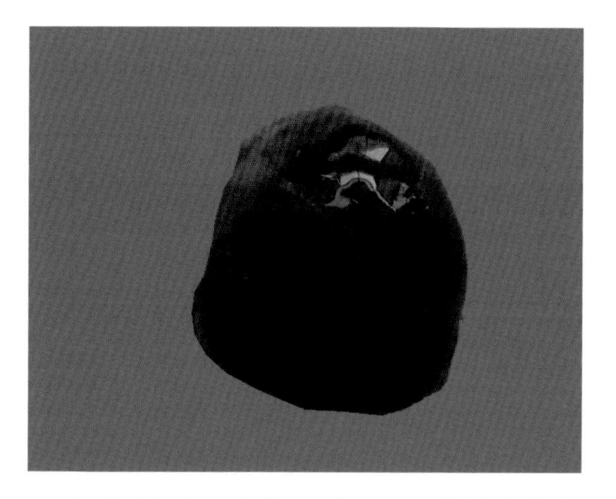
法氏囊浆膜外有胶样渗出，严重时呈紫黑色葡萄状

严重时，法氏囊皱褶呈紫葡萄色样出血

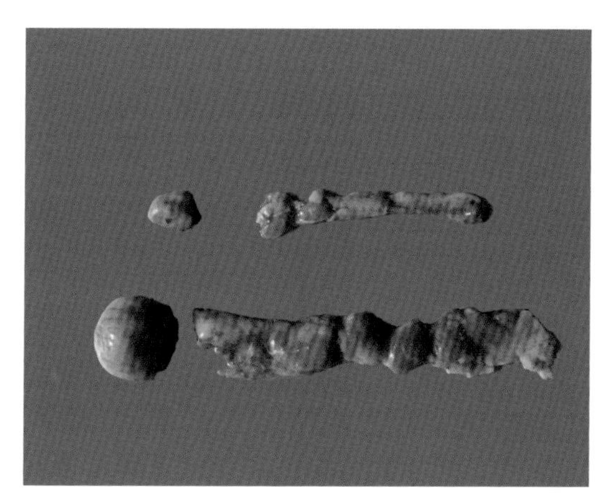
上：发病后期，法氏囊及胸腺萎缩　下：正常

第五节 传染性喉气管炎

一、概述

传染性喉气管炎（infectious laryngotracheitis，ILT）是由喉气管炎病毒（infectious laryngotracheitis virus，ILTV）引起的鸡的一种急性呼吸道疾病。本病以呼吸困难、气喘、咳嗽、咳出血痰为临床特征，以喉部和气管黏膜肿胀、出血、糜烂、坏死为病理特征。

本病1925年首次报道于美国，现已遍布各养禽国家和地区，我国有些地方呈地方流行，近几年本病发生率呈上升趋势，常引起鸡只死亡和产蛋率下降，给养鸡业造成巨大的经济损失。

二、病原特征

传染性喉气管炎病毒属于疱疹病毒科a疱疹病毒亚科，鸡疱疹病毒Ⅰ型。病毒颗粒呈球形，病毒粒子在感染细胞内呈散在或结晶状排列，分为成熟和未成熟病毒两种，胞浆内成熟病毒粒子直径为195~250 nm，未成熟的病毒颗粒直径约为100 nm。有囊膜，其上有病毒糖蛋白纤突构成的细小突起，衣壳为二十面体立体对称，核衣壳由162个壳粒组成，基因为双股线性DNA，ILTV对鸡和其他常用实验动物的红细胞无凝集特性。病毒大量存在于病鸡的气管组织及其渗出物中，肝脏、脾脏和血液中较少见，三叉神经是ILTV潜伏感染的主要部位。本病毒不耐热，对一般的消毒剂都敏感。ILTV只有一个血清型，但因其不同毒株在致病性和抗原性上均有差异，致病力差异很大。

三、流行病学

传染源：病鸡和康复后的带毒鸡是主要传染源。

传播途径：经上呼吸道及眼内传染，病毒存在于气管和上呼吸道分泌液中，经咳出血液和黏液通过上呼吸道传播，感染后排毒6 ~ 8 d。也可以经消化道传染。本病虽不垂直传播，但种蛋及蛋壳上的病毒感染鸡胚后，鸡胚在出壳前均会出现死亡。

易感动物：本病主要侵害鸡，各日龄的鸡均可感染，但多发生于成年鸡，青年鸡次之，雏鸡不明显。野鸡、孔雀、幼火鸡也可感染，而其他禽类和实验动物有抵抗力。

传播媒介：康复鸡可长期排毒，被病毒的分泌物污染过的垫草、饲料、饮水及用具等可成为本病的传播媒介。

本病四季均可发生，秋冬季节多发，若鸡群饲养管理不良，如饲养密度过大、拥挤、鸡舍通风不良、维生素缺乏、存在寄生虫感染等都可以促进本病的发生与传播。发病后传播速度快，2 ~ 3 d波及全群，感染率可达90%，致死率5% ~ 70%不等，平均10% ~ 20%，产蛋高峰期病死率相对偏高。

值得注意的是，目前本病流行呈地方性，发病呈上升趋势，病情逐渐趋于温和，很少单独发病，多与其他疾病如慢性呼吸道病、大肠杆菌病等混合感染致使病症更为复杂。

四、临床症状

根据病毒的毒力及侵害部位不同，临床上可分为喉气管型（急性型）和结膜型（温和型）。

1.喉气管型（急性型）

喉气管型（急性型）是由高致病性毒株引起的，病程5 ~ 7 d，多发生于产蛋高峰蛋鸡，肉鸡也见发病。

鸡冠及肉髯呈暗紫色，死亡鸡体况较好，多因窒息死亡，死亡时多呈仰卧姿势。

鼻腔内有分泌物，呼吸时发出湿性啰音，接着呼吸困难，抬头伸颈，并发出响亮的喘鸣声，一呼一吸而呈波浪式的起伏。

咳嗽或摇头时，咳出血痰，血痰常附着于墙壁、水槽、食槽或鸡笼上。

部分病鸡肿脸、肿头、流泪，拉绿色粪便。

产蛋率急剧下降，畸形蛋、砂皮蛋、软皮蛋等增多。

2.结膜型（温和型）

结膜型（温和型）是由低致病性毒株引起的，病程2 ~ 3周，呈地方流行性。

目前60 ~ 110日龄蛋鸡发病率高于产蛋期蛋鸡，多与大肠杆菌病、慢性呼吸道病混合感染，引起单侧或双侧面部肿胀。

病鸡精神委顿，生长迟缓，眶下窦肿胀，眼结膜红肿，流泪，眼分泌物从浆液性到脓性，甚至内有黄白色干酪样物，最后导致眼盲。

蛋鸡发病后产蛋率下降，很难恢复到正常水平，蛋品质较差，如畸形蛋增多等。

五、病理变化

1.喉气管型（急性型）

典型的病理变化是喉和气管黏膜充血、出血，炎症也可扩散到支气管、肺脏、气囊、眶下窦等。

鼻腔渗出物中带有血凝块或纤维性干酪样物，鼻腔和眶下窦黏膜发生卡他性或纤维素性炎。

喉头和气管黏膜肥厚、高度潮红、出血或增生，内有黏液性分泌物。严重时喉头及气管内有纤维素性干酪样假膜，呈灰黄色附着于喉头周围，堵塞喉腔和气管，特别是堵塞喉裂部，干酪样物脱落后，黏膜急剧充血，轻度增厚，点状或斑状出血。炎症也可扩散到支气管、肺、气囊、眶下窦等。

蛋鸡卵巢异常，卵泡充血、出血、变性、坏死，卵黄性腹膜炎等。

2.结膜型（温和型）

有些病例单独侵害眼结膜，结膜充血、水肿，点状出血或角膜溃疡；有的则与喉头、气管病变合并发生；有些病鸡的眼睑特别是下眼睑发生水肿等。

六、防治

1.预防

坚持严格隔离、消毒等措施是防止本病流行的有效办法，封锁疫点，禁止可能导致污染的人员、饲料、设备和鸡只的流动是成功控制本病的关键。免疫接种是预防传染性喉气管炎的关键措施。

2.治疗方案

发病鸡采用传染性喉气管炎疫苗紧急接种，建议每1 000羽份配合庆大霉素4万～8万IU滴鼻点眼。

（1）抗微生物药饮水或拌料，控制细菌继发感染。

（2）采用清热解毒、豁痰、通利咽喉的中药制剂治疗。

【处方1】喉炎净散

板蓝根840 g，蟾酥80 g，合成牛黄60 g，胆膏120 g，甘草、玄明粉各40 g，青黛24 g，冰片28 g，雄黄90 g。

【用法与用量】鸡0.05～1.5 g/只。

【处方2】镇喘散

香附、干姜各300 g，黄连200 g，桔梗150 g，山豆根、甘草各100 g，皂角、合成牛黄各40 g，蟾酥、雄黄各30 g，明矾50 g

【用法与用量】鸡0.5～1.5 g/只。

【处方3】呼炎康散

麻黄24 g，苦杏仁、桔梗、连翘各50 g，生石膏90 g，甘草、黄芩各60 g，板蓝根、鱼腥草各80 g，山豆根、射干各75 g。

【用法与用量】内服，鸡每1 kg体重1 g，连用5 d。

【处方4】清肺止咳散

桑白皮、前胡、橘红、连翘各30 g，知母、桔梗、苦杏仁各25 g，金银花60 g，甘草20 g，黄芩45 g。

【用法与用量】禽1～3 g/只。

【处方5】复方麻黄散

麻黄、桔梗各300 g，薄荷120 g，黄芪30 g，氯化铵300 g。

【用法与用量】拌料混饲，鸡每1 kg饲料8 g。

【处方6】镇咳涤毒散

麻黄150 g，甘草、穿心莲、山豆根、蒲公英、板蓝根、石膏各100 g，连翘70 g，黄芩50 g，黄连30 g。

【用法与用量】拌料混饲，鸡每1 kg饲料8 g。

【处方7】加减清肺散

板蓝根150 g，金银花、百部、玄参、浙贝母、陈皮各50 g，连翘、紫菀、苍术各70 g，黄芪、山豆根、葶苈子、黄柏、泽泻各100 g，知母90 g，桔梗80 g。

【用法与用量】拌料混饲，鸡每1 kg饲料20 g。

【处方8】银翘清肺散

金银花、甘草各10 g，连翘、陈皮、葶苈子、麻黄各20 g，板蓝根、玄参各30 g，紫菀、黄芪、黄柏各15 g。

【用法与用量】拌料混饲，鸡每1 kg饲料2 g，连用3～6 d。

【处方9】茵陈金花散

茵陈70 g，金银花50 g，黄芩、龙胆、防风、荆芥各60 g，黄柏、柴胡、甘草各40 g，板蓝根120 g。

【用法与用量】一次量，鸡每1 kg体重0.5 g，2次/d，连用3 d。

【处方10】桔梗栀黄散

桔梗60 g，山豆根、苦参各30 g，栀子、黄芩各40 g。

【用法与用量】禽2～3 g/只。

【处方11】麻黄、知母、贝母、黄连各30 g，桔梗、陈皮各25 g，紫苏、杏仁、百部、薄荷、桂枝各20 g，甘草15 g。

【用法与用量】水煎3次，合并药液，供100只成鸡混饮，1剂/d，连用3剂。

【应用】用本方治疗鸡传染性喉气管炎，治愈率98%，预防保护率100%。治愈后的蛋鸡能很快恢复产蛋率。

【处方12】喉气散

黄连、黄柏、板蓝根各30 g，黄芪20 g，大青叶40 g，穿心莲、甘草、桔梗、麻黄各50 g，杏仁60 g。

【用法与用量】混匀粉碎，过80目筛，按每只每次1.5 g拌料喂服或投服，2次/d。

【应用】用本方治疗海兰蛋鸡传染性喉气管炎，5 d后全部治愈，10 d后产蛋率开始回升，疗效（98%）显著高于西药（红霉素加病毒灵，65%）。

（3）个别严重病例，采用银黄注射液治疗：每1 kg体重0.1 mL，连用3 d。

鸡的传染性喉气管炎图

病鸡张口伸颈呼吸

病鸡呼吸困难，眼圈周围肿胀，流泪

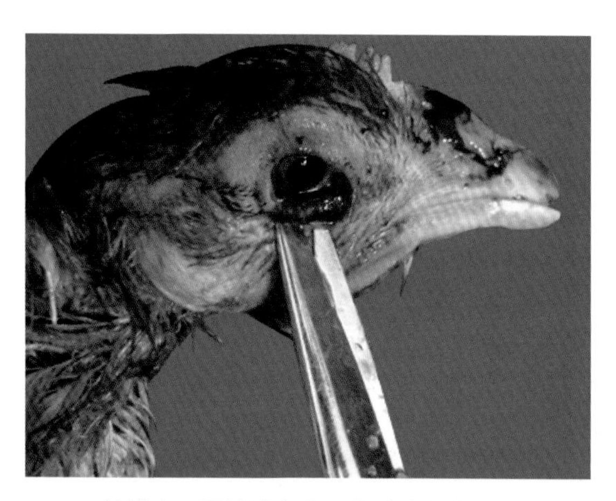

结膜炎，眼结膜出血，鼻孔流出血液

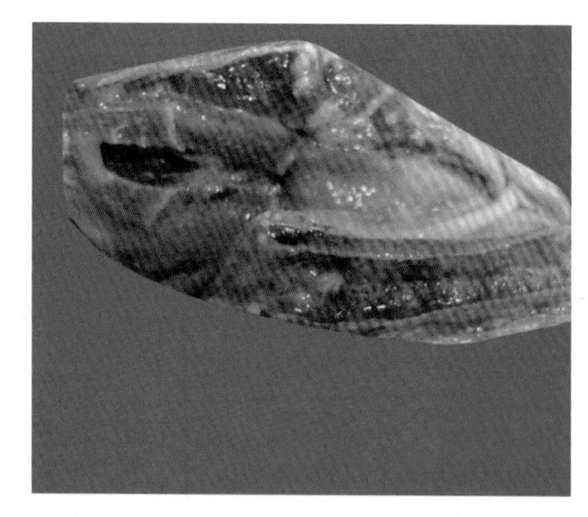

鼻腔出血，气管内有卡他性出血性渗出物

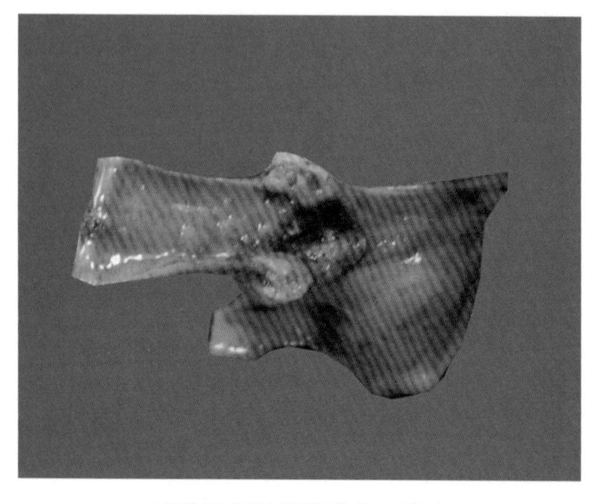

喉头及气管黏膜增生、出血

喉头和气管出血，气管内有血凝块

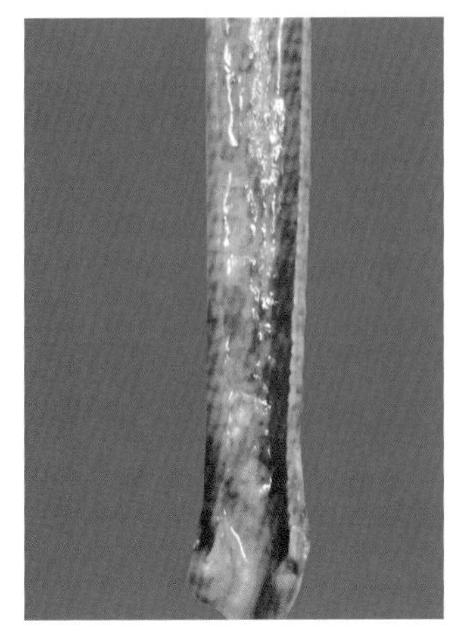

喉头及气管黏膜肥厚、发炎，内有大量黏液，严重时形成假膜

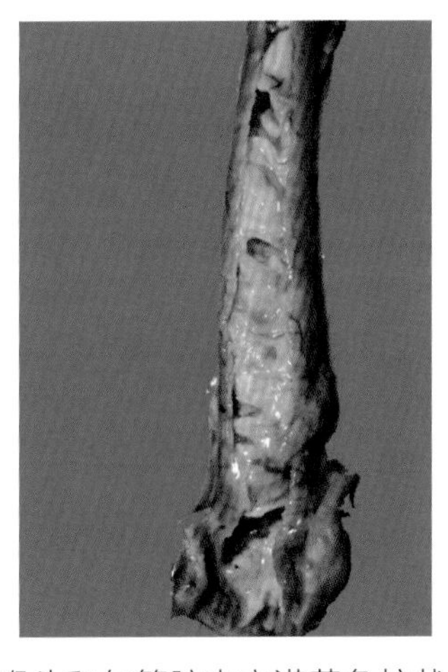

喉头和气管腔内充满黄色柱状干酪样物

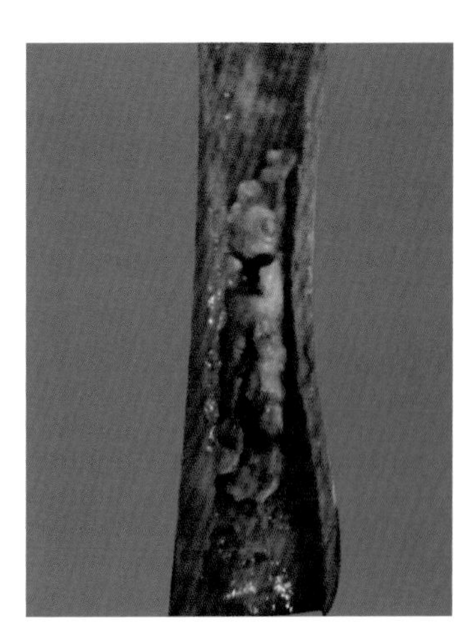

后期气管黏膜脱落后形成管状物

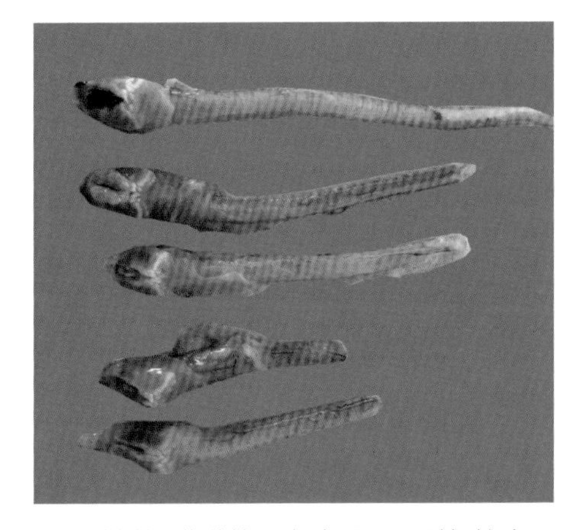

干酪样假膜附着于喉头周围，引起堵塞

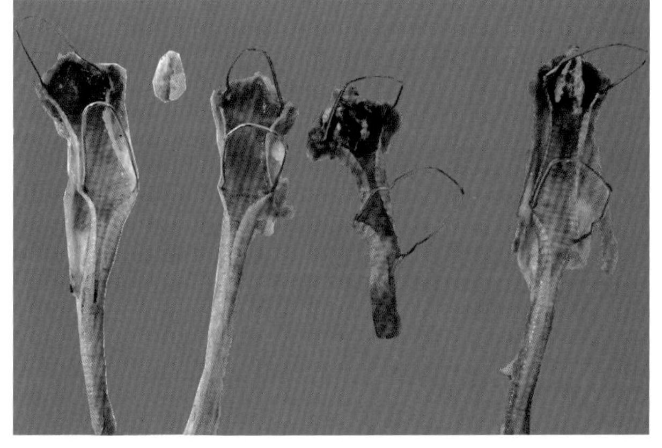

喉头及气管出血，干酪样假膜附着于喉头周围

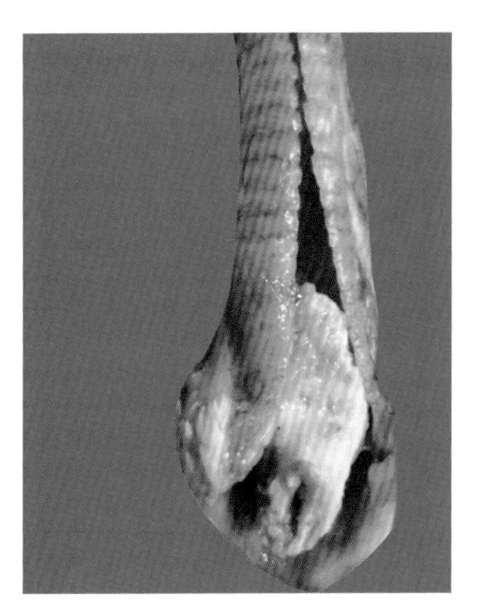

黄色干酪样物堵塞喉头

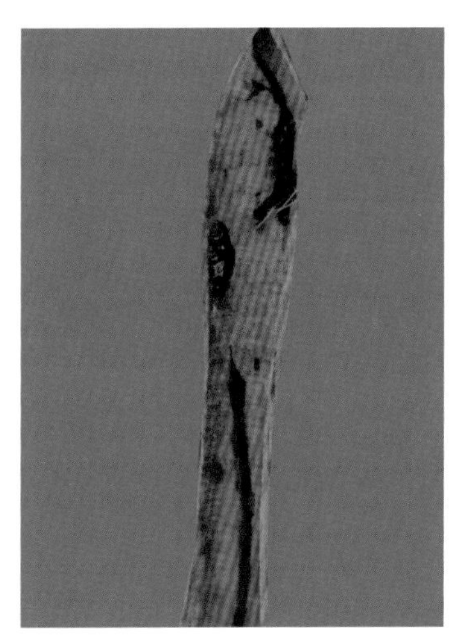

气管内有血凝块

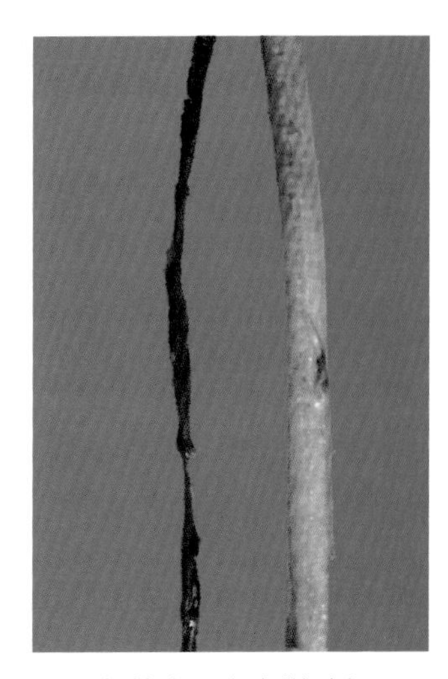

气管内取出血样黏条

第六节　传染性支气管炎

一、概述

传染性支气管炎（infectious bronchitis，IB）是由传染性支气管炎病毒（infectious bronchitis virus ，IBV）引起的鸡的一种急性、高度接触性呼吸道和泌尿生殖道疾病，其特征是病鸡气喘、咳嗽、打喷嚏、流鼻涕和气管啰音，蛋鸡产蛋率和蛋品质下降。

本病最早在1930年发生于美国，广泛流行于世界各地，具有传染性强、传播快、潜伏期短、死亡率高的特点。我国IBV目前流行的优势基因型以QX型为主，TW型（台湾型）有增加的趋势。根据IBV血清型多、变异频繁，不同毒株的免疫原性、致病性和组织亲嗜性的不同，分为呼吸道型、肾型、腺胃型和生殖道型。目前，传染性支气管炎是严重危害养鸡业的主要禽病之一。

二、病原特征

传染性支气管炎病毒属于冠状病毒科冠状病毒属的一个代表种。基因组为不分段的单股正链RNA，基因长约为27.6 kb，病毒粒子多数呈圆形或多边形，直径80～120 nm，病毒粒子带有囊膜和纤突。IBV结构蛋白分别是纤突蛋白（Spike protein，S）、膜蛋白（Membrane protein，M）、核衣壳蛋白（Nucleocapsid protein，N）和小膜蛋白（Envelope protein，E）。S蛋白是一种糖基化蛋白，位于病毒粒子囊膜上，免疫学上是最重要的蛋白，在病毒粒子与细胞表面受体结合后通过膜融合侵入宿主细胞和感染宿主体内介导中和抗体产生的过程中发挥重要生物学作用；S蛋白由2种糖多肽S1和S2构成，各有2～3个拷贝，血凝抑制和大多数中和抗体都是由S蛋白引起，这也是IBV分型分类的基础。M蛋白仅有10%暴露于病毒外表面。N蛋白缠绕RNA基因组形成核糖核蛋白体（RNP）。小膜蛋白（E），以很小的量结合在囊膜上，目前研究尚不明确，可能与病毒粒子形成有关。IBV不凝集鸡红细胞，但经1%胰酶或磷脂酶C处理后，具有血凝性，这种血凝性能被特异性抗血清所抑制，因此可通过血凝抑制试验鉴定血清型。IBV血清型众多，并且新的血清型和变异株不断出现。目前我国IBV流行的优势基因型以QX型为主，TW型（台湾型）有增加的趋势。IBV主要存在于病鸡呼吸道渗出物中，肝、脾、肾和法氏囊中也能发现病毒。IBV对一般消毒剂敏感。

三、流行病学

传染源：病鸡和康复后带毒鸡，感染鸡排毒可长达2周。

传播途径：主要通过呼吸道传播，也可通过被污染的饲料、饮水和器具等媒介间接经消化道传播。一般认为本病不经垂直传播。

易感动物：只感染鸡，不同年龄、品种鸡均易感，以雏鸡和产蛋鸡最易感，40日龄内的雏鸡发病最为严重，死亡率高达30%。

本病四季均可发病，传播迅速，一旦感染，很快传播全群，过热过冷、拥挤、通风不良、饲养密度过大、饲料中的营养成分配比不适当、缺乏维生素和矿物质及其他不良应激因素等都会促进本病的发生与流行，发病率高，可达100%。

临床发现：本病常与大肠杆菌病、慢性呼吸道病、禽流感（H9）等病混合感染，引起肉鸡支气管栓塞症、“黑心肺”，致使死亡率增加。

四、临床症状

自然感染潜伏期为36 h或更长，有母源抗体的雏鸡潜伏期可长达6 d以上。因病毒变异导致对组织亲嗜性差异较大，临床表现也较为复杂。感染传染性支气管炎病毒的鸡通常在48～72 h内出现症状。

1.呼吸道型

雏鸡：病鸡精神委顿，缩头，闭眼沉睡，翅膀下垂，羽毛松散无光，怕冷挤堆，流鼻液，流泪，打喷嚏，伸颈，张口喘气，伴随呼吸发出喘鸣音，个别鸡面部肿胀。

产蛋鸡：除有呼吸道症状外，产蛋鸡开产推迟和产蛋下降，产蛋下降25%～50%不等，伴随薄壳蛋、褪色蛋、畸形蛋、“鸽子蛋”或焦壳蛋等增多，蛋清稀薄如水，易与蛋黄分离，蛋白黏着于壳膜表面，种蛋孵化率降低，产蛋不易恢复到原有的水平。

若1日龄感染呼吸道型传染性支管炎则造成永久性的输卵管受损，10～18日龄感染则造成较多的假母鸡，也是蛋鸡不下蛋或产蛋无高峰的原因之一。

2.腺胃型

多发于20～80日龄雏鸡。病死率与饲养管理条件有关，病死率一般为20%～30%，严重鸡群或有并发症时病死率可达90%以上。

病鸡采食量下降，闭眼嗜睡，前期有流黏性鼻液、流泪、咳嗽等呼吸道症状，中后期机体极为消瘦，排黄绿色或白色稀薄粪便，终因衰竭死亡。

3.肾型

病程1～2周，发病率高，死亡率常随感染日龄、病毒毒力大小和饲养管理条件而不同，通常为10%～45%不等。2～4周龄的雏鸡多发，育成鸡和产蛋鸡也有发生，成鸡和产蛋鸡群并发尿石症时死亡率增大。

发病鸡群呈双相性临床症状，即初期有2～4 d的轻微呼吸道症状，随后呼吸道症状消失，出现表面上的“康复”状态，一周左右进入急性肾病阶段，零星死亡等。

病鸡精神沉郁，脱水，鸡爪干瘪，鸡冠、面部及全身皮肤发暗，缩颈垂翅，羽毛蓬松，怕冷，采食量减少，甚至食欲废绝，饮水量增多，排出大量白石灰质样粪便或白色米汤样稀粪，肛门周围羽毛被粪便污染。个别鸡因痛风引起瘫痪。

4.生殖道型

发病初期，病鸡精神萎靡，以“呼噜”症状为主，伴随张口喘气、咳嗽、气管啰音，有的肿眼流泪，一般持续5～7 d；发病中后期，采食量下降5%～20%，粪便变软或拉水样粪便等。

新开产鸡多发，主要表现为产蛋率低下，产蛋徘徊不前或上升缓慢，蛋壳质量差、畸形蛋比例高，个别鸡腹部增大（俗称“水裆鸡”），出现假母鸡。

产蛋高峰期发病时，鸡蛋蛋壳表面粗糙、陈旧、变薄、颜色变浅或发白；产蛋率下降的多少因鸡体自身抗病力和毒株不同而异，恢复原来产蛋水平需要6 周左右，但大多数达不到原来的产蛋水平。

五、病理变化

1.呼吸道型

呼吸道型以鼻腔、鼻窦、气管和支气管内有浆液性、卡他性和干酪样渗出物为特征。

鼻腔、鼻窦内有条状或干酪样渗出物。

气囊混浊、坏死或气囊壁附有黄色干酪样渗出物。

气管充血、出血，内有黄白色黏液；严重感染时，气管下1/3处、支气管有干酪样的栓子，大支气管周围可见小灶性肺炎。

蛋鸡输卵管发育不良或有囊肿，卵泡充血、出血、坏死，腹膜混浊，终因卵黄性腹膜炎而产蛋停止，零星死亡。

2.腺胃型

鸡体消瘦，胸肌、腿肌萎缩苍白。

病死鸡肾脏肿大，呈苍白色。

气管充血或出血，内有卡他性黏液。

腺胃肿大如乒乓球状，腺胃胃壁增厚，腺胃黏膜出血或溃疡，腺胃乳头肿胀、出血或乳头消失（病变与传染性腺肌胃炎相似）。

肠黏膜出血，尤其十二指肠出血最为严重。

3.肾型

严重脱水，肌肉发绀，皮肤与肌肉难剥离。

肾脏肿大、苍白、出血，肾小叶突出，有尿酸盐沉积，肾小管和输尿管因沉积大量尿酸盐而扩张（俗称“花斑肾”）。严重时输尿管形成白色栓塞，堵塞输尿管。

严重感染时，心外膜、肝脏表面及泄殖腔等组织器官有白色尿酸盐沉积。

4.生殖道型

输卵管水肿、囊肿（呈水袋状）；有的输卵管萎缩；卵泡充血、出血、变性、萎缩，甚至坏死；卵黄性腹膜炎。

六、防治

1.预防

加强饲养管理，搞好环境卫生，及时消毒，减少诱发因素，供应优质饲料是控制或降低发病的重要措施。

免疫接种是预防本病的关键。因本病毒变异频繁，血清型众多，各型间交叉保护力弱，用当地流行分离株制成的疫苗接种是目前控制本病最有效的方法。

2.治疗方案

（1）抗微生物药饮水或拌料，控制慢性呼吸道病、大肠杆菌病等疫病的继发或并发感染。饮水中添加复方碳酸氢盐电解质（碳酸氢钠879 g、碳酸氢钾100 g、亚硒酸钠1 g、碘化钾10 g、磷酸二氢钾10 g，混饮，每1 L水，禽1～2 g，连用3 d，夏季仅上午使用）和复方维生素纳米乳口服液，降低饲料中蛋白质的含量，供应充足的饮水等措施可缓解肾炎的症状。

（2）本病由热毒内蕴，引起痰涎阻塞气管，导致咳嗽气喘等症，故采用清肺化痰、止咳平喘的中药制剂治疗。

【处方1】白矾散

白矾60 g，浙贝母、葶苈子各30 g，黄连、白芷、甘草各20 g，郁金、大黄各25 g，黄芩45 g。

【用法与用量】禽1～3 g/只。

【处方2】定喘散

桑白皮、郁金、黄芩、栀子各25 g，苦杏仁（炒）、紫苏子、白术（炒）、关木通各20 g，莱菔子、葶苈、党参、大黄各30 g。

【用法与用量】禽1～3 g/只。

【处方3】清肺止咳散

桑白皮、前胡、连翘、橘红各30 g，知母、苦杏仁、桔梗各25 g，金银花60 g，甘草20 g，黄芩45 g。

【用法与用量】禽1～3 g/只。

【处方4】呼炎康散

麻黄24 g，苦杏仁、桔梗、连翘各50 g，生石膏90 g，甘草、黄芩各60 g，板蓝根、鱼腥草各80 g，山豆根、射干各75 g。

【用法与用量】内服，鸡每1 kg体重1 g，连用5 d。

【处方5】禽喘康复散

板蓝根、桔梗、穿心莲各80 g，麻黄、苦杏仁、黄芪各100 g，鱼腥草120 g，茯苓60 g，石膏200 g，葶苈子100 g。

【用法与用量】拌料混饲，鸡每100 kg饲料2 kg。

【处方6】复方麻黄散

麻黄、桔梗、氯化铵各300 g，薄荷120 g，黄芪30 g。

【用法与用量】拌料混饲，鸡每1 kg饲料8 g。

【处方7】镇咳涤毒散

麻黄150 g，甘草、穿心莲、山豆根、蒲公英、板蓝根、石膏各100 g，连翘70 g，黄芩50 g，黄连30 g。

【用法与用量】拌料混饲，鸡每1 kg饲料8 g。

【处方8】板清连黄散

板蓝根50 g，大青叶40 g，连翘、麻黄、甘草各20 g。

【用法与用量】拌料混饲，鸡每1 kg饲料4 g。

【处方9】加减清肺散

板蓝根150 g，金银花、百部、玄参、浙贝母、陈皮各50 g，连翘、紫菀、苍术各70 g，黄芪、山豆根、葶苈子、黄柏、泽泻各100 g，知母90 g，桔梗80 g。

【用法与用量】拌料混饲，鸡每1 kg饲料 20 g。

【处方10】痢喘康散

白头翁、黄柏、黄芩、陈皮、半夏、大黄、桔梗各20 g，板蓝根、白芍、甘草各10 g，石膏30 g。

【用法与用量】拌料混饲，鸡每1 kg饲料2 ~ 4 g。

【处方11】银翘清肺散

金银花、甘草各10 g，连翘、陈皮、葶苈子、麻黄各20 g，板蓝根、玄参各30 g，紫菀、黄芪、黄柏各15 g。

【用法与用量】拌料混饲，鸡每1 kg饲料2 g，连用3 ~ 6 d。

【处方12】百部射干散

虎杖、党参、桔梗、荆芥各91 g，紫菀、百部、白前、黄芪各114 g，射干、甘草各68 g，半夏34 g，干姜10 g。

【用法与用量】拌料混饲，鸡每1 kg饲料10 g，连用5 d。

【处方13】银黄板翘散

黄连、金银花各50 g，板蓝根45 g，连翘、牡丹皮、栀子、知母各30 g，玄参20 g，水牛角浓缩粉、甘草各15 g，白矾、雄黄各10 g。

【用法与用量】鸡 1 ~ 2 g/只。

【处方14】鱼枇止咳散

鱼腥草、枇杷叶、蒲公英各240 g，麻黄100 g，甘草80 g。

【用法与用量】拌料混饲，鸡每1 kg饲料5 g，连用5 ~ 7 d。

【处方15】紫菀、细辛、大腹皮、龙胆草、甘草各20 g，茯苓、车前子、五味子、泽泻各40 g，大枣30 g。

【用法与用量】研末，过筛，按每只每天0.5 g，加入20倍药量的100℃开水浸泡15 ~ 20 min，再加入适量凉水，分早、晚2次饮用。饮药前断水2 ~ 4 h，2 h内饮完。

【应用】本方用于治疗肾型传染性支气管炎，效果显著，连用4 d即愈。

【处方16】金银花、车前子各150 g，连翘、板蓝根、秦皮、白茅根各 200 g，五倍子、麻黄、款冬花、桔梗、甘草各100 g。

【用法与用量】水煎2次，合并煎液，供1 500只鸡分上、下午2次喂服。

【应用】用本方治疗30日龄白羽肉鸡肾型传染性支气管炎，连用3剂，治愈率96.13%。由于病鸡脱水严重，体内钠、钾离子大量丢失，应给足饮水，并添加口服补液盐或其他替代物。

【处方17】车前子、白头翁、黄芪、金银花、连翘、板蓝根、桔梗各200 g，麻黄80 g。

【用法与用量】水煎，供1 000只鸡早晚2次饮服，连用3 ~ 5 d。

【应用】治疗肾型传染性支气管炎。

【处方18】板蓝根、金银花各250 g，白头翁、萹蓄、瞿麦、黄芪、山药、茵陈、甘草各170 g，车前子、木通各140 g，炒神曲、炒苍术80 g。

【用法与用量】研末，供1 000只鸡1 d分2次拌料喂服，连用5 d。

【应用】用本方治疗鸡肾型传染性支气管炎效果显著。

【处方19】支肾通（河南省现代中兽医研究院研制）

杏仁10 ~ 15 g，桂枝15 ~ 25 g，茵陈15 ~ 22 g，甘草8 ~ 15 g，陈皮15 ~ 25 g，车前子10 ~ 15 g，黄芪16 ~ 25 g，桔梗18 ~ 30 g，金钱草20 ~ 30 g，瞿麦20 ~ 30 g等。

【用法与用量】按照采食量2% ~ 3%的比例，取散剂煮水，药液饮水，药渣拌料。

【应用】治肾型传染性支气管炎，连用5 d，约97%的病禽症状消失，基本痊愈。

鸡的传染性支气管炎病图

呼吸道型：病鸡呼吸困难，张口伸颈呼吸

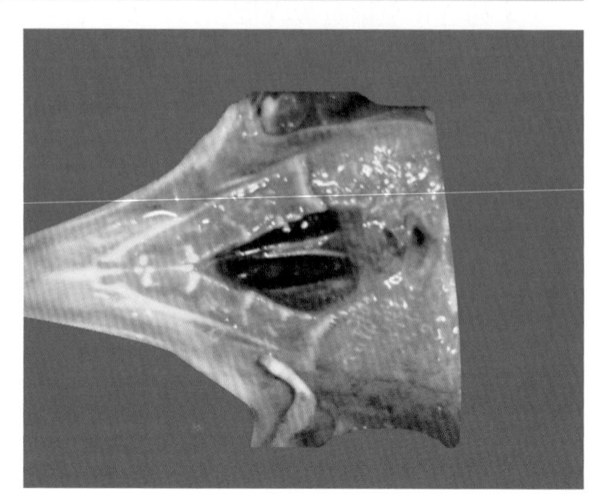
呼吸道型：鼻腔充血、出血

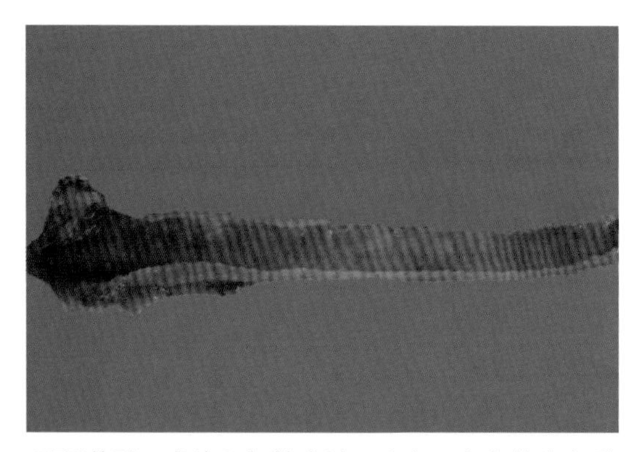
呼吸道型：喉头和气管水肿、充血，内有黄白色黏液

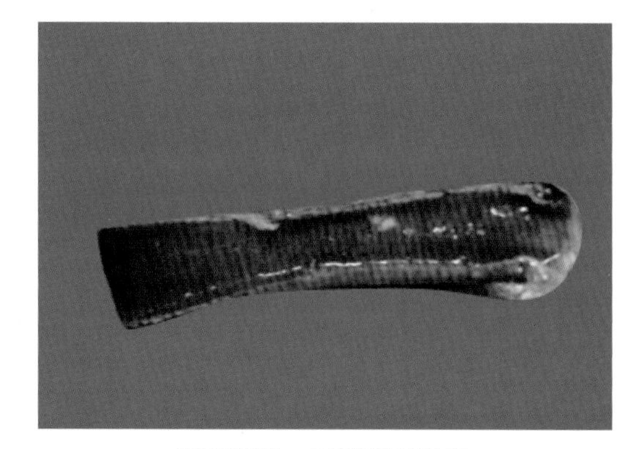
呼吸道型：气管严重出血

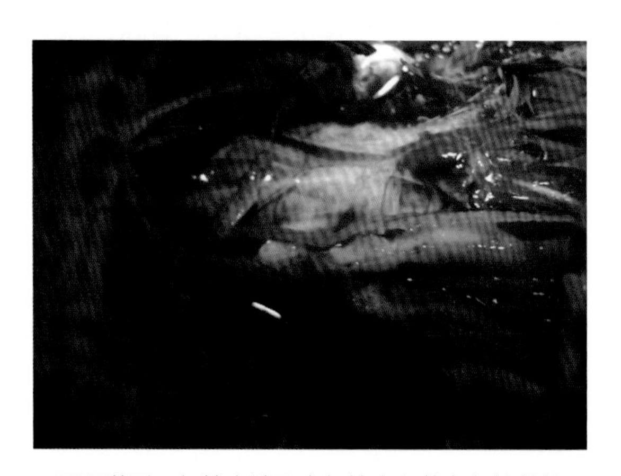
呼吸道型：气管末端及支气管内有黄白色柱状物

呼吸道型：双侧支气管堵塞

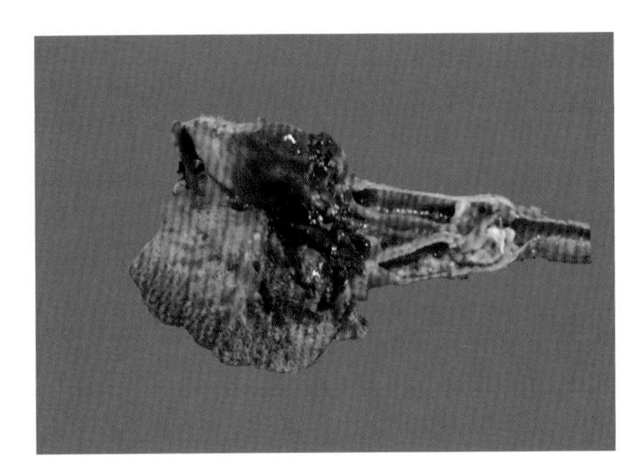
呼吸道型：支气管出血，内有黄白色干酪样物

呼吸道型：支气管内有白色干酪样物

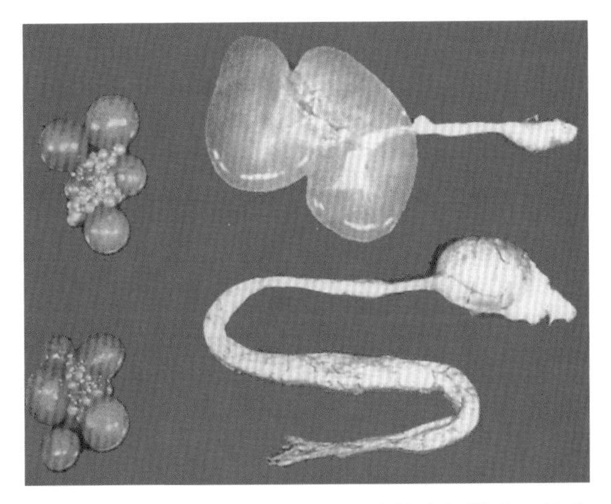
呼吸道型：雏鸡发生呼吸道型传染性支气管炎，输卵管造成永久性损坏，形成囊肿（下图为正常对照）

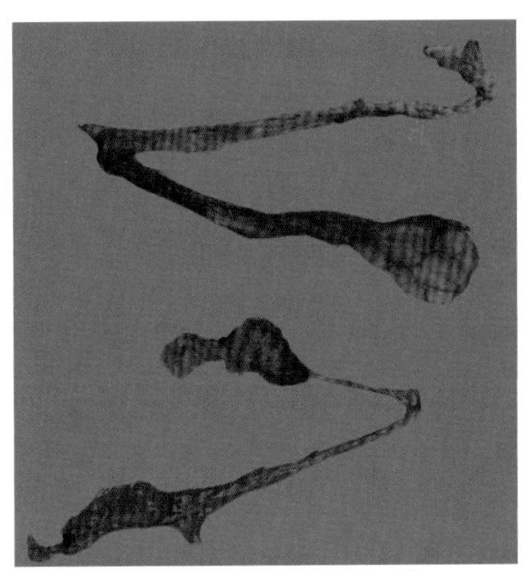
呼吸道型：育雏期感染后致使蛋鸡输卵管发育不良或有囊肿

雏鸡发生呼吸道型传染性支气管炎，导致输卵管不发育或发育不完善，不能产蛋或低产，但卵泡发育基本正常

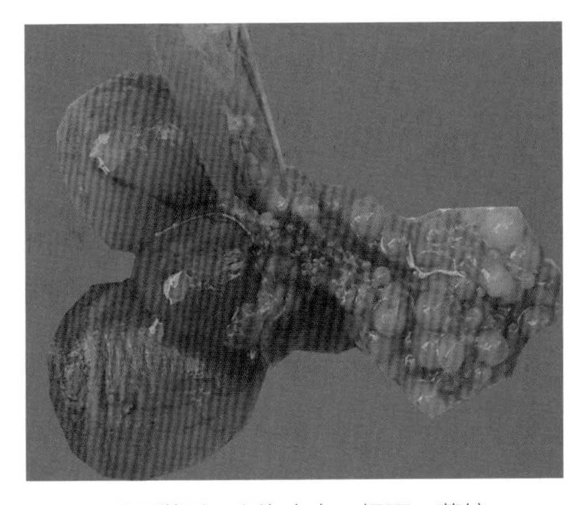
呼吸道型：卵泡出血、坏死、萎缩

呼吸道型：雾状蛋、螺旋蛋等畸形蛋增多

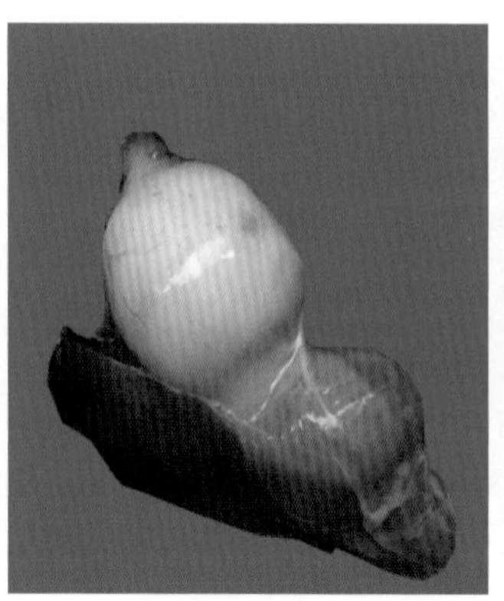

腺胃型：腺胃高度肿胀呈白色

腺胃型：腺胃肿胀，腺胃与肌胃交界处变薄，严重时交界处穿孔

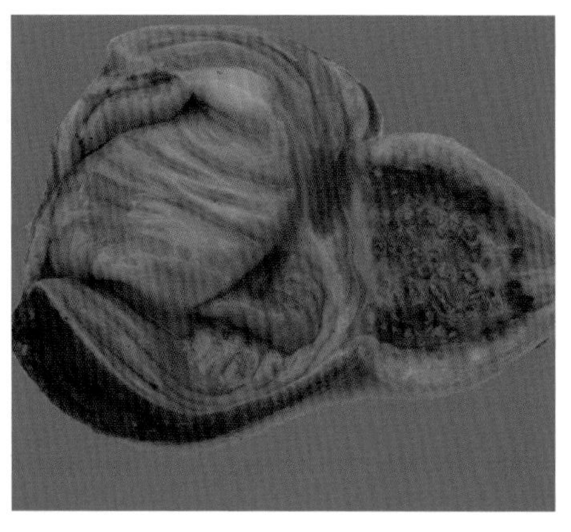

腺胃型：腺胃乳头消失，腺胃黏膜乳头点状出血、溃疡等

肾型：病鸡精神不振，瘫痪

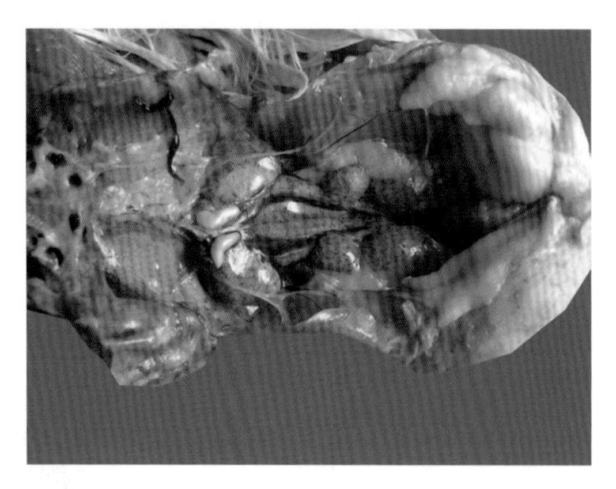

肾型：肾脏肿大、出血

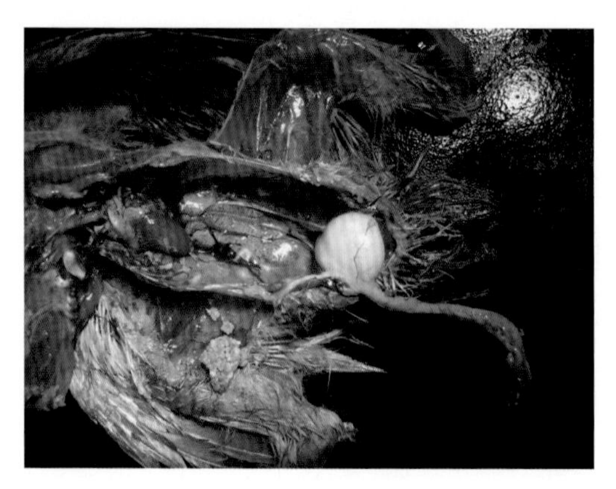

肾型：肾脏肿大、出血，泄殖腔内积有大量白色尿酸盐

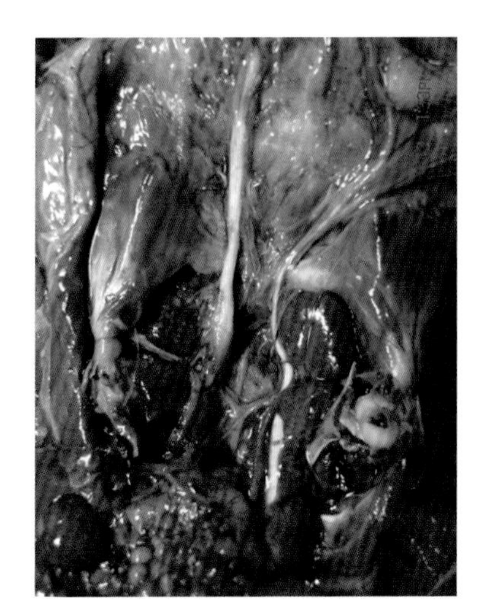

肾型：肾脏出血，输尿管内沉积大量尿酸盐

肾型：输尿管堵塞，剪开后内有石灰样栓塞

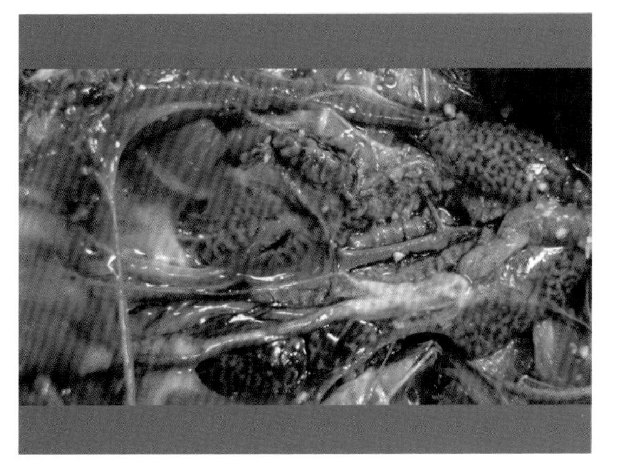

肾型：花斑肾

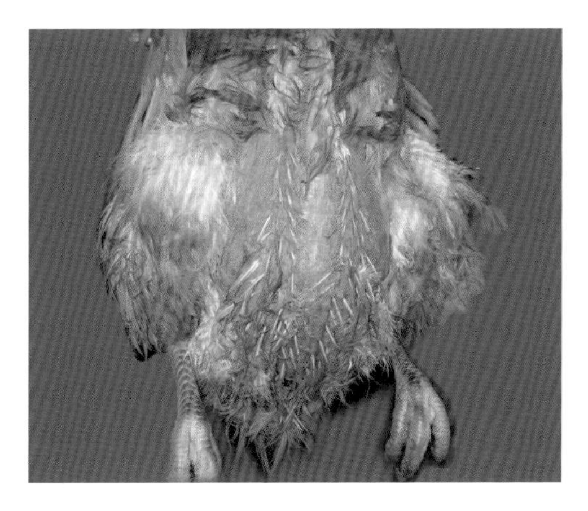

生殖道型：早期感染传染性支气管炎引起“水裆鸡”

生殖道型：蛋壳颜色变浅，质量变差，破壳蛋、焦壳蛋等增多

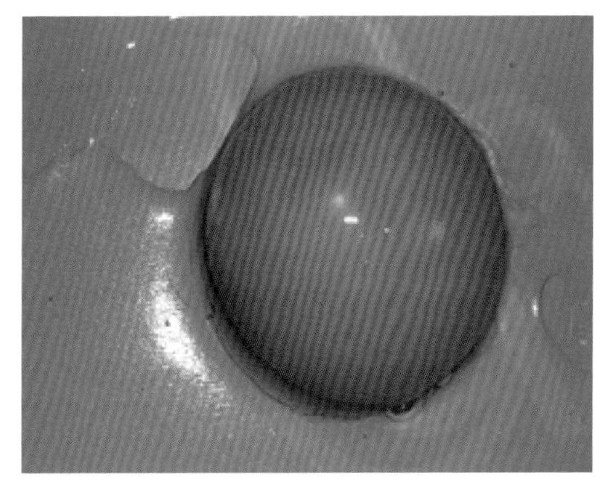

生殖道型：蛋清稀薄如水

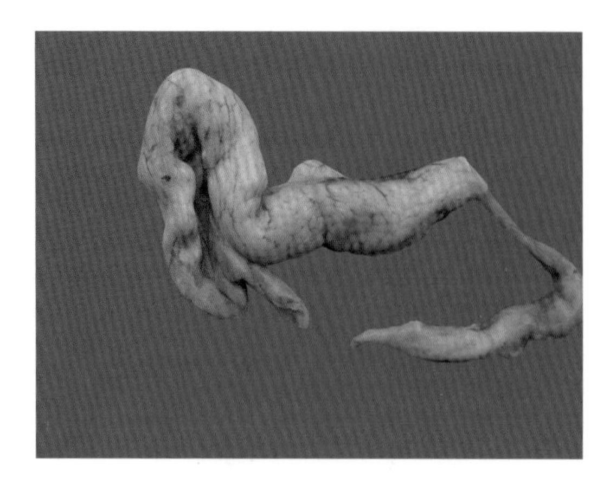

生殖道型：输卵管发育不全

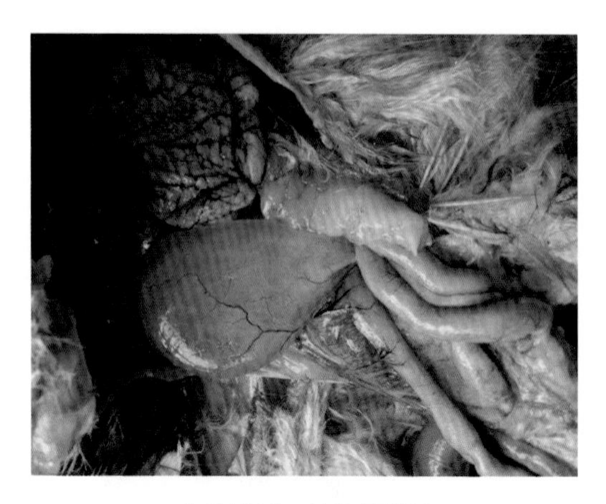

生殖道型：输卵管囊肿

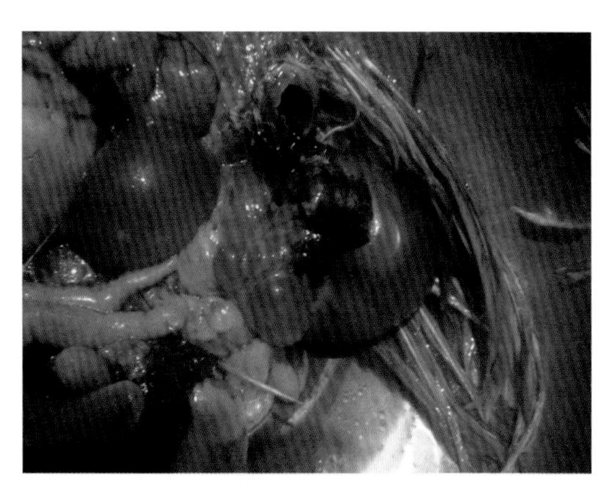

生殖道型：输卵管囊肿，管内有大量积液

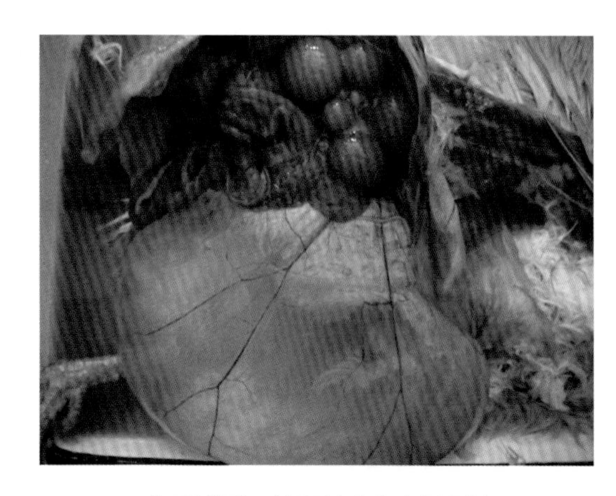

生殖道型：输卵管内有大量积液

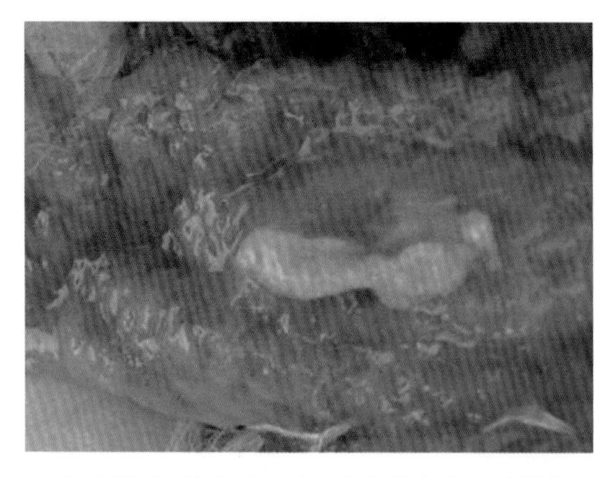

生殖道型：输卵管水肿，内有黄白色干酪样物

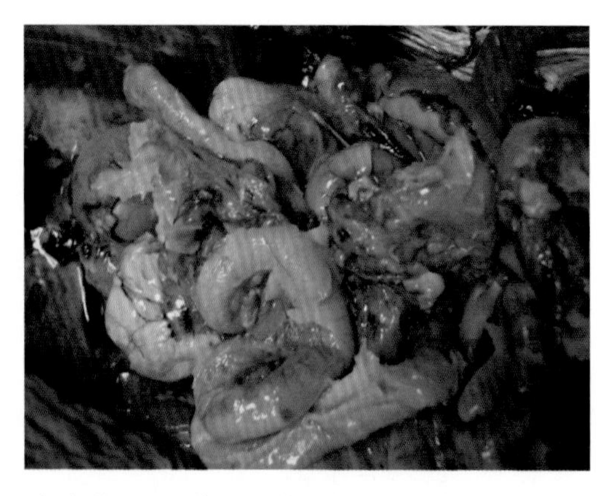

生殖道型：卵黄破裂掉入腹腔后形成卵黄性腹膜炎

第七节　禽　痘

一、概述

禽痘（fowlpox，FP）是由禽痘病毒（fowlpox virus，FPV）引起禽类的一种急性、热性、高度接触性传染病，以皮肤痘疹或上呼吸道、口腔和食管黏膜形成纤维素性坏死和增生性病灶为特征。临床分为4种类型即皮肤型、黏膜型（白喉型）、混合型、眼鼻型，目前两种以上类型混合感染居多。

二、病原特征

禽痘病毒属痘病毒科禽痘病毒属，FPV是其代表种，禽痘病毒包括鸡痘病毒、火鸡痘病毒、鸽痘病毒、鹌鹑痘病毒、金丝雀痘病毒、八哥痘病毒、鹦鹉痘病毒等，每型痘病毒通常只感染同种宿主。所有的禽痘病毒形态相似，成熟的病毒颗粒呈砖形，大小平均约为330 nm × 280 nm × 200 nm，是动物病毒中最大的病毒。有囊膜，基因组为线状双股DNA。FPV具有血凝性，常以马的红细胞用作血凝或血凝抑制试验。

三、流行病学

传染源：病禽是主要传染源。

传播途径：一般通过蚊虫叮咬和破损的皮肤或黏膜感染。而脱落或散落的痘痂是散布病毒的主要方式。

易感动物：不同品种、日龄的禽及野鸟均可感染，家禽中鸡最易感，雏禽多发且病情严重，死亡率高。

本病四季都可发生，夏秋季多发皮肤型，冬季以黏膜型为主。我国南方气候潮湿、蚊虫多，更易发病，病情更为严重。某些不良因素如拥挤、通风不良、阴暗、潮湿、体外寄生虫病存在、啄癖或外伤、饲养管理不善等均可促使本病发生与流行或病情加剧。本病若与传染性鼻炎、大肠杆菌病、慢性呼吸道病、霉菌感染、副黏病毒感染、葡萄球菌病等并发或继发时，常常造成病禽大批死亡。

四、临床症状

1.黏膜型（白喉型）

多发于雏禽，病死率较高。

前期呈鼻炎症状，2 ~ 3 d后，口腔、咽、喉、鼻腔、食道黏膜、气管及支气管等部位形成黄白色小结节，逐渐增大相互融合形成黄白色干酪样假膜（俗称“白喉”），假膜由坏死的黏膜和炎性渗出物凝固组成。随着病情的加重，假膜阻塞口腔和咽喉部，造成呼吸和吞咽困难，终因饥饿或窒息而死。

2.皮肤型

皮肤型的特征是在身体无毛部位，如冠、肉髯、嘴角、眼睑、耳球、腿、泄殖腔和翅的内侧等部位形成一种特殊的痘疹。

最初痘疹为细小的灰色麸皮状，随后体积迅速增大，形成如豌豆大灰色或灰白色的结节，痘疹表面凹凸不平，结节坚硬而干燥，内含有黄脂状糊块，有时很多结节相互融合，最后形成棕黑色的痘痂，突出于皮肤的表面，脱落后形成一个平滑的灰白色瘢痕而痊愈。

病重的雏禽精神萎靡，食欲减退，体重减轻，甚至死亡；蛋禽产蛋减少或停止等。

3.眼鼻型

常伴黏膜型发生，多与大肠杆菌病、慢性呼吸道病混合感染。

病禽眼和鼻孔中流出水样液体，后变成淡黄色浓稠的脓液；病程稍长时，眶下窦有炎性渗出物蓄积，眼睑肿胀，结膜充满脓性或纤维性蛋白渗出物，有时可挤出干酪样凝固物，引发结膜炎、角膜炎，有的失明等。

4.混合型

同时发生两种及以上的类型，一般病情严重，死亡率高，以上不同类型的症状均可出现。

五、病理变化

1.黏膜型（白喉型）

口腔、咽喉、气管或食道黏膜有黄白色小结节，后形成黄白色干酪样假膜，假膜可以剥离，剥离后气管表面呈浅红色出血。有时喉头黏膜增生致使喉裂狭窄阻塞喉头。当病情危害到支气管时引起肺炎。

2.皮肤型

皮肤型特征病变是局部表皮及其下层的毛囊增生形成结节。

痘疹表面凹凸不平，结节坚硬而干燥，切开结节内面出血、湿润，结节脱落后形成一个平滑的灰白色瘢痕。

3.眼鼻型

眼结膜发炎、潮红，切开眶下窦，内有炎性渗出物蓄积；切开眼部肿胀部位，可见黄白色干酪样凝固物。

4.混合型

出现以上两种或两种以上的病理变化。

六、防治

1.预防

预防本病最有效的方法是接种疫苗。加强饲养管理，饲喂优质饲料，搞好环境卫生，饲养密度适中，通风良好，定期消毒与临时消毒相结合，尽量避免蚊虫叮咬及各种原因引起的啄癖或机械性外伤等可以降低发病率。

2.治疗方案

治疗禽痘目前尚没有特效的药物，但采取疫苗紧急接种和中西医结合原则治疗有效。对剥离的痘痂、假膜等集中销毁，以防病毒的扩散。

（1）发病后用鸡痘弱毒疫苗4倍量紧急刺种。

（2）疫苗接种24 h后，抗微生物药饮水或拌料控制细菌的继发感染。饮水中添加优质鱼肝油或复方维生素纳米乳口服液等措施利于本病的康复。

（3）中药制剂治疗。

【处方1】金银花、连翘、板蓝根、赤芍、葛根各20 g，蝉蜕、甘草、桔梗、竹叶各10 g。

【用法与用量】水煎取汁，供100只鸡混饲或混饮，连用3 d。

【应用】适用于混合型鸡痘。

【处方2】板蓝根75 g，麦冬、生地黄、牡丹皮、连翘、莱菔子各50 g，知母25 g，甘草15 g。

【用法与用量】水煎制成1 000 mL药液，供500只鸡拌料混饲或灌服。

【应用】适用于黏膜型鸡痘。

【处方3】栀子、甘草各100 g，牡丹皮、黄芩、山豆根、苦参、白芷、皂角、防风各50 g，金银花、黄柏、板蓝根各80 g。

【用法与用量】按每只鸡每天0.5 ~ 2 g水煎取汁，拌料混饲，连用3 ~ 5 d。

【应用】适用于皮肤型鸡痘。

禽痘图

黏膜型：病鸡伸颈张口呼吸

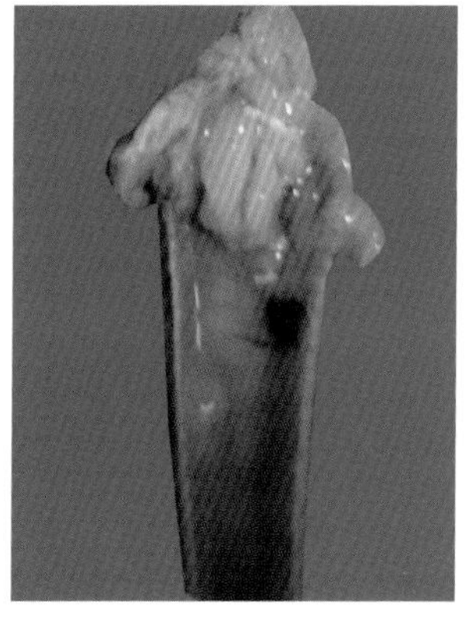

黏膜型：黄白色假膜堵塞喉头

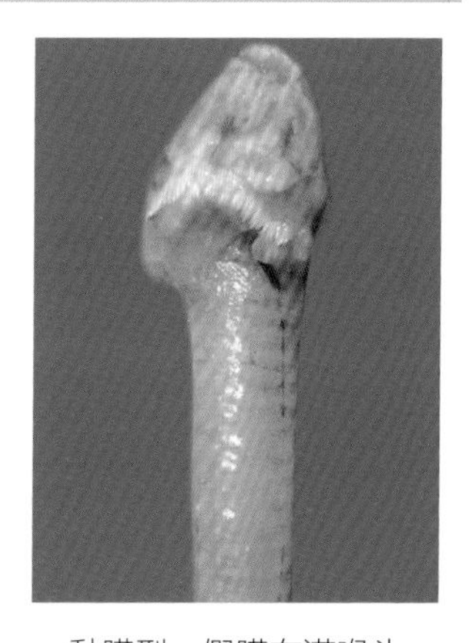

黏膜型：假膜布满喉头

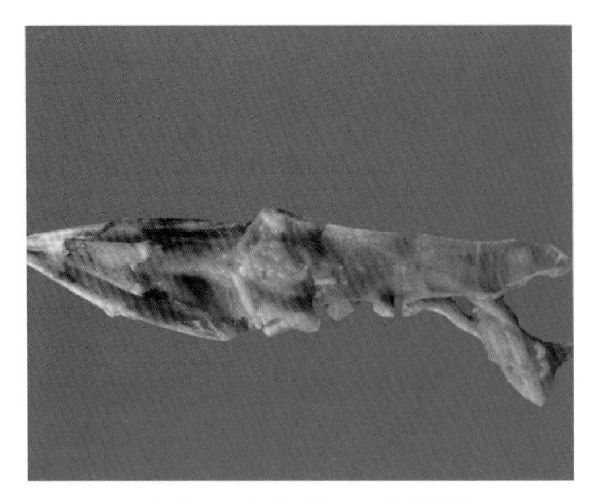

黏膜型：喉头及气管形成假膜

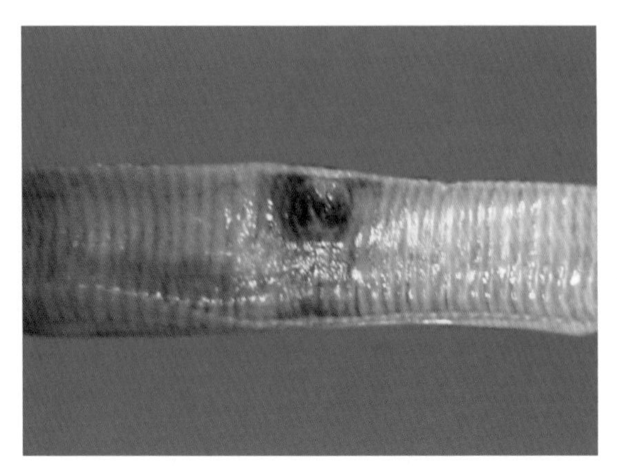

黏膜型：气管内形成假膜，凸出于气管表面

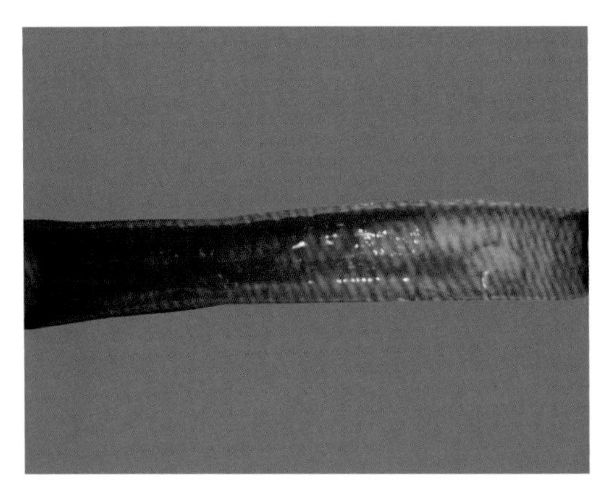

黏膜型：气管内形成多个假膜，凸出于气管表面

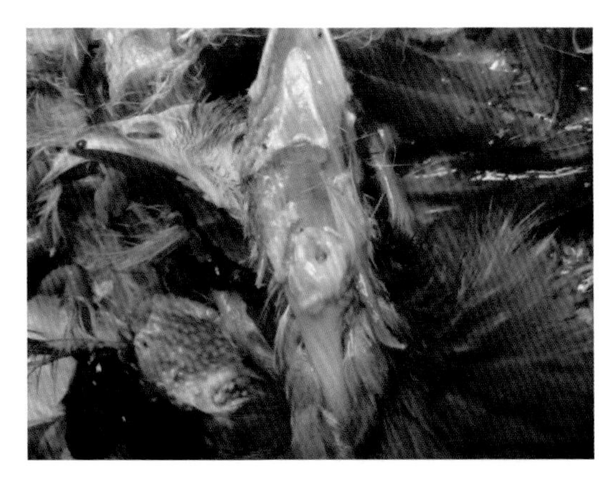

黏膜型：口腔及喉头处假膜引起喉头堵塞

黏膜型：上腭裂布满痘疹，喉头形成假膜

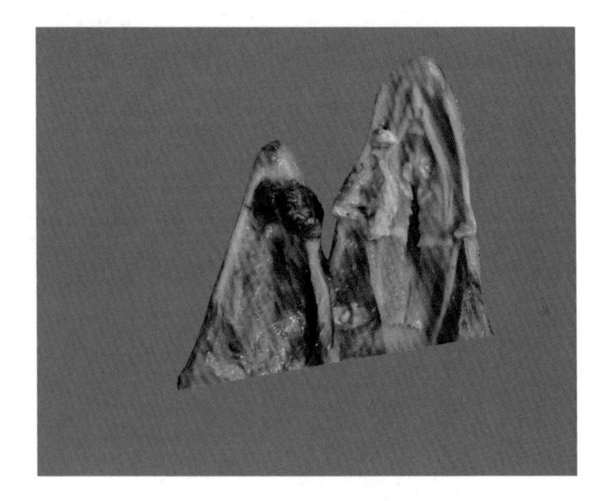

黏膜型：腭裂及口角形成假膜

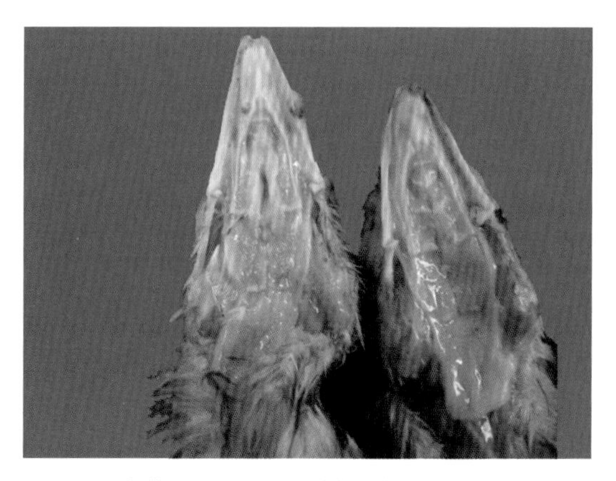

黏膜型：上腭裂及其喉头形成假膜

黏膜型：结膜形成假膜

皮肤型：鸡冠上形成痘疹

皮肤型：肉髯、鼻端、嘴角、眼等处形成痘疹

皮肤型：黑色痘疹凸出于鸡冠表面

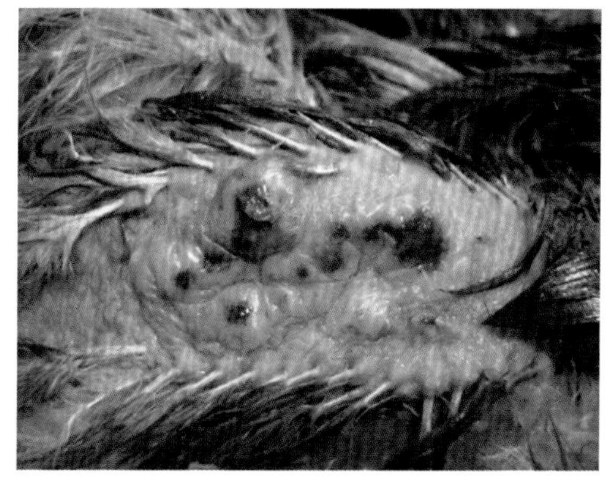

皮肤型：肉色痘疹凸出于皮肤表面

皮肤型：痘疹严重凸出

皮肤型：眼睛周围无毛处形成痘疹

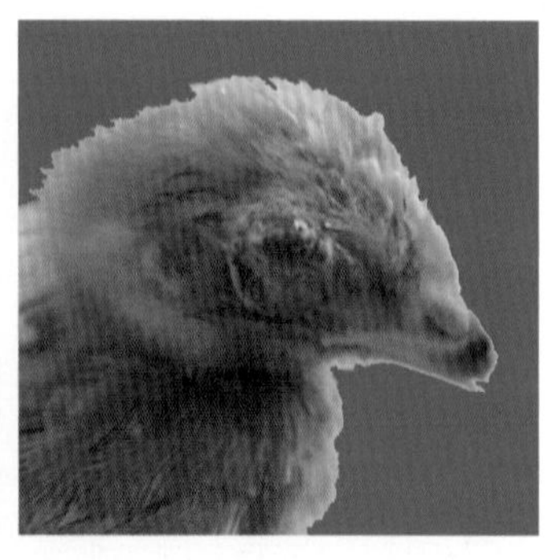

眼鼻型：病情严重时导致失明

混合型：无毛处形成痘疹，失明

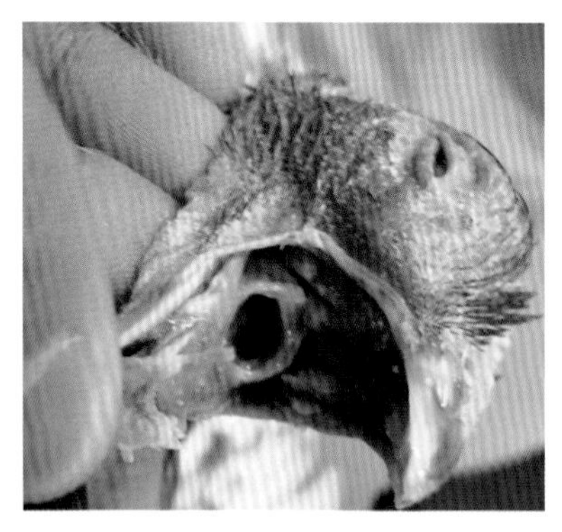

混合型：上颌形成黄白色痘疹

混合型鸡痘：眼部肿胀，眼盲

鸽痘图

肉髯、鼻端、嘴角、眼等无毛处形成痘疹

眼睛周围无毛处、鼻孔周围、嘴角等形成痘疹

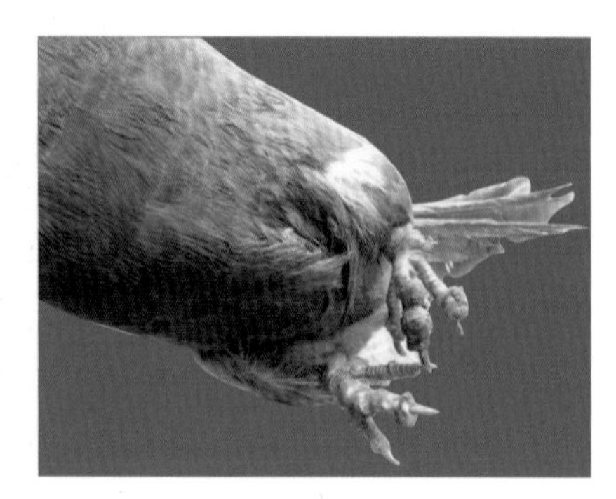

爪痘疹严重突出

第八节 产蛋下降综合征

一、概述

产蛋下降综合征（eggs drop syndrome 1976， EDS-76）是由腺病毒III群中的病毒感染引起的，以产蛋率下降为特征的一种急性病毒性传染病。本病主要表现为产蛋率突然下降或产蛋达不到高峰，短期内异常蛋如软壳蛋、无壳蛋、薄壳蛋及畸形蛋等大量增多，蛋壳颜色变浅，表面粗糙，表面有灰白色或灰黄色粉状物等，本病给蛋禽养殖带来较大的经济损失。

二、病原特征

本病病毒属于禽腺病毒血清III群，在血清学上与腺病毒I和II型无关，仅有1个血清型，具有血凝性，能凝集鸡、鸭、火鸡、鹅、鸽的红细胞，但不能凝集家兔、绵羊、马、猪、牛的红细胞，可用血凝抑制试验鉴定本病毒。病毒粒子呈球形，直径76～80 nm，无囊膜，为双股DNA病毒。根据对很多毒株的限制性内切酶位点分析分为3个基因型，分别为欧洲鸡毒株、欧洲鸭毒株、澳大利亚鸡毒株。

三、流行病学

传染源：病鸡、带毒鸡及带毒的水禽。

传播途径：主要经受精卵垂直传播。实验证明感染母鸡所产蛋孵出的鸡苗，在肝脏中可回收到EDS病毒。病鸡的输卵管、泄殖腔、粪便、肠道内容物都能分泌病毒，并向外排毒传染给易感鸡，因此水平传播也是很重要的传播方式。

易感动物：任何年龄的鸡均可感染，产蛋高峰期的鸡最易受感染。

传播媒介：病毒污染过的鸡蛋、水源、饲料、工具及人员等均可成为感染的媒介。

本病主要侵害24～36周龄鸡，幼龄鸡感染后不表现临诊症状。当鸡群发生该疾病时，可能与雏鸡阶段感染QX型传染性支气管炎、呼肠孤病毒感染及慢性呼吸道疾病等有关。

四、临床症状

通常24～36周龄产蛋鸡产蛋达不到高峰或全群突然产蛋率下降，比正常下降20%～50%。

短期内异常蛋如软壳蛋、无壳蛋、薄壳蛋及畸形蛋等大量增多，蛋壳色泽变淡，表面粗糙，有灰白色或灰黄色粉状物等，蛋壳变薄，易碎，破损率高达40%等。

产蛋下降持续 4 ～ 10 周后逐渐恢复正常，受精率和孵化率不受影响；部分病鸡采食量下降、腹泻、贫血、羽毛蓬乱、精神呆滞等。

五、病理变化

输卵管水肿或急性卡他性炎症，黏膜出血，卵巢萎缩或出血，子宫黏膜发炎，蛋白如水，蛋黄色淡，蛋黄周围混浊，或蛋白中混有血液等。

六、防治

1.预防

疫苗接种是预防本病的关键措施，雏鸡做好传染性支气管炎、慢性呼吸道病及呼肠孤病毒感染等的预防。同时严格执行兽医卫生措施，建立无疫病鸡场，尤其是对种鸡要严格检疫，种蛋和孵化室等要严格消毒，这些措施可降低本病的发病率。

2.治疗方案

（1）抗微生物药饮水或拌料控制细菌的继发感染。干扰素或转移因子饮水，配合复方维生素纳米乳口服液或优质鱼肝油和蛋氨酸等辅助治疗，利于产蛋率恢复。

（2）选择清热解毒、益气健脾、活血祛痰、补肾强体的中药制剂治疗。

【处方1】激蛋散

虎杖100 g，丹参80 g，菟丝子、当归、川芎、牡蛎、肉苁蓉各60 g，地榆、白芍各50 g，丁香20 g。

【用法与用量】拌料混饲，鸡每1 kg饲料10 g。

【处方2】健鸡散

党参、黄芪、茯苓各20 g，六神曲、麦芽、炒山楂各10 g，甘草、炒槟榔各5 g。

【用法与用量】拌料混饲，鸡每1 kg饲料20 g。

【处方3】降脂增蛋散

刺五加、仙茅、何首乌、当归、艾叶各50 g，党参、白术各80 g，山楂、六神曲、麦芽各40 g，松针200 g。

【用法与用量】拌料混饲，鸡每1 kg饲料5 ~ 10 g。

【处方4】板蓝根当归散

板蓝根、当归、黄连各60 g，苍术40 g，金银花100 g，六神曲70 g，麦芽90 g，诃子20 g。

【主治】用于湿热内蕴胞宫所致的鸡产蛋机能下降。

【用法与用量】拌料混饲，鸡每1 kg饲料20 g，连用7 d。

【处方5】黄连、黄柏、黄芩、金银花、大青叶、板蓝根、黄药子、白药子各30 g，甘草50 g。

【用法与用量】将上药加水5 000 mL煎汁，加白糖1 kg，供500只鸡一次饮服，1剂/d，连用3～5剂。

【应用】用本方治疗鸡产蛋下降综合征收到满意疗效，可有效恢复产蛋率。

【处方6】牡蛎60 g，黄芪100 g，蒺藜、山药、枸杞子各30 g，女贞子、菟丝子各20 g，龙骨、五味子各15 g。

【用法与用量】共研细末。按日粮的3%～5%比例添加，拌匀，再加入50%～70%的清洁常水，拌混后饲喂，2次/d，连用3～5 d为1个疗程。

【应用】用本方治疗鸡产蛋下降综合征效果良好。喂药后给予充足饮水，一般2个疗程可治愈。

鸡的产蛋下降综合征病图

薄壳蛋、砂壳蛋、破壳蛋、焦壳蛋

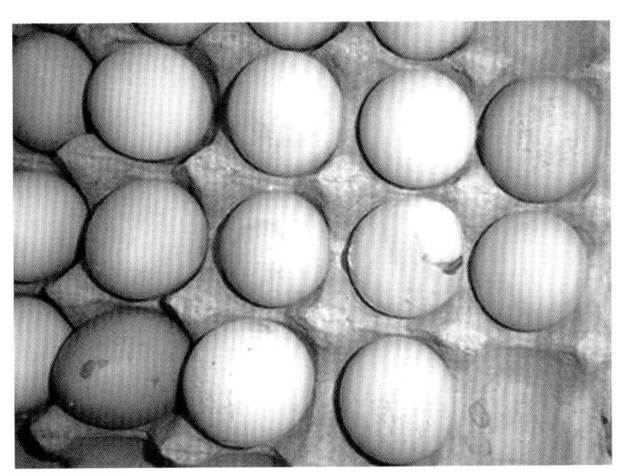

蛋壳褪色、粗糙、变薄、易破碎

软壳蛋、畸形蛋

小蛋、软壳蛋、无壳蛋、薄壳蛋及畸形蛋等增多，蛋壳色泽变淡，表面粗糙，表面有灰白色或灰黄色粉状物等，蛋壳变薄，易碎

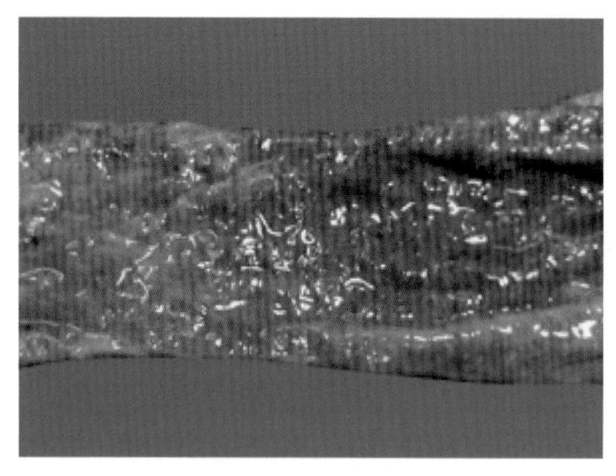

输卵管黏膜出血、糜烂

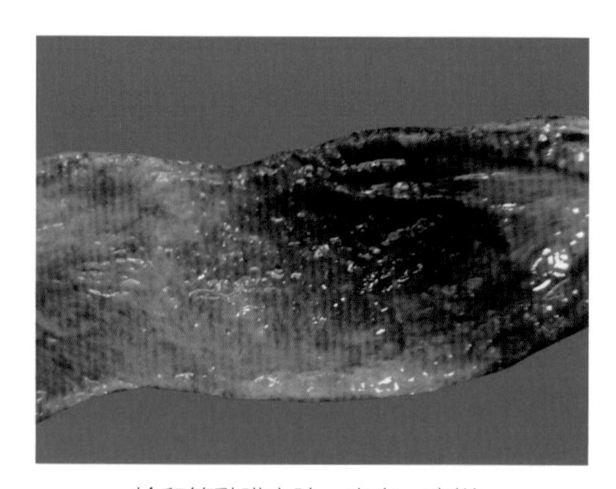

输卵管黏膜水肿、出血、糜烂

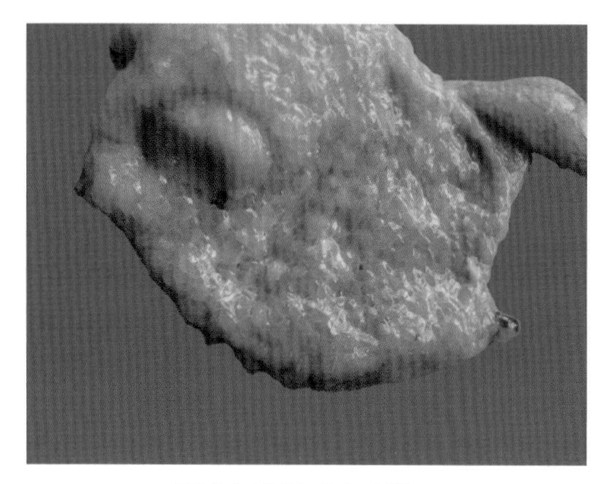

子宫部水肿呈水疱样

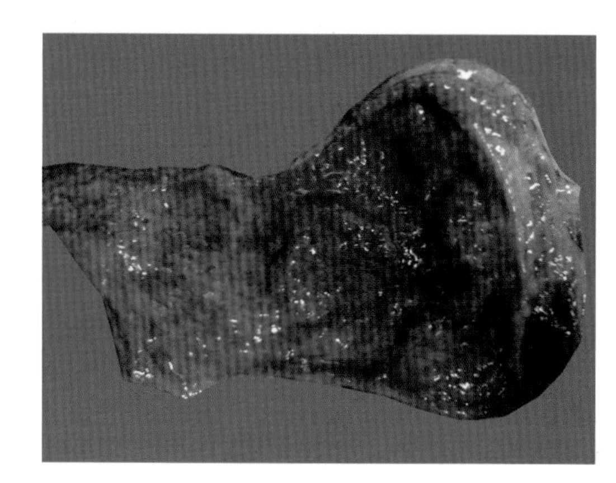

子宫黏膜水肿、出血

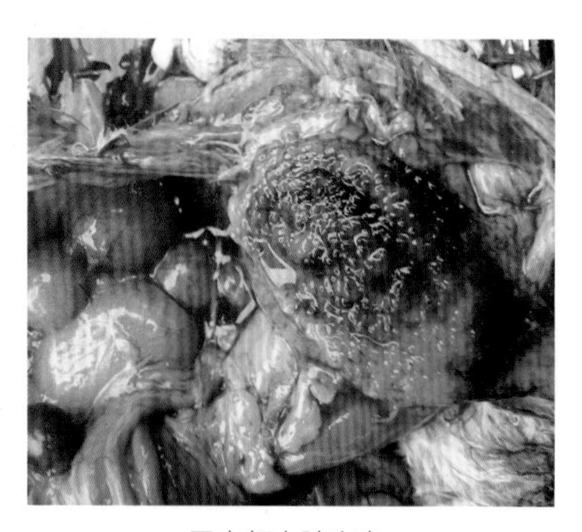

子宫部水肿出血

第九节　鸡包涵体肝炎

一、概述

鸡包涵体肝炎（avian inclusion body hepatitis， IBH）又称为贫血综合征，是由禽腺病毒引起的一种急性传染病，其特征为突然发病，死亡率突然增加，贫血，黄疸，肝脏肿大、出血和坏死，肝细胞有核内包涵体。本病广泛存在于世界各地，1951年美国首次报道本病，我国也有发生，呈地方流行性。

二、病原特征

包涵体肝炎病毒（IBHV）属于腺病毒科禽腺病毒属Ⅰ群。在Ⅰ群腺病毒中有很多血清型（FAdv-1- 12）都与自然发生的包涵体肝炎暴发有关，其中血清2型和8型最常见。病毒粒子为球形，直径70～90 nm，无囊膜，核衣壳呈二十面体立体对称，为双股DNA病毒，能凝集大鼠红细胞。本病毒对热较稳定，在室温下可存活较长时间。

三、流行病学

传染源：病鸡和带毒鸡。

传播途径：垂直传播为主，也可经呼吸道及眼结膜等途径传播，还可通过接触病鸡或被病鸡污染过的鸡舍、饲料、饮水等经消化道而传染。

易感动物：只有鸡易感，5周龄鸡最易感。

本病多发于4～10周龄的鸡，肉鸡多发，近几年产蛋鸡发病呈上升趋势。

四、临床症状

自然感染潜伏期1～2 d，病程一般为10～14 d。

病鸡发病迅速，突然死亡，精神沉郁，嗜睡，肉髯褪色，皮肤呈黄色，皮下有出血，排水样稀粪，3～5 d达死亡高峰，5 d后死亡减少或逐渐停止。蛋鸡产蛋率下降，腹泻等。

五、病理变化

肝脏肿大，脂肪变性，质脆易裂，点状或斑驳状出血，或隆起坏死灶散在。

肾脏肿胀呈灰白色，散在出血点。

脾脏有白色斑点状和环状坏死灶。

骨髓灰白色或黄色或桃红色。

有的法氏囊萎缩，胸腺水肿，胸肌和腿肌苍白并有出血斑点，皮下组织、脂肪和肠浆膜、黏膜等处出血。

六、防治

1.预防

目前对鸡包涵体肝炎尚无有效疗法，净化种群是最重要的控制措施。平时加强饲养管理，做好环境消毒，减少应激因素，做好传染性法氏囊病等免疫抑制病的预防。

2.治疗方案

（1）发病后，采用抗微生物药饮水或拌料控制细菌继发感染。配合维生素C可溶性粉或复方维生素纳米乳口服液使用。

（2）中药辅助治疗。

【处方】加减茯白散（河南省现代中兽医研究院研制）

板蓝根15～25 g，白芍10～20 g，茵陈20～30 g，龙胆草10～15 g，党参7.5～15 g，茯苓7.5～15 g，黄芩10～20 g，苦参10～20 g，甘草10～30 g，车前草10～30 g，金钱草15～45 g。

【应用】脂肪肝综合征、包涵体肝炎、心包积液综合征、鸭病毒性肝炎、肝炎-脾肿大综合征、鸭呼肠孤病毒病、弧菌性肝炎等引起的肝脏肿大等症具有治疗或缓解功效。

【用法与用量】0.5～2.0 g/只，1次/d，连用5～7 d。

鸡包涵体肝炎病图

肝脏有大小不等的出血斑，肝脏颜色变淡

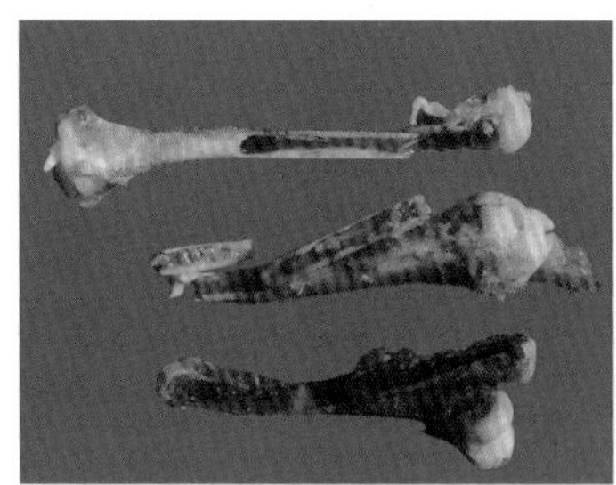

骨髓变黄，下为正常对照组

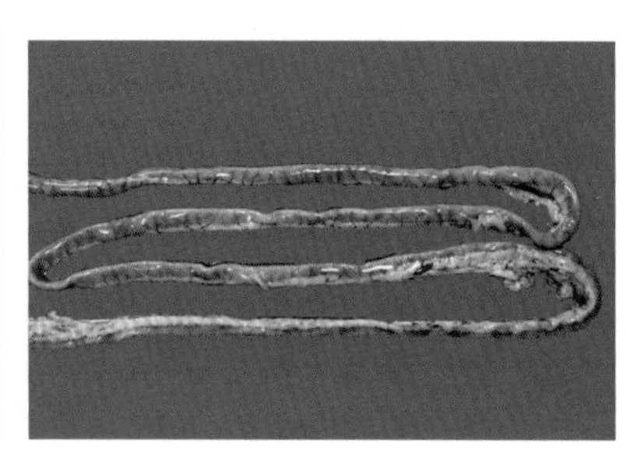

急性出血性肠炎

第十节 禽心包积液综合征

一、概述

禽心包积液综合征（Avian pericardial effusion syndrome）是禽腺病毒C中的血清4型感染禽引起的以心包积液为特征的一种病毒性传染病。因本病1987年首次发生于巴基斯坦安卡拉地区，因此又称安卡拉病。在欧洲、美洲报道较多，2014年我国出现此病。蛋鸡、肉鸡、肉鸭、肉鸽均可发生，呈地方流行性，给养禽业造成较大的经济损失。本书主要介绍鸡心包积液综合征。

二、病原特征

本病病毒属于禽腺病毒C中的血清4型（FAdV-4），Ⅰ亚群禽腺病毒共有A、B、C、D、E 5个种12个血清型，各个血清型的病毒之间不能产生交叉保护。FAdV-4具有腺病毒典型的结构，基因组为线性双链DNA，无囊膜，球形，直径70～100 nm，核衣壳呈二十面体立体对称。病毒不能凝集红细胞，可在细胞核内复制，产生嗜碱性包涵体，结构蛋白主要是hexon蛋白，其抗原性强，暴露性好，具有群抗异性。

三、流行病学

传染源：带毒鸡是主要传染源。

传播途径：既可以垂直传播，也可经粪便、气管和鼻腔黏膜水平传播。

易感动物：3 ～ 6 周龄鸡最易感，不同品种、不同日龄的鸡均可感染发病。

本病传播速度快，呈地方流行性，肉鸡、肉杂鸡、麻鸡、地方土鸡及蛋鸡均可发病，肉鸭及肉鸽也可发病。发病日龄不等，15 ～ 70 日龄鸡多发，最早可见 6 日龄发病，300 多日龄的蛋鸡也发病；病程持续 15 ～ 20 d，发病率、死亡率与发病日龄、饲养环境等有较大关系，发病日龄越早，死亡率越高；若与沙门杆菌病、大肠杆菌病、慢性呼吸道病、禽流感、新城疫等混合感染则死亡率增加。

四、临床症状

病初个别或极少数鸡精神不振，呆立，对外界刺激反应不明显，采食量下降或不食，拉黄绿色粪便，渐进性消瘦，零星死亡，个别鸡打呼噜。

病初1～3 d内死亡率低，5～8 d后达死亡高峰，接着死亡减少，一般死亡率30%左右，严重时，死亡率高达80%，病程持续15～20 d。

五、病理变化

心包内有黄色果冻样物，心包积液，积液高达20 mL以上，积液呈淡黄色，心肌疲软等。

肝脏肿大，色淡，肝脏表面有出血条带或大小不一的弥漫性出血斑、灰白色坏死灶。

多数病死鸡胸腹腔积液。

肾脏肿大、苍白或色淡略黄、出血等。

腺胃黏膜瘀血、肿胀，腺胃乳头、腺胃与肌胃交界处出血，角质层下有大小不等的溃疡灶，出血性肠炎，盲肠扁桃体出血等。

气管轻微环状出血，肺脏充血，表面有胶冻样渗出物，局部坏死等。

胰腺变性呈苍白色。

六、防治

1.预防

采用当地分离株制备的疫苗接种是控制本病的关键措施，而加强饲养管理，做好通风换气及保温工作，减少各种应激，做好传染性法氏囊病、传染性贫血、禽网状内皮增生症等免疫抑制性疾病的防控，供应优质饲料，严格消毒等措施是预防本病的重要手段。

2.治疗方案

发病后采用具有抗病毒、保肝护肾及增强免疫的中药进行治疗的同时，配合复方维生素纳米乳口服液或复合B族可溶性粉饮水治疗。若有细菌感染则使用抗菌药控制继发感染。

（1）发病初期：采用加减茯白散（板蓝根15～25 g，白芍10～20 g，茵陈20～30 g，龙胆草10～15 g，党参7.5～15 g，茯苓7.5～15 g，黄芩10～20 g，苦参10～20 g，甘草10～30 g，车前草10～30 g，金钱草15～45 g）治疗，0.5～2.0 g/只，1次/d，连用5 d，疗效显著（加减茯白散由河南省现代中兽医研究院研制）。

（2）病情严重时：采用当地病死鸡的心包积液、肺脏、脾脏、肝脏、肾脏等病料做成的组织苗或卵黄抗体肌内注射。

鸡的心包积液综合征图

肝脏肿大、色淡，局部坏死

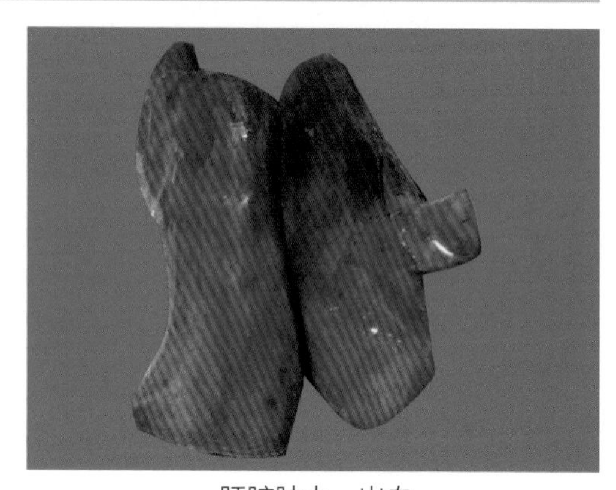

肝脏肿大、出血

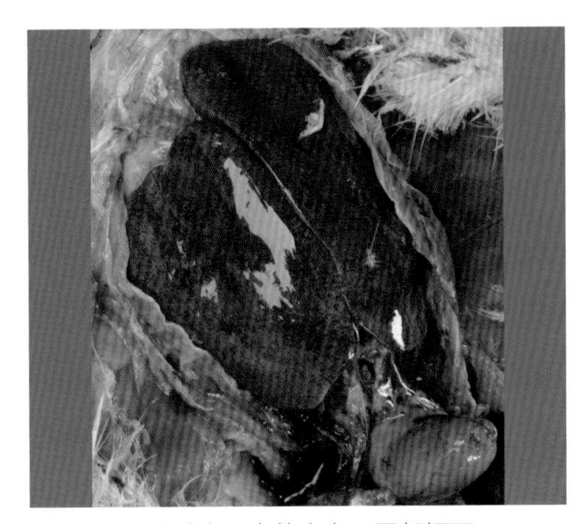

肝脏肿大，点状出血，局部坏死

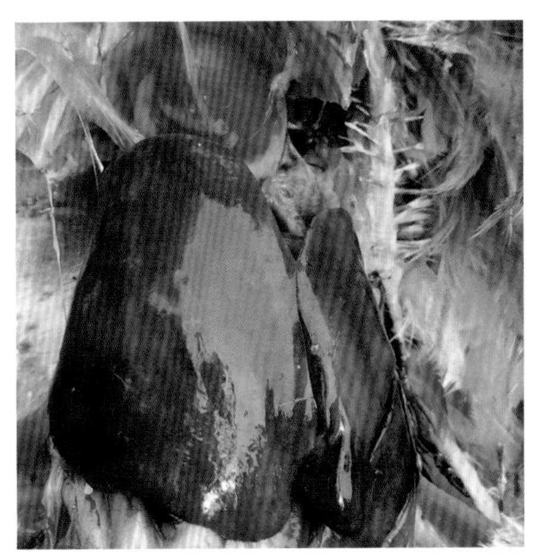

肝脏肿大，局部有坏死 ，心包积液

肝脏肿大，有出血条带，心包积液

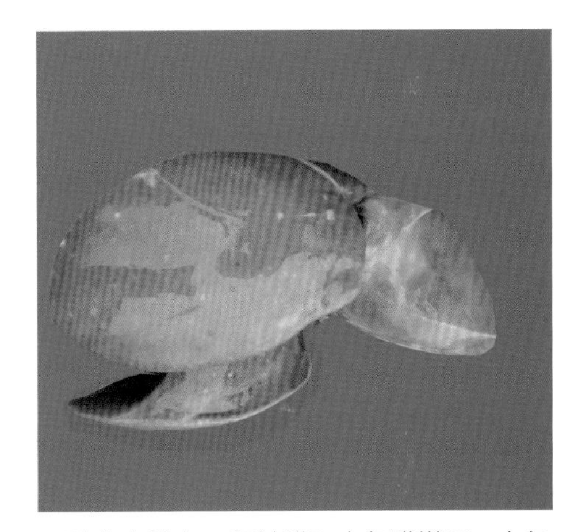

肝脏高度肿大，肝被膜和心包膜增厚，心包膜内有黄色果冻样物

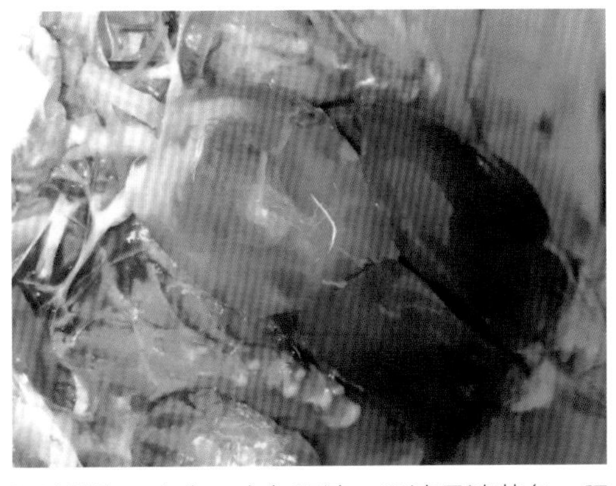

肝脏肿胀、出血，心包积液，积液呈淡黄色，积液高达 20 mL

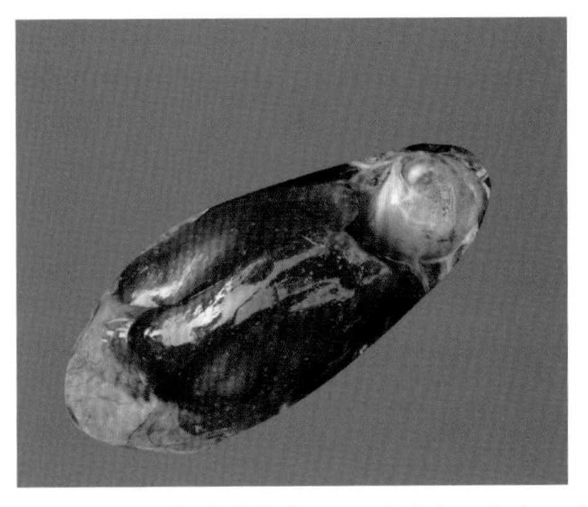

心包积液，心外膜出血；肝脏肿大、出血，有白色坏死点散在

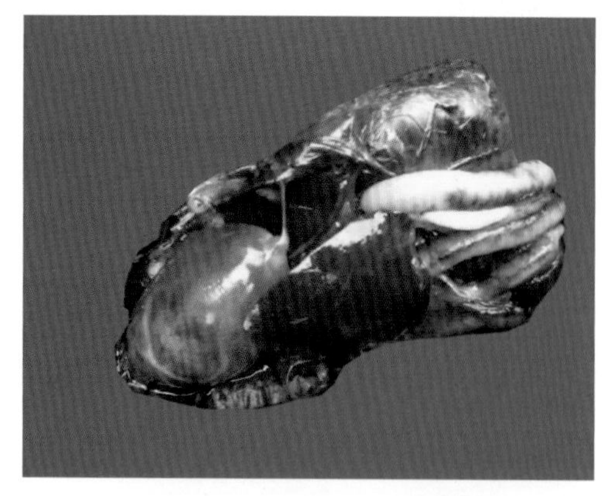
心包积液；肝脏肿大，局部坏死

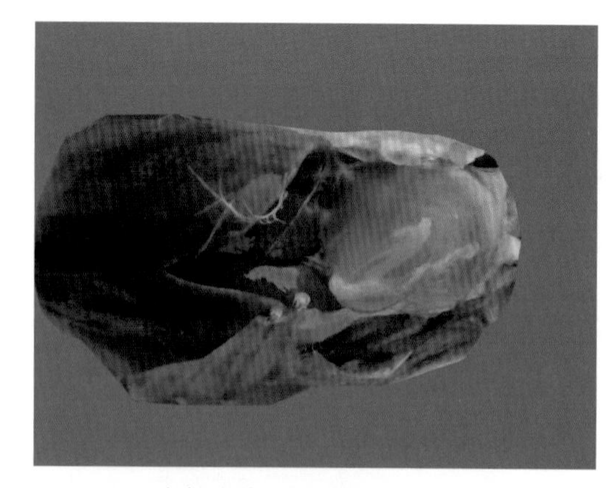
心包积液，肝脏肿大、出血

心包积液，肝脏肿大、出血

心包积液，积液呈淡黄色

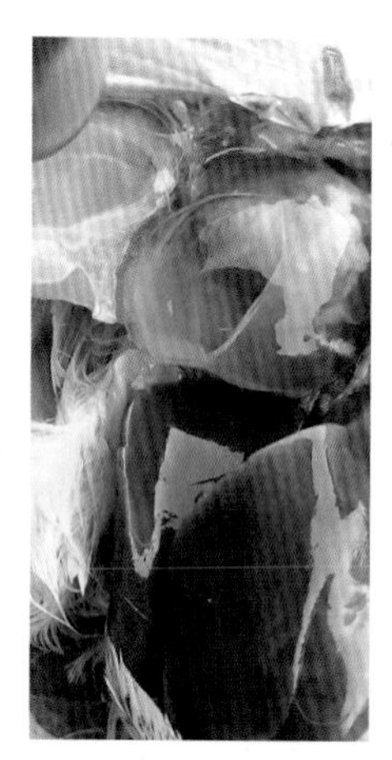
心包内有黄色果冻样物

肌胃与腺胃交界处出血；心包积液；肝脏肿大，有出血点散在

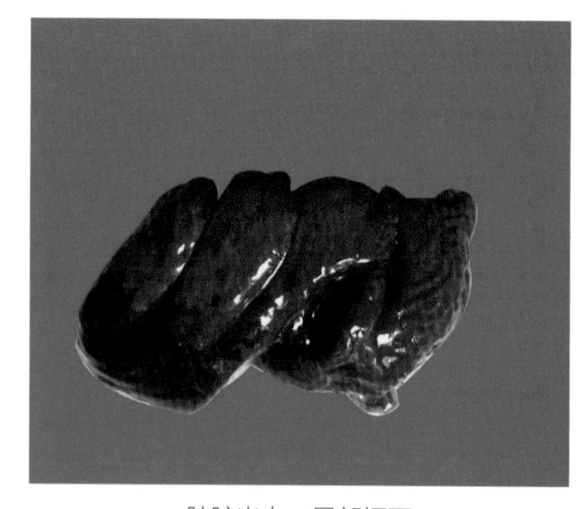
肺脏出血，局部坏死

肺脏出血；肾脏肿大、出血，输尿管内有白色尿酸盐沉积

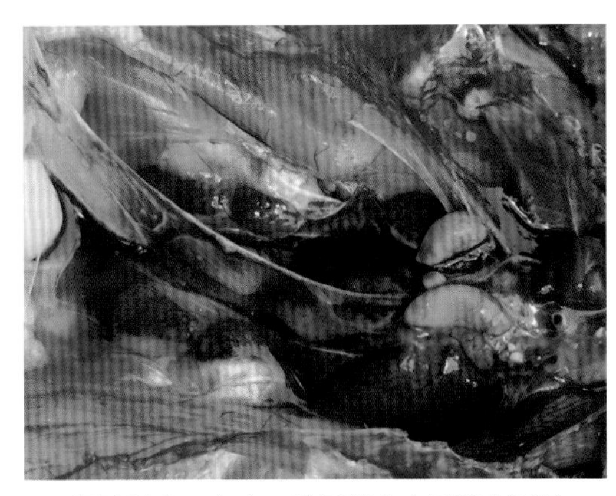

肾脏肿大、出血，输尿管内有尿酸盐沉积

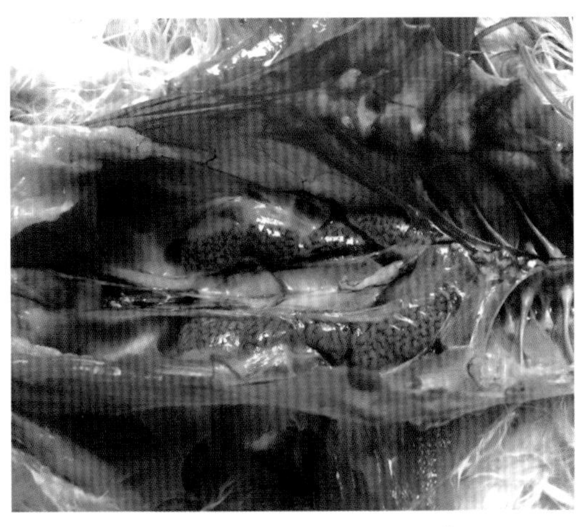

肾脏肿大、出血，呈斑驳状

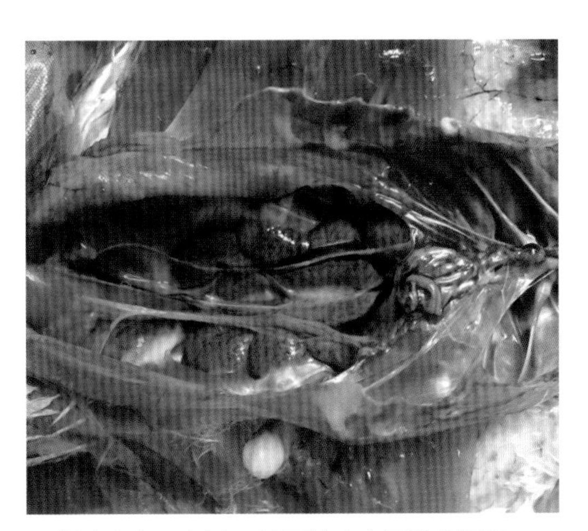

肾脏出血、色淡，输尿管内有尿酸盐沉积

鸭的心包积液综合征图

病鸭翻跟头

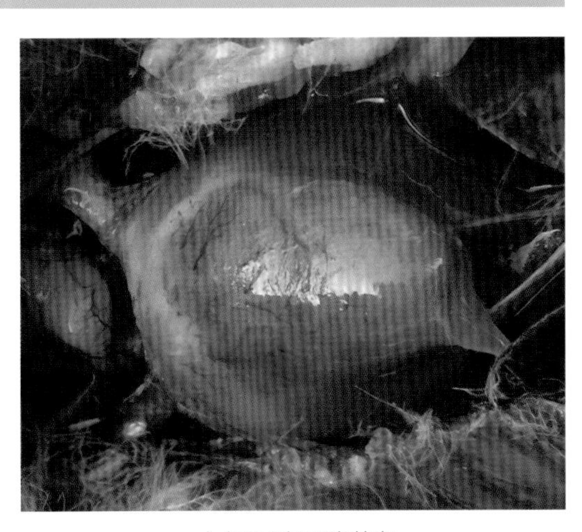

心包积液呈淡黄色

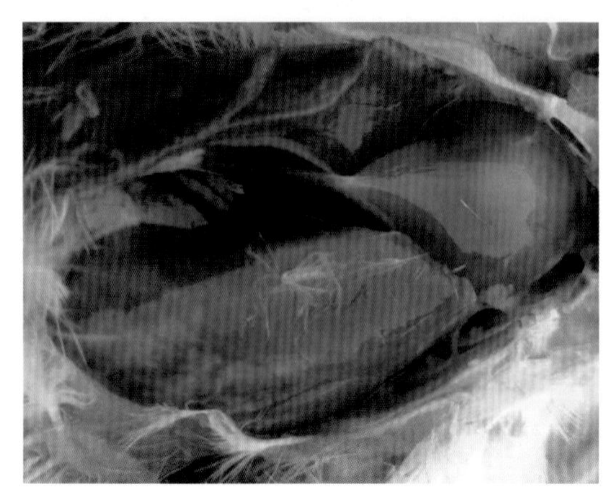

心包积液，积液呈淡黄色，肝脏肿大、出血、坏死

心包积液，肝脏出血

心包有淡黄色积液，肝脏黄白色

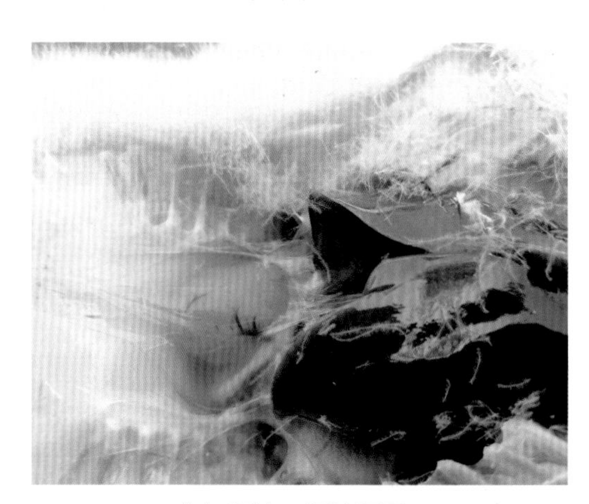

心包积液，肝脏坏死

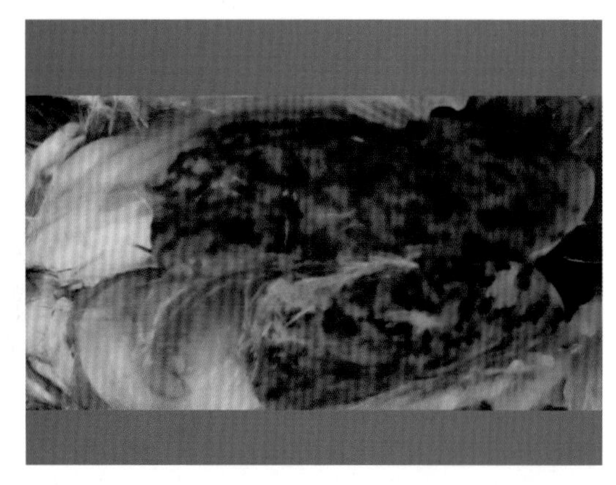

肝脏有出血斑、坏死斑

肝脏呈黄白色，点状出血

肝脏肿大，不同程度地出血

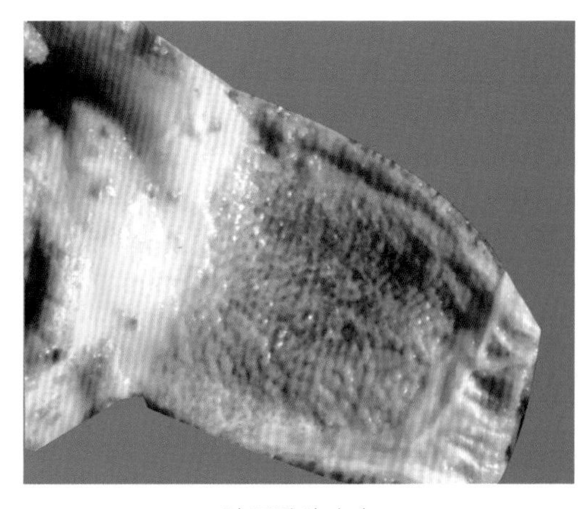

腺胃乳头出血

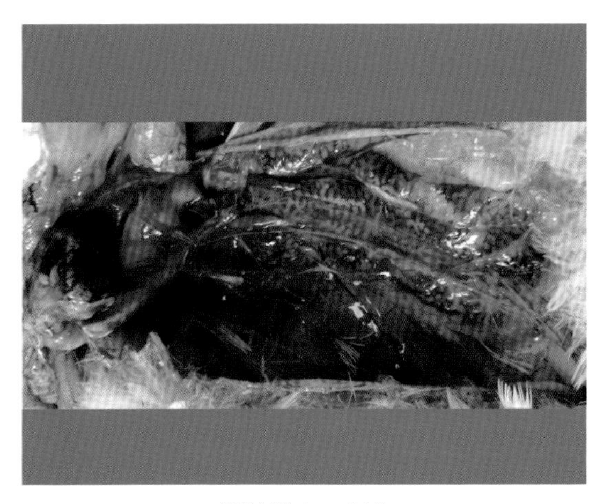

肾脏肿大、出血

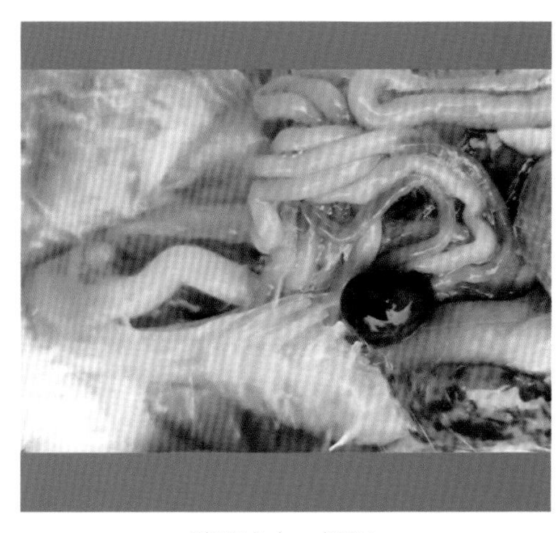

脾脏出血、坏死

脾脏实质坏死

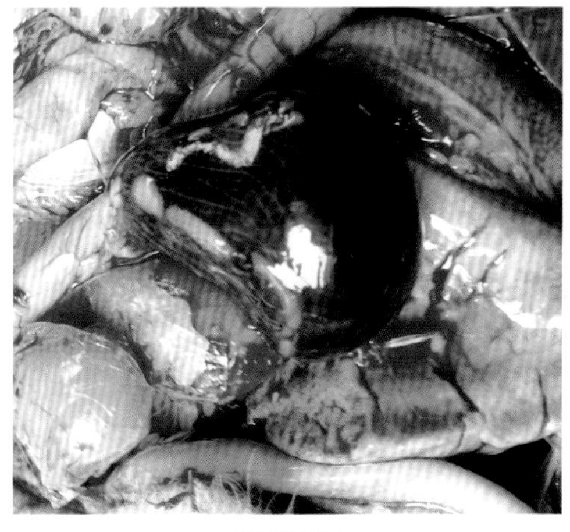

胆囊充盈

第十一节　鸡肝炎-脾肿大综合征

一、概述

鸡肝炎-脾肿大综合征（hepatitis-splenomegaly syndrome in chickens，HS）是禽戊型肝炎病毒（hepatitis E virus，HEV）引起蛋鸡和肉鸡的一种病毒性传染病。临床典型症状以死亡率上升和产蛋率下降为主，病理变化以肝脾肿大、出血，肝脏、脾脏和腹腔周围有瘀血为主。本病在1991年第一次报道在加拿大西部出现，之后在美国、澳大利亚和欧洲都有发生。近几年我国也有发生，发病呈上升趋势，给养鸡业造成较大的经济损失。

二、病原特征

禽戊型肝炎病毒属于新的戊型肝炎病毒科和戊型肝炎病毒属，基因组为单股正链RNA，病毒粒子为球形，无囊膜，直径为32～34 nm，核衣壳呈二十面体立体对称型，表面有类似杯状病毒的杯状物。

三、流行病学

传染源：病鸡的粪便是主要传染源。

传播途径：主要通过粪-口经消化道传播。

易感动物：鸡是HEV的唯一宿主，不同日龄的鸡均可感染，多发生于产蛋肉种鸡和30～72周龄产蛋母鸡，尤其是40～50周龄发病率最高。

本病很容易在鸡群之间和鸡群内部传播，不同地区感染率不同，发病率和死亡率低，主要表现为零星死亡，产蛋率下降达20%。本病目前常与大肠杆菌病、沙门杆菌病、产气荚膜梭菌感染等混合感染，死亡率达30%以上。

四、临床症状

该病临床发病率和死亡率相对较低，每周死亡率在1%内，发病持续3～4周。

病鸡鸡冠和肉垂苍白，精神沉郁，厌食，腹泻，肛周羽毛被污染或有糊状粪便，出现零星死亡等。

感染鸡群个体差异大，开产期推迟，无产蛋高峰或产蛋率下降明显，下降高达20%，蛋壳质量差，蛋壳变薄、颜色变淡、褪色，小鸡蛋增多等。

五、病理变化

特征性病变主要见于肝脏。肝脏肿大、出血、坏死或增生性肿瘤样病变，易碎，肝脏表面有红色、白色和黄褐色色斑的病灶；肝被膜下有血肿或血凝块。

脾脏极度肿大，可达正常脾脏的2～3倍，有白斑。

腹腔中有红色液体或血凝块。

卵巢常退化，卵巢有的发育不良，有的卵泡萎缩、变形等。

六、防治

目前尚无疫苗可用，没有行之有效的方法控制鸡肝炎–脾肿大综合征，平时加强饲养管理，严格执行生物安全措施，切断病毒的传播途径，是预防本病的重要措施。临床表明，采用中药制剂加减茯白散（板蓝根、苦参、金钱草各9 g，白芍、党参、茯苓各8 g，茵陈13 g，龙胆草、甘草各7 g，黄芩、车前草各11 g等，河南省现代中兽医研究院研制）治疗，0.5～2.0 g/只， 1次/d，连用5 d，饮水中添加维生素C可溶性粉、干扰素、转移因子或蜂毒肽等，有较好的治疗效果。

鸡肝炎–脾肿大综合征图

肝脏出血、易碎

肝脏肿大、出血

肝脏出血，点状坏死

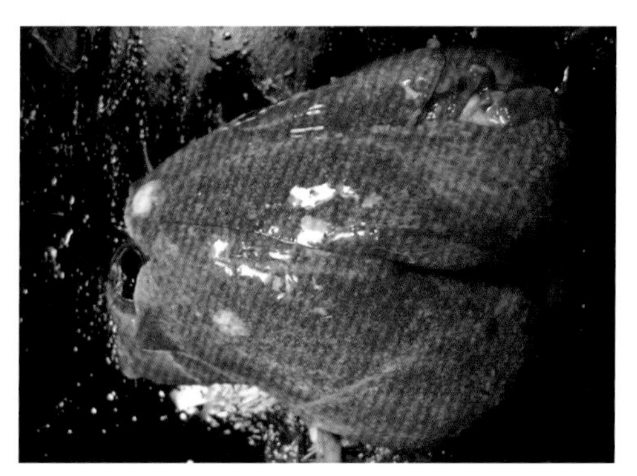

肝脏高度肿胀、出血，点状坏死

肝脏肿大、出血，坏死灶融合成片

肝脏表面黄白色坏死灶融合成片；与大肠杆菌病混合感染时肝被膜增厚

肝被膜下有血肿或血凝块

肝脏表面有血凝块

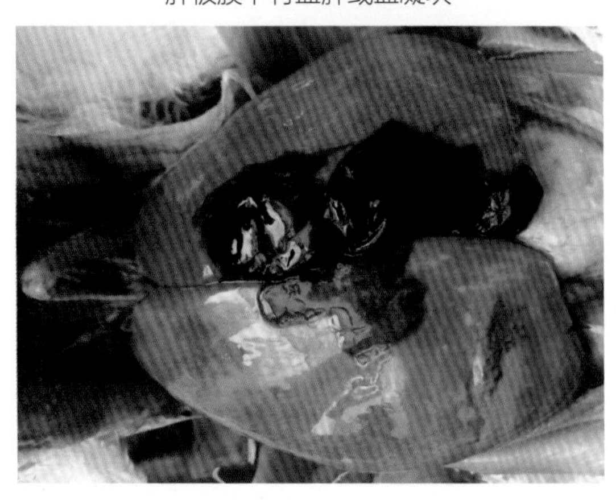

肝脏肿大，被膜下出血

肝脏坏死，被膜下有血肿或血凝块

肝脏萎缩、坏死，肝脏表面有血凝块

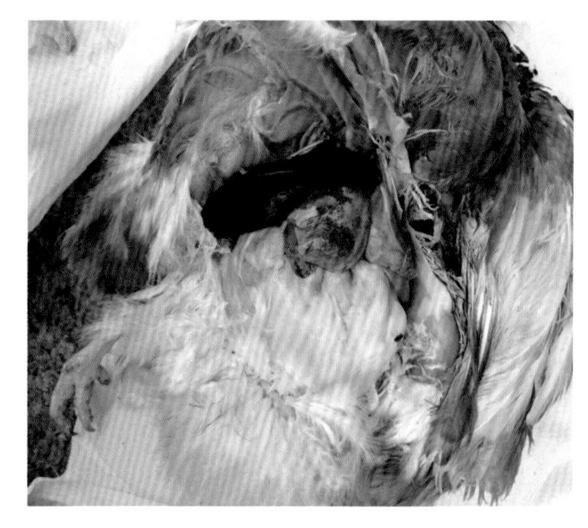

肝脏萎缩，附有血凝块

肝脏肿大、出血、坏死，类肿瘤样病变

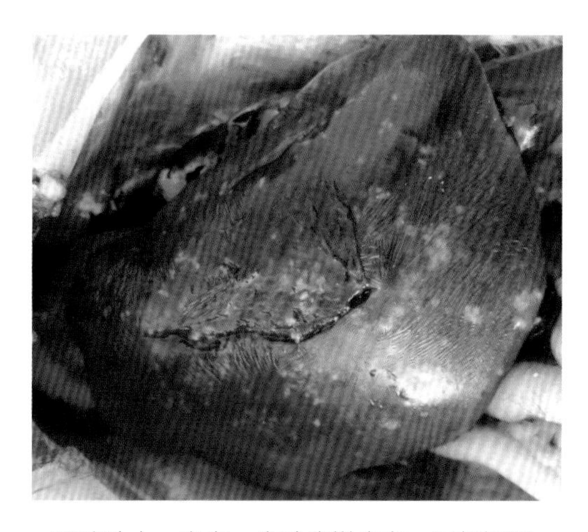

肝脏肿大、出血，类肿瘤样病变，局部坏死

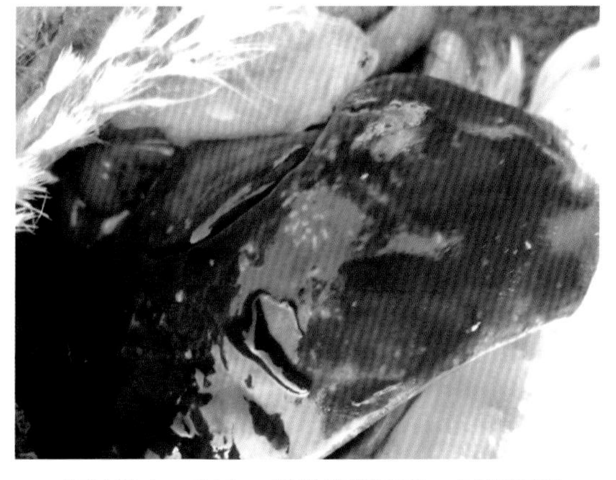

肝脏肿大、出血，类肿瘤样病变，局部坏死

腺胃乳头出血，腺胃壁变薄

第十二节　马立克病

一、概述

马立克病（Marek's disease，MD）是最常见的一种淋巴组织增生性疾病，以外周神经和包括虹膜、皮肤在内的各种器官和组织的单核细胞浸润为特征。该病由疱疹病毒引起，传染性强。临床通常分为4种类型即神经型、内脏型、眼型和皮肤型。近年来，世界各地相继发现毒力极强的马立克病病毒，给本病的防制带来了新的问题。

二、病原特征

马立克病毒（Marek's disease virus，MDV）是一种细胞结合性病毒，所有的MDV的血清型均属于α疱疹病毒亚科的马立克病毒属。该属有3个血清型，禽疱疹病毒2型（血清1型）对鸡致病致瘤，不同毒株毒力差异很大；禽疱疹病毒3型（血清2型）和火鸡疱疹病毒1型（血清3型）无致瘤性。血清3型可使鸡具有良好的抵抗力，预防本病的疫苗就是由该血清毒株制备的。根据MDV毒株致病性不同分为温和型毒株（mMDV）、强毒型毒株（vMDV）、超强毒型毒株（vvMDV）和超超强毒型毒株（vv+MDV）。MDV一般是指血清1型病毒，基因组为线状双股DNA，带囊膜的病毒粒子直径150～160 nm，圆形或卵圆形，病毒核衣壳呈六角形，直径85～100 nm。

三、流行病学

传染源：病鸡和带毒鸡是主要传染源。

传播途径：病毒通过直接或间接接触经空气传播。

易感动物：自然宿主是鸡，其他禽很少发生马立克病，肉鸡易感性大于蛋鸡。

感染鸡的不断排毒和病毒对环境的抵抗力增强是本病不断流行的原因，病毒主要侵害雏鸡，日龄越小感染性越强。一般雏鸡阶段感染，育成期以后发病，发病则主要集中在2～5月龄的鸡，本病会造成免疫抑制。一般来说发病率和死亡率几乎相等，一旦发病立即淘汰。

最近几年，因毒力极强的马立克病病毒的存在，致使发病日龄提前，最早在30～50日龄就开始发病（肉鸡、土杂鸡），给本病的防制带来新的问题。

四、临床症状

1.内脏型

病鸡精神委顿，冠苍白，蹲伏，不食，脱水，腹泻，消瘦，甚至昏迷，单侧或双侧肢体麻痹，触摸腹部有坚实的块状感。

2.神经型

病鸡步态不稳，病初不全麻痹，后期则完全麻痹，蹲伏或一腿前伸另一腿后伸。

颈部神经受侵害时，头下垂或头颈歪斜；臂神经受侵害时则翅膀下垂；迷走神经受侵害时引起失声、呼吸困难和嗉囊扩张。

因饥饿、腹泻、脱水、消瘦，衰竭而死。

3.皮肤型

病鸡翅膀、颈部、背部、尾上方和腿的皮肤上羽囊肿大，形成米粒至蚕豆大的结节及瘤状物。

4.眼型

病鸡虹膜色素褪色，由橘红变为灰白色，称为“灰眼病”。瞳孔边缘不整齐，瞳孔缩小，视力丧失。单眼失明的病程较长，衰竭而死。

五、病理变化

1.内脏型

卵巢、肝脏、脾脏、肾脏、心脏、肺脏、虹膜、腺胃、肠及肠系膜等部位形成大小不等、形状不一的灰白色肿瘤结节，肿瘤结节质地较硬，切面呈灰白色。

部分病例为弥漫性肿瘤，即无明显的肿瘤结节，但受害器官高度肿大。

法氏囊不发生肿瘤，法氏囊和胸腺有不同程度的萎缩。

2.神经型

恒定的病理变化是外周神经，以腹腔神经丛、前肠系膜神经丛、臂神经丛、坐骨神经群和内脏大神经病变最常见。

受侵害的神经比正常的肿大2～3倍，且呈水煮样，神经上面有小的结节，使同一条神经变得粗细不匀，神经纹消失，神经的颜色也由正常的银白色变为灰白色或灰黄色。

3.皮肤型

皮肤有大小不等、高低不平的肿瘤结节，有的破溃、坏死等。

4.眼型

病变与生前所见相同。

六、防治

疫苗接种是防制本病的关键，而选择生产性能好的抗病品系鸡是未来防制本病的研究方向。一旦发病没有任何治疗价值，病鸡应及早淘汰。

马立克病图

内脏型： 肠道、腺胃及脾脏形成肿瘤

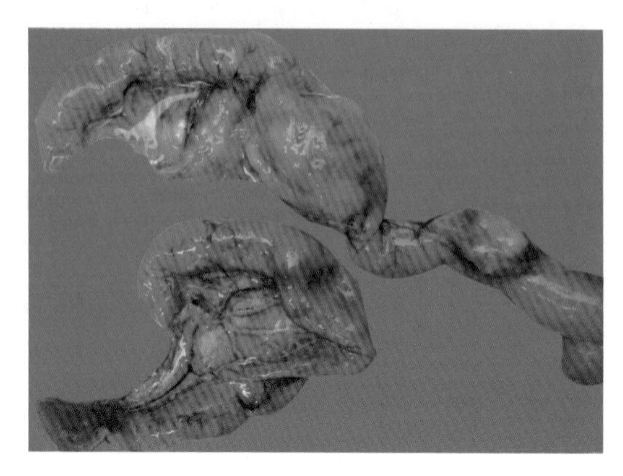

内脏型： 肠及肠系膜上形成肿瘤结节

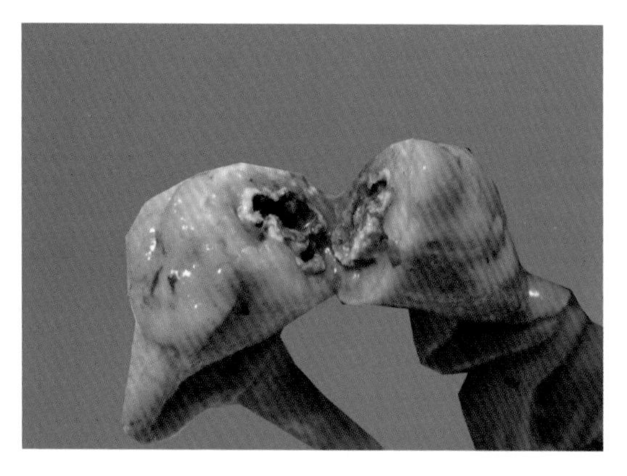

内脏型：肠弥漫性肿瘤结节，肠腔变窄

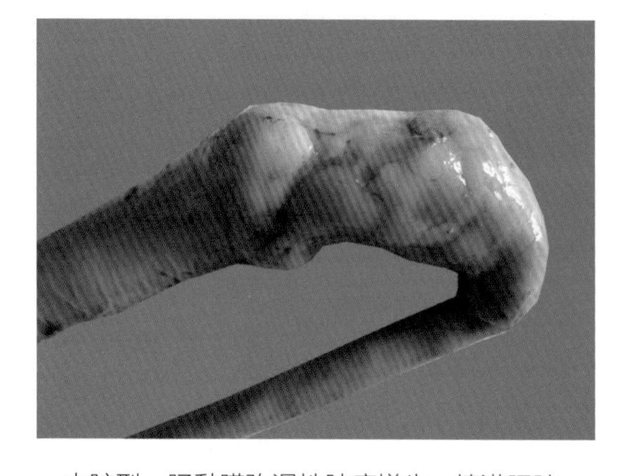

内脏型：肠黏膜弥漫性肿瘤增生，填满肠腔

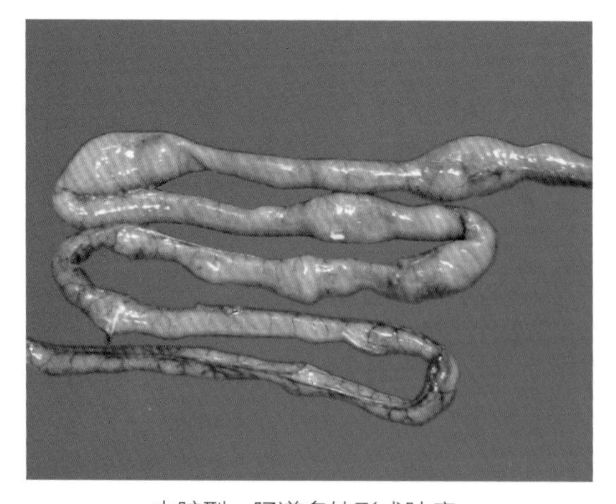

内脏型：肠道多处形成肿瘤

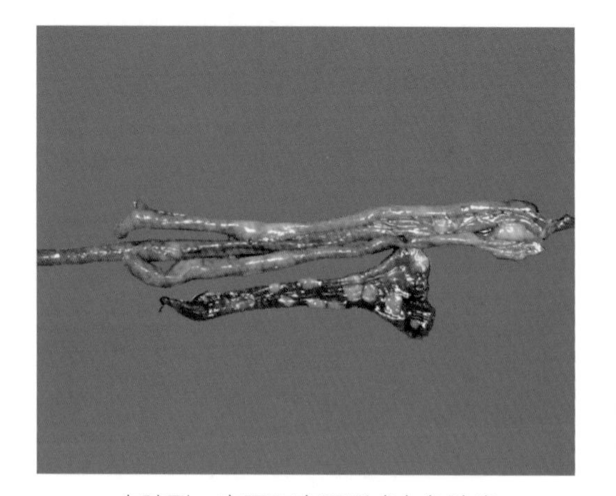

内脏型：盲肠和直肠形成白色肿瘤

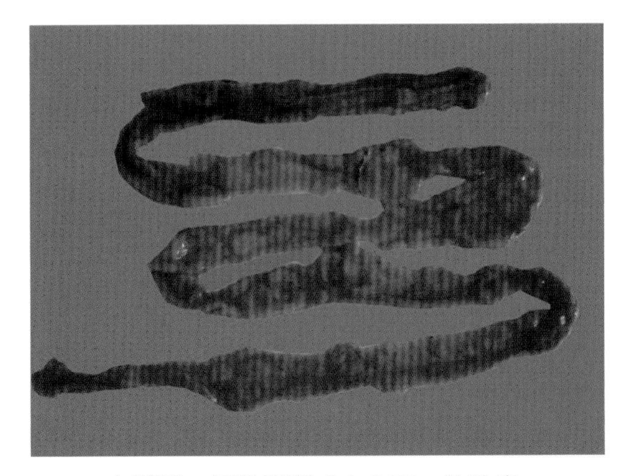

内脏型：肠黏膜形成大小不一的肿瘤

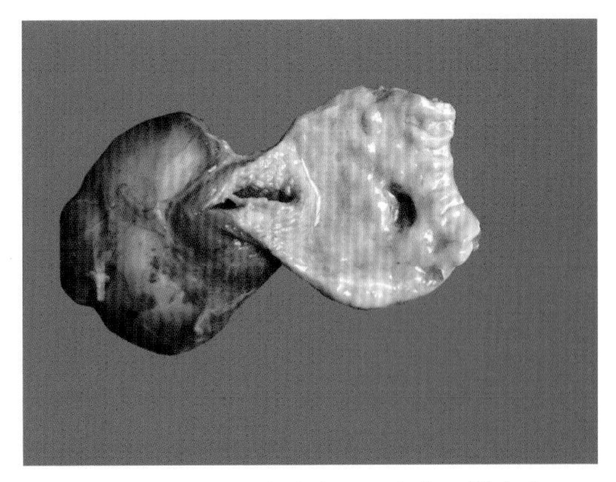

内脏型：腺胃形成肿瘤，呈火山口样病变

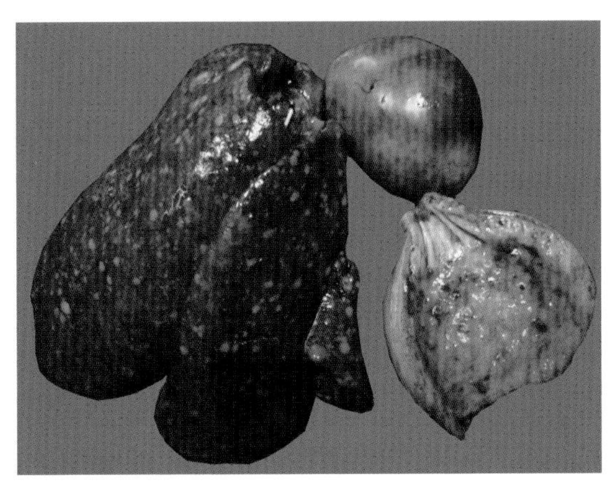

内脏型：肝脏弥漫性肿瘤；脾脏肿大，肿瘤呈白色；腺胃肿大，乳头出血

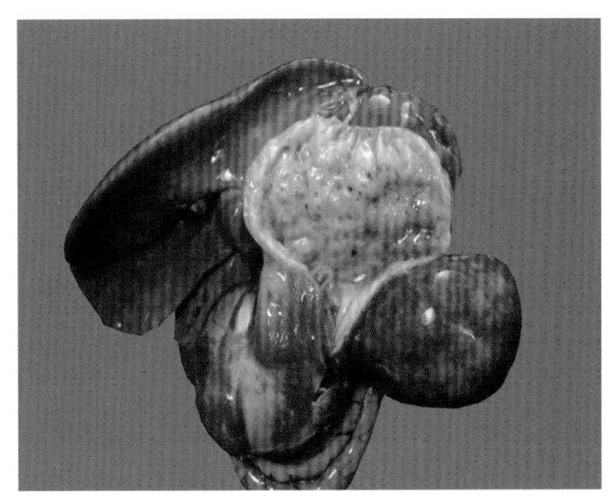

内脏型：脾脏肿大、出血，多发性肿瘤结节；腺胃出血，增生性肿瘤

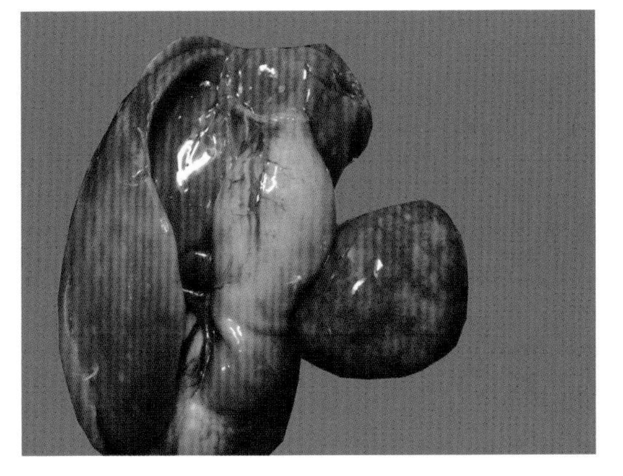

内脏型：脾脏肿大、出血，多发性肿瘤结节；腺胃肿大

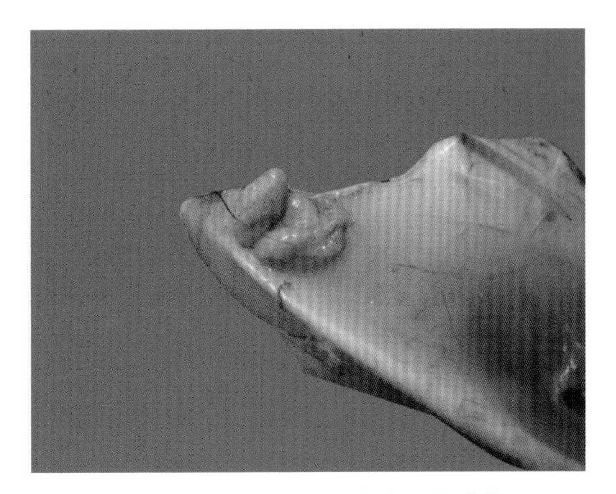

内脏型：龙骨处胸肌末端形成肿瘤

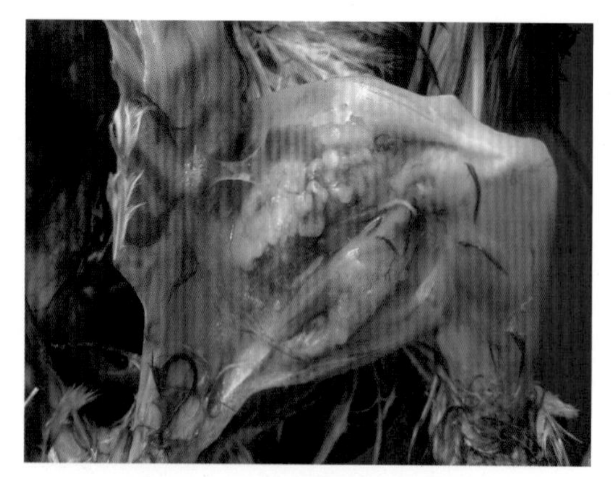

内脏型：腿内侧肌肉形成肿瘤

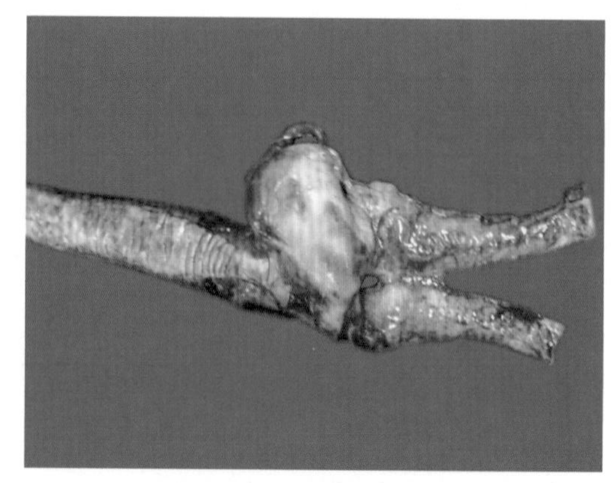

内脏型：喉头处形成肿瘤

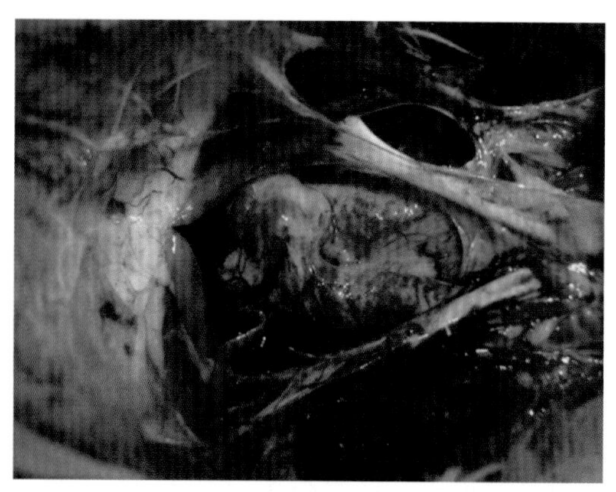

内脏型：支气管处形成肿瘤

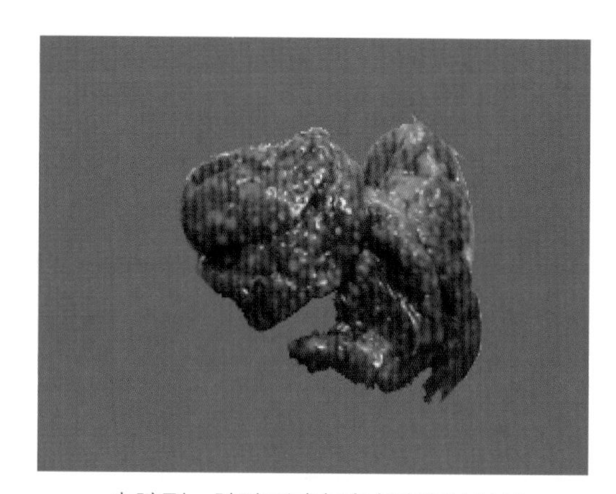

内脏型：肺脏形成灰白色密集的肿瘤

内脏型：肺脏出血，弥漫性肿瘤融合成块

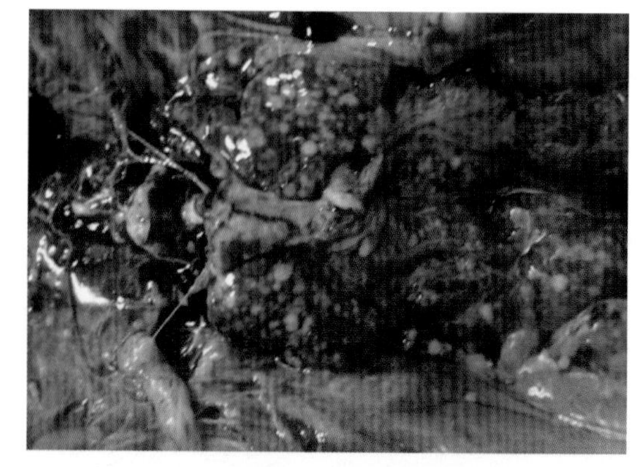

内脏型：肾脏形成白色密集的肿瘤

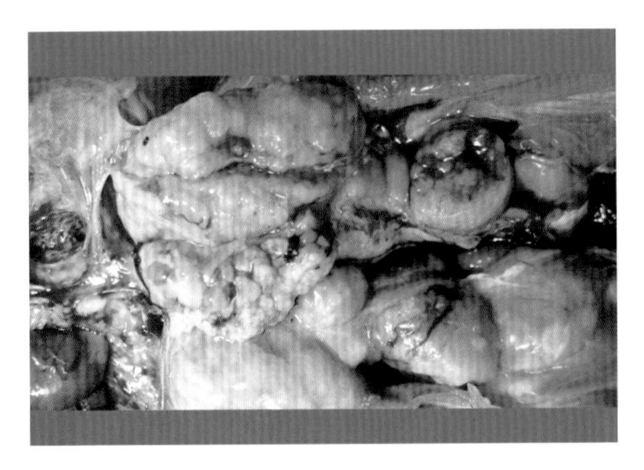

内脏型：肾脏及卵巢肿瘤增生

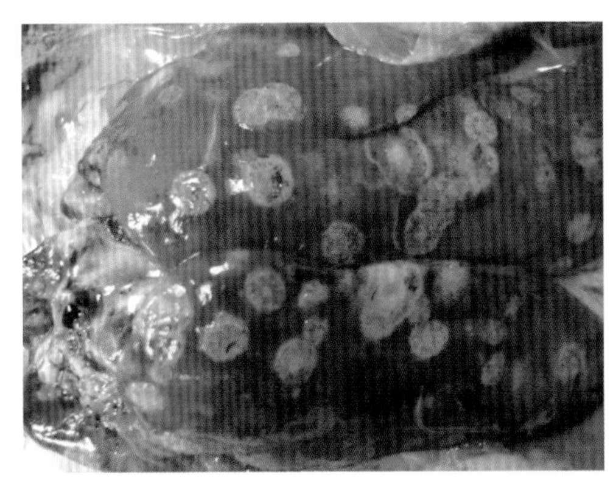

内脏型：肝脏形成大小不一的圆形肿瘤，有的融合成片，肝脏的体积明显增大

内脏型：初期肝脏表面可见稀疏分布、大小不一的肿瘤

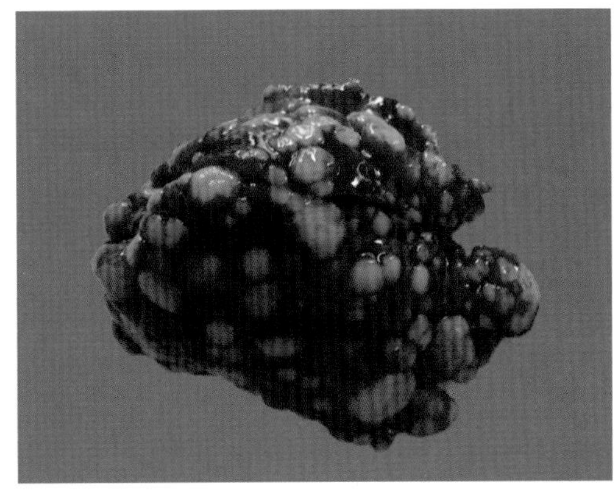

内脏型：后期肝脏形成大小不一的白色肿瘤，凸出于肝脏表面

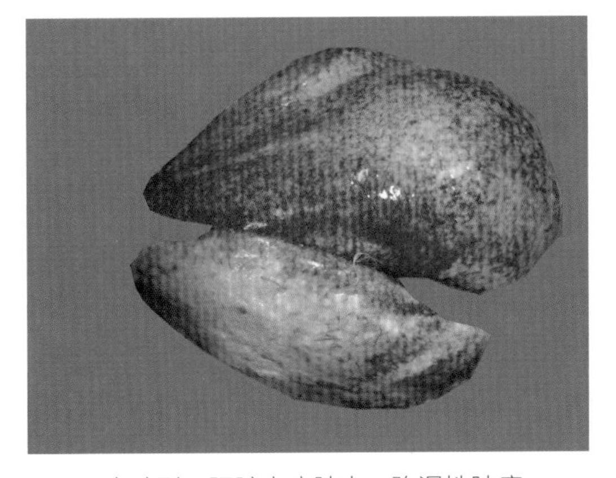

内脏型：肝脏高度肿大，弥漫性肿瘤

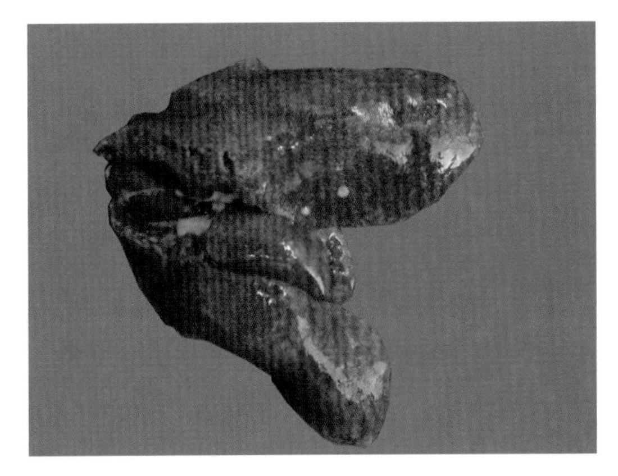

内脏型：肝脏弥漫性肿瘤

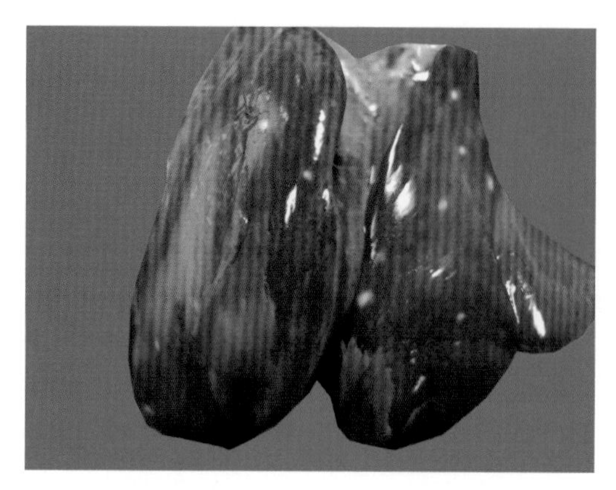

内脏型：肝脏出血，白色增生性肿瘤

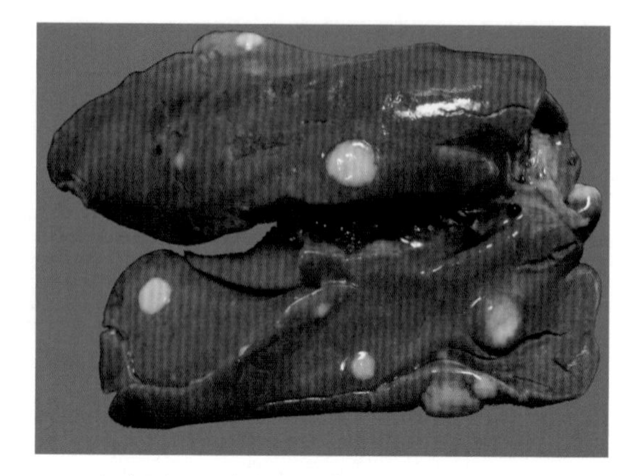

内脏型：肝脏出血，多发性巨大肿瘤结节

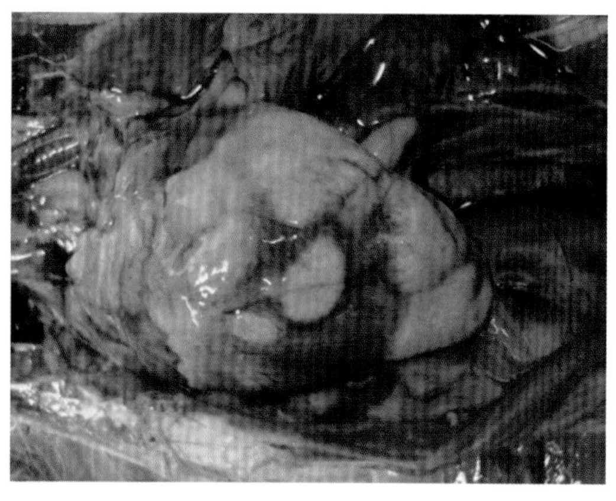

内脏型：心脏形成大小不一的白色肿瘤

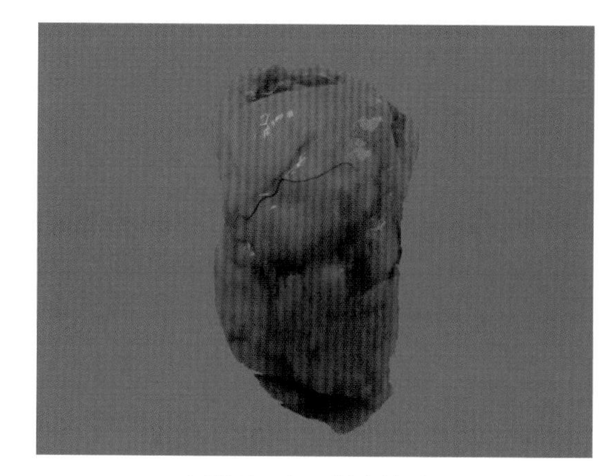

内脏型：心肌增生性肿瘤

内脏型：脾脏肿大，形成豌豆粒大小的白色肿瘤

内脏型：左侧脾脏高度肿大、出血，右侧为正常脾脏

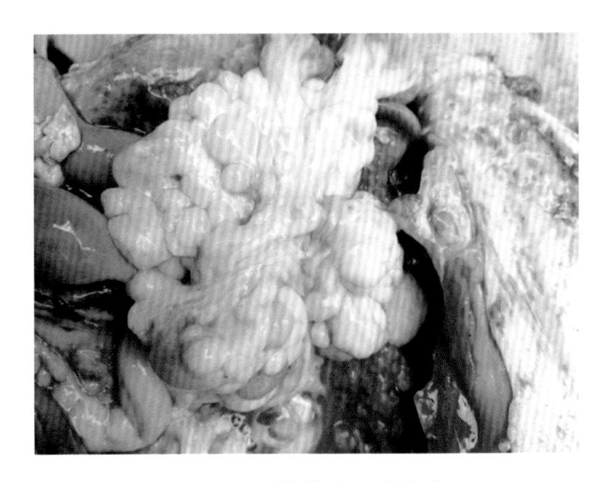

内脏型：卵巢增生呈菜花状

内脏型：卵巢变性，肿瘤增生

内脏型：卵巢变性，卵巢与肾脏肿瘤增生

内脏型：睾丸高度肿大

神经型：瘫痪，卧地不起，劈叉

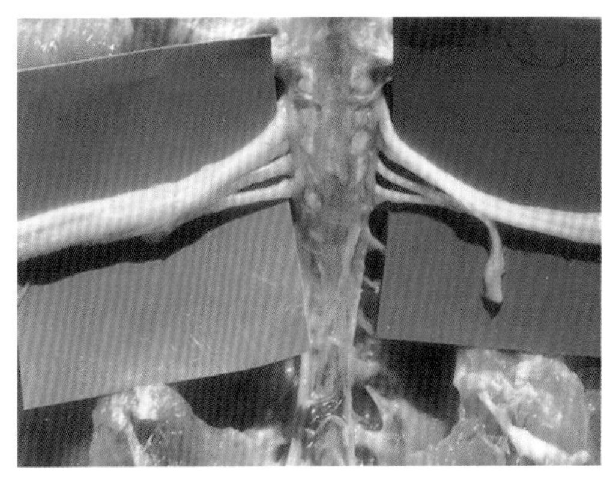

神经型：坐骨神经肿胀变粗，神经纤维横纹消失，呈白色或黄白色

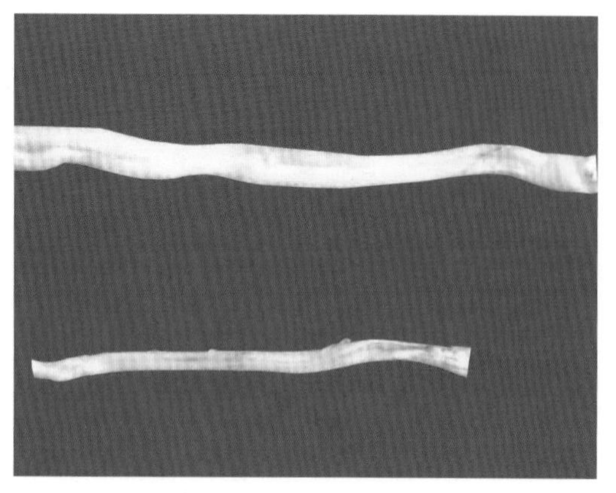

神经型：坐骨神经肿胀变粗，神经纹消失，神经呈白色或灰黄色（下为正常）

皮肤型：肉垂形成肿瘤结节

皮肤型：腿部无毛皮肤处形成大小不一的肿瘤结节

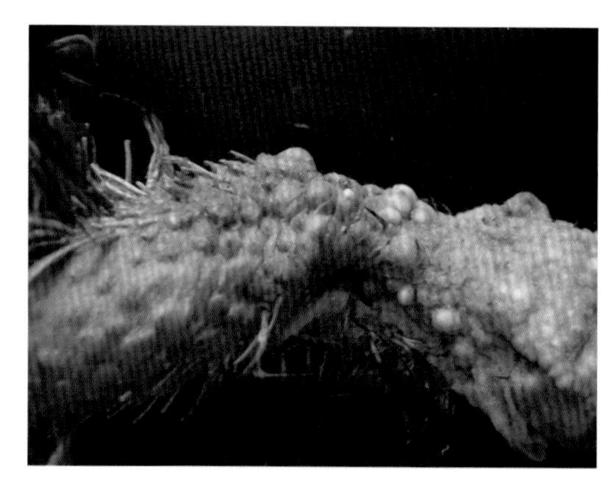

皮肤型：皮肤密布大小不一的肿瘤结节

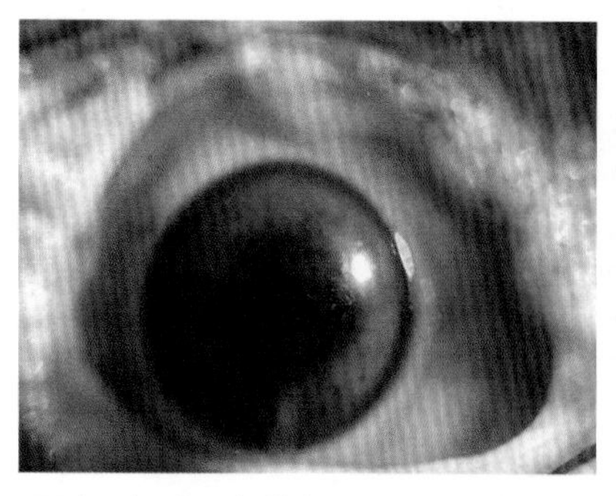

眼型： 虹膜呈灰黄色，瞳孔边缘不整齐

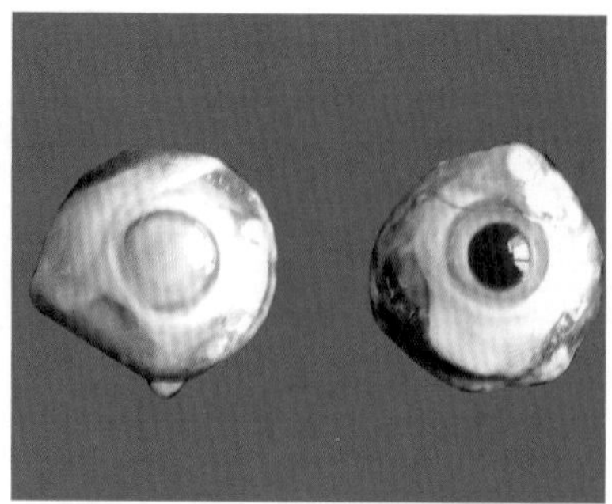

眼型：失明，瞳孔呈锯齿状

眼型：虹膜色素褪色，失明

第十三节　鸡病毒性关节炎

一、概述

鸡病毒性关节炎（avian viral arthritis syndrome，AVAS）是由呼肠孤病毒（avian reovirus，ARV）引起鸡的以关节炎和腱滑膜炎为特征的一种急性病毒性传染病，又名传染性腱鞘炎、腱滑膜炎等。本病主要发生于肉仔鸡，蛋鸡也可发病。本病因运动障碍导致生长迟缓，产蛋率下降，淘汰率增加，给养鸡业带来极大的经济损失。

二、病原特征

禽呼肠孤病毒属于呼肠孤病毒科正呼肠孤病毒属。该病毒与其他动物的呼肠孤病毒在形态方面基本相同，病毒粒子无囊膜，呈二十面体对称，有双层衣壳结构，完整病毒粒子直径约75 nm，其基因组由10个节段的双链RNA构成。该病毒除引起关节炎、腱鞘炎之外，还可引起生长迟缓、心包炎、心肌炎、心包积水、肠炎、肝炎、法氏囊和胸腺萎缩、骨质疏松以及急性和慢性呼吸道疾病。

三、流行病学

传染源：病鸡和带毒鸡是主要传染源。

传播途径：经呼吸道和消化道感染，也可垂直传播（经种蛋感染）。

易感动物：鸡和火鸡是本病唯一的宿主，肉鸡最易感，鸟类也可感染。

各日龄的鸡均可发病，4～6周龄鸡多发，肉鸡发病率高、病死率高。某些疾病如球虫病、传染性法氏囊病等感染时可增强呼肠孤病毒的致病性，而呼肠孤病毒也可加重鸡传染性贫血病毒、大肠杆菌和新城疫病毒等其他病原体引起的疾病。

四、临床症状

本病分为腱鞘炎型和败血型两种类型。

1.腱鞘炎型

以关节炎、腱鞘炎为特征。

急性发病鸡单侧或双侧性跖、跗关节肿胀。

慢性发病鸡跖骨歪曲，趾向后屈曲，步态不稳，跛行或单侧跳跃，不愿走动，喜坐在关节上，导致顽固性跛行，终因运动障碍，缺乏营养和水分，陆续衰竭而死。

2.败血型

病鸡精神委顿，全身发绀、脱水，鸡冠齿端软而下垂，呈紫色；产蛋鸡感染后，产蛋率下降 10% ~ 20%。

五、病理变化

急性病例：跗关节周围肿胀，关节上部腓肠肌腱水肿，趾屈腱和腓肠肌腱周围水肿，关节腔有混浊的渗出液或充满淡红色透明黏液。

慢性病例：腓肠肌腱增厚、硬化、纤维化或关节周围组织与滑膜脱离，易发生腓肠肌腱断裂，因肌腱断裂，局部组织呈明显的血液浸润，关节腔中淡红色关节液增加或关节腔内渗出物较少，关节软骨糜烂，滑膜出血、坏死等。

六、防治

本病尚无有效的治疗方法，免疫接种是预防本病的主要手段，平时采取加强饲养管理、降低养殖密度、定期消毒等措施可降低发病率。若发现病情，可将病鸡集中隔离饲养，症状严重的及时淘汰，以免扩大感染面。

鸡病毒性关节炎图

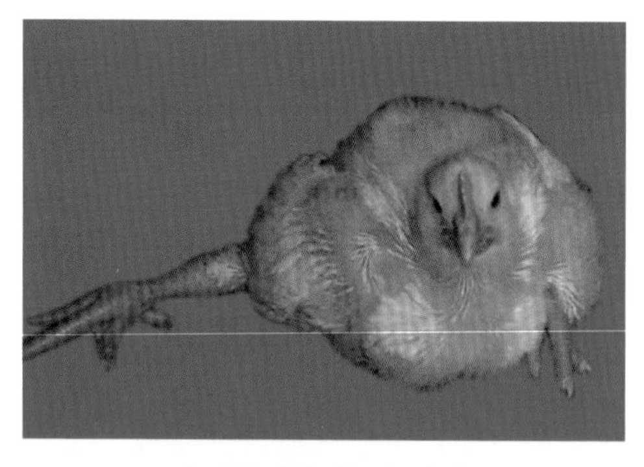

病鸡运动障碍，如瘫痪

病鸡瘫痪，卧地不起

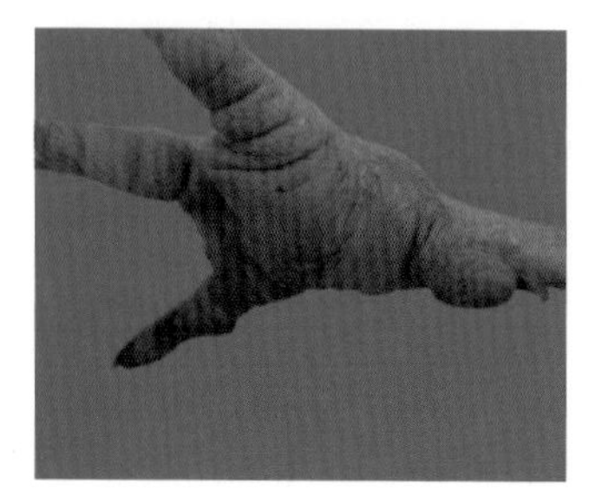

趾掌关节肿胀

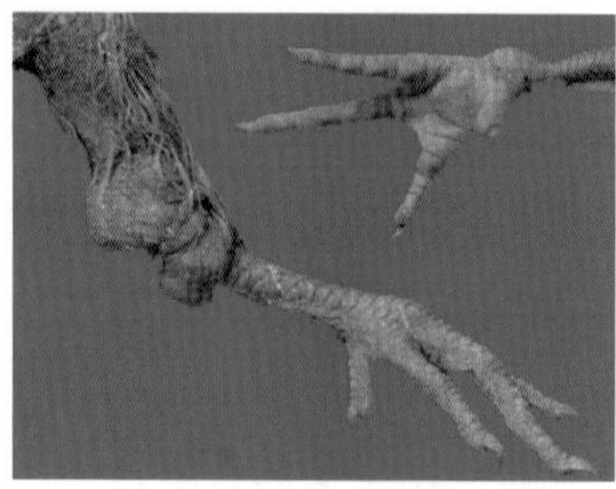

跗关节、趾关节形成隆起的结节

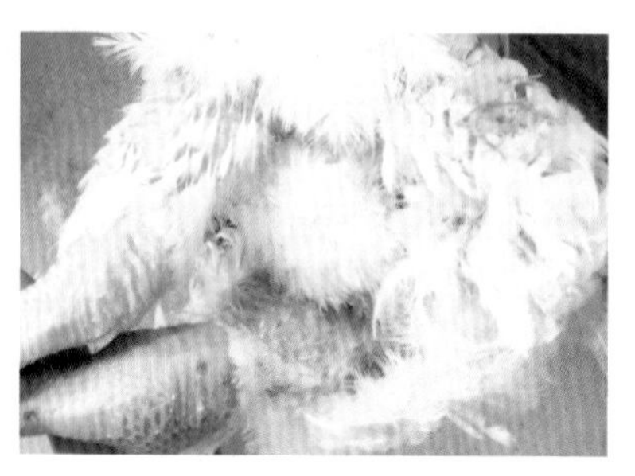

跗关节及周围组织肿胀

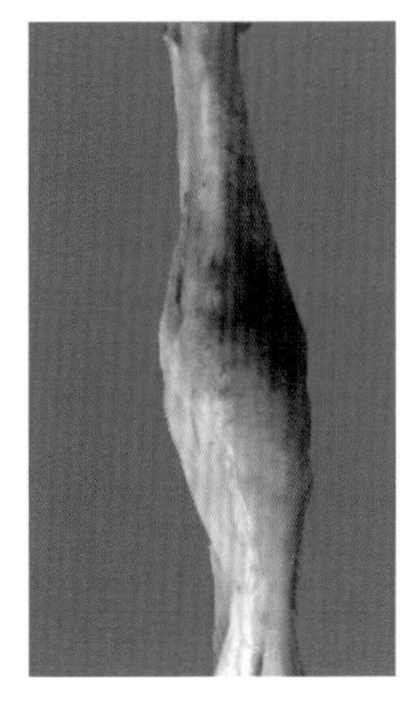
跗关节水肿、出血

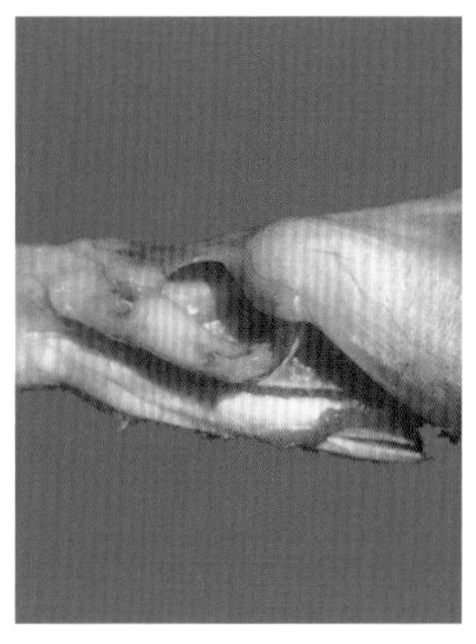
肌腱肿胀、出血、坏死和断裂

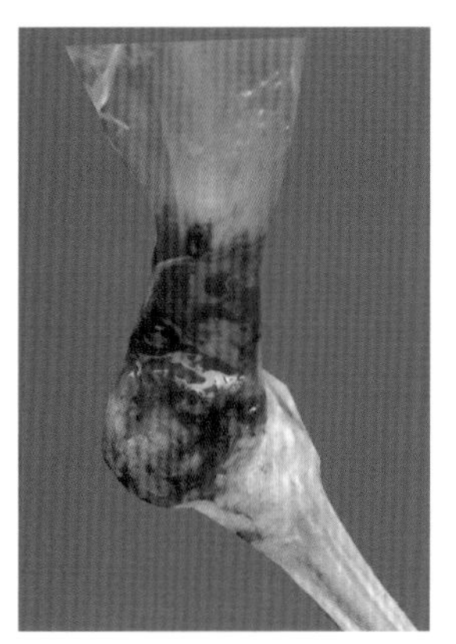
屈伸筋腱出血

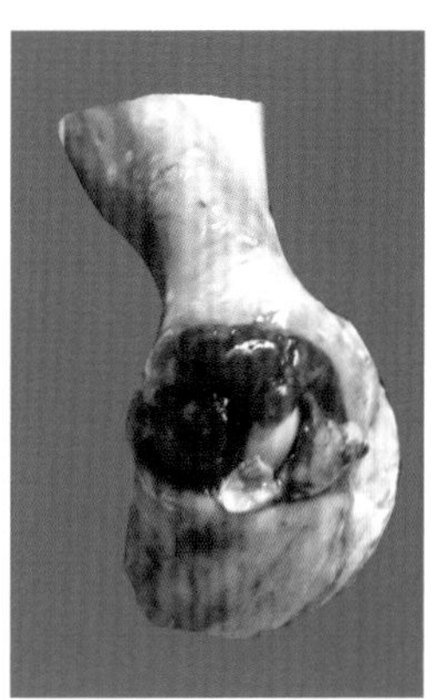
屈伸筋腱断裂

跗关节皮下有脓性物或干酪样物，周围组织粘连

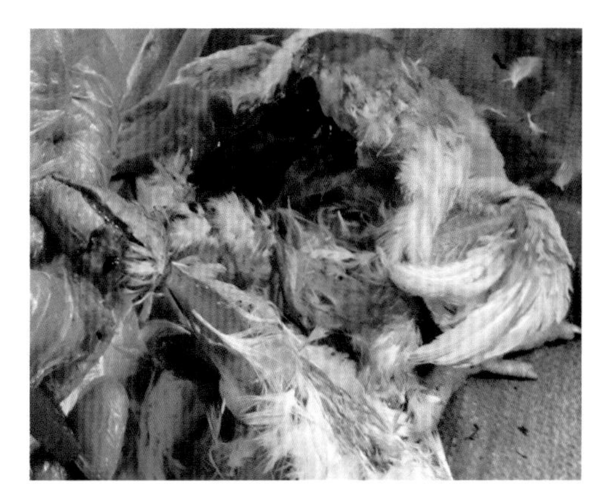
跗关节皮下有血性渗出物，粘连

第十四节　禽脑脊髓炎

一、概述

禽脑脊髓炎（avian encephalomyelitis，AE）是由禽脑脊髓炎病毒（avian encephalomyelitis virus，AEV）引起的一种地方流行性传染病，又名流行性震颤。幼禽以腿软无力、运动失调和头颈部震颤为特征，成年禽感染后通常没有明显症状。近几年我国本病的发生率极低。

二、病原特征

禽脑脊髓炎病毒属于小RNA病毒科震颤病毒属。AEV无囊膜，病毒粒子为六边形，直径24～32 nm，基因组为单股RNA，包括7 032个bp。该病毒只有一个血清型，但不同分离株的毒力及对器官组织的嗜性有差异。一类是以自然野毒株为主的嗜肠型，它们容易通过口服途径感染鸡，并通过粪便传播；经垂直感染或早期水平感染以及实验室条件下脑内接种时，雏鸡可表现神经症状。另一类是以鸡胚适应毒株为主的嗜神经型，这类毒株口服一般不引起感染，但脑内接种、皮下接种或肌内注射可引起严重的神经症状。它们对非免疫鸡胚有致病性。病毒对环境的抵抗力极强，传染性可保持很长时间。

三、流行病学

传染源：病鸡和带毒鸡。

传播途径：垂直传播是主要传播方式，感染母鸡可通过种蛋传播，部分在孵化过程中死亡，出壳雏鸡可在1～20日龄内死亡。本病可以水平传播，被病毒污染的饲料、饮水、器械、垫料、孵化器等均可成为传播的来源，经消化道传播。

易感动物：鸡、雉、鹌鹑、火鸡和珍珠鸡等可自然感染，鸡最易感。

传播媒介：垫料等污染物是主要传播媒介。

经垂直传播的雏鸡潜伏期1～7 d，水平传播的潜伏期12～30 d，若出壳前鸡胚阶段感染，出壳后发病，一般1～3周龄雏鸡多发，发病率一般在60%～80%，病死率在30%～60%，火鸡也感染但症状不明显，蛋鸡产蛋率下降，畸形蛋、小蛋增多等。

四、临床症状

雏鸡以共济失调、两腿麻痹和头颈部震颤为特征。

病初精神沉郁，目光呆滞，步态不稳，趾向外侧弯曲，拍打翅膀或以跗关节着地向前移动，随后倒地侧卧，震颤明显，受惊吓或人工刺激时可激发震颤，严重时伴有衰弱的呻吟，终因饮食受困，衰竭而死。

蛋鸡产蛋期感染多无明显的症状，产蛋率暂时性下降（5%～10%），但不出现神经症状。

五、病理变化

腺胃、肌胃的肌层及胰腺中有许多淋巴细胞团块浸润所形成的白色小灶，比针尖略大。脑膜充血、出血，小脑软化出血、水肿、积液等。

六、防治

疫苗接种是预防的关键措施。严格落实生物安全措施，严禁从发病种鸡场引种，搞好环境卫生，做好消毒工作。种鸡感染本病后 1 个月内的蛋不得孵化，对发病鸡应挑出淘汰，全群用抗 AE 的卵黄抗体肌内注射，每只雏鸡 0.5 ～ 1 mL，每日 1 次，连用 2 d。

目前本病尚无有效的治疗方法。发病后按照对症治疗的原则进行治疗，如碳酸氢钠饮水减少脑内压；维生素 C、维生素 E、维生素 K_3 减少细胞渗出、止血；干扰素、白介素、转移因子等饮水抑制病毒复制，抗微生物药控制细菌继发感染，采用清热解毒中药方剂煎煮后饮水，如鱼腥草、板蓝根、穿心莲叶各 9 g，剂量 0.5 ～ 3.0 g/ 只。

禽脑脊髓炎图

早期感染引起失明

康复鸡眼晶状体颜色变浅，瞳孔扩大，失明

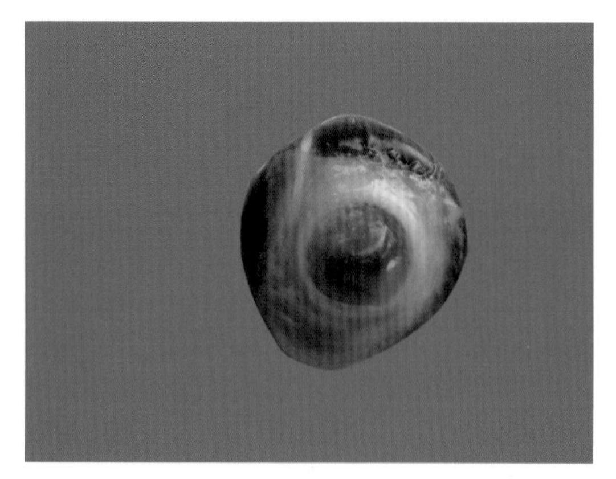

角膜混浊

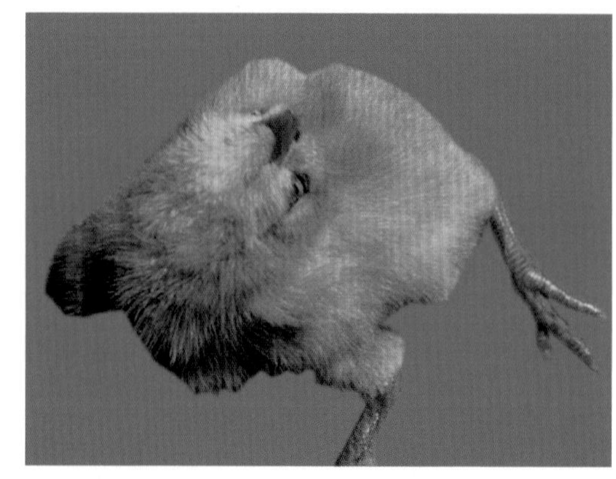

病鸡强烈痉挛，头向后仰，头颈偏扭，共济失调

病鸡瘫痪，头部震颤

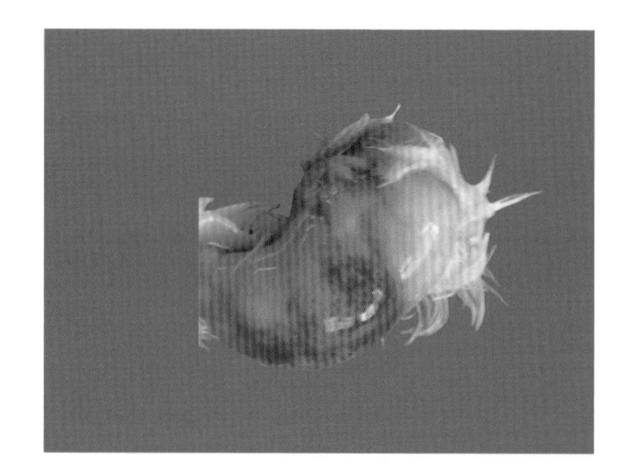

脑膜出血

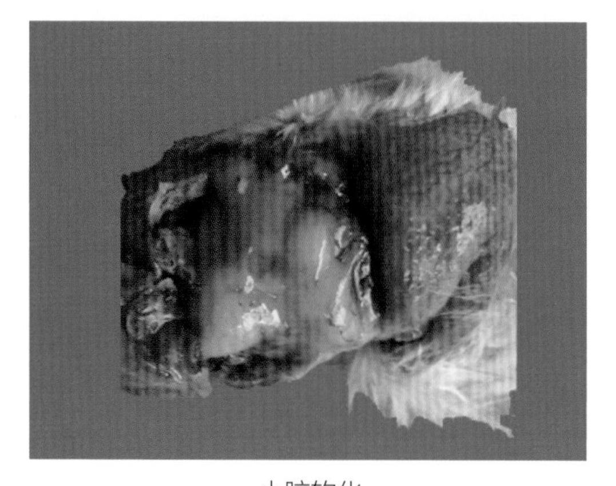

小脑软化

病鸡所产种蛋孵化后，死胚多，毛蛋多

第十五节　禽白血病

一、概述

禽白血病（avian leukosis，AL）是由禽反转录病毒属成员引起的禽类多种肿瘤性疾病的统称。本病会引起严重的免疫抑制，临床以淋巴白细胞病最为常见，发病率呈上升趋势，几乎波及所有的商品鸡群，蛋鸡产蛋及蛋品质下降，一旦感染，没有任何治疗价值。白血病已经给养鸡业造成了严重的经济损失。

二、病原特征

禽白血病病毒（avian leukosis virus，ALV）属于反转录病毒科a反转录病毒属，该科病毒的特征是具有反转录酶，它是病毒复制过程中整合到宿主基因中的前体病毒DNA的产生所必需的。这群病毒的成员有相似的物理和分子特性，并有共同的群特异抗原。ALV 分为A～J共10个亚群，其中A、B、C、D、E和J是从鸡分离出来的，A、B和J亚群是常见的外源性病毒，引起经典的禽白血病；C和D 亚群病毒在现场很少发现；E亚群病毒则包括无所不在的内源性白血病病毒，致病力低。病毒粒子直径80～120 nm，平均90 nm，有囊膜，近球形，病毒粒子表面有直径8 nm的特征性球状纤突，基因为单股RNA，基因组的大小约为7.2 kb。

三、流行病学

传染源：自然情况下感染鸡、病鸡和带毒鸡是主要传染源。

传播途径：既可以水平传播，又可以垂直传播。感染病毒的种鸡经蛋排毒给鸡胚，使初生雏鸡感染，使其终身带毒。

易感动物：日龄越小越易感，AA鸡和艾维茵鸡易感性高，罗斯鸡、新布罗鸡和京白鸡易感性较低，母鸡比公鸡易感。

本病多发生于4～10月龄的鸡，常引起免疫抑制，而寄生虫病、维生素缺乏、管理不良等因素都可诱发本病。

四、临床症状

临床中分为淋巴细胞性白血病、成红细胞性白血病、成髓细胞性白血病、骨髓细胞瘤病、骨硬化病等类型，以淋巴细胞性白血病最为普遍。

1.淋巴细胞性白血病

本病是最常见的一种病型，14周龄以后开始发病，在性成熟期发病率最高。

病鸡精神委顿，鸡冠及肉髯苍白、皱缩，偶见发绀，全身衰弱，食欲减退或废绝，腹泻、进行性消瘦和贫血，衰竭而死。

蛋鸡产蛋停止，腹部常明显膨大，用手按压可摸到肿大的肝脏，最终衰竭死亡。

2.成红细胞性白血病

分为增生型和贫血型，此病比较少见，常发生于6周龄以上的高产鸡。病程从12 d到几个月不等。

病鸡消瘦、下痢，冠稍苍白或发绀，全身衰弱，嗜睡。

3.成髓细胞性白血病

此型很少自然发生。病鸡嗜睡、贫血、消瘦、毛囊出血，病程比成红细胞性白血病长。

4.骨髓细胞瘤病

此型自然病例极少见。其全身症状与成髓细胞性白血病相似。

5.骨硬化病

病鸡发育不良、苍白，行走拘谨或跛行，晚期病鸡的骨呈特征性的“长靴样”外观。

其他类型：如血管瘤、肾瘤、肾胚细胞瘤、肝癌和结缔组织瘤等，自然病例均极少见。

五、病理变化

1.淋巴细胞性白血病

肝脏、脾脏、肾脏、法氏囊、心肌、性腺、骨髓、肠系膜和肺脏等多处有肿瘤结节或弥漫性肿瘤，颜色从灰白色到淡黄白色，大小不一；骨髓褪色呈胶冻样或黄色脂肪浸润。

2.成红细胞性白血病

贫血型和增生型均为全身性贫血，皮下、肌肉和内脏点状出血。

（1）贫血型：内脏常萎缩，脾脏萎缩最严重，骨髓色淡呈胶冻样，血液中仅有少量未成熟细胞。

（2）增生型：肝脏、脾脏、肾脏弥漫性肿大，呈樱桃红色到暗红色，有的剖面有灰白色肿瘤结节。

3.成髓细胞性白血病

骨髓坚实，呈红灰色至灰色，肝脏及其他内脏可见灰色弥散性肿瘤。

4.骨髓细胞瘤病

骨髓细胞瘤呈淡黄色，柔软脆弱或呈干酪状，呈弥散或结节状，且多两侧对称。

5.骨硬化病

骨干或骨干长骨端区有均一或不规则的增厚。

六、防治

本病的控制尚无切实可行的方法，而建立无白血病的种鸡群是控制本病的最有效措施。平时加强饲养管理，鸡舍孵化设备、种蛋、育雏环境等严格消毒，以减少种鸡群的感染率。

鸡的白血病图

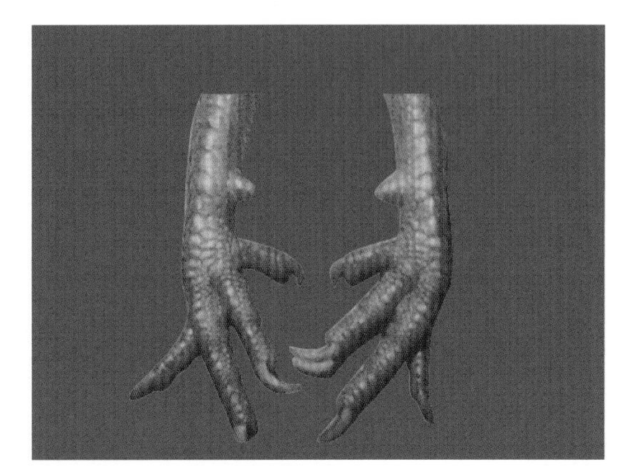

腿部变粗，呈石灰腿状

骨石症

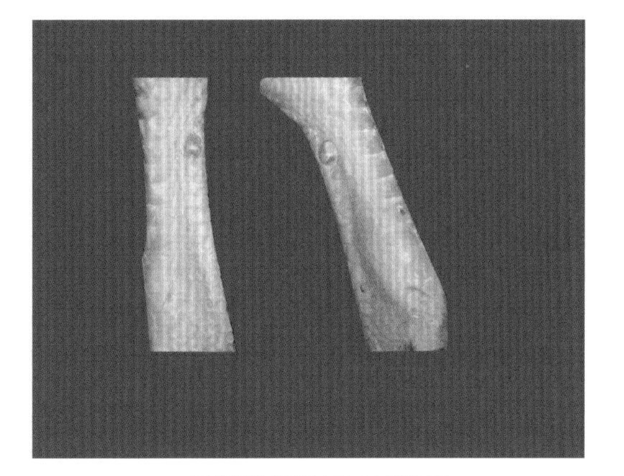

骨硬化病胫骨呈长靴样

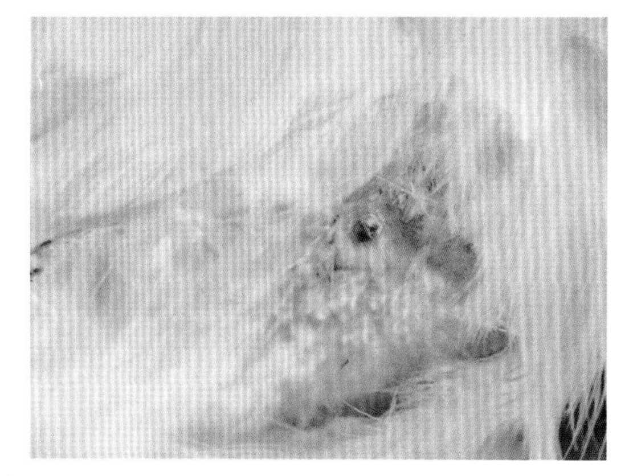

腹部易摩擦部位形成血囊肿，易破裂，常流血不止而死

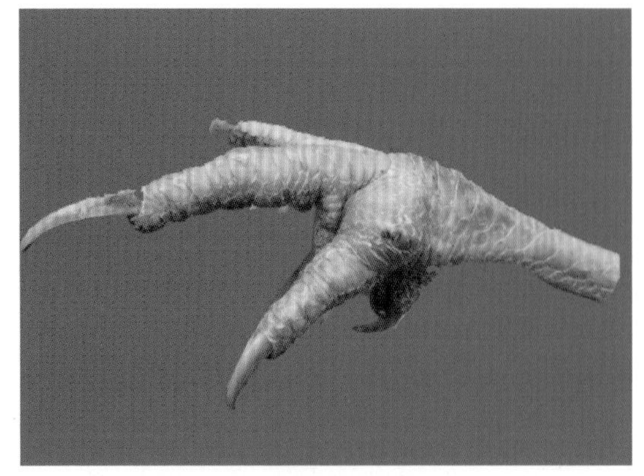
爪部有血囊肿

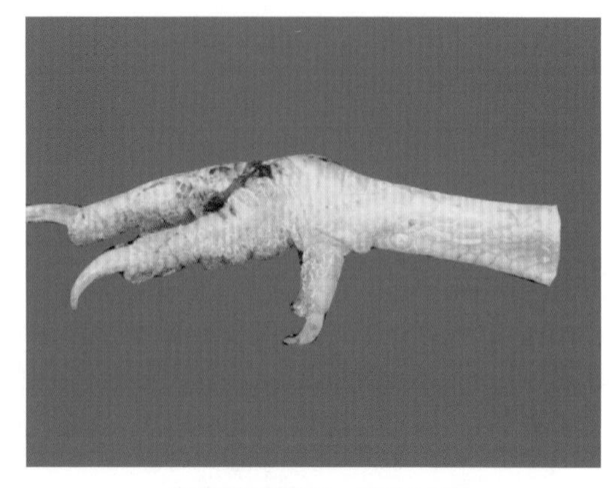
血囊肿破裂后，流血不止

胸骨前端形成血管瘤

眼部形成血管瘤

下颚部形成较大的血管瘤

胸部形成血管瘤

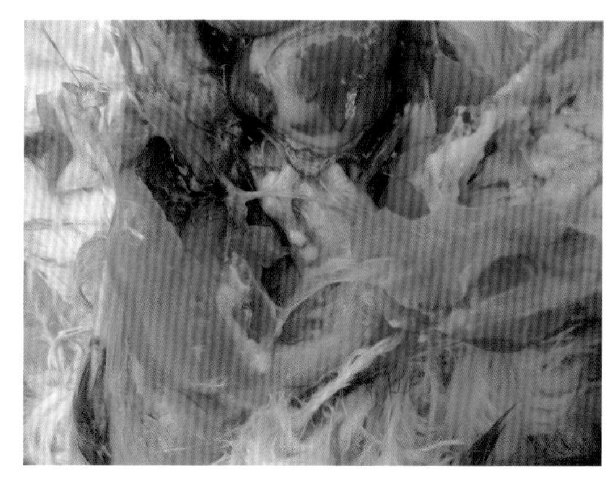

甲状腺形成肿瘤

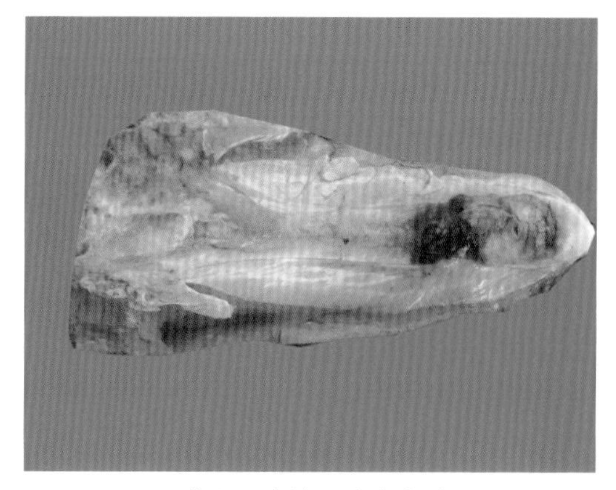

龙骨下末端形成血囊肿

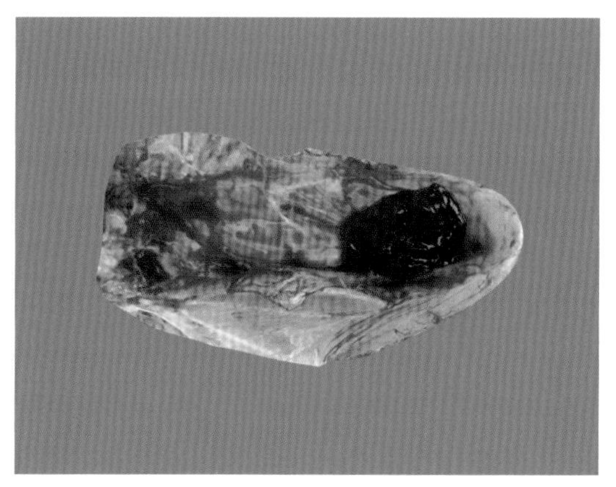

血囊肿破裂后出血，可见血凝块

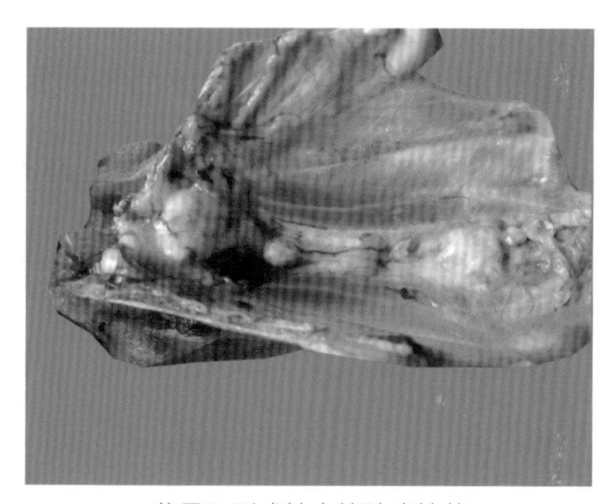

龙骨下形成较大的肿瘤结节

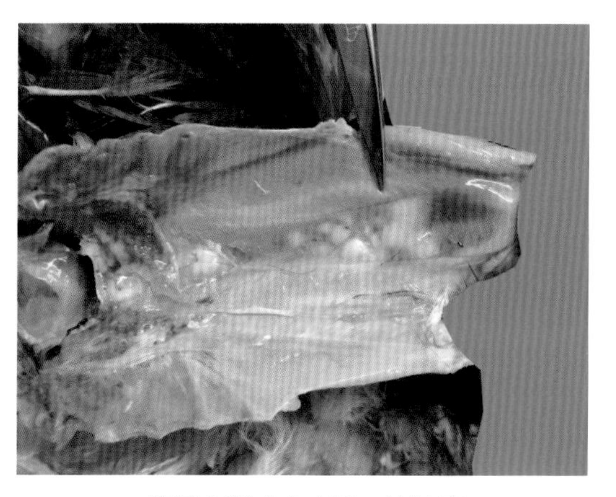

胸骨上形成大小不一的肿瘤

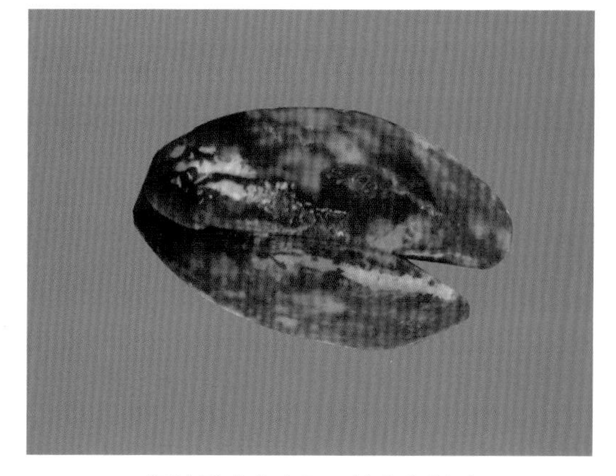

肝脏形成大小不一的白色肿瘤

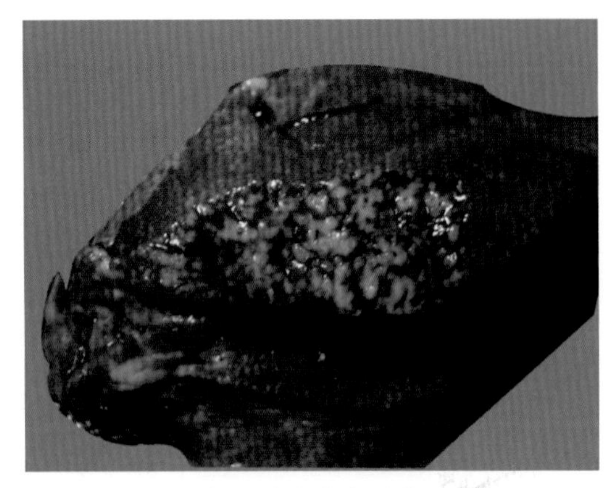
切面密布白色肿瘤

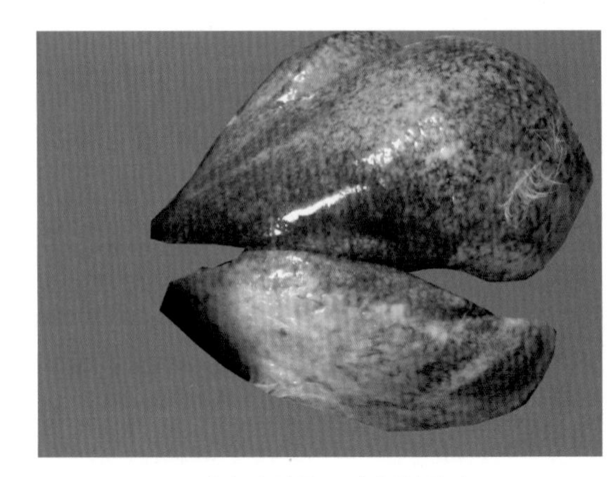
肝脏高度肿胀，弥漫性肿瘤

肝脏弥漫性肿瘤，肝脏肿大，呈樱桃红色到暗红色

肝脏肿大、出血，表面形成肿瘤结节

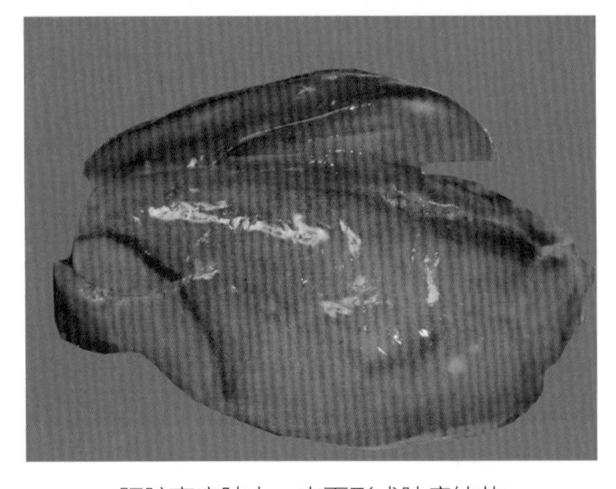
肝脏高度肿大，表面形成肿瘤结节

脾脏高度肿大，形成弥漫性肿瘤

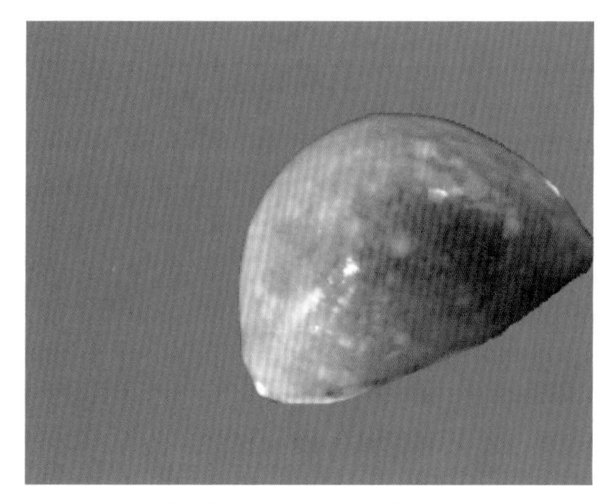

脾脏色淡，形成淡黄色肿瘤

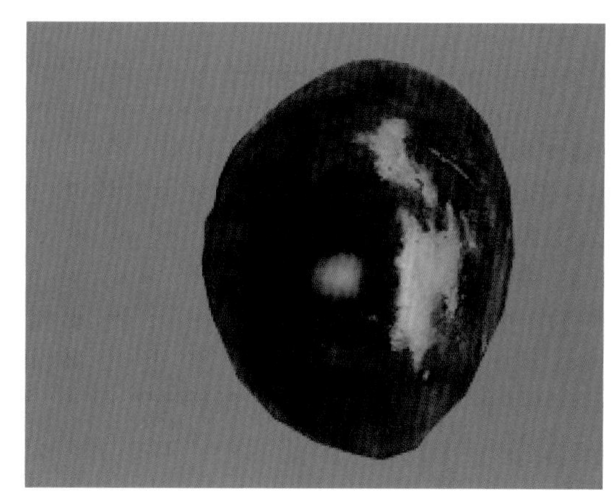

脾脏肿大，有灰白色肿瘤散在

脾脏高度肿大，坏死

脾脏肿大、出血，白色肿瘤结节散在

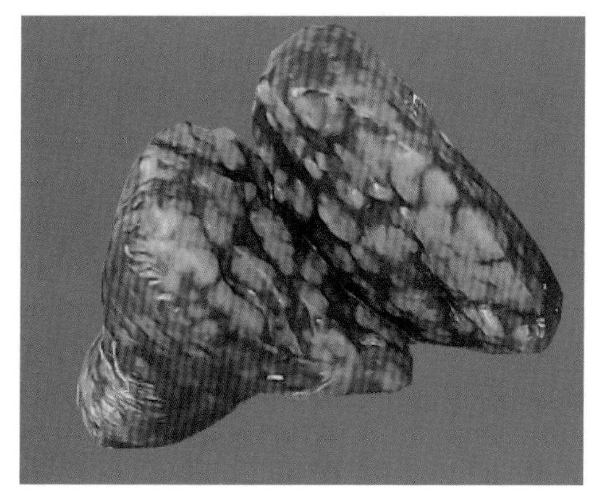

脾脏切面肿瘤布满实质

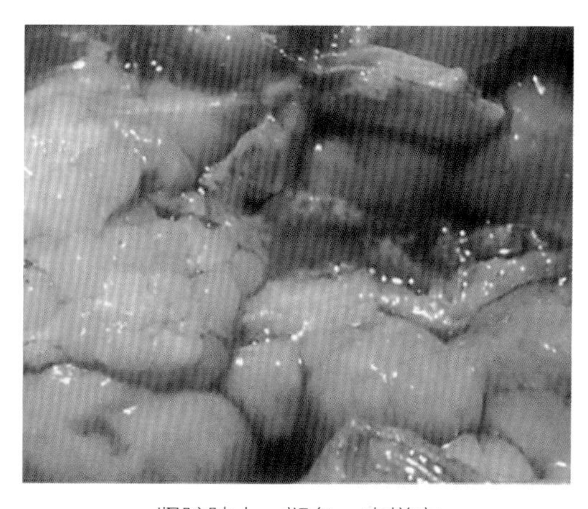

肾脏肿大，褪色，肉样变

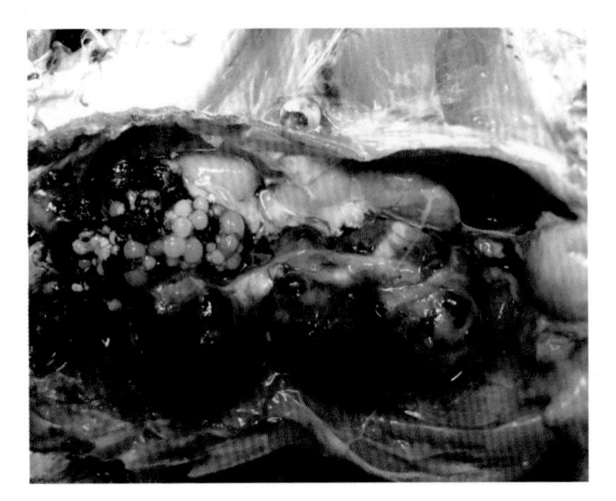

肾脏肿大、出血

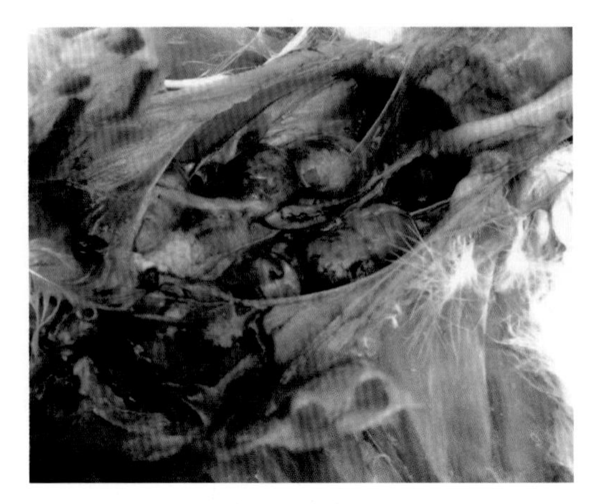

肾脏形成肿瘤结节

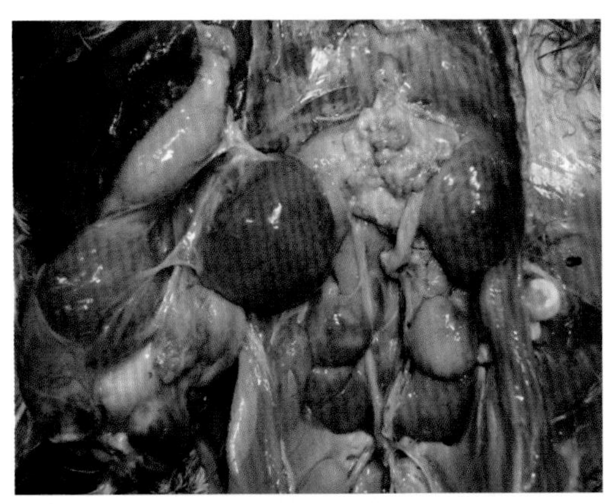

肾脏肿大，肾脏及卵巢形成肿瘤

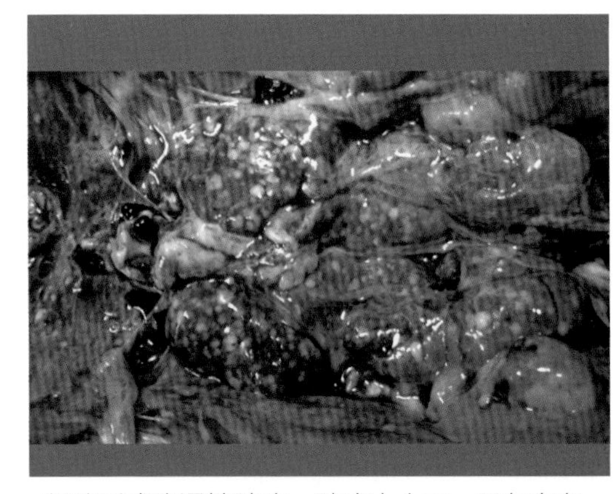

肾脏形成弥漫性肿瘤，肿瘤大小不一呈灰白色

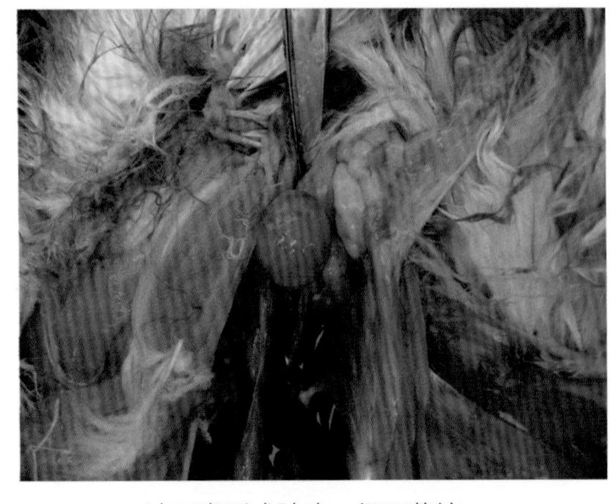

法氏囊形成肿瘤，但不萎缩

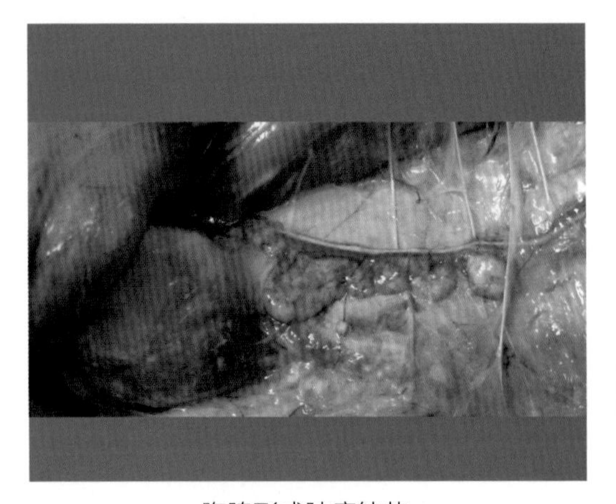

胸腺形成肿瘤结节

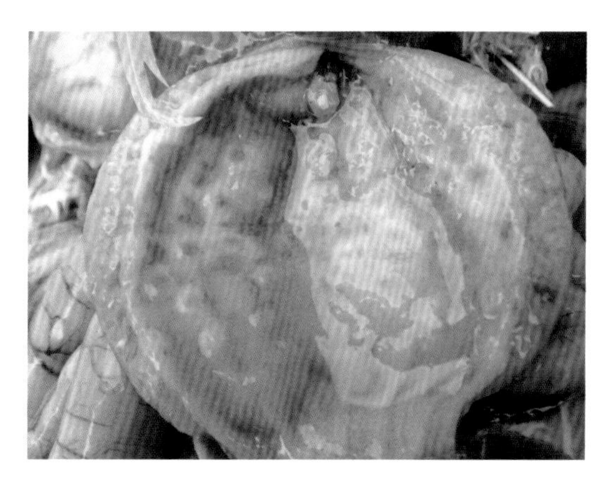

腺胃肿大，有大的肿瘤结节形成

肌胃、腺胃、肠系膜及肠道等处有大小不一的白色肿瘤结节

肌肉点状出血

腿部肌肉形成血管瘤

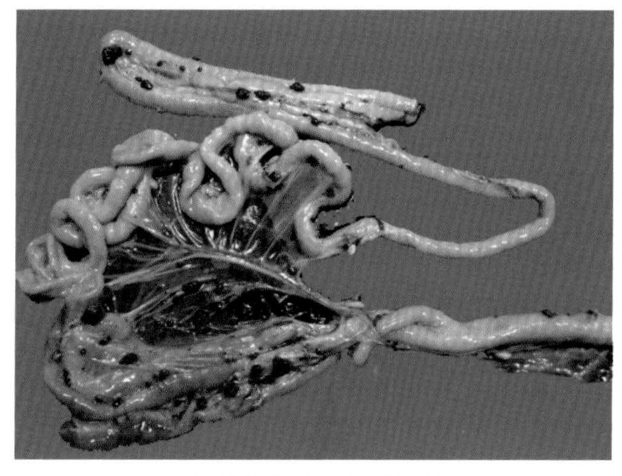

肠系膜多处形成血囊肿

气管内形成白色肿瘤结节

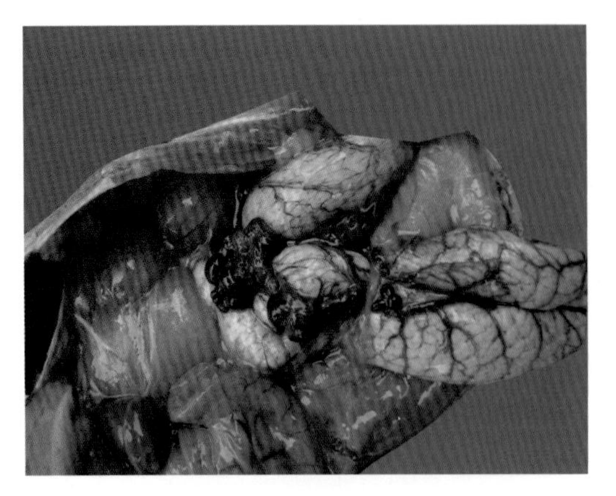
输卵管系膜形成血管瘤

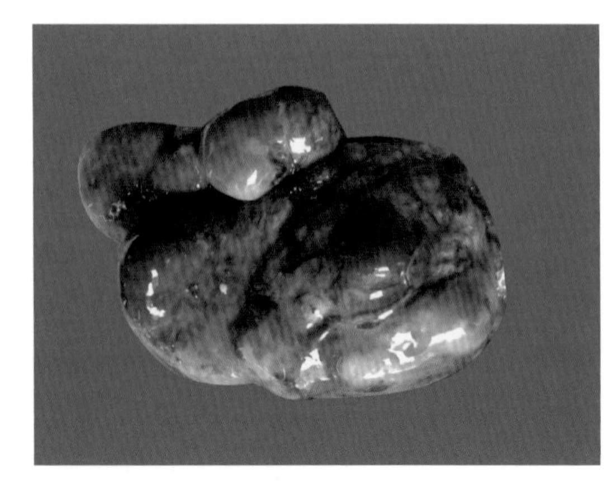
卵巢形成血管瘤

卵巢萎缩、变性、坏死

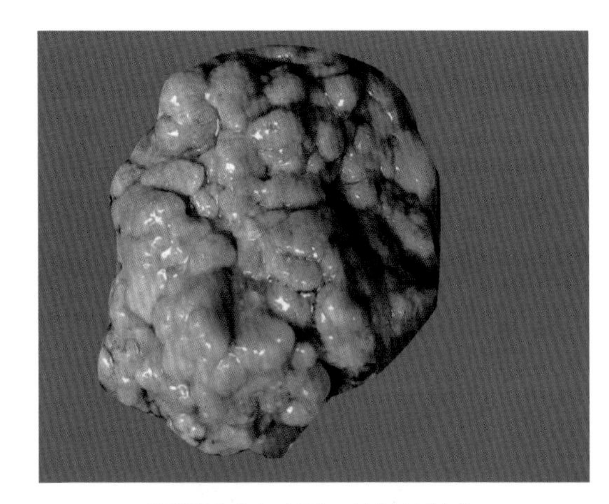
卵巢形成大小不一的肿瘤结节

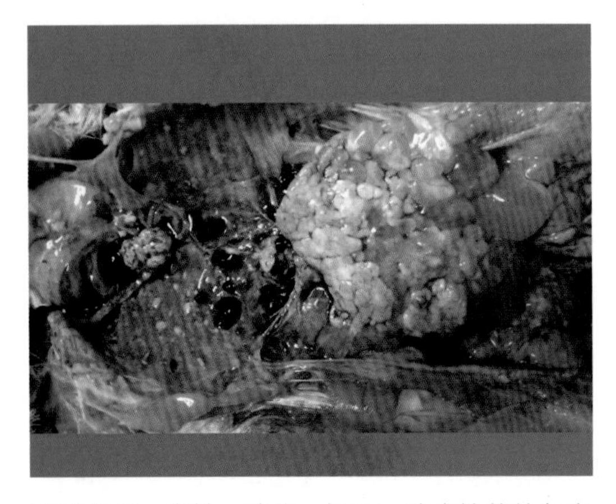
卵巢萎缩、变性、液化、坏死，肿瘤结节从灰白色到淡黄白色，大小不一

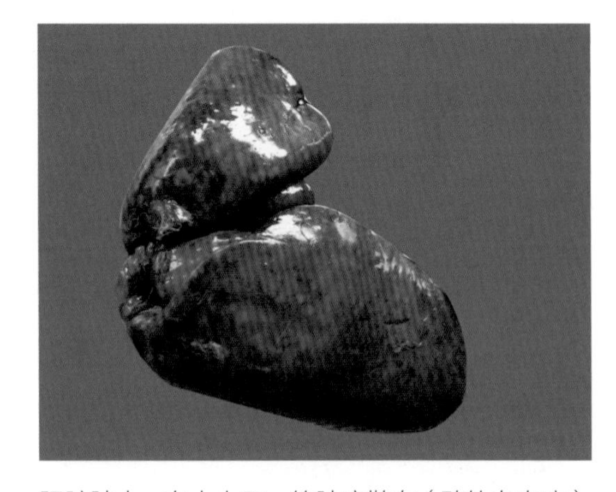
肝脏肿大，有大小不一的肿瘤散在（鸭的白血病）

第十六节　鸡传染性贫血病

一、概述

鸡传染性贫血（chicken infectious anemia，CIA）是由传染性贫血病毒（chicken infectious anemia virus，CIAV）引起的以再生障碍性贫血、全身淋巴组织萎缩、皮下和肌肉出血及高死亡率为特征的一种免疫抑制性疾病，该病曾称为蓝翅病、出血性综合征或贫血性皮炎综合征，主要引起雏鸡免疫抑制和生长迟缓，易使鸡群对其他病原易感性增高和使某些疫苗的免疫应答力下降导致免疫失败，尤其是马立克病疫苗，造成重大经济损失。

二、病原特征

鸡传染性贫血病毒是圆环病毒科圆环病毒属的唯一成员。CIAV为无囊膜、二十面体对称的病毒颗粒，呈球形，平均直径为25～26.5 nm，无血凝性。不同毒株毒力有一定差异，但抗原性无差别。CIAV基因组为单链、圆环状、负链的共价闭合DNA，几乎所有的CIAV的病毒基因长度都为2 298个核苷酸，包括4个21碱基的同向重复，在第二和第三个DR之间有12个碱基的插入。普遍认为只有一个血清型。对一般的消毒剂抵抗力较强。

三、流行病学

鸡是唯一的自然宿主，各日龄的鸡都易感，主要发生在2～4周龄的雏鸡，其中1～7日龄雏鸡最易感。本病多为垂直感染，也可水平传播，但水平传播临诊症状不显著。发病率在20%～60%，残废率为5%～10%，传染性法氏囊病病毒、马立克病病毒、网状内皮组织增生症病毒以及其他免疫抑制药物均可增强本病的传染性，降低母源抗体的抵抗力，从而增加鸡的发病率和病死率。

四、临床症状

贫血是典型的临床特征。病鸡精神沉郁，皮肤苍白，喙、肉髯和可视黏膜苍白，发育迟缓，消瘦，翅膀皮炎或蓝翅，全身点状出血，可能因继发坏疽性皮炎，2～3 d后开始死亡，濒死鸡腹泻。

五、病理变化

骨髓萎缩是传染性贫血最典型的病理特征。

大腿骨的骨髓呈淡黄色或淡红色或脂肪色。

胸腺萎缩、充血，严重时胸腺完全退化。

法氏囊萎缩，呈半透明状，重量变轻，体积变小。

病情严重时，肝脏肿大、质脆，有时黄染或有坏死灶；脾脏、肾脏肿大；骨骼肌、腺胃黏膜、心肌和皮下出血等。

六、防治

本病目前没有特异性治疗方法。一旦感染本病，采用抗微生物药控制细菌的继发感染。

疫苗接种是预防本病的关键措施，因价格昂贵，仅用于某些种鸡群。对于商品鸡，平时加强卫生防疫，严防各种传染病导致的免疫抑制，加强对种鸡检疫，淘汰感染鸡，特别是进鸡时，应做CIAV抗体检测，严格控制感染本病的鸡进入鸡场。

鸡传染性贫血病图

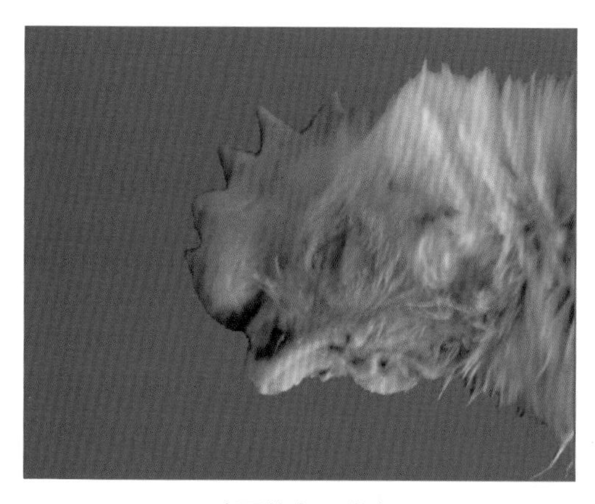

鸡冠苍白、贫血

雏鸡贫血，鸡冠苍白

机体消瘦，腿部出血

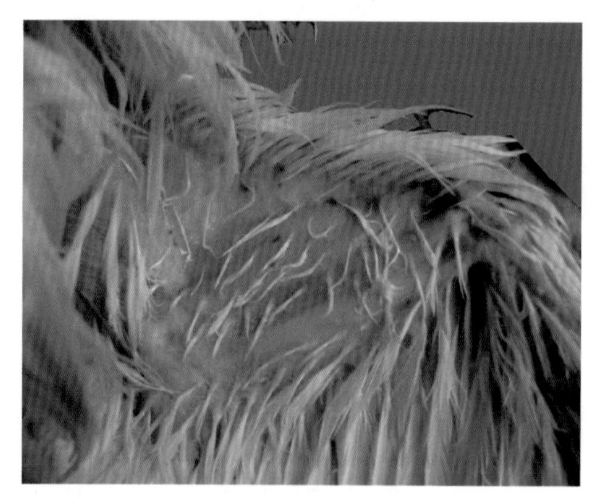

皮下点状出血

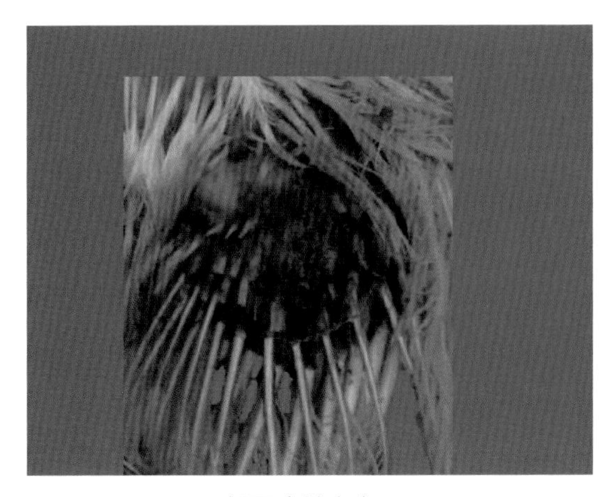

翅下皮肤出血

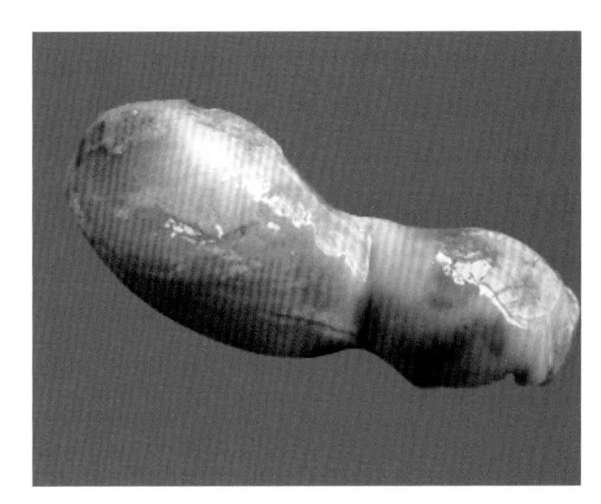

腺胃出血

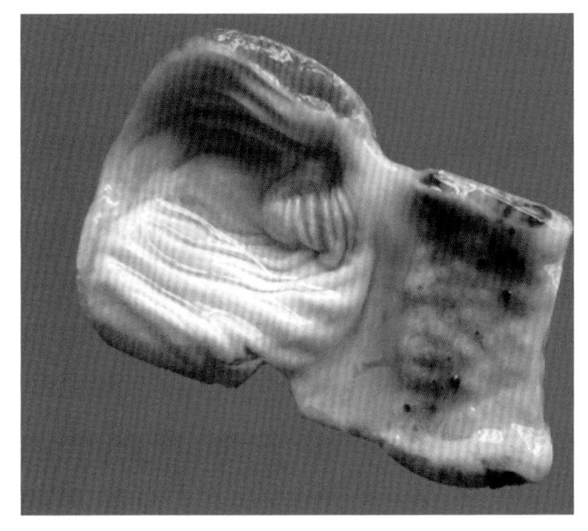

腺胃乳头出血

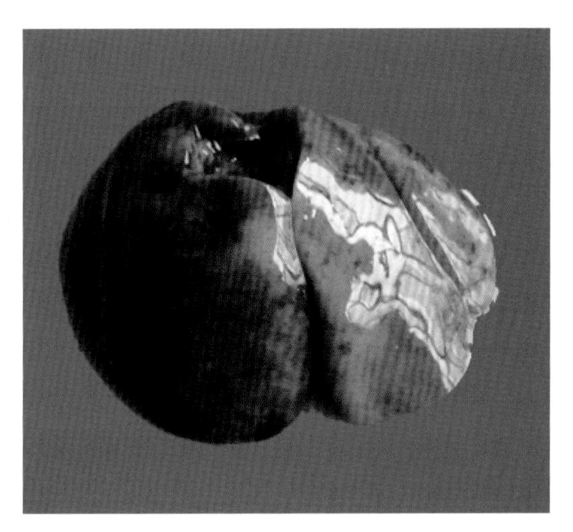

肝脏点状出血

肝脏广泛性出血、变性、坏死

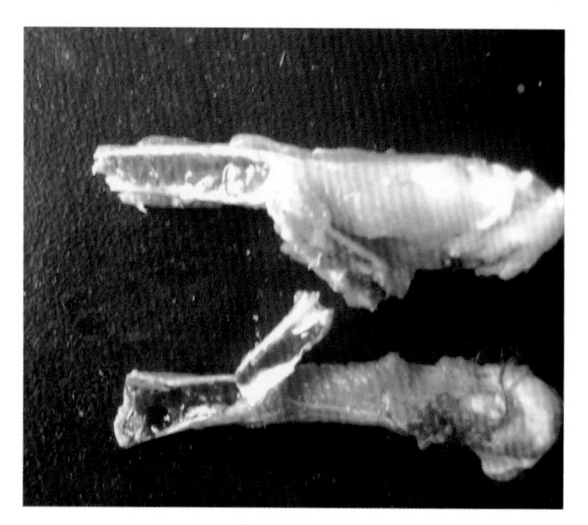

骨髓变浅发黄（上）； 健康骨髓（下）

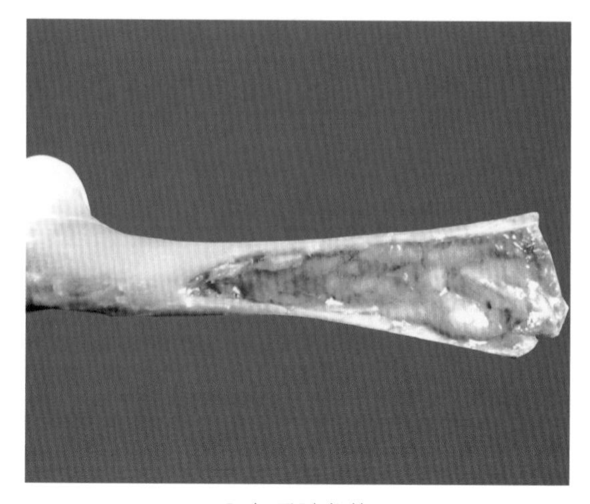

胫部骨髓发黄

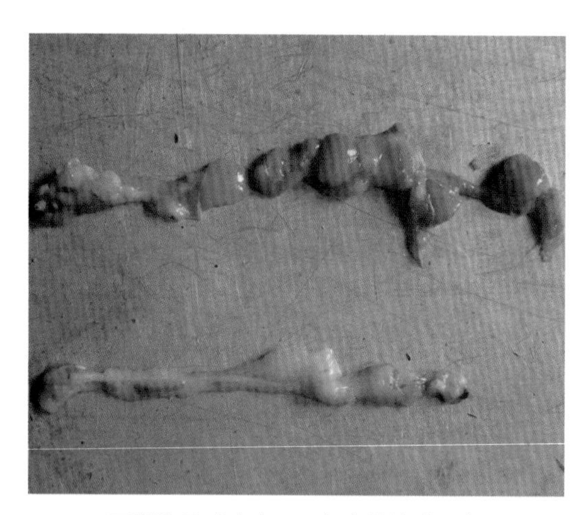

正常胸腺（上）； 胸腺萎缩（下）

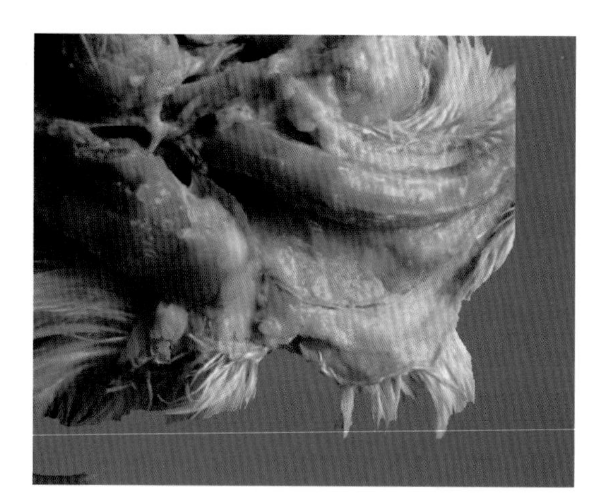

胸腺萎缩，颈部肌肉苍白

第十七节 鸭 瘟

一、概述

鸭瘟（duck plague，DP），又名鸭病毒性肠炎，俗称“大头瘟”，是由鸭瘟病毒（duck plague virus，DPV）引起的鸭、鹅和天鹅等雁形目禽类的一种急性、热性、败血性、接触性传染病，临床特征是病鸭虚弱、口渴、腹泻，病理特征是血管损伤、组织出血、消化道黏膜疹性损害、淋巴器官损害及实质性器官退行性病变。本病传播迅速，发病率和死亡率均高，通常在90%以上。本病目前呈全球性分布，1923年首次在荷兰发生，我国1957年首次报道。目前发病呈上升趋势，呈地方流行性，已成为危害养鸭业的主要的病毒病之一。

二、病原特征

鸭瘟病毒属疱疹病毒科α疱疹病毒亚科，基因组为单分子线状双股DNA，具有疱疹病毒的典型形态结构。病毒粒子呈球形，直径为80～180 nm，核衣壳呈二十面体立体对称，有囊膜，无血凝性，不凝集禽类和哺乳动物的红细胞。该病毒具有广泛的组织嗜性，广泛存在于鸭体的各器官、血液、分泌物及排泄物中，尤其在法氏囊、脾脏、肝脏、脑、食道、泄殖腔、肺脏含毒量最高。该病毒只有一个血清型，毒株间的毒力不同，但免疫原性相似。DPV对高温的抵抗力不强，常用的消毒剂对病毒具有杀灭作用。

三、流行病学

传染源：病鸭或带毒鸭是主要传染源。

传播途径：消化道传播为主，也可经过交配、眼结膜、呼吸道和蚊虫叮咬传播。

易感动物：水禽中鸭易感性最高，不同品种、不同日龄鸭都可感染，但以麻鸭、番鸭、绵鸭易感性最高，北京鸭次之。30日龄以内的鸭发病较少，蛋鸭发病严重，鹅、天鹅及迁徙水禽也可感染发病。

传播媒介：被病鸭和带毒鸭的排泄物污染过的水源、鸭舍、用具、饲料等是本病传播的主要媒介，某些野生水禽感染病毒后可成为传播本病的自然疫源和媒介。节肢动物也可能是本病的传染媒介。

本病四季均可发生，以春、秋季较为严重，蛋鸭发病呈上升趋势，造成产蛋率下降。当鸭瘟传入易感鸭群后，一般3～7 d后零星发病，接着大批病鸭陆续死亡，疾病进入流行发展期和流行盛期。鸭群整个流行过程一般为2～6周，如果鸭群中有免疫鸭或耐过鸭时，可延至2～3月或更长。

本病极易和禽霍乱、传染性浆膜炎等并发或继发，死亡率更高。

四、临床症状

自然感染的潜伏期为3～5 d，人工感染的潜伏期为2～4 d。

流泪和头颈部水肿是鸭瘟的特征性临诊症状。

病初体温升高，高达43 ℃以上，稽留热，食欲明显下降，甚至停食，渴欲增加。

病鸭精神委顿，头颈缩起，羽毛松乱，翅膀下垂，两脚麻痹无力，伏坐地上不愿移动，强行驱赶时常以双翅扑地行走，走几步即行倒地，不愿下水，驱赶入水后也很快挣扎回岸。

病鸭眼有分泌物，初期为浆液性分泌物，后变成黏稠或脓样；眼睑周围羽毛被分泌物黏湿，造成上下眼睑粘连、水肿，甚至外翻；眼结膜水肿、充血、出血，甚至形成小溃疡；个别病鸭眼结膜有少许干酪样物。

病鸭鼻孔流出稀薄或黏稠的分泌物，呼吸困难，发生鼻塞音，叫声嘶哑；部分病鸭频频咳嗽。

病鸭排绿色或灰白色稀粪，肛门周围的羽毛被沾污或结块；肛门肿胀，严重者外翻，翻开肛门时，可见泄殖腔黏膜水肿、充血、出血，黏膜表面覆盖一层黄绿色或褐色假膜，不易剥离。

部分病鸭头和颈部发生不同程度的肿胀，触之有波动感，俗称“大头瘟”。

因鹅的鸭瘟临床症状与鸭瘟相似，诊断时参考鸭瘟的临床症状，本书不再详细论述。

五、病理变化

典型的病理特征是消化道黏膜及实质器官的出血和坏死。

体表皮肤有许多散在出血斑点。

眼结膜水肿、充血，散在小出血点，或少许干酪样物覆盖。

头颈部、腹部及大腿内侧皮下组织有黄色胶样浸润或大量淡黄色的透明液体。

心肌、其他脏器及肠系膜和浆膜等处有出血点、出血斑或弥漫性出血，心外膜、心内膜、瓣膜及冠状沟有密集的出血斑点。

肝脏肿胀、出血、坏死，呈不均匀斑驳状，表面有大小不等的灰黄色或灰白色的坏死灶，少数坏死灶中间有小出血点，有时肝脏有环状出血带。

脾脏大小正常或稍肿大，颜色变深呈花斑样。

胸腺有多灶性出血，表面和切面有黄色病灶区，严重时胸腺萎缩。

胰腺有不同程度的出血、坏死。

法氏囊充血、出血。病程稍长时，囊腔中充满白色凝固性的渗出物。

喉头及气管充血、出血，内有黏性分泌物。

消化道（口腔、食管、十二指肠、空肠、直肠和泄殖腔）黏膜出血、坏死，病程稍长时黏膜表面形成溃疡和假膜。

食道黏膜表面有一条纵行排列呈条纹状的灰黄色假膜，假膜多数散在呈斑块结痂或融合成片，假膜剥离后留下溃疡瘢痕。

食道膨大部与腺胃交界处有一条灰黄色坏死带或出血带，肌胃角质下层充血、出血。

出血性急性卡他性肠炎，以十二指肠、回盲连接处、结肠和直肠最为严重，肠系膜肿胀呈弥漫性深红色，肠管外观可见3～4个呈环状的深红色出血带，后期转为深棕色。

泄殖腔黏膜水肿、充血、出血，黏膜表面覆盖一层黄绿色或褐色假膜，不易剥离。

产蛋母鸭发病后，卵泡充血、出血、萎缩、变性、坏死等，卵泡破裂落入腹腔后形成卵黄性腹膜炎。

因鹅的鸭瘟病理变化与鸭瘟相似，诊断时参照鸭瘟病理变化，本书不再详细论述。

六、防治

1.预防

疫苗接种是预防本病的关键，接种日龄根据当地疫情而定。平时加强饲养管理，供应优质饲料，做好通风工作，及时清理粪便，定期在饮水中添加提高机体免疫力的中药制剂如黄芪、太子参等增强机体抗病力，提高鸭群健康水平，并坚持临时消毒与定期消毒相结合的原则，杀灭传染源，切断传播途径等。

坚持自繁自养制，需要引进种蛋、种雏时，一定要严格检验，证明无疫病感染后，方可引入场内。

一旦发生鸭瘟，要按国家防疫条例上报疫情，划定疫区范围，并进行严格的封锁、隔离、焚尸、消毒等工作。对疫区健康鸭群和尚未发病的假定健康鸭群，立即接种疫苗。

2.治疗方案

（1）抗微生物药饮水或拌料，控制细菌的继发感染。配合卡巴匹林钙可溶性粉和维生素C可溶性粉等，缓解病毒引起的高热症，干扰素、转移因子或蜂毒肽等饮水抑制病毒复制等。

（2）肌内注射生物制品时，配合头孢噻呋钠、硫酸头孢喹诺、庆大小诺霉素等。

1）鸭瘟高免血清：皮下或肌内注射，1 mL/只。

2）抗鸭瘟高免卵黄：皮下或肌内注射，2 mL/只。

3）聚肌胞:肌内注射，1 mg/只，1次/3 d，连用2～3次。

（3）选择清瘟败毒，凉血消斑，燥湿止痢的中药制剂治疗。

【处方1】清瘟败毒散

石膏120 g，地黄、栀子、知母、连翘各30 g，水牛角60 g，黄连、牡丹皮各20 g，黄芩、赤芍、玄参、桔梗、淡竹叶各25 g，甘草15 g。

【用法与用量】禽1 ~ 3 g/只。

【处方2】黄芩80 g，黄柏、茵陈各45 g，黄连须50 g，大黄、车前草、陈皮各20 g，二花藤、白头翁、龙胆草各100 g，板蓝根90 g，甘草10 g。

【用法与用量】浓煎，取汁液和药渣拌料喂服100只病鸭，连喂2 d。

【处方3】黄柏、姜黄、玄明粉、皂刺、黄芩各15 g，淡竹叶、甘草各20 g，矮桃、水杨柳各30 g。

【用法与用量】水煎取汁，供20只鸭一次灌服。

【处方4】柴胡、苍术、黄芩、大黄、栀子、雄黄各6 g，薄荷8 g，辛夷、细辛、甘草各4 g，牙皂、樟脑各3 g。

【用法与用量】水煎取汁，2次/d，成鹅5 ~ 8 mL/次，中鹅3 ~ 5 mL/次，雏鹅7日龄以内3 ~ 5滴。一剂可供100只雏鹅，或40只中鹅，或10 ~ 20只成鹅1 d使用。

【应用】用本方治疗鹅感染鸭瘟，一般连用3 ~ 5 d即可痊愈。

【处方5】石竹散（河南省现代中兽医研究院研制）

生石膏12 g，知母、生地黄、牡丹皮、板蓝根、淡竹叶各9 g，甘草、连翘各7 g，大青叶11 g，水牛角12 g，黄连、金银花各6 g，人参叶5 g等。

【功能】清热解毒，凉血。

【主治】热毒上冲，头面、腮颊肿胀，发斑，高热神昏等症。

【用法与用量】禽0.25 ~ 1.5 g/只，1次/d，连用3 ~ 5 d。病情严重时加倍使用。

鸭瘟图

病鸭头部肿大

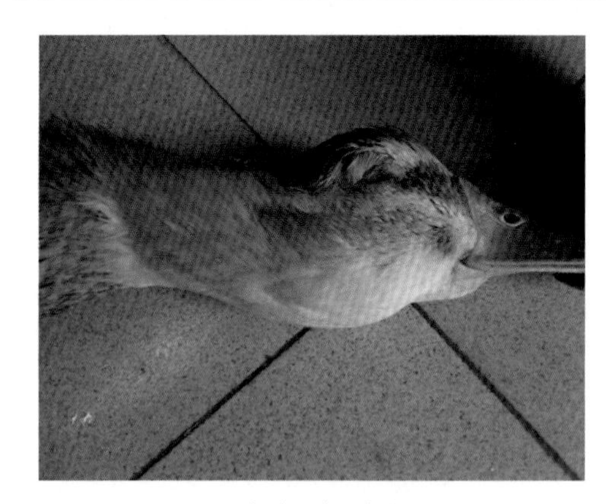

病鸭下颌肿胀

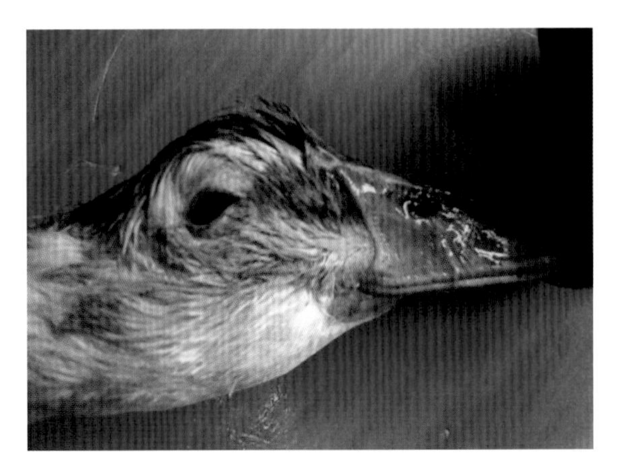

病鸭眼结膜潮红，鼻腔流出脓性分泌物

病鸭眼圈周围湿润，颈部肿大

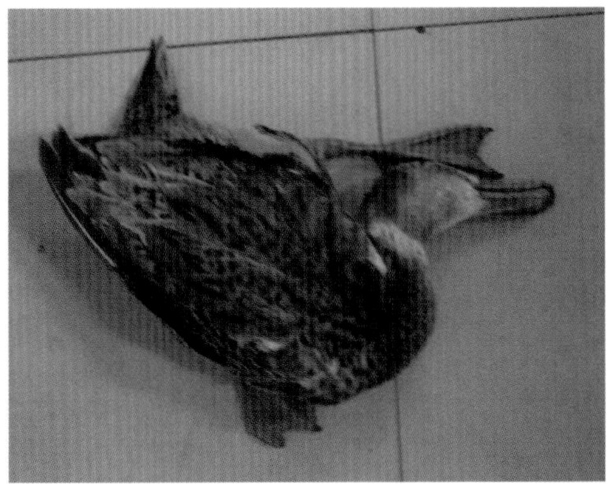

病鸭受到刺激后出现的系列神经症状

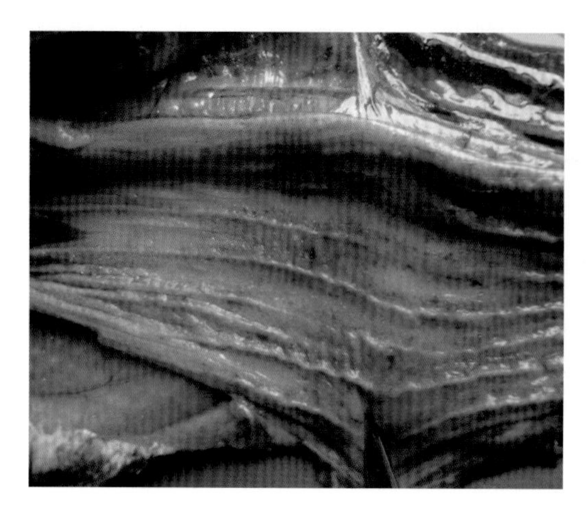
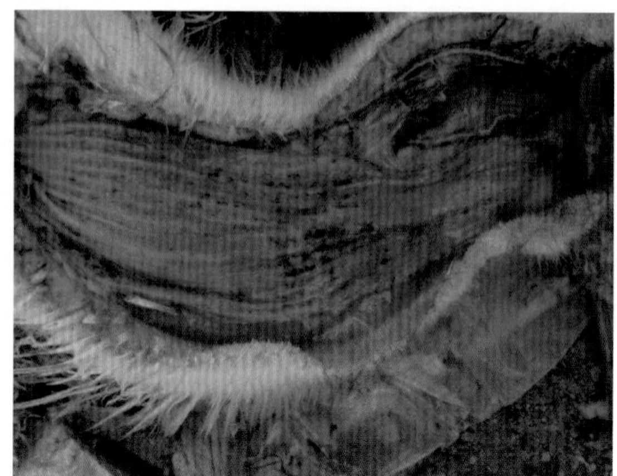

食管黏膜呈纵向条状出血

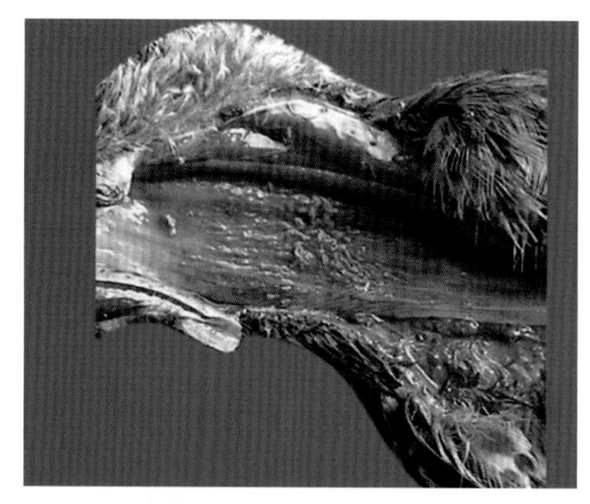

食管黏膜表面覆盖坏死性假膜

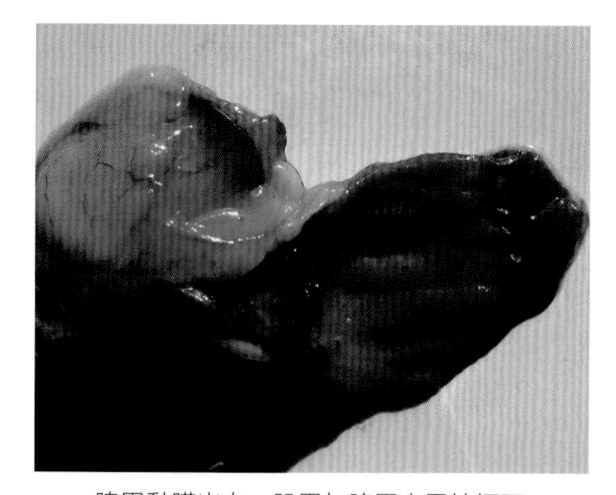

腺胃黏膜出血，肌胃与腺胃交界处坏死

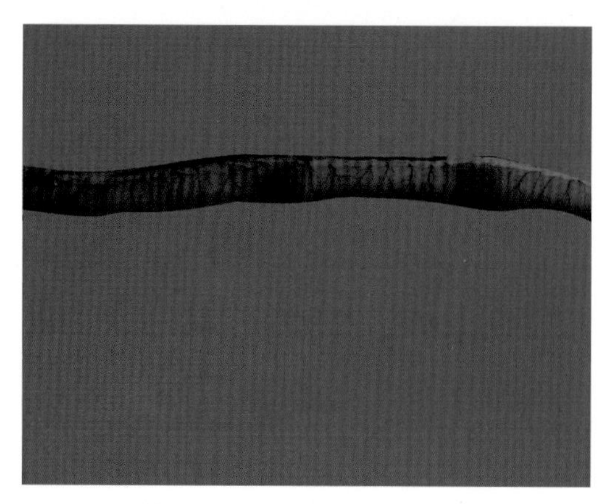

肠淋巴滤泡密集处外观呈环状出血

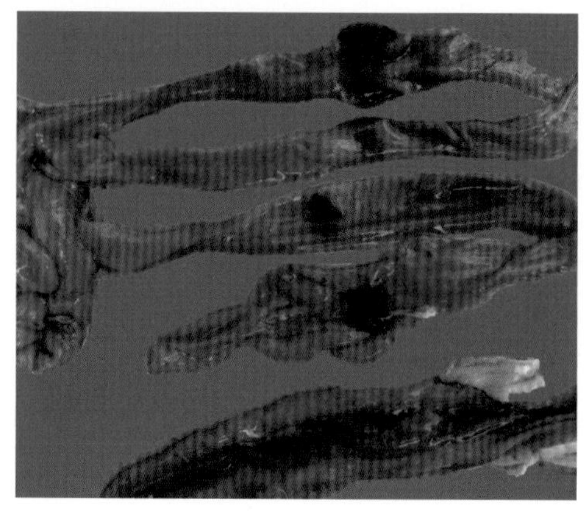

肠管外观呈环状出血，肠淋巴滤泡密集处出血

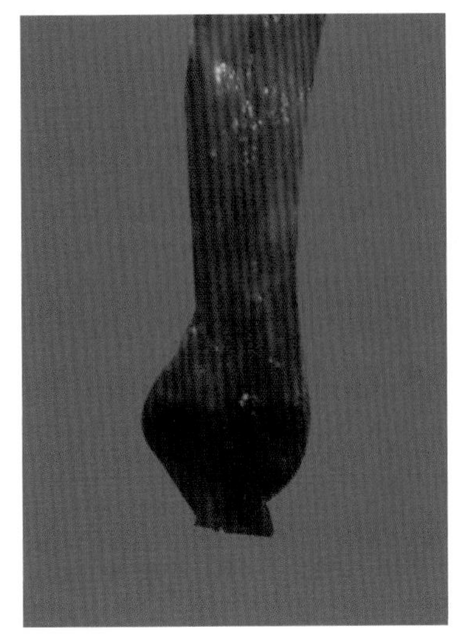

肠淋巴滤泡密集处呈环状出血

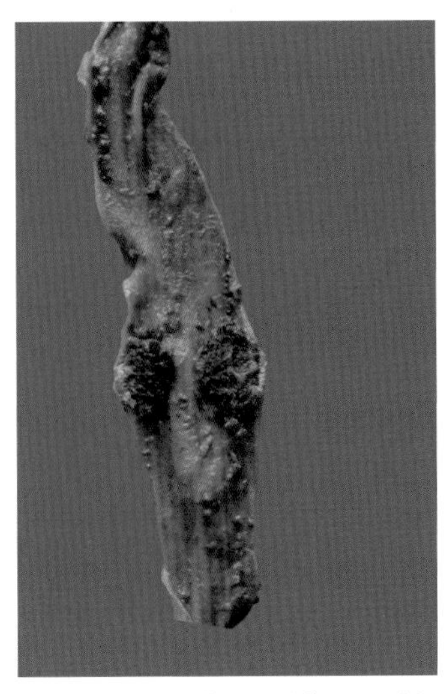

肠黏膜形成“纽扣状”坏死灶

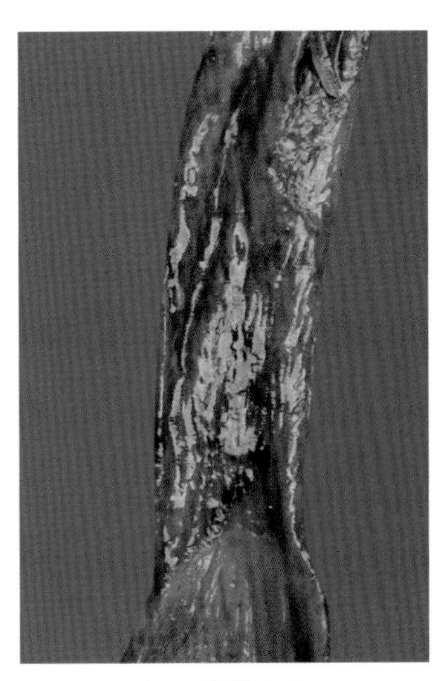

直肠黏膜出血

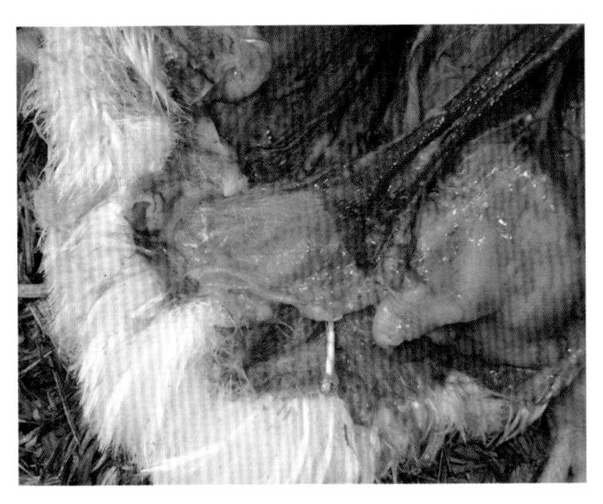

直肠黏膜及泄殖腔黏膜呈刷状出血

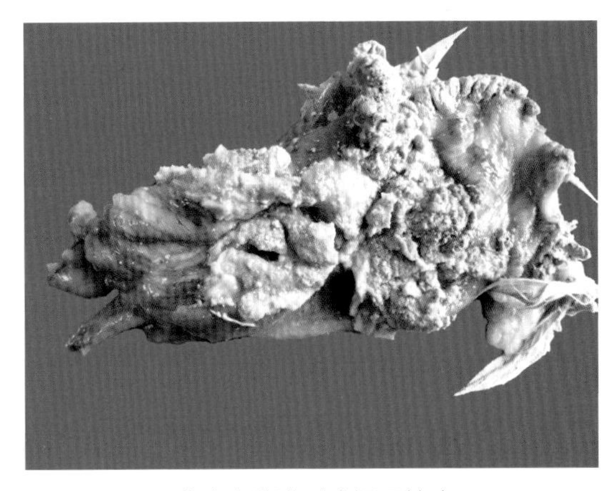

泄殖腔黏膜形成坏死结痂

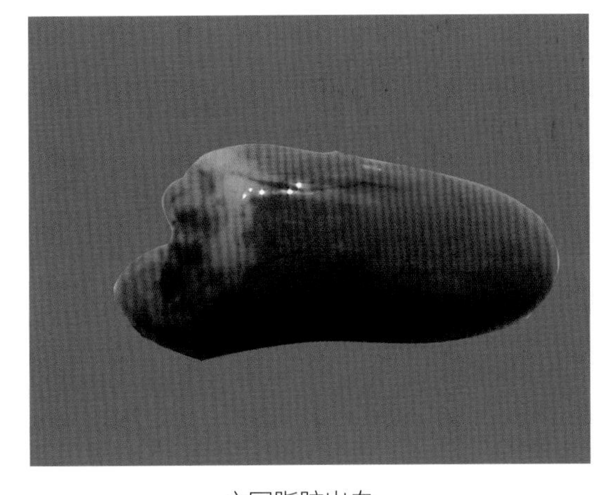

心冠脂肪出血

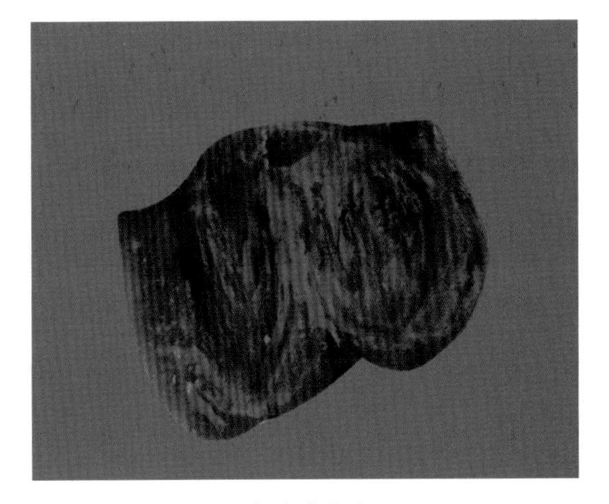

心内膜出血

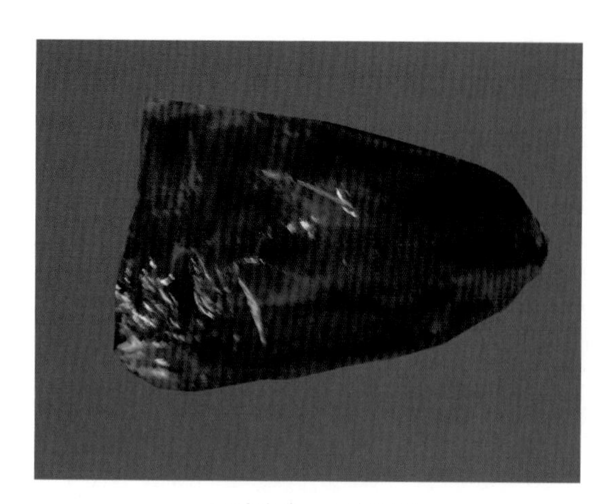
肝脏出血、局部坏死

支气管内有奶油样物，卵泡出血、坏死

鹅的鸭瘟： 眼睑水肿，结膜出血

第十八节　鸭病毒性肝炎

一、概述

鸭病毒性肝炎（duck virus hepatitis，DVH）是鸭肝炎病毒（duck hepatitis virus，DHV）引起幼龄雏鸭的一种急性、高度致死性传染病，俗称“背脖病”。本病发病急、传播迅速、病程短和病死率高，以角弓反张和肝脏肿大、出血性斑点为特征。近年来，鸭病毒性肝炎在我国各地不断发生，发病率和死亡率均呈上升趋势，给养鸭业带来严重的经济损失。

二、病原特征

国际病毒分类委员会（ICTV）第九次分类报告（2011）对鸭肝炎病毒进行了新的分类。鸭肝炎病毒有3个血清型即1型、2型、3型，3种血清型之间无抗原相关性，无交叉保护作用，均可引起肝炎。鸭病毒性肝炎主要是指1型DHV感染，1型DHV分布于世界各地，2型DHV只见于英国，3型DHV目前见于美国和中国。

血清1型鸭肝炎病毒属于小RNA病毒科禽肝炎病毒属的鸭甲肝病毒（duck hepatitis A virus，DHAV），无囊膜，病毒粒子呈球形或类球形，直径为20～40 nm，核衣壳呈二十面体立体对称型，基因组为单股正链RNA。目前分为3个基因型（即DHAV-A、DHAV-B、DHAV-C），3种基因型之间无交叉保护作用，DHAV-A在多数养鸭的国家发生，主要发生于1～4周龄雏鸭，病死率50%～90%，DHAV-B发生于我国台湾地区，DHAV-C主要流行于我国和朝鲜半岛，DHAV-B和DHAV-C感染又称为“新型鸭病毒性肝炎”，均不能被A型鸭肝炎抗血清很好中和，DHAV-A与传统血清1型的抗原性一致。我国流行的病毒性肝炎主要是基因A型和C型引起的。

血清2型鸭肝炎病毒与血清3型鸭肝炎病毒属于星状病毒科禽星状病毒属，无囊膜，直径28～30 nm，呈球形，核衣壳呈二十面体立体对称型，基因组为单股正链线性RNA。血清2型鸭肝炎病毒目前只感染鸭，发生于2～6周龄雏鸭，病死率25%～50%，血清3型鸭肝炎病毒感染发生于2周龄内的雏鸭，病死率不超过30%。

DHV不凝集动物的红细胞，病毒存在于病鸭的脑、肺、心、肝及脾等器官，以肝和脾的病毒含量最高。

三、流行病学

传染源：病鸭、带毒鸭、隐性感染鸭及康复鸭。

传播途径：本病主要经接触传播，经呼吸道也可感染，无垂直传播。如与病鸭的直接接触感染，也可通过被病鸭的粪便污染过的食具、饮水及饲料等水平传播。

易感动物：4～8日龄雏鸭最为易感。

本病四季均可发病，具有发病急、传播迅速、死亡率高的特点。3周龄以内的雏鸭多发，成年鸭呈隐性感染，雏鸭的发病率与病死率均很高，与日龄有关，1周龄内的雏鸭病死率可达95%，1～3周龄的雏鸭病死率为50%或稍低，4～5周龄的小鸭发病率与病死率较低。饲养管理不良、维生素和矿物质缺乏、鸭舍潮湿拥挤及卫生条件差等因素均可促使本病发生与流行。本病多与鸭瘟、细小病毒病、禽霍乱、沙门杆菌病、大肠杆菌病、传染性浆膜炎、曲霉菌病等混合感染，造成死亡率增加。

临床发现：1～3日龄的雏鸭可发病，发病率呈上升趋势，剖检可见典型的肝炎特征；发病日龄有逐渐增大的趋势。

四、临床症状

本病的潜伏期一般为1～2 d，发病后的2～3 d达到死亡高峰。

发病初期，病鸭精神萎靡，羽毛松乱，缩颈呆立，眼半闭呈昏睡状，食欲减退至厌食、绝食，排黄白色、绿色粪便，少数突然死亡，无任何症状。

发病12～24 h，病鸭多侧卧，全身性抽搐，运动失调，转圈，两脚痉挛性地反复踢蹬，头向后仰呈角弓反张状（俗称“背脖病”），数小时后死亡，死前发出尖叫声。

五、病理变化

特征性病变在肝脏。

喙端和爪尖瘀血呈暗紫色。

肝脏肿大，质脆，色暗或发黄，有大小不等的出血斑点。

胆囊肿大呈长卵圆形，胆汁充盈，胆汁呈褐色、草绿色或淡茶色。

脾脏有时肿大，呈斑驳状。

肾脏充血、肿胀，血管明显，呈暗紫色树枝状。

胸肌、腿肌有出血点或出血斑。

心肌如煮熟状，心包积液，心包炎，气囊中有微黄渗出液或纤维素性絮片。

六、防治

1.预防

免疫接种是预防本病的关键措施，平时加强饲养管理，搞好环境卫生，严格执行消毒制度，做到临时消毒与定期消毒相结合，饲喂优质饲料，发病高峰期饮水中添加清热解毒、扶正祛邪的中药制剂等是预防本病的重要措施。

2.治疗方案

发病后立即隔离治疗，维生素C可溶性粉或复方维生素纳米乳口服液饮水。

（1）生物制品肌内注射：①康复鸭血清，剂量0.5 ~ 1.0 mL / 只；②高免鸭血清，剂量0.5 ~ 1.0 mL / 只；③高免卵黄抗体，剂量1.0 ~ 1.5 mL / 只。

配合头孢噻呋钠、硫酸头孢喹诺、林可大观霉素等抗生素注射，控制细菌继发感染。

（2）抗微生物药饮水或拌料，控制细菌的继发感染，配合蜂毒肽或干扰素或转移因子等饮水。

（3）选择清热解毒、疏肝利胆的中药治疗。

【处方1】茵栀解毒颗粒

茵陈360 g，栀子、黄芩各180 g，虎杖、钩藤各200 g。

【用法与用量】混饮，雏鸭0.48 ~ 0.96 g/d，连用2 ~ 3 d。

【处方2】板翘合剂

板蓝根250 g，大青叶300 g，拳参200 g，连翘150 g，柴胡100 g。

【用法与用量】混饮或灌服，每只每天0.5 ~ 1 mL，连用3 ~ 5 d。

【处方3】 荆芥、连翘、山楂、茯苓、六神曲各45 g，防风、柴胡、枳壳、桔梗各30 g， 羌活、独活、前胡、川芎各25 g，甘草、薄荷各15 g。

【用法与用量】煎汁，供300 ~ 600只鸭饮服。

【处方4】茵陈、板蓝根、金钱草、大青叶、金银花、连翘、龙胆草、黄芩、甘草各20 g。

【用法与用量】煎汤，供100只雏鸭自饮。

【处方5】黄芩、黄柏、黄连、连翘、金银花、紫金牛、茵陈、乌梅、枳壳、甘草各50 g。

【用法与用量】煎汤，供200只鸭拌料喂服，不食者滴服。

【处方6】茵陈、板蓝根、山栀子、香附、连翘、菊花各30 g，龙胆草、茯苓、薏苡仁各20 g，甘草10 g。

【用法与用量】煎汁，供100只鸭饮服，1剂/d，连服3剂。

【处方7】茵陈、神曲各50 g，龙胆草、黄芩、黄连、黄芪、板蓝根、柴胡苗、甘草各20 g，陈皮30 g。

【用法与用量】水煎汁，供100只鸭1 d自由饮服，病重鸭用注射器或滴管喂服，连用3 d，或粉碎拌料饲喂，连喂3 d。

【应用】用本方治疗鸭病毒性肝炎，与高免血清的疗效无明显差异（$P>0.05$）。

【处方8】鱼腥草、板蓝根、龙胆草、桑白皮、救必应各300 g，茵陈100 g，黄柏150 g，甘草50 g。

【用法与用量】煎汁，500 mL，雏鸭5 mL/只，2次/d。

【处方9】板蓝根、金银花、龙胆草、柴胡、茵陈各100 g，黄柏、黄芩、栀子各75 g，黄连、枳实、神曲、菊花、防风、荆芥、甘草各50 g。

【用法与用量】煮水，供500只17日龄雏鸭全天饮服，1剂/d，连服5 ~ 7 d。

【处方10】加减茯白散（河南省现代中兽医研究院研制）

板蓝根15 ~ 25 g，白芍10 ~ 20 g，茵陈20 ~ 30 g，龙胆草10 ~ 15 g，党参7.5 ~ 15 g，茯苓7.5 ~ 15 g，黄芩10 ~ 20 g，苦参10 ~ 20 g，甘草10 ~ 30 g，车前草10 ~ 30 g，金钱草15 ~ 45 g。

【应用】对脂肪肝综合征、包涵体肝炎、心包积液综合征、鸭病毒性肝炎、肝炎-脾肿大综合征、鸭呼肠孤病毒病、弧菌性肝炎等病引起的肝脏肿大等症具有治疗或缓解功效。

【用法与用量】0.5 ~ 2.0 g/只，1次/d，连用5 ~ 7 d。

鸭病毒性肝炎图

病鸭精神不振，缩颈呆立，眼半闭呈昏睡状，拉黄白色稀粪

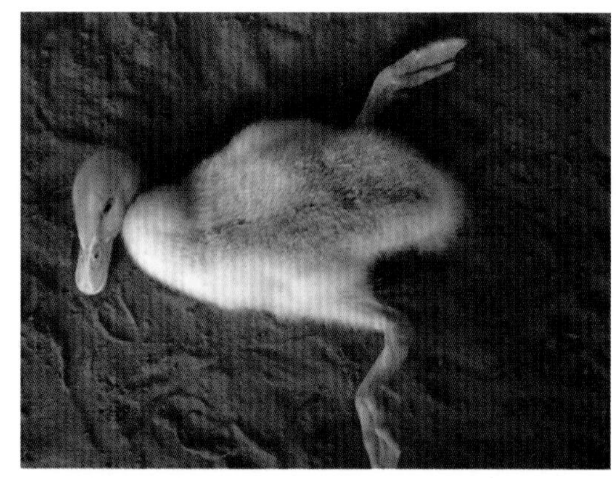

病鸭受到刺激后翻滚，拼命挣扎，很快死亡

病鸭精神不振，尾部着地

病鸭濒死前，头颈部后仰

病鸭死前呈仰卧姿势

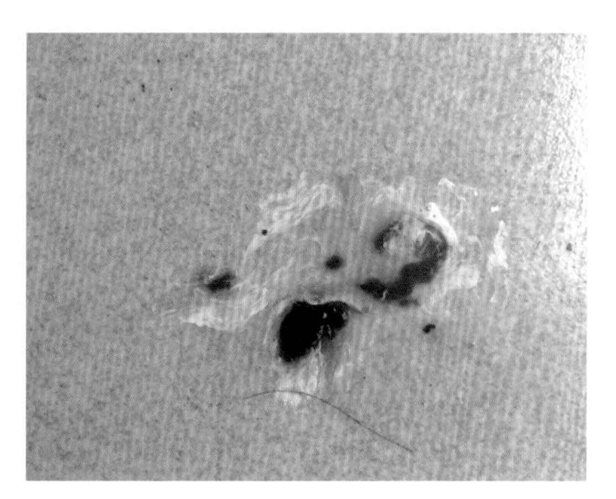

病鸭拉黄白绿色粪便

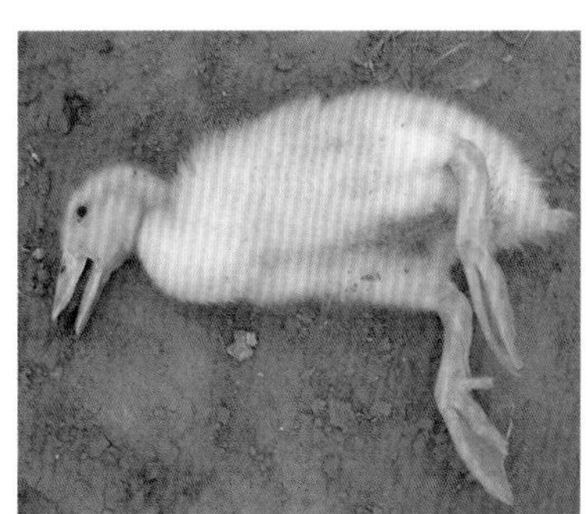

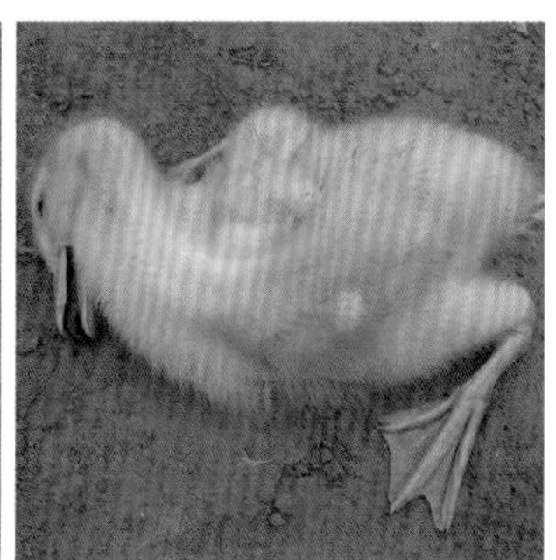

病鸭受到刺激后出现系列的神经症状

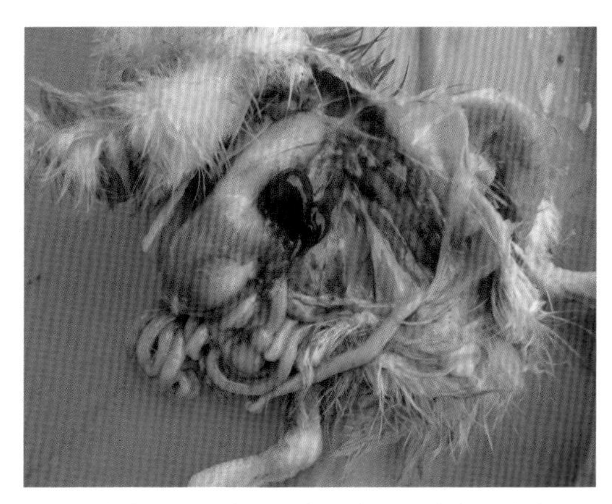

肾脏肿胀、出血；　脾脏肿胀、瘀血、出血

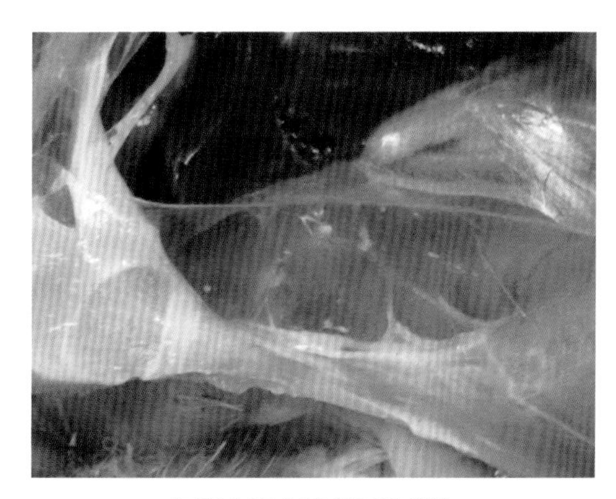

气囊上附有黄色干酪样物

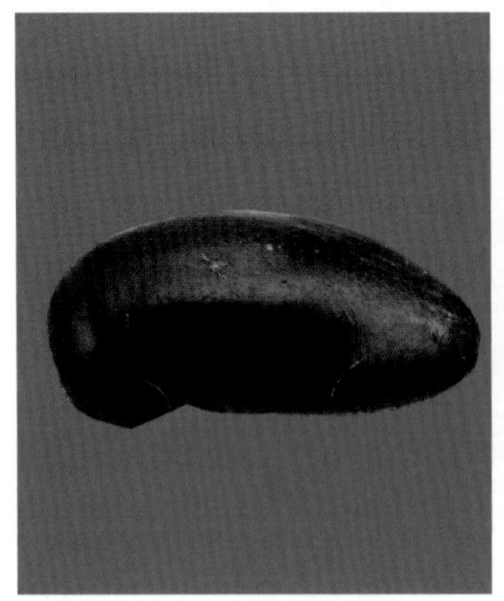
胆囊肿大，充满黏稠的胆汁

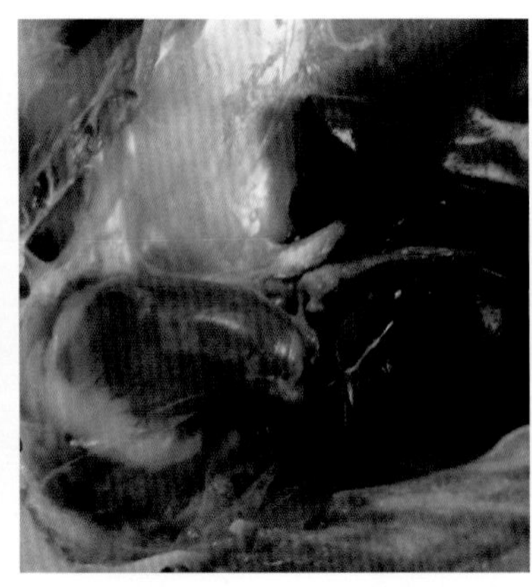
心包积有黄色的液体

心冠脂肪有出血斑点

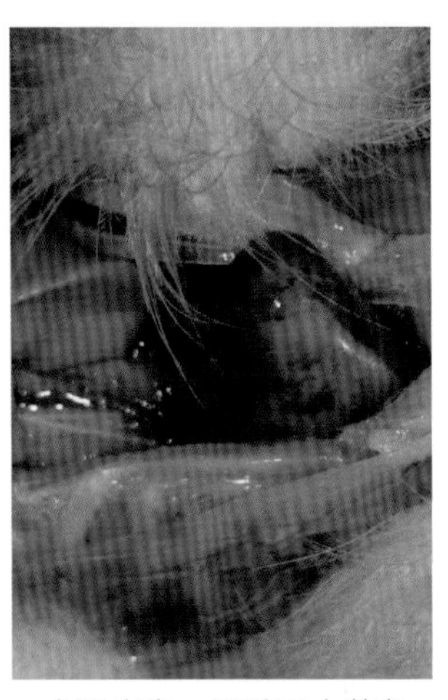
心肌出血，肝脏呈土黄色（5 日龄病死鸭）

心肌出血

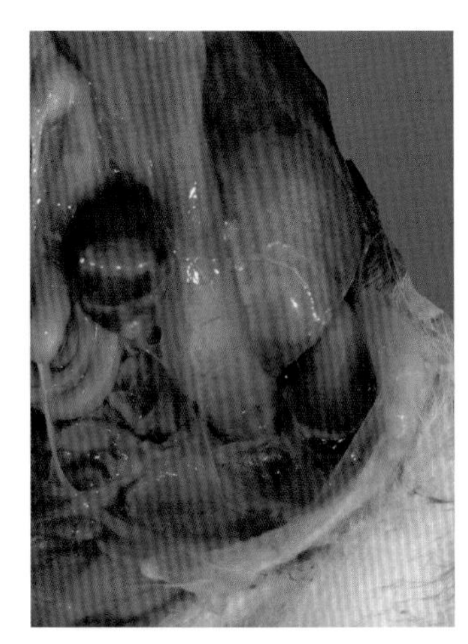
脾脏出血（5 日龄病死鸭）

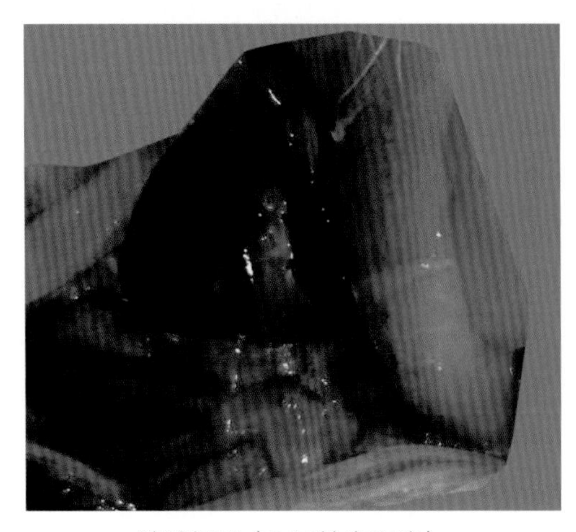
脾脏坏死（5 日龄病死鸭）

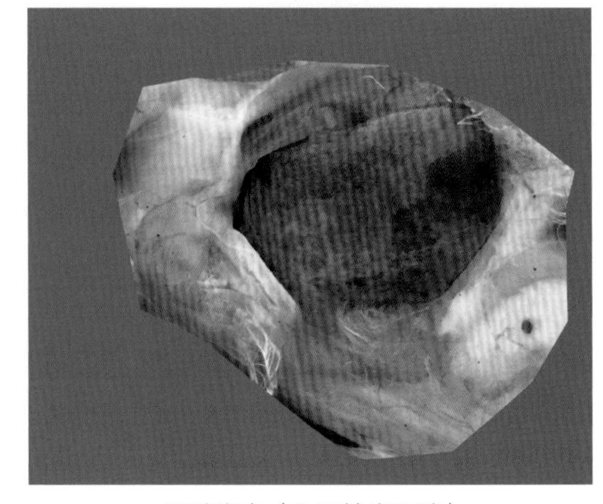
肝脏出血（5 日龄病死鸭）

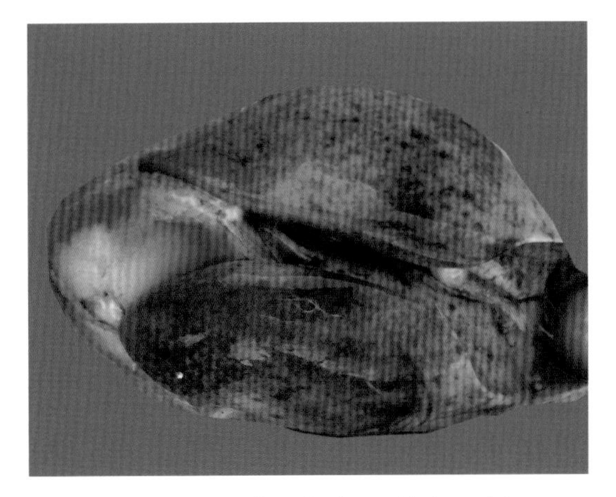

肝脏大面积点状出血（5 日龄病死鸭）

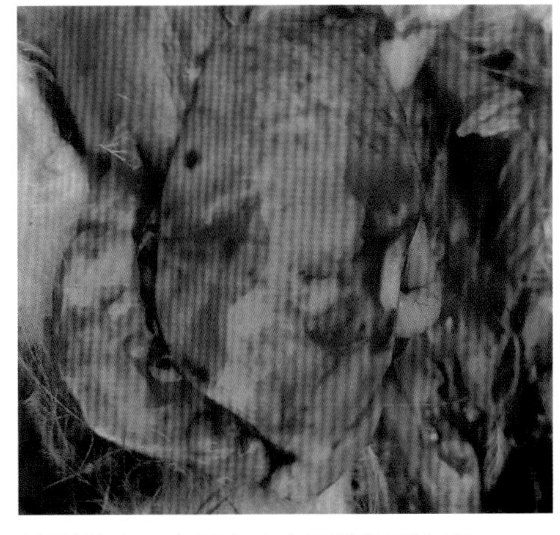

肝脏肿大，表面有大小不等的出血斑

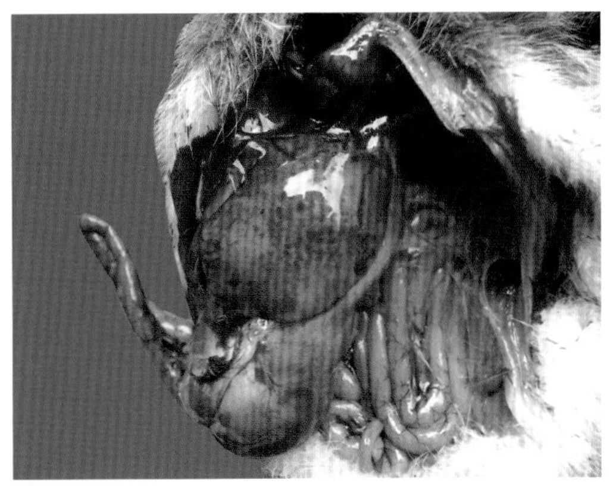

肝脏肿大、质脆，表面有大小不等的出血斑或出血点

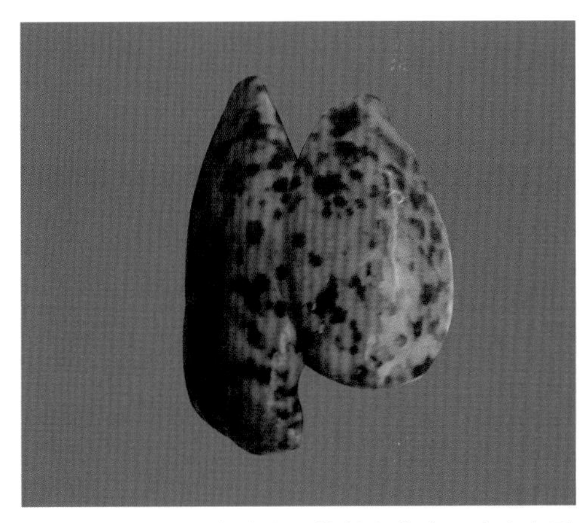

肝脏肿胀，表面有大小不等的出血斑，出血斑融合成片

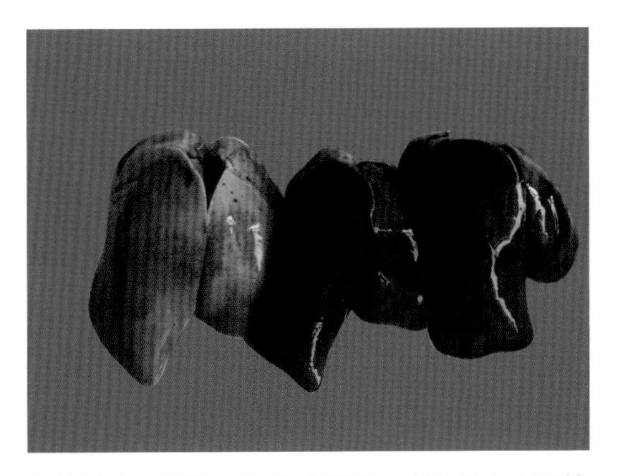

肝脏肿大、质脆，色暗或发黄，表面有大小不等的出血斑或出血点

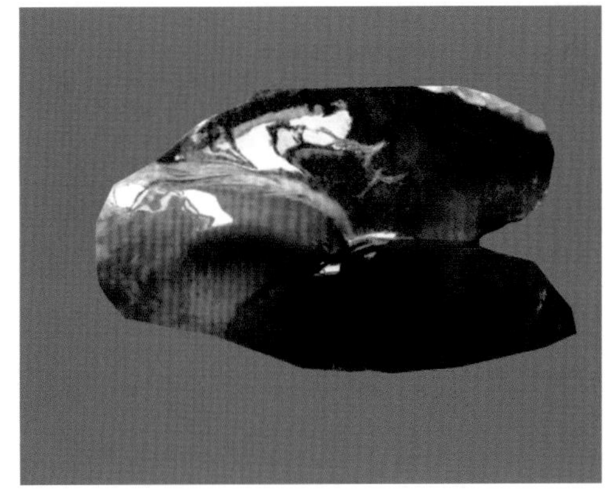

肝脏大面积出血

第十九节　小 鹅 瘟

一、概述

小鹅瘟（gosling plague，GP）是鹅细小病毒引起雏鹅的一种急性或亚急性、败血性传染病。本病最早由方定一于1956年发现于我国扬州地区，国内大多数养鹅省区均有发生。1965年以来，欧洲很多国家报道有本病存在，在国际上又称为Derzsey氏病或鹅细小病毒感染。本病主要侵害30日龄内的鹅和番鸭，以严重下痢及渗出性肠炎为特征，具有传播快、发病急、死亡率高的特点。小鹅瘟是严重危害养鹅业的重要传染病。

二、病原特征

鹅细小病毒（goose parvovirus，GPV） 属于细小病毒科依赖细小病毒属。国际病毒分类委员会2013年将番鸭细小病毒病与鹅细小病毒病合并统称为雁形目依赖细小病毒1型（anseriform dependoparvovirus1）。完整病毒粒子呈六角形，无囊膜，直径20～22 nm，病毒基因组为单股DNA，大小为5～6 kb，GPV无血凝活性。国内外分离到的毒株抗原性基本相同，GPV仅有一种血清型，GPV 和MDPV（番鸭细小病毒）存在部分共同抗原，共同抗原主要存在VP3蛋白上，差异性抗原主要存在VP1、VP2蛋白上，通过交叉中和试验可以把DPV和GPV区分开来。病毒对外界抵抗力较强。

三、流行病学

传染源：病鹅、带毒鹅是主要传染源。

传播途径：病鹅从粪便中排出大量病毒，导致直接接触或间接接触传播，种蛋垂直传播是造成雏鹅发病的重要原因。

易感动物：25日龄内雏鹅易感，1月龄以内的雏鹅多发病，发病日龄越小，死亡率越高，1月龄以上的鹅则很少发病，成年鹅感染不发病，但成为带病者。

本病仅发生于鹅和番鸭，其他禽类无易感性，传播迅速，1周龄以内的雏鹅死亡率可达 100%， 10日龄以上者死亡率一般不超过60%， 20日龄以上的发病率低，而1月龄以上则极少发病。该病的发生与流行具有明显的周期性，每年全部更新种鹅的地区或大流行后的一二年内都不会再次流行。

四、临床症状

本病的潜伏期为 3 ～ 5 d。临床上分为最急性型、急性型和亚急性型。

1.最急性型

多发生于 1 周龄内的雏鹅，无前驱症状，突然倒地乱划，很快死亡。

部分病鹅精神委顿，鼻孔流出少量浆液性分泌物，上喙前端及脚蹼发暗，两脚前后摆动，衰竭倒地，很快死亡。

2.急性型

多发生于 7 ～ 15 日龄的雏鹅，比较常见。

病鹅精神不振，采食量逐渐减少至不食，缩颈闭目，羽毛蓬乱，离群独处等。

病鹅严重下痢，拉黄白色或黄绿色稀粪，粪便中混有气泡、纤维素片或没有消化的饲料，肛门附近羽毛被污染。

病鹅鼻液分泌增多，不断摇头，呼吸急促，张口呼吸，口角及鼻孔有分泌物甩出，致使鼻孔周围污秽。

病鹅喙端发绀，脚蹼色暗，死前两腿麻痹或抽搐等。

3.亚急性型

多发生于 20 ～ 30 日龄雏鹅或疫病流行的后期，症状较轻，以食欲减退与腹泻为主。

病鹅消瘦，站立不稳，拉稀，粪便中混有气泡、纤维素性白色絮片或未消化的饲料。

五、病理变化

1.最急性型

肠道除急性卡他性炎症外，其他器官的病理变化一般不明显。

2.急性型

全身脱水，皮下组织充血。

心外膜出血，心脏变圆，心房扩张，心壁松弛，心肌失去光泽、苍白。

肝脏肿大呈棕黄色或紫红色。

脾脏肿胀、出血、质脆易碎。

胆囊肿胀，胆汁充盈。

肾脏肿胀。

胰腺色泽变暗，个别散在小白点。

法氏囊质地坚硬，内有纤维素性渗出物。

十二指肠黏膜充血，附着多量黏液，外观呈红色。

特征性变化是空肠和回肠的急性卡他性-纤维素性坏死性肠炎，肠黏膜整片坏死脱落，与凝固的纤维素性渗出物形成栓子或包裹在肠内容物表面的假膜堵塞肠腔。靠近卵黄蒂与回盲部的肠极度膨大，比正常的肠增粗2～3倍，长2～5 cm，质地坚实呈“腊肠样”。剪开膨大部肠管，内充塞淡灰白色或淡黄色凝固栓子状，将肠腔完全堵塞，栓子状物较干燥，切面中心是深褐色的干燥肠内容物，外面包着厚厚的灰白色假膜。肠管壁变薄，呈灰白色，黏膜平滑，严重时波及整个肠道。

3.亚急性型

“腊肠状”栓子病理变化更明显。

肠道水肿，肠壁变薄，黏膜充血、脱落，肠管内有纤维素性片或未消化的饲料颗粒。

六、防治

1.预防

本病目前无特效的化学药物治疗，因此疫苗和血清是预防的关键措施，具体使用时间根据当地发病规律而定。平时加强饲养管理，搞好环境的清洁卫生，饲养密度合理，保持舍内通风良好，对舍内外、孵化室、器械、种蛋严格消毒，供应优质的全价饲料，饮水中添加多种维生素、微生态制剂及补中益气的中药制剂等提高机体免疫力和增强抗病的能力。

2.治疗方案

（1）生物制品治疗，抗小鹅瘟高免血清或高免卵黄液皮下注射1～2 mL/只，配合头孢噻呋、头孢喹诺、庆大小诺霉素等控制细菌的继发感染。

（2）抗微生物药饮水或拌料，控制细菌的继发感染。蜂毒肽或干扰素、转移因子等饮水抑制病毒复制等。

（3）选择清热解毒，燥湿止痢的中药制剂治疗。

【处方1】清瘟败毒散

石膏120 g，地黄、知母、连翘、栀子各30 g，水牛角60 g，黄连、牡丹皮各20 g，黄芩、赤芍、玄参、桔梗、淡竹叶各25 g，甘草15 g。

【用法与用量】禽1～3 g/只。

【处方2】板蓝根、大青叶、黄连、黄柏、知母、穿心莲各50 g，鲜白茅草根、鲜马齿苋各500 g。

【用法与用量】水煎去渣，供500只雏鹅拌料或饮用，1剂/d。

【处方3】黄芩、 柴胡、栀子、明雄、大黄、苍术各6 g，细辛、甘草、辛夷各4 g，薄荷8 g，樟脑、牙皂各3 g。

【用法与用量】以上各药混合煎水，供100只7日龄小鹅1 d分上、下午2次用滴管灌服。每只雏鹅每次滴3～5滴，连用3～5 d，一般用3～5剂即可治愈。

【处方4】郁金、白头翁、黄芩、黄连、黄柏、栀子各30 g，诃子、白芍各15 g，大黄、秦皮各45 g。

【用法与用量】禽2～4 g/只。

【处方5】金银花、连翘、板蓝根、蒲公英、青黛、甘草各120 g。

【用法与用量】水煎取汁，3 mL/只，2次/d，连用3～5 d。

【处方6】金银花、连翘、蒲公英、紫花地丁各75 g，板蓝根125 g，青黛50 g，甘草25 g。

【用法与用量】水煎供250只番鸭使用，2次/d，连用3～5 d。

鹅的小鹅瘟图

病鹅角弓反张，两腿麻痹或抽搐

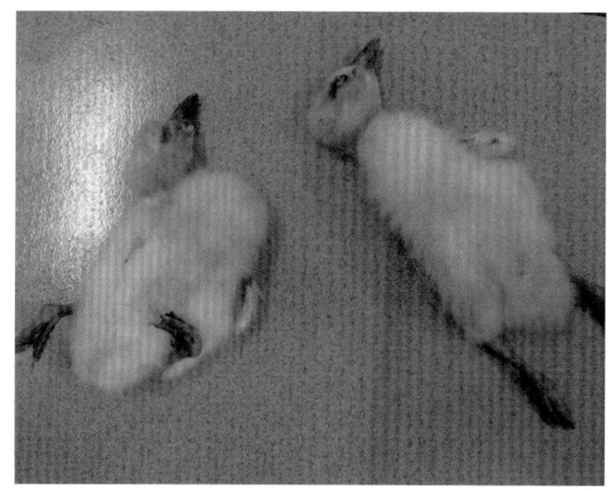

病鹅喙端及蹼尖发干，鼻孔分泌物增多

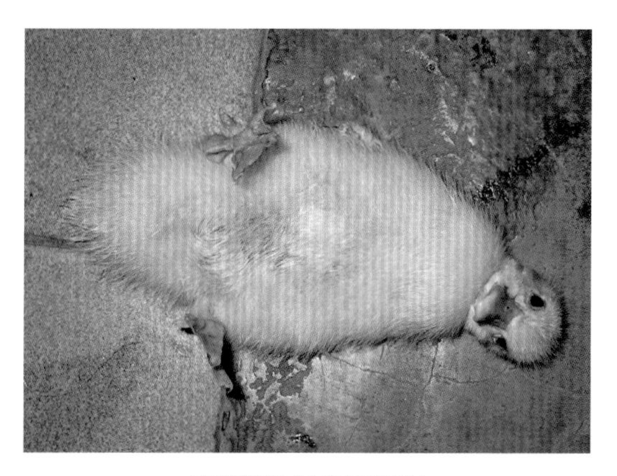

病鹅濒死前角弓反张

拉黄白色稀粪

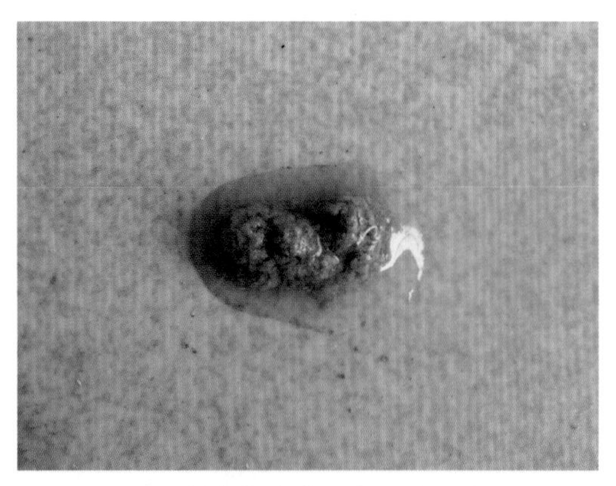

严重下痢，拉黄白色或黄绿色稀粪，粪便中混有气泡、纤维素片或未消化的饲料

鼻腔内有黏液

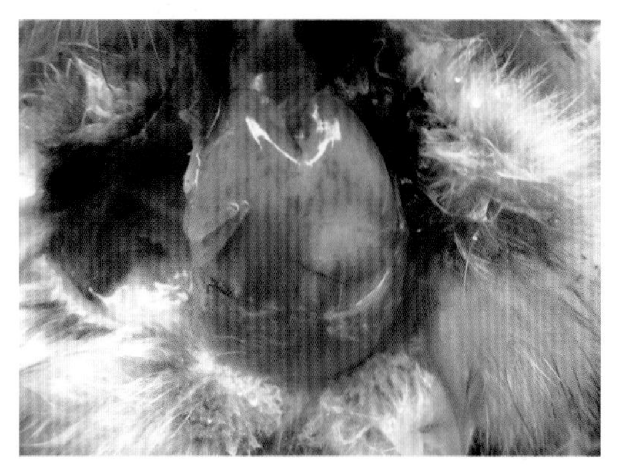

肝脏肿大，色淡不均匀，呈黄红色或紫红色

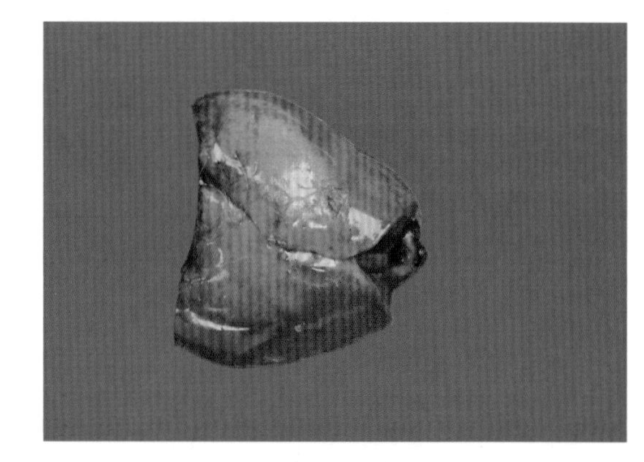

肝脏色淡，呈斑驳状

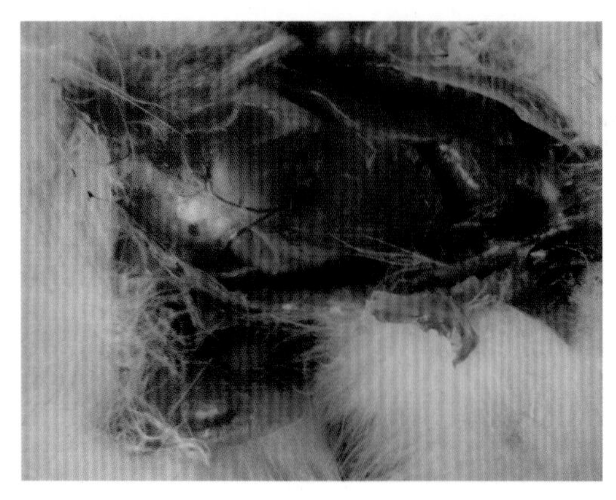

肝脏肿大，有出血斑散在

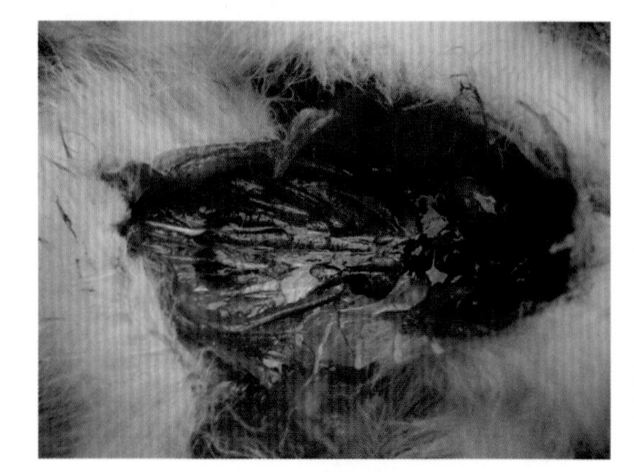

肾脏肿大、出血，输尿管内有尿酸盐沉积

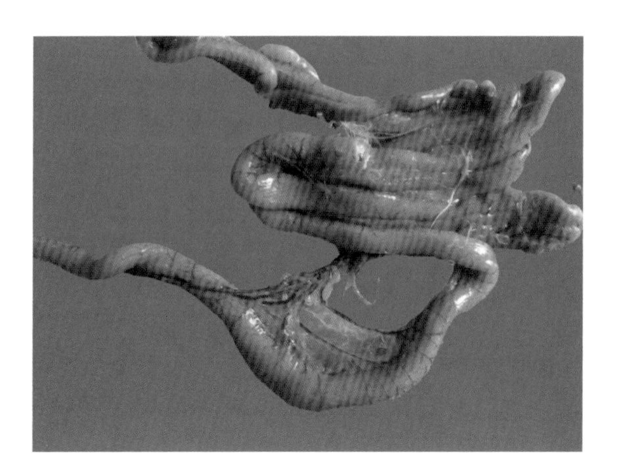

小肠后段肠壁肿胀

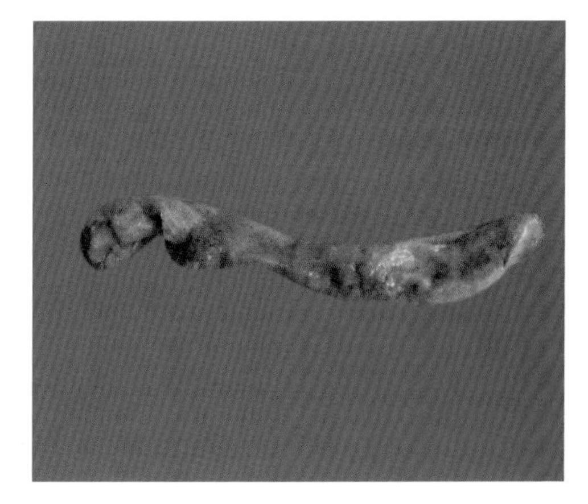

回肠后段的内容物形成肠芯

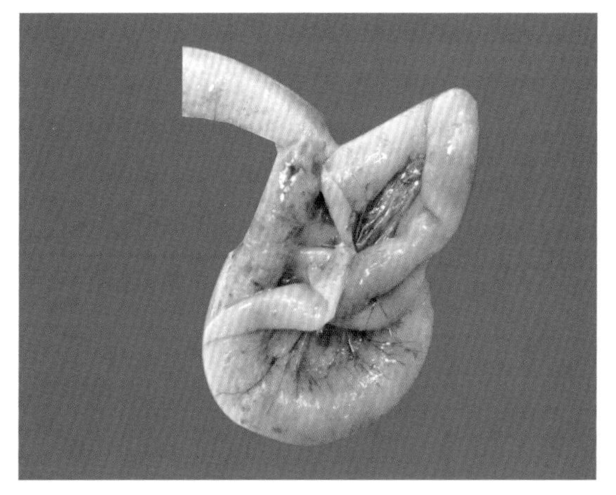

剪开小肠肿胀部位，肠腔内形成黄白色肠芯

小肠黏膜出血，肠腔内有淡黄色肠芯

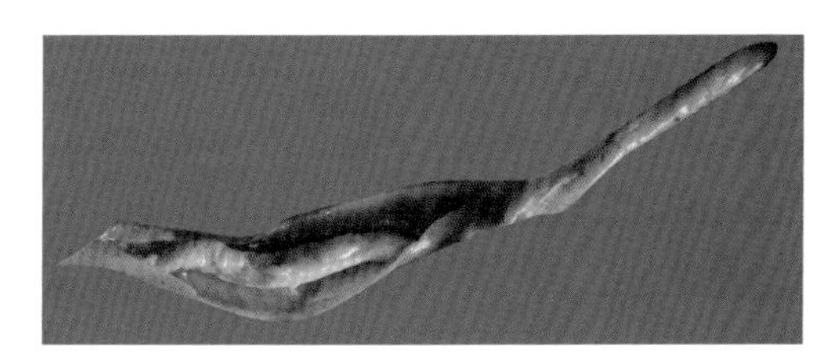

肠壁变薄，肠腔内形成淡黄白色肠芯

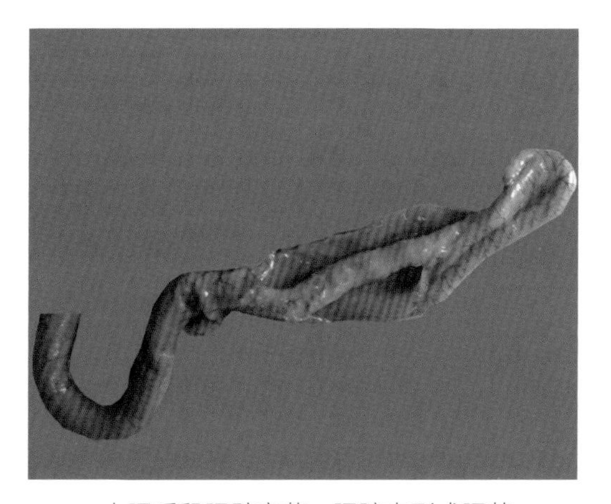

小肠后段肠壁变薄，肠腔内形成肠芯

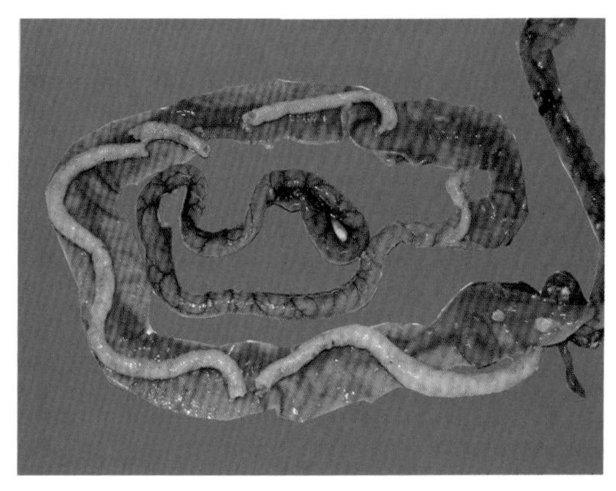

肠黏膜整片坏死脱落，与凝固的纤维素性渗出物形成栓子，堵塞肠腔

第二十节　番鸭细小病毒病

一、概述

番鸭细小病毒病（muscovy duck parvovirus infection，MDP）又称“三周病”，是由番鸭细小病毒（muscovy duck parvovirus，MDPV）感染雏番鸭，以腹泻、喘气和软脚为主要特征的疫病，病理特征主要为消化道黏膜充血、出血，肠管内有类似“小鹅瘟”的“腊肠粪”，胰脏呈点状坏死。本病主要侵害1～3周龄的雏番鸭，具有高度传染性，发病率和死亡率高。目前，本病常引起雏番鸭的大批死亡，已成为危害番鸭的主要传染病之一。

二、病原特征

番鸭细小病毒属于细小病毒科依赖细小病毒属，生物学特性与小鹅瘟病毒相似。国际病毒分类委员会2013年将番鸭细小病毒病与鹅细小病毒病合并统称为雁形目依赖细小病毒1型（anseriform dependoparvovirus1）。病毒粒子呈六边形，直径22～25 nm，无囊膜，病毒基因组为单股DNA，大小约5.2 kb，由5 600个核苷酸组成，具有末端回文重复序列。目前该病毒只有一个血清型，与GPV存在部分共同抗原，共同抗原主要存在VP3蛋白上，差异性抗原主要存在VP1、VP2蛋白上，通过交叉中和试验可以把DPV和GPV区分开来。

三、流行病学

传染源：病死的雏番鸭和健康带毒番鸭是主要传染源。

传播途径：经呼吸道和消化道水平传播，也可经蛋垂直传播。

易感动物：3周龄以内的雏番鸭。

传播媒介：被病鸭排泄物及分泌物污染过的饲料、饮水、用具、人员、种蛋、孵化室及周围环境都是本病的传播媒介。

本病只引起雏番鸭发病，3～21日龄的雏番鸭多发，最早3日龄开始发病，一般7 d开始发病，10～18日龄达发病高峰，20日龄以上很少发病。近年发病日龄有增大的趋向，30～40日龄番鸭也有发病，但雏半番鸭及其他禽类不发病，成年番鸭隐性带毒但不发病，无明显季节性，发病率和死亡率与日龄密切相关，日龄越小发病率和死亡率越高。

临床发现：①本病常与鸭病毒性肝炎混合感染，多为3～5日龄发病。② 针对“大舌症”的病鸭进行病原检测，可检测到细小病毒。③0.5‰～1‰的鸭出现尾部着地，精神呆滞，离群独处等，1～2 d后，类似症状病鸭逐渐增多，3 d后则出现鸭细小病毒病典型特征，这一点对于临床诊断有重要意义。

四、临床症状

本病潜伏期为4～9 d，病程2～7 d，病程长短与发病日龄密切相关。

1.最急性型

出壳后6 d内的雏番鸭多见，传播迅速，病程较短，几小时波及全群。

部分病鸭精神差，羽毛松乱。

多数病鸭突然衰竭死亡，死前病鸭两脚游泳状划动，头颈向一侧扭曲。

2.急性型

多发生于7～21日龄的雏番鸭。

发病初期，病鸭精神沉郁，离群独处，羽毛蓬松，两翅下垂，尾端向下弯曲着地，怕冷，食欲减退或废绝，两脚发软。

发病中期，病鸭腹泻，拉黄绿色、灰白色或白色稀粪，甚至水便，或混有絮状物，肛门附近羽毛被粪便污染。

发病后期，鼻孔流出浆液性分泌物，流泪，张口伸颈，喘气等。

病鸭因上下喙变短，而致鸭舌外翻（俗称“大舌症”）。

部分鸭喙端、蹼间及脚趾间有不同程度的发绀。

死前两脚麻痹，倒地抽搐，侧卧，角弓反张等，衰竭死亡。

3.亚急性型

多数由急性型转化而来。

病鸭精神委顿，喜欢蹲伏，行动缓慢，两脚无力，排黄绿色或灰白色稀粪，并黏附于肛门周围羽毛。

五、病理变化

以消化道黏膜充血、出血，肠管内形成类似“小鹅瘟”的“腊肠粪”和胰脏呈点状坏死为典型特征。

肠道呈急性卡他性炎症，肠黏膜不同程度地充血和点状出血。十二指肠、空肠和直肠后段的黏膜充血、出血，肠黏膜有不同程度的脱落，肠壁菲薄；空肠和回肠交界处附近或回肠前段的肠管膨大，膨大处肠管内有灰白色或黄白色干酪样物的栓子状肠芯，类似“小鹅瘟”的“腊肠粪”。

胰腺呈灰白色，在其背、腹及中间三叶的表面均有散在性、数量不等、针尖大小的白色坏死灶；部分胰腺肿大，尤其背叶肿大明显，有针尖大小的出血点散在。

心脏变圆，心壁松弛，心肌苍白，心包积聚淡黄色的液体。

肝脏肿大，紫黑色或灰黄色。

脾脏微肿，表面和切面有少量针尖大的灰白色坏死点。

胆囊肿胀，胆汁充盈。

肺脏瘀血、微肿，切面有暗红色泡沫状液体流出。

肾脏暗红色或灰白色水煮样。

脑苍白色，脑膜充血，有小出血点散在。

六、防治

1.预防

免疫接种是控制本病的有效方法，而平时加强饲养管理，严格执行消毒制度，做到临时消毒与定期消毒相结合，做好传染性浆膜炎、大肠杆菌病、花肝病、白点病、小鹅瘟等病的预防，供应优质饲料，发病高峰期饮水中添加清热解毒、凉血的中药制剂，以及多种维生素等措施，可降低本病的发病率。

2.治疗方案

（1）高免卵黄抗体或高免血清肌内注射，1～2 mL/只。病情严重时，肌内注射银黄注射液或板蓝根注射液，1 mL/只，2次/d，连用3 d。建议高免血清、银黄注射液配合抗菌药如头孢噻呋钠、阿莫西林、庆大霉素等肌内注射。

（2）抗微生物药饮水或拌料，控制细菌病的并发或继发感染，干扰素、转移因子或蜂毒肽等配合饮水抑制病毒复制。

（3）中药制剂辅助治疗。

【处方1】板蓝根、黄连、黄芩各800 g，白头翁、黄柏、栀子、穿心莲各500 g，金银花、地榆、甘草各200 g。

【用法与用量】每剂两次煎汁70～80 kg，浓缩药液至40～50 kg，供1 500只3周龄番鸭自由饮用，1剂/d。服药期间适当减少供水量，重症不能自饮的病鸭用注射器灌服，每只番鸭3～5 mL，7～8 h喂1次。3 d后痊愈。

【处方2】板蓝根、连翘、蒲公英、茵陈、荆芥、防风各120 g，陈皮、桂枝、金银花、蛇床子、甘草各100 g。

【用法与用量】加水适量，用文火煎沸10 min，过滤去渣。然后用清水加适量红糖供1 200只鸭冲服。用药前鸭群停水2 h，1剂/d，每剂上、下午各煎1次（药渣拌料），连用3 d。

【应用】用本方治疗用药3 d后，病情缓解，发病率逐渐降低；5 d后，雏番鸭群基本恢复正常。如在中药汁中加入一定量的抗菌药，防止其他细菌性病原微生物的继发感染，效果更好。

【处方3】石竹散（河南省现代中兽医研究院研制）

生石膏、水牛角各12 g，知母、生地黄、牡丹皮、板蓝根、淡竹叶各9 g，甘草、连翘各7 g，大青叶11 g，黄连、金银花各6 g，人参叶5 g等。

【功能】清热解毒，凉血。

【主治】热毒上冲，头面、腮颊肿胀，发斑，高热神昏等症。

【用法与用量】禽0.25～1.5 g/只，1次/d，连用3～5 d。病情严重时加倍使用。

番鸭细小病毒病图

病鸭挤堆，精神不振

病鸭精神不振，呆立

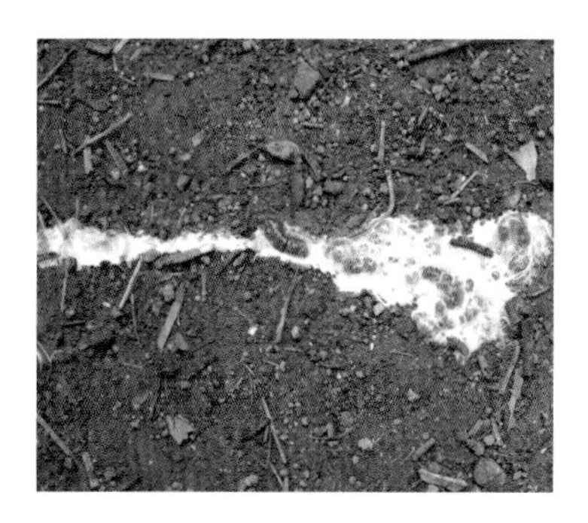

病鸭拉白色稀粪

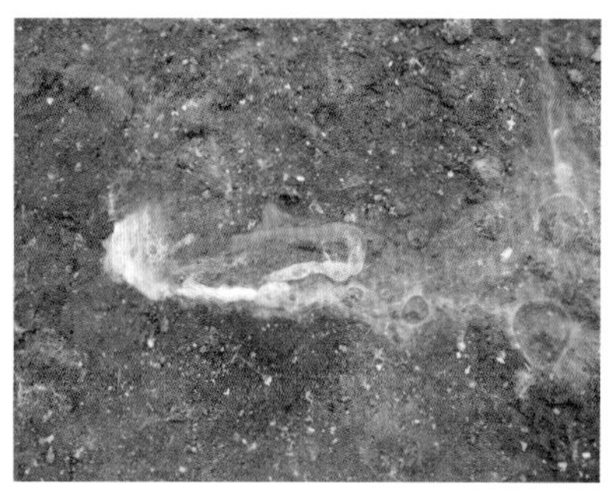

病鸭拉黄白色粪便

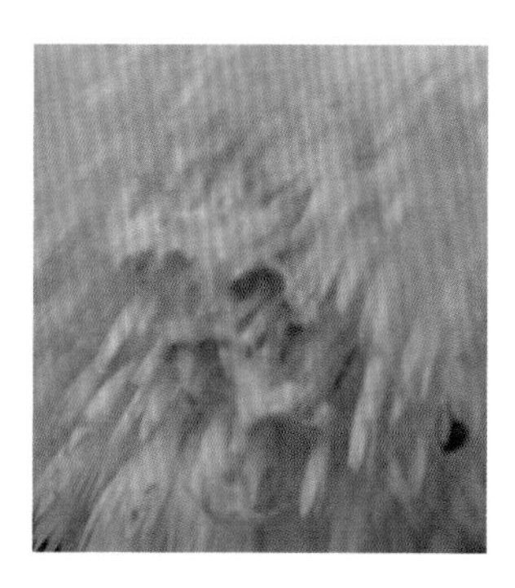

肛门附近羽毛被粪便污染

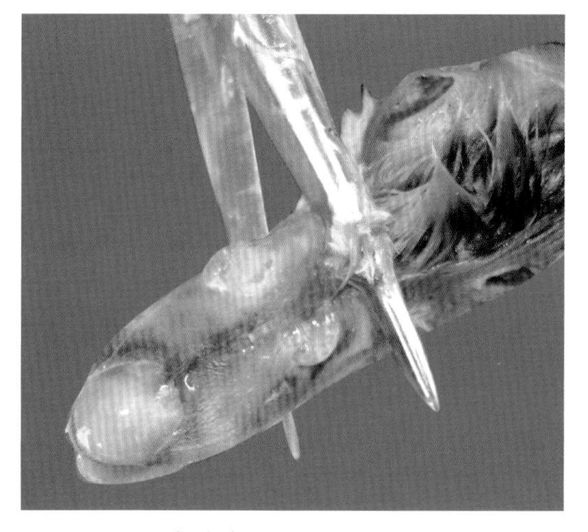

鼻孔流出浆液性分泌物

因上下喙变短，鸭舌外翻，俗称“大舌症”

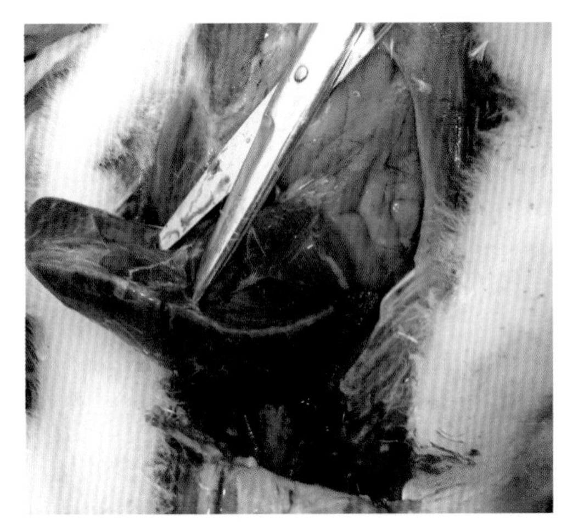

胆囊充盈，胆汁色淡

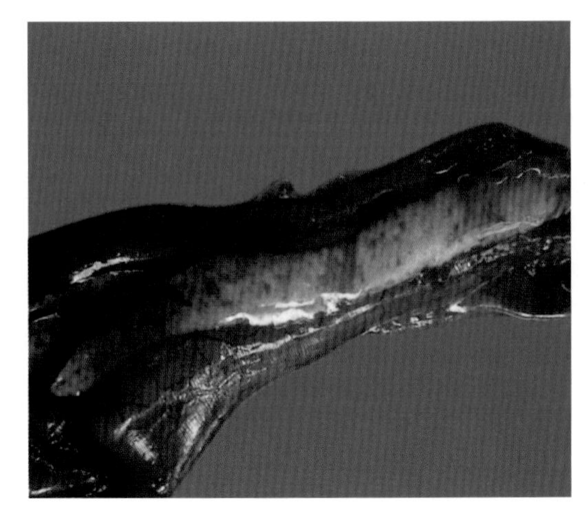

胰腺出血、变性、坏死等

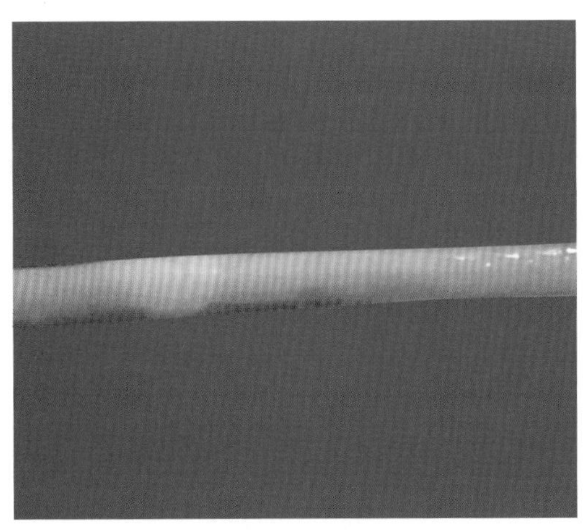

肠淋巴滤泡密集处呈环状肿胀

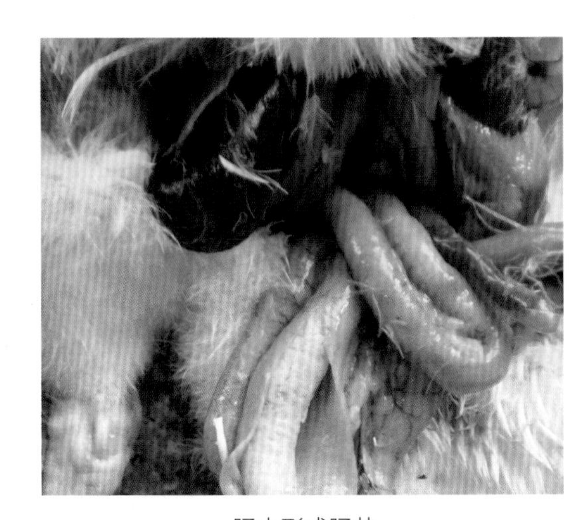

肠内形成肠芯

第二十一节 鸭呼肠孤病毒病

一、概述

鸭呼肠孤病毒病（duck reovirus disease）是禽呼肠孤病毒（avian reovirus，ARV）引起雏番鸭、雏鹅发生的一种高发病率和高死亡率的烈性传染病。

1950年，Kaschula等在南非观察到番鸭感染呼肠孤病毒的病例，20世纪70年代，此病成为法国番鸭的主要流行病之一。1981年Malkinson等对该病进行了详细报道，并确定病原为呼肠孤病毒。病番鸭临床特征为拉稀、软脚，病理特征为肝脏、脾脏有针尖大坏死点。1997年在我国广州、福建、浙江等南方番鸭养殖地区出现该病，俗称“花肝病”“番鸭肝白点病”。胡奇林在2000年首次分离并鉴定该病原为一种新的小RNA病毒。2002年黄瑜等报道了福建等地半番鸭发生呼肠孤病毒感染。2003年程安春等报道川黔等地家鸭发生以脏器出血为主要特征的呼肠孤病毒病。2005年在福建莆田及广东佛山和浙江等地番鸭、半番鸭和麻鸭群出现的“鸭出血性坏死性肝炎”“鸭坏死性肝炎”“鸭新肝病”（以肝脏不规则坏死、出血和心肌、法氏囊出血为主要病理特征）。2006年前后，在我国肉鸭群（北京鸭、樱桃谷鸭）主要流行的“脾坏死症”，经研究表明，均是由一种新型呼肠孤病毒引起，目前该病已广泛存在于我国水禽养殖区域。本书主要介绍鸭呼肠孤病毒病，鹅呼肠孤病毒病参考鸭病防治。

二、病原特征

禽呼肠孤病毒属呼肠孤病毒科正呼肠孤病毒属，病毒颗粒为无囊膜，具有双层核衣壳的正二十面对称体，病毒粒子直径70～80 nm，平均直径72 nm，呈圆形，不具有血凝活性，不能凝集鸡、鸭的红细胞，但可诱导细胞融合形成合胞体，一般使用鸡胚、鸭胚及其原代细胞对本病毒进行增殖，以卵黄囊和绒毛尿囊膜接种禽胚增殖效果最佳。病毒基因组为双股RNA，由10个基因组成，根据电泳迁移率的不同，可将鸭呼肠孤病毒的10个基因组片段分为L（大）、M（中）、S（小）3个组。ARV有11个血清型，且各血清型病毒间的抗原性密切。本病毒对外界环境抵抗力强。

三、流行病学

本病的潜伏期为3～10 d，具有发病急、传播快的特点，发病无明显季节性，临床症状差异很大。ARV可感染多品种的鸭、鹅，以雏番鸭、半番鸭最易感，多发于5～45日龄，

5～10日龄居多，日龄越小，发病率和死亡率越高，发病率30%～90%，死亡率一般在30%以内。鸭呼肠孤病毒既可水平传播，也可垂直传播，以水平传播为主。感染3 d后，即可在肝脏、脾脏、法氏囊等器官中检测到病毒RNA，增殖高峰在接种后7～14 d，也是感染鸭死亡的高峰。本病若与传染性浆膜炎、大肠杆菌病或番鸭细小病毒病等并发或继发时，加重病情，死亡率更高。

四、临床症状

病鸭精神沉郁，眼分泌物增多，羽毛松乱、无光泽，采食量下降或食欲废绝，两脚软弱无力，多在发病24 h内死亡。

部分病鸭趾关节或跗关节肿胀，多蹲伏。

病鸭怕冷，扎堆；腹泻，拉白色或绿色稀粪，脱水，消瘦。

病鸭死前头部触地，头向后扭转，喙呈紫黑色。

病愈鸭消瘦，生长速度受阻。

成年鸭感染后大都无明显临床症状，多呈隐性感染。蛋鸭产蛋率下降，蛋壳粗糙等。

鹅呼肠孤病毒病是以雏鹅瘫痪、运动障碍为主要特征，发病率10%～50%，死亡率10%～40%。

五、病理变化

我国鸭呼肠孤病毒感染后的病例主要分为鸭多脏器坏死症、鸭多器官出血症、鸭肝坏死症和鸭脾坏死症四种，目前肉鸭临床多以脾坏死症为主。特征性的病变部位是肝脏和脾脏。

鸭多脏器坏死症（雏番鸭和半番鸭）：多脏器局部坏死，以肝脾病变最为严重，多以肿大，表面分布肉眼可见的灰白色、针尖大小的坏死点或坏死斑点为特征。

鸭多器官出血症（多个品种鸭）：又称鸭病毒性肿头出血症。雏鸭皮肤分布大小不等的出血点，头颈部皮下水肿，有胶冻样渗出物，心肌、肝脏、脾脏等脏器表面及肠道黏膜出血，胸腺出血最为严重，产蛋鸭卵巢严重充血、出血。

鸭肝坏死症（雏番鸭、半番鸭、麻鸭和北京鸭等）：肝脏略微肿大、表面有不同程度的坏死点和出血斑点，或不规则坏死、出血。脾脏肿大，点状或斑状坏死。

脾坏死症（北京鸭为主）：脾脏表面有出血斑或坏死灶，后期以坏死、萎缩为主。

胰腺表面有细小出血点，间或有灰白色坏死点。

法氏囊有不同程度的炎性变化，囊腔内有胶样或干酪样物。

肾脏充血、出血，呈斑驳状，局部有灰白色坏死点或坏死灶散在。

病程稍长的病例可见心包炎、气囊炎、肝周炎，肠壁粘连、变薄，内有泡沫样物，泄殖腔中有白色糊样粪便。

六、防治

1.预防

免疫接种是预防本病的关键措施，免疫时间根据当地疫情流行情况而定，而加强饲养管理，搞好环境卫生，做好舍内外消毒，确保合适的温度和饲养密度，做好番鸭细小病毒病、传染性浆膜炎和大肠杆菌病等病的预防及提高机体对外界的抵抗力是预防本病的重要措施。

发病后，立即对病鸭进行隔离，死亡鸭进行无害化处理，将病鸭和受威胁鸭隔离分区域饲养，使用消毒剂对鸭舍内外、饮水工具、饲料器具及人员等进行喷雾消毒，每天2次，消灭传染源，切断传播途径，防止疫情扩散。

2.治疗方案

（1）肌内或皮下注射高免卵黄抗体：1～2 mL/只。

（2）抗微生物药饮水或拌料，控制细菌继发感染，同时干扰素或蜂毒肽或转移因子和复方维生素纳米乳口服液等饮水，利于本病的康复。

（3）中药辅助治疗。

【处方1】

①板蓝根：3～5 g/只。

②板蓝根200 g，大青叶100 g，水煎取汁，供100～200只鸭饮用。

【处方2】加减茯白散（河南省现代中兽医研究院研制）

板蓝根15～25 g，白芍10～20 g，茵陈20～30 g，龙胆草10～15 g，党参7.5～15 g，茯苓7.5～15 g，黄芩10～20 g，苦参10～20 g，甘草10～30 g，车前草10～30 g，金钱草15～45 g。

【应用】如脂肪肝综合征、包涵体肝炎、心包积液综合征、鸭病毒性肝炎、肝炎-脾肿大综合征、鸭呼肠孤病毒病、弧菌性肝炎等病引起的肝脏肿大等症具有治疗或缓解功效。

【用法与用量】0.5～2.0 g/只，1次/d，连用5～7d。

鸭呼肠孤病毒病图

病鸭扎堆

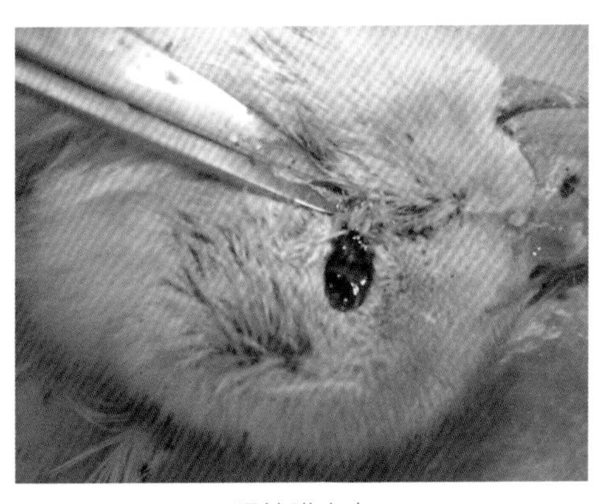

眼结膜出血

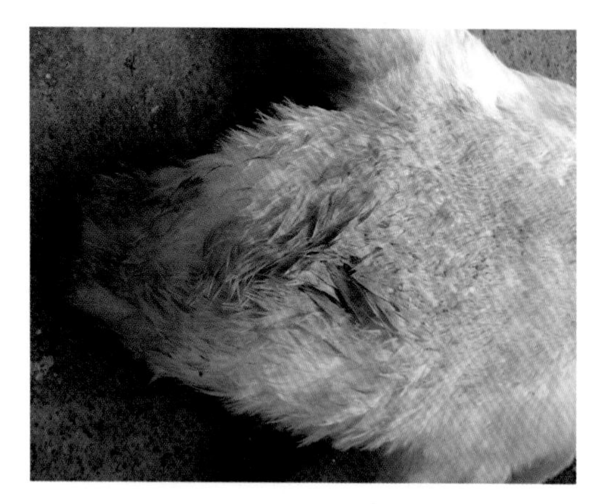

尾部羽毛被黄绿色粪便沾污

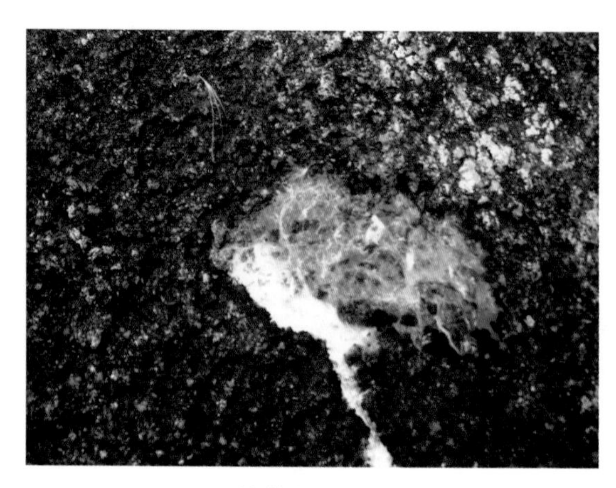

拉黄绿色稀粪

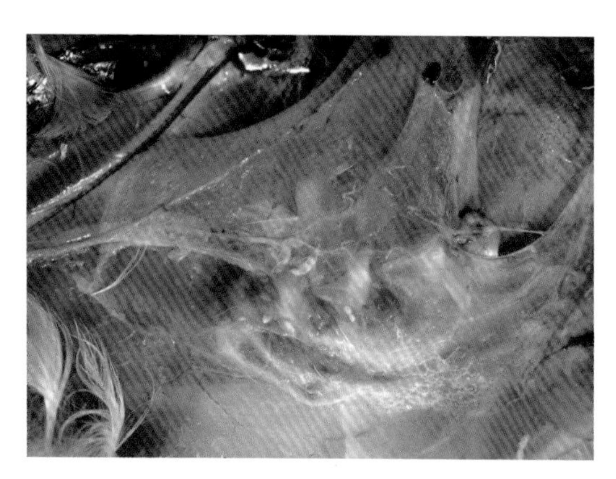

气囊表面附有黄色干酪样物

肝脏稍肿胀，呈暗红色或深褐色，质脆，肝脏表面及实质内有散在或弥漫性、大小不一、白色至灰白色的坏死性小点或斑点

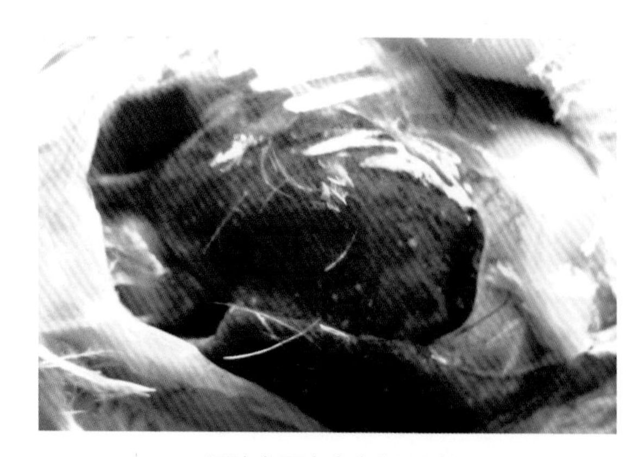

肝脏表面有白色坏死点

肝脏表面有灰白色坏死斑点、出血点

肝脏有出血斑

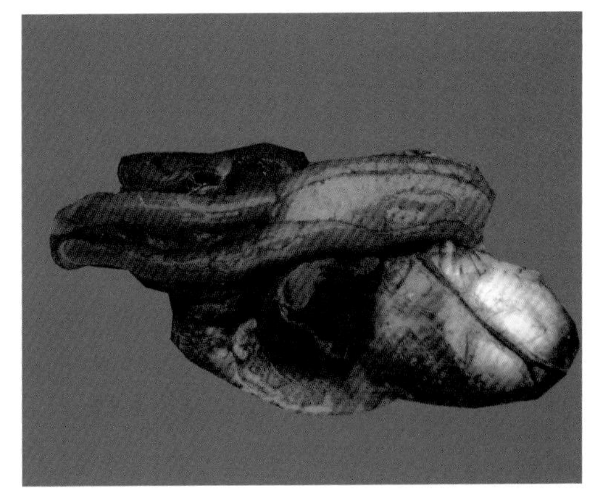

胰腺出血，脾脏表面有出血斑点，呈树枝样出血

胰腺肿胀、出血

胰腺有白色坏死点散在

肾脏苍白、出血

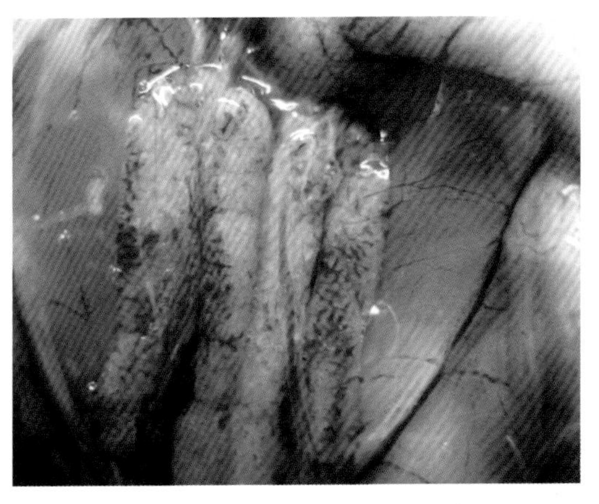

肾脏有白色坏死点散在及出血

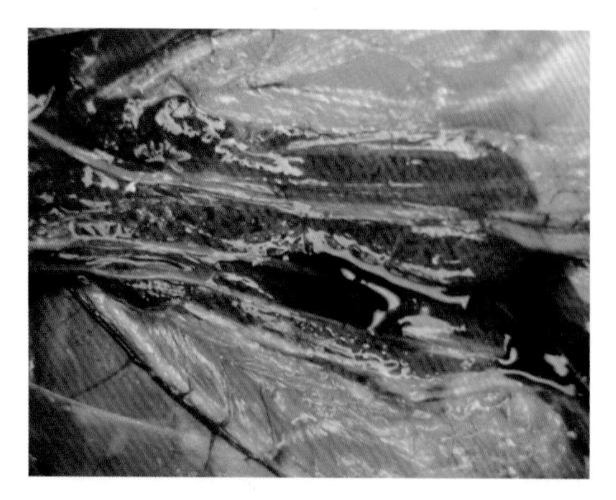

肾脏弥漫性出血

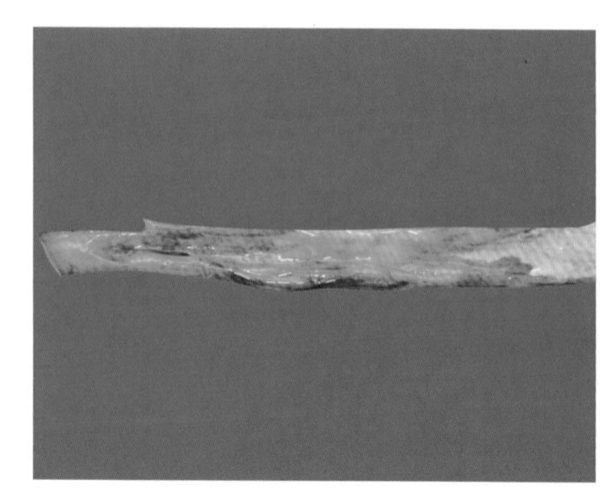

直肠黏膜脱落、出血

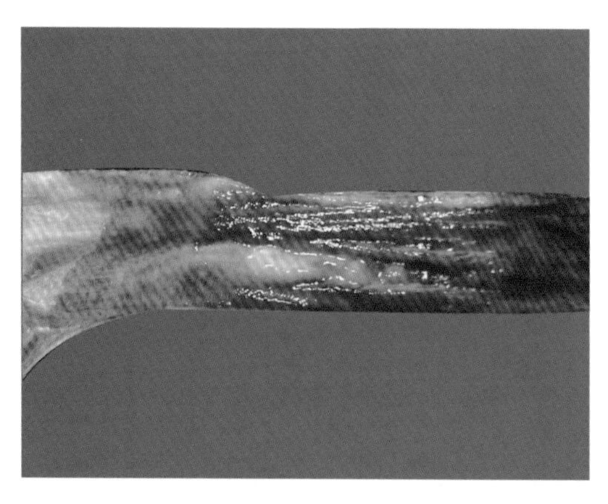

直肠黏膜弥漫性出血，内含黄白色脓性内容物

心肌外膜出血，肝脏肿大、出血，局部有坏死灶

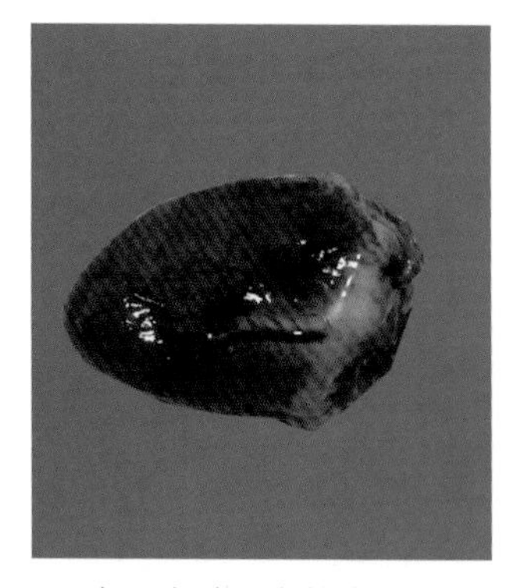

心冠脂肪及心外膜出血

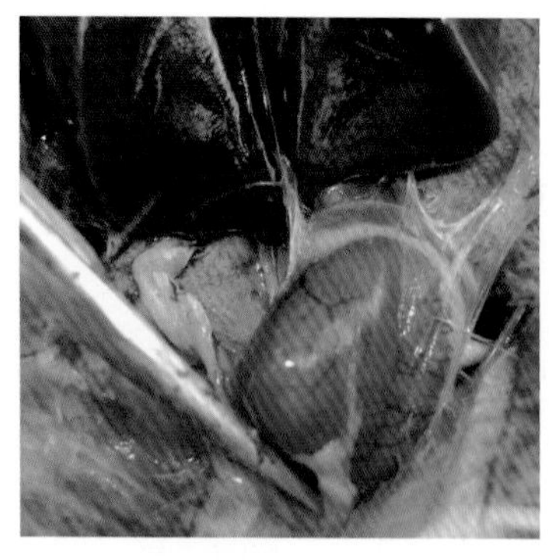

心包积液，肝脏出血

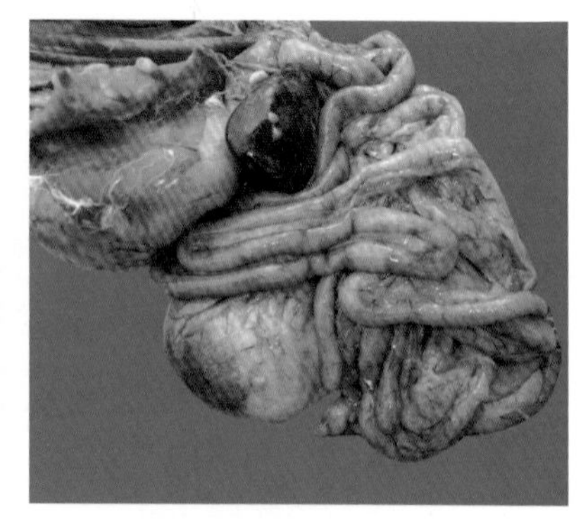

脾脏出血呈花斑样，十二指肠及小肠淋巴滤泡呈环状肿胀

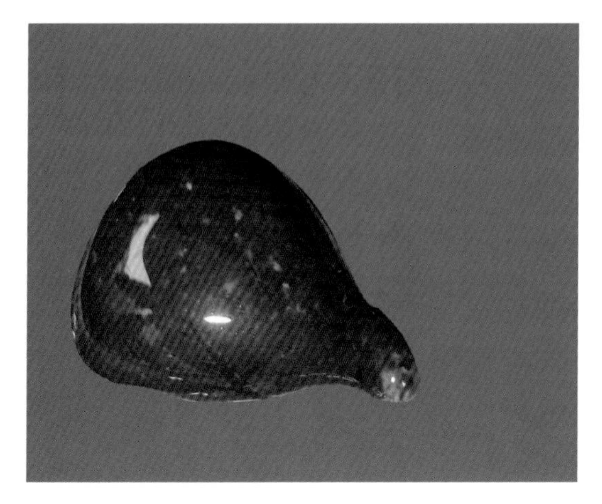

脾脏肿大呈暗红色，表面或实质内有大量大小不一的灰白色坏死灶

脾脏有大量大小不一的灰白色坏死灶，呈“花斑脾”

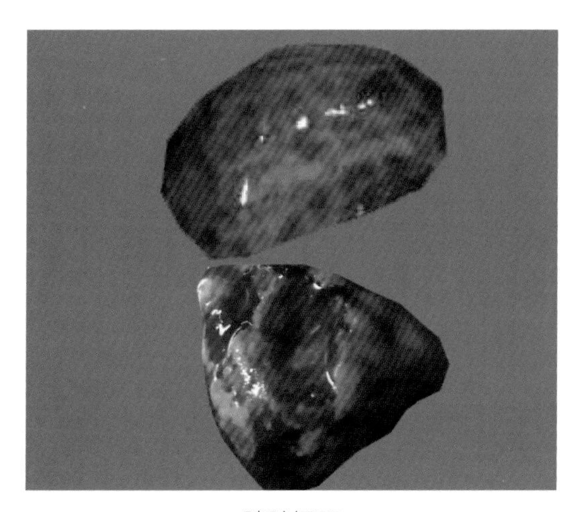

脾脏坏死

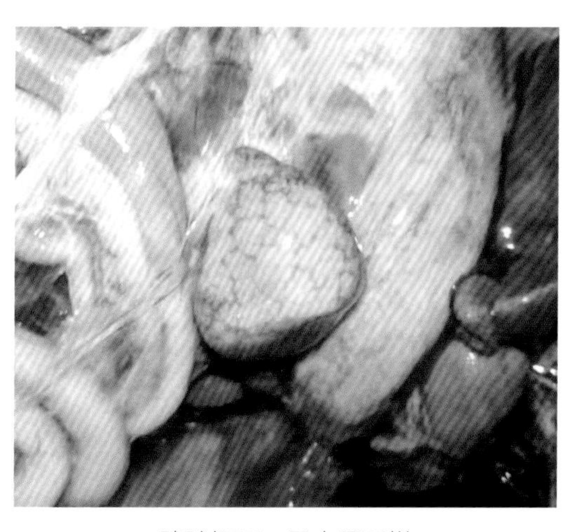

脾脏坏死，呈大理石样

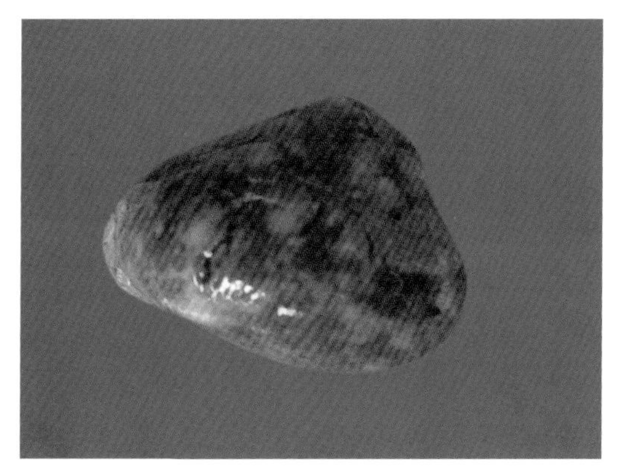

脾脏表面有大小不等的黄白色坏死点

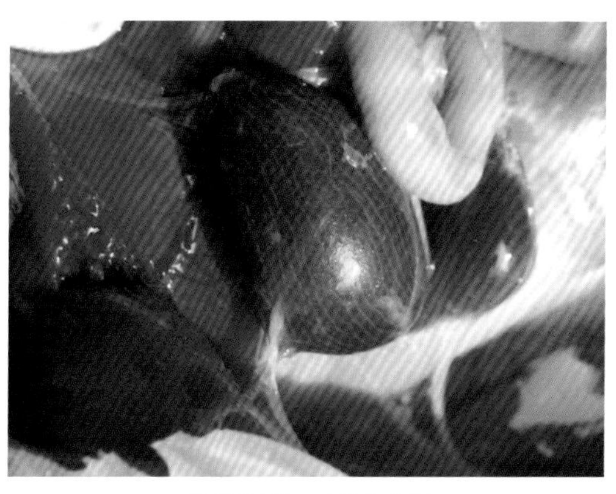

胆囊肿胀，胆汁充盈

第二十二节　鸭出血症

一、概述

鸭出血症（duck hemorrhagic disease，DHD）是由鸭2型疱疹病毒引起的一种传染病，又名2型疱疹病毒病、“黑羽病”、鸭“乌管病”、鸭“紫喙黑足病”。各品种、各日龄鸭均可发病，以双翅羽毛管瘀血呈紫黑色、断裂、脱落及脏器（肝脏、胰腺、脾脏、肾脏等）和肠道（十二指肠、直肠、盲肠）出血为特征。曾给我国养鸭业尤其是番鸭造成严重损失，目前很少发病。

二、病原特征

鸭2型疱疹病毒系疱疹病毒科、甲型疱疹病毒亚科、马立克病毒属的新成员。该病毒核酸为双股DNA，呈球形，有囊膜，病毒粒子直径为80～120 nm，较大的约为150 nm，核衣壳直径为40～70 nm，不同毒株的致病力存在一定的差异，但抗原性一致。该病毒不凝集鸭、鸡、鹅、家兔、小白鼠、猪、牛、绵羊和O型人红细胞，但凝集豚鼠红细胞。病毒可在番鸭胚成纤维细胞进行增殖，出现局灶性细胞圆缩、脱落、聚集成葡萄串样等细胞病变，但在其他鸭胚成纤维细胞上不易生长。该病毒不耐酸、碱，不甚耐热，对氯仿尤其敏感。

三、流行病学

传染源：被病毒污染的水源、病鸭和病愈鸭是主要传染源。

传播途径：主要通过污染的水源传播，易感鸭主要通过消化道而感染。DHDV可通过口服、肌内注射、静脉注射等途径传染，种鸭群可能存在垂直传播。

易感动物：10～55日龄番鸭最易感，各种日龄番鸭、半番鸭、麻鸭、北京鸭、樱桃谷鸭、野鸭、丽佳鸭、枫叶鸭等均可感染发病。

本病潜伏期4～6 d，发病率、病死率与发病鸭日龄密切相关。一般来说日龄越小，发病率越高，死亡率越高，有时高达80%，55日龄以上单一感染本病的鸭，随着日龄的增长，日死亡率在2%以内。

本病无明显季节性规律，四季均可发病，气温骤降或阴雨寒冷天气时发病较多。

四、临床症状

雏鸭和青年鸭多呈急性经过，发病2～3 d后死亡。

病鸭体温升高，精神沉郁，采食量下降，拉白色或绿色稀粪。

病鸭扭头、低颈，死前呈角弓反张状。

病鸭口、鼻流黄色液体，喙前端和口部周围等羽毛被黄色液体染黄。

病鸭喙端、爪尖、足蹼末梢周边发绀呈紫黑色。

病鸭双翅羽毛管内瘀血，外观呈紫黑色，羽毛管易断裂、脱落，切开断裂羽毛，管内流出暗红色血液。

五、病理变化

本病的特征性病理变化为双翅羽毛管内出血及组织脏器出血或瘀血。

肝脏稍肿大，呈树枝样出血或瘀血，白色坏死点散在肝脏表面。

胰腺有出血点或出血斑，或整个胰腺因出血呈红色。

脾脏出血，表面因有出血斑点或细条状出血而呈花斑样。

小肠、直肠及盲肠黏膜充血、出血，有时可见出血环。

肾脏、脑壳内壁、法氏囊、舌根部、喉头及气管黏膜等处出血或瘀血。

六、防治

1.预防

疫苗接种或注射鸭出血症高免卵黄抗体是预防本病的重要措施，平时加强饲养管理，搞好卫生，注意消毒，饲喂优质全价饲料，并在饮水中添加黄芪多糖和复方维生素纳米乳口服液增强机体抵抗力，育雏阶段采取保暖与通风工作等措施可降低发病率。

2.治疗方案

（1）鸭出血症高免蛋黄抗体：肌内注射1.5～3 mL/只，并加入阿米卡星（2万～4万u/ kg体重），也可以加入头孢噻呋钠、硫酸头孢喹诺、庆大小诺霉素等。

（2）抗微生物药饮水或拌料，控制细菌继发感染，饲料中添加维生素K_3（5 mg/kg饲料），干扰素或蜂毒肽饮水等措施可降低死亡率。

鸭出血症图

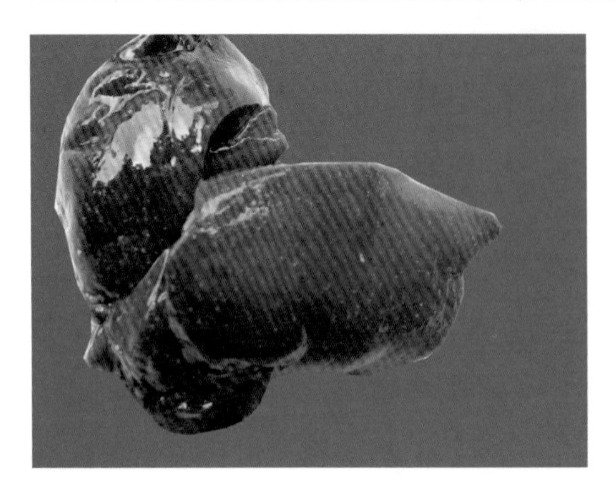

肝脏表面有大量的黄白色或白色坏死点

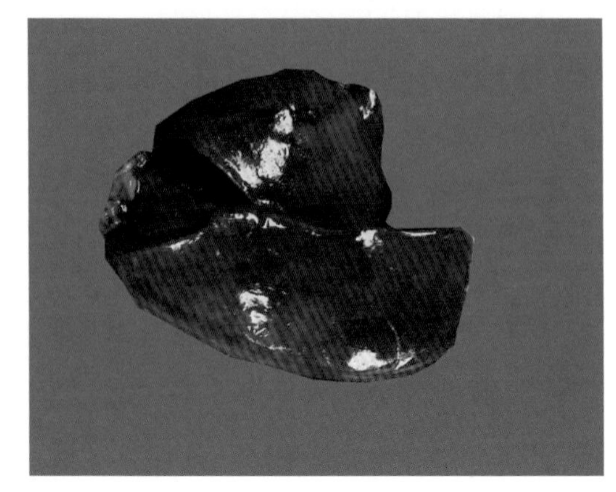

肝脏瘀血、出血，有针尖状坏死

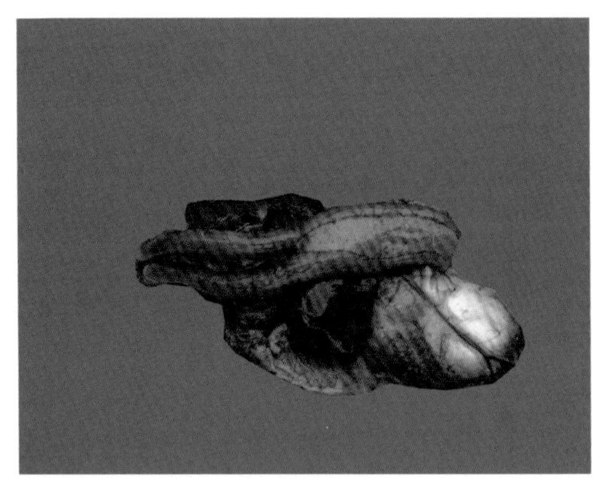

胰腺出血，脾脏表面有出血斑点，呈树枝样出血

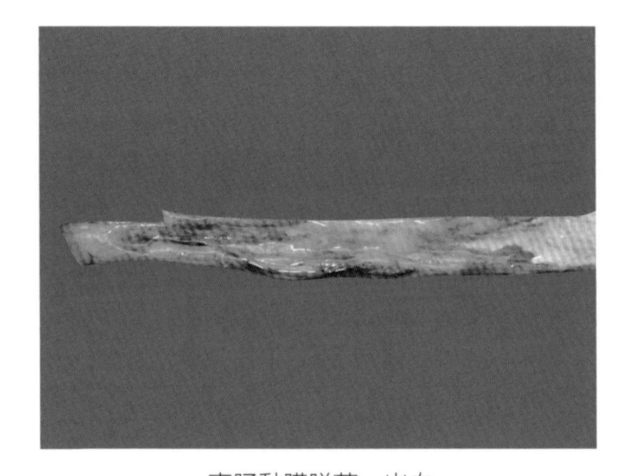

直肠黏膜脱落、出血

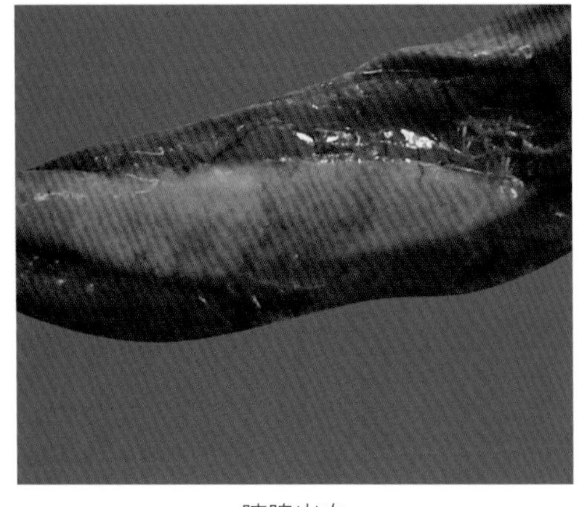

胰腺出血

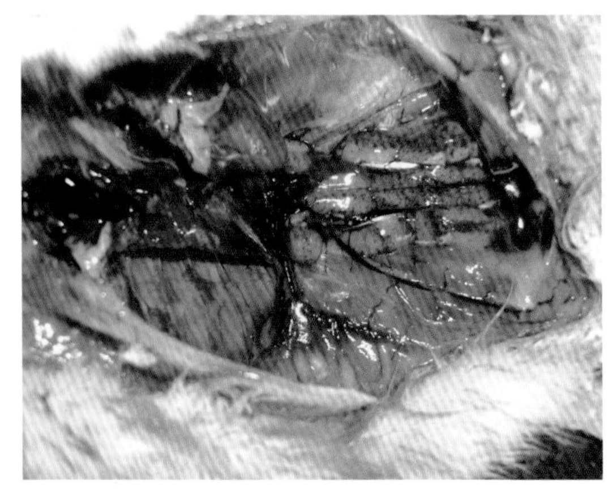

肾脏出血

第二十三节 鸭坦布苏病毒病

一、概述

鸭坦布苏病毒病（duck tembusu virus disease，DTMUVD）是由鸭坦布苏病毒（duck tembusu virus，DTMUV）引起鸭的一种传染病，主要特征为产蛋骤然大幅下降、共济失调和出血性卵巢炎。曾称为鸭产蛋下降综合征、鸭出血性卵巢炎、鸭黄病毒感染、鸭病毒性脑炎等，2011年中国畜牧兽医学会第一届水禽疫病防控研讨会将其名称统一为鸭坦布苏病毒病。

本病2010年4月首次在我国暴发，陆续在主要蛋鸭养殖区如福建、山东、浙江、上海、江苏等地发生，造成约12亿只蛋鸭和1 500万只肉鸭发病，经济损失达数十亿元。目前该病在我国绝大部分养鸭地区流行，已经成为危害水禽养殖的主要传染病之一。

二、病原特征

鸭坦布苏病毒属于黄病毒科黄病毒属的恩塔亚病毒群。病毒粒子呈球形，二十面体对称，直径约50 nm，有囊膜，表面有纤突，不能凝集鸡、鸭、鹅、鸽子的红细胞，基因组为单股正链RNA，大小为10 990 nt。病毒主要在感染细胞的胞质内复制。DTMUV对外界环境的抵抗力不强，50℃以上加热1 h以上即可使病毒失活，且病毒对酸碱敏感，当pH值低于7或高于10以上活性会迅速降低。常用的消毒剂如3%的氢氧化钠溶液、2%的福尔马林及1%的高锰酸钾溶液等对该病原都具有良好的灭活作用。

三、流行病学

鸭坦布苏病毒病发病率高、传播速度快，各种日龄的鸭、鹅均易感，尤其是产蛋鸭和10～25日龄雏鸭最易感，主要危害蛋鸭，目前肉鸭和鹅也出现大规模感染。已有报道从发病鸭场附近的麻雀、死亡鸽体内分离到病毒，表明野鸟和其他禽类亦可能被感染，或携带病毒成为传染源。鸭坦布苏病毒病可经过多种途径传播，水平传播为主，也可经卵垂直传播，被病毒污染的饲料、饮水、人员、种蛋、运输工具等都可能成为传播的媒介，虫媒在本病的传播上起重要作用，但不是主要的传播媒介。

本病四季均可发生，夏季发生率高于其他季节，发病率高，接近100%，死亡率较低，多数在15%以下，发病率和死亡率多少与发病季节和养殖场的管理水平和有无继发感染有关，部分养殖场的青年鸭和雏鸭发病后，死亡率可达20%左右。本病在1～2 d内能感染鸭场的所有鸭，一般1周左右即可感染一个养殖小区所有鸭群。一户养鸭场一旦发病，随后以点为中心，快速向周边区域扩散，数天内即可传播至周边区域，特别是鸭棚密集区传播更迅速，发病更严重。

四、临床症状

1.产蛋期鸭

突然发病、传播迅速，感染鸭体温升高，精神萎靡，排绿色稀便等，采食量突然大幅下降。产蛋量大幅下降，产蛋率从高峰期的90%～95%下降至5%～10%，甚至完全停产，发病率高达100%，死亡率一般在5%～15%，继发感染时死亡率可达30%。

早期病鸭一般不表现出神经症状，后期则出现明显的以瘫痪、行走不稳、共济失调为主的神经症状。种蛋受精率降低10%左右，病程一个半月左右，可自行恢复，恢复程度与鸭群状态、日龄有关，后期多出一个换羽过程。

发病后15～20 d 采食量开始恢复，绿色的粪便逐渐减少，产蛋率缓慢恢复，呈现上升趋势。体质较好的鸭可恢复至未感染之前。

2.雏鸭和青年鸭

多在20日龄内发病，采食量大幅下降甚至食欲废绝，饮水量增加，先拉白色稀便后排绿色稀便。神经症状表现明显，如瘫痪、共济失调，严重时两腿向后痉挛性踢蹬，终因采食困难衰竭而死，死淘率10%～30%。

五、病理变化

产蛋鸭特征性病变在于卵巢，初期可见部分卵泡充血、出血，中后期卵泡严重出血、破裂、变性和萎缩，输卵管内有黏液，卵泡破裂后掉入腹腔形成卵黄性腹膜炎。

心冠脂肪弥漫性出血，心肌苍白，有白色条纹状坏死。

肝脏黄染、肿大、出血、瘀血，肝脏表面有针尖状白色点状坏死。

脾脏早期肿大，后期萎缩，色泽变黑。

肺脏出血、水肿，呈深红色或紫黑色。

肾脏肿胀，有尿酸盐沉积。

脑膜出血，组织水肿，呈弥散样、分支状出血。

整个肠道黏膜弥漫性出血。

六、防治

1.预防

疫苗接种是预防本病的关键措施。目前已有灭活疫苗和活疫苗。推荐免疫程序（灭活苗，免疫期为4个月）：肉鸭，5～9日龄，颈部皮下注射0.3 mL/只；麻鸭或种鸭，5～9日龄首免，0.3 mL/只，两周后加强免疫一次，0.5 mL/只，开产前2～4周第三次免疫，1 mL/只；

种鹅，2月龄进行首免，6月龄进行二免，每个开产季前进行强化免疫；每年春季对鹅群抗体进行监测，对抗体阳性率低的鹅群做强化免疫。

建立良好的生物安全体系，定期消毒和临时消毒相结合，消灭厂区的蚊蝇，注重对用具和设备、运输车辆、种蛋的消毒及病死鸭的焚烧或生物处理；疫病流行期间，做好封场工作，搞好饲养人员的生活安排。

平时加强饲养管理，改善饲养环境，减少对鸭群的应激，特别是在疫苗接种时，注意天气变化，尽量保持鸭舍内温度的适宜，避免突然升降温，及时采取保温措施。

2.治疗

（1）抗微生物药饮水或拌料，控制细菌继发感染，干扰素、蜂毒肽、转移因子等饮水，饮水中添加复方维生素纳米乳口服液或维生素C可溶性粉等。

（2）采用清热解毒、凉血的中药制剂辅助治疗，利于本病恢复。

【处方1】清瘟败毒散

石膏120 g，地黄、栀子、知母、连翘各30 g，水牛角60 g，黄连、牡丹皮各20 g，黄芩、赤芍、玄参、桔梗、淡竹叶各 25 g，甘草15 g。

【用法与用量】 禽1 ~ 3 g/只。

【处方2】石竹散（河南省现代中兽医研究院研制）

生石膏、水牛角各12 g，知母、生地黄、牡丹皮、板蓝根、淡竹叶各9 g，甘草、连翘各7 g，大青叶11 g，黄连、金银花各6 g，人参叶5 g。

【功能】清热解毒，凉血。

【主治】热毒上冲，头面、腮颊肿胀，发斑，高热神昏等症。

【用法与用量】0.25 ~ 1.5 g/只，1次/d，连用3 ~ 5 d。病情严重时加倍使用。肝脏病变严重时配合茯白散使用。

鸭坦布苏病毒病图

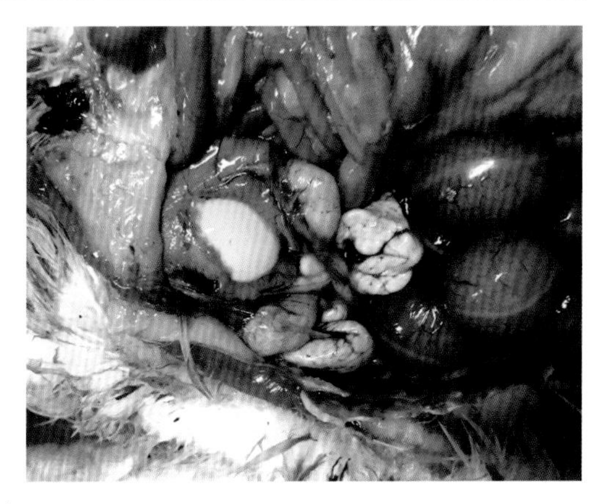

正常卵泡

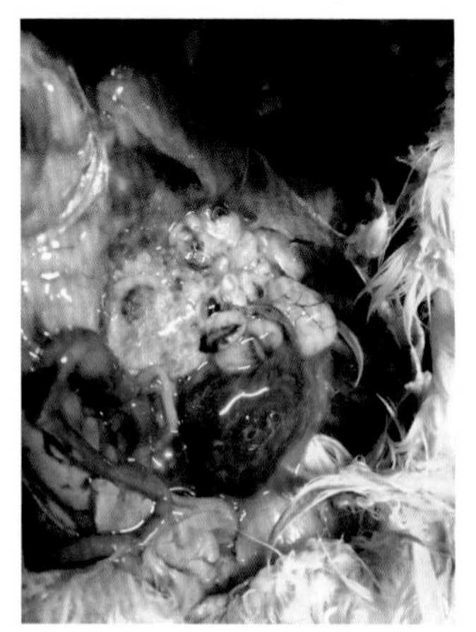

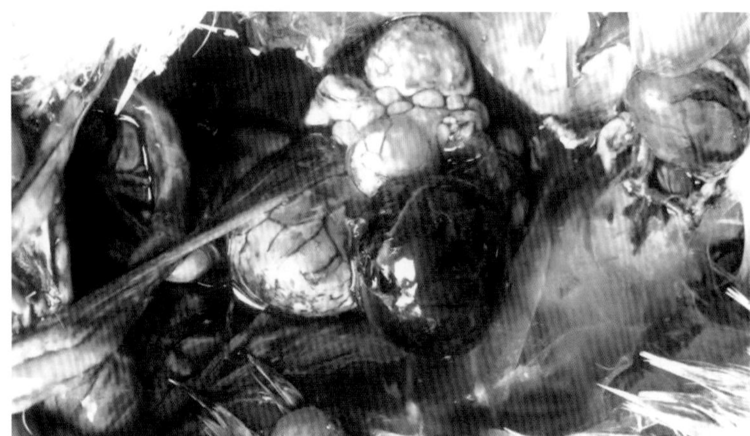

卵泡坏死

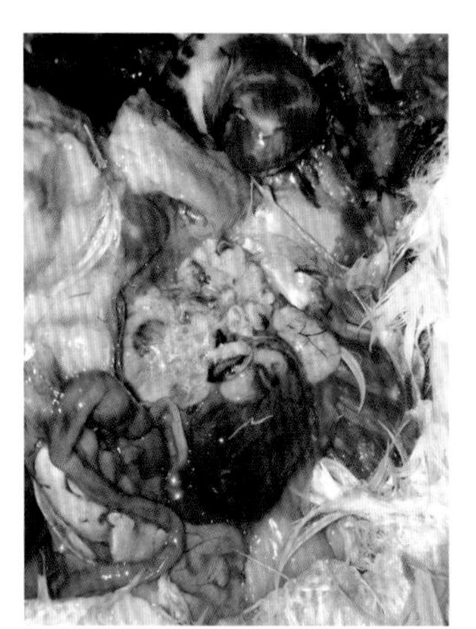

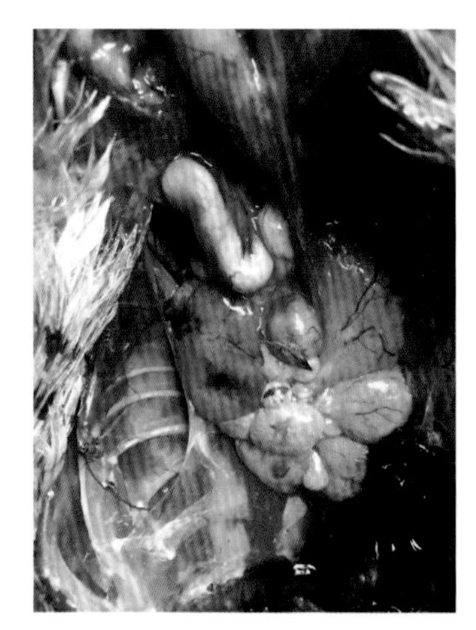

卵泡液化、坏死

输卵管黏膜出血

输卵管内有脓性物

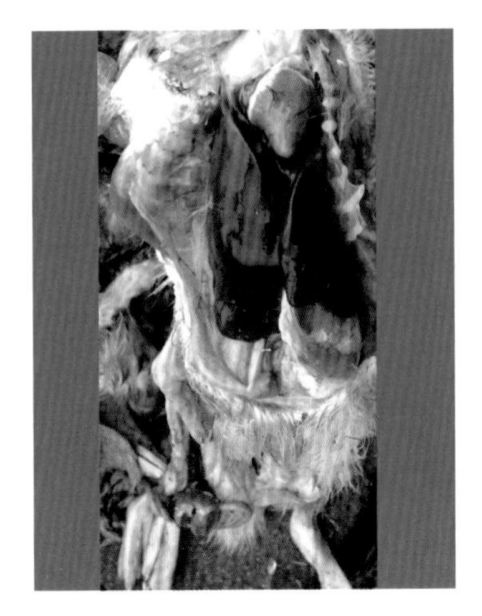

心脏呈煮熟样，肝脏出血

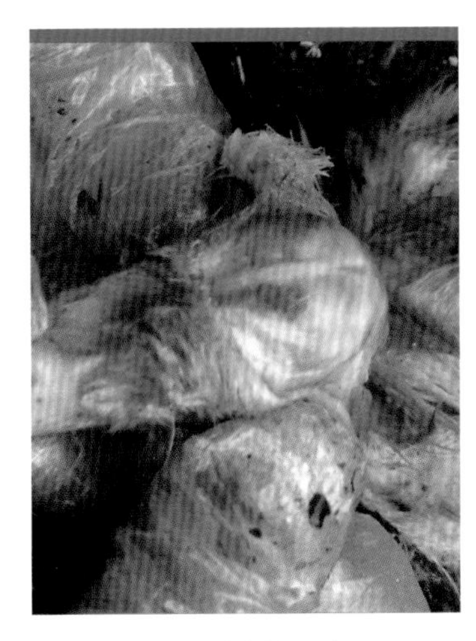

脑膜树枝状出血

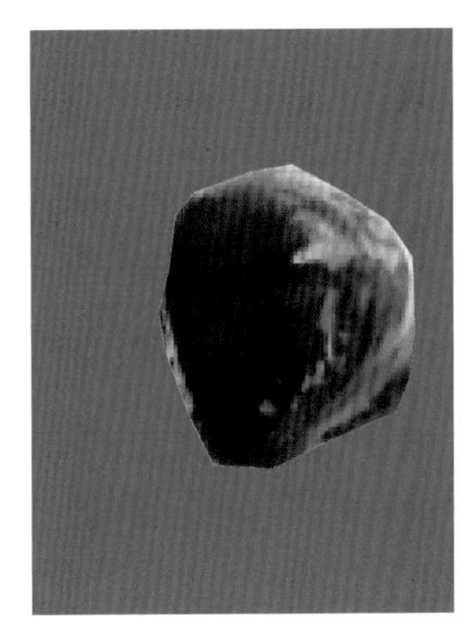

脾脏坏死

第二十四节　鹅星状病毒病

一、概述

鹅星状病毒病（goose astrovirus infections）是由鹅星状病毒（goose astrovirus）感染引起雏鹅的一种病毒性传染病，以脏器、肌肉、关节有尿酸盐沉积为特征，该病与痛风在临床症状、病理变化相似，临床称为“小鹅痛风”“雏鹅痛风”或“鹅痛风”。2016年至今，本病在全国范围内普遍发生，是新出现的一种传染病，中国农业大学苏敬良教授、山东农业大学刁有祥教授均已成功在雏鹅病例中分离出鹅星状病毒，并成功复制出痛风病例。雏鹅星状病毒病发病率高，死亡率高达50%，肉鹅最严重，给我国养鹅业造成严重的经济损失。

二、病原特征

鹅星状病毒属于单股正链RNA病毒，属星状病毒科禽星状病毒属。该属代表种为火鸡星状病毒、鸭星状病毒和鸡星状病毒。典型的星状病毒是一种小的、圆形的病毒，无囊膜，直径28～35 nm。电镜下病毒表面有5或6个星状突起，故称为星状病毒。病毒基因由两个开放阅读框（ORF）组成，分别称为ORF1（ORF1a和ORF1b）和ORF2。ORF1编码参与RNA转录和复制的非结构蛋白，而ORF2编码参与病毒体形成的结构蛋白（衣壳）。

三、流行病学

2016年至今，鹅星状病毒病在全国范围内发生，四季均可发病，21日龄的雏鹅易感，多发生于30日龄内的肉鹅，发病率较高，死亡率达50%左右。据文献报道，本病既可水平传播，也可垂直传播。分离自鹅痛风病例的鹅星状病毒与其他经典禽星状病毒完整基因组同源性比例仅为53.0%～61.8%，表明星状病毒可在种间进行传播。已证明星状病毒可经粪-口途径水平传播，健康携带病毒禽可向外排毒，是主要传染源。可从鹅胚、鹅组织及种鹅上分离到星状病毒，表明星状病毒可垂直传播。

四、临床症状

发病鹅群自第一例病例出现后，5～6 d陆续出现发病和死亡，2周左右达到死亡高峰，之后死亡减少。

发病雏鹅消瘦，精神沉郁，四肢瘫软无力，行动不便，个别有关节肿大，食欲废绝，饮欲增加，呼吸困难，眼睑和角膜混浊。大部分雏鹅出现症状不久即死亡。

五、病理变化

以脏器、肌肉、关节有尿酸盐沉积为主要病理特征。

心脏、肝脏、浆膜表面等覆盖白色尿酸盐。

心肌壁明显变薄，部分心脏心房肥大。

肝脏表面有明显的点状出血。

肾脏肿胀，表面及输尿管内有灰白色尿酸盐。

腿部关节与肌肉内有点状或片状的尿酸盐沉积。

死亡雏鹅胆囊膨大，亮白色，内有大量白色尿酸盐颗粒。

六、防治

目前尚无有效的疫苗或抗体用于免疫预防。鉴于该病多发于3周龄内的雏鹅，应加强对孵化室、孵化器和育雏舍的消毒，避免早期感染。对于发病鹅群，采用干扰素、蜂毒肽或转移因子等饮水，按照0.1%～0.2%比例在饲料中添加小苏打、维生素C，也可添加丙磺舒（0.1～0.2 g/kg饲料），连用 4～5d，适当降低饲料中的蛋白含量，以减少尿酸盐的产生，对缓解病症有一定的效果。临床表明发病前期采用清热解毒、凉血的中药制剂如石竹散（河南省现代中兽医研究院研制）（生石膏、水牛角各12 g，知母、生地黄、牡丹皮、板蓝根、淡竹叶各9 g，甘草、连翘各7 g，大青叶11 g，黄连、金银花各6 g，人参叶5 g，0.25～1.5 g/只，1次/d，连用3～5d）治疗具有一定的效果。

鹅星状病毒病图

关节肿大，可见大量尿酸盐沉积

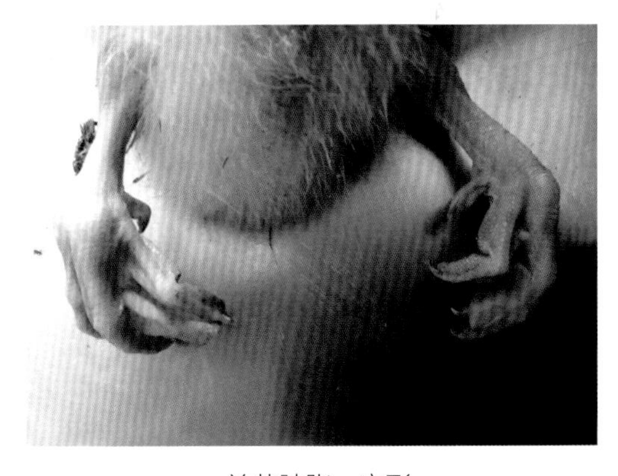

关节肿胀、变形

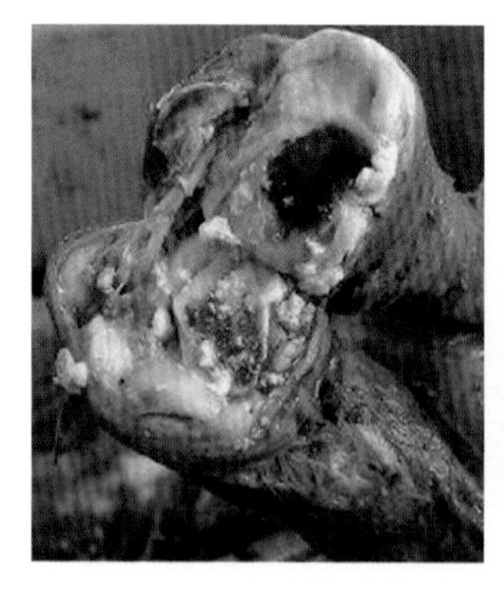
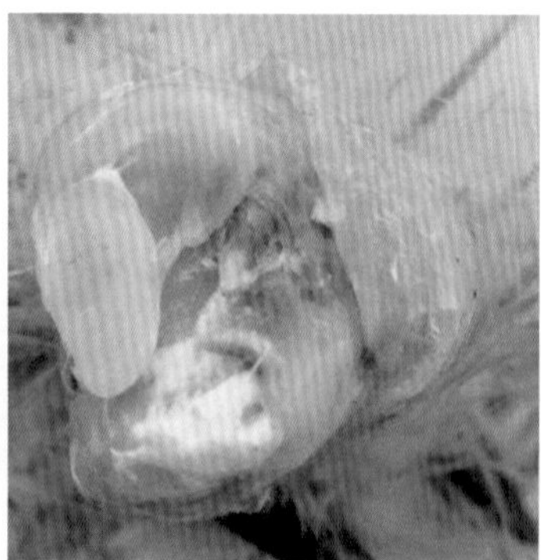

关节内有白色尿酸盐沉积

心包膜内有大量白色尿酸盐

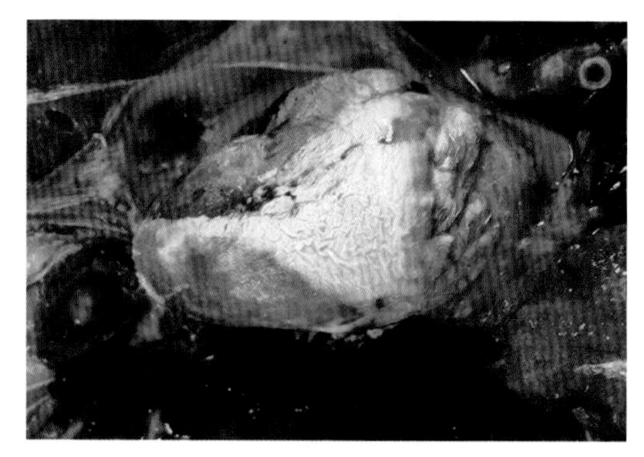

心外膜有白色尿酸盐沉积

心肌被白色尿酸盐沉积包裹

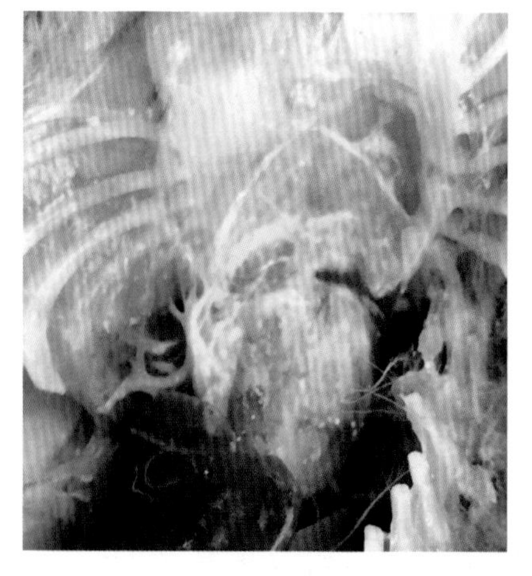

7 日龄雏鹅心脏表面有白色尿酸盐颗粒

心脏、肝脏有大量尿酸盐沉积

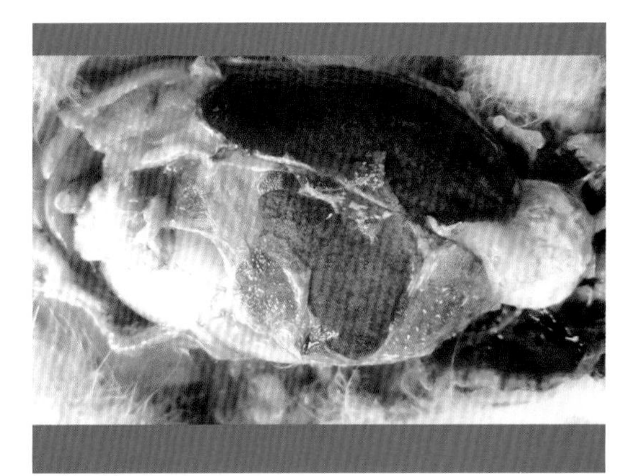

心包膜内有大量白色尿酸盐沉积，肝被膜及肝实质内有白色尿酸盐沉积

肝脏表面有白色尿酸盐沉积

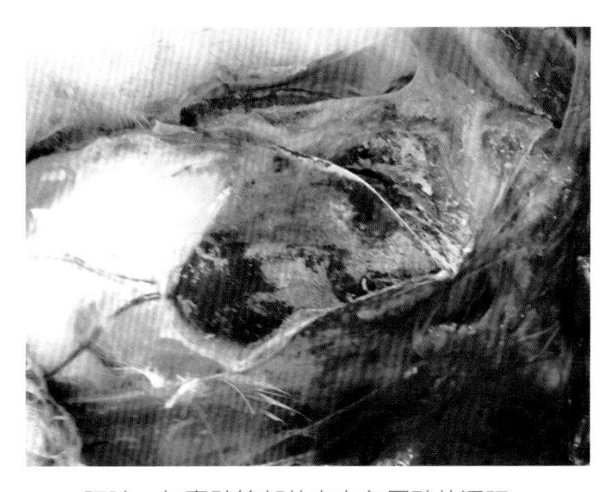

肝脏、气囊壁等部位有白色尿酸盐沉积

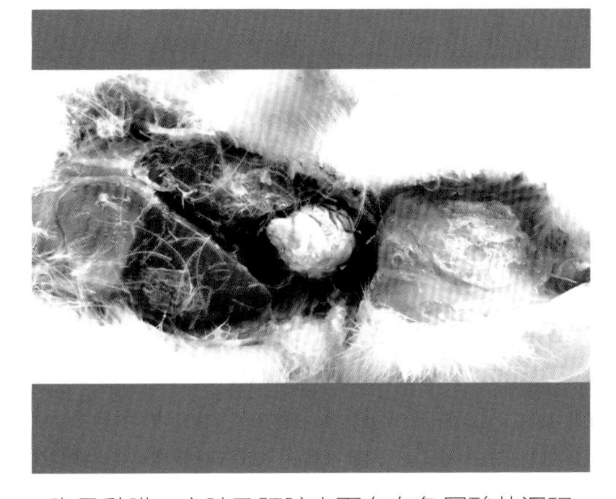

胸骨黏膜、心脏及肝脏表面有白色尿酸盐沉积

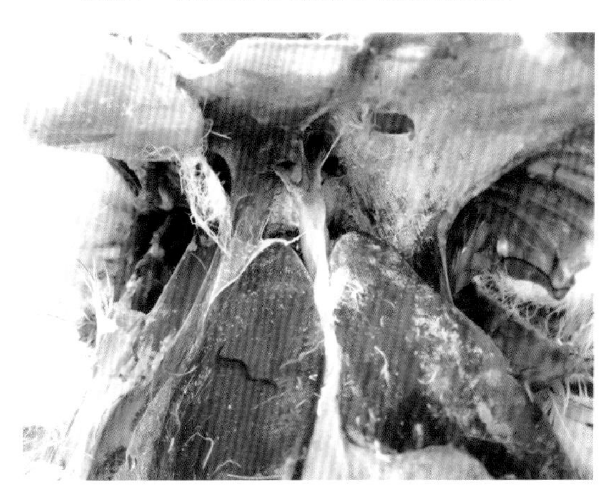

胸气囊及肝脏表面有白色尿酸盐沉积

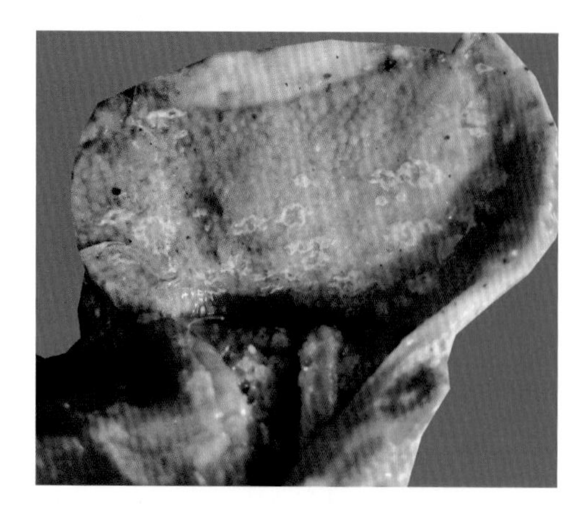

腺胃黏膜有尿酸盐沉积

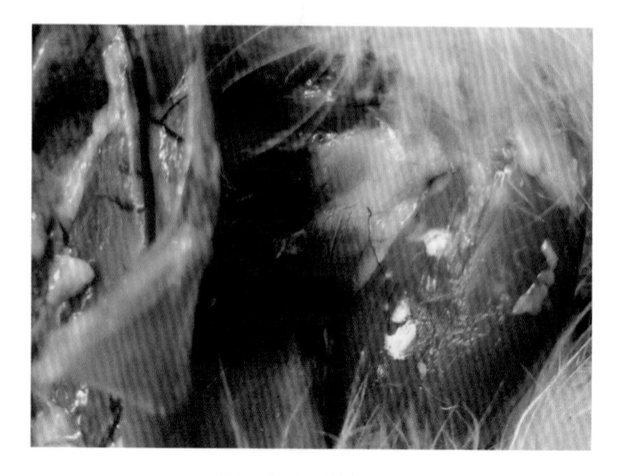

腿肌有尿酸盐沉积

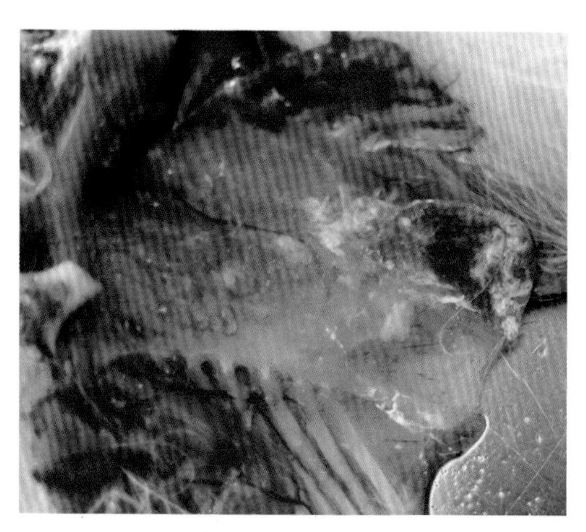

龙骨下有尿酸盐沉积

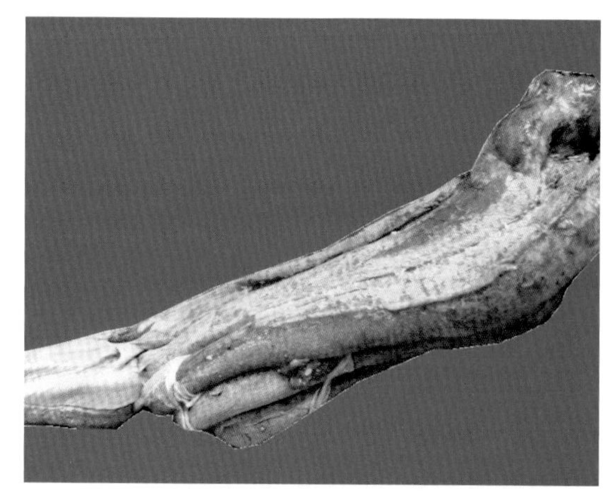

肠系膜及肠浆膜处有白色尿酸盐沉积

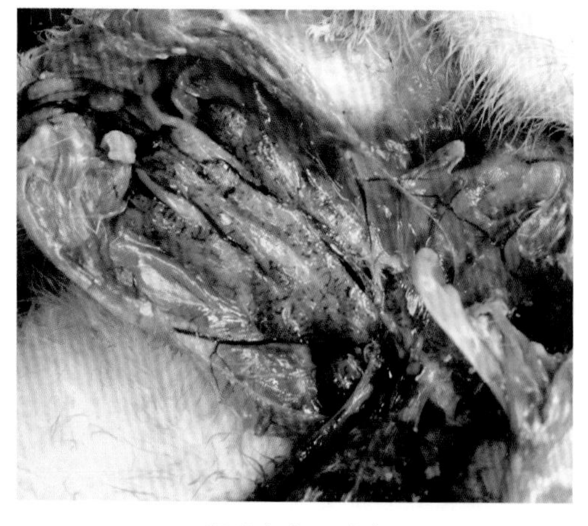

肾脏出血、肿大

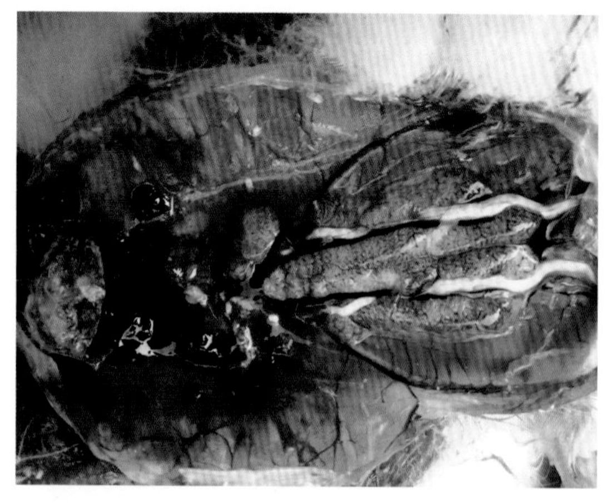

花斑肾及肾脏肿大，输尿管变粗，内充满大量白色尿酸盐

第二章

细菌性疾病

第一节　禽大肠杆菌病

一、概述

禽大肠杆菌病（avian colibacillosis）是由致病性大肠杆菌（avian pathogenic escherichia coli，APEC）引起禽类不同疾病的总称。各种日龄的禽均可感染，包括败血型（肝周炎、心包炎、气囊炎）、脑炎型、雏鸡脐炎型、眼球炎型、肠炎型、关节滑膜炎型、肉芽肿型、生殖系统炎症型等，临床中感染两种以上的情况占多数。本病呈全球性分布，是家禽中常见的细菌病之一，耐药性菌株引起的感染目前较多，易与其他疾病如慢性呼吸道病等混合感染，致使死亡率上升，给养禽业带来严重的经济损失。本书主要介绍鸡、鸭、鹅大肠杆菌病，其他禽类如鹌鹑、鸽、孔雀等参考鸡大肠杆菌病。

二、病原特征

APEC是肠杆菌科埃希菌属的代表种，为革兰氏阴性无芽孢的直杆菌，两端钝圆，散在或成对，大多数菌株有周生鞭毛，通常为（2～3）μm×0.6 μm，大小和形态有一定差异。本菌为兼性厌氧菌，能分解乳糖，在普通培养基上生长良好，在伊红美蓝琼脂平板上形成黑色带有金属光泽的菌落，在麦康凯琼脂上形成的菌落呈亮红色。大肠杆菌血清型众多，目前已经发现血清型180多种，临床上较为常见的为O1、O2、O4、O8、O9、O11、O18、O20、O26、O78、O88等。不同地区的优势血清型往往有差别，即使同一个地区，同一个疫场（群）的优势血清型也不尽相同。大肠杆菌一般对常见的消毒剂和抗菌药敏感，但易产生耐药性。

三、流行病学

大肠杆菌为条件性致病菌，广泛存在于自然环境中，如饲料、饮水、家禽的体表、孵化场、孵化器等处普遍存在，因此大肠杆菌病对养禽全过程构成了很大威胁。

传染源：病禽和带菌禽是本病的主要传染源，被病死禽的尸体和粪便污染过的饲料、饮水、池塘、饲养场地和饲养工具等成为传染源。

传播途径：一般通过消化道和呼吸道感染，也可以通过伤口、污染的种蛋及生殖道感染、交配等传播。

易感动物：不同年龄的禽类都易感，鸡、鸭最易感，雏禽和产蛋期蛋禽感染危害最为严重。

本病四季均可发生，多雨、闷热、潮湿季节多发，发病与饲养管理水平、各种应激因素、呼吸道损伤、免疫抑制等密切相关，如饲养密度过大、湿度过大、通风换气不良、营养成分不均衡、长途运输、呼吸道受损等均能促进本病的发生和传播。

本病的死亡率高低与有无其他病原体感染关联很大。若与其他疫病如禽流感、传染性支气管炎、支原体感染、传染性浆膜炎等混合感染，造成死亡率上升。

临床发现：① 近几年肉鸡发生的“支气管栓塞症”“黑心肺”等症，大肠杆菌是常见的病原之一。②蛋鸡肿头肿脸症即单侧或双侧眼睛流泪、肿大，甚至失明，面部肿胀，甚至波及颈下，产蛋率基本保持不下降，传播速度慢，零星死亡等，常可检测到大肠杆菌。

四、临床症状

1.鸡大肠杆菌病

（1）败血型：多发生于肉鸡，尤其是白羽肉鸡，最早见3日龄出现典型的败血型症状，各种日龄的鸡均可感染发病，发病率5%～30%，死亡率差异较大，与有无其他病原体混合感染密切相关。目前肉鸡发生的“支气管栓塞症”“黑心肺”等症常与败血型大肠杆菌病相关。

病鸡呼吸困难，精神沉郁，羽毛松乱，食欲减退或废绝，剧烈腹泻，粪便呈白色或黄绿色，腹部肿胀，病程较短，很快死亡。

（2）雏鸡脐炎型：本病俗称“大肚脐”，病鸡多在1周内死亡，精神沉郁、虚弱，常堆挤在一起，少食或不食；腹部胀大，脐孔及其周围皮肤发红、水肿或呈蓝黑色，有刺激性臭味，卵黄不吸收或吸收不良，剧烈腹泻，粪便呈灰白色，混有血液。

（3）眼球炎型：病鸡精神萎靡，闭眼缩头，采食量减少，饮水量增加，排绿白色粪便；眼球炎多为一侧性，少数为两侧性；眼睑肿胀，眼结膜内有炎性干酪样物，眼房积水，角膜混浊，流泪怕光，严重时眼球萎缩，凹陷，失明等，终因衰竭死亡。常与败血型大肠杆菌病同时发生，目前蛋鸡出现的肿头肿脸症与眼球炎型有关，零星发病，极少出现死亡。

（4）肠炎型：病鸡精神萎靡，闭眼缩头，采食量减少，饮水量增加，剧烈腹泻，粪便混有血液，肛门周围羽毛被粪便污染而污秽、粘连。

（5）生殖系统炎症型：病鸡体温升高，鸡冠萎缩或发紫，羽毛蓬松；食欲减少并很快废绝，喜饮少量清水，腹泻，粪便稀软呈淡黄色或黄白色，粪便混有黏液或血液，常污染肛门周围的羽毛；产蛋率低，产蛋高峰上不去或产蛋高峰维持时间短，腹部明显增大下垂，触之敏感并有波动，鸡群死淘率增加。

（6）脑炎型：2～6周龄雏鸡和产蛋鸡多发。病鸡精神委顿，昏睡，垂头闭目，下痢，蹲伏及歪头、扭脖、倒地、抽搐等。

（7）关节滑膜炎型：病鸡跛行或卧地不起，腱鞘或关节发生肿胀，腹泻等。本病与滑液囊支原体感染、坏死性关节炎症状相似，常混合感染致使死亡率上升。

（8）肉芽肿型：目前肉芽肿型临床发病呈上升趋势，不同品种的鸡均可发病，临床症状仅仅出现腹泻等，病死率比较高。

2.鸭大肠杆菌病

本病主要发生于2～6周龄的鸭及产蛋期鸭，临床症状与传染性浆膜炎相似。

病鸭精神委顿，羽毛松乱，不喜运动，少食或不食，眼鼻常有分泌物，尖叫，肿眼，流泪，呼吸困难，腹泻等。

雏鸭消瘦，发育不良，严重下痢，排出稀的黄绿色或白色粪便，污染肛周羽毛，最终因消瘦而死，发病3～5 d后伴有眼炎。

产蛋期鸭发病后主要表现为产蛋突然停止，产蛋率下降，蛋品质量差如蛋壳粗糙、薄壳蛋增多，憋蛋（输卵管内或泄殖腔常有硬壳蛋）等；种公鸭生殖器官受损如阴茎肿大、出血，露出体外，严重时无法吸回等；种蛋受精率低、孵化率低，死淘率高达40%。

3.鹅大肠杆菌病

各种日龄的鹅均可发病，多发生于3～10日龄雏鹅和产蛋期鹅，发病率5%～30%，育成期鹅发病率5%以下。

病鹅精神不振，呆立，不愿走动，采食量下降或不食，眼鼻有分泌物，尖叫，肿眼，流泪，呼吸困难等。

雏鹅脐炎与雏鸡症状相似，也会出现鸡败血型的症状，死亡率高低与饲养环境密切相关。

产蛋期鹅发病后，产蛋率下降30%以上，蛋品质量差，粪便呈蛋花汤样，粪便中常夹杂蛋清、蛋黄等，俗称“蛋子瘟”。

病公鹅阴茎肿大，表面有出血点、坏死点，阴茎外垂无法吸回，常与地面接触，致使死淘率增加，死淘率高达50%，种蛋受精率、孵化率、健雏率显著下降等。

五、病理变化

（1）败血型：禽败血型大肠杆菌病典型病变是肝周炎、心包炎、气囊炎。

肝肿大，质脆易碎，被膜增厚，不透明呈黄白色，易脱落，肝脏被纤维素性膜包裹（俗称“肝周炎”），剥脱后肝脏呈紫褐色，被膜下散在大小不一的出血点或坏死灶。

心包增厚不透明，心包积有淡黄色液体（注意与心包积液综合征区分），心包和心脏粘连形成心包炎。

气囊增厚、混浊，表面覆有纤维性渗出物，呈灰白色或灰黄色，囊腔内有数量不等的黄色纤维素性渗出物或干酪样物（俗称“气囊炎”）。与慢性呼吸道病引起的气囊炎相似，很难区分。

（2）脐炎型：脐孔愈合不全、红肿，脐孔周围皮肤水肿，皮下瘀血、出血，或有黄色或黄红色的纤维素性蛋白渗出；卵黄吸收不良，卵黄囊充血、出血且囊内卵黄液黏稠或稀薄，多呈黄绿色或黄棕色或灰黑色，甚至卵黄硬化；肝脏肿大呈土黄色，质脆，有淡黄色坏死灶，肝包膜略有增厚；肠道呈卡他性炎症。病理变化与鸡白痢相似，很难从肉眼区分。

（3）生殖系统炎症型：此类型主要病变为输卵管炎、卵巢炎、卵黄性腹膜炎。输卵管膨大，内有数量不等的干酪样物，呈黄白色，切面轮层状，较干燥；输卵管黏膜充血，壁变薄或囊肿。卵泡充血、出血、变性、变色，卵黄破裂后落入腹腔内，破裂的卵黄液广泛地分布于肠道表面、腹膜及脏器而形成卵黄性腹膜炎。泄殖腔外翻、出血，有的糜烂性出血等。发病公禽睾丸肿大、质地变硬、变性；脱出的阴茎肿大，黏膜出血、糜烂、腥臭，表面有结节或溃疡等。

（4）肠炎型：肠道肿胀，肠内容物多为黏液性或红色液体，夹杂脱落的黏膜碎片，肠黏膜充血、出血，肠壁变薄，肠浆膜有明显的小出血点。有的形成慢性肠炎，盲肠增粗，内有干酪样物（与慢性鸡白痢盲肠病变相似）等。

（5）脑炎型：头部皮下出血、水肿，脑膜充血、出血，实质水肿，脑膜易剥离，脑壳软化。

（6）关节滑膜炎型：关节肿大，关节周围组织充血、水肿，关节腔内有纤维蛋白渗出或有混浊的关节液，滑膜肿胀，增厚。

（7）肉芽肿型：心脏、胰腺、肝脏、肺脏、肌肉、皮下及盲肠、直肠和回肠的浆膜常见粟粒大黄白色或灰黄色肉芽肿；肝脏表面有不规则的黄色坏死灶，有时整个肝发生坏死；肠粘连等。

（8）眼球炎型：眼球炎型大肠杆菌病理变化和临床症状相同。

六、防治

1.预防

大肠杆菌属于条件性致病菌，因此平时加强饲养管理，改善养殖环境，认真落实养殖场兽医卫生防疫措施，消毒精确到每个细节并确保消毒质量，及时检查淘汰外生殖器上有病变的种公鸭、种公鹅等措施，对于本病的预防具有重要意义。

免疫接种是预防本病的重要措施，但因大肠杆菌血清型很多，不可能对所有养鸡场流行的致病血清型具有免疫作用，因此目前最为实用的方法是用当地分离的致病性菌株做成自家疫苗进行免疫接种，保护性比较高。

2.治疗方案

发病后及时搞好环境消毒，及时隔离治疗，全群给药。对已出现肝周炎、心包炎、气囊炎和腹膜炎的病禽无治疗意义，应及时淘汰。治疗时建议配合维生素C可溶性粉或复方维生素纳米乳口服液，利于本病的康复。

（1）根据药敏结果，选择高敏的抗微生物药饮水或拌料，连用3～5 d。

（2）选择清热解毒、燥湿的中药制剂治疗。

【处方1】白龙散

白头翁600 g，龙胆300 g，黄连100 g。

【用法与用量】禽1～3 g/只。

【处方2】白头翁散

白头翁、秦皮各60 g，黄连30 g，黄柏45 g。

【用法与用量】禽2～3 g/只。

【处方3】白马黄柏散

白头翁、黄柏各300 g，马齿苋400 g。

【用法与用量】禽1.5～6 g/只。

【处方4】三味拳参散

拳参1 400 g，穿心莲1 000 g，苦参1 600 g。

【用法与用量】混饲，禽每1 kg饲料5 g。

【处方5】杨树花口服液

杨树花。

【用法与用量】混饮，禽每1 L水1～2 mL（每1 mL相当于原生药材1 g）。

【处方6】杆菌灵口服液

黄连300 g，黄芩600 g，栀子450 g，穿心莲、白头翁各250 g，甘草100 g。

【用法与用量】混饮，禽每1 L水1.5～2.5 mL（每1 mL相当于原生药材1 g）。

【处方7】莲胆散

穿心莲230 g，桔梗、金荞麦各100 g，猪胆粉30 g，板蓝根、岗梅各50 g，麻黄100 g，甘草80 g，防风70 g，火炭母150 g，薄荷40 g。

【用法与用量】混饲，鸡每1 kg饲料5～10 g。

【处方8】清解合剂

生石膏670 g，金银花140 g，玄参100 g，黄芩、生地黄各80 g，连翘、栀子各70 g，龙胆、甜地丁、板蓝根、知母、麦冬各60 g。

【用法与用量】混饮，鸡每1 L水2.5 mL。

【处方9】三黄痢康散

黄芩、黄连、栀子各154 g，黄柏、当归、大黄、诃子、白芍各77 g，白术、肉桂各39 g，茯苓、川芎各38 g。

【用法与用量】拌料内服，鸡一次量1 g。

【处方10】蒲青止痢散

蒲公英、大青叶、板蓝根各40 g，金银花、黄芩、黄柏、甘草各20 g，藿香、石膏各10 g。

【用法与用量】混饲，鸡每1 kg饲料10～20 g。

【处方11】三黄白头翁散

黄芩、黄柏、大黄、白头翁、陈皮、白芍、地榆、苦参、青皮各200 g。

【用法与用量】鸡0.5 g/只。

【处方12】穿甘苦参散

穿心莲150 g，甘草125 g，吴茱萸10 g，苦参75 g，白芷、板蓝根各50 g，大黄30 g。

【用法与用量】混饲，鸡每1 kg饲料3～6 g，连用5 d。

【处方13】穿虎石榴皮散

虎杖、地榆、黄柏各98 g，穿心莲294 g，石榴皮147 g，石膏196 g，甘草49 g，肉桂20 g。

【用法与用量】混饲，鸡每1 kg饲料10 g，连用5 d。

【处方14】四黄白莲散

大黄230 g，白头翁、穿心莲、大青叶、金银花、三叉苦、辣蓼、黄芩各91 g，黄连18 g，黄柏、龙胆、肉桂、小茴香各28 g，冰片3 g。

【用法与用量】一次量，鸡每1 kg体重0.5 g，2次/d。

【处方15】杨树花止痢散

连翘、鱼腥草、杨树花、苦参各15 g，穿心莲、大青叶、生石膏、柴胡各10 g。

【用法与用量】混饲，鸡每1 kg饲料6 g。

【处方16】黄梅秦皮散

黄芩800 g，乌梅1 500 g，秦皮400 g，黄芪、低聚糖各150 g，补骨脂、五味子、陈皮、神曲各100 g，甘草80 g。

【用法与用量】混饲，鸡每1 kg饲料0.5～1.0 g。

【处方17】黄芩、大青叶、蒲公英、马齿苋、白头翁各30 g，柴胡15克，茵陈、白术、地榆、茯苓、神曲各20 g。

【用法与用量】水煎2次，取汁供100只鸡自饮或拌入饲料中饲喂，病重鸡灌服10 mL左右，连用3 d。

【应用】预防和治疗蛋鸡和肉鸡大肠杆菌病。

【处方18】石榴皮、黄芩、苦参、艾叶、诃子、大青叶、白头翁、火炭母、穿心莲、瞿麦、赤芍、甘草等份。

【用法与用量】水煎取汁，鸭 1 mL/体重（每1 mL相当于原生药材1 g），2次/d，连用5 d。

【处方19】穿黄散（河南省现代中兽医研究院研制）

穿心莲10 g，黄芩、黄连、黄柏、蒲公英、鱼腥草、紫萁贯众、牡丹皮、赤芍各9 g，野菊花10 g，夏枯草8 g等。

【主治】大肠杆菌病、沙门菌病等。

【用法与用量】禽1～3 g/只，连用4～5 d。

鸡大肠杆菌病图

病鸡精神不振，腹泻，肛门附近羽毛被粪便沾污

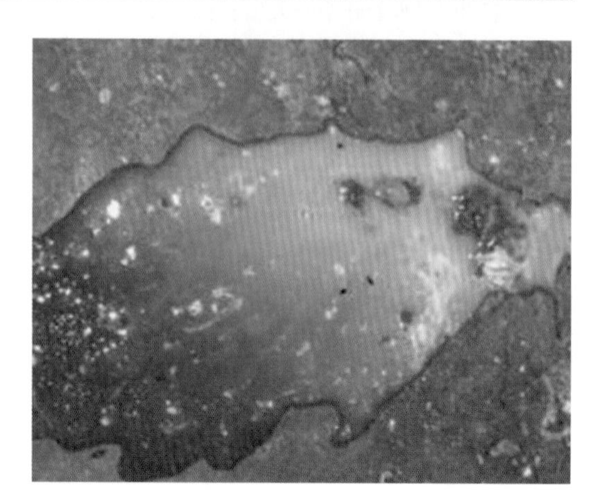
病鸡拉白色的稀粪

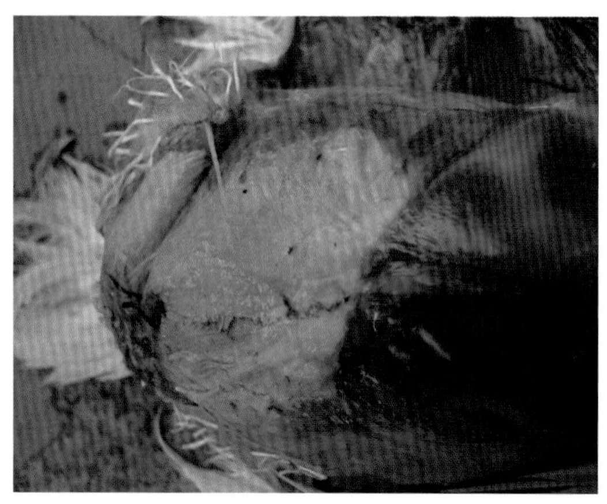
皮下形成蜂窝织炎

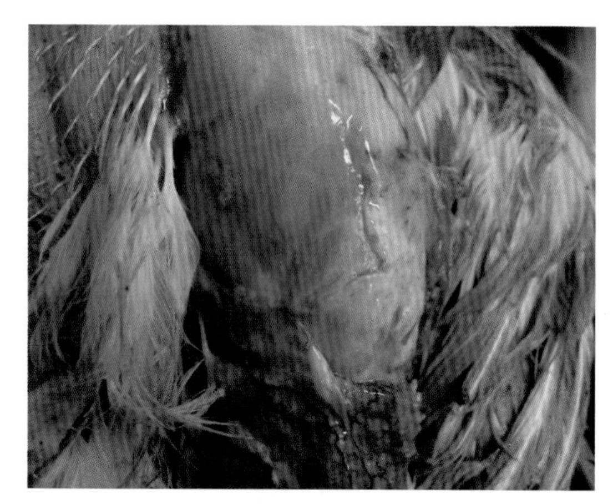
皮下坏死

颌下皮肤有黄色果冻样物

眼球炎型：眼睑肿胀

眼球炎型：上下眼睑粘连

眼球炎型：眶下窦肿胀，失明

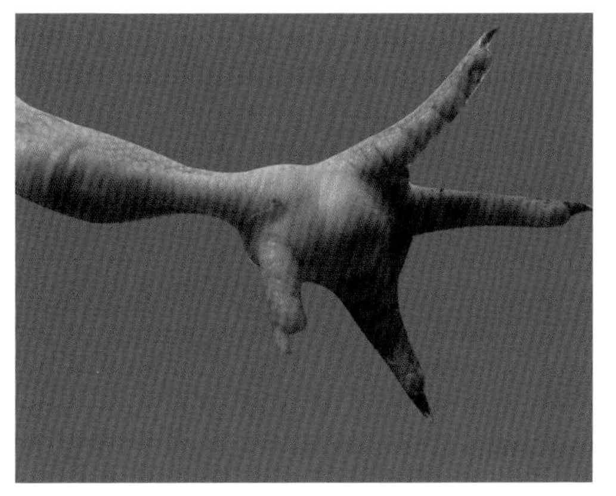

关节炎型：脚底部肿胀

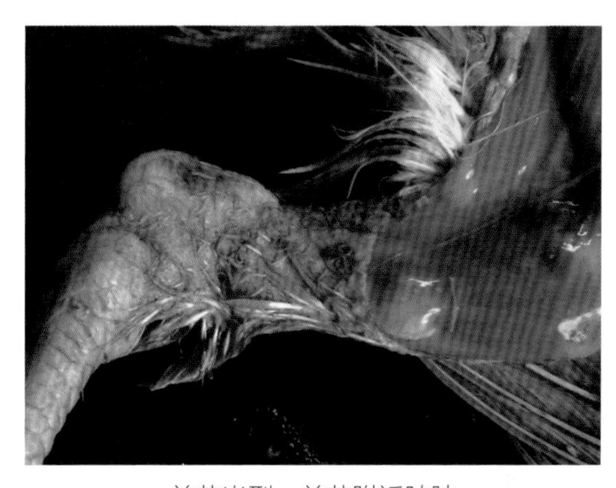

关节炎型：关节附近脓肿

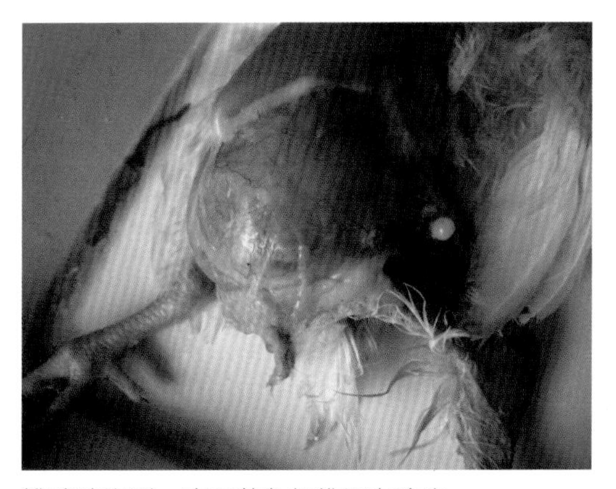

雏鸡脐炎型：皮下黄色纤维蛋白渗出

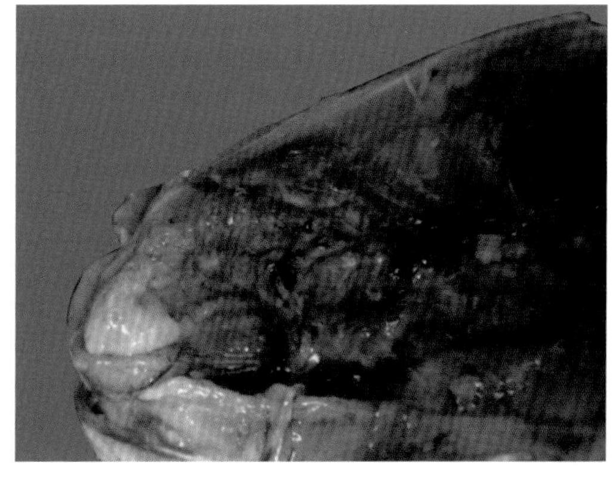

败血型：气囊表面覆盖黄色纤维素性渗出物，俗称“气囊炎”

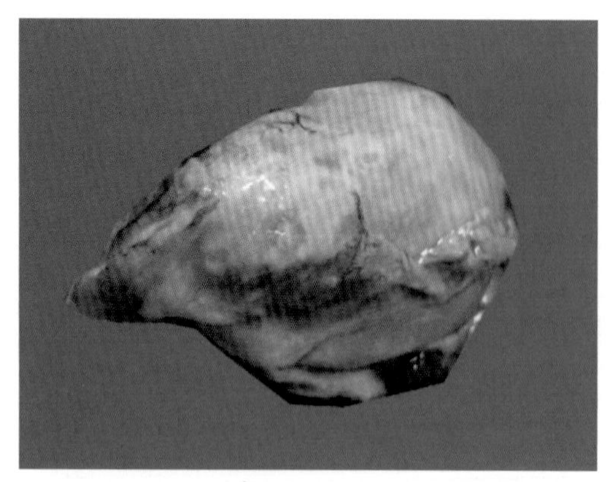

败血型：心包和心脏粘连形成心包炎

败血型：肝脏表面被白色纤维素性膜覆盖，易脱落

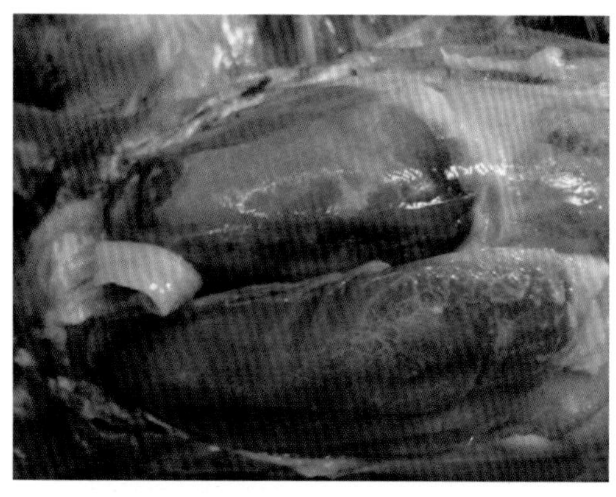

败血型：肝脏肿大，表面覆盖纤维素性膜，剥离后肝脏呈紫黑色

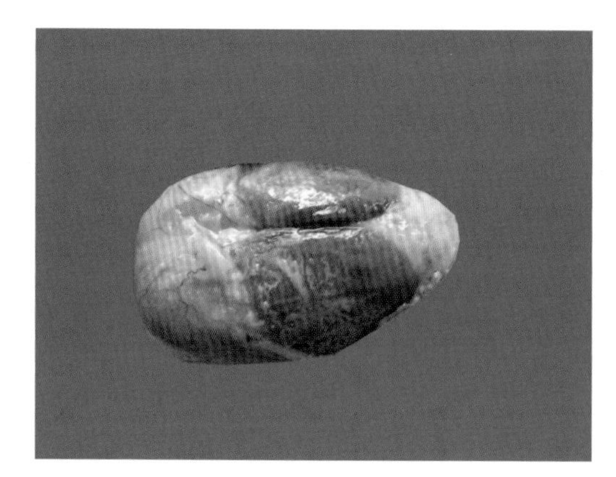

败血型：心包炎、肝周炎、气囊炎和腹膜炎

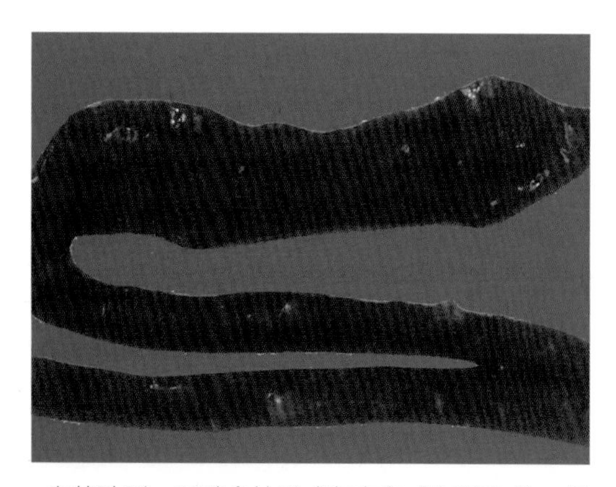

肉芽肿型：肠壁多处形成灰白色或灰黄色的、绿豆大小的肉芽肿

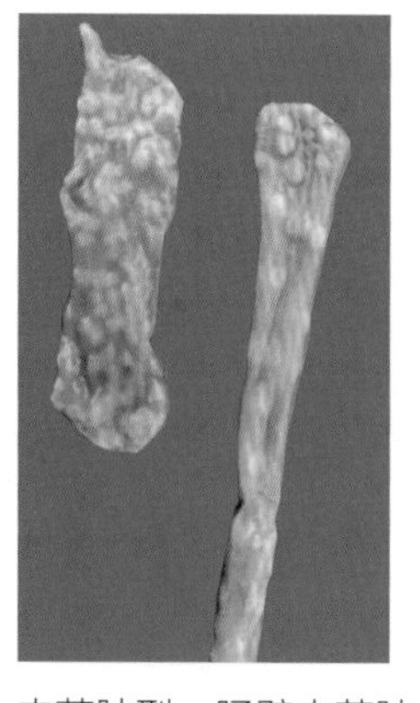

肉芽肿型：肠壁肉芽肿

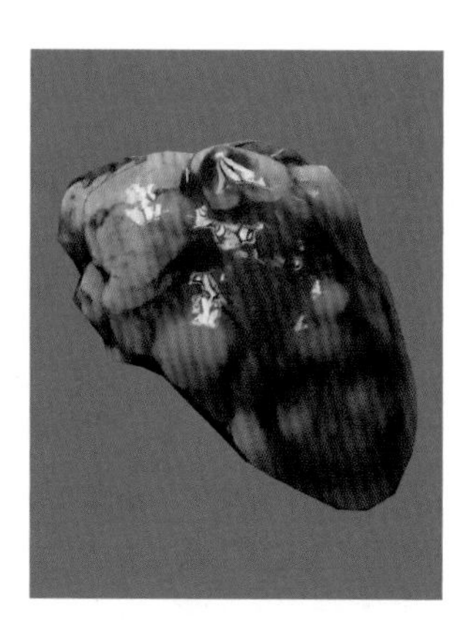

肉芽肿型：心脏肉芽肿

生殖系统炎症型：感染大肠杆菌后引起输卵管过早发育，内有干酪样物

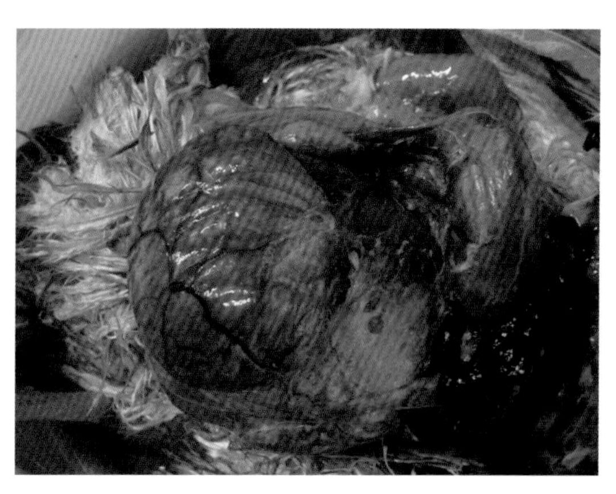

生殖系统炎症型：感染大肠杆菌后引起输卵管内积有黄色干酪样物

生殖系统炎症型：卵黄破裂落入腹腔后，形成卵黄性腹膜炎

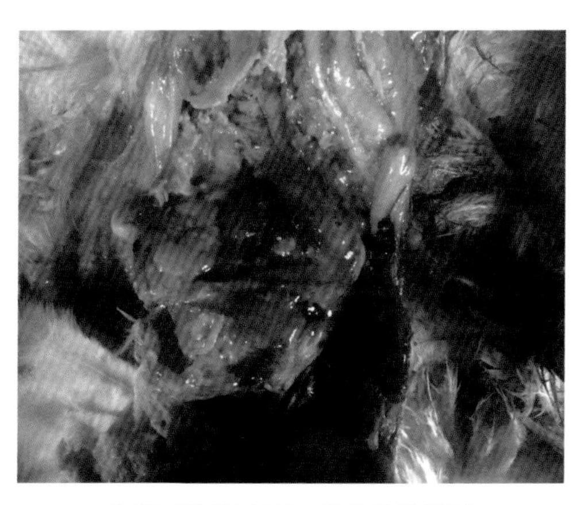

生殖系统炎症型：卵黄性腹膜炎

生殖系统炎症型：输卵管内有黄白色的干酪样物，切面呈轮层状

生殖系统炎症型：输卵管内有异物

生殖系统炎症型：卵黄囊出血、变性、坏死

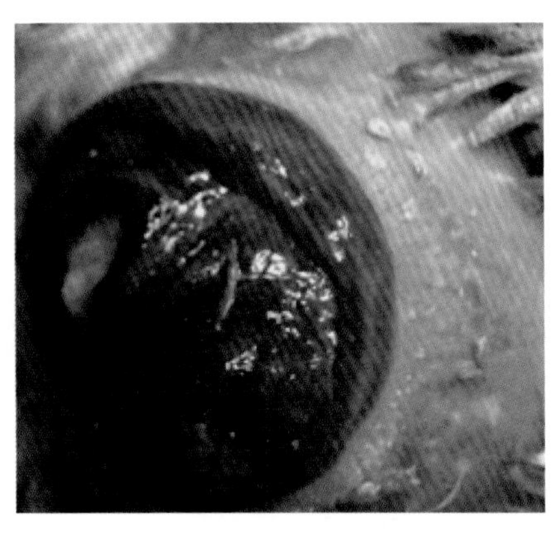

生殖系统炎症型：泄殖腔外翻，黏膜水肿出血

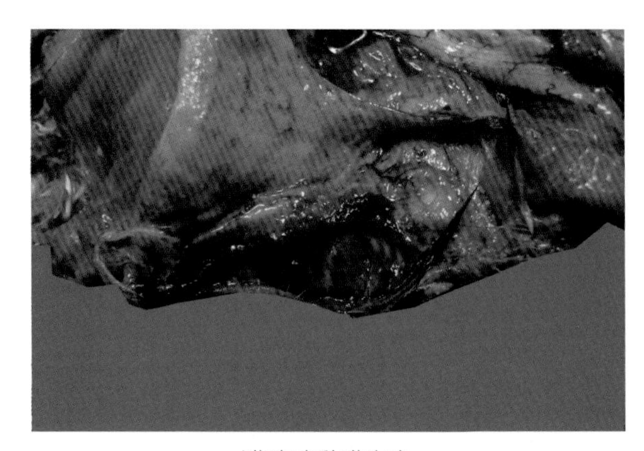

泄殖腔黏膜出血

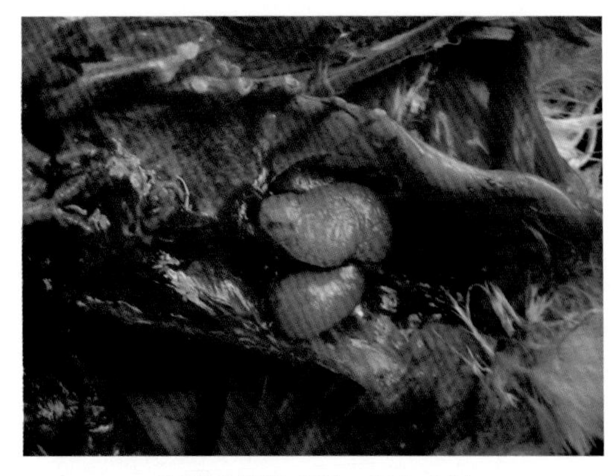

生殖系统炎症型：睾丸水肿

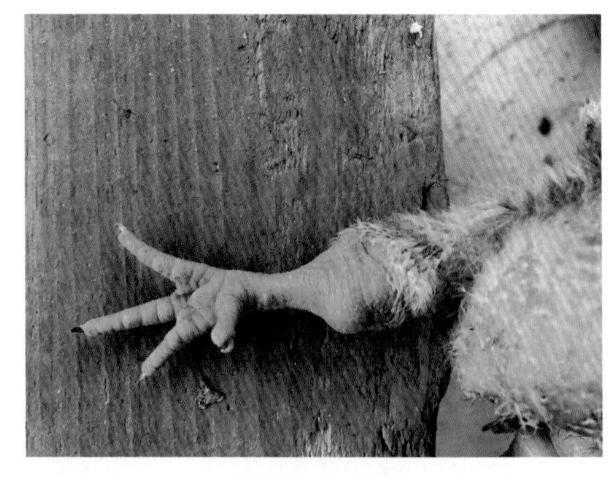

大肠杆菌病与滑液囊支原体病混合感染引起跗关节肿胀

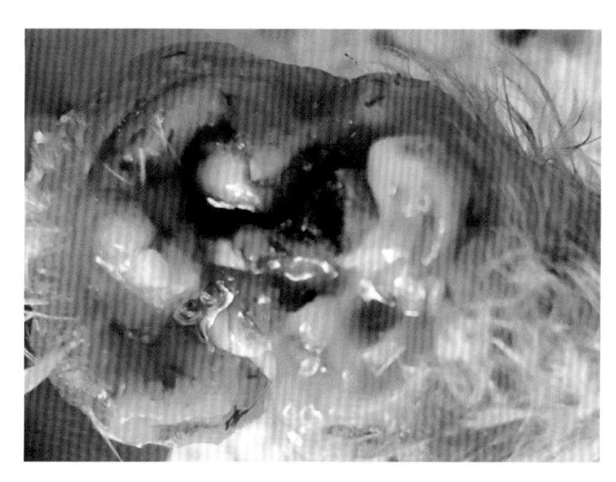

大肠杆菌病与滑液囊支原体病混合感染导致关节积液，周围组织增生

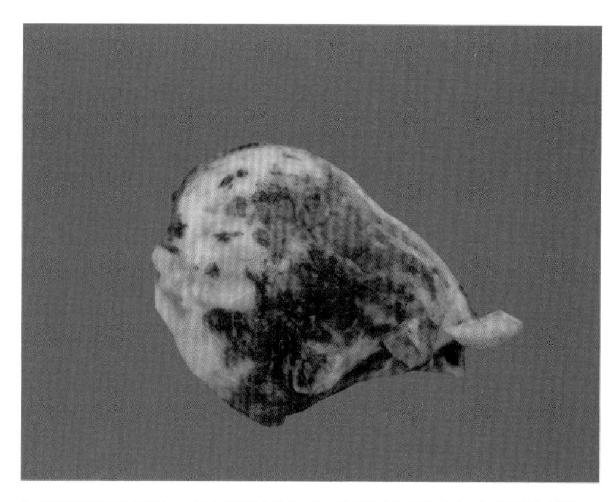

大肠杆菌病与禽霍乱混合感染引起的心冠脂肪、心包出血

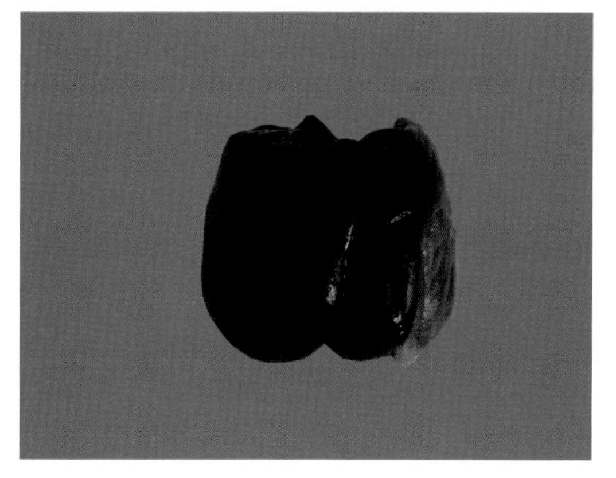

大肠杆菌病与伤寒混合感染引起的肝被膜增厚、脱落，肝脏呈青铜色

大肠杆菌病与弧菌性肝炎混合感染引起的肝被膜增厚、脱落，局部坏死

鸭大肠杆菌病图

病鸭精神沉郁、离群、呆立

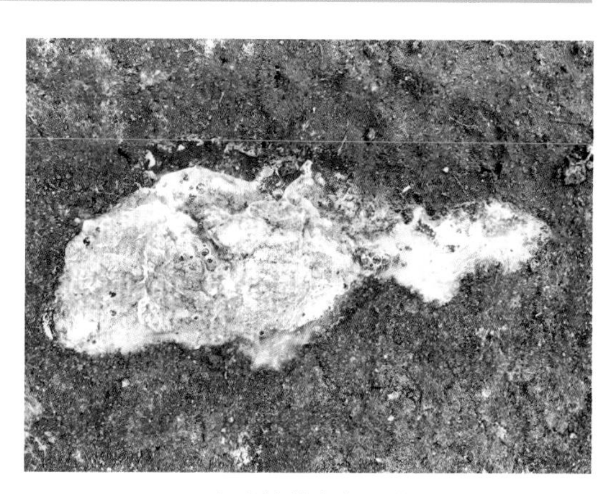

病鸭拉黄白色稀粪

卵黄吸收不良、出血； 肠道肿胀、出血

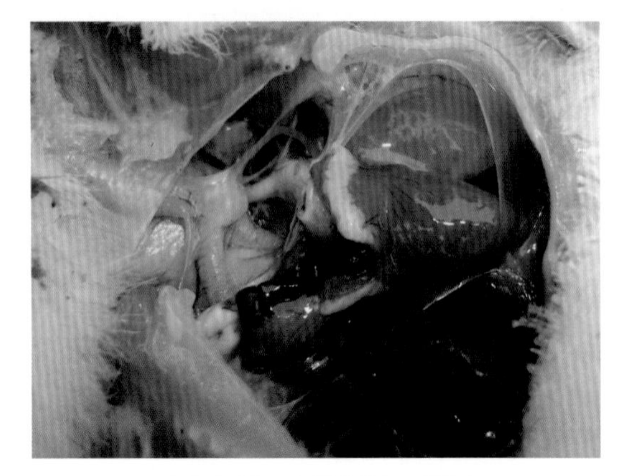

心包积液，气囊混浊、增厚

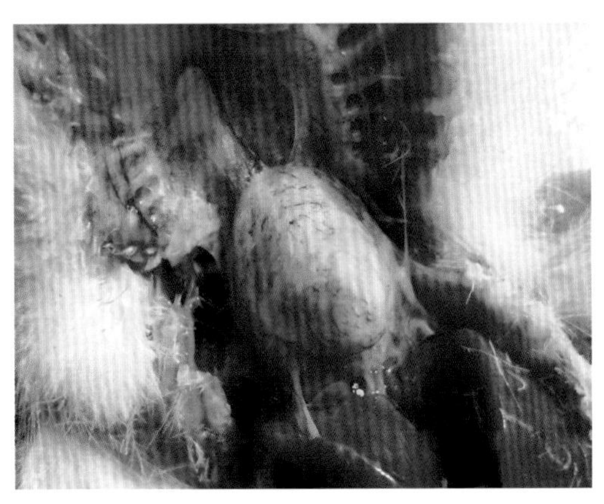

心包炎

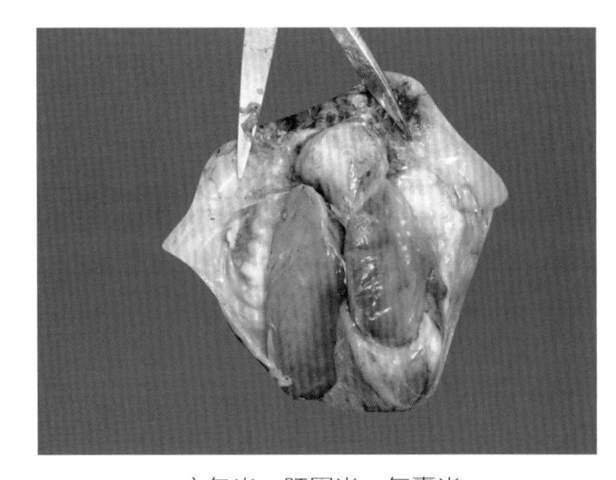

心包炎、肝周炎、气囊炎

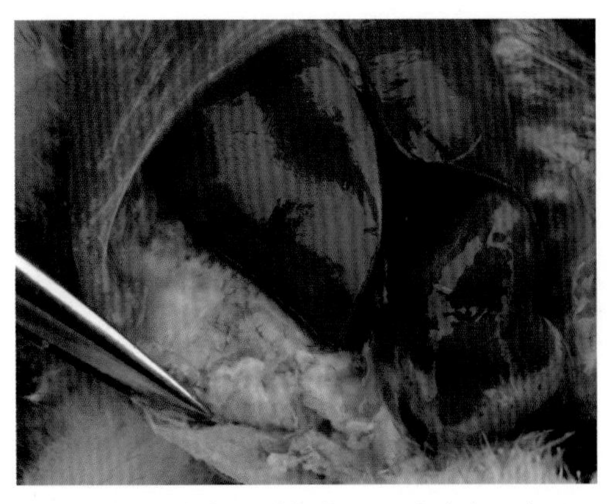

气囊附有黄白色干酪样物，肝脏肿大，心肌及心冠脂肪出血

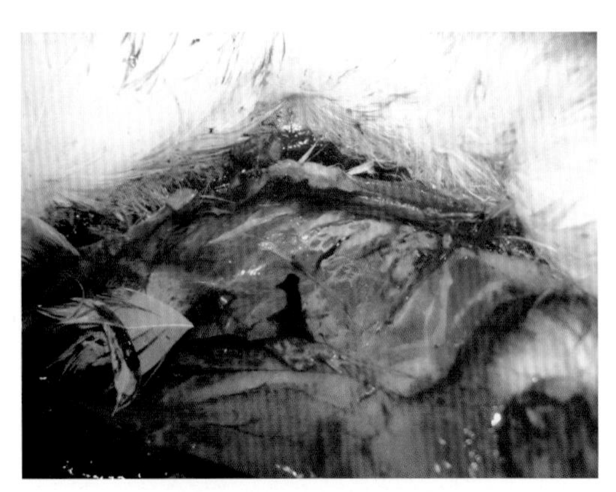

气囊上附有黄色干酪样物

气囊混浊，附有奶油状物；卵泡出血、坏死

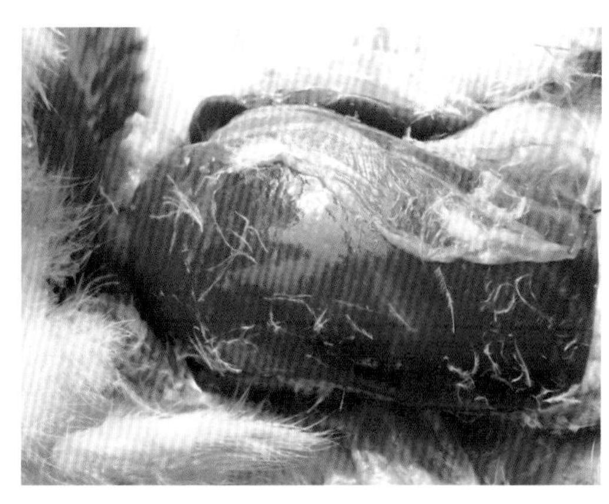

肝脏肿大、出血，被膜增厚，易脱落

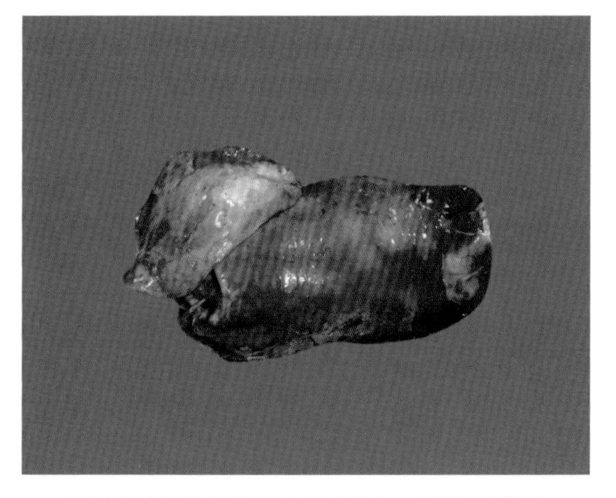

肝脏被纤维素性渗出物覆盖，被膜易脱落

泄殖腔外翻、水肿

鹅大肠杆菌病图

鼻腔内有红色分泌物

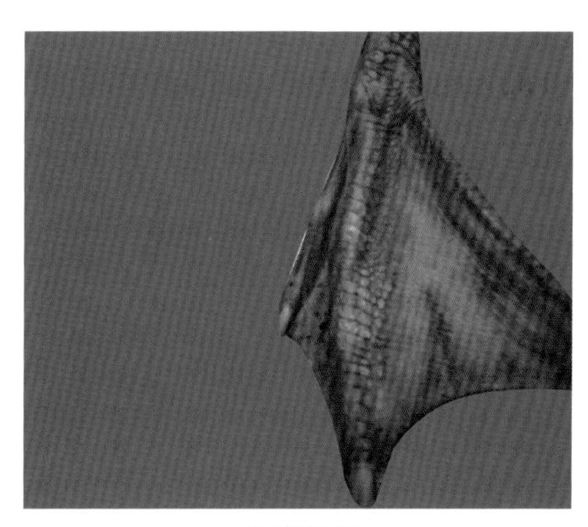

脚蹼发绀

卵黄吸收不良，呈黄色

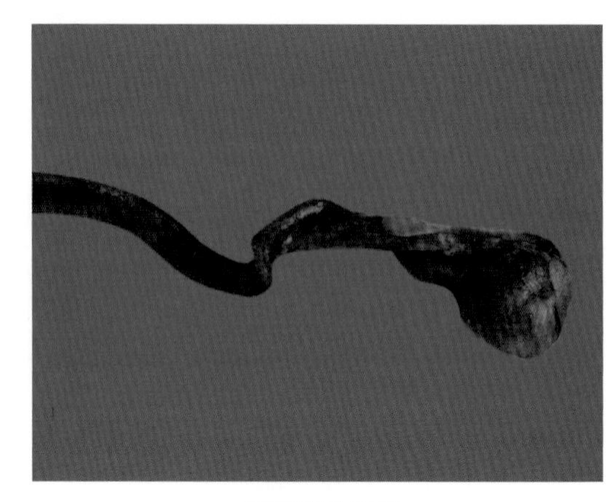
卵黄吸收不良

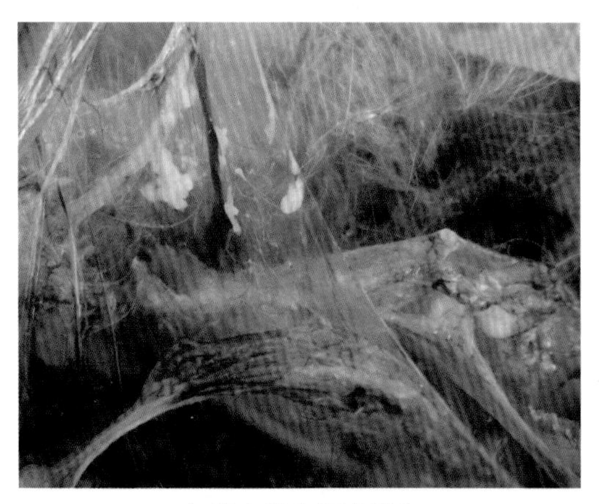
气囊上附有奶油样物

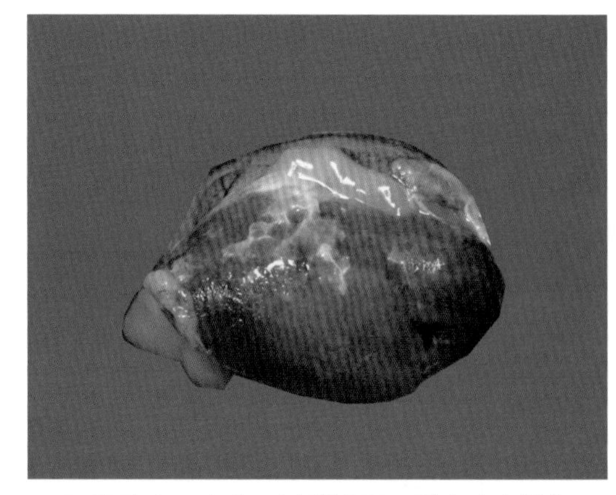
肝脏肿大、出血，被膜增厚，附有胶冻样物

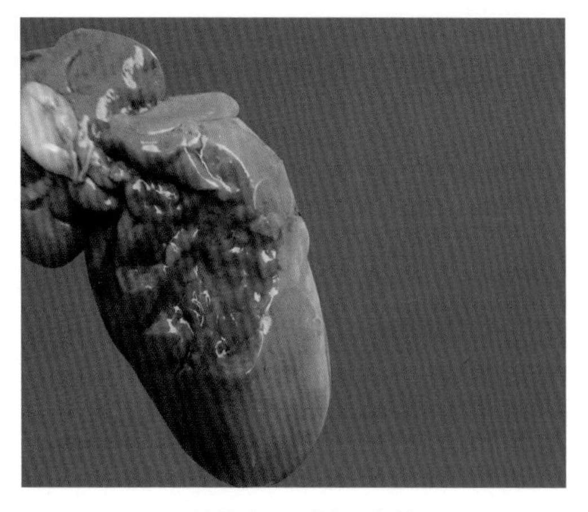
肝脏肿大、质脆、色淡

肝脏有大量出血点，被膜增厚

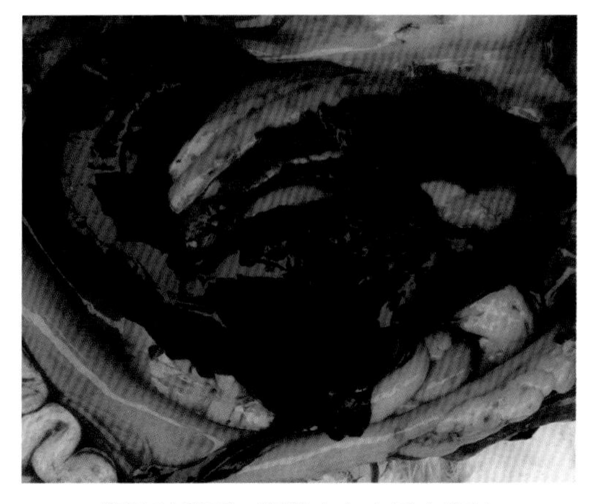
肝脏破裂后，腹腔内有大量血凝块

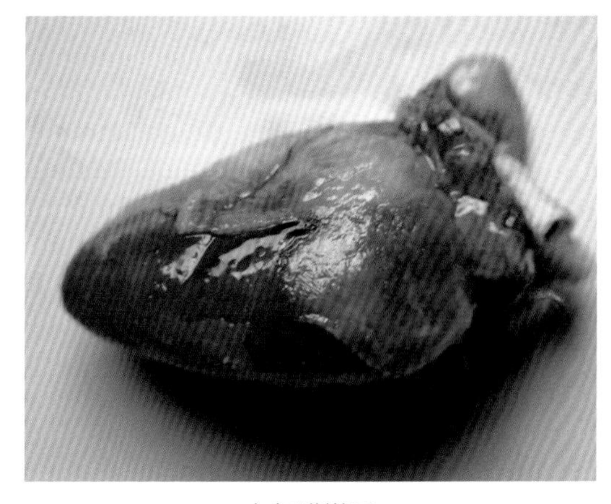
心包膜增厚

心包炎

心肌内膜出血

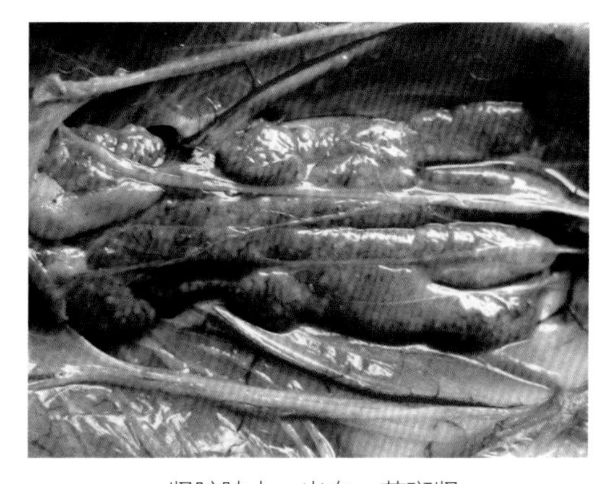
肾脏肿大、出血，花斑肾

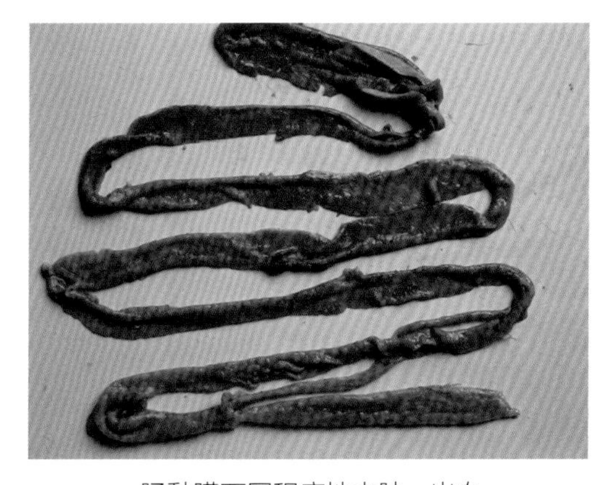
肠黏膜不同程度地水肿、出血

肠黏膜水肿、出血

肠黏膜水肿

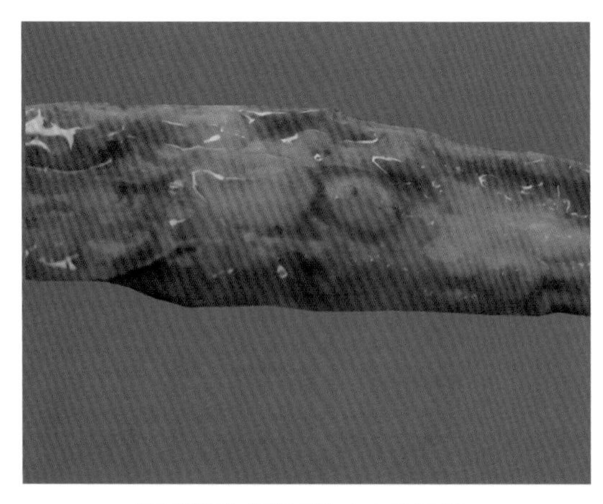

肠黏膜形成黄豆粒大小的隆起

输卵管黏膜水肿，内有豆腐渣样物

卵黄充血、出血、坏死

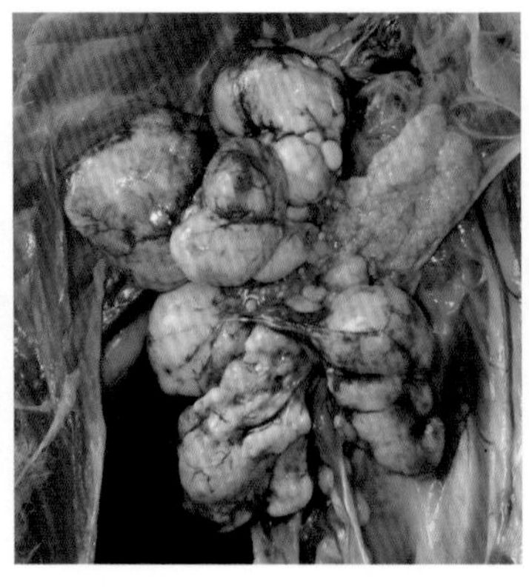

卵黄变性、坏死

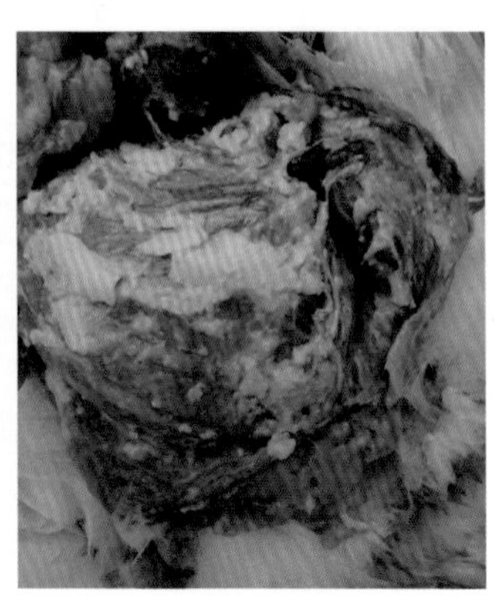

卵黄性腹膜炎

第二节　鸡白痢

一、概述

鸡白痢（pullorum disease）是由鸡白痢沙门杆菌（salmonella pullorum ）感染引起鸡的一种常见细菌病，主要危害雏鸡，以雏鸡拉白色糊状稀粪为特征，死亡率高，成年鸡多为慢性经过或隐性感染。

二、病原特征

鸡白痢沙门杆菌革兰氏染色为阴性，不形成芽孢，无鞭毛，呈细长杆菌，（0.3～1.5）μm×（1.0～2.5 ）μm，多单个存在，需氧兼性厌氧菌，鸡白痢沙门杆菌对营养要求高，在营养性培养基（如硒酸盐-F和四磺酸钠肉汤）、鉴别培养基（如麦康凯培养基、亚硫酸铋琼脂和亮绿琼脂）上生长良好。该菌不耐热，60 ℃ 仅3 min即可灭活，在适宜的环境条件下，该菌具有较强的抵抗力，能存活数月，对常用的大多数消毒剂和甲醛气体敏感。

三、流行病学

传染源：病鸡和带菌鸡是主要传染源，某些有易感性的飞禽等也可以成为传染源。

传播途径：本病可经蛋垂直传播，也可通过孵化器，被污染的饲料、饮水、垫料、粪便、鼠类和环境等水平传播。

易感动物：各种日龄、品种和性别的鸡均有易感性，2～3周龄内的雏鸡常发，发病率和死亡率最高，常呈暴发流行性，成年鸡呈慢性经过或隐性感染。

近几年来育成阶段的鸡和肉仔鸡发病日趋明显。发病率和死亡率差别很大，受年龄、品种、营养水平、饲养管理水平、有无并发疾病、感染途径和感染菌数量的影响，育雏室温度过高或过低 、通风不良、饲养密度大、长距离运输等均可诱发本病。

四、临床症状

本病潜伏期4～5 d。

若胚胎期感染，造成胚胎死亡，出壳率低，孵化出大量弱雏，出壳后3日龄内大量死亡。

若出壳后感染的雏鸡，一般7～10d发病并开始死亡，21日龄后发病率逐渐减少。

病雏鸡精神沉郁，眼睛呈云雾状混浊，失明，怕冷，聚群，扎堆，排便困难，排便时伴随短促的尖叫声，拉白色粪便，有时拉棕绿色的排泄物，肛门周围的羽毛污秽、粘连，有时出现黏肛。

部分病鸡关节肿胀，跛行，零星死亡等。

蛋鸡表现为产蛋率下降，零星死亡，有“垂腹”等症，种蛋受精合格率降低等。

雏鸡脑炎型和肺炎型鸡白痢常见。

1.脑炎型鸡白痢

雏鸡多在6～21日龄发病。病鸡头颈低垂扭曲，或俯向胸前，或仰向后背部，滚翻等。

2.肺炎型鸡白痢

雏鸡多在3～5日龄发病，最早可在1日龄发病。病初有轻微的呼吸道症状，中期呼吸加快，腹式呼吸，肛门口及其周围干净，后期常继发慢性呼吸道病或大肠杆菌病而引起死亡，死亡鸡机体消瘦，侧卧，两腿后伸等。

五、病理变化

1.雏鸡或青年鸡

卵黄吸收缓慢或不吸收，内容物多为黄绿色糊状或奶油状，甚至卵黄硬化呈干酪物样（与脐炎型大肠杆菌病相似，很难通过肉眼分辨）。

初期肺表面有淡黄色混浊液体，中后期肺脏有灰白色至灰黄色结节（肺炎型鸡白痢）。

肝脏肿大，呈砖红色或土黄色，表面有灰白色或淡黄色的小坏死点散在，肝脏有时有出血斑点或条纹状出血。

心脏变形，心脏、肠管、肌胃等处有白色或灰白色隆起的坏死结节。

肠壁弥漫性肉芽肿，盲肠内有干酪样物充斥，形成所谓的“盲肠芯”（肠炎型大肠杆菌病、禽伤寒、禽副伤寒、组织滴虫病等也会出现类似的“盲肠芯”），呈香肠样，有时混有血液。

脑膜充血；胆囊肿大；脾脏肿大并有白色坏死点；肾脏稍肿大、充血，输尿管因充满尿酸盐而扩张。

2.成年鸡

肝脏肿胀、变性，呈黄绿色，表面凸凹不平，肝被膜增厚。

腹水，纤维素性心包炎，心肌有白色或灰白色小结节，胰腺有细小坏死点等。

卵泡变性、变色，呈囊状，卵泡的内容物呈油脂样或干酪样，卵黄破裂后掉入腹腔形成卵黄性腹膜炎并引起肠管与其他内脏器官粘连等。

六、防治

1.预防

建立无白痢种鸡群是关键措施，对种鸡场定期进行检疫，扑杀带菌鸡。加强饲养管理，搞好环境卫生，严格消毒， 做好育雏期舍内的通风换气，温湿度及饲养密度适宜等措施可以降低发病率。

雏鸡出壳24 h内注射恩诺沙星或头孢噻呋钠等抗生素，起到较好的预防效果。

2.治疗方案

发病后，全群给药进行治疗，治疗时建议配合维生素C可溶性粉或复方维生素纳米乳口服液，利于本病的康复。

（1）根据药敏试验结果，选择高敏的抗微生物药饮水或拌料治疗。

（2）选择清热解毒，燥湿止痢中药治疗。

【处方1】鸡痢灵散

雄黄、藿香、滑石、黄柏各10 g，白头翁、诃子、马齿苋、马尾连各15 g。

【用法与用量】雏鸡0.5 g/只。

【处方2】雏痢净

白头翁、马齿苋各30 g，黄连、乌梅各15 g，黄柏、木香各20 g，诃子9 g，苍术60 g，苦参10 g。

【用法与用量】雏鸡0.3～0.5 g/只。

【处方3】苦参地榆散

苦参40 g，地榆、仙鹤草各30 g。

【用法与用量】混饲，雏鸡预防量每1 kg饲料10 g，自由采食，治疗量加倍。

【处方4】三黄白金散

黄柏、木香各20 g，黄连15 g，白头翁50 g，金银花40 g，黄芩、马齿苋、虎杖各10 g，穿心莲30 g。

【用法与用量】雏鸡0.4～0.8 g/只。

【处方5】三黄苦参散

黄连30 g，黄柏15 g，黄芩、穿心莲、板蓝根、木香各45 g，甘草10 g，雄黄5 g，苦参60 g。

【用法与用量】雏鸡0.2 g/只，2次/d。

【处方6】白莲藿香散

白头翁、穿心莲、广藿香、苦参各15 g，黄柏、黄连、雄黄、滑石各10 g。

【用法与用量】一次量，雏鸡0.25 g/只，2～3次/d。

【处方7】四黄贯板散

黄连、大黄各30 g，黄芩、焦山楂各35 g，绵马贯众50 g，板蓝根65 g，地黄45 g，甘草20 g。

【用法与用量】雏鸡0.6 g/只。

【处方8】泽漆止痢散

泽漆80 g，穿心莲、板蓝根各60 g，苍术30 g，蒲公英、墨旱莲各50 g，雄黄15 g。

【用法与用量】雏鸡0.3 ~ 0.6 g/只。

【处方9】穿白痢康散

穿心莲200 g，白头翁100 g，黄芩、功劳木、秦皮、广藿香、陈皮各50 g。

【用法与用量】雏鸡0.24 g/只。

【处方10】龙紫散

龙胆草、紫花地丁、紫草、鱼腥草、仙鹤草、甘草各50 g。

【用法与用量】雏鸡0.3 ~ 0.6 g/只。

【处方11】痢喘康散

白头翁、黄柏、黄芩、陈皮、半夏、大黄、桔梗各20 g，板蓝根、白芍、甘草各10 g，石膏30 g。

【用法与用量】拌料混饲，鸡2 ~ 4 g/只。

【处方12】三黄白头翁散

黄芩、黄柏、大黄、白头翁、陈皮、白芍、地榆、苦参、青皮各200 g。

【用法与用量】鸡0.5 g/只。

【处方13】翁柏解毒散

白头翁、滑石各120 g，黄柏、苦参、穿心莲各60 g，木香30 g。

【用法与用量】拌料混饲，成鸡0.6 ~ 1.2 g/只，雏鸡 0.2 ~ 0.4 g/只，2次/d。

【处方14】白头翁康痢散

白头翁、黄芩、艾叶、益母草各30 g，黄连、滑石粉各6 g，薏苡仁、半夏、陈皮、青蒿、蒲公英各10 g，黄芪、党参各20 g，白扁豆15 g，补骨脂5 g，车前草、桔梗各16 g，甘草12 g。

【用法与用量】拌料混饲，鸡每1 kg饲料5 g。

【处方15】穿虎石榴皮散

虎杖、地榆、黄柏各98 g，穿心莲294 g，石榴皮147 g，石膏196 g，甘草49 g，肉桂20 g。

【用法与用量】拌料混饲，鸡每1 kg饲料10 g，连用5 d。

【处方16】黄金二白散

黄芩、黄柏各60 g，金银花、连翘各40 g，白头翁、白芍各45 g，栀子50 g。

【用法与用量】拌料混饲，鸡每1 kg饲料6 ~ 12 g。

【处方17】七清败毒散

黄芩、虎杖、板蓝根各100 g，白头翁、苦参各80 g，绵马贯众60 g，大青叶40 g。

【用法与用量】拌料混饲，鸡每1 kg饲料5 g，连用3 d。

【处方18】青莲藿香散

藿香、当归、赤芍、甘草各10 g，穿心莲、青蒿、大青叶各20 g，地黄30 g。

【用法与用量】拌料混饲，鸡每1 kg体重1.5 g，连用3 ~ 5 d。

【处方19】双黄穿苦散

黄连、黄芩、金荞麦、六神曲各30 g，穿心莲25 g，苦参20 g，马齿苋、苍术、广藿香各15 g，雄黄10 g。

【用法与用量】拌料混饲，鸡每1 kg体重0.5 ~ 0.7 g，2 ~ 3次/d。

【处方20】穿黄散（河南省现代中兽医研究院研制）

穿心莲、野菊花各10 g，黄芩、黄连、黄柏、蒲公英、鱼腥草、夏枯草、紫萁贯众、牡丹皮、赤芍各9 g。

【主治】大肠杆菌病、沙门杆菌病等。

【用法与用量】禽1 ~ 3 g/只，连用4 ~ 5 d。

鸡白痢图

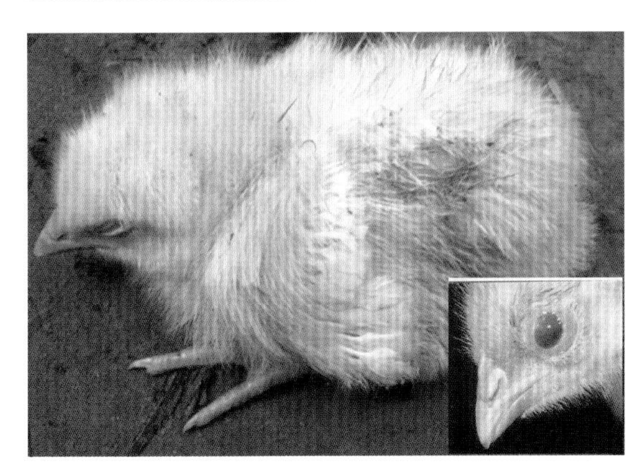

病鸡精神沉郁，眼睛呈云雾状混浊，失明

病鸡精神不振，闭眼，张口呼吸

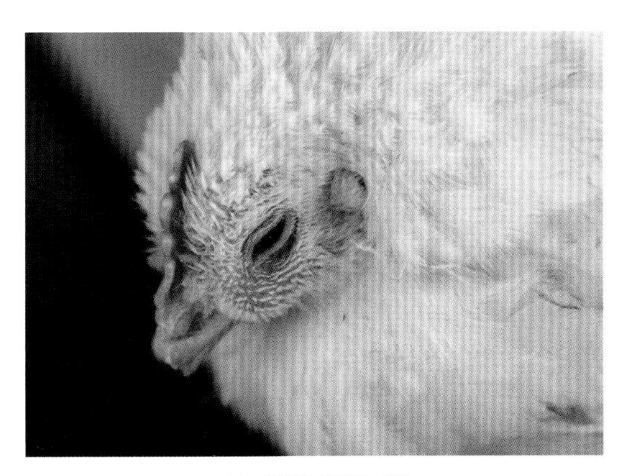

病鸡眶下窦肿胀

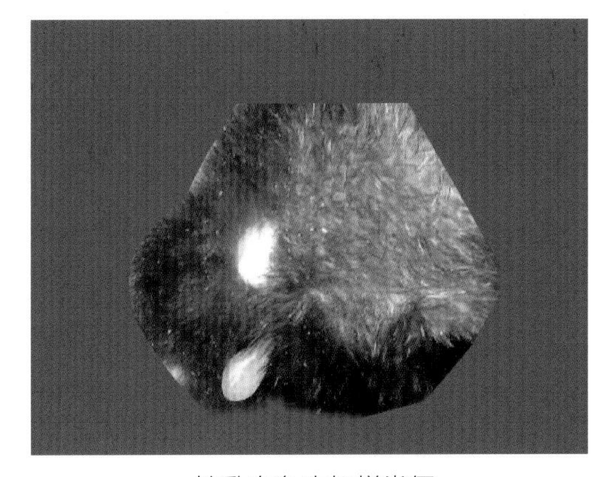

拉乳白色牛奶样粪便

糊肛

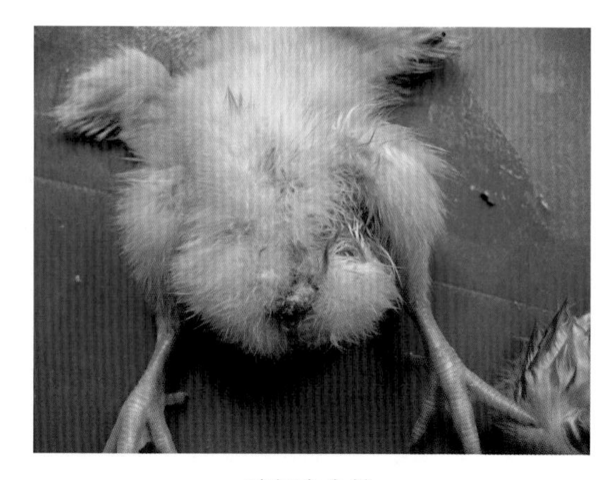

脐部愈合差

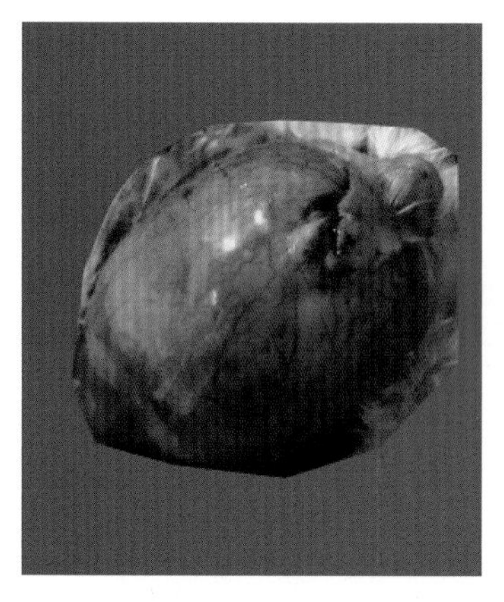

脐孔周围出血，卵黄吸收不良

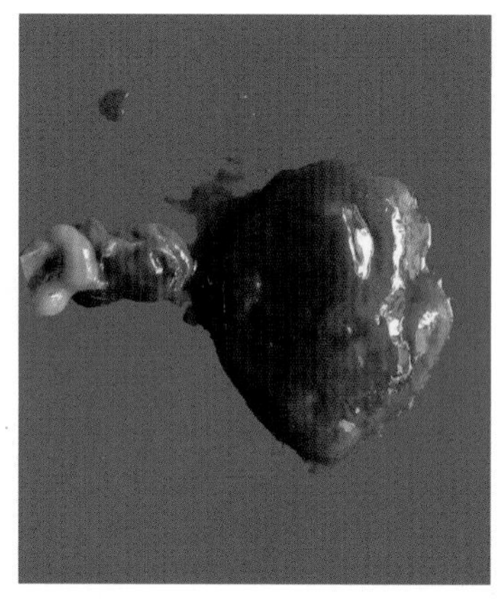

卵黄囊变性

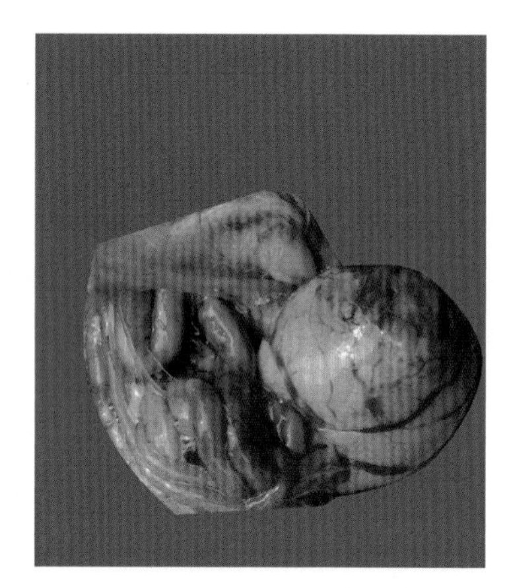

卵黄吸收差，卵黄变性

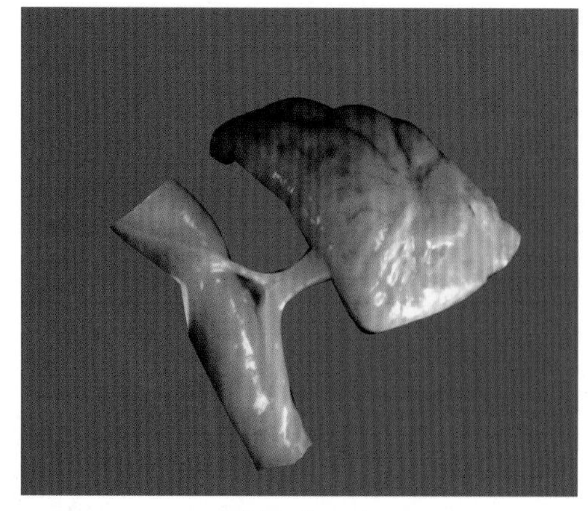

卵黄吸收不良

卵黄吸收不良、坏死

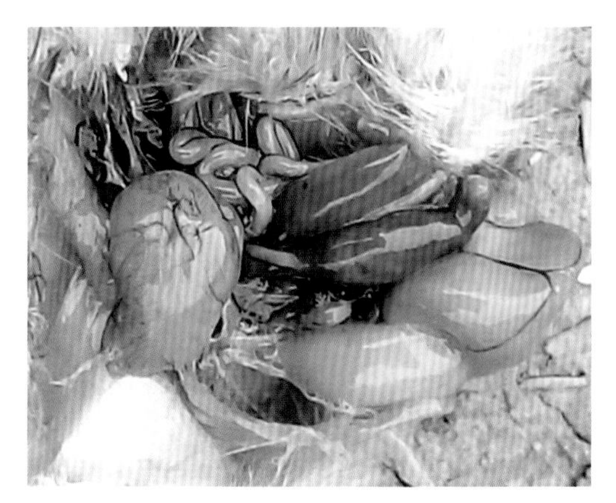

卵黄吸收不良，呈液状

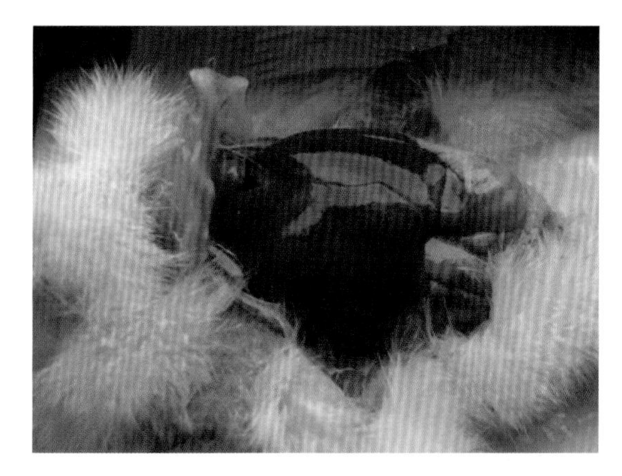

肝脏肿大，出血

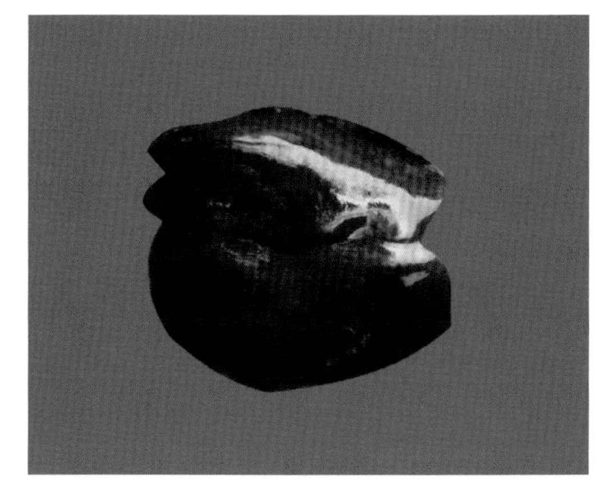

肝脏肿大，呈砖红色，表面有白色坏死点散在

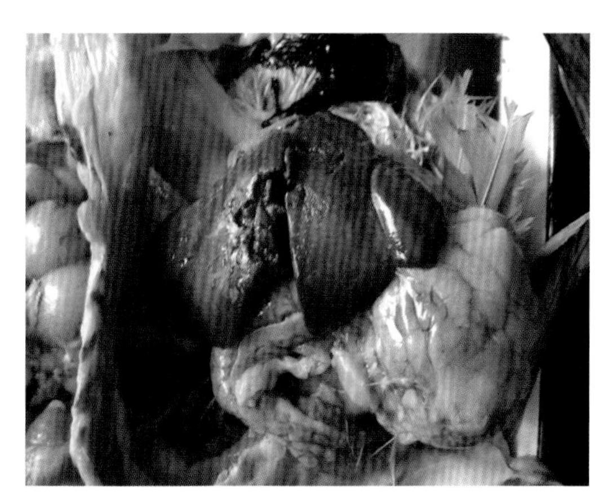

肝脏表面有大小不一的坏死灶，易破碎

肝脏有灰白色坏死灶散在

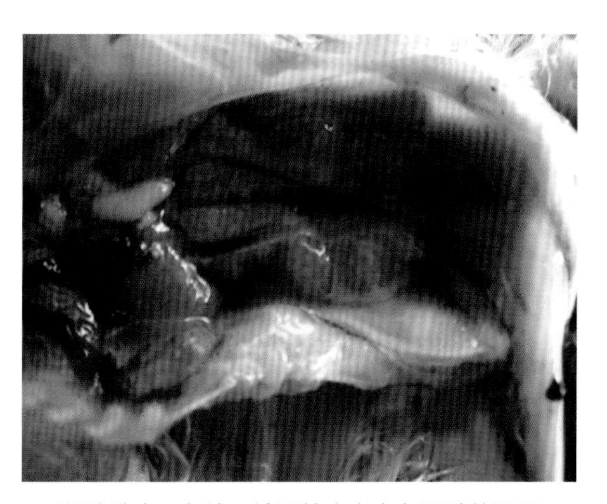

肾脏肿大，色淡，输尿管内有白色尿酸盐沉积

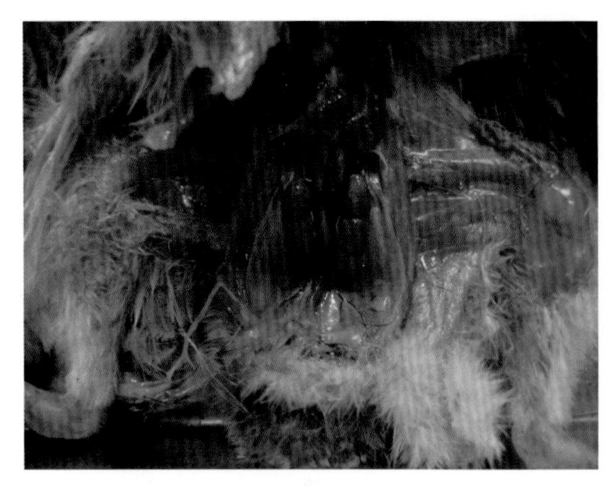
肾脏肿大，输尿管内有白色尿酸盐

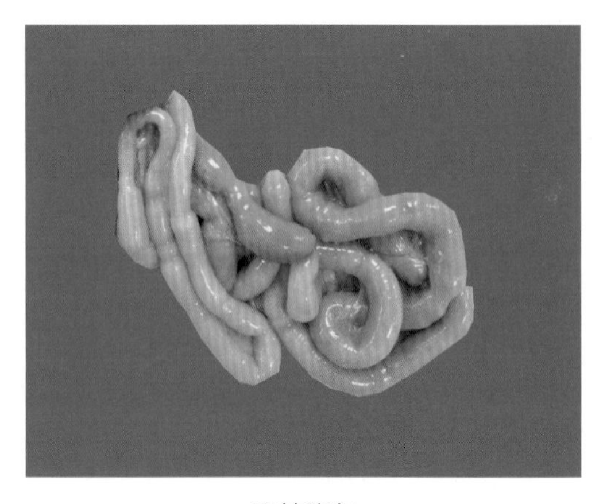
肠管胀气

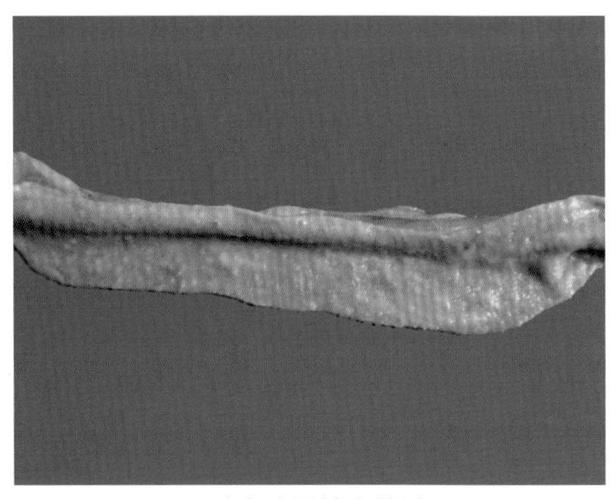
肠壁有弥漫性肉芽肿

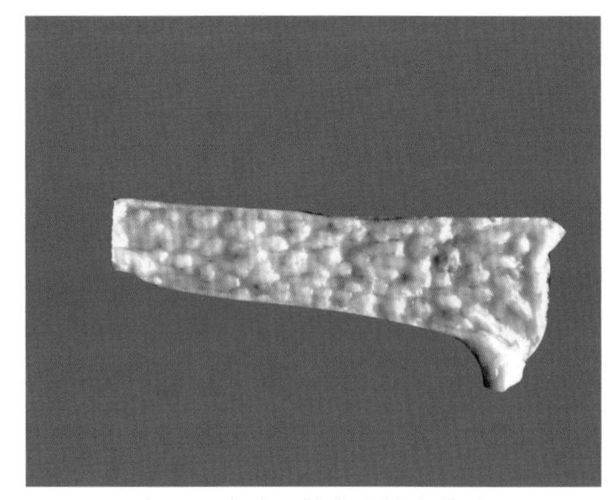
直肠形成豌豆粒大小的肉芽肿

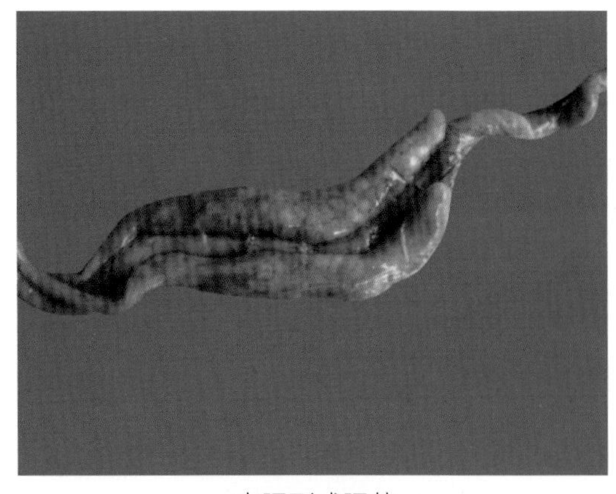
盲肠形成肠芯

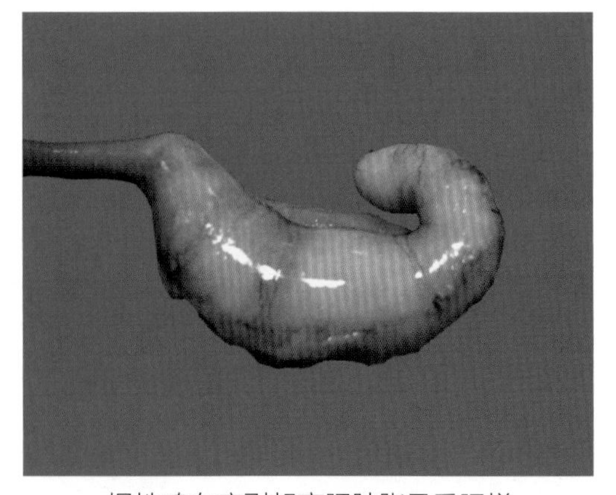
慢性鸡白痢引起盲肠肿胀呈香肠样

盲肠内形成栓塞

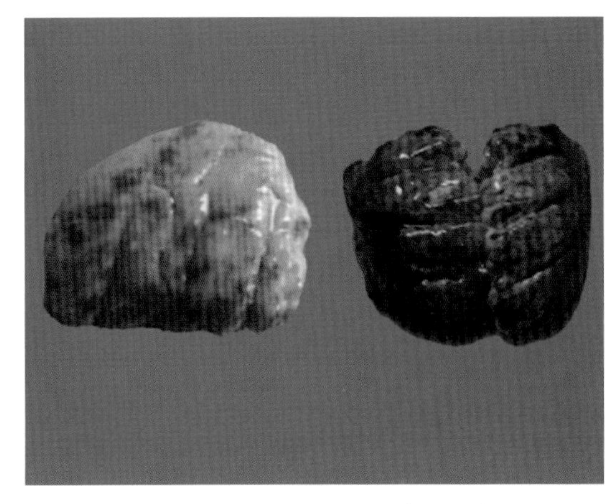

左为肺部肉样病变，右为肺瘀血

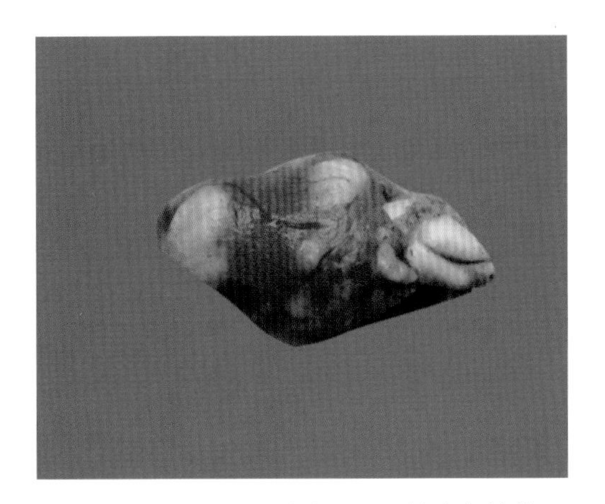

心脏变形，心肌形成大小不一的白色结节

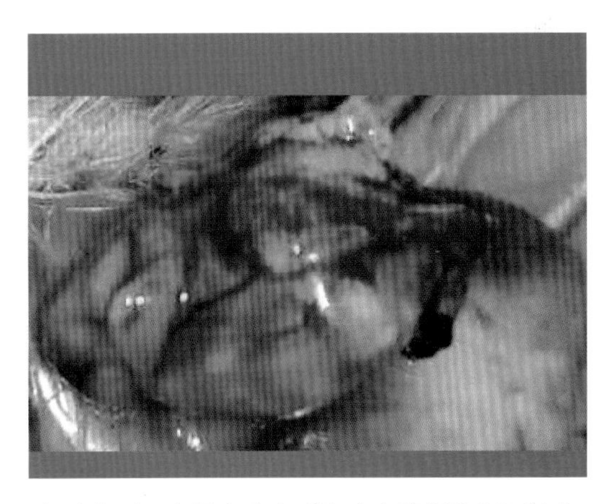

心脏变形，心肌有白色或灰白色隆起的坏死结节

心包积有白色黏稠样渗出物

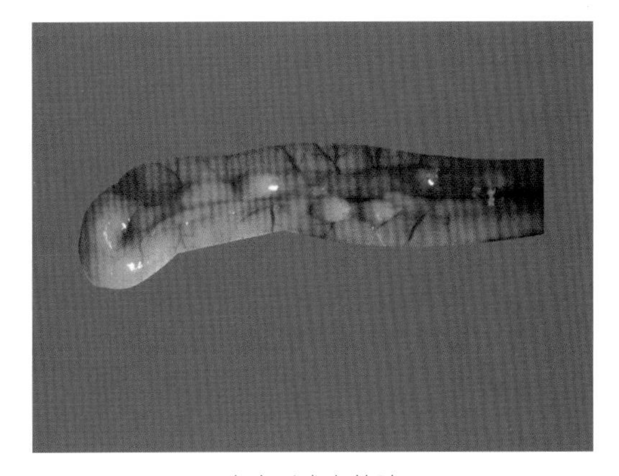

胰腺形成肉芽肿

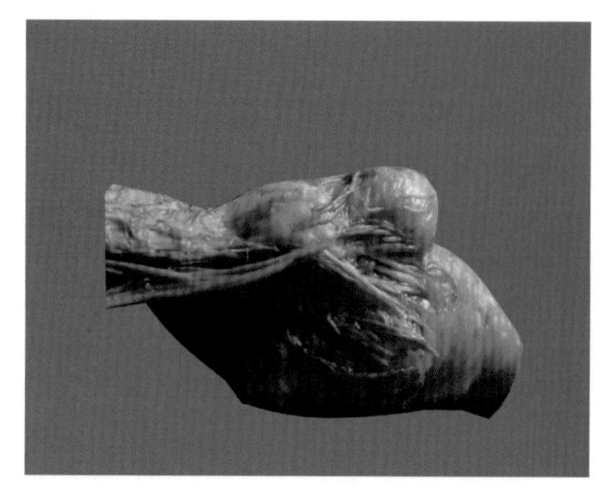

慢性鸡白痢引起的关节处皮下形成脓肿

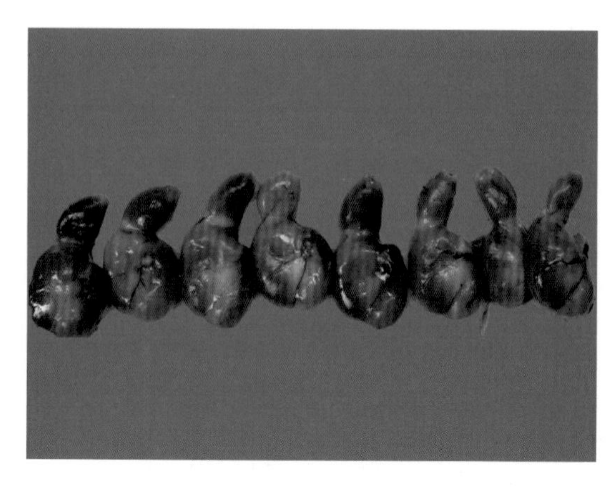

腺胃不同程度的坏死

剪开肿胀的眶下窦，可见大的结节

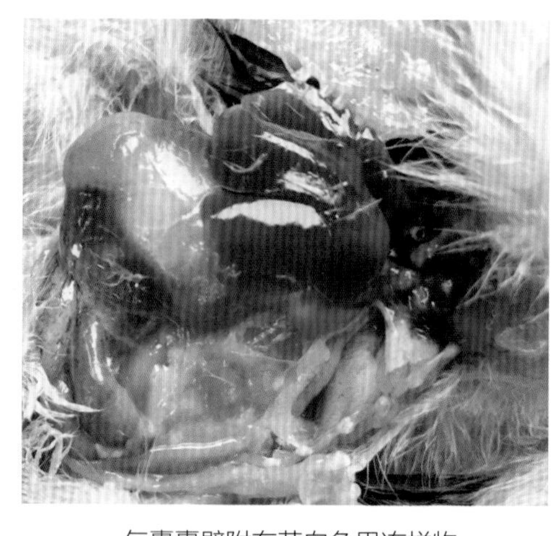

气囊囊壁附有黄白色果冻样物

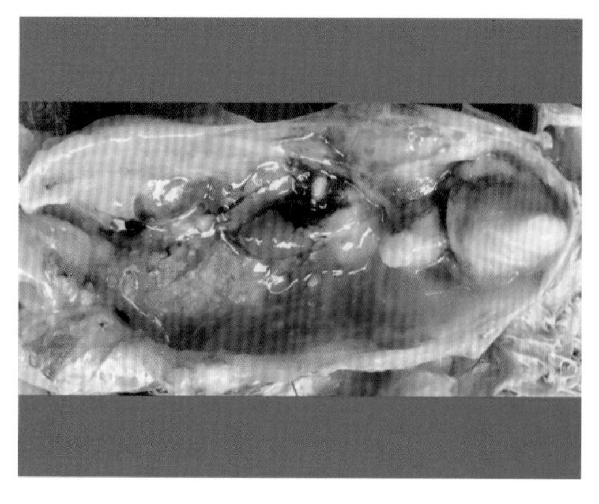

气囊混浊、增厚

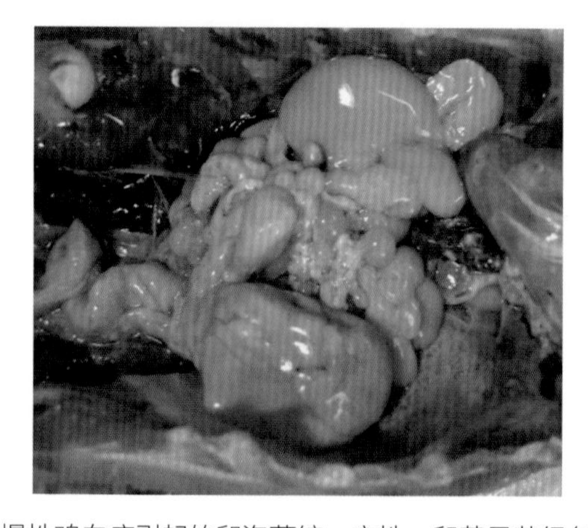

慢性鸡白痢引起的卵泡萎缩、变性，卵黄呈黄绿色

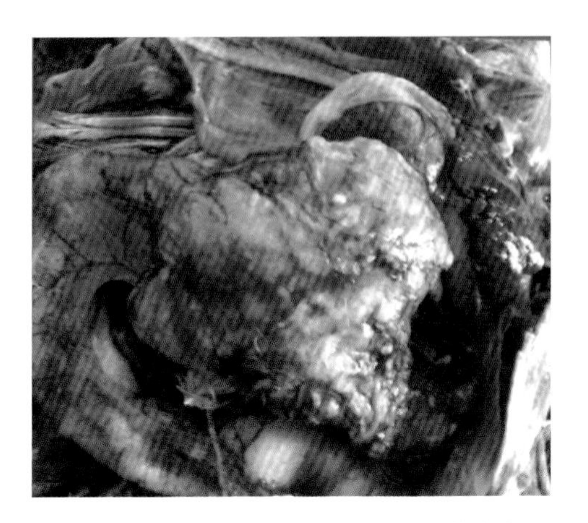

慢性鸡白痢引起的输卵管炎，管内有黄白色干酪样物

慢性感染引起的输卵管炎，管内有豆腐渣样物

卵泡变性

慢性鸡白痢引起的输卵管炎，输卵管内充满干酪样物，切面呈轮状

雏鹅精神不振，腹泻，粪便黏稠如牛奶样，间混有黄绿色粪便（鹅的白痢）

第三节 禽伤寒

一、概述

禽伤寒（fowl typhoid）是由鸡伤寒沙门杆菌感染引起家禽的一种急性或慢性败血性传染病，以黄绿色下痢，肝脏肿大，呈青铜色（尤其生长期和产蛋期的母鸡）为特征。本节主要介绍鸡伤寒。

二、病原特征

鸡伤寒沙门杆菌（salmonella gallinarum），其形态和培养特性与鸡白痢沙门杆菌形似（见鸡白痢病原特征），但血清型、生化特性和致病性不同。

三、流行病学

传染源：病鸡和带菌鸡。

传播途径：消化道感染是主要传播方式，可以经卵垂直传播，孵化器和育雏室内可引起相互传染。

易感动物：鸡和火鸡对本病易感，成年鸡较为敏感，鸭、鹅、鸽有抵抗力，常感染3周龄以上的青年鸡、成年鸡和火鸡。

本病一般呈散发或地方流行性，虽然主要发生于成年鸡，但也有雏鸡发生高死亡率的报道。

四、临床症状

本病一般散发或呈地方流行性，潜伏期一般4～5 d，具有发病率高，死亡率低的特点。

鸡冠萎缩，鸡冠与肉髯苍白，食欲减退，渴欲增加，体温升至43 ℃以上，喘气和呼吸困难，腹泻，排淡黄绿色稀粪（多见于青年鸡和成年鸡）或排白色稀粪（多见于雏鸡）；发生腹膜炎时，呈直立姿势，康复后成为带菌鸡。

慢性感染时间较长时，病鸡极度消瘦，零星死亡，病死率为10%～50%，甚至更高，与饲养管理、养殖环境等相关。

五、病理变化

雏鸡病变和鸡白痢相似，特别是肺和心肌常有灰白色结节状病灶。

青年鸡和成年鸡肝脏肿大，呈淡棕绿色或古铜色，心肌、肝脏及睾丸等表面有粟粒样灰白色坏死灶散在。胆囊充盈；脾脏和肾脏充血、肿大，表面有细小坏死灶散在。

产蛋鸡卵泡出血、变性、变色，因卵泡破裂掉入腹腔常引起腹膜炎，小肠卡他性炎症，十二指肠有点状或斑点状出血，肠道内容物多为绿色，盲肠有土黄色干酪样栓塞物，大肠黏膜有出血斑，直肠肉芽肿，肠管间发生粘连，淋巴滤泡肿胀等。

有些病例可见纤维性心包炎、肝周炎、腹膜炎等。

六、防治

1.预防

参考鸡白痢。

2.治疗方案

发病后，全群给药进行治疗，治疗时建议配合维生素C可溶性粉或复方维生素纳米乳口服液，利于本病的康复。

（1）根据药敏试验结果，选择高敏抗微生物药饮水或拌料治疗。

（2）选择清热解毒，燥湿止痢的中药制剂治疗。

【处方1】三味拳参散

拳参1 400 g，穿心莲1 000 g，苦参1 600 g。

【用法与用量】拌料混饲，禽每1 kg饲料5 g。

【处方2】杨树花口服液

杨树花。

【用法与用量】混饮，禽每1 L水1～2 mL（每1 mL相当于原生药材1 g）。

【处方3】白头翁散加减

黄连、雄黄、藿香各30 g，黄柏、滑石、诃子各 45 g，秦皮、白头翁、马齿苋各60 g。

【用法与用量】为末，按2.5%比例拌料喂给作为预防；也可水煎去渣，药液加水稀释至每千克水含生药20 g浓度，替代饮水用于病鸡治疗，连续使用5 d。

【处方4】加味白头翁散

白头翁50 g，黄柏、黄连、秦皮、大青叶、白芍各20 g，乌梅15 g。

【用法与用量】共研细末，混入饲料中喂给，前3 d每只鸡1.5 g/d，后4 d每只鸡1 g/d，连续用药7 d。病重不能采食者，人工投喂。

【应用】用本方治疗伤寒病鸡185只，治愈165只。

【处方5】雄黄15 g，甘草35 g，白矾、黄柏、黄芩、桔梗各25 g，知母30 g。

【用法与用量】碾粉，供100只成鸡一次拌料喂服，连服3 d。

【应用】治疗鸡伤寒病，同时多饮水。

【处方6】穿黄散（河南省现代中兽医研究院研制）

穿心莲、野菊花各10 g，黄芩、黄连、黄柏、蒲公英、鱼腥草、紫萁贯众、牡丹皮、赤芍各9 g，夏枯草8 g等。

【主治】大肠杆菌病、沙门杆菌病等。

【用法与用量】禽1～3 g/只，连用4～5 d。

鸡的伤寒图

病鸡精神沉郁，羽毛蓬松

肺脏出血、瘀血

卵黄吸收不良，卵黄变性

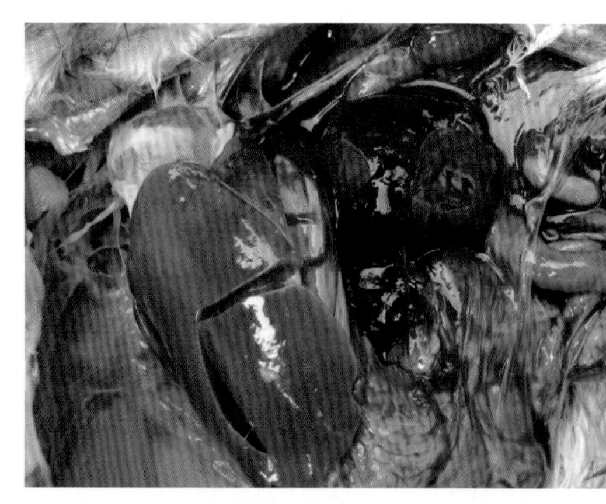

脾脏肿胀，被膜破裂引起出血，肝脏呈淡青铜色

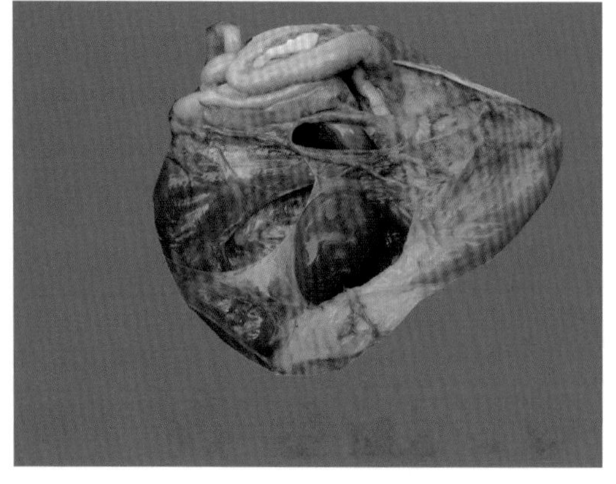

脾脏肿胀，局部坏死

肝脏肿胀、出血，有白色坏死点散在

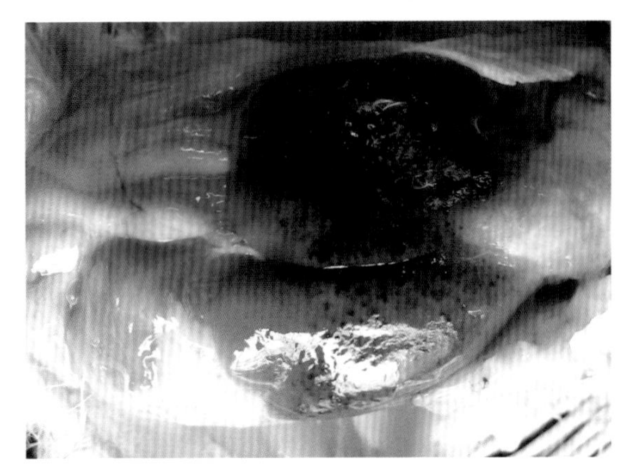

肝脏肿胀，色淡，坏死，有出血斑点

肝脏肿大，坏死，呈青铜色

肝脏肿大，呈青铜色

青铜肝

大肠杆菌病与伤寒混合感染引起的肝被膜增厚、脱落，肝脏呈青铜色

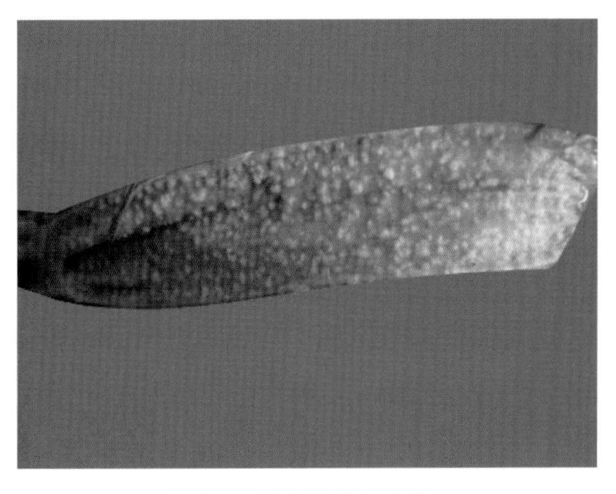

直肠形成弥散性肉芽肿

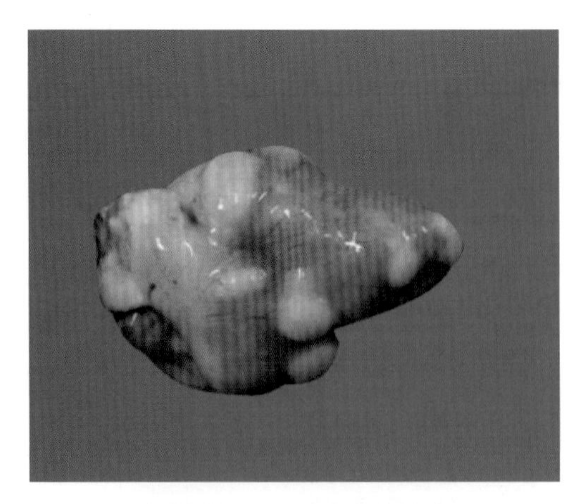

慢性病例：心脏形成肉芽肿

卵泡变性、变色、萎缩等

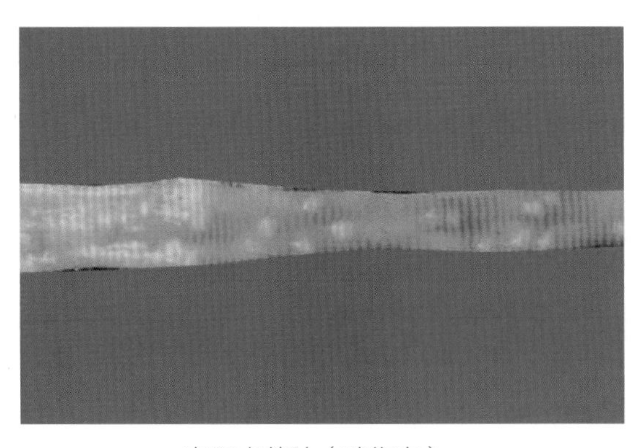

直肠肉芽肿（鸭伤寒）

鸽的伤寒图

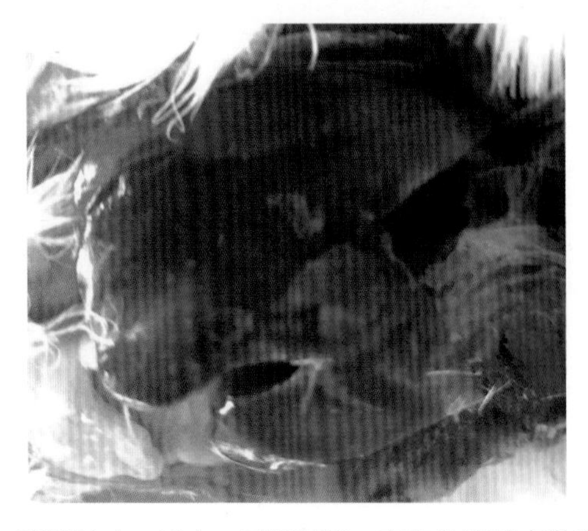

肝脏肿大、出血，局部坏死，有白色坏死点散在

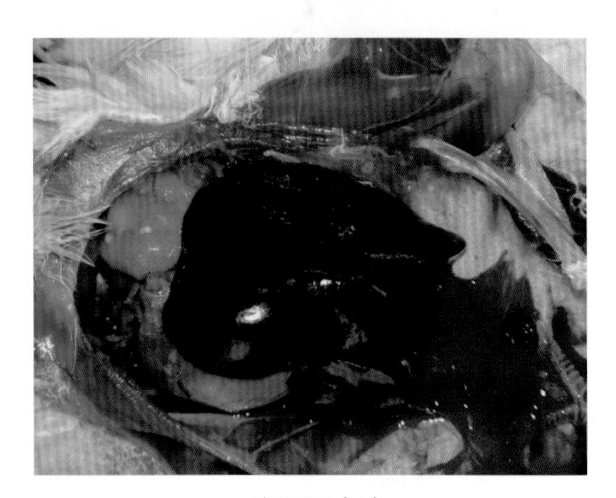

青铜肝（1）

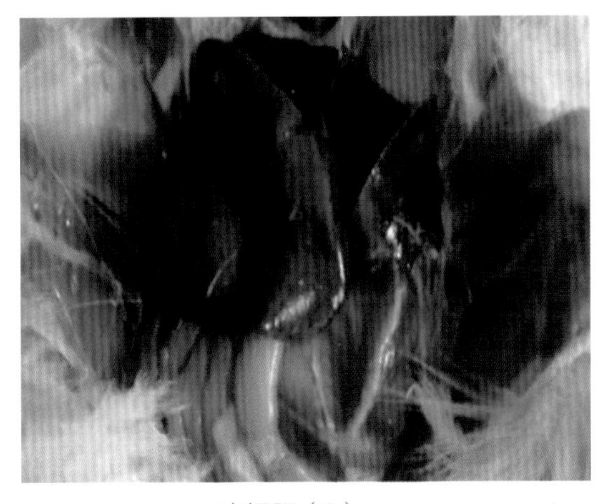

青铜肝（2）

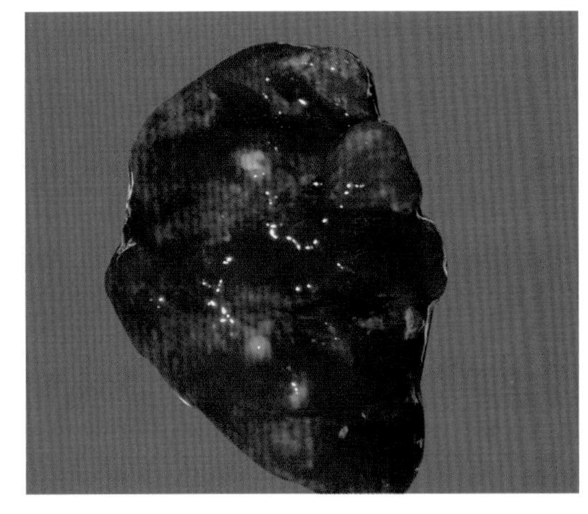

肺脏出血

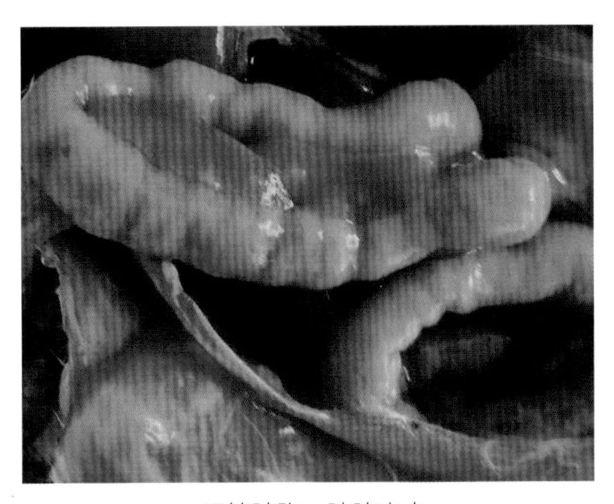

肠管肿胀，胰腺出血

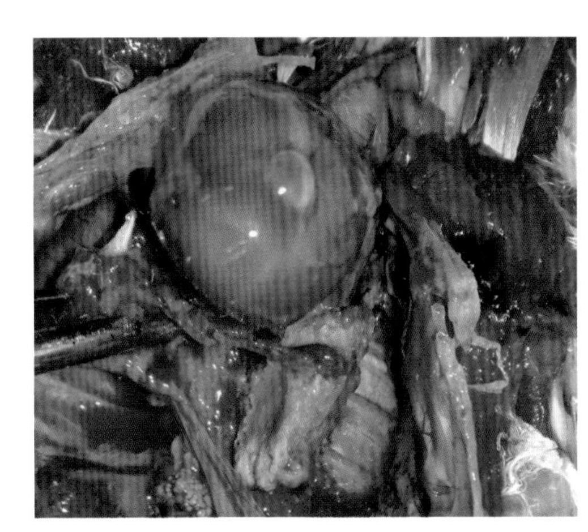

肺脏坏死

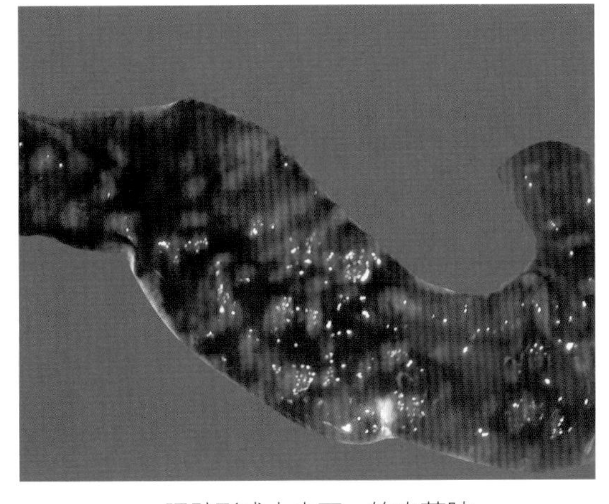

肠壁形成大小不一的肉芽肿

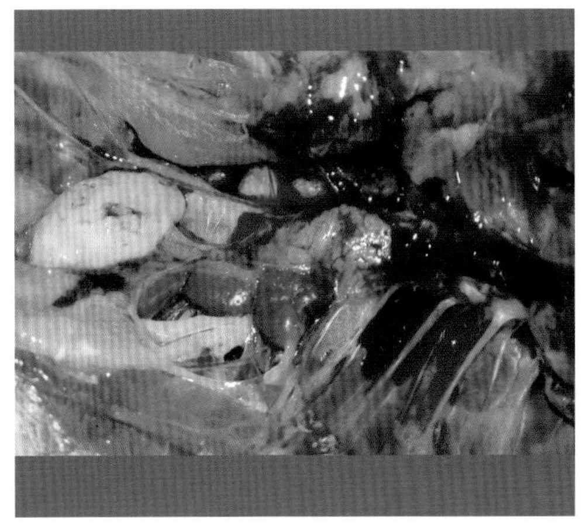

肾脏坏死

第四节　禽副伤寒

一、概述

禽副伤寒（paratyphoid infection）是家禽、多种禽类及哺乳动物的急性或慢性疾病，是由沙门杆菌属中的一个没有宿主特异性的菌种引起的。本病不仅各种家禽均易感，而且也能广泛感染人，目前其污染的家禽和相关制品已成为人类沙门杆菌和食物中毒的主要来源之一。因此，防治禽副伤寒沙门杆菌病具有重要的公共卫生意义。本书主要介绍鸡、鸭、鹅副伤寒。

二、病原特征

本病菌为革兰氏阴性的细长杆菌，无芽孢和荚膜，有鞭毛能运动。副伤寒沙门杆菌为兼性厌氧菌，引起本病的血清型众多，其中最常见的为鼠伤寒沙门杆菌、肠炎沙门杆菌等，致病性与菌体的内毒素有关。本菌对热及多种消毒剂敏感。

三、流行病学

传染源：带菌禽和病禽是主要传染源。

传染途径：可经蛋垂直传播，也可经呼吸道、消化道、损伤的皮肤传播，而经蛋垂直传播使疾病的清除更为困难。

易感动物：各种日龄的家禽、野禽均可感染，尤其幼禽易感，如2～5周龄的雏鸡及雏鸭、雏鹅，青年禽和成年禽为慢性经过或隐性感染。

本病四季均可发病，闷热、潮湿、拥挤的饲养环境会促进本病的发生与流行，呈地方流行性，幼禽发病率、死亡率较高，1月龄以上的家禽有较强的抵抗力，一般不引起死亡。蛋禽表现为产蛋率、受精率和孵化率降低，若与其他病原菌混合感染，则加重病情，死亡率增加，病死率高达80%以上。

四、临床症状

1.鸡副伤寒

雏鸡多在2周龄内发病，常于1～2 d死亡，多呈急性或亚急性经过，与鸡白痢相似。病鸡垂头闭眼，翅膀下垂，呆立，离群，嗜睡，厌食，饮水量增加，怕冷挤堆，抽搐，排淡黄绿色水样稀粪，肛门周围羽毛被稀粪沾污；有的关节肿胀，呼吸困难；严重感染时，出现结膜炎、鼻窦炎和眼盲。

成年鸡一般为慢性经过，呈隐性感染。

2.鸭、鹅副伤寒

急性病例在出壳前死亡，死胚增多，或出壳后前几天发生死亡。

病鸭、鹅呆立，嗜睡，翅膀下垂，羽毛蓬松，扎堆聚群。

病鸭、鹅采食量下降，饮水量增加；拉黄绿色稀粥样或水样便，肛门周围被粪便污染。

病鸭、鹅眼结膜发炎，流泪，眼睑水肿、粘连，严重时失明。

病鸭、鹅鼻孔流浆液性或黏液性分泌物，呼吸困难，颤抖，共济失调，角弓反张等，最后抽搐死亡。

成年鸭、鹅无明显症状，呈隐性经过。

五、病理变化

1.鸡副伤寒

最急性的鸡一般没有明显的病变，肝脏肿大，表面有细小的出血点，胆囊充盈等。

病程稍长的雏鸡主要为脐炎，卵黄凝固或吸收不良；肝脏肿大呈古铜色，表面有点状或条纹状出血、灰白色坏死灶；肺脏发生灶性坏死；脾脏肿大，表面有斑点状坏死灶；心包炎，心肌炎；肾肿大、充血；十二指肠为出血性肠炎，盲肠扩大被淡黄色干酪样物堵塞。

成年鸡消瘦，出血性或坏死性肠炎；肝脏、脾脏、肾脏充血肿大；心脏有坏死结节；卵泡偶有变性，卵巢有化脓性和坏死性病变，卵黄性腹膜炎等。

2.鸭、鹅副伤寒

脐炎，卵黄吸收不良，卵黄黏稠，色深，俗称“大肚脐”。

胆囊肿大，充满黏稠的胆汁；肺脏充血、出血；脾脏肿大，色暗淡，呈斑驳状。

部分病例可见气囊炎、关节炎、心包炎等。

肝脏肿大（鹅肝脏呈古铜色，肝脏表面有灰白色或灰黄色坏死灶）、充血，色泽不均呈黄色斑点，肝实质内有细小灰黄色坏死灶（副伤寒结节）。

肠道呈卡他性炎症，肠黏膜充血、出血，淋巴滤泡肿胀，常突出于肠黏膜表面，小肠后段、直肠和盲肠肿胀呈斑驳状，盲肠内有白色豆腐样物。

输卵管炎，卵泡变性、充血、坏死，卵黄性腹膜炎等。

六、防治

1.预防

预防方法参考鸡白痢。

2.治疗方案

发病后，全群给药进行治疗，治疗时建议配合维生素C可溶性粉或复方维生素纳米乳口服液，利于本病的康复。

（1）根据药敏试验结果，选择高敏的抗微生物药饮水或拌料。

（2）选择清热解毒、燥湿止痢的中药方剂治疗。

【处方1】三味拳参散

拳参1 400 g，穿心莲1 000 g，苦参1 600 g。

【用法与用量】拌料混饲，禽每1 kg饲料5 g。

【处方2】白龙散

白头翁600 g，龙胆300 g，黄连100 g。

【用法与用量】禽1～3 g/只。

【处方3】白头翁散

白头翁、秦皮各60 g，黄连30 g，黄柏45 g。

【用法与用量】禽2～3 g/只。

【处方4】白马黄柏散

白头翁300 g，马齿苋400 g，黄柏300 g。

【用法与用量】禽1.5～6 g/只。

【处方5】杨树花口服液

杨树花。

【用法与用量】混饮，禽每1 L水1～2 mL（每1 mL相当于原生药材1 g）。

【处方6】血见愁40 g，马齿苋、地锦草、墨旱莲、车前草、茵陈、桔梗、鱼腥草各30 g，蒲公英45 g。

【用法与用量】煎汁，按每只10 mL，让鸡自饮。预防量减半。

【应用】用本方治疗典型鸡副伤寒，3 h见效。第2天控制住鸡群死亡，连用2～3 d可愈。治愈率达98.2%。

【处方7】马齿苋、地锦草、蒲公英各20 g，车前草、金银花、凤尾草各10 g。

【用法与用量】加水煎成1 000 mL，供100只雏鸡1 d自由饮用或拌料喂服，连服3～5 d。

【应用】用本方治疗鸡副伤寒10余群，治愈率均在93%以上。

【处方8】马齿苋、地锦草各160 g，车前草80 g。

【用法与用量】加水3 kg，煎汁，供500只雏鸡1 d饮服，连用3～5 d。

【应用】用本方治疗禽副伤寒，效果显著。

【处方9】狼牙草10 g，地榆9 g，车前子、白头翁、木香各6 g，白芍8 g。

【用法与用量】煎汁拌料，每1 000只10日龄雏鸡1次喂服，连喂5～7 d。

【处方10】金银花、仙鹤草、青皮、山楂各90 g，黄连、黄芩、黄柏、赤芍、龙胆草、血余炭、白花地丁各80 g，丹参、地榆各70 g，莱菔子100 g。

【用法与用量】上药浸泡后加入4倍量的洁净井水煎煮，去渣取汁供780只鸭饮用，每天1剂分2次服完，连用4剂，效果明显。

【处方11】穿黄散（河南省现代中兽医研究院研制）

穿心莲、野菊花各10 g，黄芩、黄连、黄柏、蒲公英、鱼腥草、紫萁贯众、牡丹皮、赤芍各9 g，夏枯草8 g等。

【主治】大肠杆菌病、沙门杆菌病等。

【用法与用量】禽1～3 g/只，连用4～5 d。

鸡的副伤寒病图

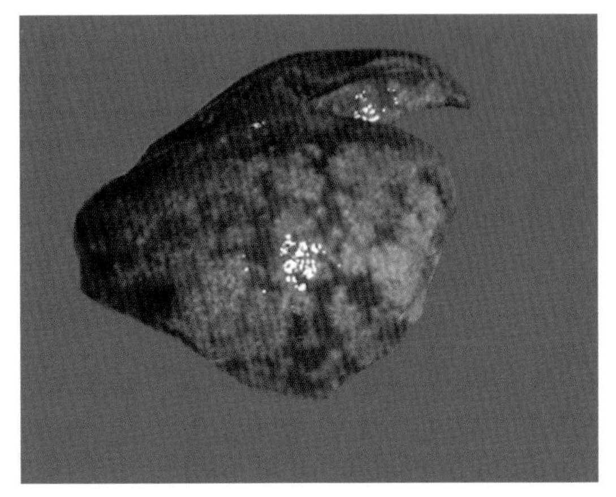

肝脏有灰白色如雪花样的坏死灶，大面积坏死

肝脏出血，灰白色坏死灶散在，局部坏死

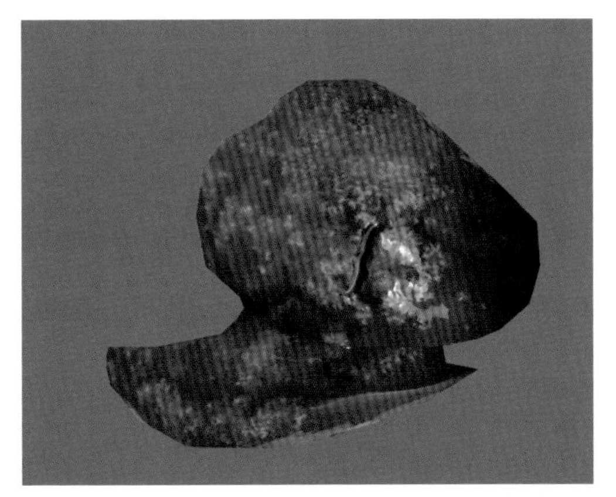

肝脏出血，雪花状坏死灶散在，有的融合成片

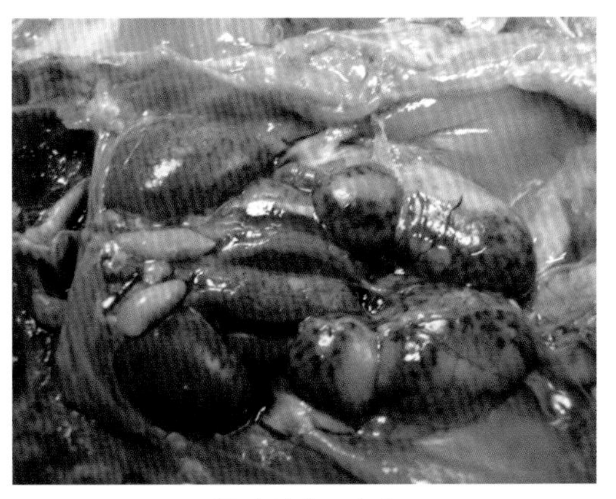

肾脏肿大、出血

鸭的副伤寒病图

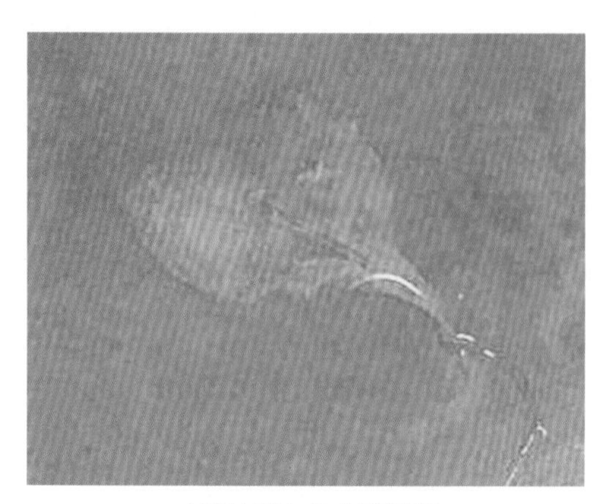

病鸭拉黄白色水样粪便

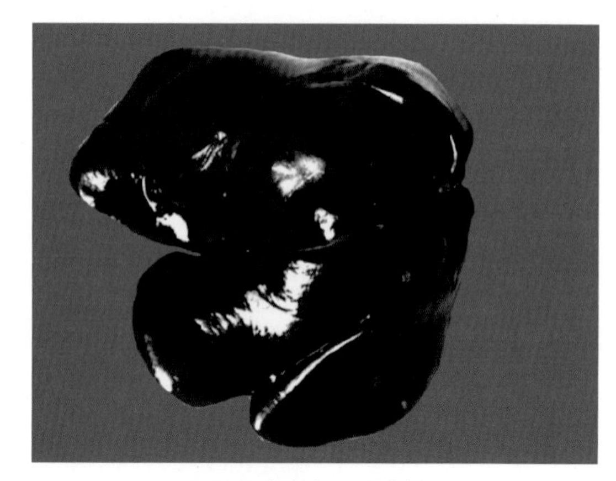

肝脏有白色坏死灶散在

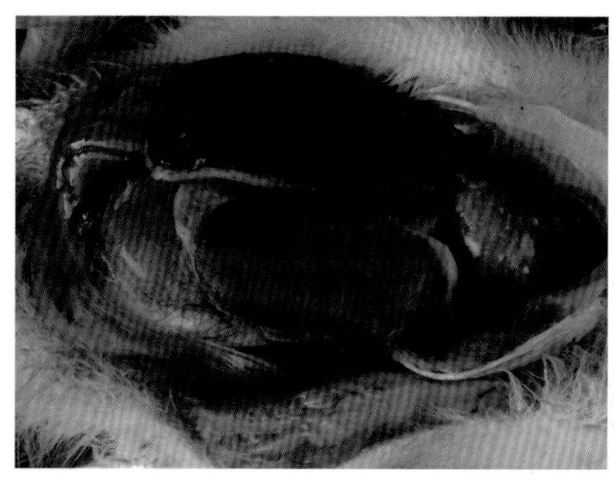

副伤寒与传染性浆膜炎混合感染引起肝脏被膜增厚，肝脏呈古铜色

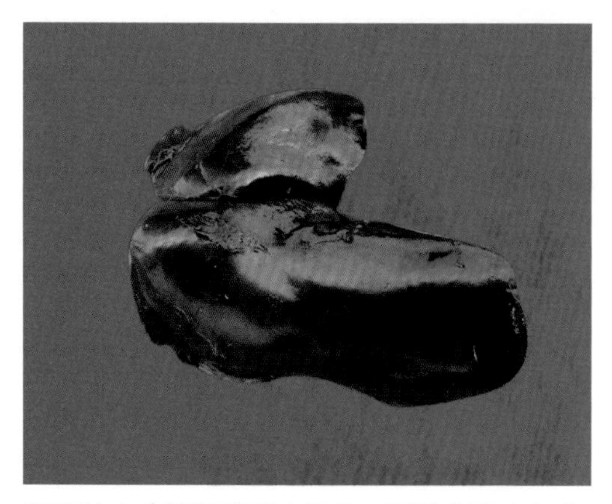

肝脏肿大（鹅肝脏呈古铜色，肝脏表面有灰白色或灰黄色坏死灶）、充血，色泽不均呈黄色斑点，肝实质内有细小灰黄色坏死灶（副伤寒结节）

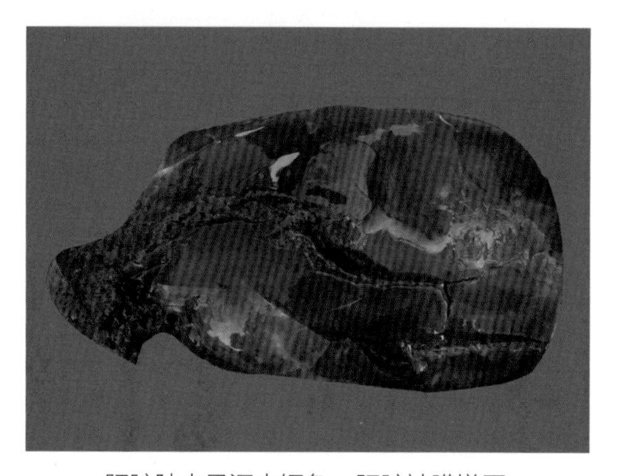

肝脏肿大呈深古铜色，肝脏被膜增厚

第五节　禽霍乱

一、概述

禽霍乱（fowl cholera），又称禽巴氏杆菌病、禽出血性败血症（简称禽出败），是由多杀性巴氏杆菌（pasteurella multocida）引起的主要侵害禽类的一种急性败血性传染病。本病呈地方流行性，近几年发病呈上升趋势。本书主要介绍鸡、鸭、鹅霍乱。

二、病原特征

多杀性巴氏杆菌为革兰氏阴性菌，无芽孢、无鞭毛，单个或成对存在，大小为（0.2～0.4）μm×（0.6～2.5）μm。在动物体内和新分离菌株可见肥厚的荚膜，吉姆萨、瑞氏、美蓝染色可见两极浓染。多杀性巴氏杆菌为需氧或兼性厌氧菌，最适宜生长温度37℃，最适的pH为7.2～7.8，在血琼脂培养基上容易生长，但是在麦康凯琼脂培养基不生长。根据菌株荚膜抗原的差异，可分为A、B、D、E和F 5个荚膜血清型，不同的分离株之间的毒力差异明显，有荚膜分离株毒力强，非荚膜分离株常是典型的低毒力菌株，我国的禽源多杀性巴氏杆菌血清型主要为A型（5 ： A、8 ： A和9：A），少数为D型。禽源多杀性巴氏杆菌对外抵抗力不强，对普通消毒剂、阳光、干燥环境和热较为敏感。

三、流行病学

传染源：病禽、带菌禽及其他病禽是主要传染源。

传染途径：经呼吸道、消化道感染，也可通过皮肤、黏膜的伤口感染，在饲养密度较大、舍内通风不良、潮湿等情况下，通过呼吸道传播的可能性更大。

易感动物：各种日龄的家禽、野禽均可感染发病，鸡、火鸡、鸭、鹅、鹌鹑易感，雏鸡很少发生。3～4月龄的禽和产蛋期禽多见。

多杀性巴氏杆菌是一种条件性致病菌，常存在于健康禽的呼吸道及喉头，在某些健康鸡体内也存在，饲养管理不当、禽舍潮湿、饲养密度过大、天气突变、营养缺乏、长途运输等情况下常诱发本病。

本病四季均可发生，高温、潮湿、多雨的夏秋两季及气候多变的春季容易发生。

四、临床症状

1.鸡霍乱

本病潜伏期2～9 d，分为最急性型、急性型和慢性型。

（1）最急性型：本病产蛋高峰鸡多发，几乎见不到症状，突然倒地死亡，一般在早晨发现死鸡。

（2）急性型：本病部分是由最急性病例转化而来的。

病鸡精神委顿，羽毛松乱，呼吸困难，口鼻流多量黏液并混有泡沫；鸡冠和肉髯发紫，肉髯水肿、发热和疼痛；剧烈腹泻，排淡黄绿色粪便，体温升高到43℃以上，多在1～3 d内死亡，蛋鸡产蛋量减少或停止。

（3）慢性型：多流行于发病后期或由急性病例转化而来或由毒力较弱的菌株感染引起，病程可达几周，最后衰竭死亡。

病鸡肉髯、鸡冠、耳片发生肿胀和坏死，鼻窦肿大，鼻腔分泌物增多，分泌物有特殊臭味，关节肿胀、化脓，运动障碍，腹泻等症。

2.鸭霍乱

鸭霍乱多为急性型，发病急，死亡快，病程1～3 d。

病鸭精神不振，翅膀下垂，离群独卧，眼半闭，少食或不食，饮水量增加，停止鸣叫。

病鸭口、鼻流黏液，呼吸困难，张口呼吸，摇头，俗称“摇头瘟”。

病鸭拉稀，排灰白色或绿色腥臭稀粪，部分混有血液。

部分病鸭两脚瘫痪，不能走路，不愿下水，即使下水，行动缓慢，常落于鸭群后面。

3.鹅霍乱

成年鹅霍乱的症状与鸭相似，仔鹅发病率和死亡率较成年鹅严重，常以急性经过为主。病鹅精神委顿，食欲废绝，拉稀，喙和蹼发紫，眼结膜有出血斑点，病程1～2 d。

五、病理变化

鸡、鸭、鹅等霍乱的病理变化基本相同。主要病变如下：

1.最急性型

病程短，死亡快，病理变化通常不明显，也有的病死禽冠、肉髯呈紫红色或紫黑色，心外膜有出血点，肝表面有针尖大的灰黄色或灰白色坏死点。蛋禽常出现憋蛋现象，输卵管内常有完整的蛋等。

2.急性型

急性型的病理特征比较典型。

皮下组织、脂肪及肠系膜、浆膜和黏膜有大小不等的出血斑点。

心包积液，多为淡黄色或黄红色清亮的液体（这一点与鸡心包积液综合征相似），有时混有纤维素片等。

冠状沟、心外膜、心内膜及心肌充血、出血，严重时，心脏和冠状脂肪表面有弥漫性出血点或出血斑。

肝脏肿大、质脆，呈紫红色、棕黄色或棕红色，表面有针尖至针头大小的灰黄色或灰白色坏死点，有时有点状出血。

气管充血、出血，内有黏液；肺脏瘀血、出血、水肿，胸腔、腹腔、气囊和肠浆膜等处有纤维素性或干酪样灰白色渗出物。

肌胃出血，十二指肠等肠道呈卡他性和出血性肠炎，黏膜充血、出血，内容物混有血液，有的肠系膜覆盖黄色纤维素样物。

3.慢性型

呼吸道症状严重时，鼻腔、气管和支气管内有多量的黏性分泌物，肺质地稍硬，火鸡有肺炎变化。

肉髯水肿、坏死，内有干酪样的渗出物。

发生关节炎时，关节肿大、变形，关节面粗糙，关节囊增厚，红色或灰黄色黏稠的关节液增多，内有炎性渗出物和干酪样坏死物（这一点与滑液囊支原体感染、关节滑膜炎型大肠杆菌病、病毒性关节炎相似，结合其他特征是可以区分的）。

卵巢充血、出血，卵黄性腹膜炎等。

六、防治

1.预防

采用当地分离株制成的自家苗免疫是预防本病的关键措施。平时加强饲养管理，搞好环境卫生，严格执行卫生消毒制度，坚持自繁自养制，引种时须从无疫区购买，新引进的家禽要隔离饲养半个月，观察无病时方可混群饲养，日龄不同的禽不能混合饲养等措施可以降低发病率。发病后立即对发病的场所、饲养环境和管理用具等彻底消毒，粪便及时清除，堆积发酵；尸体要全部烧毁或深埋。

2.治疗方案

（1）根据药敏试验结果，选择高敏的抗微生物药饮水或拌料。

（2）采用清热解毒、燥湿止痢的中药制剂治疗。

【处方1】清热止痢散

石膏（氨水浸泡风干）70 g，知母（煅炭）、黄连（煅炭）、大黄（煅炭）、葛根（煅炭）、土茯苓（煅炭）、金银花（煅炭）各5 g。

【用法与用量】内服，鸡2～5 g/只。

【处方2】黄马莲散

黄芩、马齿苋、地榆、蒲公英各100 g，穿心莲、鱼腥草各200 g，山楂、甘草各50 g。

【用法与用量】拌料，鸡1 g/只。

【处方3】甲紫25 g，贯众15 g，葛根80 g，紫草50 g，黄连70 g，板蓝根20 g，穿心莲30 g。

【用法与用量】水煎成2 000 mL，加红糖200 g、大蒜汁少许，候温后供750只成鸡饮用，1剂/d，每剂煎服3次。

【应用】使用本方治疗禽霍乱，用药2 d后病鸡症状减轻，至第5天后症状基本消失。

【处方4】雄黄、白矾、甘草各30 g，金银花、连翘各15 g，茵陈50 g。

【用法与用量】粉碎研末拌入饲料投服，每只每次0.5 g，2次/d，连用5～7 d。

【应用】治疗禽霍乱治愈率在96%以上。

【处方5】茵陈、半枝莲、大青叶各100 g，白花蛇舌草200 g，生地黄150 g，藿香、当归、车前子、赤芍、甘草各50 g。

【用法与用量】以上药物煎汤，在3 d中供100只鸡分3～6次服用。

【应用】用于急性鸡霍乱，也可拌料进行群体预防。

【处方6】白头翁60 g，连翘20 g，黄连、黄柏、金银花各40 g，野菊花、板蓝根、明矾、蒲公英各80 g，雄黄4 g。

【用法与用量】共为末（雄黄研细）充分混匀，按4%比例拌料或每天每千克体重2 g，水煎取汁饮服。

【应用】治疗急性禽霍乱。

【处方7】茵陈、大黄、茯苓、白术、泽泻、车前子各60 g，白花蛇舌草、半枝莲各80 g，生地黄、生姜、半夏、桂枝、白芥子各50 g。

【用法与用量】此方剂量为100只鸡一次用量。水煎取汁饮服或粉碎拌入饲料喂给。

【应用】治疗慢性禽霍乱。

【处方8】黄连解毒汤加味

黄连、栀子、穿心莲、板蓝根各450 g，黄芩、黄柏各300 g，山楂、神曲、麦芽各1 000 g，甘草200 g。

【功效】清热解毒，健脾消食。

【用法与用量】水煎拌料喂服，1剂/d，连用3剂。供2 000只肉鸭、肉鹅服用。对不食者取煎液直接灌服。

【处方9】黄连、黄芩、黄柏、大黄各60 g，苍术、厚朴各40 g，甘草30 g。

【用法与用量】浓煎，煮谷饲喂400～500只成鸭。

【处方10】大黄、黄芩各25 g，乌梅、白头翁各30 g，苍术20 g，当归、党参各15 g。

【用法与用量】煎汁去渣，供1 000只雏鸭1次喂服。

【处方11】板蓝根、穿心莲各600 g，蒲公英500 g，苍术300 g。

【用法与用量】共为细末，2～5 g/只一次内服，2次/d，连用3 d。预防量减半。

【应用】鹅霍乱。

【处方12】黄连、黄柏、秦皮各150 g，建曲、谷芽、山楂、乌梅、甘草各100 g。

【用法与用量】粉碎，供1 000只种鹅一次内服。

【应用】治疗鹅的禽出血性败血病。

（3）严重病例：皮下或肌内注射禽霍乱高免血清1～2 mL/只，连用2～3 d。

鸡的霍乱图

鸡冠、肉髯发绀

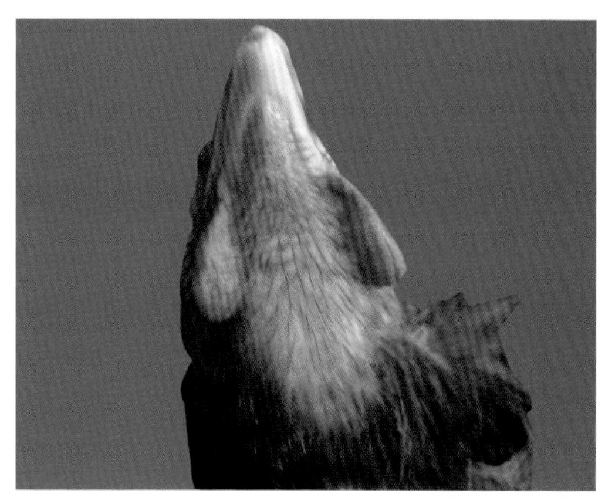

肉垂肿胀

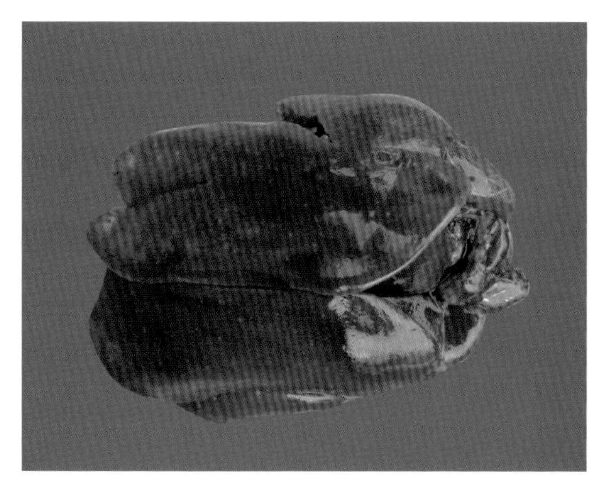

肝脏肿胀、瘀血，被膜下有针尖样坏死

肝脏肿胀、出血，有白色坏死点散在

肝脏肿大、出血

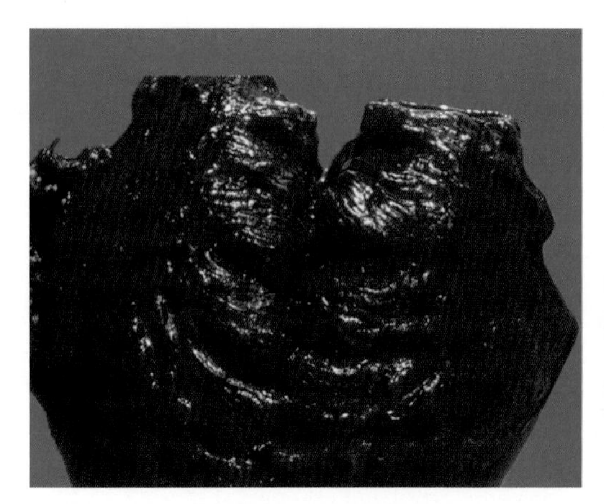

肺脏瘀血、出血和水肿

心冠脂肪点状出血

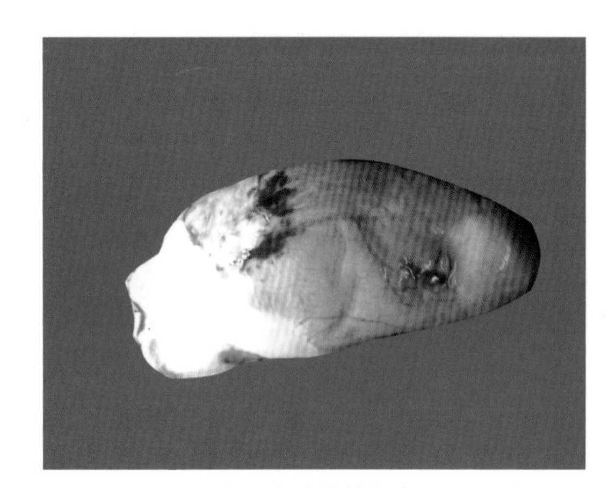

心冠脂肪片状出血

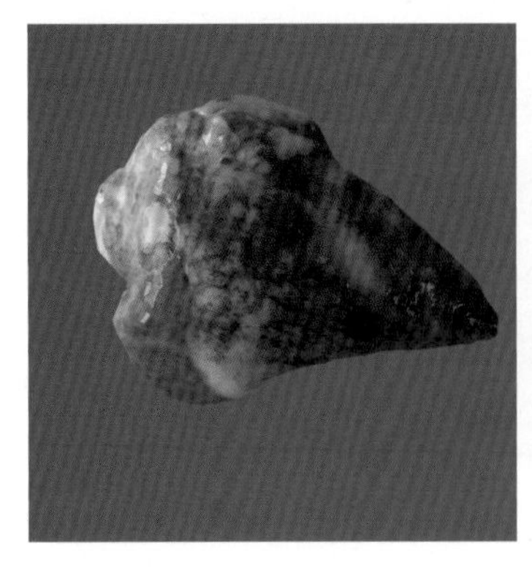

心冠脂肪出血，心肌出血、坏死

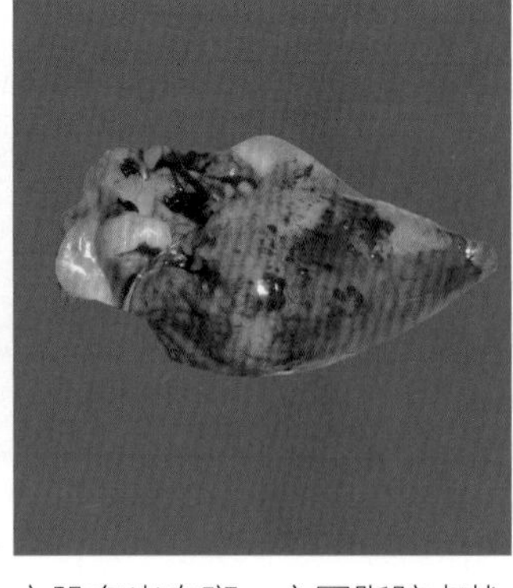

心肌有出血斑，心冠脂肪点状出血

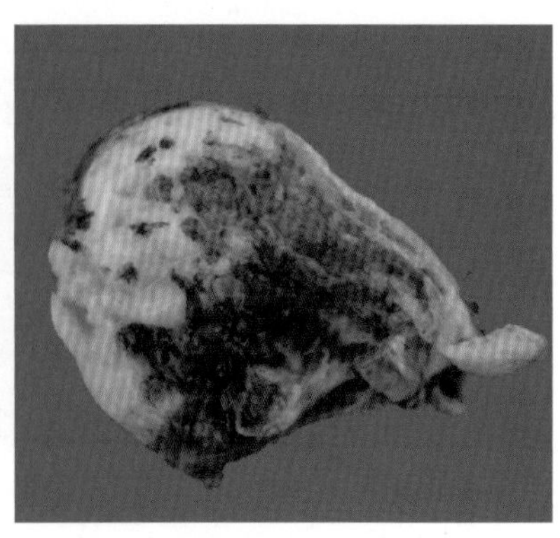

大肠杆菌病与禽霍乱混合感染引起的心冠脂肪及心包出血，心包炎

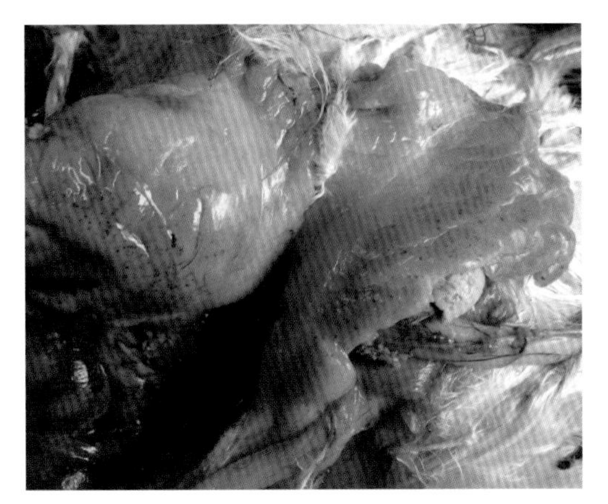

脂肪广泛性点状出血

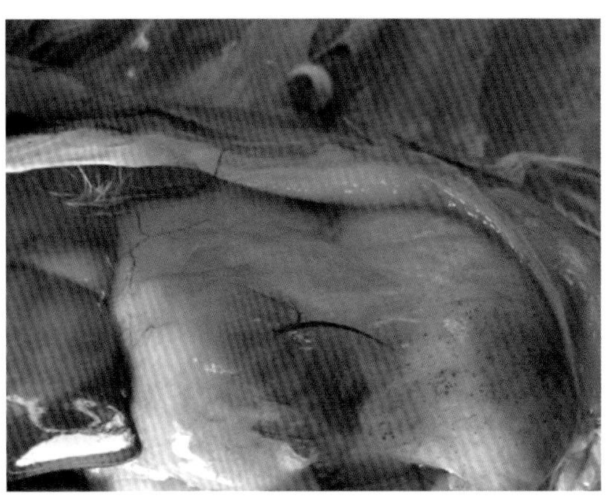

成年蛋鸡腹部脂肪点状出血

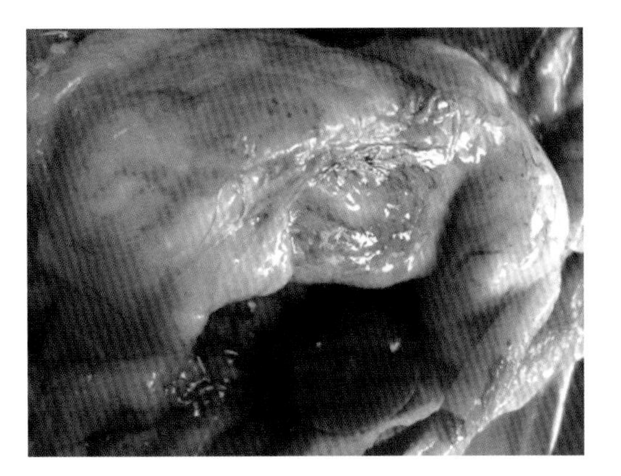

胃部脂肪点状出血

胸骨下脂肪点状出血

鸭的霍乱图

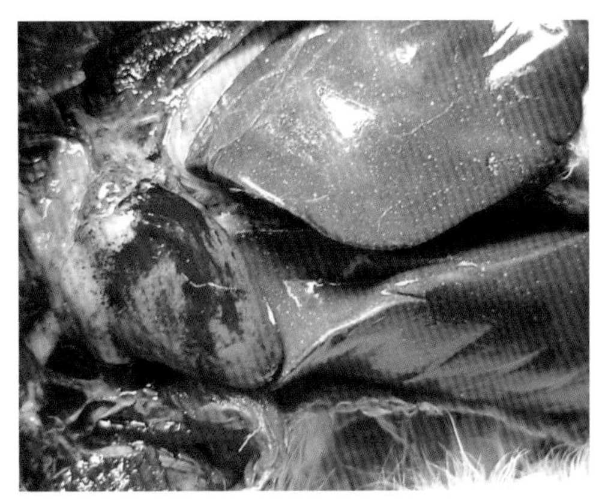

肝脏有针尖大小的灰白色坏死点散在，心冠脂肪点状出血，心肌片状出血

肝脏有针尖大小白色的坏死点散在，心冠脂肪点状出血，心肌有点状出血或出血斑

心冠脂肪出血

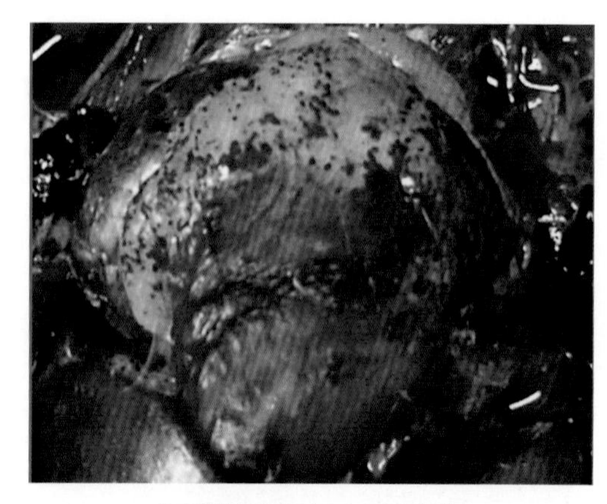

冠状脂肪出血，心肌出血

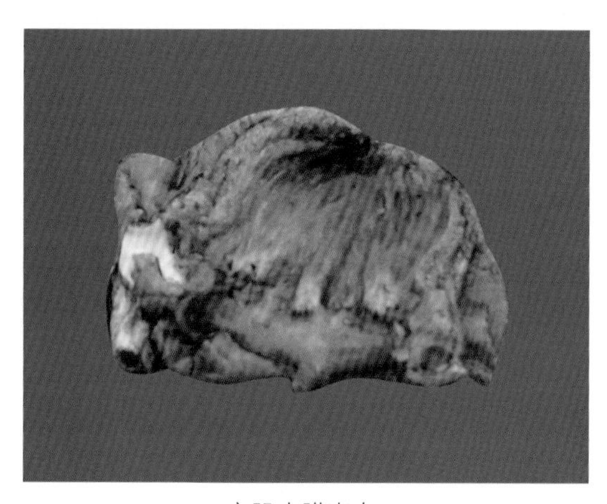

心肌内膜出血

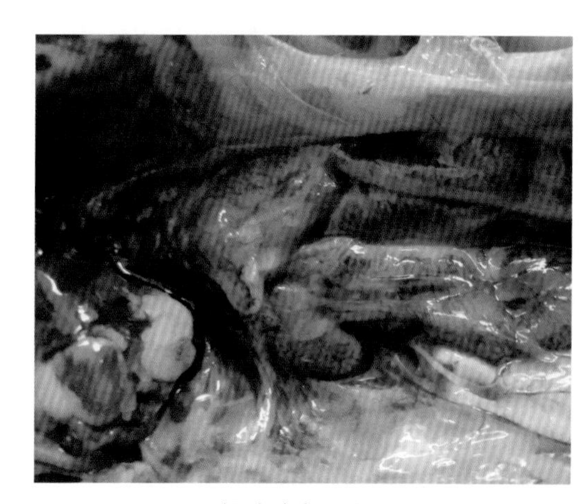

肾脏肿大、出血

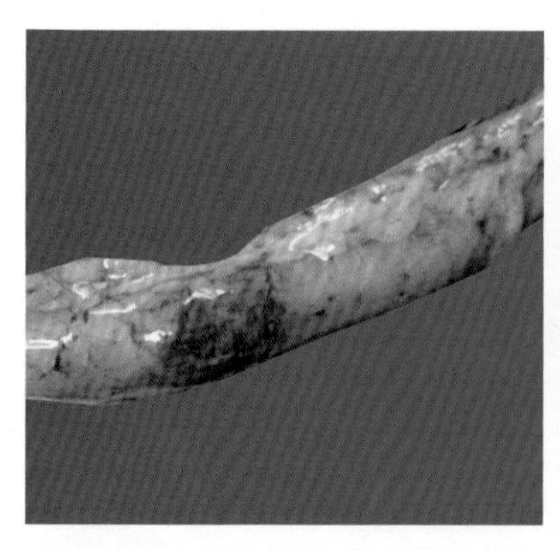

肠管肿胀，淋巴滤泡丛形成出血斑

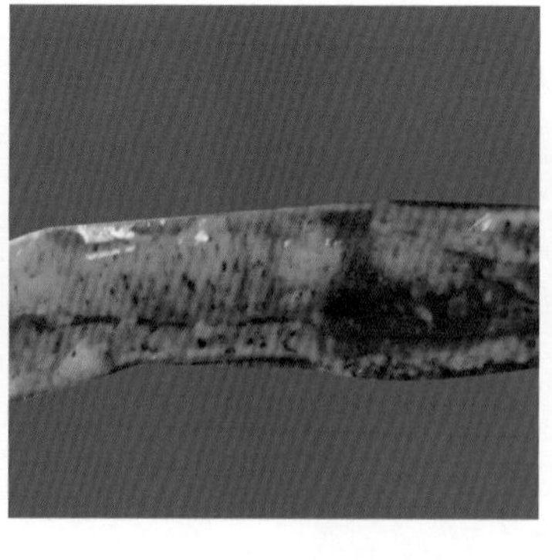

肠浆膜及黏膜点状出血

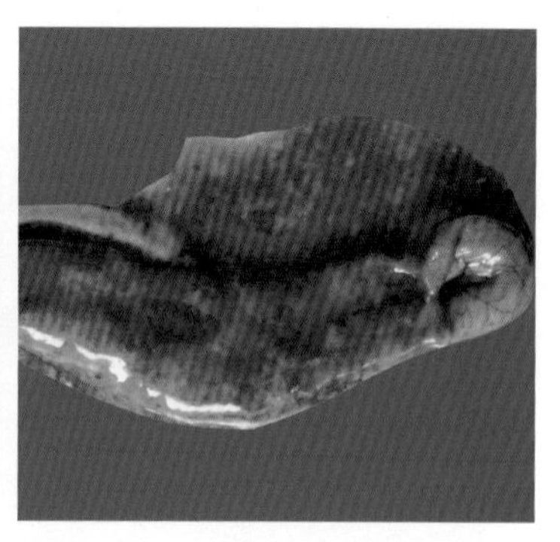

出血性肠炎

鹅的霍乱图

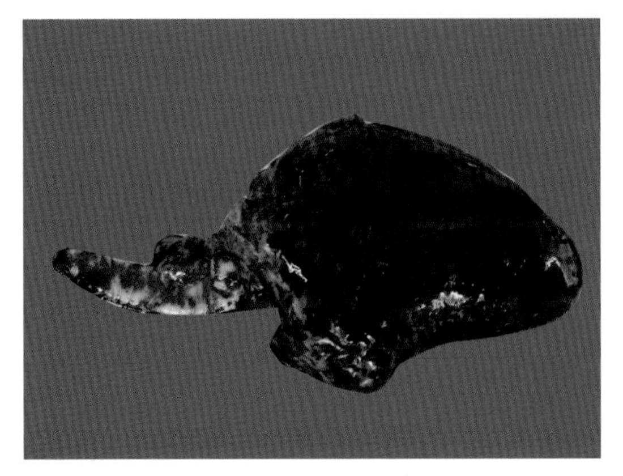

心冠脂肪与心肌广泛性出血

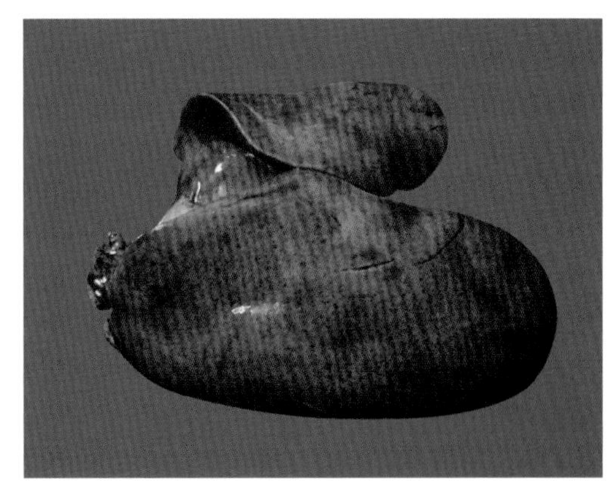

肝脏肿大，表面有出血点散在

肝脏肿大、出血，有白色坏死点散在

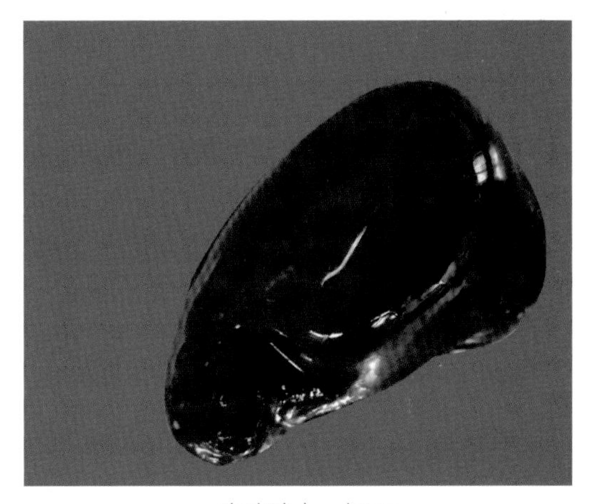

脾脏肿大、坏死

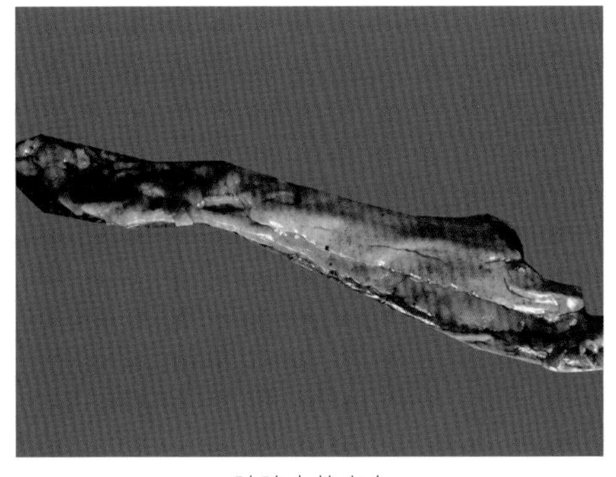

胰腺点状出血

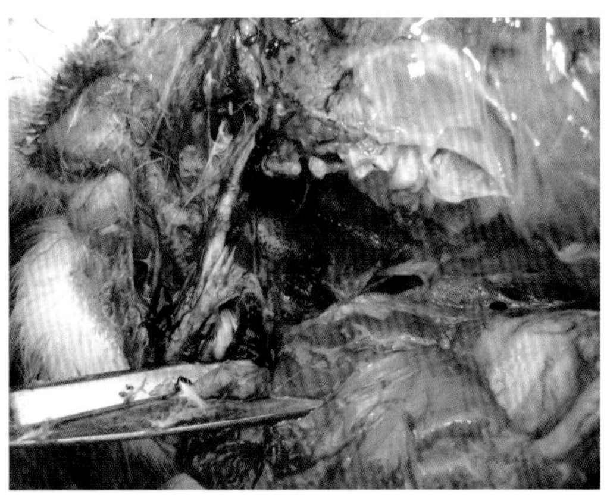

肺脏充血、出血、坏死

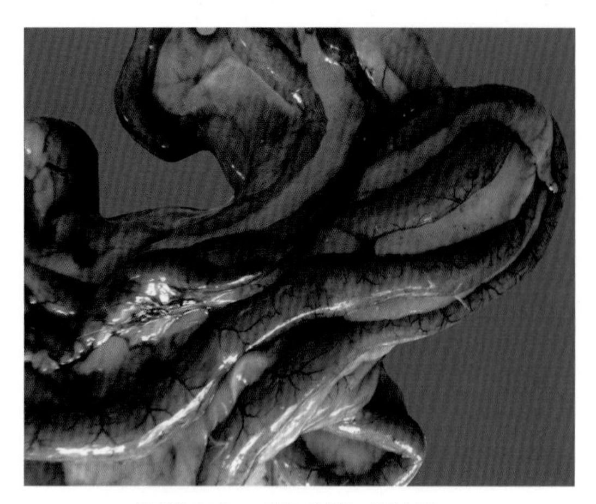

肠道出血，淋巴滤泡丛肿胀

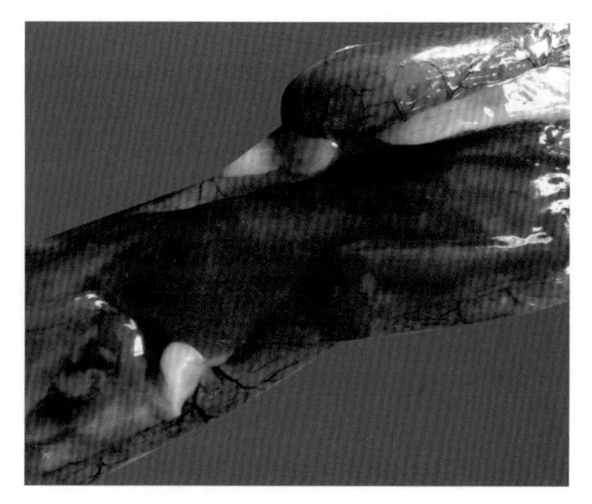

肠管内淋巴滤泡丛肿胀、出血

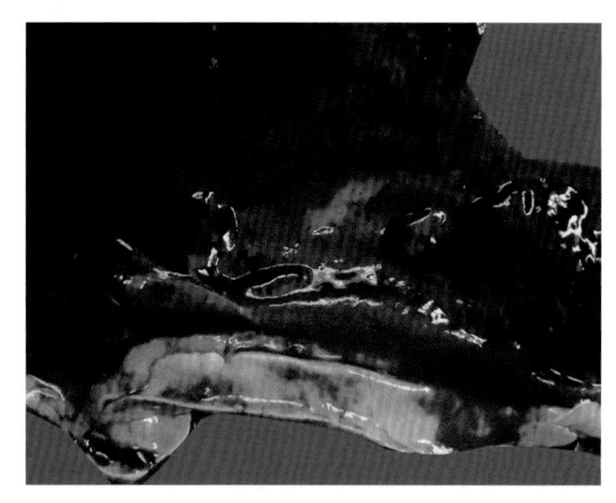

肠管内有血凝块

直肠黏膜出血

第六节　禽曲霉菌病

一、概述

禽曲霉菌病（aspergillosis avium）是由曲霉菌（aspergillus）感染禽类所致呼吸系统及多组织器官病变的一种疾病，又名曲霉菌性肺炎、雏鸡肺炎，主要侵害幼龄家禽。临床典型特征为喘气、咳嗽，典型病理特征为肺、气囊以及胸腹腔浆膜表面形成曲霉菌性结节或菌斑。本书主要介绍鸡、鸭、鹅的曲霉菌病。

二、病原特征

曲霉菌属种类众多，约有600种，引起曲霉菌病的主要为烟曲霉（asperillus fumigatus），其次为黄曲霉（asperillus flavus）。曲霉菌的气生菌丝一端膨大形成顶囊，上有放射状排列小梗，并分别产生许多分生孢子，形如葵花状。曲霉菌为需氧菌，对营养要求不高，在马铃薯培养基和其他糖类培养基上都可以生长，初期形成白色绒毛状菌落，经24 ~ 30 h后开始形成孢子，菌落呈面粉状，浅灰色、深绿色、黑蓝色，而菌落周边仍呈白色。曲霉菌产毒素，其孢子对理化因子抵抗力很强，煮沸后5 min才能杀死，常用消毒剂有5%甲醛、石炭酸、过氧乙酸和含氯制剂。

三、流行病学

传染源：病禽、霉变的饲料及被霉菌污染的垫料、孵化器、饮水、空气、种蛋等是主要传染源。

传播途径：呼吸道感染为主，通过吸入携带曲霉菌孢子的空气而感染，也可以在蛋中感染，还可经消化道与被污染的孵化器传染。

易感动物：各种禽均易感，尤其是1 ~ 20日龄的雏禽最易感。

本病对雏禽危害最大，20日龄内雏禽多呈暴发性，成禽为慢性和散发性，近几年中禽和成禽发病呈上升趋势。雏禽曲霉菌病的发病率和病死率与感染的日龄、是否感染其他病原等密切相关，日龄越小，发病率和死亡率越高，甚至高达80%。环境阴暗潮湿、空气污浊、通风不良、湿度大、温度高、垫料或谷物霉变等因素可促使曲霉菌的大量繁殖而诱发本病、加重病情等。

四、临床症状

病禽精神不振，羽毛松乱，翅膀下垂，呆立，食欲减退或拒食，饮欲增加，拉黄色或蓝绿色稀粪便，生长停滞，消瘦等。

鼻孔流浆液性鼻涕，咳嗽，呼吸困难，严重时头颈伸直，张口呼吸，发出怪叫声。

流泪，结膜潮红、充血、肿胀，眼睑粘连闭合，眼睑内有灰白色或黄色干酪样物，呈绿豆粒大小的隆起，角膜混浊，有的角膜中央溃疡，有的失明等。

部分病禽表现为神经症状，如扭颈、头向后背、转圈、共济失调、全身痉挛等。

成年病禽因呼吸困难导致缺氧引起冠和肉髯暗红或发紫，有时可见局部坏死等。蛋禽产蛋减少或停产，病程数天至数月，若种蛋及孵化时受霉菌侵害，则孵化率下降，胚胎死亡率增加。

病情严重时，头、眼睑和上颈部明显水肿；口角、咽喉、口盖等处均附有较厚的灰白色或黄色假膜状物。

五、病理变化

禽曲霉菌病以肺、气囊、腹腔和胸腹腔内脏浆膜面形成曲霉菌性结节或菌斑为病理特征。

肺脏形成典型的霉菌结节，肺脏的霉菌结节形状与大小不一，结节颜色呈多样化，如黄白色、淡黄色、灰白色，散在分布于肺，结节的硬度似橡皮样或软骨样，切开可见层次结构，中心为干酪样坏死组织，内含大量菌丝体，外层为类似肉芽组织的炎性反应层。少数霉菌病灶融合成团。严重时，肺脏钙化，有的病例呈局灶性或弥漫性肺炎变化。

气囊壁、腹腔和胸腹腔浆膜的霉菌结节与肺脏相似。气囊壁点状或局限性混浊，增厚，表面形成大小不一的曲霉菌性结节，或气囊壁可见肥厚隆起的圆形霉菌斑，隆起中心凹下呈深褐色或烟绿色，拨动时见粉状飞扬。有时二者病变同时存在。

鼻黏膜上覆盖污灰色坏死假膜，或黄色假膜，将鼻道完全阻塞，假膜剥离后鼻道黏膜呈弥漫性出血。

口角、喉头、气管、支气管等处有较厚的灰白色或黄色假膜状物，剥离后常见出血斑。部分病例可见气管、支气管黏膜充血，内有淡灰色渗出物。

胸前皮下和肌肉等处有大小不等的圆形或椭圆形肿块。

食道、肌胃、腺胃、肠管浆膜、心脏、肾脏等处可见大小不一的霉菌结节。部分病例腺胃黏膜有出血烂斑，腺胃与肌胃交界处出血或溃疡；小肠、直肠黏膜出血等。

肝脏肿大2～3倍，质脆呈古铜色，有暗红色出血斑点，有霉菌结节或弥散型的类肿瘤病状。

大脑脑回有粟粒大的霉菌结节，大小脑轻度水肿，表面有针尖大出血、黄豆粒大的淡黄色坏死灶。

六、防治

1.预防

加强饲养管理，搞好环境卫生，避免饲料和垫料发霉，禁用发霉的饲料和垫料，加强通风，控制饲养环境的温度和湿度，定期清洗用具，并对环境和用具严格消毒，供应无污染的饮用水，垫料要常更换和翻晒等是预防曲霉菌病重要的措施。

2.治疗方案

（1）制霉菌素：每100只雏禽用50万～100万IU，拌料喂服，2次/d，连用2～3 d；或克霉唑每100只雏鸡1 g，拌料内服，连用2～3 d；或1∶3 000的硫酸铜溶液或0.5%～1%的碘化钾溶液饮水，连用3～5 d。

（2）中药辅助治疗。

【处方1】鱼腥草100 g，肺形草60 g，蒲公英、山海螺各50 g，桔梗、筋骨草各40 g。

【用法与用量】混合粉碎后，拌料40～50 kg喂服，连用5～7 d。预防时，拌料100 kg，连用3～4 d。

【应用】用本方治疗鸡曲霉菌病。

【处方2】桔梗250 g，蒲公英、鱼腥草、苏叶各500 g。

【用法与用量】以上为1 000只鸡1日用量，用药液拌料喂服，2次/d，连用1周。

【应用】治疗鸡曲霉菌病。

【处方3】鱼腥草360 g，蒲公英180 g，黄芩、葶苈子、桔梗、苦参各90 g。

【用法与用量】以上为200只雏鸡用量，每只病鸡每次0.1 g，3次/d，连服3 d。

【应用】治疗曾用多种抗生素治疗无效的雏鸡曲霉菌病，治愈率为96.8%。

【处方4】金银花、蒲公英、炒莱菔子各30 g，牡丹皮、黄芩各15 g，柴胡、知母各18 g，生甘草、桑白皮、枇杷叶各12 g，鱼胆草50 g。

【用法与用量】将上药煎汤取汁1 000 mL，拌料供100只鸡1次服用，2次/d。

【应用】治疗鸡曲霉菌病。

【处方5】独活寄生汤加减

独活、当归、车前子、薏苡仁各100 g，桑寄生160 g，秦艽、防风、川芎、芍药、杜仲、防己各60 g，细辛18 g，牛膝、生地黄各50 g，党参140 g，甘草45 g，苍术80 g，莱菔子250 g。

【用法与用量】水煎，供420只鸡一次投服。

【应用】用本方治疗黄曲霉毒素中毒鸡414只，治愈率为98.6%。

【处方6】柴胡、黄芩、黄芪各70 g，防风、丹参各40 g，泽泻60 g，五味子30 g。

【用法与用量】水煎，供500只肉雏鸡一次内服。

【应用】治疗鸡曲霉毒素中毒，4 h后死亡得到控制，连续用药5 d，鸡群恢复健康。

【处方7】黄芩40 g，鱼腥草60 g。

【用法与用量】水煎取汁，拌料，供100只鸡1次服用，2次/d。

【应用】用本方治疗鸡曲霉菌病，连续用药5 d，鸡群恢复健康，有效率97.6%。

鸡的曲霉菌病图

病雏鸡呼吸困难，张口伸颈呼吸

霉菌感染引起失明

病鸡面部形成白色的霉菌结节

舌根部形成霉菌结节

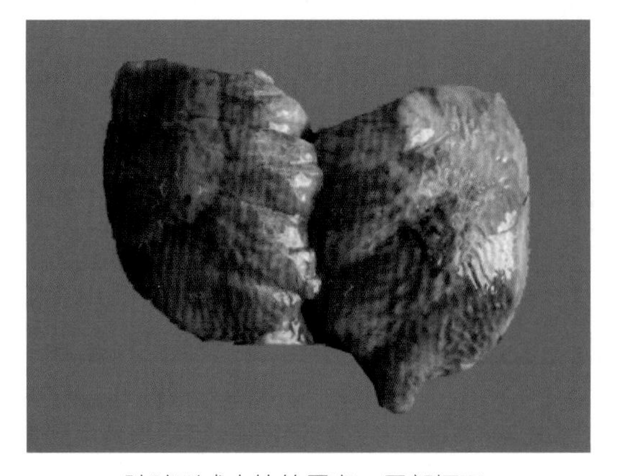

肺脏形成大块的霉斑，局部坏死

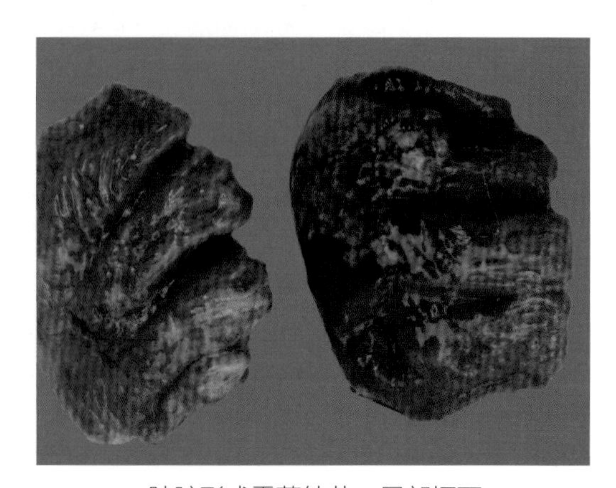

肺脏形成霉菌结节，局部坏死

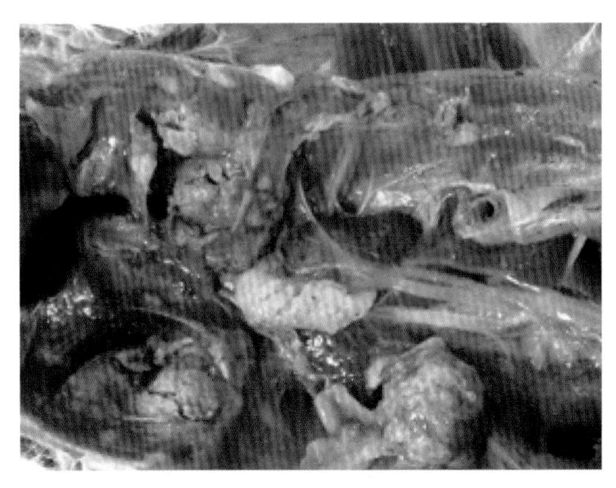

肺脏有豆腐渣样霉菌大结节

肺脏有大小不一的黄色霉菌结节

肺脏形成大的霉菌斑

肺脏瘀血，肺脏形成小米粒大小的霉菌结节，局部坏死

肺脏出血、坏死，气管有大小不一的霉菌结节

肺脏坏死，肺脏组织充满大小不等的白色霉菌结节

肺和气囊形成米粒状霉菌结节

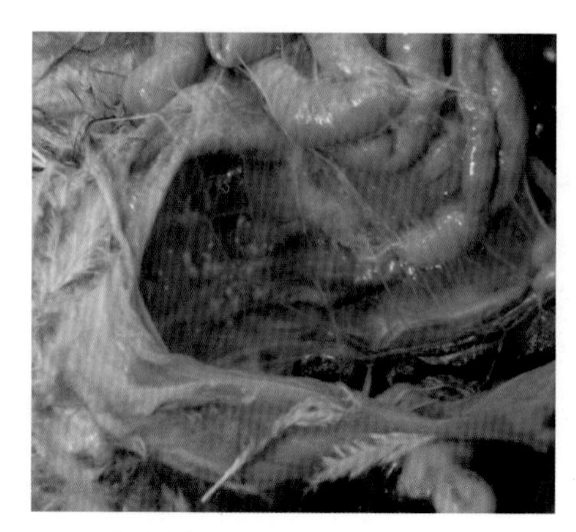

气囊增厚，有点状霉菌斑散在

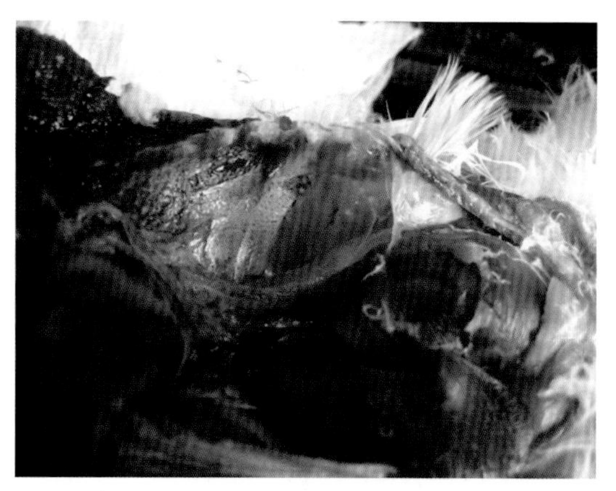

气囊形成黑色菌斑

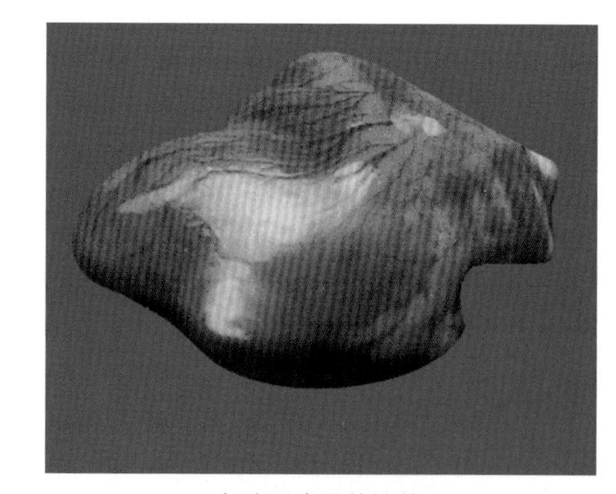

心脏形成霉菌结节

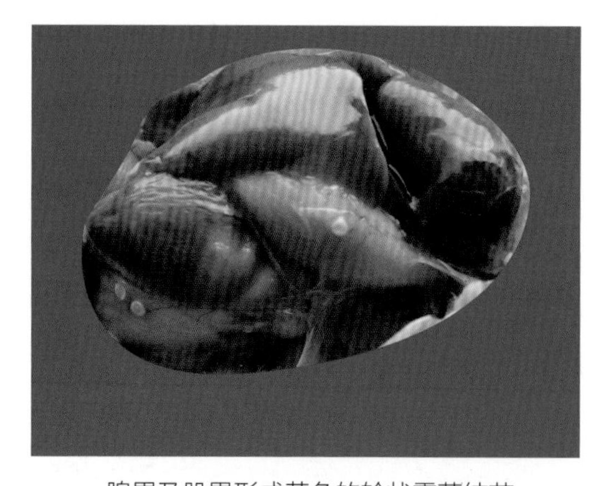

腺胃及肌胃形成黄色的轮状霉菌结节

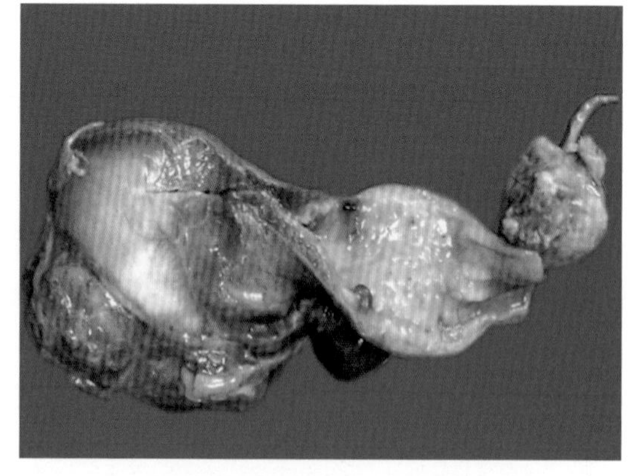

食管、腺胃交界处形成大的霉菌结节

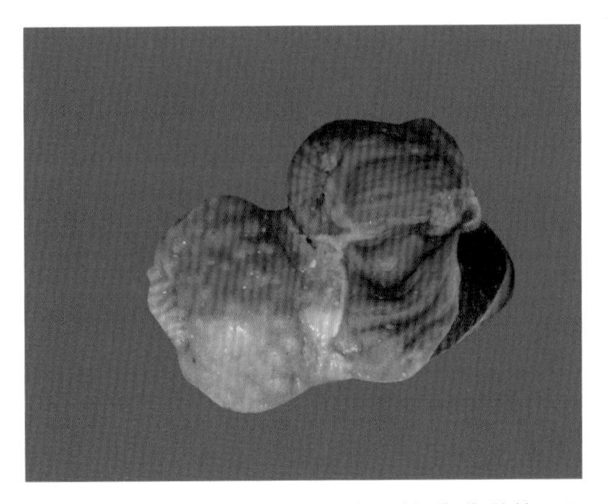
腺胃乳头水肿，腺胃、肌胃交界处黏膜脱落，肌胃角质层易脱落或溃疡，形成霉菌结节

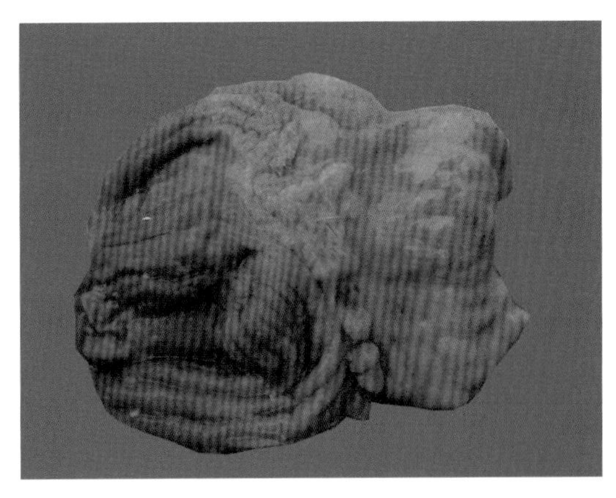
腺胃乳头消失，出血，角质层溃疡，易引起腺肌胃炎

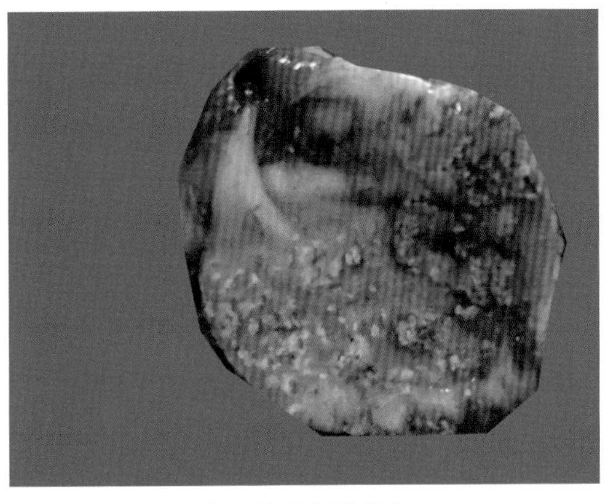
腺胃黏膜有霉菌斑

肌胃糜烂，角质层脱落，易引起腺肌胃炎

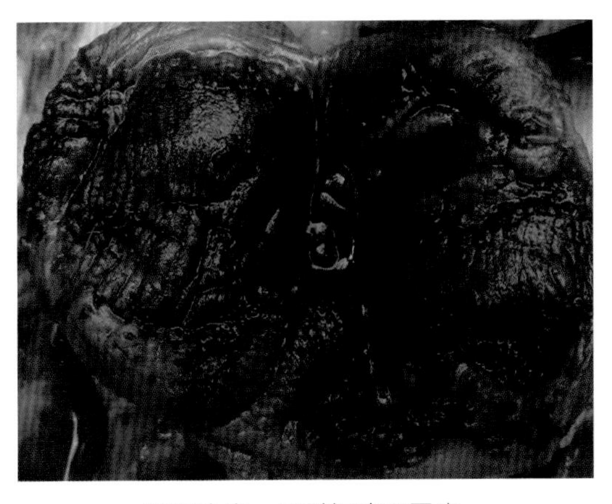
肌胃溃疡，易引起腺肌胃炎

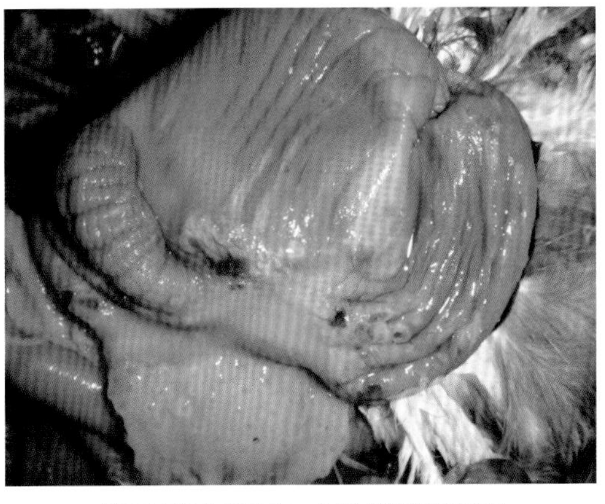
肌胃角质层溃疡，易引起腺肌胃炎

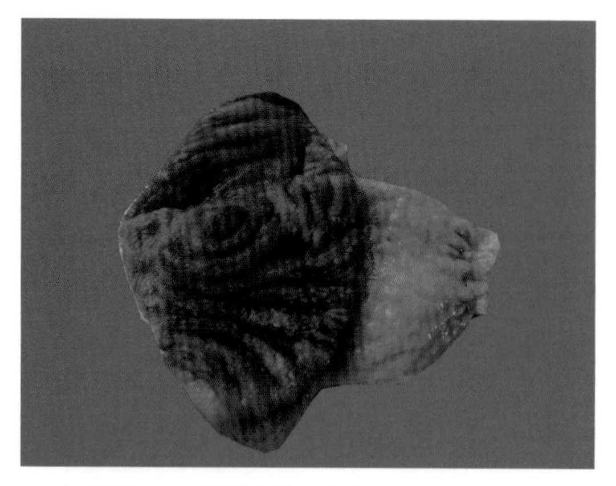

角质层形成霉菌结节、溃疡，引起腺肌胃炎

肠系膜变黑

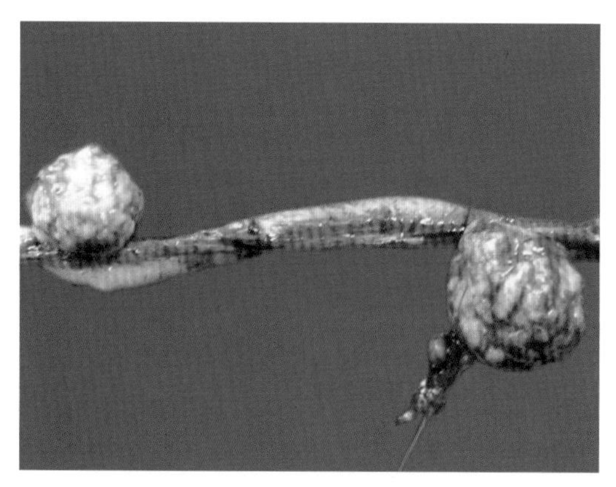

小肠系膜形成大的霉菌结节

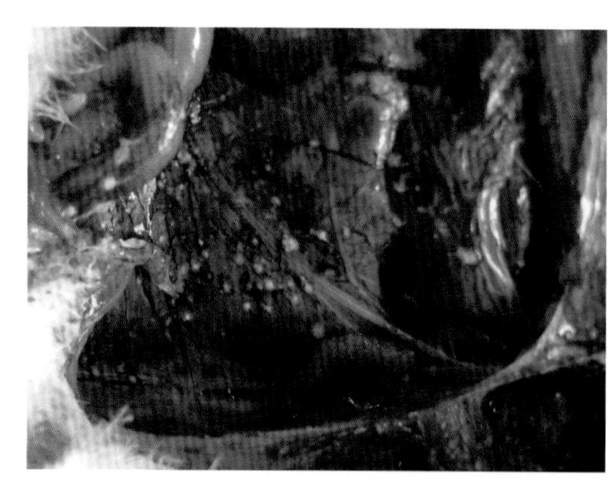

肠系膜形成大小不一的白色霉菌斑

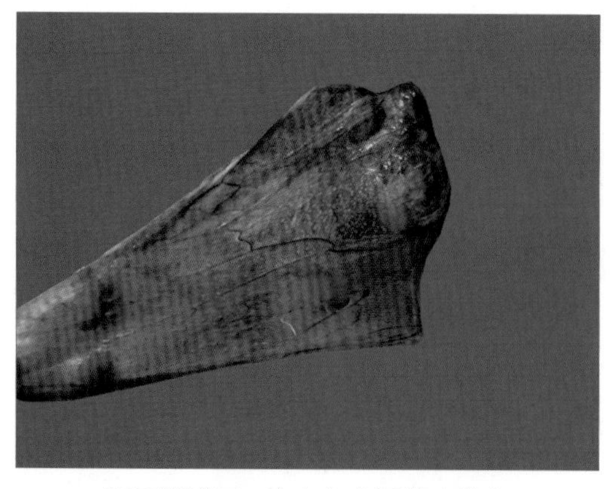

肠系膜增厚，有白色小霉菌点散在

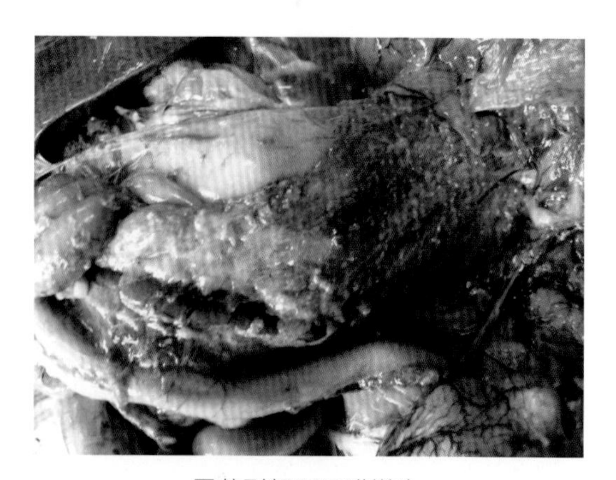

霉菌引起肠系膜增生

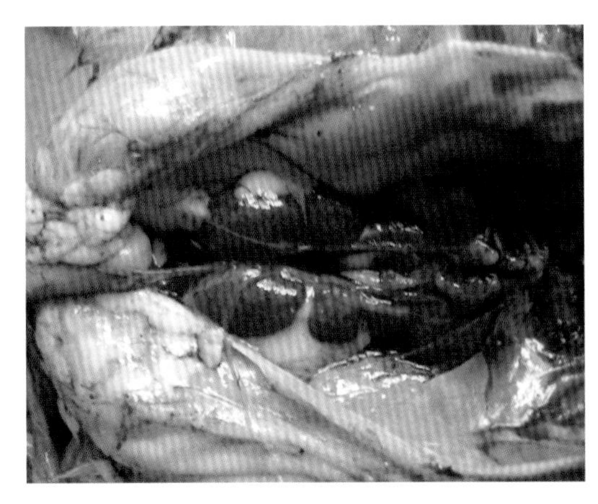

肾脏肿大、出血，被膜上形成霉菌结节

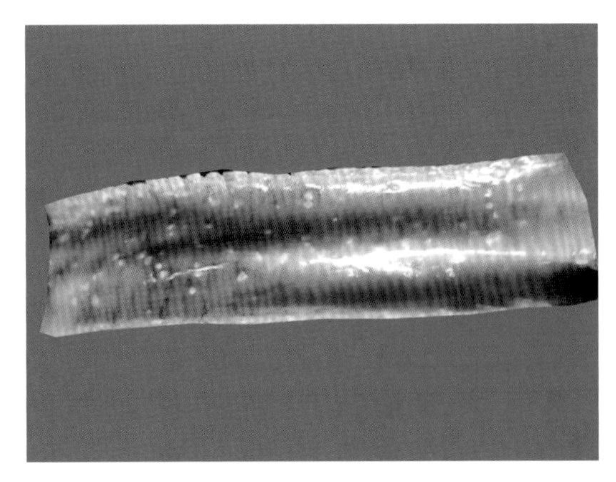

气管内形成霉菌结节

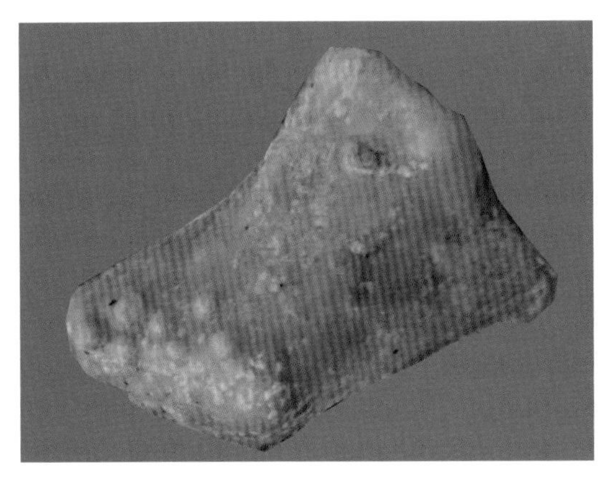

嗉囊黏膜形成霉菌结节

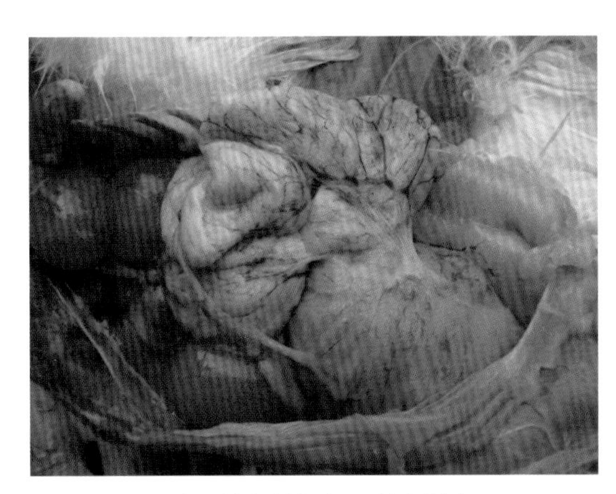

输卵管有黄绿色霉菌斑散在

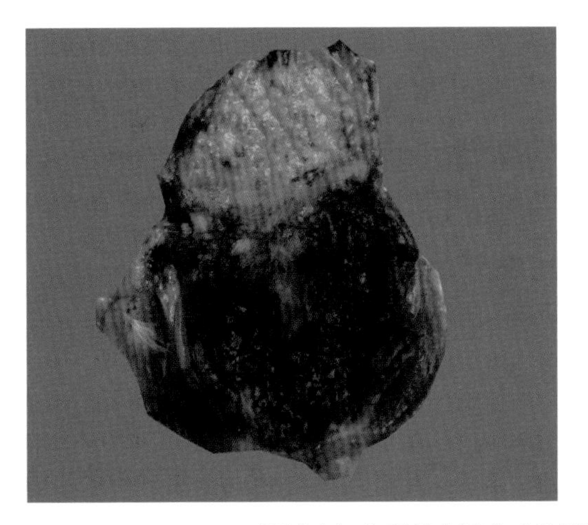

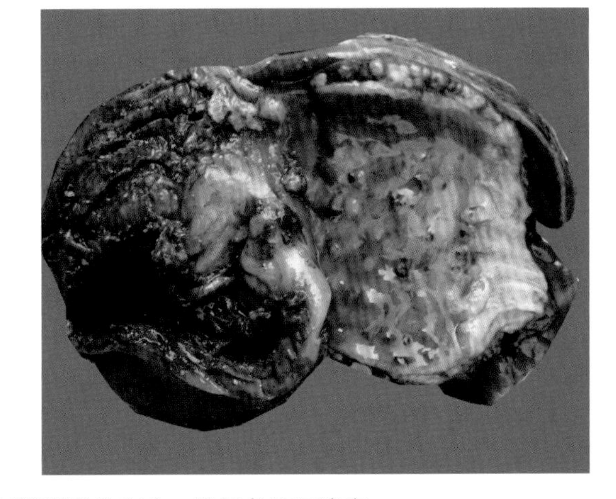

新城疫与曲霉菌病混合感染引起腺胃乳头出血，肌胃角质层溃疡

鸭的曲霉菌病图

病鸭扭颈

病鸭张口呼吸，流泪

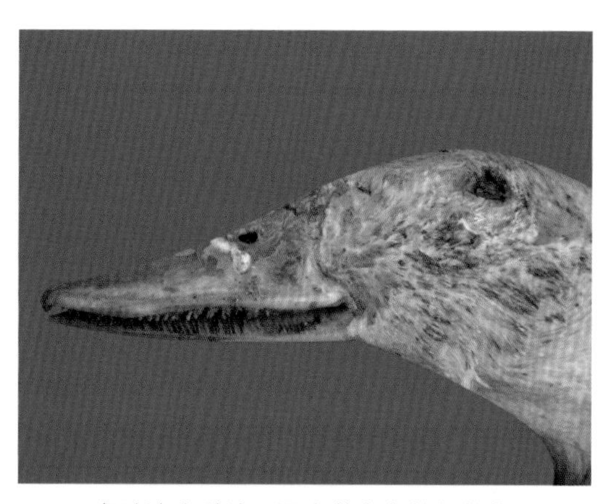

鼻腔流出黏液，混有黄白色的絮状物

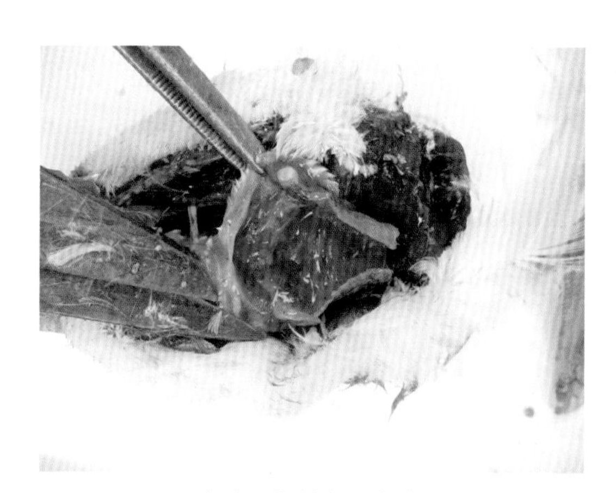

喉头及气管有出血点

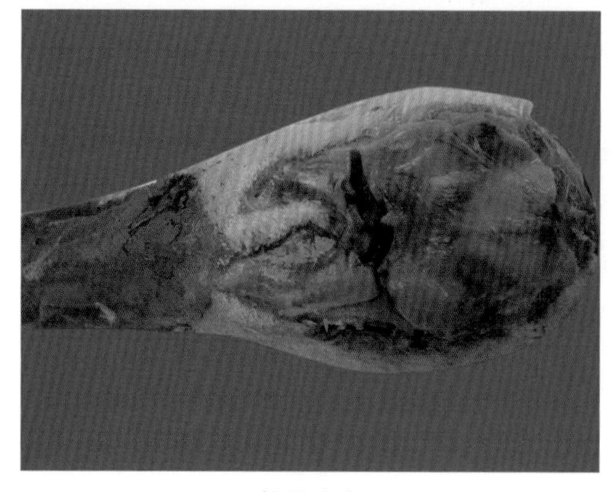

颅骨出血

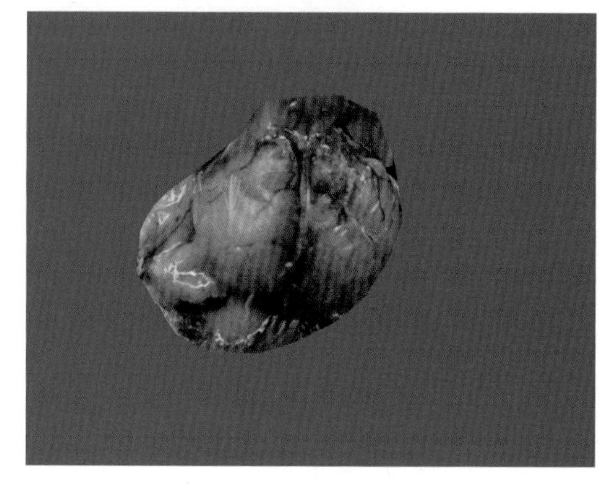

脑水肿、出血

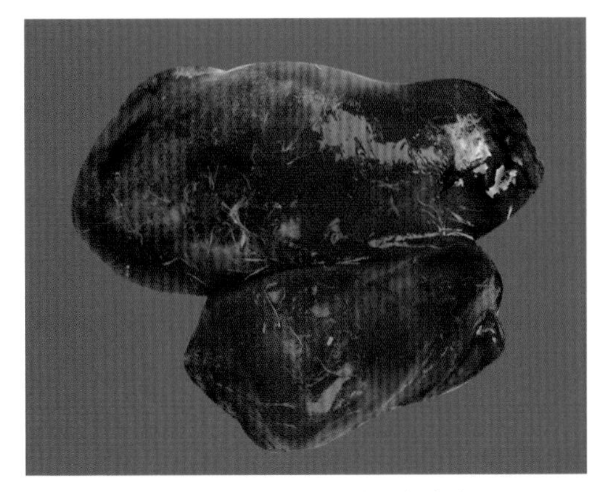

肝脏肿大、出血，部分肝组织坏死

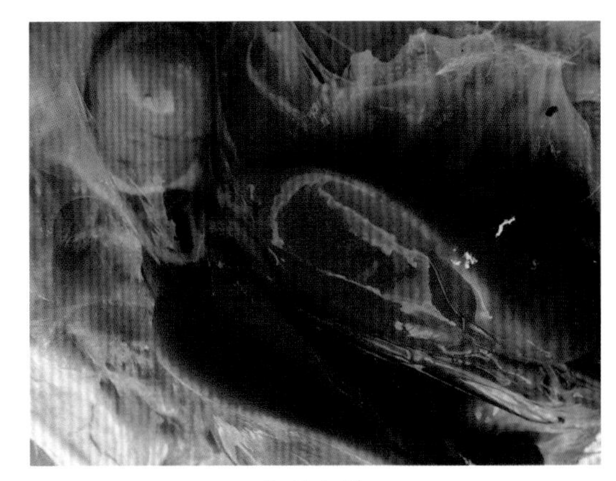

肝脏硬化

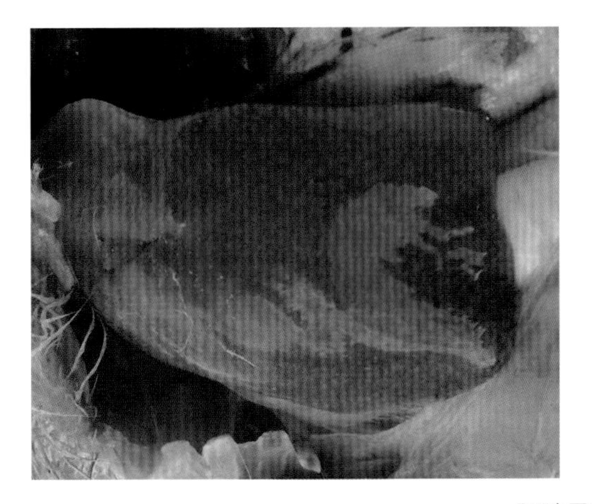

肝脏呈网格样出血

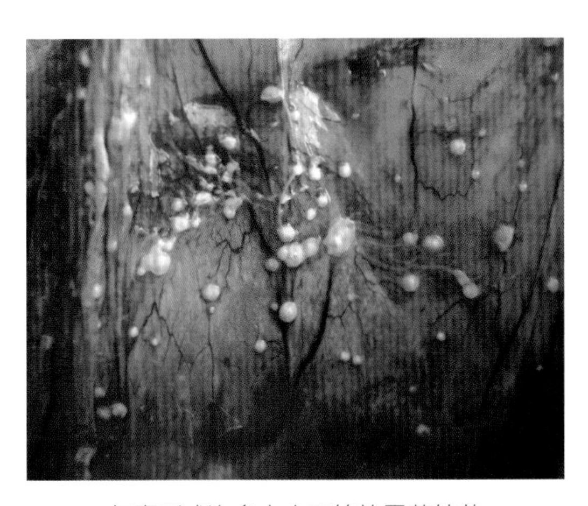

气囊形成许多大小不等的霉菌结节

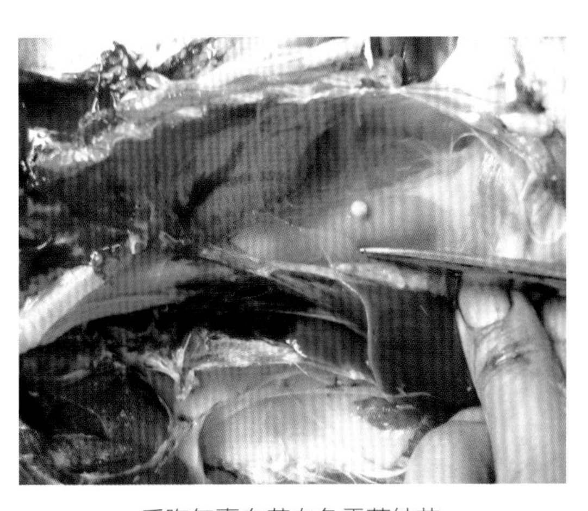

后胸气囊有黄白色霉菌结节

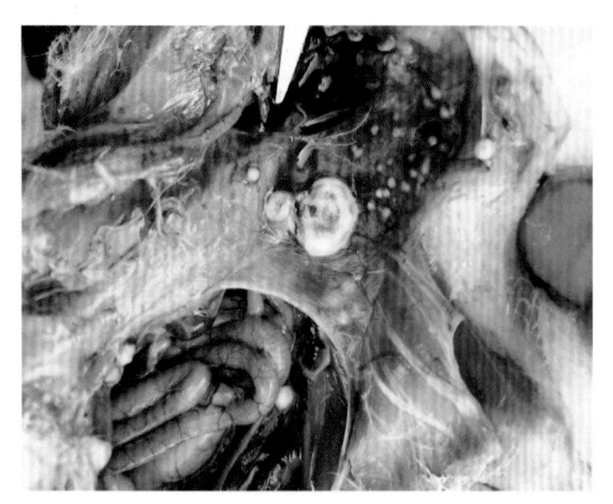
气囊壁有大的霉菌斑及霉菌结节

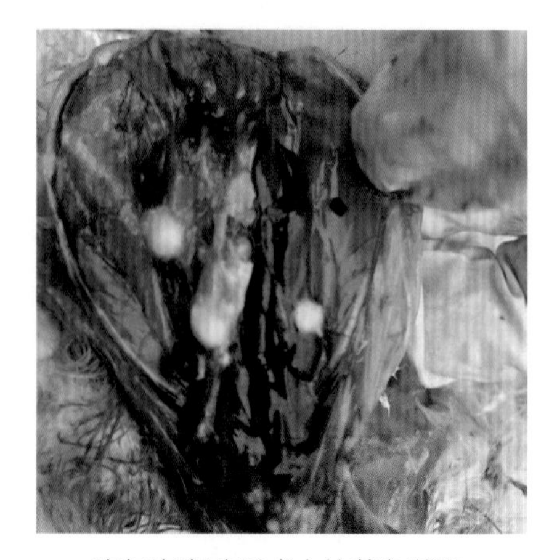
腹气囊囊壁形成大的黄色菌斑

肾脏出血

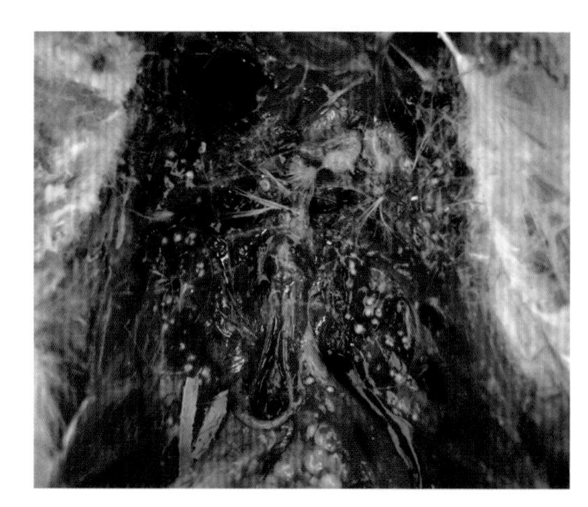
肺脏形成大小不等的霉菌结节

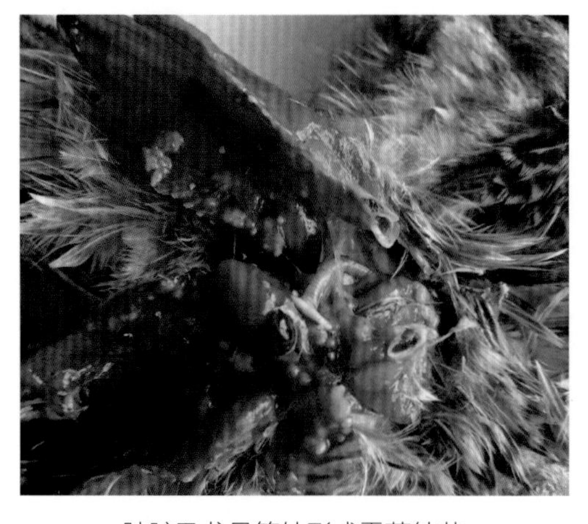
肺脏及龙骨等处形成霉菌结节

肺脏形成霉菌结节，肾脏表面有大的霉菌斑

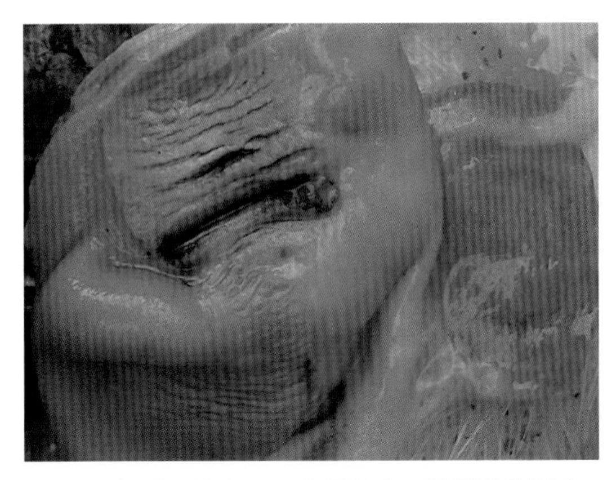

肌胃角质层溃疡，肌肉层出血，腺胃乳头消失

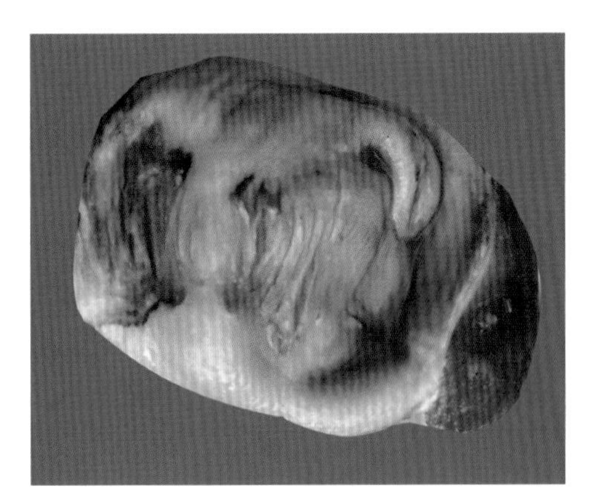

肌胃角质层溃疡

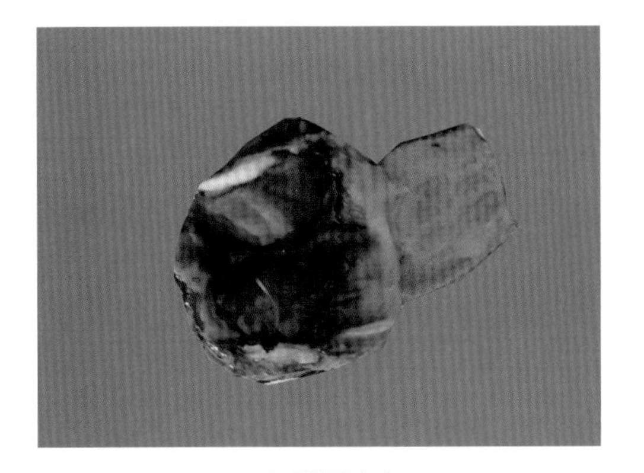

角质层溃疡

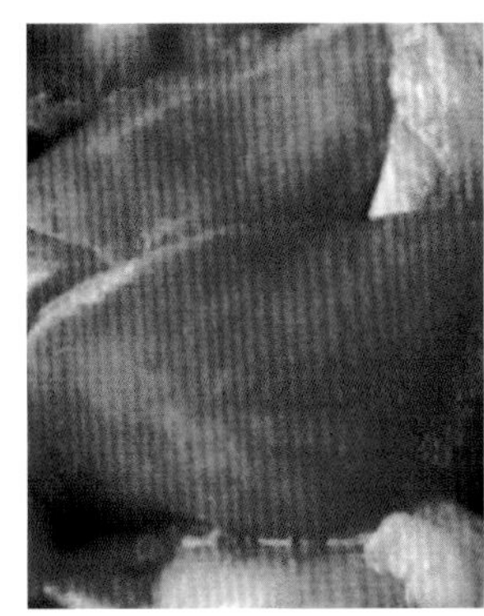

雏鸭黄曲霉毒素中毒与曲霉菌病混合感染

鹅的曲霉菌病图

病鹅精神不振

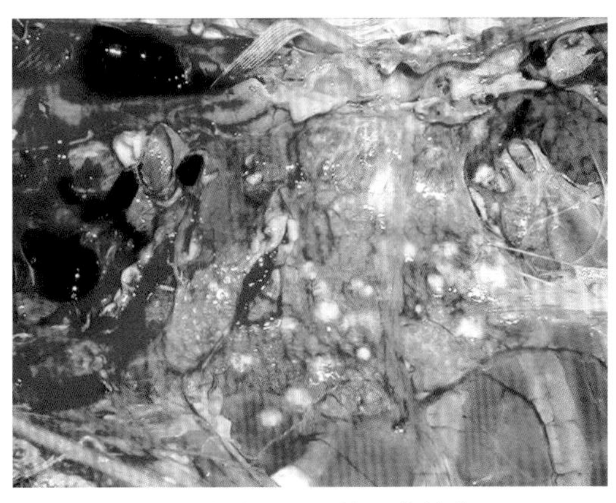

肺脏有大小不一的霉菌结节

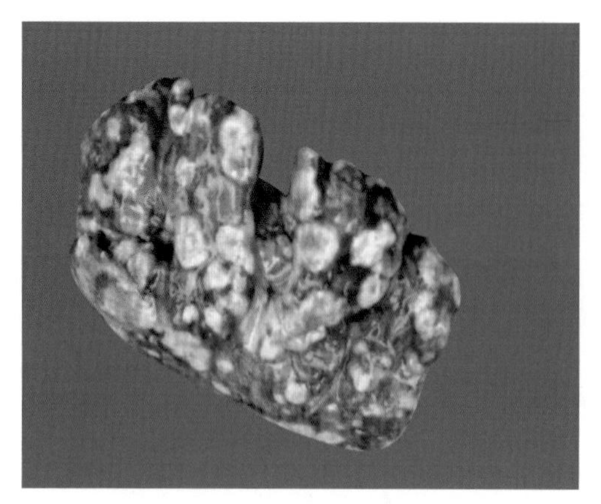

肺脏形成大小不一的黄白色霉菌结节

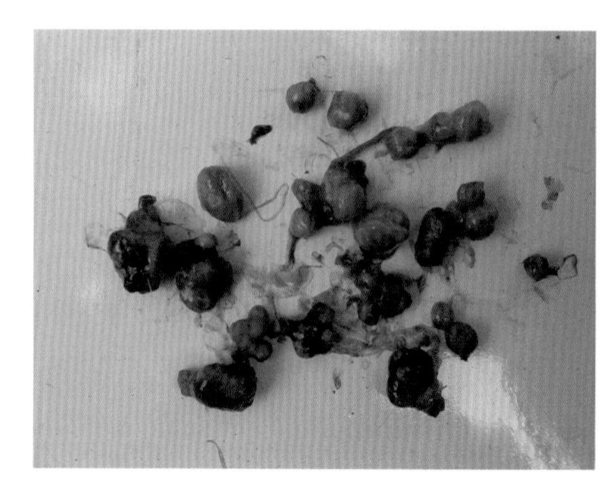

肺脏组织中有大小不一的黄色霉菌结节

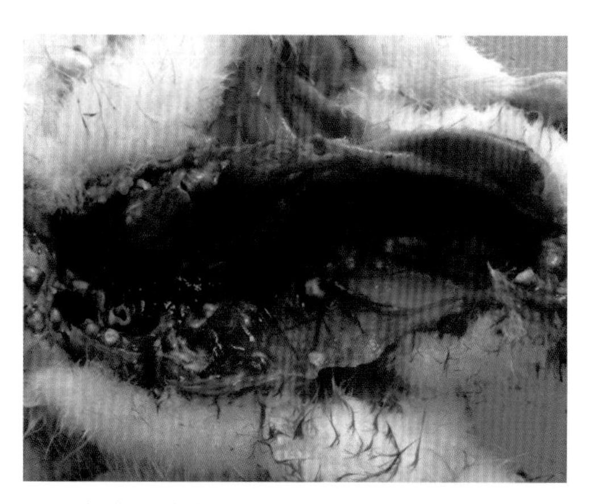

气囊形成大小不一的类肿瘤霉菌结节

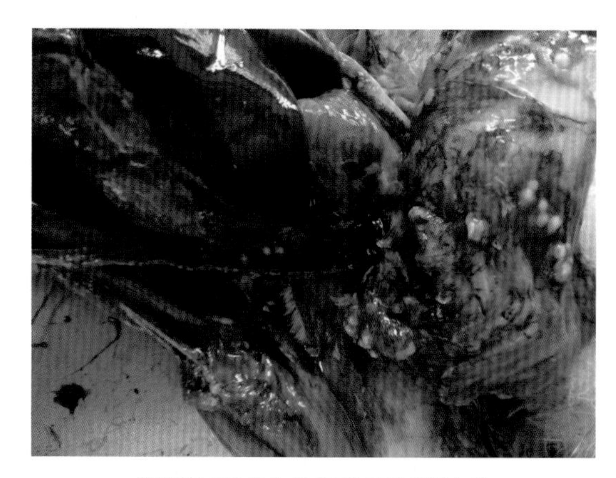

胸气囊形成白色类肿瘤霉菌结节

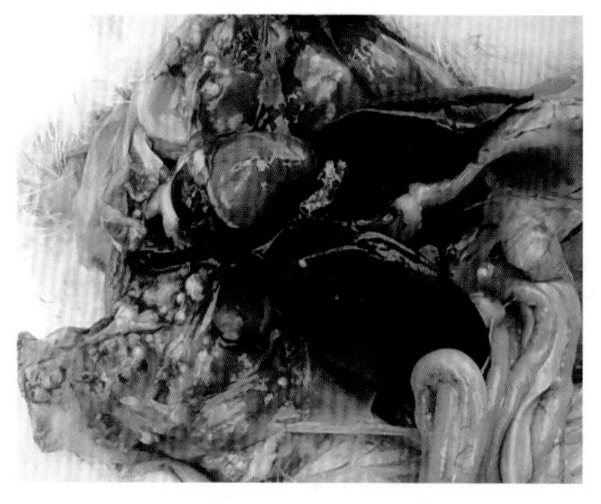

气囊囊壁形成霉菌结节

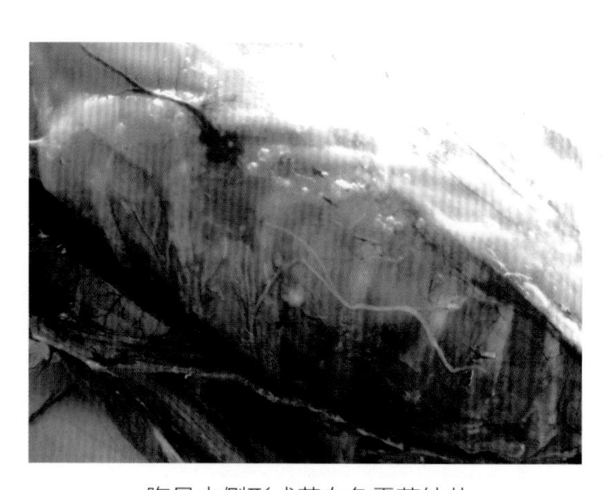

胸骨内侧形成黄白色霉菌结节

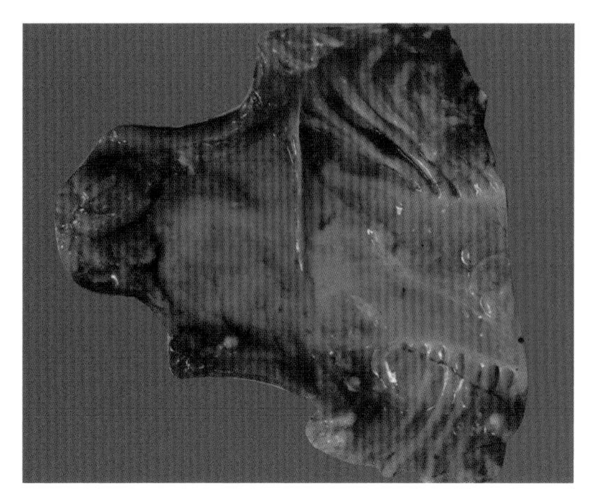

胸骨、龙骨等处形成类肿瘤霉菌结节

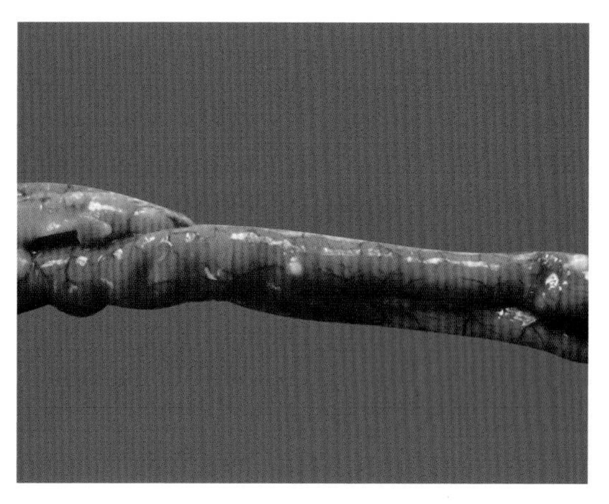

十二指肠形成白色类肿瘤霉菌结节

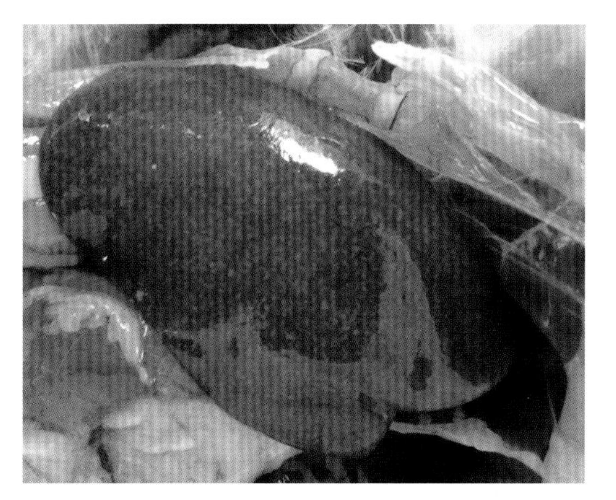

肝脏肿大，霉菌结节呈弥漫性

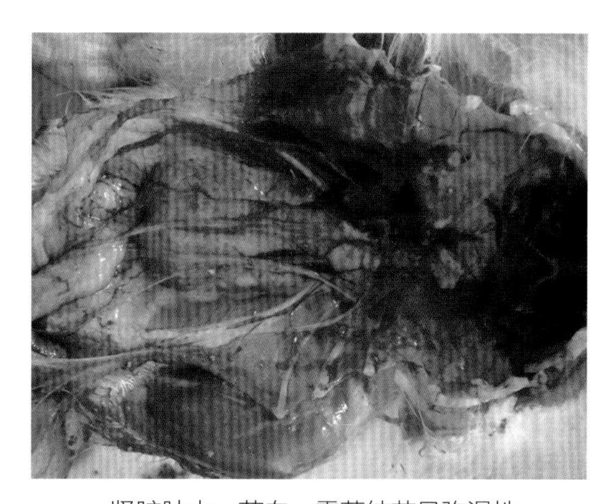

肾脏肿大、苍白，霉菌结节呈弥漫性

鹌鹑的曲霉菌病图

腹气囊上形成黄色霉菌结节

气囊及肠系膜等处形成大小不一的黄白色霉菌结节

气囊形成较大的霉菌结节

第七节　传染性鼻炎

一、概述

传染性鼻炎（infectious coryza，IC）是由副鸡嗜血杆菌（haemophilus paragallinarum）引起鸡的一种急性呼吸道疾病。主要以流涕、面部水肿、结膜炎、蛋鸡产蛋率下降、育成鸡生长不良为特征，给养鸡业造成严重的经济损失。

二、病原特征

副鸡嗜血杆菌呈多形性。幼龄培养物为革兰氏阴性的小球杆菌，两极染色，不形成芽孢，无荚膜，无鞭毛，强毒力的副鸡嗜血杆菌可带有荚膜。对营养的需求较高，兼性厌氧，在含5%CO_2的条件下生长较好，鲜血琼脂或巧克力琼脂可满足本菌的营养需求，经24 h后可形成露滴样小菌落，不溶血。Page用玻片凝集试验将本菌分为A、B、C 3个血清型。不同国家，血清型的分布不同，我国以A血清型为主，但也存在B、C血清型。本菌的抵抗力很弱，对热及消毒剂也很敏感，在45 ℃存活不超过6 min。

三、流行病学

传染源：病鸡和带菌鸡是主要传染源。

传播途径：以飞沫、尘埃经呼吸道传染为主，被污染的饮水、饲料等可经消化道传播。

易感动物：各种年龄的鸡都易感，4～13周龄的鸡最易感，产蛋期蛋鸡感染较为严重。

传播媒介：被病原菌污染的饲料、饮水、飞沫和尘埃，麻雀也可能成为传播媒介。

本病的发生与慢性病鸡及隐性带菌鸡及各种应激因素有关，如不同年龄的鸡混群饲养、气候突变、过分拥挤、通风不良、舍内闷热、维生素A缺乏、寄生虫感染等因素均可诱发本病。

本病发病率呈上升趋势，呈地方流行性，四季均可发病，秋冬等寒冷季节多发，具有发病率高和死亡率低的特点，出现过疫情的鸡场或接种过传染性鼻炎疫苗的鸡群发病率明显高于新鸡场、未发病、未免疫的鸡群。自然发病见于产蛋鸡和肉种鸡，产蛋鸡感染较严重，目前育成鸡感染发病呈上升趋势。临床发现鸡发生鼻炎时，常混合感染大肠杆菌病和慢性呼吸道病。

四、临床症状

潜伏期1～3 d，传播快。

病鸡以鼻炎和鼻窦炎为主，肉鸡及蛋雏鸡生长不良，产蛋鸡开产推迟或蛋鸡产蛋率下降（10%～40%），种鸡受精率、孵化率下降，弱雏较多。

病鸡采食量、饮水量减少，腹泻，多数排绿色稀粪等。

初期病鸡精神不振，流泪，眼眶聚集泪泡，打喷嚏，甩头，鼻涕清稀至黏稠、脓性，脓性物干后在鼻孔四周凝结成淡黄色的结痂。

后期病鸡为结膜炎，发生红眼和肿胀，颜面部、肉髯和眼周围肿胀如鸽卵大小，延及颈部、颌下和肉髯的皮下组织水肿，炎症蔓延到下呼吸道时，咽喉被分泌物阻塞，造成呼吸困难，频频摇头，终因窒息死亡。

本病和慢性呼吸道病、慢性鸡霍乱、禽痘以及维生素A缺乏症等的临诊症状相类似，仅从临诊上来诊断本病有一定困难。

五、病理变化

鼻腔和鼻窦黏膜呈急性卡他性炎症，黏膜充血肿胀，表面覆有大量黏液，窦内有淡黄色或灰白色豆腐渣样的渗出物或干酪样物。

颜面部和颌下皮下组织水肿，呈胶冻样，病程较长时，呈白色干酪样。

眼结膜充血、肿胀。

严重时，气管黏膜充血、出血，内有黏稠分泌物。

卵泡变性、坏死和萎缩等。

六、防治

1.预防

免疫接种是预防本病的有效措施，环境净化对有效预防本病至关重要，平时加强饲养管理，搞好环境卫生与通风换气，严格消毒，避免过度拥挤，禁止混养等措施对本病有很好的防控效果。

2.治疗方案

（1）根据药敏试验结果，选择高敏的抗微生物药饮水或拌料，连用5～7 d，间隔3～5 d重复一个疗程。对于发病急的鸡群可以肌内注射敏感的抗生素。配合复方维生素纳米乳口服液或优质鱼肝油使用，利于本病的康复。

（2）采用解毒化痰、止咳平喘的中药制剂治疗。

【处方1】鼻炎宁散

紫菀25 g，紫花地丁、金银花各15 g，麻黄、连翘各20 g，蒲公英5 g。

【用法与用量】拌料，鸡0.5 g/只，连用3 ~ 5 d。

【处方2】加味麻杏石甘散

麻黄、苦杏仁、石膏、浙贝母、桔梗、连翘、白花蛇舌草、枇杷叶、山豆根、甘草各30 g，金银花60 g，大青叶90 g，黄芩50 g。

【用法与用量】拌料或煎汁饮水，鸡 0.5 ~ 1.0 g/只，连用3 ~ 5 d。

【处方3】穿鱼金荞麦散

蒲公英、桔梗、黄芩各80 g，甘草、桂枝、麻黄、板蓝根、野菊花、辛夷各50 g，苦杏仁35 g，穿心莲、金荞麦各100 g，鱼腥草120 g，冰片5 g。

【用法与用量】混饲，鸡每1 kg饲料10 g，连用5 ~ 7 d。

【处方4】辛夷花、苍耳子、防风、生地黄、赤芍各200 g，白芷、桔梗、半夏、葶苈子、薄荷、茯苓、泽泻、甘草各120 g，黄芩300 g。

【用法与用量】粉碎，混匀，按每只鸡每天3 g用沸水浸泡2 h，取汁使每1 mL含生药1 g，一次加水饮服，重病用滴管灌服3 ~ 4 mL，药渣拌入料中喂服。

【处方5】辛夷、白芷各30 g，半夏、黄芩、葶苈子、桔梗各20 g，猪苓、泽泻、甘草各15 g，生姜30 g。

【用法与用量】粉碎混匀，供100只鸡拌料喂服。对于严重不食的病鸡，水煎灌服，每只鸡20 mL。

【处方6】夏枯草、白花蛇舌草、贯众、鱼腥草各210 g，黄芩、连翘各180 g，桔梗、半夏各150 g，杏仁、知母各120 g，陈皮、甘草、金银花各90 g，板蓝根350 g，橘红80 g。

【用法与用量】水煎，分2 ~ 3次供1 000只鸡饮服，1剂/d，连用3 ~ 5 d。

【应用】本方适应证：采食量、饮水量减少，呼吸道有啰音（10% ~ 30%的鸡只）；产蛋率下降，蛋壳质量下降，颜色变浅，拉黄白色水样稀粪。

【处方7】白芷、防风、益母草、乌梅、猪苓、诃子、泽泻各100 g，辛夷、桔梗、黄芩、半夏、生姜、葶苈子、甘草各80 g。

【用法与用量】粉碎过筛，混匀，供100只鸡3d拌料喂服，连用3剂。预防用半量间断喂服。

【处方8】金银花10 g，板蓝根6 g，白芷25 g，防风、苍术、苍耳子各15 g，黄芩、甘草各8 g。

【用法与用量】研细，成鸡每次1.0 ~ 1.5 g，拌料喂服，2次/d。预防量减半。

【处方9】石黄散（河南省现代中兽医研究院研制）

麻黄12 g，石膏15 g，枯芩、紫萁贯众各8 g，鱼腥草、板蓝根各 9 g，苦杏仁、茵陈、山豆根、桑白皮各7 g，厚朴、陈皮、连翘、贝母、甘草各6 g，大青叶10 g等。

【功能】清热解毒、止咳平喘、理气化痰。

【用法与用量】0.25 ~ 1.5 g/只，1次/d，连用3 ~ 5 d。病情严重时加倍使用。

鸡传染性鼻炎图

病鸡呼吸困难，眶下窦肿胀

眼和鼻孔周围有干酪样分泌物附着，眼周围肿胀

眼内有脓性分泌物，眼睑及眶下窦肿胀

面部肿胀，眼盲

肉鸡面部肿胀，眼盲

颜面部、肉髯和眼周围肿胀，延及颌下和肉髯的皮下组织水肿

面部及眶下窦肿胀

单侧鼻窦肿胀，致使眼睛外移而失明

眼球周围及颌下高度肿胀，致使眼球外移，引起失明

眼球周围高度肿胀呈蘑菇头状

皮下组织水肿

皮下组织水肿

头部皮下有胶样渗出

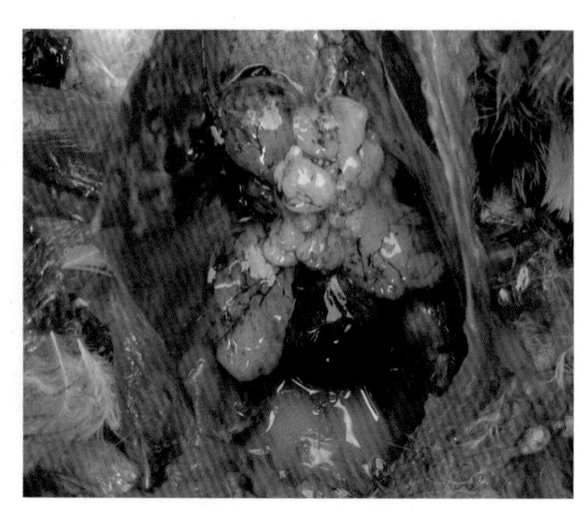
卵泡变性、坏死、萎缩等

鼻甲骨出血

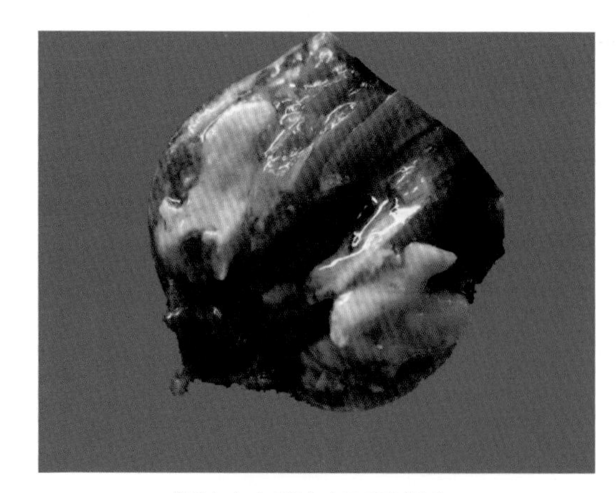
鼻腔内有黄白色干酪样物

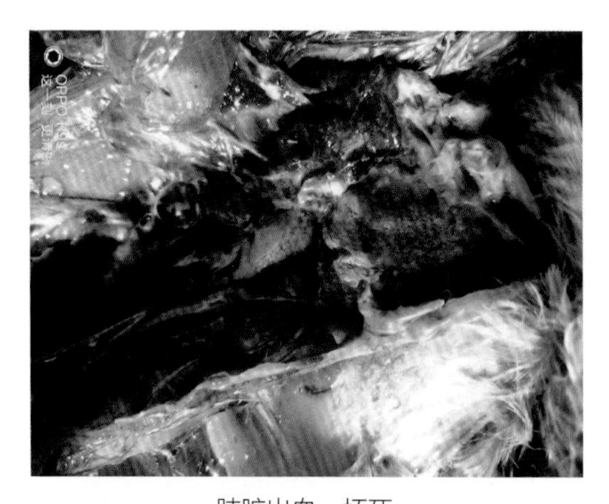
肺脏出血、坏死

大肠杆菌病与传染性鼻炎混合感染引起的肿脸、失明等

第八节 禽葡萄球菌病

一、概述

禽葡萄球菌病（staphylococcal disease）是由金黄色葡萄球菌（staphylococcus aureus）引起家禽的一种以渗出性素质、出血、溶血和化脓性炎症等为特征的局部感染或败血性传染病，也是一种环境性疾病。下面介绍鸡、鸭、鹅葡萄球菌病。

二、病原特征

葡萄球菌为革兰氏阳性球菌，无鞭毛，无荚膜，不形成芽孢，需氧或兼性厌氧菌，在普通培养基上生长良好，固体培养基上形成有光泽、圆形凸起的菌落，一般呈葡萄串状排列，在鲜血平板上培养24 h能形成中等大小的金黄色菌落，出现溶血环。其中金黄色葡萄球菌为主要的致病菌，葡萄球菌对外界环境的抵抗力较强。

三、流行病学

传染源：病禽是主要传染源。

传播途径：伤口感染（脐带、断喙、刺种、刮伤等）是葡萄球菌感染的主要途径，也可通过呼吸道、消化道和种蛋感染发病。

易感动物：各种日龄的禽类如鸡、鸭、鹅、野鸡、火鸡、鸽、鹌鹑等均易感，以40～80日龄的幼鸡及雏鸭、雏鹅最易感。

本病四季均可发病，以雨季、潮湿和气候突变的季节多发。当饲养密度过大、通风不良、舍内空气污浊、饲料单一、缺乏维生素和矿物质及存在某些疾病等情况下均可促进葡萄球菌病的发生和流行，导致死亡率增加，而带翅号、断喙、注射疫苗、网刺、刮伤和扭伤、断趾、啄伤等都可成为本病发生的诱因。

本病常与大肠杆菌病、慢性呼吸道病、传染性浆膜炎等混合感染，加上耐药菌株的存在，致使治疗难度大，死亡率增加等。

四、临床症状

1. 败血型

多见于雏禽和育成禽，具有发病急、病程短、死亡率高的特点。

病禽精神沉郁，发热，呆立，翅下垂，缩头闭眼，饮食减少或废绝，排灰白色或黄绿色稀粪。

病禽胸腹背部羽毛大片脱毛，胸腹部及股内侧皮下水肿呈紫黑色，破溃后流出茶色或紫红色液体污染周围羽毛。

部分病禽头颈、翅膀背侧和腹面、翅尖、尾、脸、背和腿等处皮肤上有大小不等的出血灶和炎性坏死，局部干燥，结痂。

部分病禽跛行，多为1条腿1个关节（踝关节、跖趾关节）。

2.脐炎型

多见于出壳后1周内的雏禽，病程短，死亡率高，一般在2～5 d内死亡。

病禽精神萎靡，体质瘦弱，食欲废绝，卵黄吸收不良，腹部膨大，脐孔肿大发炎，局部呈黄红色或紫黑色，触摸硬实，俗称“大肚脐”。常因败血症死亡。

3.关节炎型

雏禽和成年禽均可发生。肉仔鸡多发，青年鸭鹅和成年鸭鹅因病淘汰。

病禽关节肿胀、发热、疼痛，如胫关节、趾关节和跗关节肿大，触之有热痛和波动感。肌腱、腱鞘呈炎性肿胀，肿胀部位呈紫色或紫黑色，久之肿胀部位发硬，有的溃烂后形成黑色结痂，跛行，行动不便，采食困难，卧地不起，逐渐消瘦，衰竭死亡。有时胸部龙骨发生浆液性滑膜炎。

4.皮炎型

病死率高，病程多在2～5 d。

病禽精神沉郁，羽毛松乱，腹泻。

病禽头颈部、翅膀背侧、腹胸部皮肤及大腿内侧皮下肿胀、出血、炎性坏死等。手触肿胀部有波动感，溃烂后流出茶色或紫红色液体污染周围的羽毛。

5.眼炎型

初期以眼结膜炎为主，一侧或两侧结膜发炎，红肿，流出黄色的脓性黏液，上下眼睑黏合，眶下窦肿胀；后期眼球下凹、干缩，失明等。

五、病理变化

1.败血型

整个胸腹部及皮下充血、出血，呈弥漫性紫红色，皮下有黄红色胶冻样水肿液。

肝脏、脾脏肿大，呈紫红色，有白色坏死点散在。

心包积液，心冠脂肪及心外膜有时出血。

肠黏膜充血、出血，泄殖腔黏膜出血、溃疡、坏死等。

腹腔有腹水和纤维素性渗出物等。

2.脐炎型

脐部肿大，呈紫红色或紫黑色，脐部有暗红色或黄红色液体，病程长时转变为脓性干酪样物。

卵黄吸收不良，呈黄红色或黑灰色，液体状或内混絮状物。

肝脏表面有出血点。

3.关节炎型

关节肿胀，关节液增多，关节腔内有干酪样或脓样物，关节周围结缔组织增生、畸形，部分关节肿大，滑膜增厚、充血或出血。

4.皮炎型

头颈部、翅膀背侧、胸腹部皮肤及大腿内侧皮下充血、出血、水肿，切开肿胀部位可见大量的黄色或粉红色胶冻样液体。

部分病例皮肤干燥，胸肌、腿肌有出血斑或带状出血，肌肉呈紫红色，肝脾肿大，肠黏膜呈卡他性炎症。

5.眼炎型

多数病鸡为眼结膜炎，流淡黄色脓性分泌物；少数病鸡胸腹部皮下有出血斑点，心冠脂肪有少量出血点。

六、防治

1.预防

疫苗接种是预防本病的重要措施，平时加强饲养管理，搞好环境卫生，严格消毒，做好通风换气工作，保持合适的饲养密度与舍内湿度，防止和减少外伤的发生等措施可降低发病率。

2.治疗方案

（1）根据药敏试验结果，筛选敏感的抗微生物药饮水或拌料。

（2）选用清热解毒、凉血止痢的中药治疗。

【处方1】金荞麦散

金荞麦。

【用法与用量】以0.2%的比例拌料，连喂3～5 d。预防，以0.1%的比例拌料连喂3 d。

【应用】可使用金荞麦全草（根、茎、叶、花）制剂或根制剂。

【处方2】复方三黄加白汤

黄连、黄柏、黄芩、白头翁、陈皮、香附、厚朴、茯苓、甘草各200 g。

【用法与用量】共煮水，供体重1 kg以上1 000只病鸡1 d饮用，连用3 d。

【应用】治疗鸡葡萄球菌病。

【处方3】四黄小蓟饮

黄连、黄芩、黄柏各100 g，大黄、甘草各50 g，小蓟（鲜）400 g。

【用法与用量】连煎3次，得药液约5 000 mL，供1 600只雏鸡自饮，1剂/d，连喂3 d。

【应用】治疗艾维因肉雏鸡葡萄球菌病。

【处方4】加味三黄汤

黄芩、黄连叶、焦大黄、黄柏、板蓝根、茜草、大蓟、车前子、神曲、甘草各等份。

【用法与用量】按每只鸡每天2 g煎汁拌料，1剂/d，连喂3 d。预防用半量。

【应用】治疗鸡葡萄球菌病。

【处方5】鱼腥草、麦芽各90 g，连翘、白及、地榆、茜草各45 g，大黄、当归各40 g，黄柏50 g，知母30 g，菊花80 g。

【用法与用量】粉碎混匀，按每只鸡3.5 g/d拌料喂服，4 d为1个疗程。

【应用】治疗鸡葡萄球菌病。

【处方6】金银花40 g，栀子、黄连各20 g，黄柏、连翘、菊花、甘草各30 g。

【用法与用量】煎汤，供100只仔鹅一次饮服。

【应用】治疗曾用青霉素、链霉素、土霉素治疗效果不佳的1 000余只葡萄球菌病仔鹅。

（3）严重感染时，肌内注射庆大霉素注射液、阿米卡星注射液或卡那霉素注射液等。

1）庆大霉素注射液：雏禽0.2万～0.4万IU/只，1次/d，连续治疗2～3 d。

2）阿米卡星注射液： 2万～4万IU/kg体重，1次/d，连续治疗2～3 d。

3）卡那霉素注射液：雏禽0.5万～0.8万IU/只，1次/d，连续治疗2～3 d。

鸡的葡萄球菌病图

急性败血型：皮下出血，呈蓝紫色

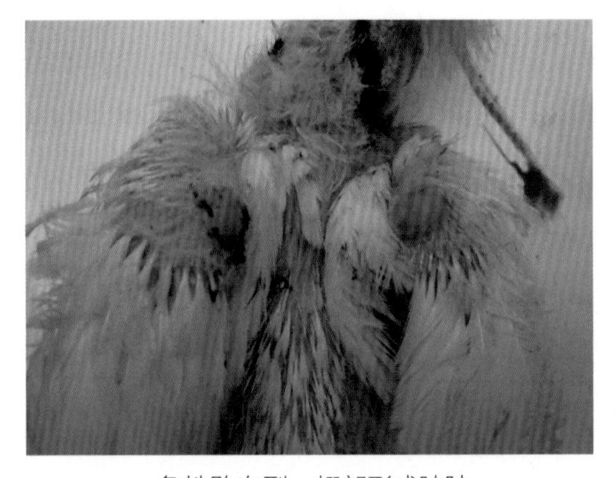

急性败血型：翅部形成脓肿

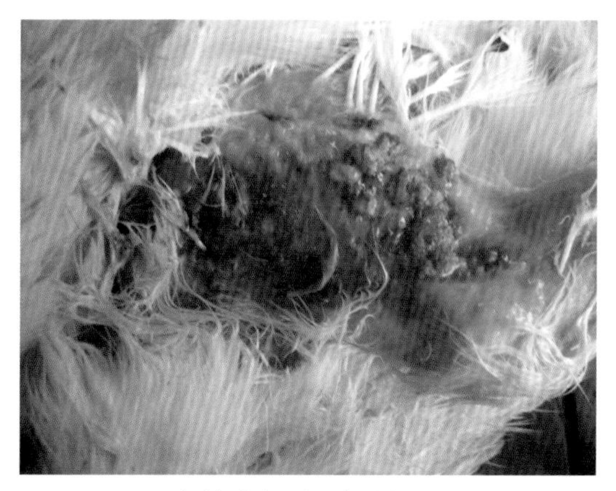

急性败血型：皮肤坏死

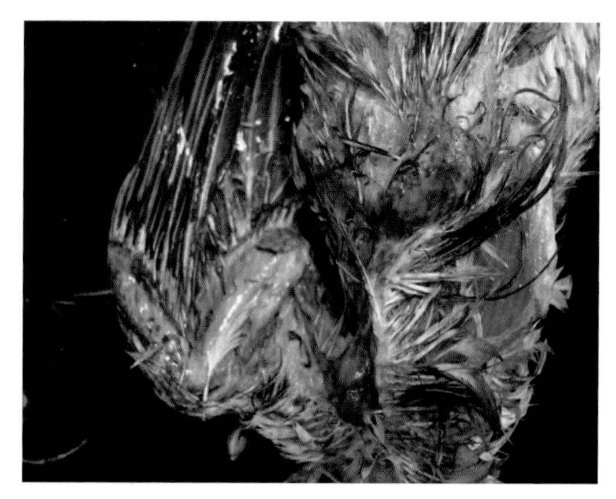

急性败血型：腿部皮肤溃烂出血，翅膀腹侧出血

急性败血型：翅膀腹侧出血

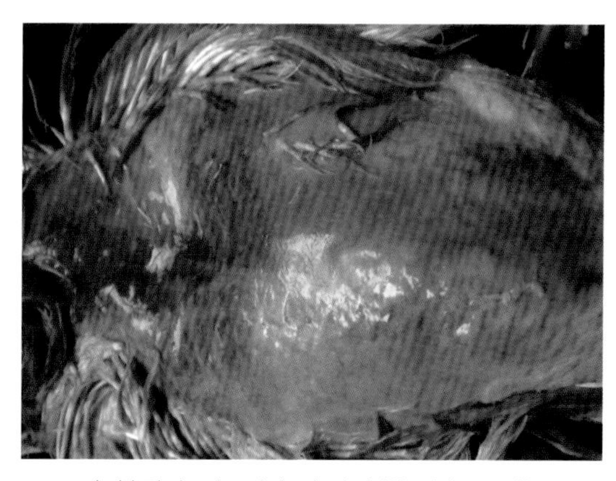

急性败血型：胸部皮肤溃烂，被毛脱落

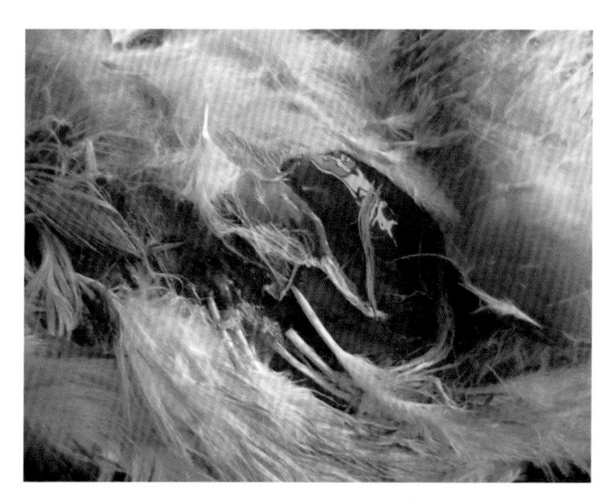

急性败血型：皮肤破溃，皮下溶血

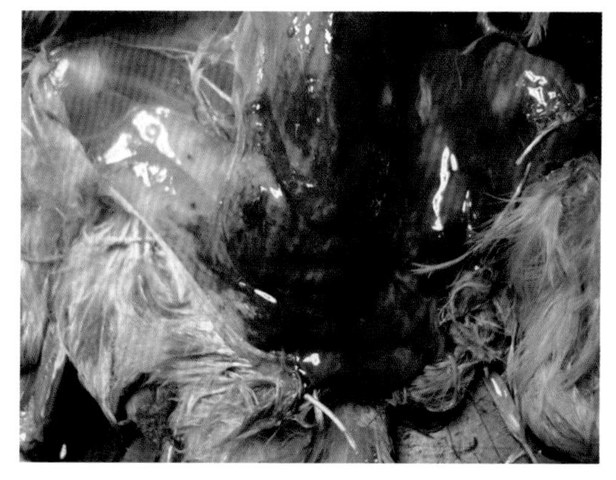

急性败血型：胸腹部及腿部内侧肌肉呈弥漫性出血

急性败血型：皮下有血色胶样渗出

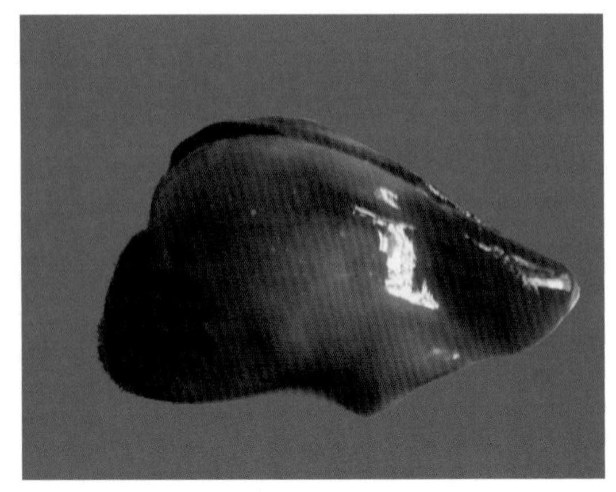
急性败血型：肝脏肿大，表面有白色坏死点散在

急性败血型：肝脏坏死

慢性型：鸡冠肿胀，有溃疡结痂

慢性型：眼睑肿胀，眼结膜充血、出血

慢性型：趾部红肿

慢性型：趾部有溃疡结痂

慢性型：趾部溃疡、坏死

慢性型：胸部肌肉发炎、出血

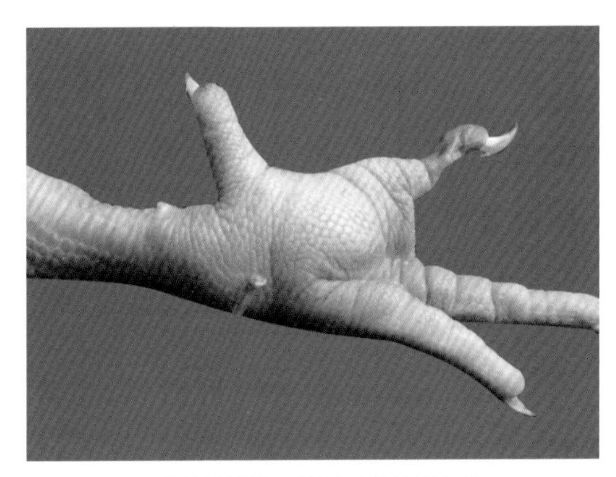

关节炎型：关节及趾部肿胀

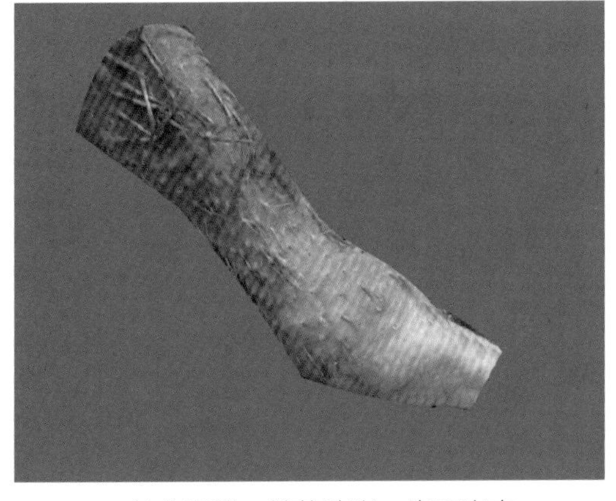

关节炎型：关节肿胀，皮下出血

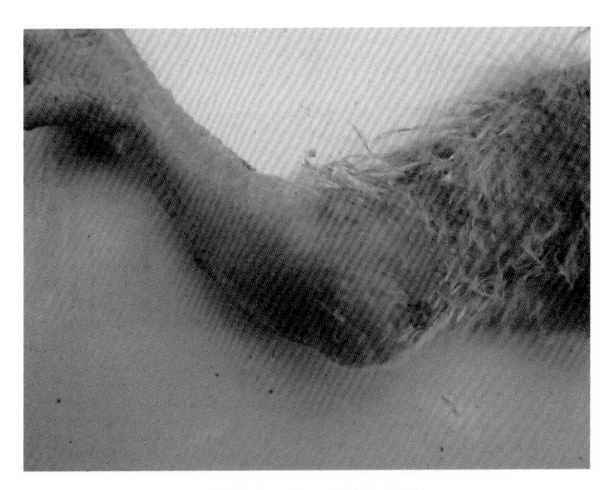

关节炎型：关节肿胀

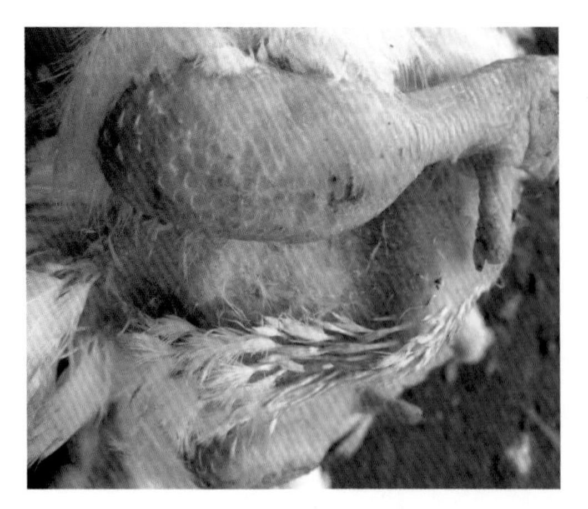
关节型：关节高度肿胀

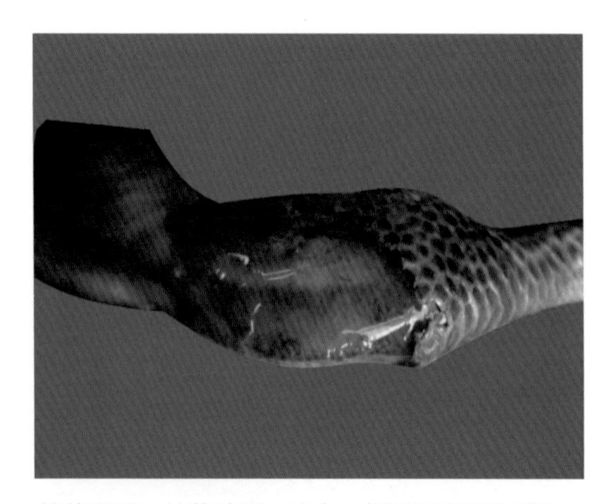
关节炎型：关节肿胀、出血，切开后有胶冻样物

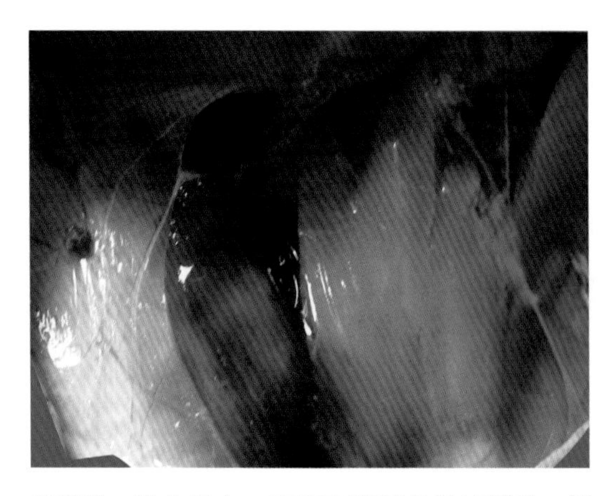
皮炎型：肌肉出血，皮下有淡黄色胶冻样物，渗出液增多

鸭、鹅的葡萄球菌病图

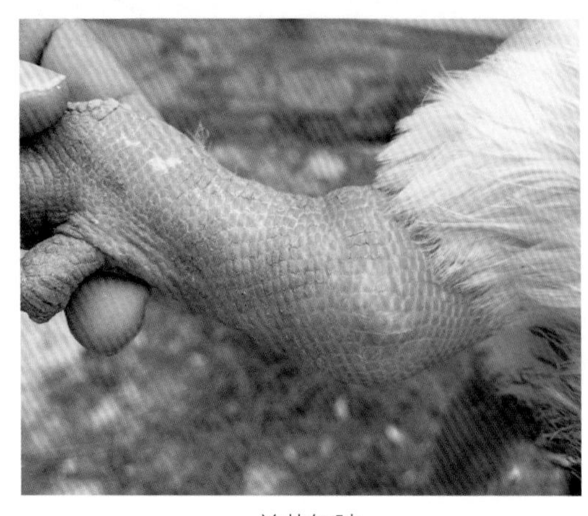
关节红肿

跖趾关节红肿

趾关节肿胀

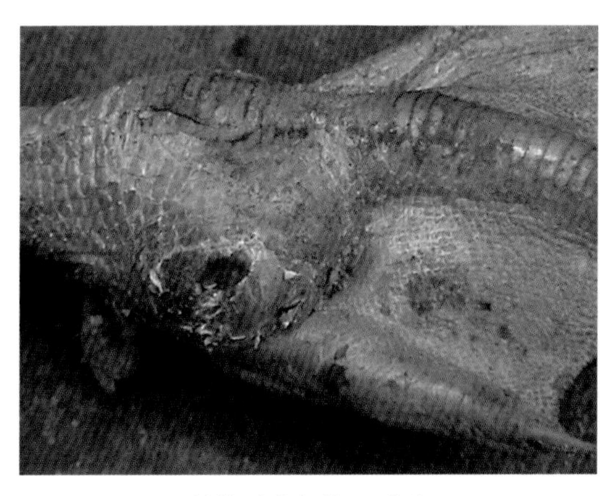

关节肿胀部位易破溃

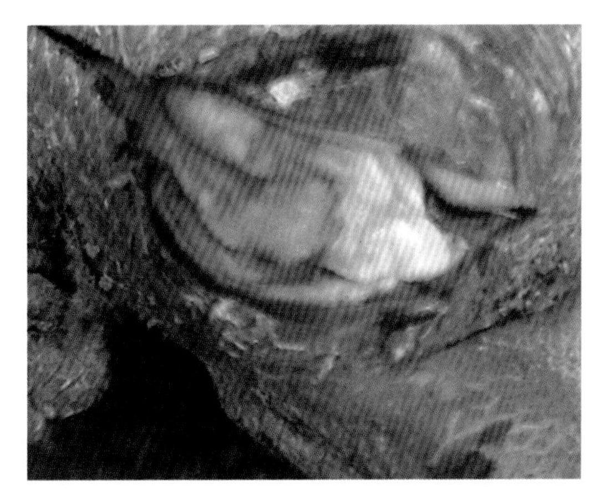

切开肿胀部位后，可见干酪样黄白色坏死物

蹼部有溃疡

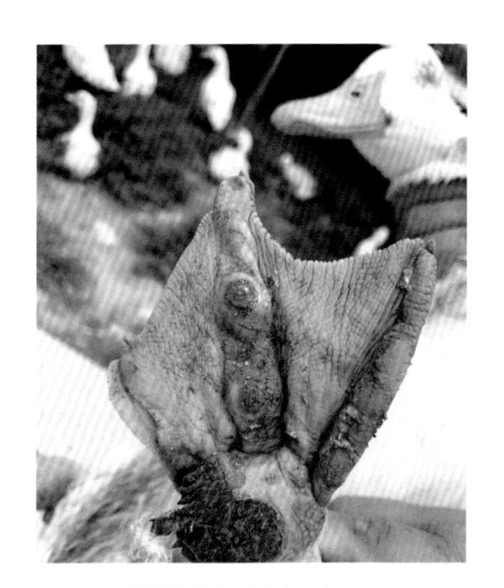

蹼部肿胀、出血、溃疡

葡萄球菌病与传染性浆膜炎混合感染引起眼盲

第九节　鸡毒支原体感染

一、概述

鸡毒支原体感染（mycoplasma gallisepticum infection）是鸡和火鸡的慢性呼吸道病，也称为慢性呼吸道病（chronic respiratory disease，CRD），主要特征为咳嗽、流鼻液、呼吸道啰音、张口呼吸、眶下窦肿胀，在火鸡上表现为气囊炎、鼻窦炎。本病病程长，成年鸡多为隐性感染，目前肉鸡及20～90日龄的青年鸡发病呈上升趋势，呈地方流行性，给养鸡业造成严重的经济损失。

二、病原特征

鸡毒支原体（mycoplasma gallisepticum，MG）是支原体属中的一个致病种，没有细胞壁，仅有细胞膜包裹，为自我复制的很小的原核生物，电子显微镜下MG通常呈球形、杆状、丝状及多形性，直径为0.25～0.5 μm，因支原体直径较小，无细胞壁，因此能通过常规的细菌滤器。姬姆萨着色良好，革兰氏染色为阴性。MG营养需求较高，在固体培养基上菌落呈光滑、圆形、中央突起，如“煎蛋”状。通过血清学分型，鸡毒支原体属于血清A型。本菌抵抗力较差，一般消毒剂能将其杀死。

三、流行病学

传染源：病鸡和隐性感染鸡是主要传染源。

传播途径：本病属于典型的垂直传播，也可经被污染的尘埃、飞沫、饲料、饮水等经呼吸道和消化道而感染。

易感动物：不同品种、日龄的鸡均可感染，以4～8周龄的鸡和火鸡最易感。

本病四季均可发生，以秋末冬初和春季多发。若饲养管理不善、饲养密度大、通风不良、营养不良、气温突变、不同日龄的鸡混养等因素均可诱发本病，加剧病情。本病若与传染性支气管炎、传染性喉气管炎、新城疫、传染性法氏囊病、鸡霍乱和大肠杆菌病等混合感染时，致使病情加重，死亡率可高达30%以上。

临床发现：①近几年肉鸡发生的“支气管栓塞症”“黑心肺”等症，MG是常见的病原之一。②蛋鸡肿头肿脸症即单侧或双侧眼睛流泪、肿大，甚至失明，面部肿胀，甚至波及颈下，产蛋率基本保持不下降，传播速度慢，零星死亡等，常检测到MG病原的存在。

四、临床症状

人工感染潜伏期为4～21d，自然感染难以确定。

雏鸡表现症状严重。病鸡眼圈周围皮肤发紫，眼睛分泌物有气泡，鼻腔流浆液或黏液性鼻液，造成鼻孔堵塞引起呼吸困难，频频摇头，打喷嚏，咳嗽，出现鼻窦炎、结膜炎和气囊炎。当炎症蔓延至下部呼吸道时，则喘气和咳嗽更为显著，并有呼吸道啰音。后期因鼻腔和眶下窦中蓄积渗出物导致眼睑肿胀，甚至蓄积物突出眼球外似“金鱼眼”，导致失明。

病鸡精神沉郁，生长迟缓，渐进性消瘦，零星死亡等。

有时可见关节炎，出现跛行、站立不稳等。

青年病鸡和成年病鸡症状与病雏鸡相似，症状较缓和，产蛋率下降，种鸡产蛋率、受精率、孵化率下降等。

五、病理变化

呼吸道黏膜水肿、充血、肥厚，窦腔内充满黏液或豆腐渣样分泌物或干酪样渗出物。

气囊壁混浊、增厚，气囊内有黄白色气泡，气囊壁有干酪样渗出物附着，气囊内和腹腔内有黄白色豆腐渣样渗出物或片状物。

眼结膜潮红，肠系膜附有黄白色干酪样物。

病程稍长时，若与大肠杆菌病混合感染，引起纤维素性心包炎、肝周炎、气囊炎、卵黄性腹膜炎等。

六、防治

1.预防

免疫接种预防本病有一定的效果，而“净化”种禽是防治本病的关键措施，加强饲养管理，健全卫生管理制度，严格消毒，采用“全进全出”的饲养方式，做好常见疾病的免疫，保持合理的饲养密度和舍内良好的通风，及时消毒，饲喂优质的饲料等措施可降低发病率。

2.治疗方案

（1）抗微生物药饮水或拌料，如沃尼妙林、泰万菌素、泰妙菌素、林可霉素、泰乐菌素、氟苯尼考、硫氰酸红霉素、盐酸多西环素等。

（2）采用解毒化痰、止咳平喘的中药制剂治疗。

【处方1】清肺止咳散

桑白皮、前胡、橘红各30 g，知母、苦杏仁、桔梗各25 g，金银花60 g，连翘、甘草各20 g，黄芩45 g。

【用法与用量】禽1～3 g/只。

【处方2】麻黄鱼腥草散

麻黄、黄芩、穿心莲、板蓝根各50 g，鱼腥草100 g。

【用法与用量】混饲，每1 kg饲料，鸡15 ~ 20 g。

【处方3】镇喘散

香附、干姜各300 g，黄连200 g，桔梗150 g，山豆根、甘草各100 g，皂角、合成牛黄各40 g，蟾酥、雄黄各30 g，明矾50 g。

【用法与用量】鸡0.5 ~ 1.5 g/只。

【处方4】呼炎康散

麻黄24 g，苦杏仁、桔梗各50 g，生石膏90 g，甘草、黄芩各60 g，板蓝根、鱼腥草各80 g， 山豆根、射干各75 g，连翘50 g。

【用法与用量】内服，鸡每1 kg体重1 g，连用5 d。

【处方5】清肺散

鱼腥草100 g，黄芩、连翘、板蓝根各40 g，麻黄、款冬花、甜杏仁、桔梗、生甘草各25 g， 贝母、姜半夏各30 g，枇杷叶90 g。

【用法与用量】25 ~ 30日龄肉鸡按每只每天1 g，水煎2次，合并滤液，分上、下午混入饮水中饮服，连用4 ~ 6 d为1个疗程。

【应用】用本方治疗65群28 390只肉鸡慢性呼吸道疾病，总有效率为98.5%。

【处方6】济世消黄散

黄连、黄柏、黄芩、栀子、黄药子、白药子、款冬花、知母、贝母、郁金、秦艽、甘草各10 g，大黄5 g。

【用法与用量】水煎3次，供100只成年鸡1日饮服。

【应用】治疗鸡慢性呼吸道病及其继发性大肠杆菌病。

【处方7】百咳宁

柴胡、荆芥、半夏、茯苓、甘草、贝母、桔梗、杏仁、玄参、赤芍、厚朴、陈皮各30 g，细辛6 g。

【用法与用量】粉碎过筛混匀。按每1 kg体重每天1 g加开水焖0.5 h，药液加适量水供饮用，药渣拌料喂服。

【应用】治疗慢性呼吸道病、鸡传染性喉气管炎、鸡传染性支气管炎、鸡传染性鼻炎。

【处方8】鱼腥草、桔梗、金银花、菊花、麦冬、半夏各100 g，黄芩、麻黄、杏仁、桑白皮各85 g，石膏60 g，甘草40 g。

【用法与用量】水煎取汁，供500只成年鸡1 d饮水，1剂/d，连用5 ~ 7 d。

【应用】治疗产蛋鸡慢性呼吸道病。

【处方9】桔梗、金银花、菊花、麦冬各30 g，黄芩、麻黄、杏仁、贝母、桑白皮各25 g， 石膏20 g，甘草10 g。

【用法与用量】水煎取汁，供500只鸡兑水饮用，1剂/d，连用5～7 d。

【应用】治疗鸡败血支原体病。

【处方10】麻黄、杏仁、石膏、桔梗、鱼腥草、金荞麦根、黄芩、连翘、金银花、牛蒡子、穿心莲、甘草各等份。

【用法与用量】研成细末，按每只每次0.5～1 g拌料饲喂，连用5 d。

【应用】治疗鸡慢性呼吸道病。

【处方11】肺炎康（河南省现代中兽医研究院研制）

枯芩、鱼腥草、茵陈、板蓝根各12 g，苦杏仁9 g，厚朴、陈皮、紫萁贯众、连翘各9 g，大青叶13 g，山豆根11 g，贝母7 g，桑白皮11 g等。

【功能】清热宣肺，止咳平喘，理气化痰。

【用法与用量】0.25～1.5 g/只，1次/d，连用3～5 d。

鸡毒支原体感染图

病鸡张口呼吸

病鸡精神沉郁，呼吸困难，嗜睡

病鸡失明，精神不振

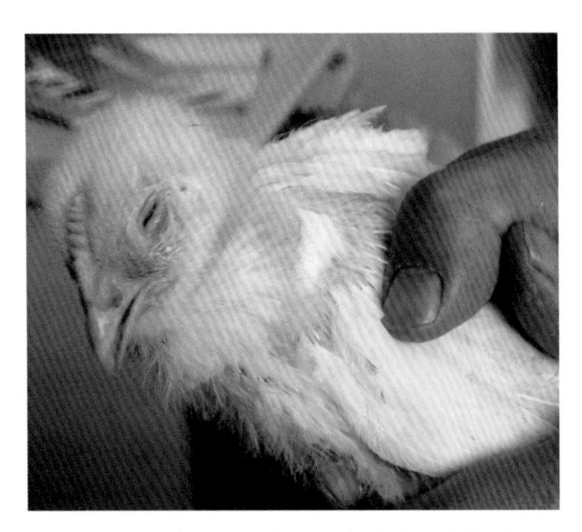

雏鸡感染支原体引起眶下窦肿胀、流鼻液

眼内流出白色泡沫样液体

眼盲

面部肿胀，上下眼睑黏合

病鸡肢体麻痹，运动障碍

火鸡感染支原体引起眶下窦肿胀

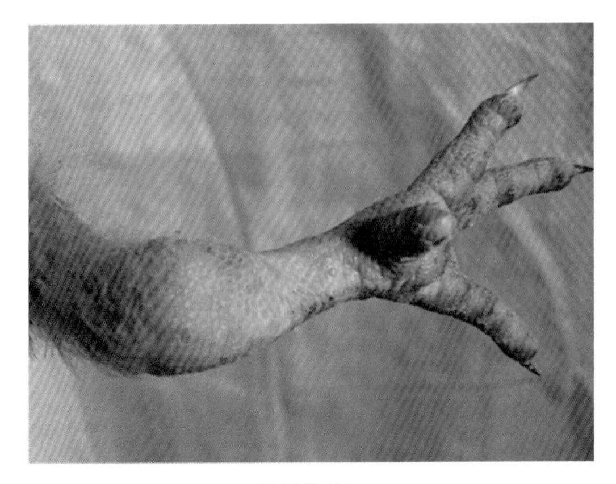

关节红肿

皮下脓肿，关节肿大

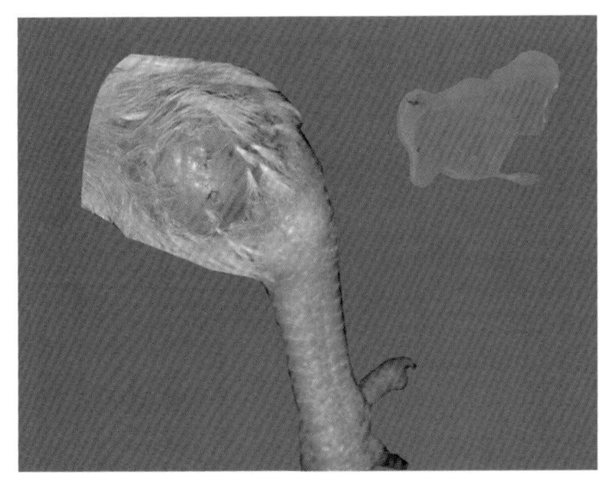

皮下脓肿，切开后流出黄色脓性分泌物

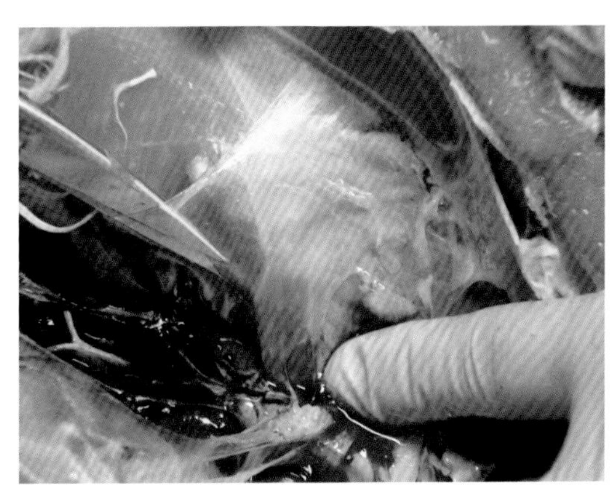

气囊混浊，囊腔附有黄白色干酪样物

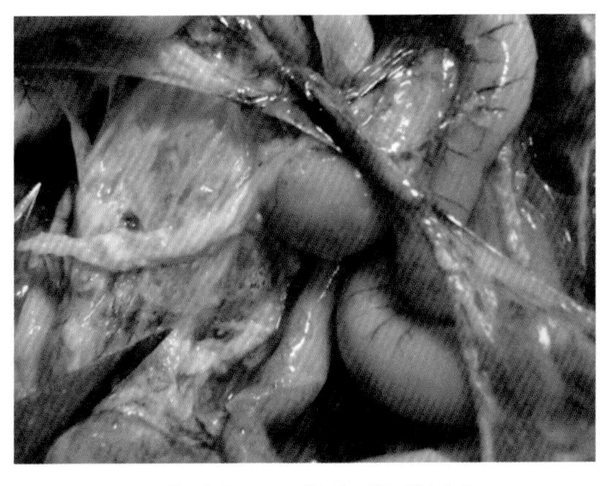

气囊坏死，俗称“气囊炎”

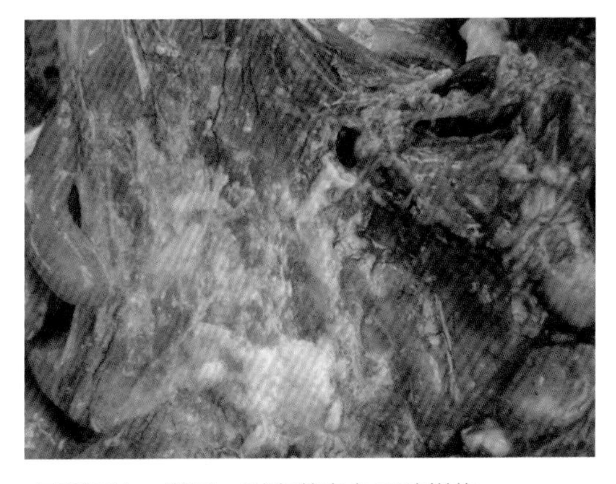

气囊混浊、增厚，附有黄白色干酪样物

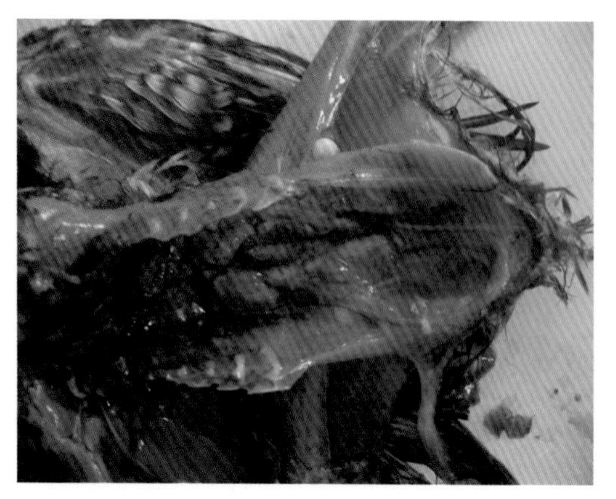

腹腔内有气泡，气囊增厚，输尿管内有白色尿酸盐沉积

腹气囊积有气泡

腹气囊上有黄色干酪样物

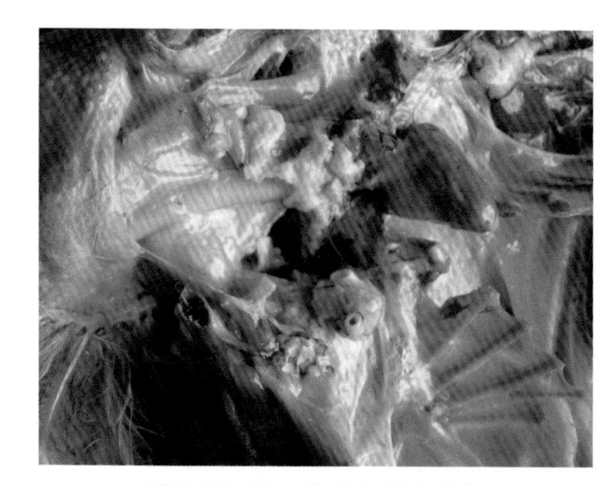

锁骨间气囊有淡黄色干酪样物

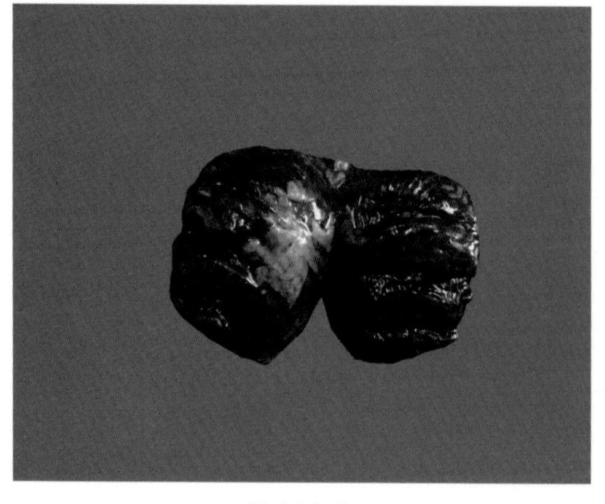

肺部瘀血

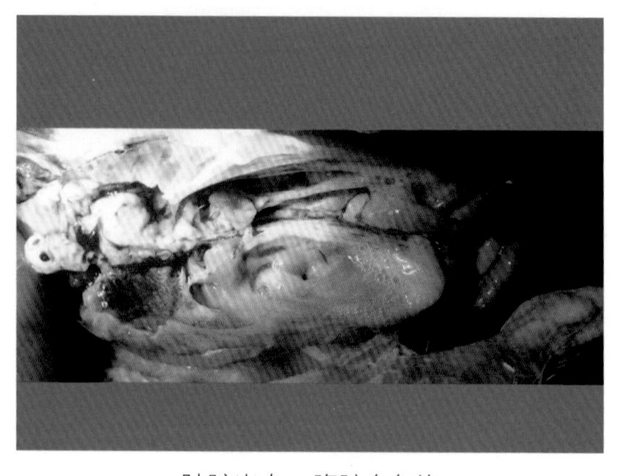

肺脏出血，腹腔有气泡

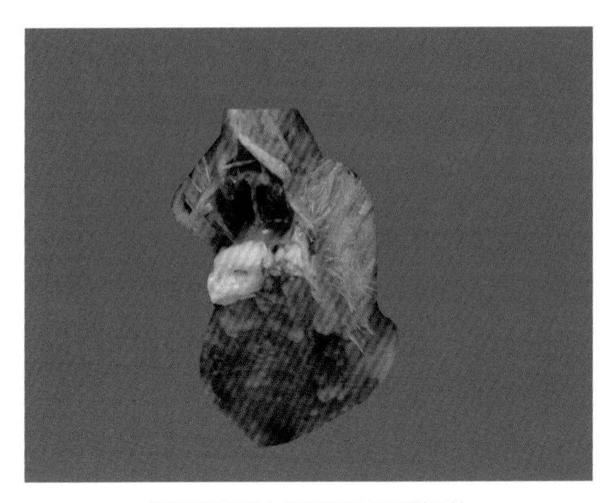
眶下窦积有淡黄色干酪样物

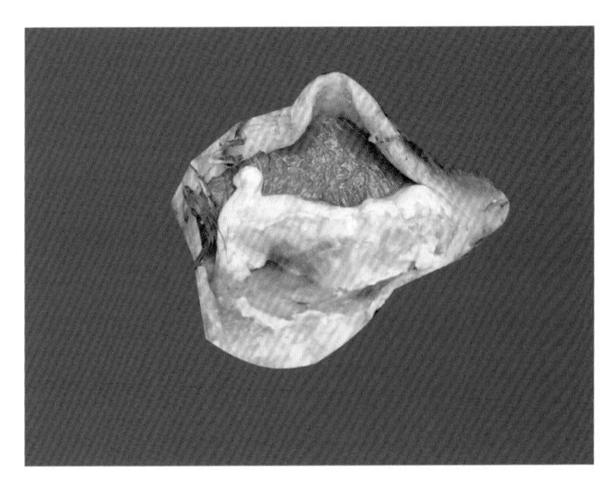
剪开肿胀处皮肤可见黄白色胶冻样物

大肠杆菌病与支原体病混合感染引起的关节红肿，运动障碍

第十节　滑液囊支原体感染

一、概述

滑液囊支原体感染（mycoplasma synoviae infection）是由滑液囊支原体（mycoplasma synoviae，MS）引起鸡和火鸡的一种慢性传染病，也称为传染性滑膜炎。本病主要侵害关节的滑液囊膜及腱鞘，导致关节肿胀、行走困难，鸡只消瘦、胸骨囊肿，蛋鸡产蛋期无高峰或蛋壳质量差等。本病还可引起上呼吸道感染，引起气囊炎，目前已在全国大范围流行，对我国养鸡业造成严重损失。

二、病原特征

滑液囊支原体姬姆萨着色良好，呈多形态的球状体，直径约0.2 μm，革兰氏染色阴性，超微结构支原体细胞呈圆形或梨形，内含核糖体，无细胞壁，外包三层膜，直径在300～500 nm，因支原体直径较小，无细胞壁，因此能通过常规的细菌滤器。MS是一种条件苛刻需要烟酰胺腺嘌呤二核苷酸的微生物，在固体琼脂培养基中，37 ℃培养3～7 d形成“荷包蛋”样菌落，直径100～300 μm，培养10 d以上，在培养基表面可形成结晶状薄膜。本菌目前只有一个血清型，对外界抵抗力较差，一般消毒剂能将其杀死。

三、流行病学

自然宿主为鸡和火鸡，鸭、鹅、鸽、鹌鹑等也可发生感染，3 ～ 16 周龄蛋鸡、土鸡多发，目前肉鸡和产蛋鸡发病呈上升趋势，也有 1 周龄发病的报道。

本病既可水平传播，也可垂直传播，受污染的疫苗也是传播的一个因素。垂直传播不是非常有效，如果有免疫抑制等复杂因素存在，垂直传播则在 MS 传播的过程中扮演重要角色。

商品蛋鸡在产蛋期受到感染，在感染后的前 6 周，通过蛋传播率较高；孵化后，以水平传播为主，主要通过气溶胶和受污染的饲料和水进行传播。3 周可感染整个鸡群。水平传播也可以通过直接接触传播。总体来讲，MS 传播速度要快于 MG；MS 可在感染鸡的上呼吸道中存在 4 周。

自然感染可在感染后的第一周观察到，但急性感染往往在成年期阶段发生，这意味着 MS 感染的潜伏期很短，但一般持续 11 ～ 21 d。慢性感染可在各个年龄段发生或通过急性感染转化，可伴随鸡群终生。因此，被 MS 污染的环境对鸡群来说是个潜在的威胁。

MS 另一个特性就是可以和其他病原或环境因素混合感染导致明显临床症状。通过降低混合感染，提供良好的环境，可使临床表现得到良好控制。空气中的灰尘可显著增加气囊病变程度。鸡对 MS 的易感性在 7 ～ 10 ℃环境要高于在 24 ～ 29 ℃环境。在室温下，MS 可在鸡羽毛中持续存在 2 ～ 3 d，通过这种途径进行传播的强大能力已被证明。支原体在养鸡场更多可能是通过机械途径传播，包括受污染的设备、服装和其他传染体。

四、临床症状

MS虽然只有一个血清型，但不同菌株间毒力差异较大。临床表现主要为气囊炎和以滑膜炎为主的关节肿大，导致鸡只行走困难和生长受阻，也有二者兼有。

对于关节型病例，早期鸡的精神正常，采食正常，无明显临床症状，个别鸡体重较轻，手抓骨感明显。病程较长可见鸡精神不振、食欲下降，鸡冠苍白，跛行，关节发生肿胀，特别是飞节和脚垫的关节。近年来，引起关节病和淀粉样变性与引起蛋壳尖端异常和产蛋下降的MS感染的发病率逐渐增加。

呼吸型病例主要表现为打喷嚏、咳嗽，常在受到疫苗接种、气温骤降等应激后表现为呼吸道症状。MS临床危害主要是造成产蛋下降、生长迟缓、孵化率降低，气囊炎和关节炎病变导致屠宰时胴体评分降低。

在种鸡上，MS感染通常是亚临床感染，可导致种蛋孵化率降低10%～20%，死胚率增加5%～10%，弱雏率增加10%左右。同时也在后代复杂的呼吸道疾病和跛腿中起重要作用，这也是种鸡要净化MS的重要因素。

在蛋鸡上，MS的主要危害是造成产蛋下降，一般下降5%～15%。对产蛋质量和数量的影响主要取决于MS菌株的毒力、应激程度和感染时间。如果在育成期感染，相对损失较小；如果在产蛋期感染，可导致鸡群无产蛋高峰，若在产蛋高峰期感染，会造成严重产蛋下降。多数情况下，产蛋率可以恢复，但很难达到正常水平。

五、病理变化

感染MS鸡的病变主要为关节和龙骨的滑膜炎。剖开肿胀关节，可见滑膜增厚，初期关节液透亮，病程较长则为灰白色干酪样渗出物，渗出液常存在于腱鞘和滑液囊膜。对于慢性病例，剖检可见胸部龙骨囊肿，体形瘦小。呼吸道病例剖检可见气囊炎病变。有时可见脾脏、肝脏肿大，肾脏肿大、颜色苍白，胸腺、法氏囊萎缩。

六、防治

参见鸡毒支原体感染。

滑液囊支原体感染图

病鸡瘫痪

病鸡跗关节、趾关节肿胀

关节红肿

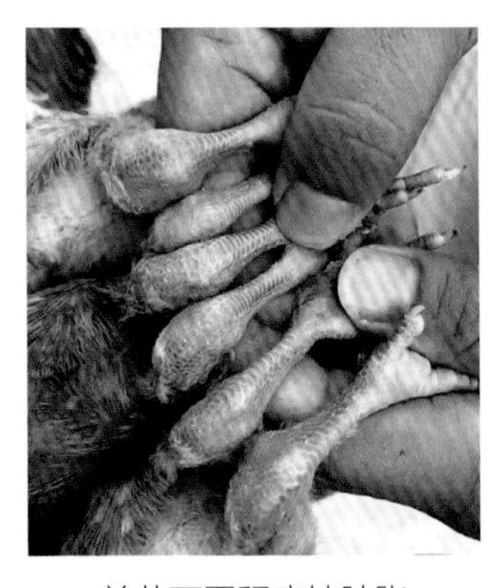
关节不同程度地肿胀

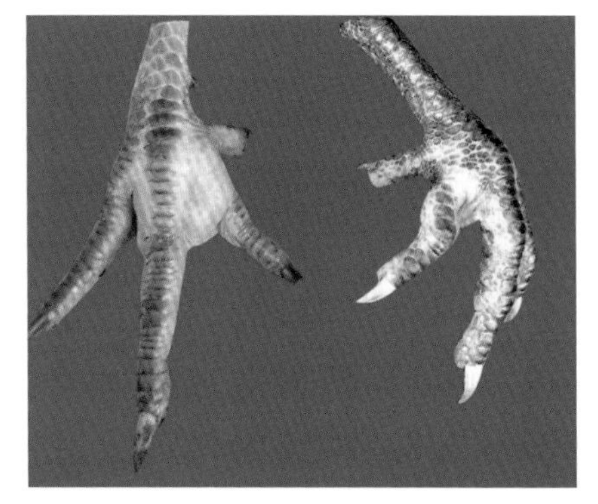
关节肿胀、变形

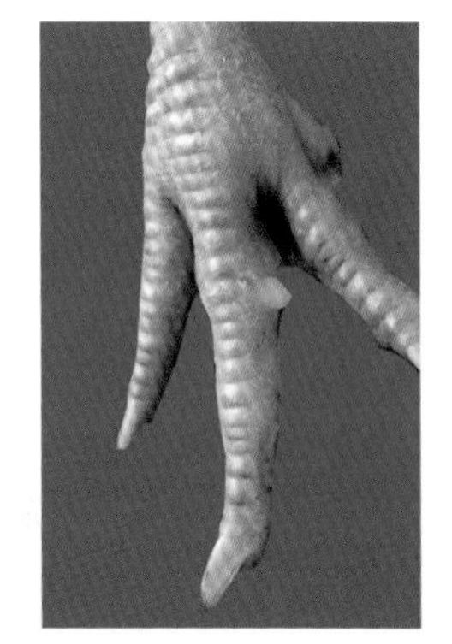
趾关节肿胀，剪开后流出白色黏液

关节积液呈黄色

关节内有黄色黏液

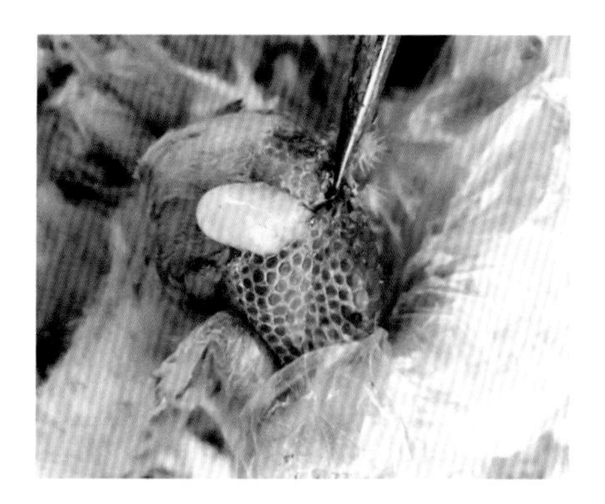
关节内有乳白色黏液

跗关节有囊肿

剪开囊肿部后流出淡黄色黏液

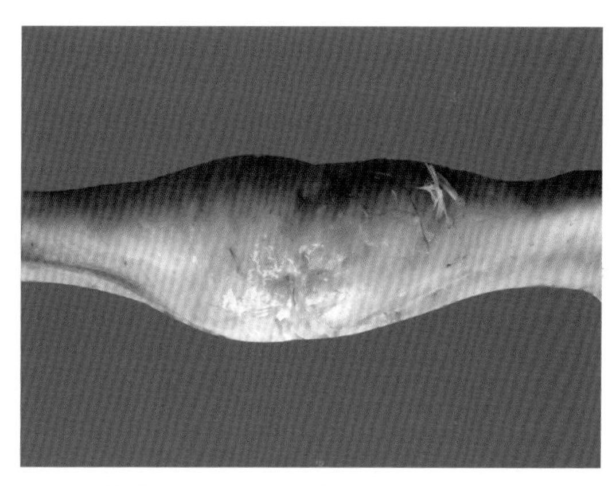
关节肿胀，腔内积有黄色黏液或干酪样物

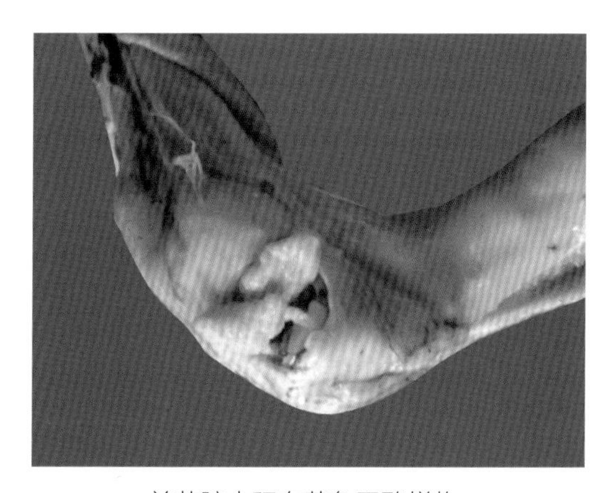
关节腔内积有黄色干酪样物

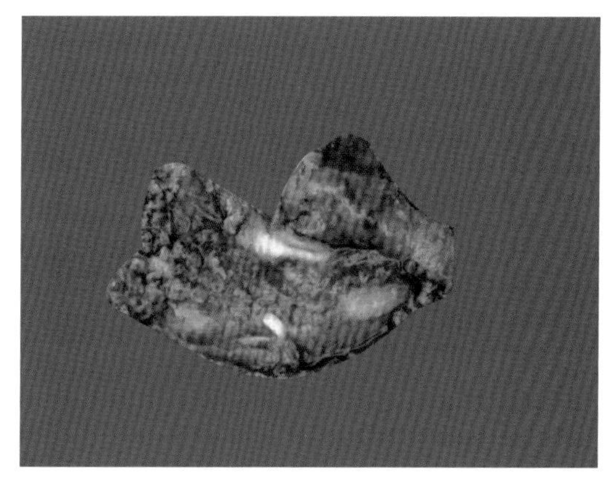
切开关节肿胀部位可见豆腐渣样物

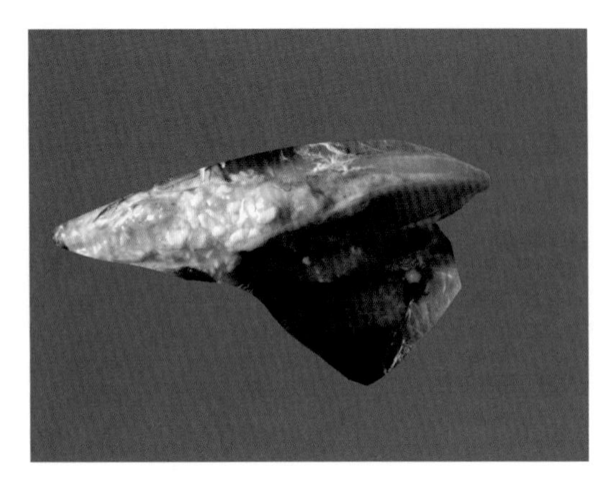

胸囊肿，内有干酪样物

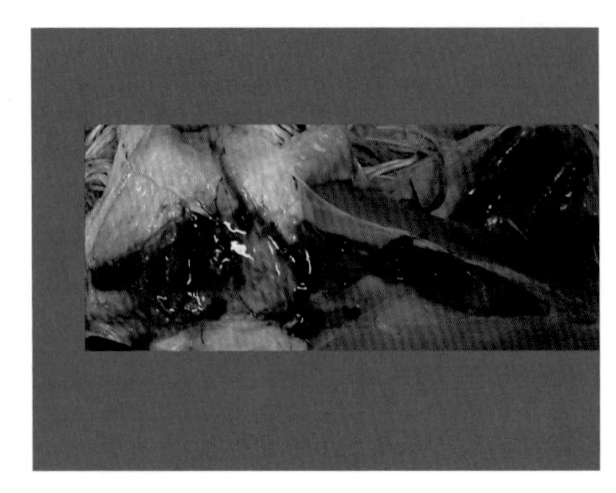

剪开囊肿部，皮下组织增生，内有血凝块等

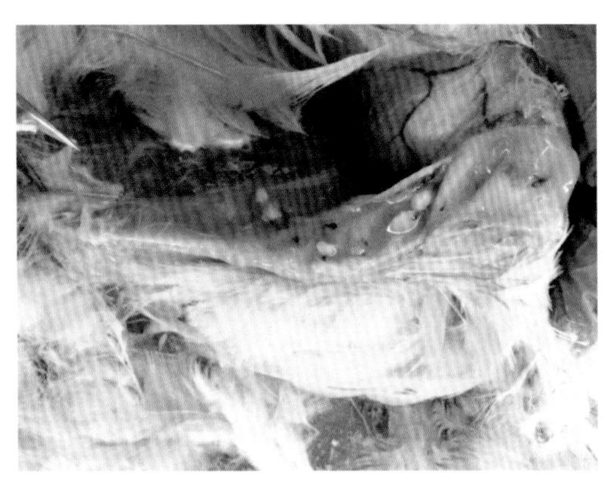

龙骨囊肿、出血，果冻样积液

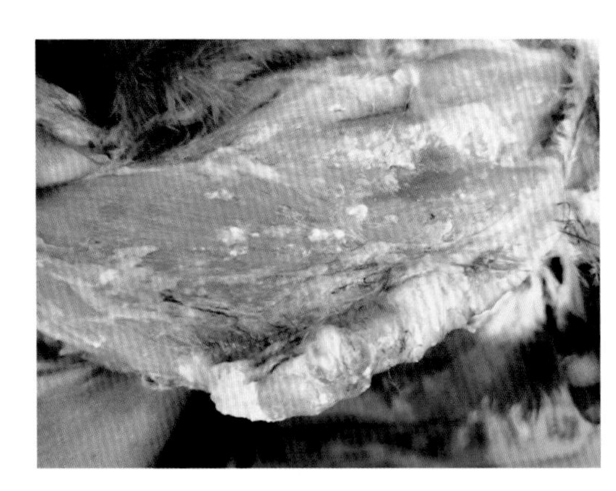

龙骨囊肿、增生、出血等

滑液囊支原体病与大肠杆菌病混合感染引起跗关节肿胀

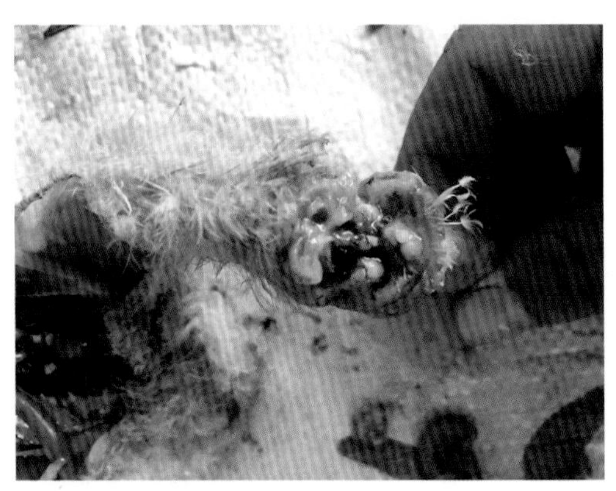

滑液囊支原体病与大肠杆菌病混合感染导致关节积液，周围组织增生

第十一节 鸭支原体病

一、概述

鸭支原体病（duck mycoplasmosis），又称为鸭慢性呼吸道病（duck chronic respiratory disease）、鸭传染性窦炎（duck infection sinusitis），是由鸭支原体（mycoplasma anatis）引起的雏鸭急性或慢性呼吸道传染病。临床特征主要为精神沉郁、咳嗽、流鼻液、打喷嚏、喘气、眶下窦肿胀及蛋鸭产蛋率下降等。

二、病原特征

鸭支原体在PPLO琼脂培养基上生长，菌落呈光滑、圆形、中央突起，如“煎蛋”状，革兰氏染色阴性。支原体为自我复制的很小的原核生物，无细胞壁，仅有细胞膜包裹，形体柔软，呈高度多形性，常见的有球状、丝状、螺旋状及棒状等不规则形态，球状菌直径为100～800 nm，丝状菌直径为100～400 nm，螺旋状菌直径为100～250 nm。因支原体直径较小、无细胞壁，因此能通过常规的细菌滤器。本菌抵抗力较差，一般消毒剂能将其杀死。

三、流行病学

传染源：病鸭和带菌鸭是主要传染源。

传播途径：水平传播和垂直传播。病原菌通过呼吸道分泌物污染的环境、空气、饲料、饮水等水平传播，也可通过种蛋垂直传播下一代。

易感动物：各种日龄的鸭均可感染，15日龄内的雏鸭最易感，2～3周龄的鸭多发，30日龄以上的鸭发病率低。

本病四季均可发生并流行，以秋末冬初和春季多发。本病的发生与环境因素密切相关，如饲养管理不善，营养不良，雏鸭舍内温度低、潮湿、空气污浊、饲养密度大、通风不良等易发本病。本病常与大肠杆菌病、禽流感等病混合感染，造成死亡率增加。

四、临床症状

本病最早5日龄可发病，雏鸭发病率高达60%以上，死亡率较低，为1%～2%。

病鸭精神沉郁，摇头，打喷嚏，鼻孔流出浆液性分泌物，接着为黏性分泌物、脓性分泌物，分泌物在鼻孔周围形成结痂。病程较长时，分泌物呈干酪样。病鸭因呼吸道管腔堵塞引起呼吸困难、频繁摇头、呼吸加快、喘气等。

病鸭眼结膜潮红，流泪，逐步发展到眼睑肿胀，一侧或两侧的眶下窦肿大呈球形或卵圆形，初期肿胀部触摸柔软，有波动感，接着窦内分泌物变成黏性或脓性或干酪样，肿胀部变硬。严重时引起失明。

病鸭采食量明显下降，生长停滞，不停地用爪踢抓鼻窦部，常造成皮肤破损；部分病鸭出现跛行，跗关节肿大；蛋鸭或种鸭产蛋率下降，种鸭受精率和孵化率下降。常因运动困难无法采食，消瘦而死。

五、病理变化

鼻孔周围有干痂，鼻道被分泌物阻塞，分泌物多为黏性，有的为干酪样。

眶下窦肿大，切开肿胀部位可见窦内充满大量灰白色混浊的浆液性、黏液性分泌物，或内有大量干酪样物，黏膜肥厚、水肿、充血、出血等。

气管黏膜充血、出血，黏膜有浆液性-黏液性分泌物附着；肺脏水肿，有大小不等的灰白色硬结节散在。

严重病例可见气囊炎、心包炎、肝周炎，心肌出血、坏死，输卵管水肿、出血等。

六、防治

参考鸡毒支原体感染。

鸭支原体病图

病鸭张口呼吸

病鸭眶下窦肿胀

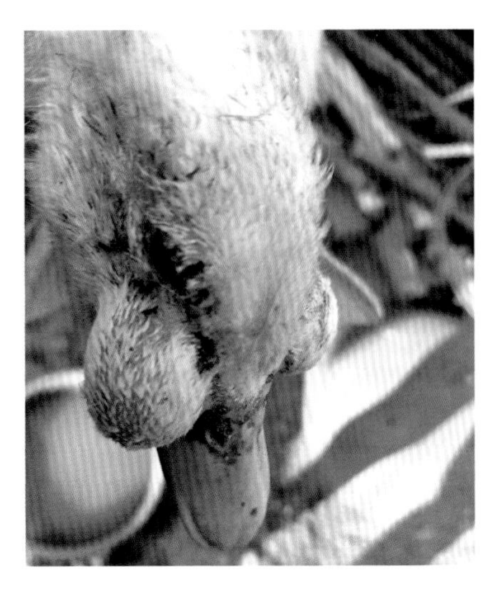

病鸭双侧眶下窦肿胀

气囊混浊，附有黄白色干酪样物

气囊混浊，附有白色奶油状物

蛋鸭支气管被白色奶油状物堵塞，肺脏出血，卵泡出血、坏死

第十二节 鸡弧菌性肝炎

一、概述

鸡弧菌性肝炎（avian campylobacter hepatitis）是由空肠弯曲菌（campylobacter jejuni）引起的细菌性传染病，也称为鸡弯曲杆菌性肝炎、鸡传染性肝炎。该病具有高发病率、低死亡率及慢性经过的特点，以肝脏肿大、质脆易碎，表面形成星芒状或雪花状坏死灶为主要病理特征。目前发病呈上升趋势。

二、病原特征

弯曲菌属于革兰氏阴性菌，无芽孢，菌体纤细，呈S形、螺旋形、撇形和鸥形等多种形态，在老龄培养物中呈螺旋状长丝或圆球形，运动活泼。微需氧，对营养要求较高，在含10%二氧化碳的环境中生长良好。弯曲菌对干燥、阳光和一般消毒剂敏感。

三、流行病学

传染源：病鸡、带菌鸡和其他带菌动物是主要传染源，常随粪便排出病原菌。

传播途径：被病原菌污染的饲料、饮水、垫料等经消化道传播。目前认为不会或很少垂直传播。

易感动物：各种日龄鸡均易感。

本病病程长，自然发病仅见于鸡，多散发，开产前后的鸡多发，发病率高达90%，病死率2%～15%，蛋鸡产蛋率下降。病情的严重程度与日龄和菌株的毒力有关，饲养管理不善、养殖环境恶劣、应激及滥用抗生素引起肠道菌群失调等均可诱发本病或加重病情。目前发病呈上升趋势。

四、临床症状

雏鸡以精神倦怠、沉郁、腹泻为特征，粪便呈黄褐色，糨糊样软便，继而成水状。

青年鸡常呈亚急性或慢性，死亡率偏高。

产蛋鸡精神沉郁，体重减轻，鸡冠发白、干燥、萎缩，常有腹泻。刚开产母鸡开产推迟，砂壳蛋、软壳蛋增多，很难达到产蛋高峰；高峰期蛋鸡产蛋率下降25%～35%。零星死亡，泄殖腔外翻等。

少数病鸡耐过后消化不良，终因营养不良而消瘦死亡。

五、病理变化

本病的典型病变在肝脏。可以分为急性期、亚急性期和慢性期，病理变化有所不同。

急性期：肝脏肿大，瘀血，边缘钝圆，表面有出血点或出血斑，黄白色星芒状小坏死灶散播于整个肝实质内；肝被膜下有大小不一的出血灶；有时出血和坏死灶同时存在。严重时，整个肝脏或局部有黄白色星状或雪花状坏死灶。

亚急性期：肝脏稍肿，呈黄褐色，边缘质硬，有时坏死区扩大至整个肝。

慢性期：肝脏边缘锐利，实质脆弱或硬化，坏死灶呈灰白色至灰黄色，布满整个肝实质，呈网格状。

肠管臌胀，肠腔内有黏液和水样内容物，泄殖腔外翻。

心包液增多，心肌呈黄褐色。

脾脏肿大，呈斑驳状；胆囊充盈，胆汁稀薄。

肾脏肿大，质脆，黄褐色或苍白，黄白色点状坏死灶散在。

卵巢萎缩，输卵管黏膜出血，管内有完整的蛋。

常因肝脾破裂，形成血性腹水。

六、防治

1.预防

本菌是条件性致病菌，因此要采取综合性管理措施，搞好环境卫生，及时清理粪便，防止粪便污染饲料、饮水，及时清除可疑鸡，加强消毒等切断传播途径，控制好寄生虫病、细菌病、营养代谢病及传染性法氏囊病、马立克病等免疫抑制性疾病是预防本病的重要措施，同时饲料或饮水中定期添加有益菌维持鸡群肠道菌群的平衡，增强机体抵抗力，利于本病的预防。

2.治疗方案

发病后，全群给药进行治疗，治疗时建议配合维生素C可溶性粉或复方维生素纳米乳口服液，利于康复。

（1）选择敏感的抗微生物药饮水或拌料。

（2）采用清热解毒、疏肝利胆的中药制剂治疗。

【处方1】大青叶、虎杖、大黄、柴胡、黄芩各10 g，茵陈、栀子、车前子各15 g。

【用法与用量】按100 kg饲料0.5 ~ 1 kg拌料混饲，连用5 ~ 7 d。

【处方2】枸杞子、白菊花、当归、熟地各75 g，黄芩、茺蔚子、柴胡、青葙子、草决明各50 g。

【用法与用量】水煎，供100只成鸡1日拌料喂服，连服12 d。

【应用】用本方治疗曾用土霉素等药治疗无效的病鸡效果显著，能使产蛋率回升。

【处方3】加减茯白散（河南省现代中兽医研究院研制）

板蓝根15～25 g，白芍10～20 g，茵陈20～30 g，龙胆草10～15 g，党参7.5～15 g，茯苓7.5～15 g，黄芩10～20 g，苦参10～20 g，甘草10～30 g，车前草10～30 g，金钱草15～45 g。

【应用】脂肪肝综合征、包涵体肝炎、心包积液综合征、鸭病毒性肝炎、肝炎-脾肿大综合征、鸭呼肠孤病毒病、弧菌性肝炎等病引起的肝脏肿大等症具有治疗或缓解功效。

【用法与用量】0.5～2.0 g/只，1次/d，连用5～7 d。

鸡弧菌性肝炎图

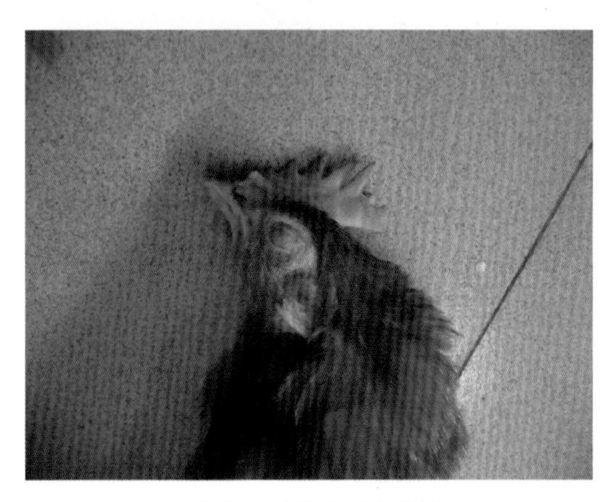

贫血，鸡冠及面部苍白

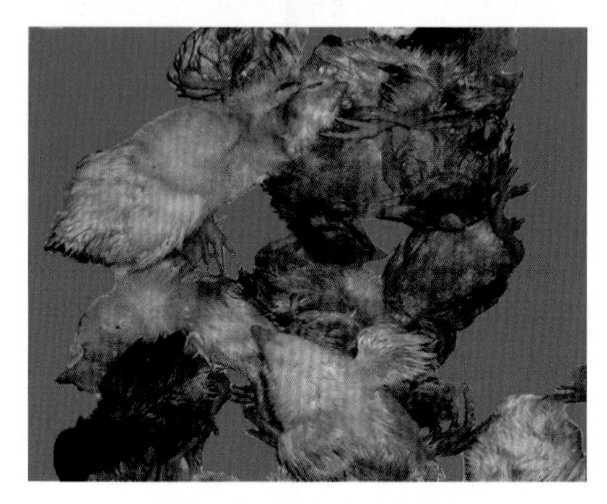

弧菌性肝炎引起的肉鸡急性死亡

胸肌贫血，腹腔有大凝血块

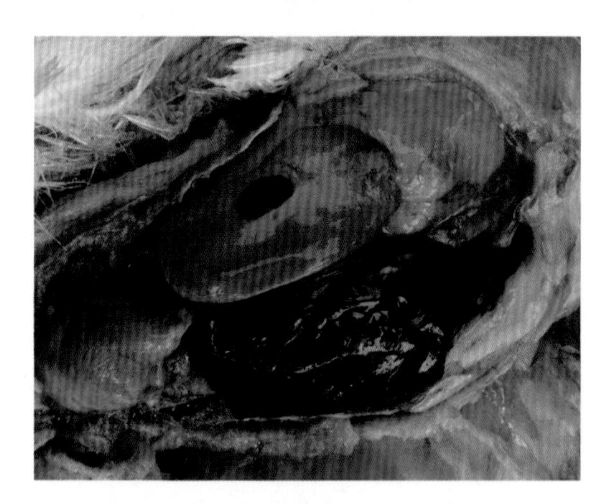

肝脏出血、质脆易碎，表面有血凝块

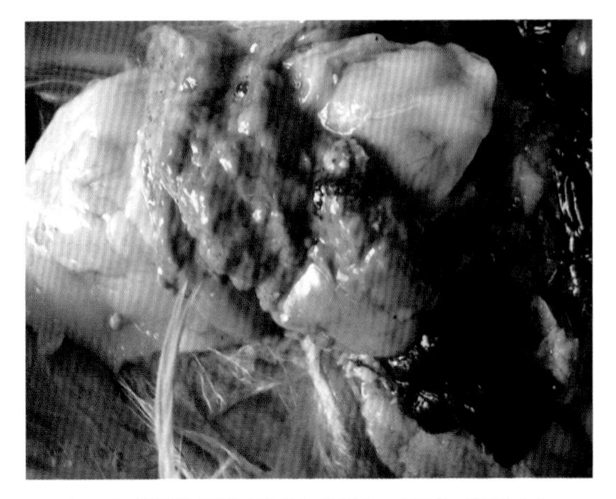
严重时肝脏质脆易碎如泥状，易造成肝出血

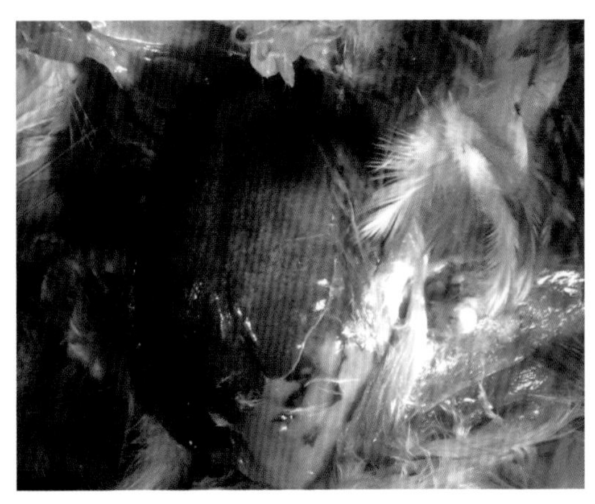
肝脏肿大、出血、坏死

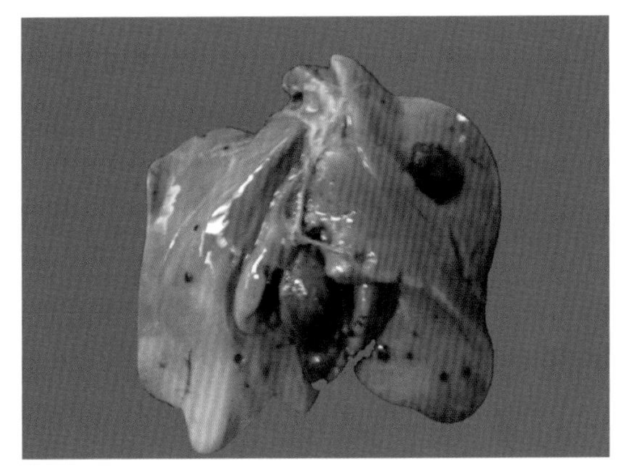
肝脏色淡，表面有出血斑点，局部有大的坏死灶

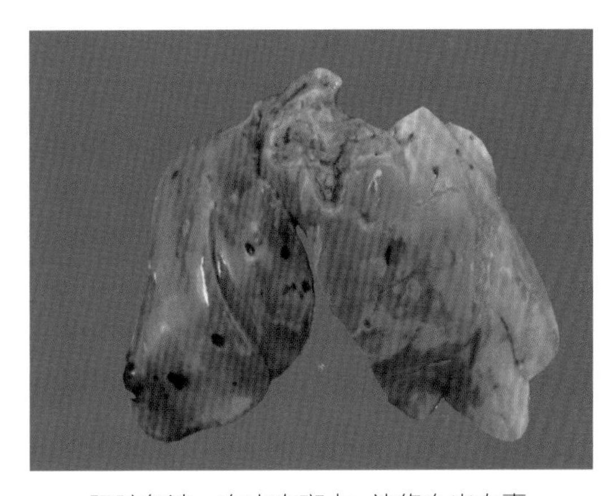
肝脏色淡，有出血斑点，边缘有出血囊

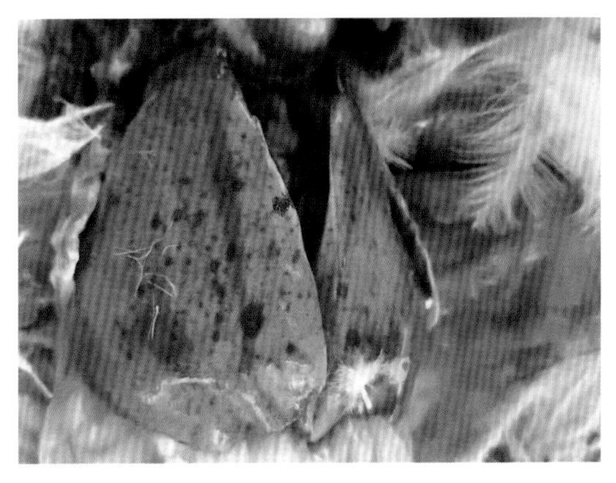
肝脏表面有出血斑点

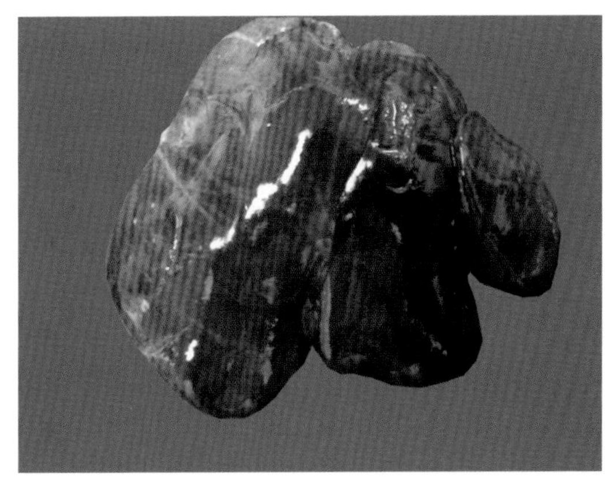
肝脏肿大、出血，边缘钝圆

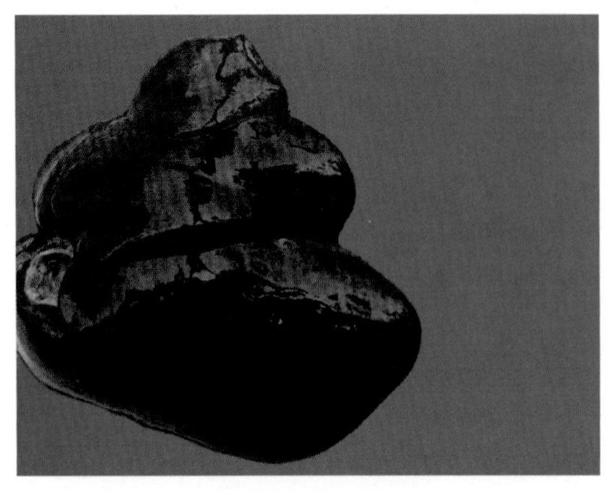
肝脏表面布满略凹陷的暗红色出血性病灶

肝脏肿胀，点状出血

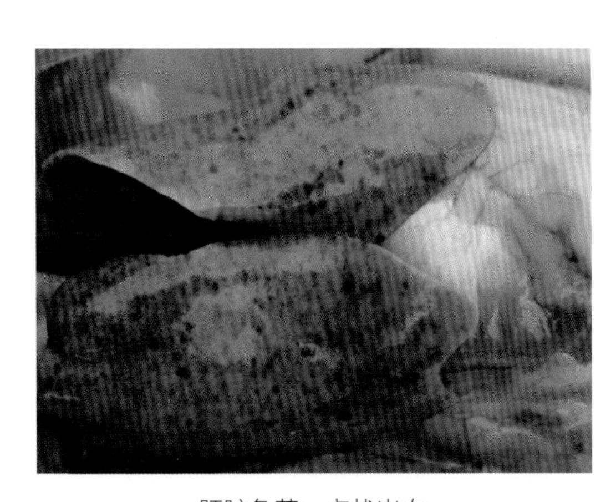
肝脏色黄，点状出血

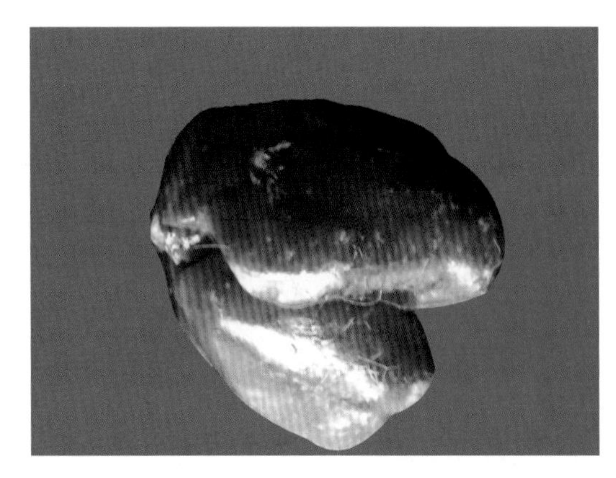
肝脏肿胀，有星状坏死灶散在

肝脏肿大，表面布满大小不一的坏死灶

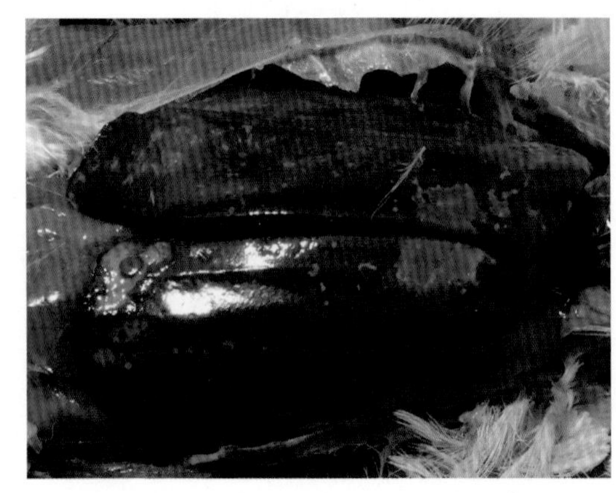
肝脏肿大、出血，星状坏死，局部片状坏死

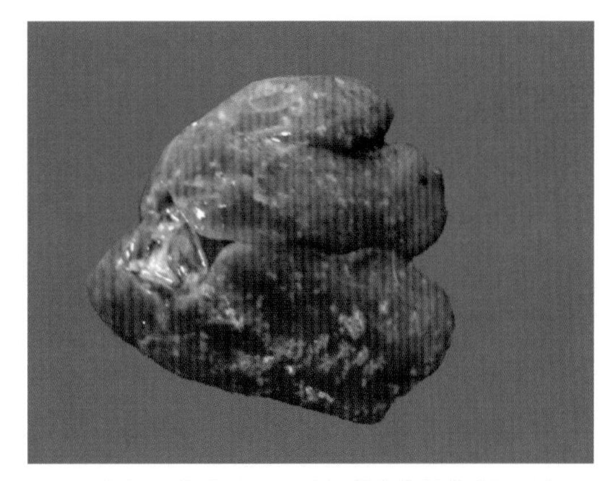

肝脏表面有大小不一的“雪花状”坏死灶

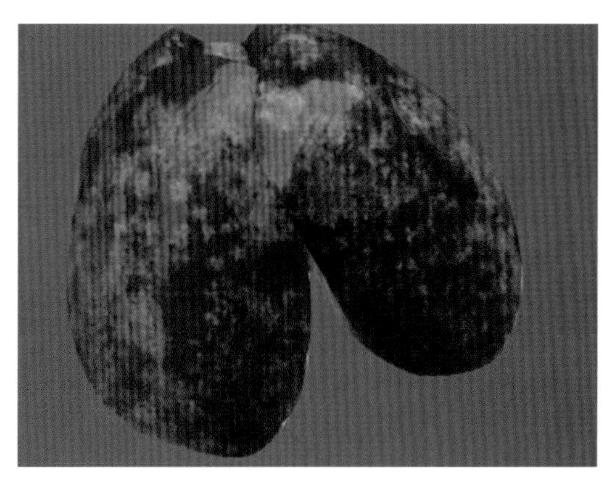

肝脏肿大、出血，表面有“雪花状”坏死灶散在，坏死灶连成一片形成片状坏死

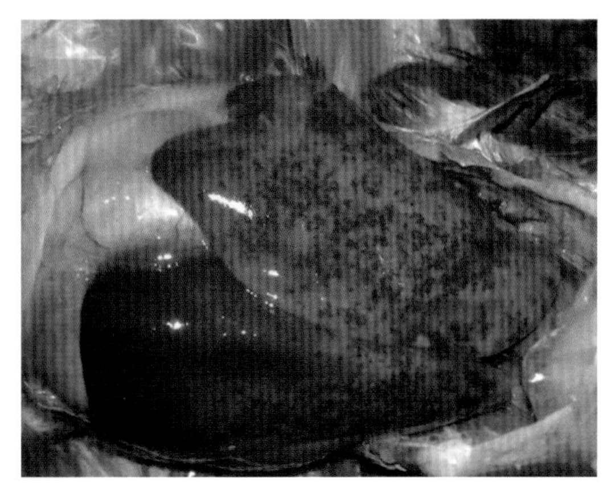

肝脏肿大，质脆，瘀血，边缘钝圆，表面有出血点，出血点连成一片形成片状出血

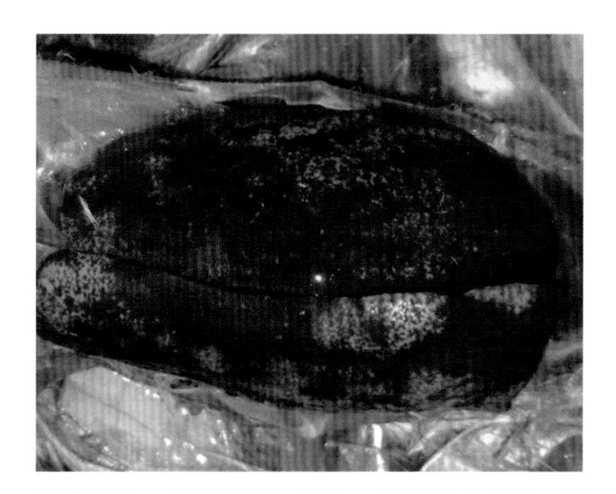

肝脏出血，边缘锐利，硬化，坏死灶大小不一呈灰白色至灰黄色，严重时布满整个肝实质，呈网格状

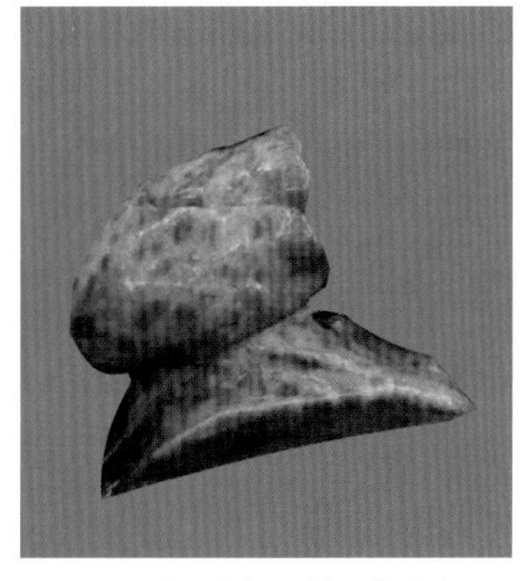

肝脏硬化坏死灶呈灰白色

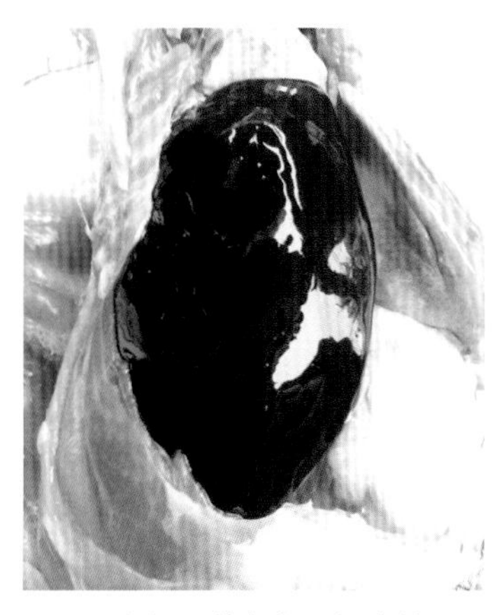

肝脏表面附有大量凝血块

弧菌性肝炎与大肠杆菌病混合感染引起的肝被膜增厚、脱落，局部坏死

第十三节　坏死性肠炎

一、概述

坏死性肠炎（necrotic enteritis）是由A型或C型产气荚膜梭菌（clostridium perfringens）及其产生的毒素引起禽的一种急性细菌病，又名肠毒血症、烂肠症，以排黑色间或混有血液的粪便，肠道黏膜水肿、坏死为特征。

本书介绍鸡、种鸭坏死性肠炎。

二、病原特征

病原菌革兰氏染色阳性，长4～8 μm，宽0.8～1 μm，为两端钝圆的粗短杆菌，单独或成双排列，为产芽孢的厌氧菌，芽孢呈卵圆形，位于菌体中央或近端，在机体内形成荚膜，无鞭毛，不运动。最适宜培养基是血液琼脂平板，37 ℃厌氧过夜可形成圆形光滑的菌落，直径2～4 mm，并出现两条溶血环，内环完全溶血，外环不完全溶血（多用兔、绵羊血）。对家禽致病的毒素型为A型和C型产气荚膜梭菌，引起家禽坏死性肠炎。本菌由于产生芽孢，对外界具有较强的抵抗力，但不耐热，90 ℃ 30 min、100 ℃ 5 min即可死亡。

三、流行病学

传染源：病禽、带菌禽及被病原菌污染的尘埃、污物、垫料是本病的传染源。

传染途径：经消化道感染。

易感家禽：7～12周龄火鸡及种鸭易感。

本病病原菌在自然界分布极广，四季均可发病，自然发病日龄为2周龄至6月龄，以2～8周龄肉鸡、雏鸡、青年鸡、蛋鸡及种鸭多发，雏鸭很少发病，鹅一般发病在15～45日龄，45日龄以上的鹅零星发生。当机体抵抗力下降、某些应激因素及饲喂高能量低蛋白的饲料、消化机能障碍、球虫感染等情况下均可诱发本病或加重本病的病情。

四、临床症状

1.鸡坏死性肠炎

急性发病鸡精神沉郁，眼半闭合或闭合，采食量和饮水量减少，排红褐色或黑褐色焦油样粪便，粪便混有脱落的肠黏膜组织。

慢性病鸡生长受阻，拉灰白色稀粪，终因衰竭死亡。

耐过鸡发育不良，肛门四周被粪沾污。

本病一旦与球虫病等其他肠道病混合感染时，死亡率明显上升。

2.种鸭坏死性肠炎

初期采食量无明显变化，无症状，突然死亡，病程较长。

病鸭精神萎靡，食欲下降或废绝，体质衰弱，不能站立，排黑色间或混有血液的粪便，肛门周围常粘有粪便。

病鸭鼻腔流棕褐色液体。

部分病鸭口吐黑色液体。

产蛋率急剧下降，种蛋受精率和孵化率下降，弱雏多等。

五、病理变化

1.鸡坏死性肠炎

病变部位主要是小肠，尤其是空肠、回肠，部分盲肠也会发生病变。小肠后段的肠管内壁增厚、充血、出血、瘀血或因附着黄褐色假膜而肥厚脆弱，剥去假膜后，肠黏膜呈卡他性炎症至坏死性炎症的各阶段病变，肠管内容物为液状呈血样色或黑绿色；盲肠黏膜附有陈旧性血样内容物；肠系膜多数水肿。肾脏肿大、褪色，肝脏充血，有小的圆形坏死灶散在。

2.种鸭坏死性肠炎

肠管扩张、变脆，呈苍白色或蓝黑色或黑色，肠腔内充满恶臭的气体和棕黄色内容物或污黑色内容物或混有血液的内容物。

肠黏膜充血、坏死，黏膜附有黄白色或绿色纤维素性假膜，剥去假膜后，肠黏膜呈卡他性炎症或坏死性炎症。

腹腔内有污浊、恶臭的炎性渗出物。

卵泡出血、变性、坏死，输卵管水肿、充血、出血，内有干酪样坏死物。

鹅坏死性肠炎与鸭坏死性肠炎相似，诊断时参照鸭坏死性肠炎。

六、防治

1.预防

加强饲养管理，搞好环境卫生，严格消毒，加强通风，饲养密度适中，消除应激因素，防止维生素E和硒缺乏，不可突然换料或使用高能量低蛋白的饲料等，做好球虫病及小肠肠道性疾病的预防等措施均可降低本病的发病率。

2.治疗方案

发病后，全群给药进行治疗，治疗时建议配合维生素C可溶性粉和复方维生素纳米乳口服液，利于本病的康复。

（1）选用敏感的抗微生物药饮水或拌料；严重病例肌内注射庆大霉素、头孢噻呋钠、林可大观霉素、硫酸头孢喹肟等。

（2）选用清热解毒、燥湿止痢的中药制剂治疗。

【处方1】白龙散

白头翁600 g，龙胆300 g，黄连100 g。

【用法与用量】禽1～3 g/只。

【处方2】白头翁散

白头翁、秦皮各60 g，黄连30 g，黄柏45 g。

【用法与用量】禽2～3 g/只。

【处方3】清瘟治痢散

大青叶、板蓝根、拳参、绵马贯众、白头翁各15 g，紫草、地黄、玄参、黄连、木香、柴胡各10 g，甘草6 g。

【用法与用量】拌料混饲，鸡每1 kg饲料5 g。

【处方4】白马黄柏散

白头翁、黄柏各300 g，马齿苋400 g。

【用法与用量】禽1.5～6 g/只。

【处方5】杨树花口服液

杨树花。

【用法与用量】混饮，禽每1 L水1～2 mL（每1 mL相当于原生药材1 g）。

【处方6】锦板翘散

地锦草100 g，板蓝根60 g，连翘40 g。

【用法与用量】禽3～6 g/只。

【处方7】青蒿、苦参、野菊花各15 g，常山25 g，柴胡9 g，地榆炭、白茅根各10 g。

【用法与用量】1%比例拌料混饲，连用8 d。

【应用】治疗球虫病以及球虫病继发鹅的坏死性肠炎。

【处方8】金连散（河南省现代中兽医研究院研制）

金银花、黄连、连翘、乌梅各10 g，诃子、白矾、枳壳各9 g，地榆12 g，焦三仙45 g，陈皮、黄芪各8 g等。

【用法与用量】禽1～3 g/只。

【应用】治疗禽腹泻、坏死性肠炎等，连用5 d。

【处方11】青胆散（河南省现代中兽医研究院研制）

青蒿、血见愁各10 g，苦参、龙芽草、地锦草、白头翁各9 g，地胆草、柴胡各8 g，太子参6 g等。

【功能】清热凉血，杀虫止痢。

【用法与用量】禽0.5～3 g/只。

【应用】治疗坏死性肠炎及坏死性肠炎与球虫病混合感染引起的肠毒综合征，连用4～5 d。

鸡的坏死性肠炎图

肠道肿胀、出血

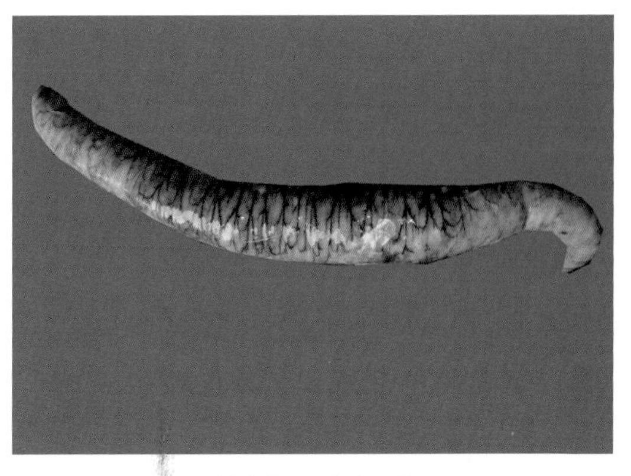

肠道胀气、肿胀、坏死

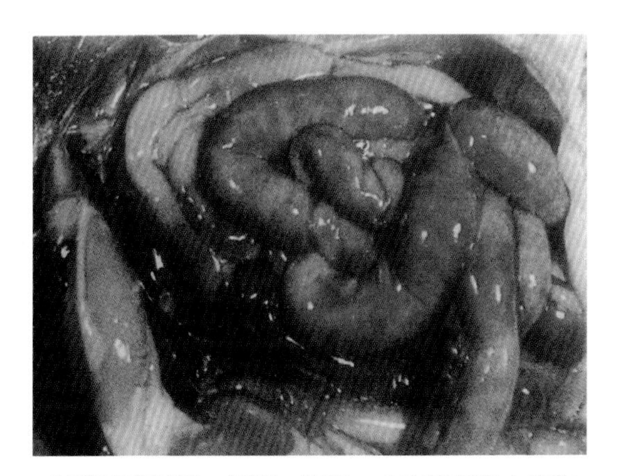

肠道高度肿胀、坏死、胀气，内有黑褐色内容物

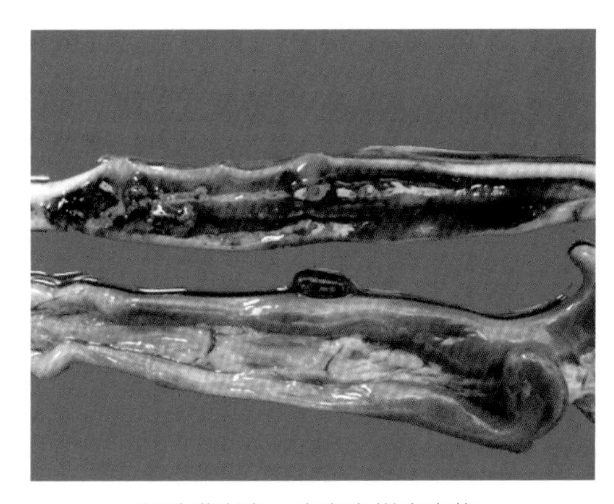

肠黏膜出血，内有血样内容物

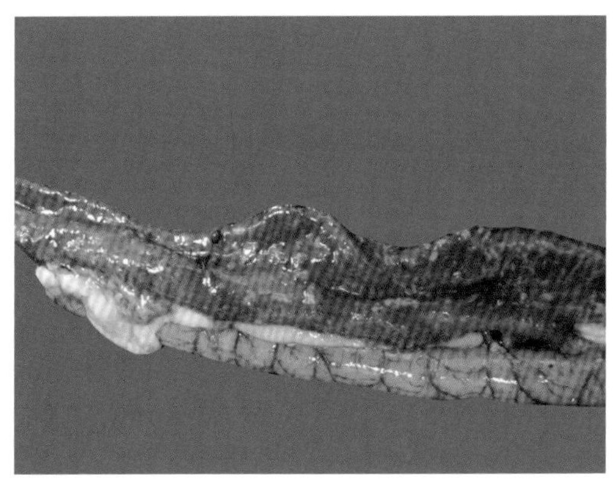

十二指肠黏膜充血、脱落，附着多量黏液

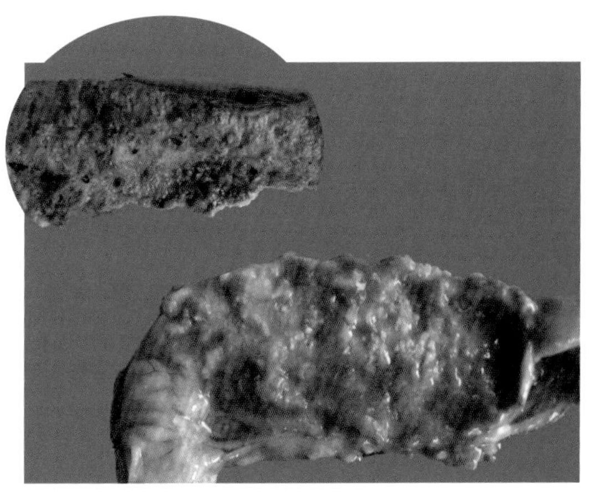

肠壁内形成黄褐色假膜

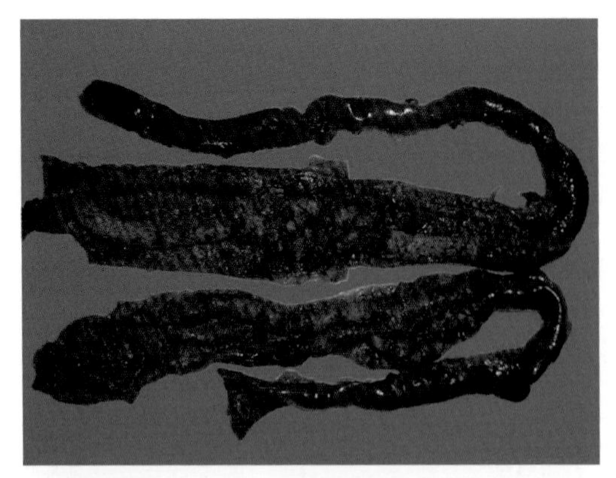

肠内壁增厚、水肿，严重时黏膜坏死，脱落后和肠内容物形成栓子，有时混有血液

小肠黏膜坏死，形成坏死性假膜

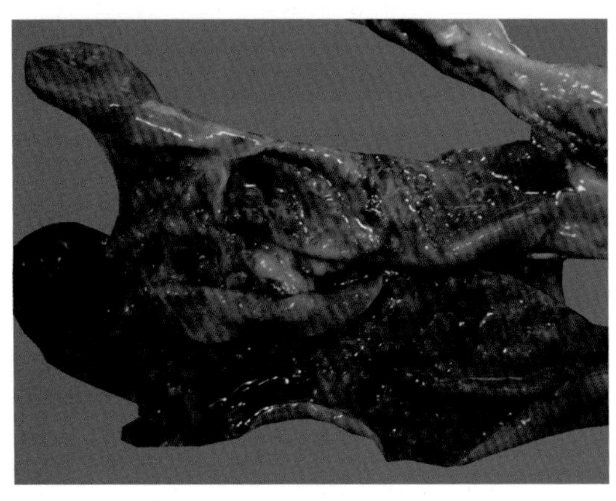

盲肠黏膜附有陈旧性血样内容物

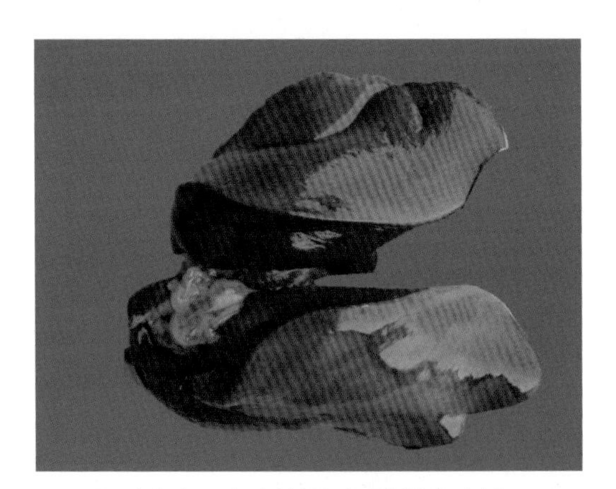

肝脏充血，有小的圆形凹陷性出血灶

种鸭的坏死性肠炎图

病鸭不愿走动

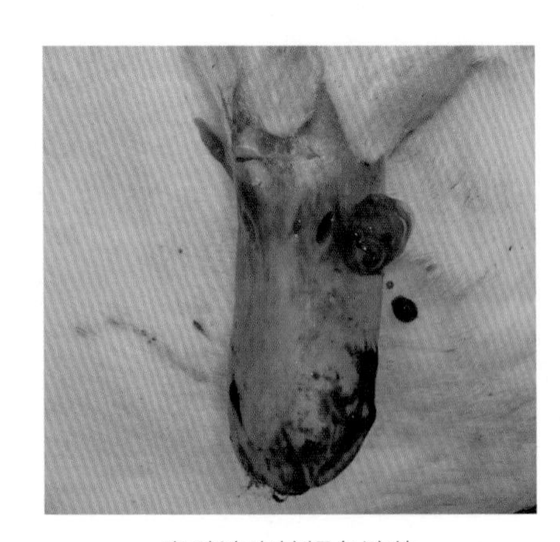

鼻腔流出棕褐色液体

肺脏出血

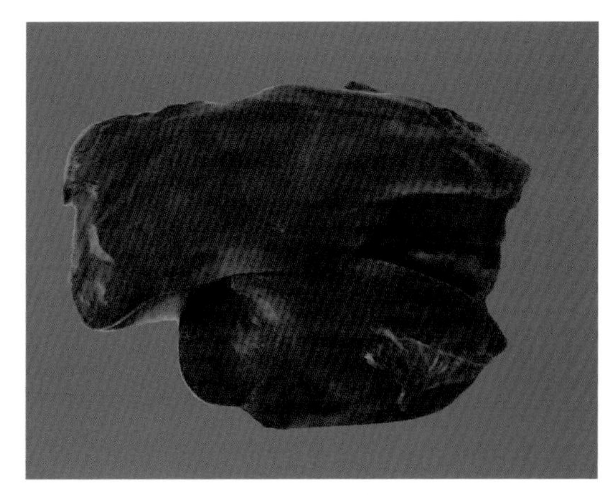

肝脏肿大，边缘坏死

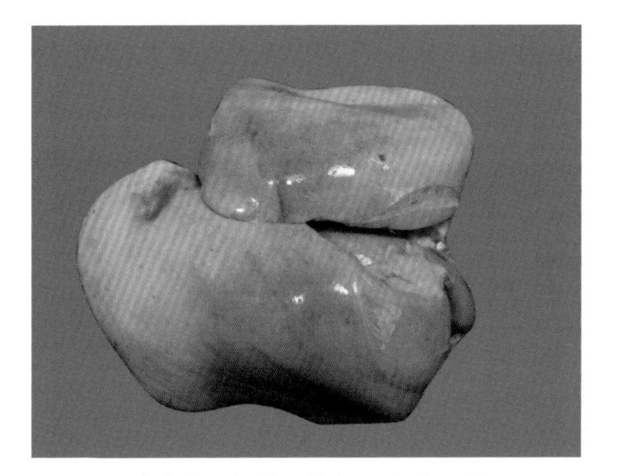

肝脏肿大，色淡不均匀，出血，坏死

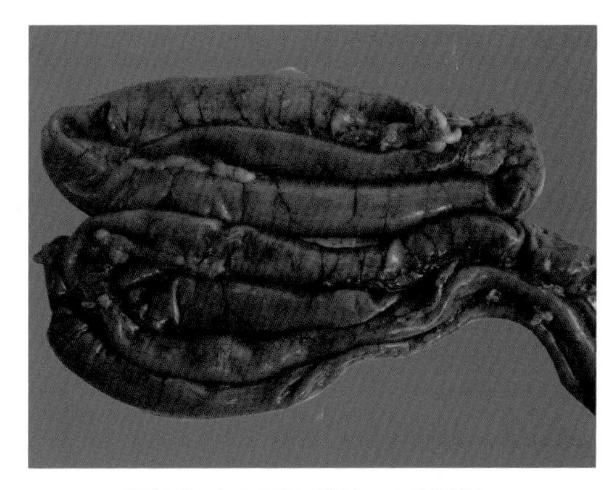

肠管失去光泽和弹性，呈淡黑色

盲肠失去光泽和弹性，呈黑色

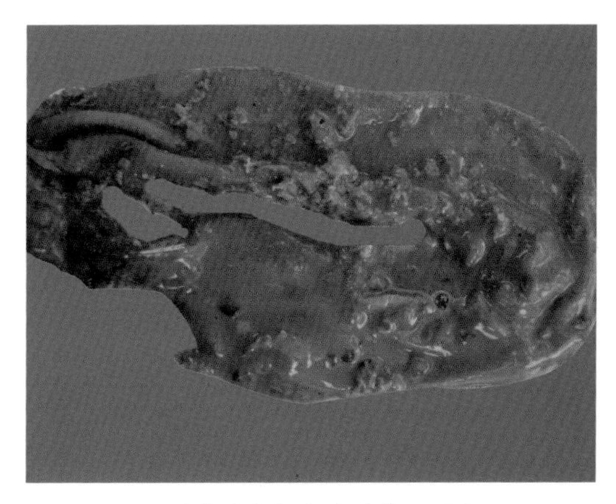

肠腔内有灰绿色内容物，腥臭

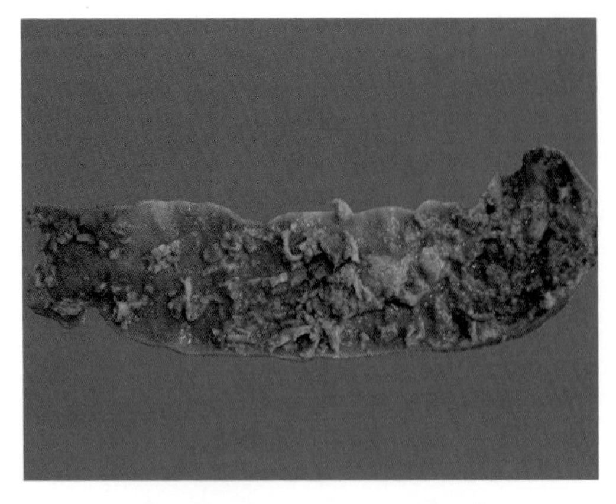
肠黏膜脱落、坏死，形成假膜

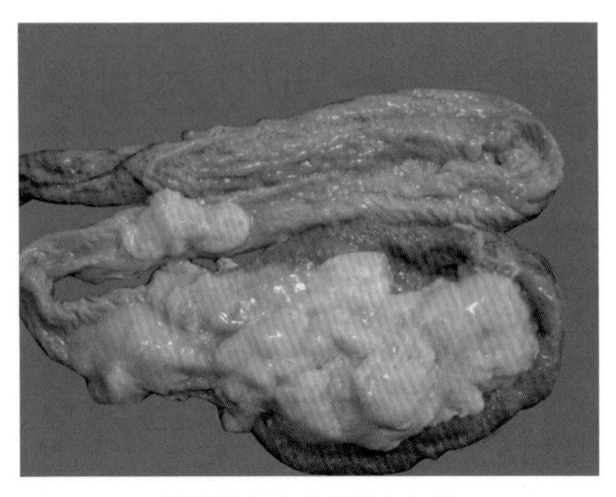
输卵管内有大量黄白色物

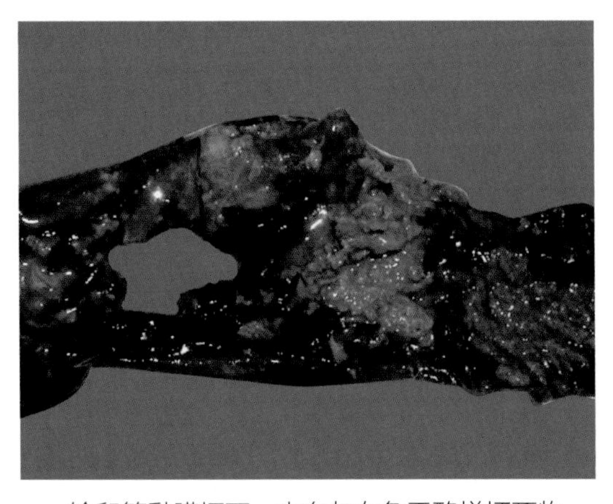
输卵管黏膜坏死，内有灰白色干酪样坏死物

卵泡液化、破裂

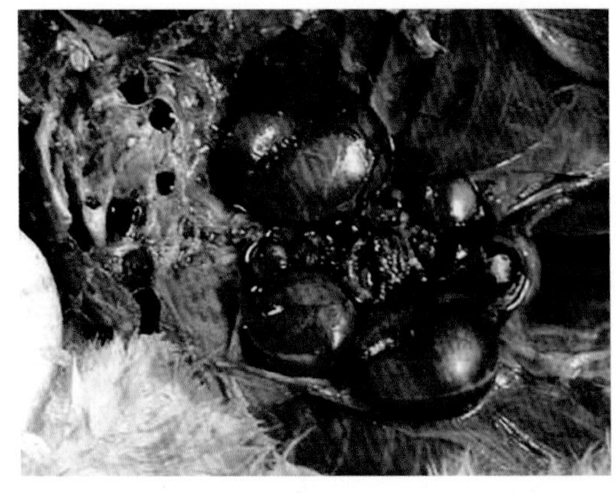
卵泡充血、出血，输卵管伞出血性坏死；腹气囊呈污绿色，腹腔内积有血性腹水

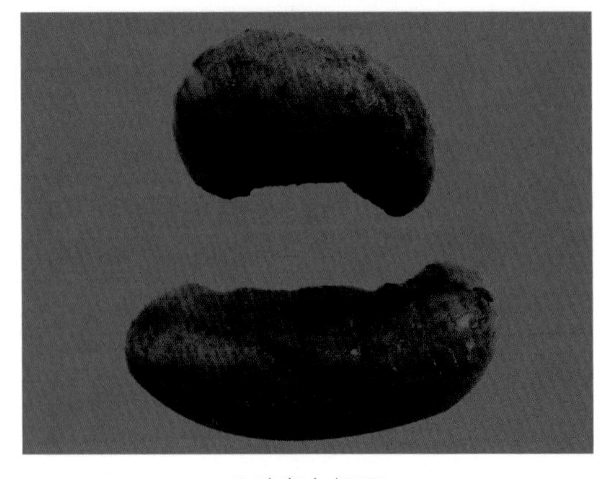
公鸭睾丸坏死

第十四节 溃疡性肠炎

一、概述

溃疡性肠炎（ulcerative enteritis， UE）是由肠道梭菌（clostridium colinum）引起多种幼禽的一种急性细菌性传染病。临床症状为突然发病和死亡率急剧增加，以肝脏、脾脏坏死和肠道出血、溃疡为主要病理特征。本病最早发现于鹌鹑，故又称为“鹌鹑病”（quail disease）。

二、病原特征

肠道梭菌为革兰氏阳性大杆菌，大小为1 μm×（3～4）μm，单个存在，呈杆状或稍弯，两端钝圆，菌体近端见芽孢，有鞭毛，无荚膜。芽孢对化学制剂和物理变化的抵抗力特别强，一般消毒药不易将其杀灭，养殖场一旦发生本病就很难根除。

三、流行病学

传染源：病禽和带菌禽。

传播途径：健康禽因采食被污染的饲料、饮水等经消化道感染。

易感动物：自然条件下鹌鹑易感性最高，鸡、火鸡、鸽均可自然感染，多发生于幼禽。

本病多发生于4～12周龄的鸡、3～8周龄的火鸡及4～12周龄的鹌鹑，呈地方流行性，发病率为5%～70%，病死率可高达70%～80%， 一般在 2%～10%。本病的发生与环境相关，饲养管理卫生条件差、闷热潮湿的养禽场发病率高，多与球虫病、沙门杆菌病等并发或继发。

四、临床症状

急性病例多突然死亡，一般没有典型的临床症状，死亡率高达100%。雏鸡发病与球虫病临床症状相似。

慢性感染时，病禽精神不振，食欲下降，羽毛松乱，眼半闭，少活动，胸肌萎缩，逐渐消瘦；排白色水样恶臭稀粪，或带血粪便，具有一种特殊的恶臭味等。

五、病理变化

各种禽类的病理变化基本相似，以肝脏、脾脏坏死和肠道出血、溃疡为主要病理特征。

肝脏肿大呈紫褐色或砖红色，表面或边缘有粟粒至黄豆大的黄色或灰白色坏死灶。

脾脏肿大、出血和瘀血，呈黑褐色。

十二指肠常呈出血性肠炎。

小肠黏膜增厚，黏膜发黑、出血，黏膜附有不规则块状或麦麸状黄白色坏死物，黏膜有时有坏死灶，周围有一暗红色晕圈。

盲肠黏膜出血，有灰白色或干酪样的溃疡灶呈粟粒大突起，中间凹陷，边缘出血，溃疡深入肌层后引起穿孔，形成腹膜炎或内脏粘连等。

六、防治

参考坏死性肠炎。

溃疡性肠炎图

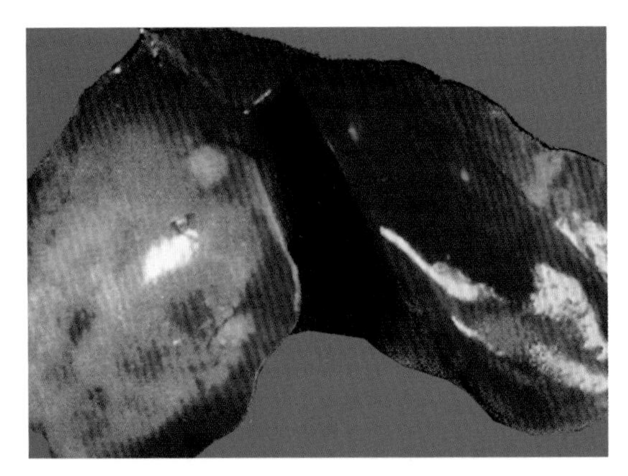

肝脏表面有淡黄色至灰黄色斑点状变性坏死区

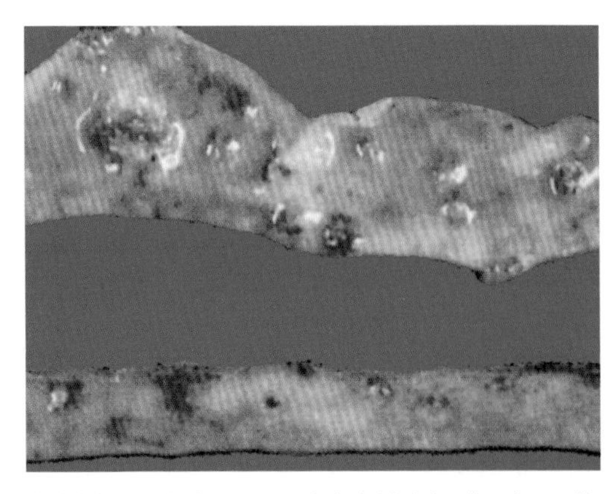

溃疡灶早期出血，严重时溃疡灶有假膜和坏死膜

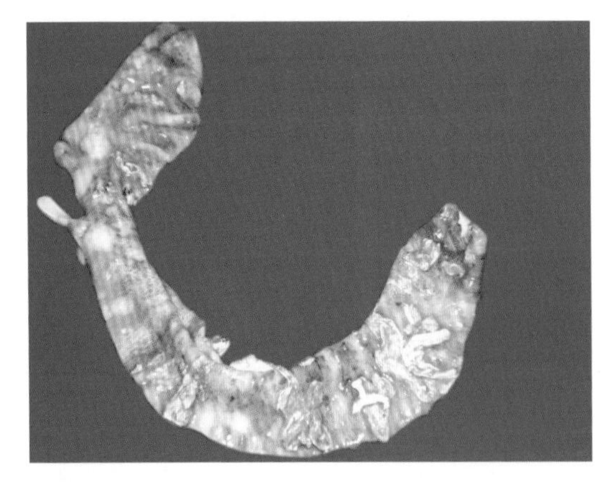

肠内有不规则的块状或麦麸状黄白色坏死物，多为脱落的肠黏膜

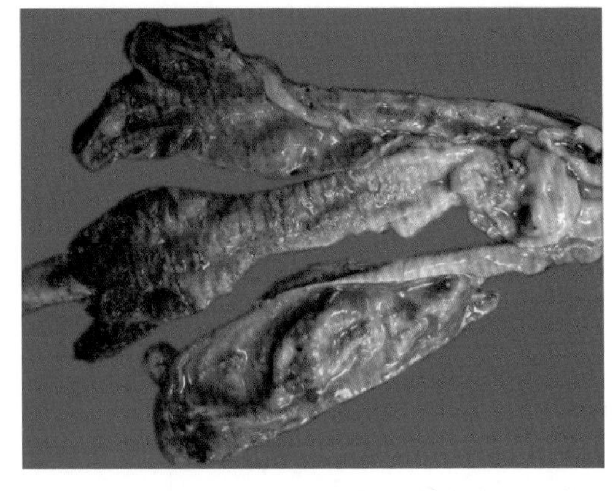

盲肠内有不规则的块状或麦麸状黄白色坏死物，多为脱落的肠黏膜

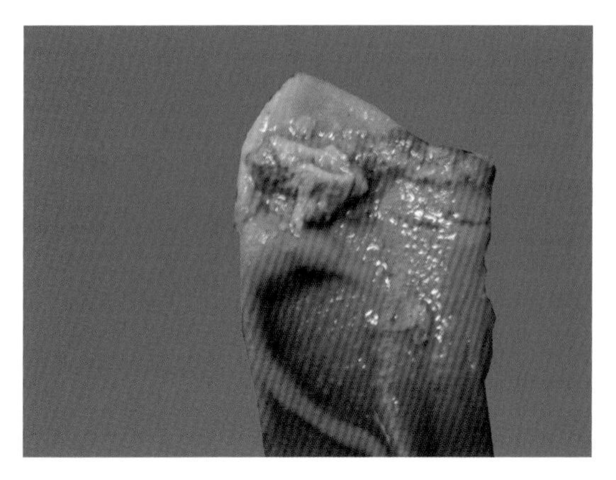

肠黏膜水肿，有块状的黄白色物

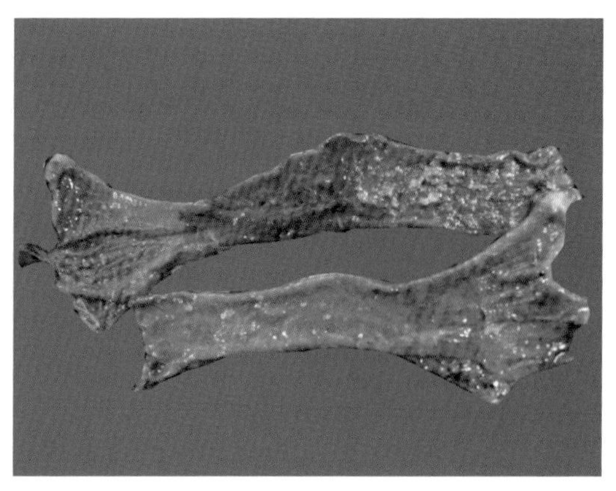

肠黏膜点状出血，内有不规则的块状的黄白色坏死物

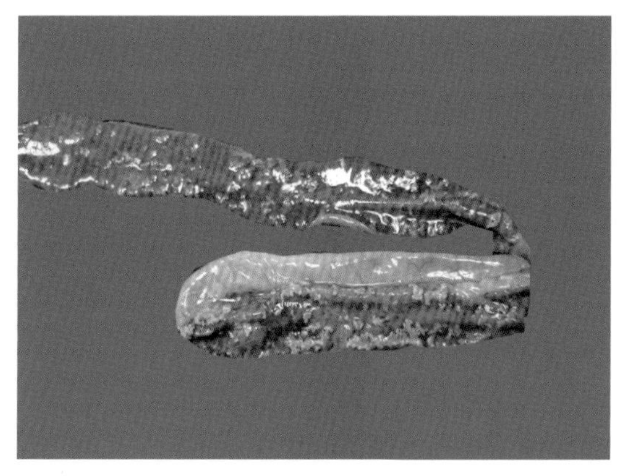

肠黏膜广泛性出血，内有不规则的块状的黄白色坏死物

第十五节　肉毒梭菌毒素中毒症

一、概述

肉毒梭菌毒素中毒症（botulism）是由肉毒梭菌（clostridium botulinum）毒素进入机体后引起家禽的一种以运动神经元麻痹为特征的中毒性疾病，多因采食含毒素的高蛋白腐败饲料所致，又名“软颈症”“鸡垂颈病”“西部鸭病”。本病呈全球性分布，禽、水禽及野禽均可发病。

二、病原特征

肉毒梭菌属于梭菌科梭菌属，两端钝圆的大杆菌，大小为（4～8）μm×（0.6～1.2）μm，常散在或成对存在，有时呈短链状。革兰氏染色阳性，周身有鞭毛，无荚膜，能形成芽孢，为腐物寄生型专性厌氧菌，适宜的条件下，能产生外毒素。致禽中毒的菌型为A、C、E，主要由产C型毒素的肉毒梭菌引起。

三、流行病学

本病最早的病例见于散养禽，目前饲养条件下的禽类发病呈上升趋势，呈地方流行性，鸭最易感，禽、水禽及野禽均可发病，多发生于鸭、肉鸡、雏鸡。本病因采食腐败的动物尸体、动物蛋白或含有肉菌毒素的饲料，或由饮水或环境中的肉毒梭菌芽孢感染，发病率、死亡率与摄取的毒素量有关。本病在温暖潮湿的季节感染后发病严重，冬季舍养肉鸡发病也常见。

四、临床症状

鸡、鸭、雏鸡肉毒梭菌毒素中毒症临床症状相似。

急性中毒时，病禽突然发病，全身痉挛，抽搐，很快死亡。

病鸡特征性症状表现为腿、翅膀、颈和眼睑松软无力，麻痹。麻痹从全身四肢末梢向中枢神经发展，即从双腿向双翅、颈部和眼睑处发展。

病鸡初期喜卧，不愿走动，驱赶时跛行或跳跃式移动，双臂麻痹后自然下垂，颈部麻痹（软颈病），因眼睑麻痹，病禽看似昏睡，甚至像死鸡。后期病禽精神不振，羽毛蓬乱，采食量下降或食欲废绝，腹泻，拉含有多量尿酸盐的稀粪，终因心脏和呼吸衰竭而死亡。

五、病理变化

一般无特征性的组织病变。

嗉囊内发出难闻的酸臭味。肠道充血、出血，十二指肠无食。喉和气管有少量带泡沫的黏液，喉黏膜有少量的出血斑点。心外膜有针尖样的出血点。肺脏轻微出血。严重感染时所有器官充血，肺脏水肿等。

六、防治

1.预防

加强饲养管理，消除环境中的细菌和毒素，及时清除死禽和淘汰病禽，发病腐败的动物尸体立即无害化处理，及时清除污染的垫料和粪便并用次氯酸或福尔马林彻底消毒，以减少环境中肉毒梭菌芽孢的含量，杀灭苍蝇等措施对本病的预防和控制至关重要。闷热潮湿的季节，尽量减少放养次数，避免采食腐败的动物尸体等。

2.治疗方案

目前本病虽有治疗方案有效的报道，但没有得到实验确证。发病后及时隔离并提供饲料、饮水，多数禽可康复。

肉毒梭菌毒素中毒症图

软脖子

第十六节　链球菌病

一、概述

链球菌病（streptococosis）是由多种链球菌引起禽类的急性、亚急性败血性感染，或慢性局部感染。该病广泛分布于世界各地，死亡率0.5%～50%不等。链球菌广泛存在于环境中和动物消化道内，作为病原菌或条件性致病菌对商品化水禽的饲养构成一定的威胁。本书主要介绍鸭、鹅链球菌病。

二、病原特征

链球菌属为链球菌科的成员，该属包括多种对人和动物致病的病原菌，革兰氏染色阳性，呈球形或卵圆形，直径小于2 μm，无鞭毛，不能运动，不形成芽孢，为兼性厌氧菌，单个或多个呈链状排列。该菌一般对青霉素、氨苄青霉素、红霉素、新霉素、庆大霉素等较为敏感，临床治疗效果较好。

三、流行病学

传染源：病禽和带菌禽是主要传染源。

传播途径：经消化道和呼吸道感染，也可经皮肤和黏膜创口、脐带及污染的种蛋而感染。

易感动物：各种日龄的鸭、鹅均易感，以雏鸭、雏鹅多发。

本病无明显季节性，一般为散发或地方流行性，禽舍卫生条件差、地面潮湿、阴暗、空气污浊等因素均能促进本病的发生与流行。

四、临床症状

1.鸭链球菌病

一般分为急性型和慢性型。急性型主要表现为败血症，病程1～5 d；慢性型以肠道出血为主。病鸭腹泻，跗关节或趾关节肿胀，临死前可见痉挛症状或角弓反张等。

2. 鹅链球菌病

病程1～2 d。病鹅精神萎靡，缩颈合眼，呆立一旁，羽毛松乱，采食量下降或食欲废绝，拉绿色、灰白色稀粪，消瘦，嗜睡，两肢软弱，步态蹒跚，驱赶时容易跌倒，终因全身痉挛而死。

雏鹅卵黄吸收不全或脐部发炎、肿胀，有时化脓，因严重脱水或败血症死亡。

成年鹅以腹膜炎为主；母鹅感染后产蛋率、受精率及孵化率下降，公鹅阴茎充血、出血、外垂难以回收而失去配种能力。

五、病理变化

病理变化为实质器官出血。

肝脏肿大，质地较软，呈淡绿色，被膜下有局限性密集的小出血点或出血斑。

脾脏肿大，有出血点或出血斑，呈紫黑色。

心包炎，心包内有淡黄色炎性渗出液，心冠脂肪、心内膜、心外膜及心肌有出血点。

肾脏肿大、出血，肠黏膜呈卡他性炎症。

输卵管炎、卵黄性腹膜炎等；阴茎充血、出血、外垂，泄殖腔黏膜充血、糜烂，在表面形成纤维素性假膜。

六、防治

1.预防

加强饲养管理，饲喂优质全价饲料，保持舍内清洁，温湿度适中，搞好舍内和垫草的卫生，防止皮肤和脚掌创伤感染，舍内外及周围环境做到临时消毒与定期消毒相结合，必要时带禽消毒，种蛋要勤捡，保持种蛋清洁，被粪便污染过的蛋不能进行孵化，入孵前，孵化室及器具等清洗干净后连同入孵种蛋使用甲醛液熏蒸消毒，防止经蛋或孵化设备而传播。

2.治疗方案

选择敏感的抗微生物药饮水或拌料。个别严重病禽，肌内注射青霉素和链霉素，青霉素、链霉素各2万～4万IU/只，1次/d，连用2～3 d。

鸭、鹅链球菌病图

病鸭精神不振，关节肿胀

趾关节肿胀

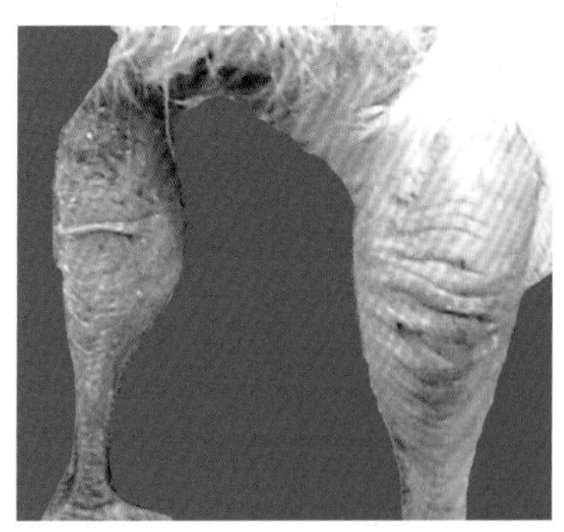

跗关节肿胀、变形

第十七节　禽念珠菌病

一、概述

禽念珠菌病（candidiasis）是由白色念珠菌（candida albicans）引起禽类上消化道的一种真菌病，又称为霉菌性口炎、鹅口疮、消化道真菌病、念珠菌口炎及酸臭嗉囊病等，以上消化道黏膜发生白色假膜和溃疡为特征。

二、病原特征

白色念珠菌属于半知菌门念珠菌属。本菌为类酵母菌，在病变组织及普通培养基中皆产生芽生孢子及假菌丝，菌体呈圆形或卵圆形，直径2～4 μm，革兰氏染色阳性。本菌为兼性厌氧菌，在沙保培养基上生成酵母样菌落，呈乳脂状半球形，略带酒酿味。本菌对外界抵抗力不强，对常用的消毒剂敏感。

三、流行病学

传染源：病禽和带菌禽是主要传染源。

传播途径: 消化道是主要传播途径，黏膜损伤有利于病原体侵入，也可通过蛋壳感染。雏鸽主要通过带菌的“鸽乳”传染。

易感动物：各种日龄禽均可感染，幼禽的易感性比成年禽高，2月龄内的幼禽多发，成年禽也可发病。

本病常呈散发，四季均可发病，尤其潮湿闷热的季节。白色念珠菌在自然界广泛存在，在健康的畜禽及人的口腔、上呼吸道和肠道等处寄居，所以念珠菌病是一种机会性内源真菌病，各种应激如饲养管理不当、营养不均衡、长期滥用抗生素、饲养环境恶劣、气候突变等导致禽机体抵抗力下降，均可促使内源性感染而诱发本病。

四、临床症状

病禽生长发育不良，精神沉郁，羽毛粗乱，食欲下降或废绝，饮水增多，嗉囊胀气或积液，常从口中流出酸臭液体，拉绿白混杂的稀粪。部分病禽出现呼吸急促，频频伸颈张口，发出咕噜声，声音嘶哑等。

五、病理变化

病禽口腔、食道或嗉囊黏膜增厚，黏膜表面形成白色圆形隆起、豆粒大结节的溃疡灶，随病程发展融合成易剥离的白色假膜，用力撕脱后可见红色的溃疡出血面。腺胃也可能见到上述病变，严重时腺胃壁穿孔，腺胃肌胃交界处出血，肌胃角质层下出血等。

六、防治

1.预防

本病与卫生条件、家禽抵抗力有密切关系，良好的饲养管理和兽医措施可有效预防本病的发生。

2.治疗方案

（1）制霉菌素拌料：0.2 ~ 0.3 g/kg饲料，连用2 ~ 3 d。

（2）硫酸铜拌料：按1∶1 000比例混饲，连用5 ~ 7 d。

（3）严重病例：0.1%结晶紫滴服，1 mL/只，1次/d，连滴3 ~ 5 d。

禽念珠菌病图

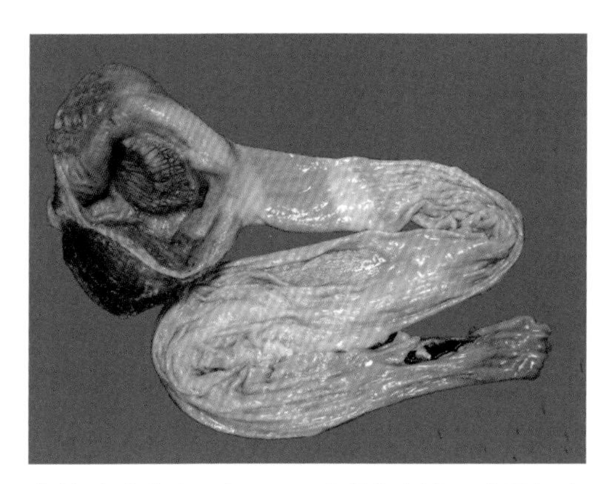

食管黏膜出血、坏死，形成溃疡灶，腺胃与食管交界处出血

第十八节 鸭传染性浆膜炎

一、概述

鸭传染性浆膜炎（infectious serositis of duck）是由鸭疫里氏杆菌（riemerella anatipestifer，RA）引起的主要侵害雏鸭的一种慢性或急性败血性传染病。该病多发生于1～8周龄的雏鸭，雏鸭临床症状为眼和鼻有分泌物、腹泻、共济失调、头颈震颤和抽搐，慢性病例以斜颈等为特征；病理特征为纤维素性心包炎、肝周炎、气囊炎、干酪性输卵管炎、脑膜炎及眼结膜炎等。我国于1982年首次报道本病的存在，目前各养鸭省区均有发生，发病率与死亡率均高，是危害养鸭业的主要传染病之一。

二、病原特征

鸭疫里氏杆菌为革兰氏阴性小杆菌，不运动，有荚膜，无芽孢，呈单个、成对或偶然呈链状排列，菌体宽0.2～0.4 μm，长1～5 μm。瑞氏染色呈两极浓染。目前本菌约有21个血清型，我国目前至少有13个血清型（即1～8、10～11、13～15型），不同血清型之间的抗原性差异较大，各血清型菌株之间无交叉免疫保护。本菌对多种抗生素和消毒剂敏感。

三、流行病学

传染源：病禽和带菌禽是主要传染源。

传播途径：呼吸道和皮肤伤口是主要传播途径。

易感动物：1～8周龄的雏禽易感，2～3周龄雏鸭危害最大。

传播媒介：被病原菌污染的空气、水、饲料、飞沫、器械、工具、人员等是主要传播媒介。

本病四季均可发病，无明显的季节性，1周龄以内和8周龄以上鸭很少感染，目前有增加的趋势，成年蛋鸭发病常见。本病的发病率和死亡率与感染鸭的日龄、病原毒力强弱、饲养管理水平、养殖环境、应激及有无其他疾病混合感染等因素密切相关，发病率高达90%，死亡率不等，一般为10%～20%，有时高达90%以上。

值得注意的是，雏鹅感染本菌可发病，近几年发病有增加的趋势。

四、临床症状

本病分为最急性型、急性型、慢性型，本书主要介绍急性型、慢性型。

1.最急性型

鸭突然死亡，无症状。

2.急性型

本类型多发生于2～4周龄的雏鸭，发病迅速，发病率高，发病1～3 d内死亡，死亡率可达80%。

病鸭精神沉郁，嗜睡，缩颈或嘴拱地面，两腿无力，行动迟缓或不愿行走，少食或不食。

病鸭眼睛和鼻孔有浆液性或黏液性分泌物。

病鸭拉绿色或黄绿色稀粪，肛门周围常污染粪便，部分雏鸭腹胀。

病鸭濒死前共济失调，头颈颤抖，歪头斜颈，摇头摆尾或点头，最后全身痉挛性抽搐，呈角弓反张样，很快死亡。

3.慢性型

本类型多发生于4～7周龄的鸭，耐过鸭发育不良，消瘦。

病鸭精神沉郁，困倦，食欲减少，饮欲增加，缩颈，呆立，腿发软，喜卧，不愿运动，站立时共济失调，呈犬坐姿势，痉挛性点头或摇头摆尾。

部分病鸭呼吸困难，张嘴呼吸等。

少数病鸭头颈歪斜，遇到惊扰时不断鸣叫，跗关节肿胀，不愿走动，终因消瘦而死。

常与大肠杆菌病混合感染，造成蛋鸭产蛋量下降等。

五、病理变化

特征性的病变为全身浆膜面的纤维素性渗出性炎症，以心包膜、肝脏表面及气囊上凝固的灰白色或黄白色的纤维素性渗出物沉着共同构成本病俗称的“三炎”（即心包炎、气囊炎、肝周炎）。

症状相对较轻的病例心包膜混浊、增厚，心包积液；气囊壁混浊、增厚，不透明；肝脏肿大、质脆，呈土黄色或棕红色，被膜增厚，不透明，呈黄白色等；有的肺脏出血；脾脏肿大呈花斑状；胆囊充盈；纤维素性脑膜炎或脑膜充血、水肿或点状出血；关节肿胀，触之有波动感，关节液增多，呈乳白色，质地黏稠；输卵管炎性膨大，内有干酪样物蓄积；育肥肉鸭腹侧皮肤或脂肪呈黄色，似蜂窝织炎变化，坏死性皮炎等。

六、防治

1.预防

免疫接种是预防本病的关键措施，采用当地分离的菌株做成自家苗接种，保护率最高，而“全进全出”的饲养管理制度，调整肠道菌群环境，搞好环境卫生和消毒工作，合理通风，温湿度合理，饲养密度适中，勤换垫料，消除应激因素等措施可降低发病率。

2.治疗方案

（1）根据药敏试验结果，选择敏感的抗微生物药饮水或拌料治疗。

（2）采用清热解毒、止痢的中药制剂治疗。

【处方1】白马黄柏散

白头翁、黄柏各300 g，马齿苋400 g。

【用法与用量】禽1.5 ~ 6 g/只。

【处方2】白龙散

白头翁600 g，龙胆300 g，黄连100 g。

【用法与用量】禽1 ~ 3 g/只。

【处方3】白头翁散

白头翁、秦皮各60 g，黄连30 g，黄柏45 g。

【用法与用量】禽2 ~ 3 g/只。

【处方4】杨树花口服液

杨树花。

【用法与用量】混饮，禽每1 L水1 ~ 2 mL（每1 mL相当于原生药材1 g）。

【处方5】锦板翘散

地锦草100 g，板蓝根60 g，连翘40 g。

【用法与用量】禽3 ~ 6 g/只。

【处方6】大青叶1 000 g，鱼腥草、黄芩各800 g，黄柏、苦参、丹参、茵陈各500 g。

【用法与用量】煎汤，自由服用，连用3 ~ 5 d。

【处方7】复方三黄散（河南省现代中兽医研究院研制）

黄连、野菊花、赤芍、栀子、黄芩、黄柏、金银花、板蓝根、绵马贯众、鱼腥草各等份。

【用法与用量】鸭0.5 ~ 3 g/只。

（3）个别严重的病鸭，采用个体给药法。

5%氟苯尼考注射液：0.1 ~ 0.2 mL/kg体重，连用2 d。

庆大霉素注射液: 雏禽0.2万 ~ 0.4万IU/只，1次/d，连续治疗2 ~ 3 d。

阿米卡星注射液： 2万 ~ 4万IU/kg体重，1次/d，连续治疗2 ~ 3 d。

鸭传染性浆膜炎图

病鸭头颈歪斜，拉黄白色的粪便

病鸭瘫痪

病鸭精神沉郁，拉稀

病鸭眼结膜潮红

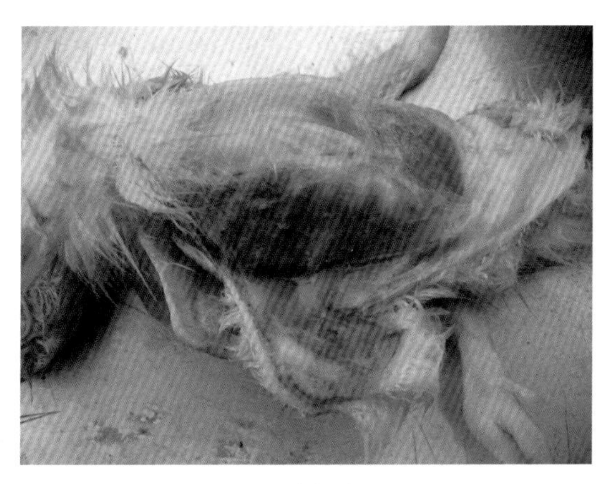

皮下形成蜂窝织炎

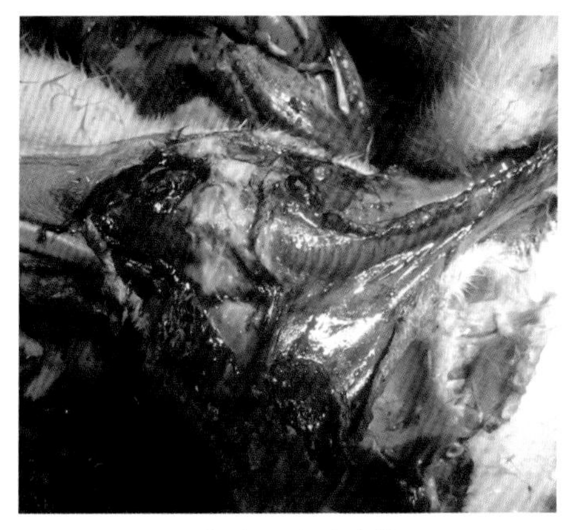

下颌皮下有渗出物

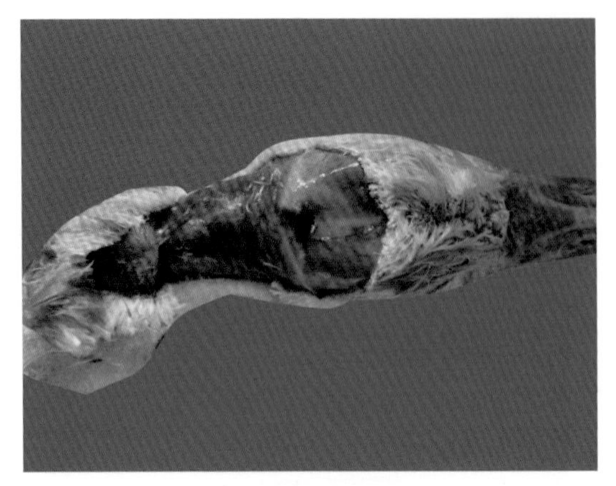

头颈部皮下出血

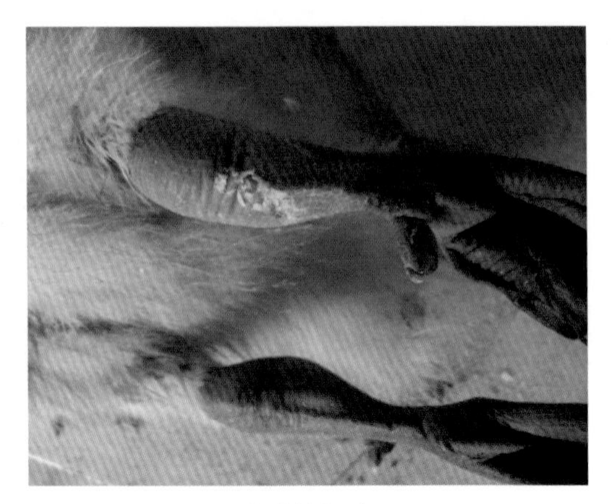

跗关节红肿

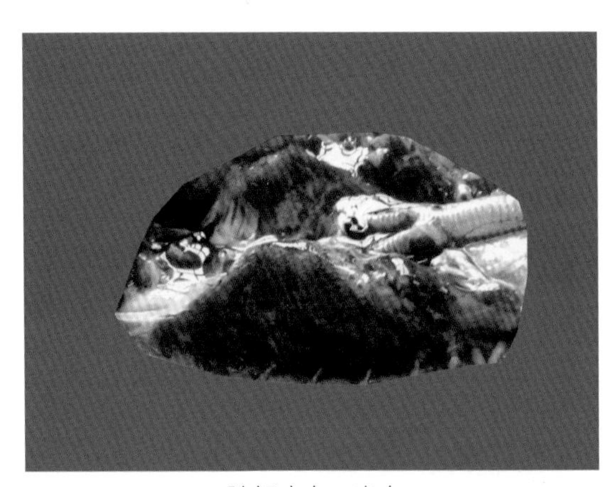

肺部瘀血、出血

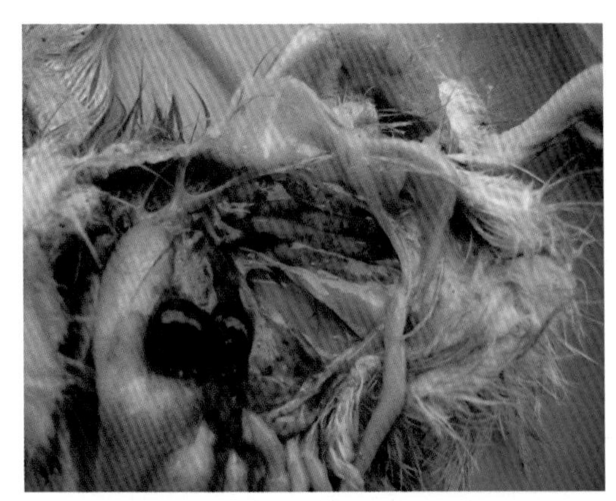

脾脏和肾脏肿胀、出血，脾脏局部坏死

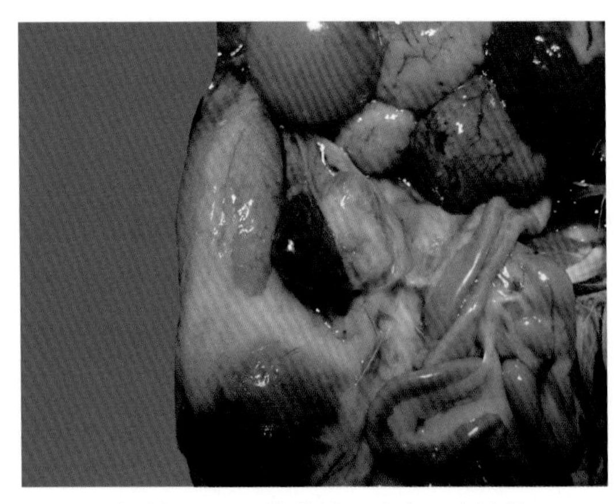

脾脏坏死，卵泡萎缩、出血、变性等

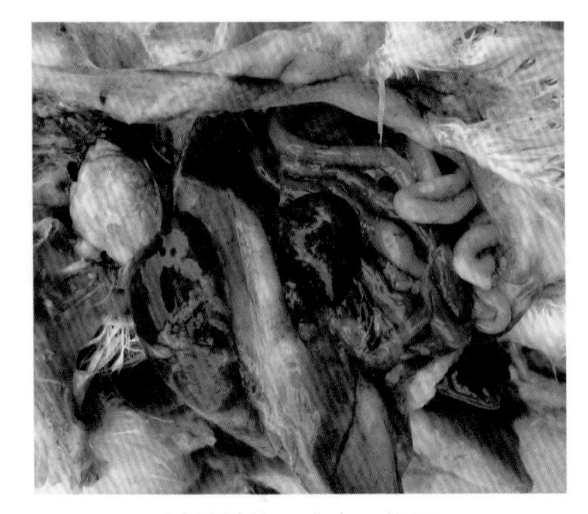

脾脏肿胀、出血、坏死

脾脏高度肿大、坏死

气囊炎

气囊有黄色干酪样物

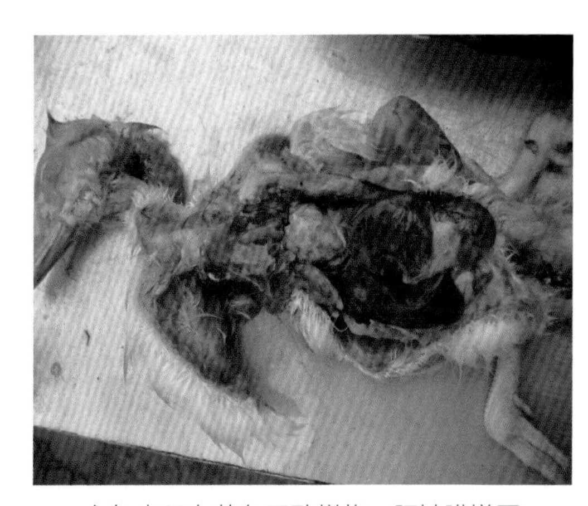

心包内积有黄色干酪样物，肝被膜增厚

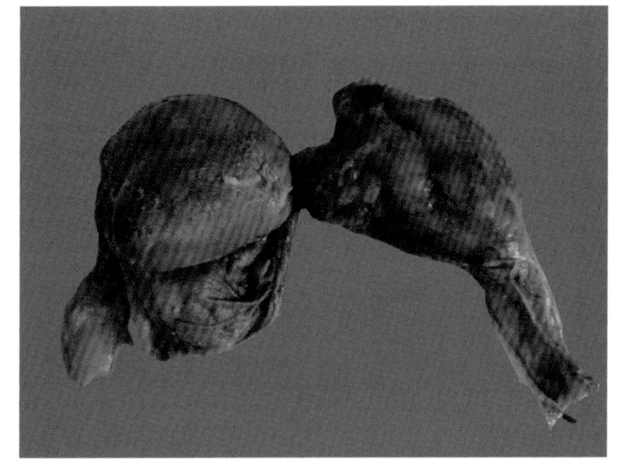

心包膜与心肌粘连，心肌变形，心包炎

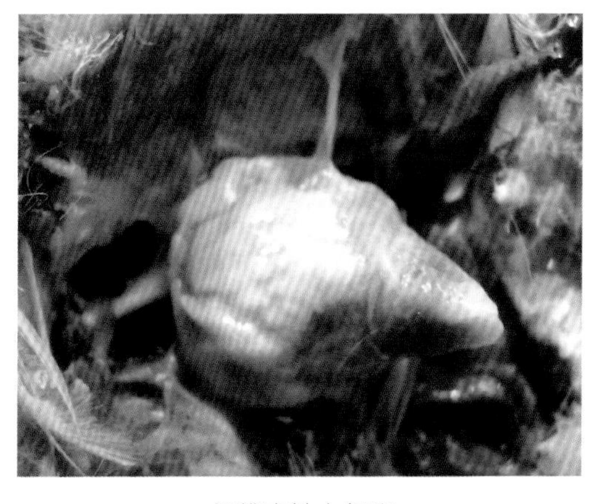

纤维素性心包炎

心包炎

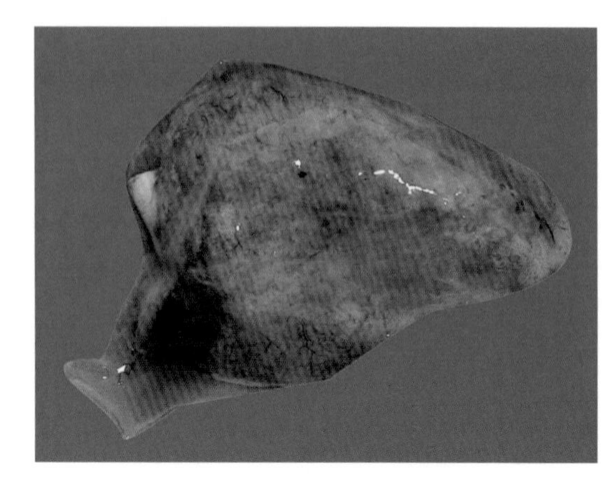

纤维素性心包炎，心外膜出血

心肌变形

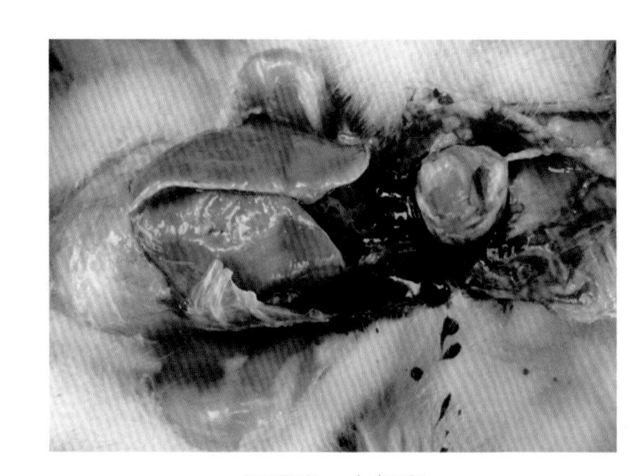

肝周炎，心包炎

心包炎和肝周炎

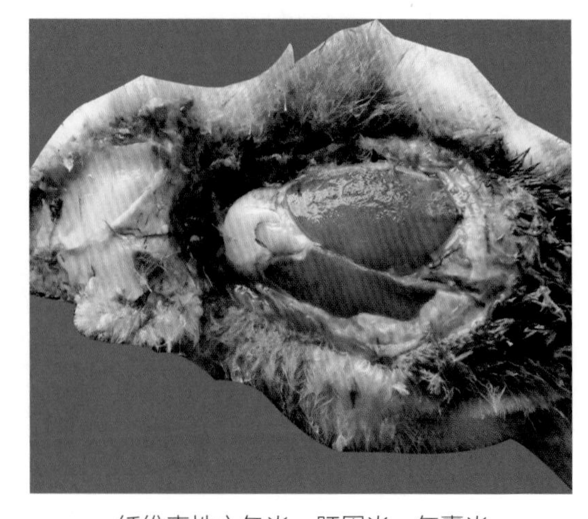

纤维素性心包炎、肝周炎、气囊炎

肝脏、心脏及腹膜被黄色纤维素性渗出物覆盖

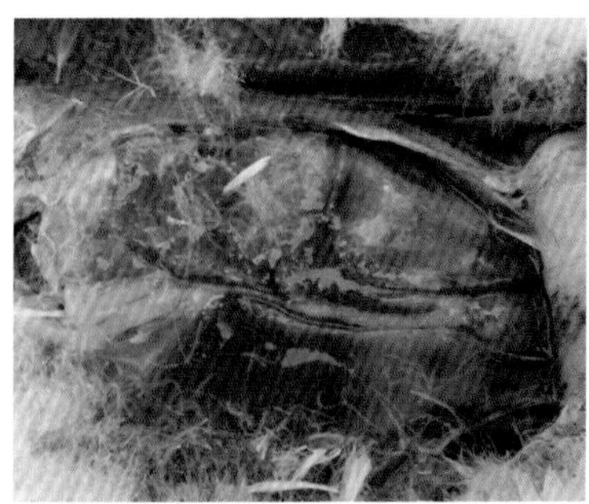

肝被膜增厚，不透明，呈黄白色，覆盖着纤维素性膜

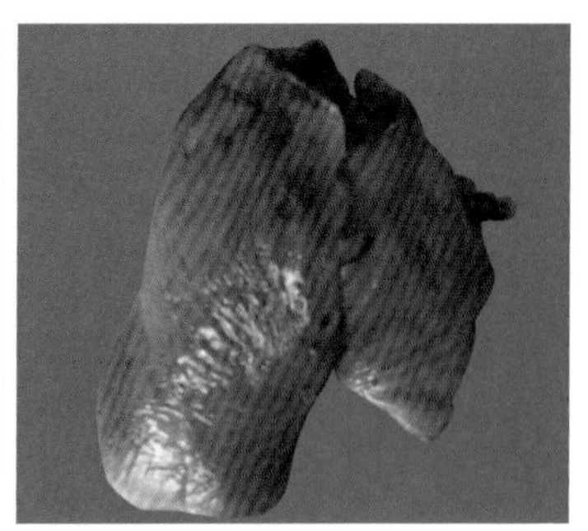

肝脏肿大，被膜增厚，不透明，呈黄白色，易脱落

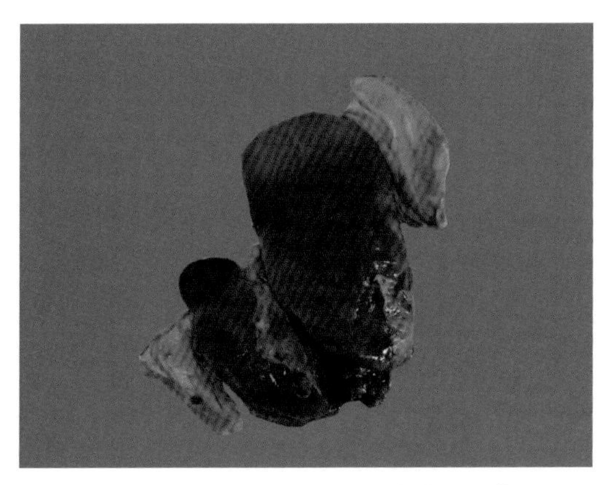

肝脏肿大、出血、易碎，被膜易脱落

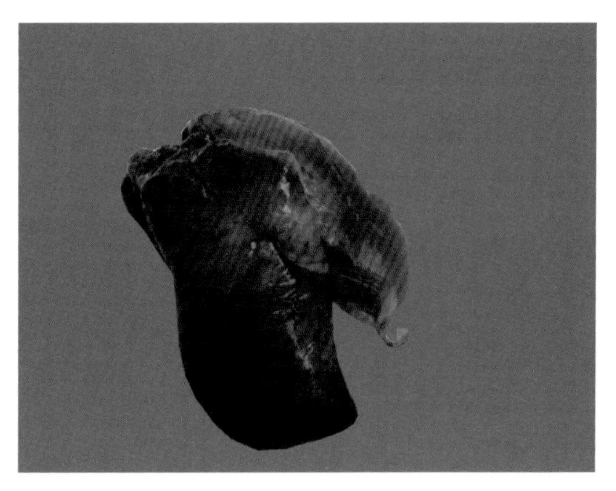

肝周炎

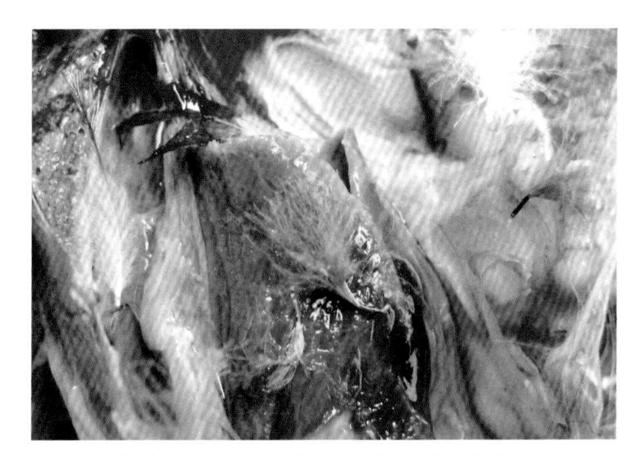

纤维素性渗出物在肝脏表面形成一层灰白色、混浊不透明的膜，覆盖于肝脏表面，极容易剥离

种鸭：肝脏肿大，点状出血，被膜增厚

种鸭：蛋壳薄，蛋壳粗糙，大小差异显著

种鸭：输卵管囊肿

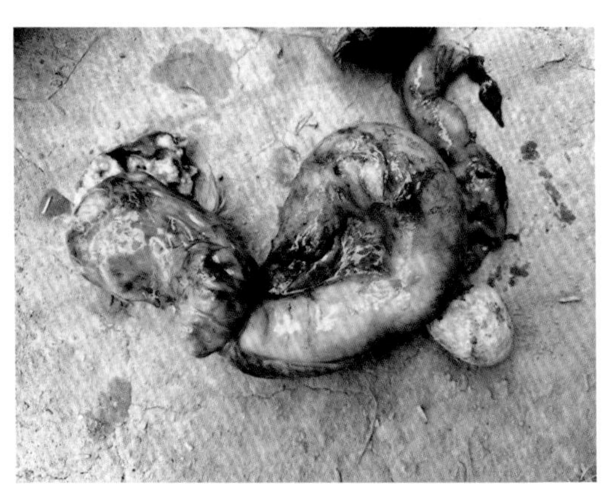

种鸭：输卵管变薄、出血，内有栓子

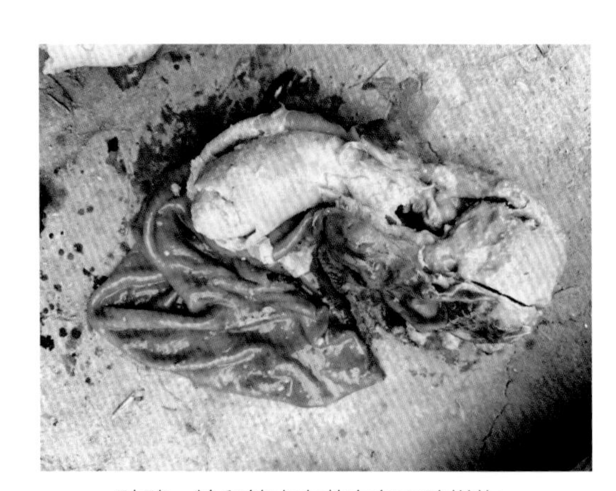

种鸭：输卵管内有黄白色干酪样物

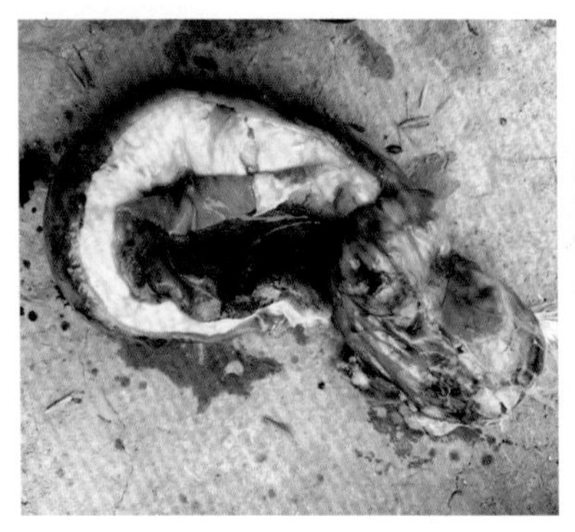

种鸭：输卵管内有黄白色栓塞，输卵管出血、变薄

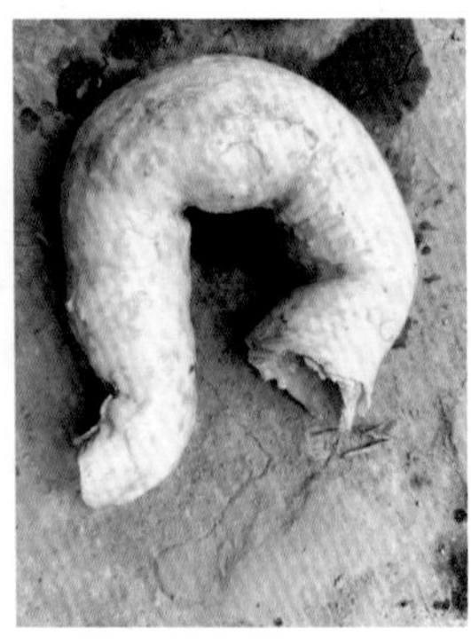

种鸭：栓子较硬

葡萄球菌病与传染性浆膜炎混合感染引起眼盲

第三章

寄生虫病

第一节　鸡球虫病

一、概述

鸡球虫病（chicken coccidiosis）是由孢子虫纲艾美耳科艾美耳属的一种或多种球虫在鸡的肠道内寄生繁殖引起的肠道组织损害、出血而导致鸡急性死亡的一种常见原虫病，给养鸡业带来重大的经济损失。

二、病原特征

全球报道的鸡球虫种类共有13种，我国已发现9个种。鸡球虫是宿主特异性和寄生部位特异性很强的原虫病，球虫种类不同、寄生部位不同，致病力也不相同，临床中多为混合感染，以柔嫩艾美耳球虫和毒害艾美耳球虫致病力最强。

柔嫩艾美耳球虫（Eimeria tenella）主要寄生于盲肠和邻近的肠道组织，卵囊呈卵圆形，少数为椭圆形，细胞质呈淡褐色，平均大小为22.0 μm × 19.0 μm，卵囊壁为淡黄色。病变为两侧盲肠显著肿大，外观紫红色，肠腔内充满凝固性血块，肠壁变厚。

毒害艾美耳球虫（Eimeria necatrix）主要寄生于小肠前段和中段，卵囊呈长卵圆形，平均大小为20.4 μm × 17.2 μm，卵囊壁光滑、无色。病变为肠黏膜有白点和出血点、坏死点，肠腔内有出血性内容物。

布氏艾美耳球虫（Eimeria brunetti）主要寄生于回肠、小肠后段及盲肠近端（卵黄蒂到盲肠连接处），卵囊呈卵圆形，卵囊大小为24.6 μm × 18.8 μm，变化范围（20.7 ~ 30.3） μm ×（18.1 ~ 24.2）μm，囊壁为浅黄色。病变为黏液性出血性肠炎，凝固性坏死。

巨型艾美耳球虫（Eimeria maxima）主要寄生于小肠中段、后段及前段，大卵囊，呈卵圆形，卵囊大小为30.5 μm × 20.7 μm，变化范围（21.5 ~ 42.5）μm ×（16.5 ~ 29.8）μm，囊壁为浅黄色。病变为肠壁变厚，有黏液性出血性渗出物和瘀斑。

堆型艾美耳球虫（Eimeria acervulina）主要寄生于十二指肠及小肠前段，卵囊呈卵圆形，锐端的卵囊壁变薄，卵囊大小为18.3 μm × 14.6 μm，变化范围（17.7 ~ 20.2）μm ×（13.7 ~ 16.3）μm，囊壁为浅黄绿色。病变为肠黏膜有横纹状的白斑，外观呈梯状，并有卡他性渗出物，有时可见白色圆形病变，肠壁增厚，斑块融合。

哈氏艾美耳球虫（Eimeria hagani）主要寄生于十二指肠，卵囊呈宽卵圆形，卵囊平均大小为18.0 μm × 14.7 μm，孢子化卵囊大小为19.6 μm × 14.7 μm，孢子囊大小为

11.34 μm×6.9 μm，子孢子大小为12.9 μm×2.1 μm。病变为十二指肠有针头状出血点。

变位艾美耳球虫（Eimeria mivati）主要寄生于从十二指肠袢延伸到盲肠和泄殖腔区域，卵囊从椭圆形至宽卵圆形，卵囊平均大小为15.6 μm×13.4 μm。病变为肠壁可见含有卵囊的圆形斑点，肠壁增厚，斑块融合。

和缓艾美耳球虫（Eimeria mitis）主要寄生于小肠下段从卵黄蒂到盲肠颈处，卵囊为亚球形，卵囊大小为16.2 μm×16.0 μm，囊壁为浅黄绿色。病变为黏液性渗出物，无损害可见。

早熟艾美耳球虫（Eimeria praecox）主要寄生于十二指肠及小肠前段，多数卵囊呈卵圆形，少数为椭圆形，平均大小为21.3 μm×17.1 μm，卵囊无色，卵囊壁为淡绿色。病变为黏液性渗出物，无损害可见。

球虫的生活史属直接发育型，不需要中间宿主，分为裂殖生殖、配子生殖和孢子生殖3个阶段，前两个阶段在动物体内进行，后一个阶段在体外进行。从感染性卵囊进入鸡体内，至新一代卵囊排出体外需4～10 d。各球虫生活史虽有差异，但一般如此。

卵囊对外界的抵抗力极强，常规的消毒剂杀灭效果无效，鸡舍一旦感染很难彻底清除。但是有些消毒药水如10%的氨水，作用时间长（45 min以上）时，可以杀灭卵囊。

三、流行病学

传染源：病鸡和带虫鸡是主要传染源。

传播途径：消化道传播为主，通过摄入有活力的孢子化卵囊感染。

易感动物：鸡是唯一宿主，各种日龄的鸡均可感染。

本病四季均可发病，多暴发于3～6周龄的雏鸡，2周龄以内的雏鸡很少发病，发病率20%～100%，致死率高达100%，目前球虫病发病日龄呈越来越小和大龄化的发展趋势，两种或两种以上的球虫感染常见。若鸡舍闷热潮湿、饲养密度大、通风不良、营养缺乏及马立克病、传染性法氏囊病、传染性贫血、大肠杆菌病、慢性呼吸道病等疾病存在时，均能诱发或加重本病，造成死亡率增高。

四、临床症状

1.盲肠球虫病

多由柔嫩艾美耳球虫感染引发，发病4～5 d后开始死亡，耐过鸡生长缓慢，蛋鸡产蛋下降。

病鸡精神不振，冠、肉髯苍白，羽毛松乱，缩颈，眼紧闭，呆立或喜卧，不食，渴欲增加，拉稀，排暗红色或巧克力色血便，严重时拉鲜血等。

急性病例，突然发病，迅速死亡，肛门附近常见鲜血，便血等。

2.小肠球虫病

由毒害艾美耳球虫或几种球虫混合感染，症状轻，病程长，可达数周或数月。

病鸡间歇性腹泻，贫血，消瘦，多排混有灰白色黏液的稀粪，衰竭死亡。

五、病理变化

1.盲肠球虫病

盲肠肿大数倍，呈暗红色，肠壁增厚，浆膜面有出血点、出血斑，肠腔内充满血液、血凝块及脱落的黏膜碎片。病程长时脱落的盲肠黏膜和血液逐渐变硬，形成红色或红白相间的干酪样物（“肠芯”）。

2.小肠球虫病

小肠肠壁高度肿胀，黏膜弥漫性充血、出血、脱落，白色斑状或圆形坏死灶散在；肠腔内有血液、血凝块、坏死脱落的黏膜，浆膜有小出血点或小白点或小白斑散在。

六、防治

1.预防

应用球虫疫苗和药物预防是预防本病的重要方法。平时及时清理粪便并做无害化处理，做好通风换气，保持舍内空气新鲜，控制环境湿度，做好环境消毒，饲养密度适中，合理搭配日粮，勤换垫料，及时清洗笼具、饲槽、水具等措施可降低发病率。

2.药物治疗

（1）根据峰期合理选择抗球虫药治疗。治疗时采用轮换用药、穿梭用药和联合用药的原则。常用的药物为磺胺氯吡嗪钠、氨丙啉、地克珠利、妥曲珠利、常山酮、癸氧喹酯等。

（2）采用清热燥湿、杀虫止痢的中药制剂治疗。

【处方1】鸡球虫散

青蒿3 000 g，仙鹤草、何首乌各500 g，白头翁300 g，肉桂260 g。

【用法与用量】拌料混饲，鸡每1 kg饲料10 ~ 20 g。

【处方2】驱球散

常山2 500 g，柴胡900 g，苦参1 850 g，青蒿1 000 g，地榆（炭）、白茅根各900 g。

【用法与用量】拌料混饲，鸡每1 kg饲料0.5 g，连用5 ~ 8 d。

【处方3】苦参地榆散

苦参40 g，地榆、仙鹤草各30 g。

【用法与用量】拌料混饲，雏鸡预防量每1 kg饲料10 g自由采食，治疗量加倍。

【处方4】常山柴胡散

常山280 g，柴胡120 g，青蒿、白头翁各300 g。

【用法与用量】拌料混饲，鸡每1 kg饲料10 g，连用7 d。

【处方5】青蒿末。

【用法与用量】鸡1～2 g/只。

【处方6】常青克虫散

地锦草160 g，墨旱莲、青蒿、柴胡各80 g，常山100 g，槟榔、仙鹤草、黄芩、白芍、山楂、甘草各60 g，鸦胆子20 g，黄柏90 g，木香30 g。

【用法与用量】鸡1～2 g/只。

【处方7】青蒿白头翁散

青蒿60 g，白头翁、地榆、墨旱莲、白芍、山楂各15 g，黄芩、木香各10 g，山大黄20 g，鸦胆子、白矾各2 g，板蓝根25 g，雄黄1 g，甘草5 g。

【用法与用量】每1 kg饲料10 g。

【处方8】常青球虫散

常山、白头翁、苦参各700 g，仙鹤草、马齿苋、地锦草各400 g，青蒿、墨旱莲各350 g。

【用法与用量】拌料混饲，禽每1 kg饲料1～2 g，连用7 d。

【处方9】白头翁苦参散

白头翁、苦参、鸦胆子各等份。

【用法与用量】共为细末，混匀，每只鸡每次0.5～1.0 g，拌料饲喂，3次/d。病重者，煎汤或开水冲调灌服，连用3～5 d。

【应用】用本方治疗鸡球虫病例202只，治愈188只，治愈率为93.07%。

【处方10】红辣蓼。

【用法与用量】晒干粉碎，以3%～4%的比例拌料饲喂，2次/d，连用3～5 d。

【应用】应用本方治疗鸡球虫效果显著，并能防治腹泻。

【处方11】黄连、苦楝皮各6 g，贯众10 g。

【用法与用量】水煎取汁，成年鸡分2次、雏鸡分4次灌服，2次/d，连服3～5 d。

【应用】使用本方治疗鸡球虫病，治愈率为92.9%。

【处方12】青胆散（河南省现代中兽医研究院）

青蒿、血见愁各10 g，苦参、龙芽草、地锦草、白头翁各9 g，地胆草、柴胡各8 g，太子参6 g等。

【功能】清热凉血，杀虫止痢。

【主治】球虫病、肠毒综合征、腹泻等。

【用法与用量】禽0.5～2.0 g/只，连用4～5 d。

鸡球虫病图

球虫病引起的血便

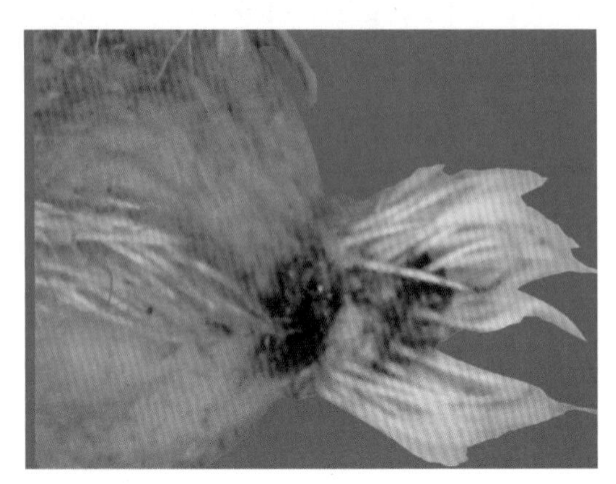
盲肠球虫病：泄殖腔周围羽毛被血便浸染

盲肠球虫病：肛门周围有血凝块

盲肠球虫病：泄殖腔黏膜有暗红色血凝块

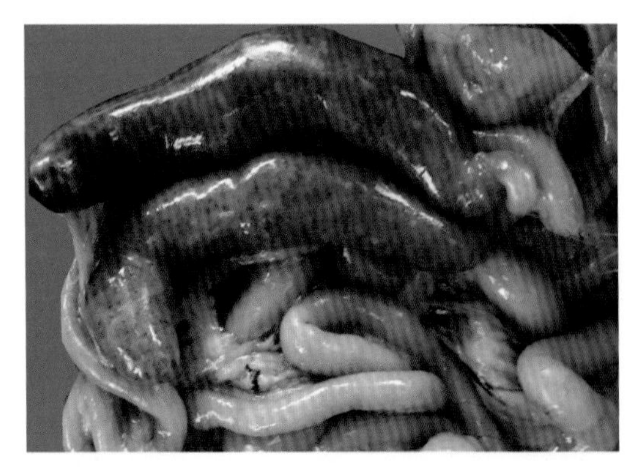
盲肠球虫病：双侧盲肠浆膜点状出血，盲肠肿胀

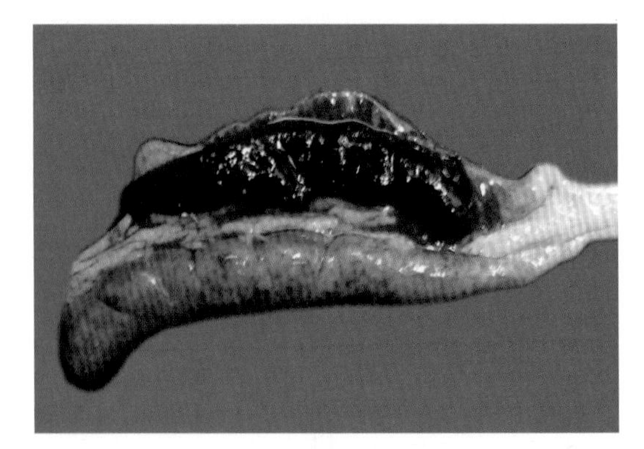
盲肠球虫病：盲肠内充满血凝块或暗红色血液

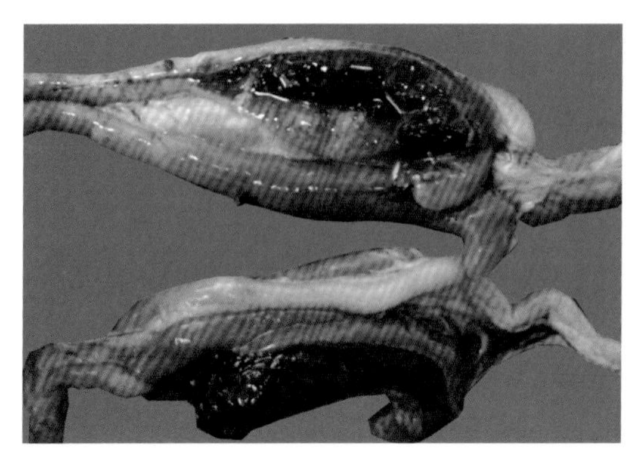

盲肠球虫病：盲肠黏膜出血，内有血凝块或暗红色血液

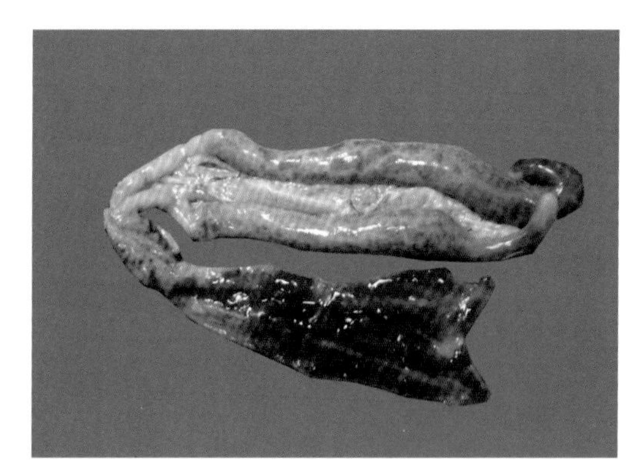

盲肠球虫病：盲肠肿胀、出血，直肠内有鲜红色血液

小肠球虫病：肠管肿胀2~3倍，出血

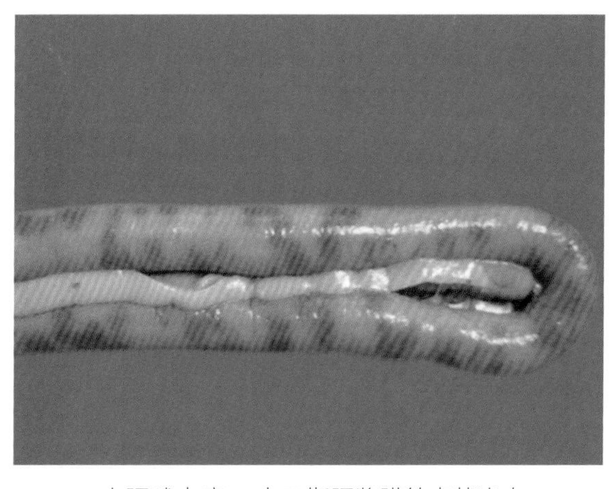

小肠球虫病：十二指肠浆膜外点状出血

小肠球虫病：肠管肿胀、出血

小肠球虫病：肠管肿胀，浆膜外点状出血

小肠球虫病：小肠肿胀，浆膜外点状出血

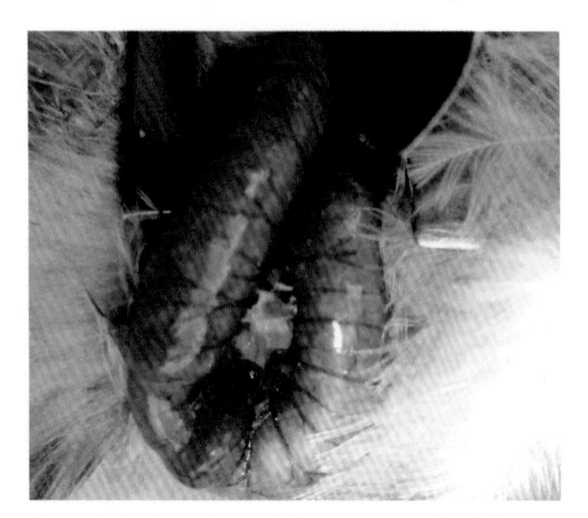

小肠球虫病：小肠肿胀、出血，浆膜外可见白色坏死点

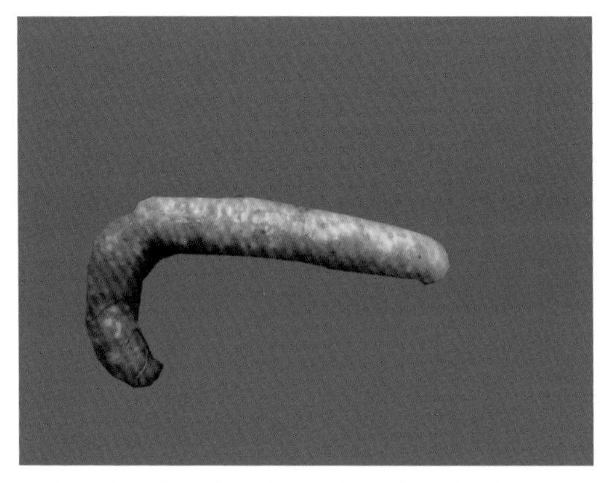

小肠球虫病：小肠肿胀，浆膜外有白色坏死点

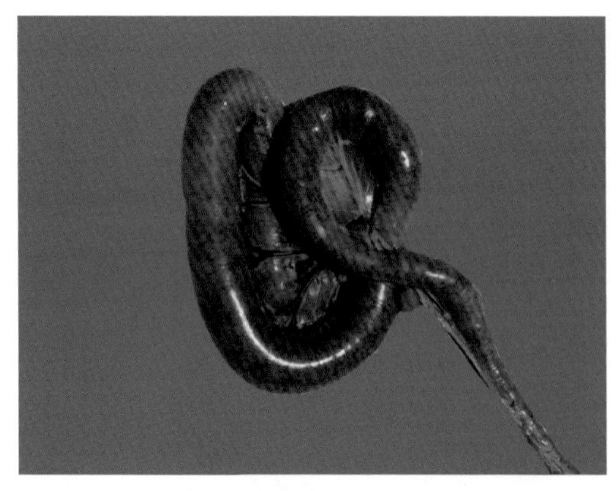

小肠球虫病：小肠肿胀，暗红色，浆膜外点状出血

小肠球虫病：小肠肿胀，浆膜外有白色坏死斑点

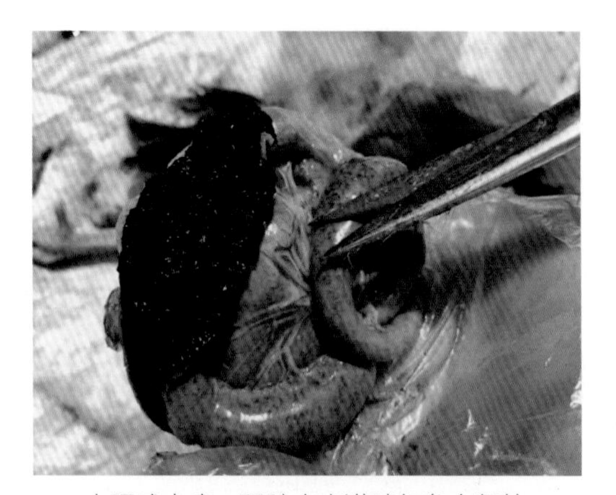

小肠球虫病：肠腔内充满暗红色血凝块

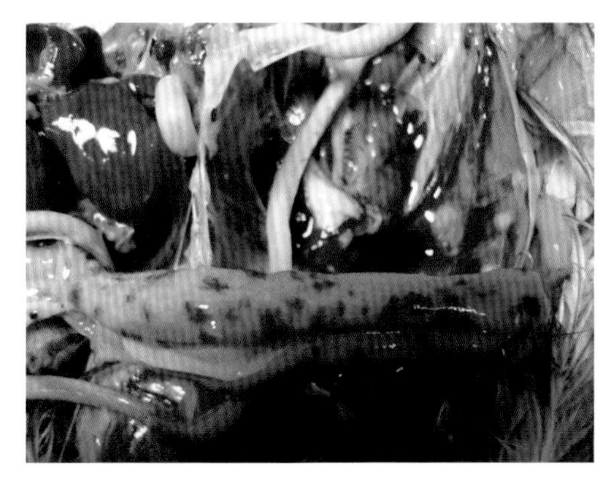

小肠球虫病：十二指肠黏膜有出血斑点

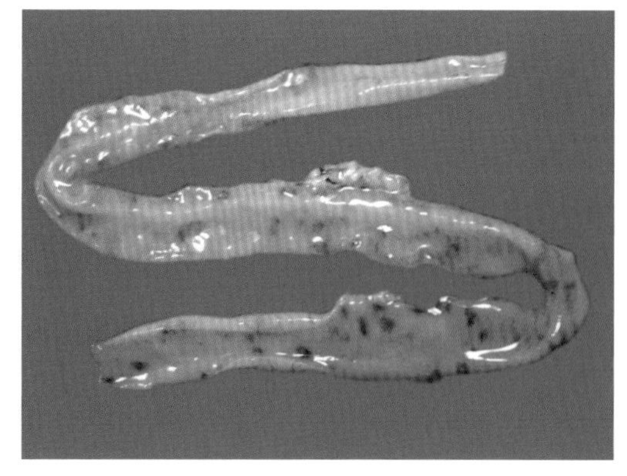

小肠球虫病：　小肠黏膜有明显的出血点

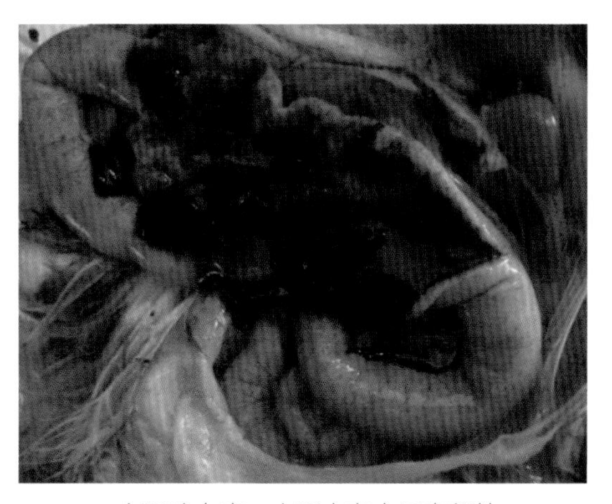

小肠球虫病：小肠内有大量血凝块

小肠球虫病：肠管内充满血液

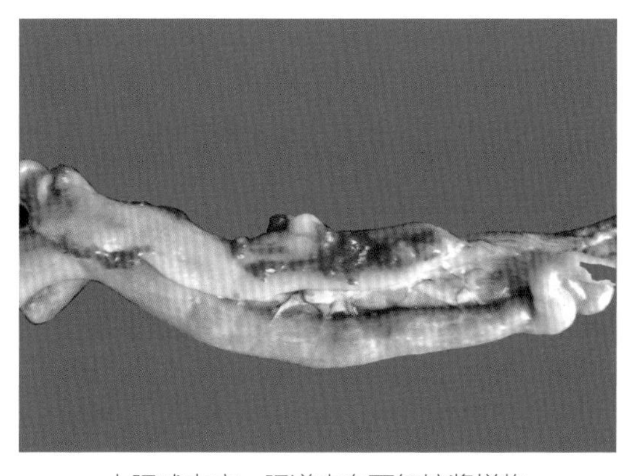

小肠球虫病：肠道内有西红柿酱样物

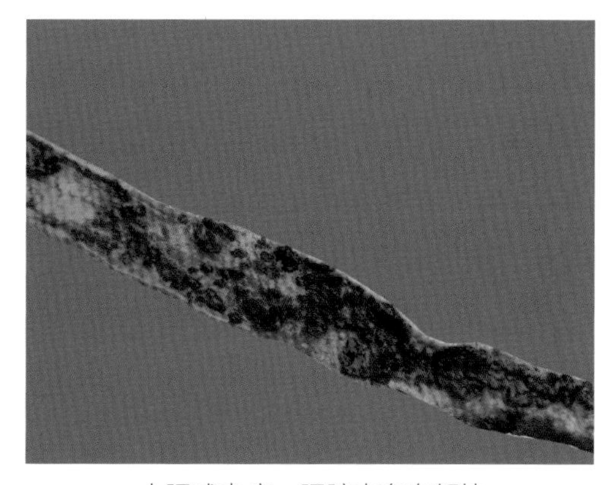

小肠球虫病：肠腔内有血凝块

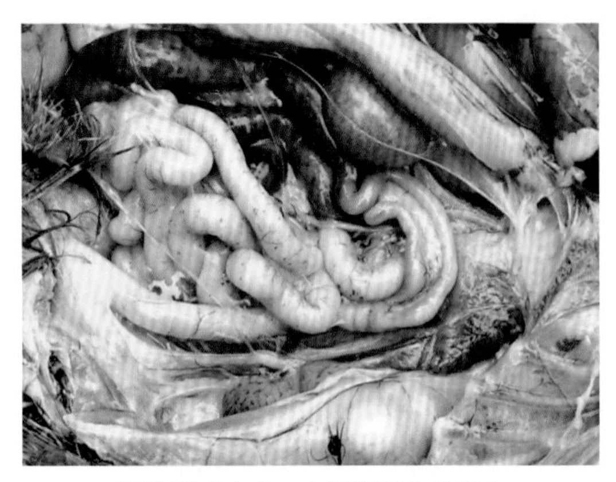

混合型球虫病：小肠浆膜点状出血

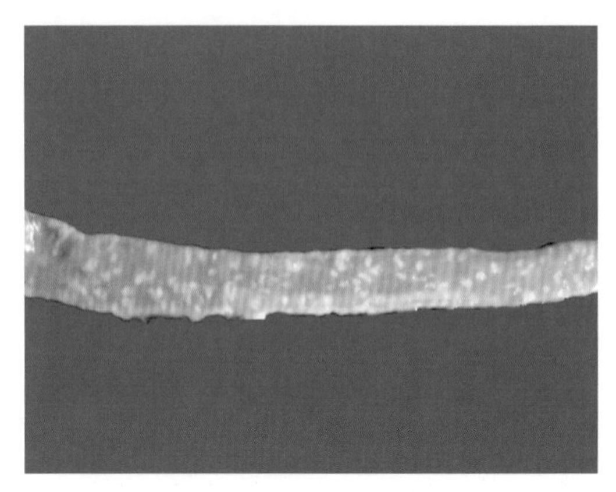

堆型球虫病：肠壁水肿，肠黏膜点状坏死

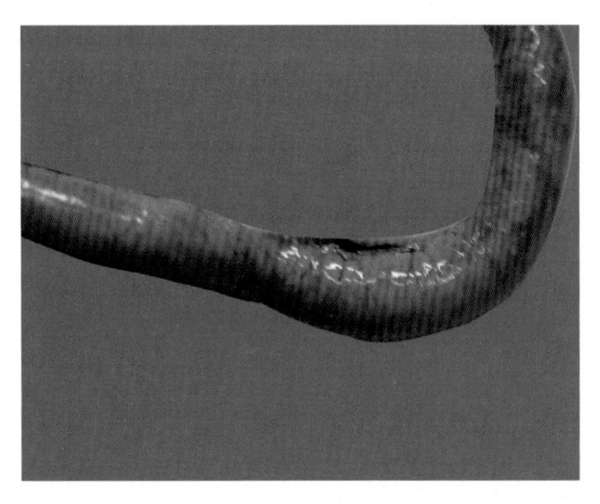

堆型球虫病：肠管肿胀，肠壁形成假膜

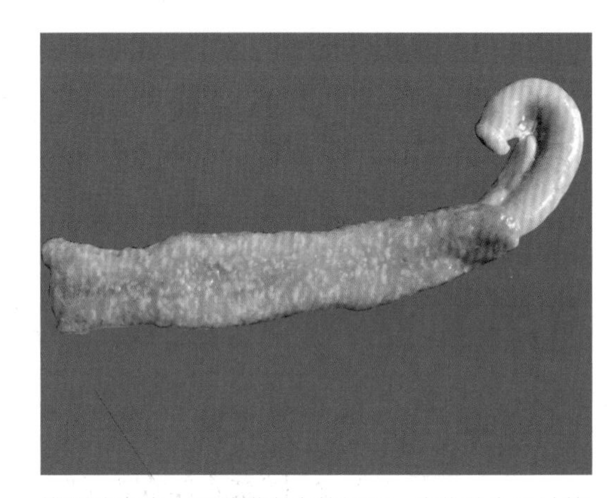

堆型球虫病：肠黏膜有点状坏死，密集分布呈片状

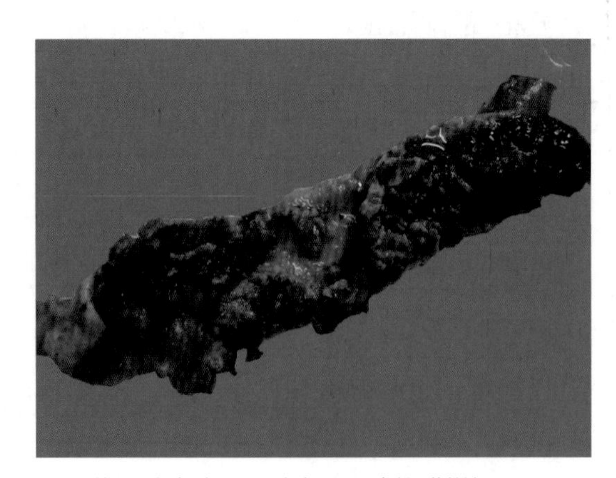

堆型球虫病：肠壁变厚形成假膜样坏死

第二节　鸭球虫病

一、概述

鸭球虫病（duck coccidiosis）是由球虫寄生鸭肠道引起的一类寄生虫病，以卡他性、出血性肠炎为特征。目前鸭球虫病对养鸭业的危害日益严重。

二、病原特征

鸭球虫属于顶复器门孢子虫纲真球虫目艾美耳科中的4个属，分别为艾美耳属、泰泽属、温扬属和等孢属。目前我国鸭球虫约有20种，分布广泛，主要集中在鸭养殖较为集中的一些省份。常见的球虫种类有巴氏艾美耳球虫（E.battakhi）、毁灭泰泽球虫（T.permiciosa）、菲莱温扬球虫（W.philiplevinei）、裴氏温扬球虫（W.pellerdyi）及鸳鸯等孢球虫（I.mandari）等，以毁灭泰泽球虫的致病力最强，菲莱温扬球虫次之。

毁灭泰泽球虫寄生于鸭小肠，卵囊呈卵圆形，囊壁光滑，为淡蓝色，无卵膜孔，卵壳厚度0.7 μm。卵囊大小为（9.2 ~ 13.2）μm×（7.2 ~ 9.9）μm，卵囊内无极粒，有2个大的由大小不同的颗粒组成的卵囊残体，平均大小为4.47 μm×5.3 μm，无孢子囊，含有8个游离的子孢子，呈香蕉状，平均大小为7.28 μm×2.73 μm。孢子化时间为17 ~ 19 h。

菲莱温扬球虫寄生于小肠，卵囊较大，呈卵圆形，为淡蓝绿色，大小为（13.3 ~ 22）μm×（10 ~ 12）μm。有卵膜孔，囊壁有3层，卵囊壁外层薄而透明，中层黄褐色，内层浅蓝色。卵囊内有1 ~ 3个极粒，含4个呈瓜子状的孢子囊，平均大小为7.2 μm×4.78 μm。狭端有1个斯氏体，每个孢子囊内含4个子孢子和一个圆形孢子囊残体。孢子化时间为24~33 h。

巴氏艾美耳球虫卵囊呈球形或卵球形，壳2层，厚度1 μm，囊壁光滑，为黄绿色，无卵膜孔。卵囊大小为（17.6 ~ 20.9）μm×（14.5 ~ 17.1）μm，平均大小为19.8 μm×16.6 μm，卵囊内有1个较大的极粒，无孢子囊残体。成熟的卵囊含4个孢子囊，呈长椭圆形，大小为10.5 μm×7.8 μm，有斯氏体和孢子囊残体。每个孢子囊含有2个孢子。

裴氏温扬球虫卵囊呈卵圆形，2层囊壁光滑，无色，卵壳厚度1 μm，有1个2.5 μm卵膜孔。卵囊大小为（15.4 ~ 19.1）μm×（10.9 ~ 12.2）μm，平均大小为18.3 μm×12.4 μm，卵囊内有1个极粒，无孢子囊残体。内含4个孢子囊，大小为8 μm×6 μm ，有孢子囊残体。每个孢子囊含有4个孢子。

鸳鸯等孢球虫卵囊呈球形或亚球形，2层壁，厚度1 μm，囊壁光滑，淡褐色。卵囊大小为（10.4～12.8）μm×（9.6～11.6）μm，平均大小为10.8 μm×11.9 μm，有1个大极粒，无孢子囊残体。成熟的卵囊内含2个孢子囊，呈仙桃形，有明显的斯氏体和孢子囊残体。每个孢子囊含有4个孢子。

三、流行病学

传染源：病鸭和带虫鸭是主要传染源。

传播途径：消化道传播为主，通过摄入有活力的孢子化卵囊而感染，也可经被病鸭或带虫鸭粪便污染的饲料、饮水、土壤和饲养工具等传播，饲养人员的机械性携带卵囊也可引起传播。

易感动物：各品种鸭均易感。

本病四季均可发病，以春、夏、秋多见，冬季相对较少。不同种类的球虫感染危害鸭的日龄不同，如毁灭泰泽球虫多见于1～2月龄鸭，温扬球虫、巴氏艾美耳球虫多见于中大鸭，鸳鸯等孢球虫多见于1月龄内的雏鸭。近几年致病不强的巴氏艾美耳球虫和鸳鸯等孢球虫也表现为较强的致病性。发病率、死亡率和感染球虫种类密切相关，饲养管理粗放、鸭舍环境潮湿闷热等情况下均可诱发本病或加重本病的流行。

四、临床症状

特征性症状为消瘦、贫血，排橘红色或血样粪便。急性病例突然发病，病程短，发病急，1～2 d后出现急剧死亡，发病率高达90%，死亡率高达80%。

病鸭精神委顿，缩脖，食欲下降，渴欲增加，拉稀，粪便呈暗红色或巧克力色或黄白色，腥臭。

耐过病鸭逐渐恢复食欲，死亡减少，生长发育受阻，增长速度较慢。

成年鸭很少发病，常成为球虫的携带者和传染源。

慢性病例死亡率相对较低。

五、病理变化

病死鸭小肠和盲肠有白色小坏死点或小出血点，肠管膨大增粗，切开肠管，肠管内容物为白色糊状、红色胶冻样等，肠黏膜有不同程度的出血点或出血斑。有时盲肠内容物为“巧克力”样稀粪。

毁灭泰泽球虫感染：病变在小肠前中段，肠壁肿胀，肠壁出血点、坏死点明显，黏膜密布针尖大小的出血点和坏死点，或覆一层糠麸样或奶酪样黏液，或者是红色胶冻样黏液。

温扬球虫感染：病变在小肠后段及盲肠，以出血性肠炎为主，黏膜弥漫性出血等。

巴氏艾美耳球虫感染和鸳鸯等孢球虫感染主要病变在小肠中后段，以卡他性肠炎为主。

六、防治

参考鸡球虫病。

鸭球虫病图

拉暗红色或巧克力色稀粪

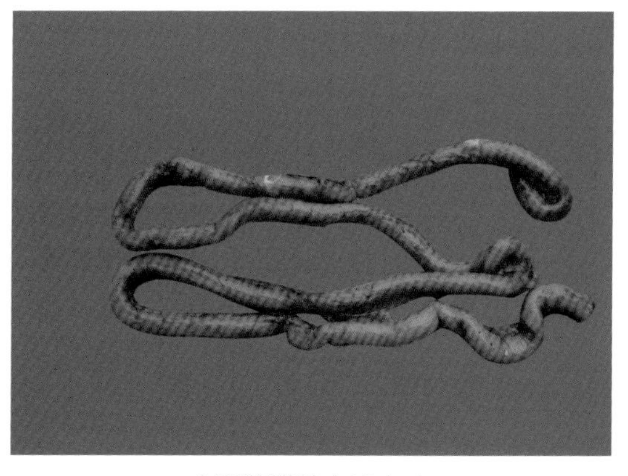

小肠浆膜外有出血点

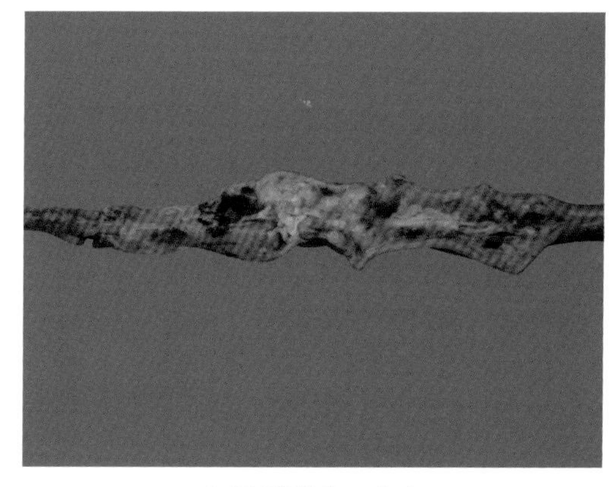

肠黏膜脱落、出血

第三节　鹅球虫病

一、概述

鹅球虫病（goose coccidiosis ）是由艾美耳属、泰泽属和等孢属的球虫引起的疾病。本病以寄生于肾小管上皮内的截形艾美耳球虫和寄生于肠道的鹅艾美耳球虫致病性最强，对幼鹅危害较严重。鹅的球虫病分为肾球虫病和肠球虫病两大类。

二、病原特征

截形艾美耳球虫寄生于肾小管上皮细胞，卵囊呈椭圆形，卵囊大小为（14～27）μm×（12～22）μm，有卵膜孔和极帽，卵囊壁光滑，孢子囊通常有残体。

鹅艾美耳球虫寄生于小肠后段，严重时可延至盲肠、直肠。卵囊呈梨形，大小为（16～24）μm×（13～19）μm，单层囊壁，囊壁光滑，无色，具有卵囊孔，无极粒，卵囊残体为一团无定形物，孢子囊残体呈颗粒状，斯氏体不明显。孢子囊卵圆形，几乎充满整个卵囊，大小为（8～12）μm×（7～9）μm。

柯氏艾美耳球虫寄生于小肠后段、直肠，严重时可延至盲肠、泄殖腔和小肠中段，卵囊呈椭圆形，一端狭窄， 为浅黄色，大小为（27～32.8）μm×（20～22）μm，有2层卵囊壁，具有卵囊孔和极粒，无外残体，内残体呈散开的颗粒状。孢子囊大小为14.9 μm×9.4 μm。

三、流行病学

传染源：病鹅和带虫鹅是主要传染源。

传播途径：消化道传播为主，通过摄入有活力的孢子化卵囊而感染，也可经被病鹅或带虫鹅粪便污染的饲料、饮水、土壤和饲养工具等传播。

易感动物：不同日龄的鹅均易感，3月龄以内的幼龄禽较为易感，成年鹅多为隐性感染。

鹅球虫病的发生具有一定的季节性，夏秋多雨季节多发。鹅球虫病危害鹅的年龄及发病率、死亡率与感染球虫种类密切相关，如鹅肾球虫病主要危害3周至3月龄的鹅，死亡率很高； 鹅肠球虫病危害各种日龄的鹅，幼鹅易感性最大，发病重，死亡率高。若饲养管理粗放、鹅舍环境潮湿闷热等均可诱发本病或加重本病的流行。

四、临床症状

1.肾球虫病

幼鹅感染截形艾美耳球虫后常呈急性经过。病鹅精神不振，食欲下降，翅膀下垂，目光呆滞，腹泻，粪便多为白色，消瘦，衰弱，发病1～2 d开始死亡，幼鹅死亡率高达87%。

2.肠道球虫病

鹅肠道球虫感染后引起出血性肠炎，消化系统紊乱。

病鹅食欲下降，腹泻，拉红色或暗红色稀粪，步态摇摆，甚至死亡。

五、病理变化

1.肾球虫病

肾脏体积增大，呈灰黑色或红色，有出血斑和针尖大小的坏死灶或灰白色条纹，病灶中有尿酸盐沉积和大量的卵囊。

2.肠道球虫病

小肠肿胀，充满稀薄的红褐色液体，中段和下段的卡他性出血性炎症最严重（出血性肠炎）；肠壁有大的白色结节，或纤维素类白喉坏死性肠炎，干燥的假膜下有大量的卵囊和内生性发育阶段的虫体。

六、防治

参考鸡球虫病。

鹅球虫病图

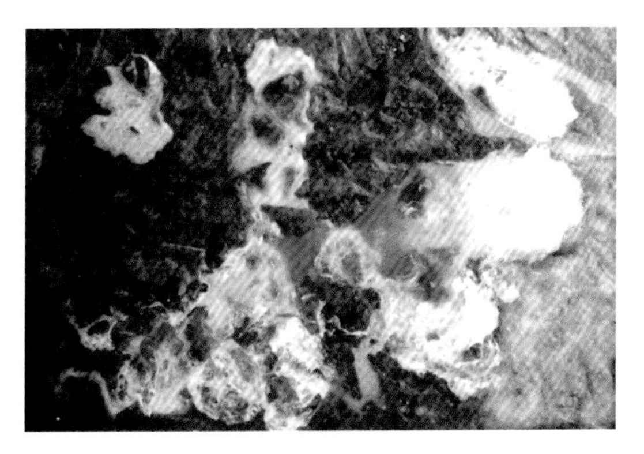

拉白色带血稀粪

拉暗红色稀粪，混有脱落的黏膜组织

第四节　住白细胞原虫病

一、概述

住白细胞原虫病（leucocytozoonosis）是由住白细胞原虫感染引起的一种急性高致死率的细胞内寄生性原虫病，本病以冠髯苍白、贫血、腹泻和产蛋量下降、全身组织器官形成灰白色小结节或斑点状出血或血肿为特征。

二、病原特征

目前我国已经发现2种住白细胞原虫：卡氏住白细胞原虫（L.caulleryi）和沙氏住白细胞原虫（L.sabrazesi），卡氏住白细胞原虫致病性强，发育经过裂殖生殖、配子生殖、孢子生殖3个阶段，裂殖生殖在鸡的组织内完成，配子生殖在细胞内完成，孢子生殖在库蠓或蚋体内完成。

卡氏住白细胞原虫的成熟配子体近于圆形，大小为15.5 μm × 15.0 μm。大配子直径为 13.05 ~ 11.6 μm，有1个核，细胞质丰富，呈深蓝色；小配子直径为10.9 ~ 9.42 μm。宿主细胞为圆形，直径13 ~ 20 μm，细胞核形成一深色狭带，围绕虫体1/3。

沙氏住白细胞原虫的成熟配子体为长形，大小为24 μm × 4 μm。大配子为22 μm × 6.5 μm，小配子为20 μm × 6 μm。宿主细胞呈纺锤形，大小为67 μm × 6 μm，细胞核呈深色狭长的带状，围绕于虫体的一侧。

三、流行病学

本病的流行与库蠓的生长繁殖季节有密切关系，以温湿的春夏季最为多发，具有发病急，死亡率高的特点。带虫禽、隐性感染禽及带虫的库蠓是传染源，荒川库蠓、环斑库蠓、尖喙库蠓、恶敌库蠓等是主要的传播媒介，各种日龄的禽均可感染，雏禽发病急、死亡率高，成年鸡呈零星发病。

四、临床症状

雏禽发病率和死亡率高，发病1 ~ 2 d后开始死亡。

冠及肉髯苍白，有小米粒大小的梭状结节。

体温升高，食欲减退，排血便或黑色粪便，死前口流鲜血。

雏鸡发病急，咯血，呼吸困难，猝死。

蛋鸡产蛋率下降，两肢轻瘫，行走困难，零星死亡。

鸭、鹅症状与鸡基本相似。

五、病理变化

全身组织器官形成灰白色小结节或斑点状出血或血肿为典型病理特征。

全身皮下出血，肌肉（胸肌、腿肌、心肌）有大小不一的出血点或出血斑。

心外膜、肝脏、肾脏表面及实质、脾脏、肺脏、胰脏、腺胃、肠浆膜面、法氏囊、脂肪及输卵管等部位有广泛性出血点或出血囊或灰白色小结节。

严重感染时，肾脏肿大，背膜下片状出血；肝被膜破裂出血，腹腔积聚血液，气管、口腔等部位有血凝块。

蛋鸡卵黄变性，卵泡萎缩或破裂等。

鸭、鹅住白细胞原虫病病理变化参考鸡。

六、防治

1.预防

消灭中间宿主是预防本病的关键措施，如净化周围环境，禽舍内外环境用0.1%敌杀死或0.05%辛硫磷或0.01%的速灭杀丁喷雾等，禁止混养，及时淘汰病禽等。

2.药物治疗

泰灭净：预防时用25～75 mg/kg拌料，连用5 d，停2 d，为一疗程。治疗时可按100 mg/kg拌料连用2周，或按0.5%的比例饮水3 d，再按0.05%的比例饮水2周。

磺胺二甲氧嘧啶：预防用25～75 mg/kg混入饲料或饮水；治疗按0.05%的比例饮水2 d，然后再按0.03%的比例饮水2 d。

磺胺喹噁啉：每1 000 kg饲料加入125 g。

乙胺嘧啶：预防用量为1 mg/kg；治疗量为4 mg/kg，配合磺胺二甲氧嘧啶40 mg/kg混入饲料连续服用1周后改用预防剂量。

治疗时，每1 000 kg饲料中添加5～10 kg的艾叶或10～20 kg白头翁散和300～600g维生素C，效果更佳。

鸡住白细胞原虫病图

鸡冠贫血、苍白，倒冠

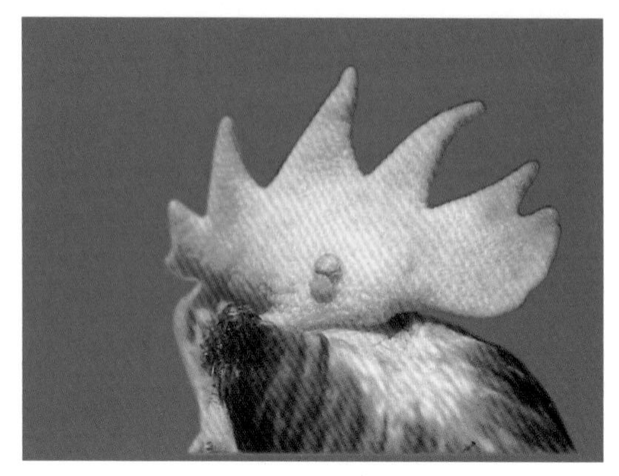
鸡冠上有米粒大小的出血囊

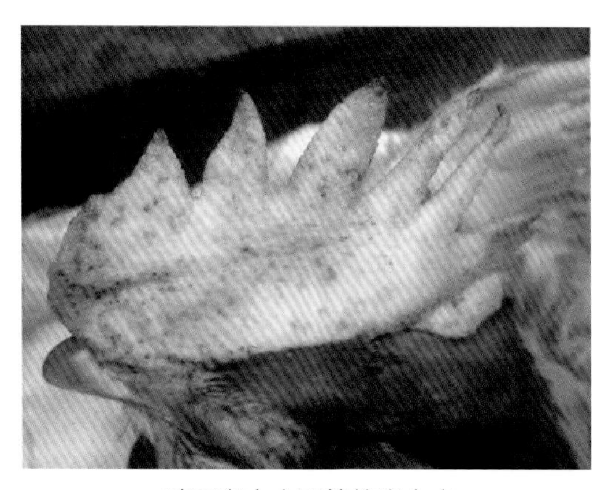
鸡冠有大小不等的出血点

濒死前咯血

肾被膜下广泛性出血

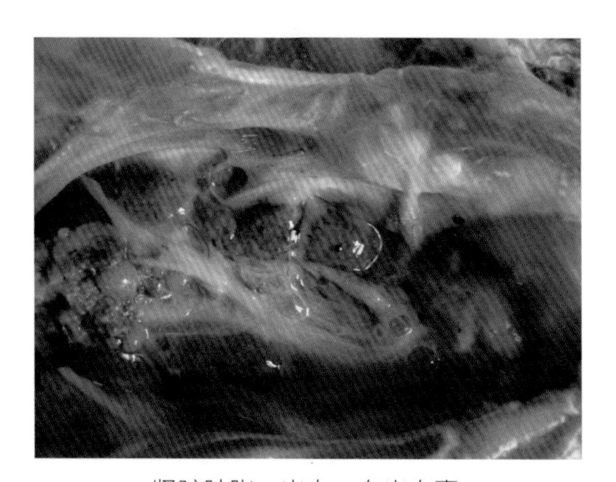
肾脏肿胀、出血，有出血囊

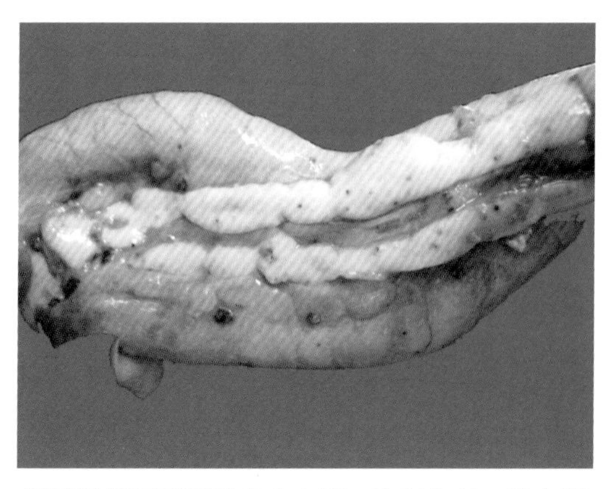

胰脏及肠系膜脂肪有大小不一的出血点、出血囊

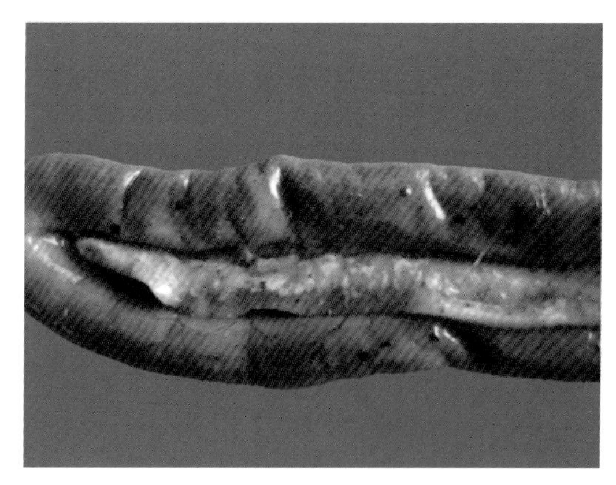

十二指肠浆膜及胰脏有隆起出血点、出血囊

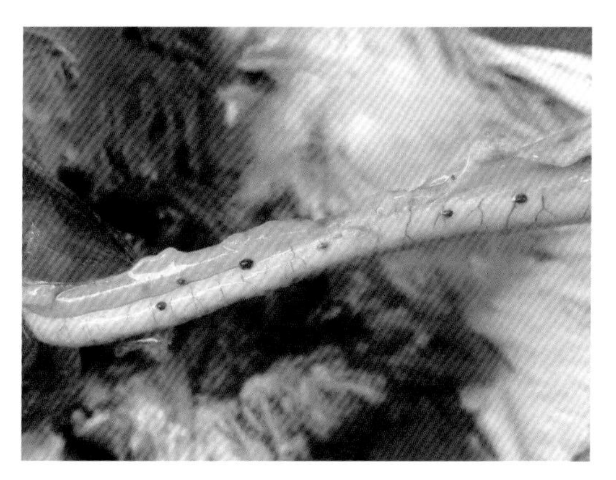

肠管有大小不等的出血囊

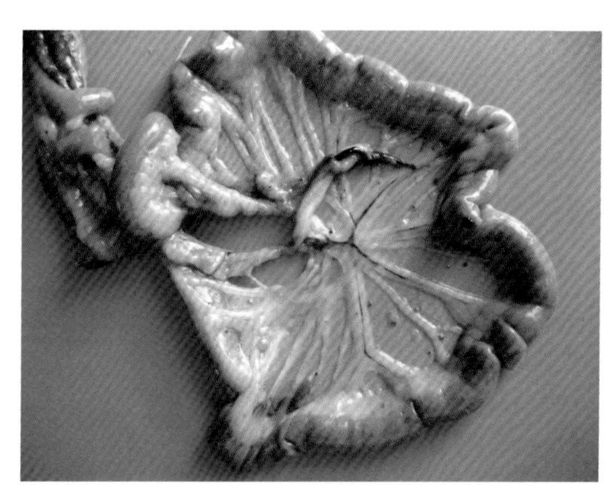

肠系膜上形成米粒大小出血点或出血囊

肠系膜脂肪有大小不一的出血囊

腺胃黏膜广泛性出血，乳头消失

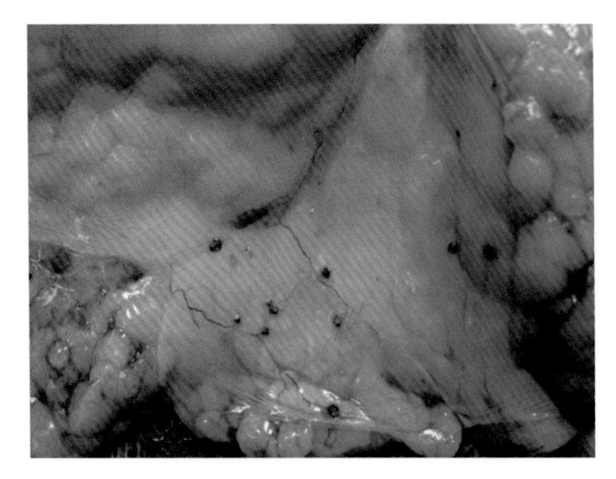

腹部脂肪有大小不一的出血囊

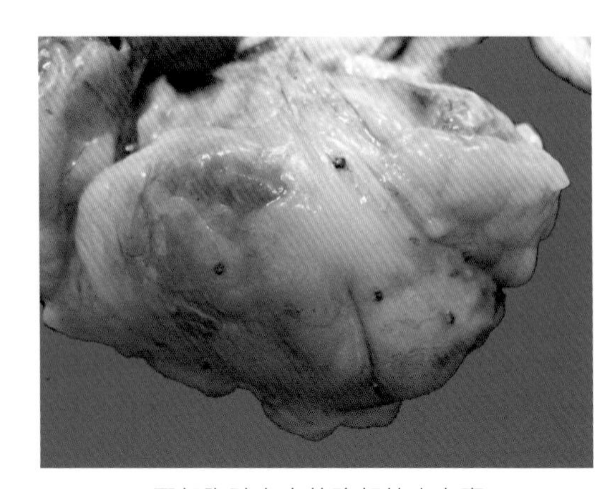

胃部脂肪有点状隆起的出血囊

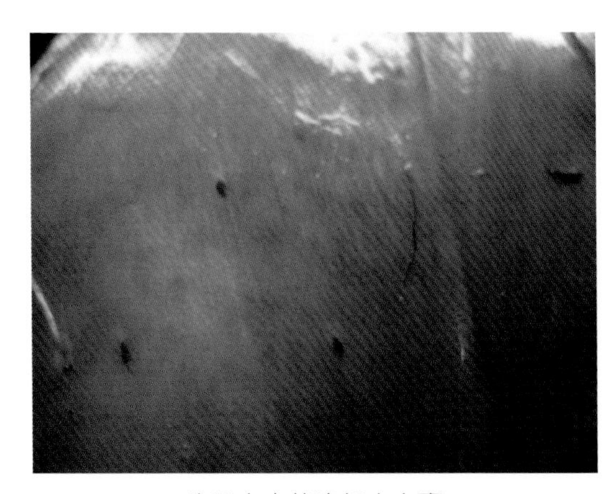

胸肌有点状隆起出血囊

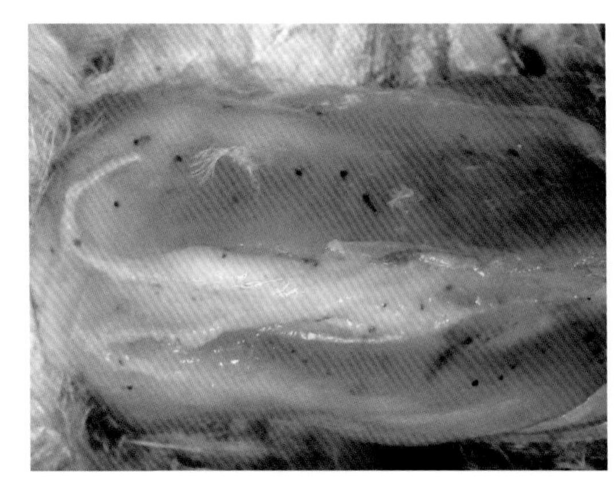

胸肌有大小不等的出血囊

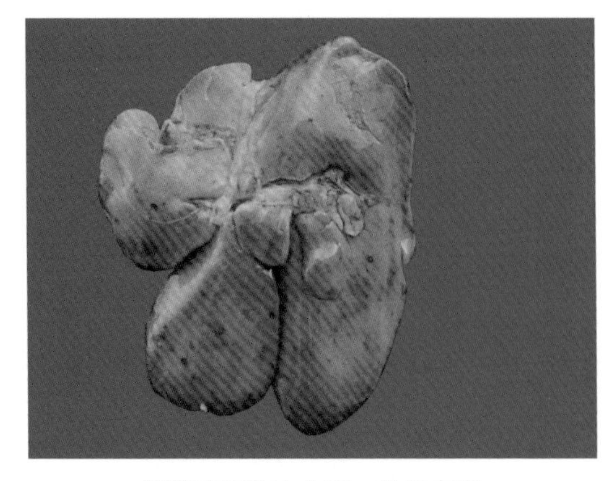

肝脏表面有大小不一的出血囊

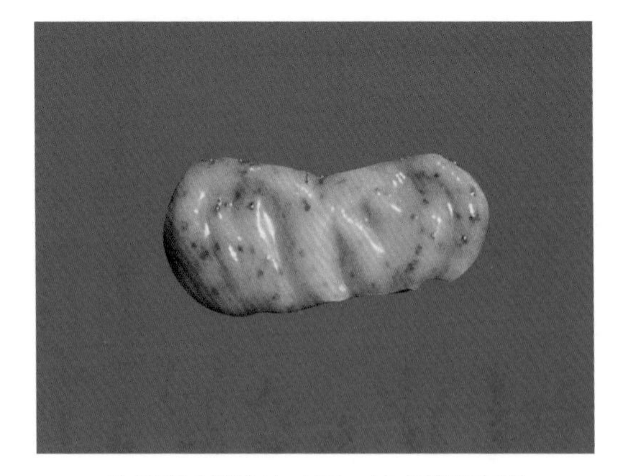

法氏囊内壁有大小不一的点状出血囊

输卵管黏膜有大小不一的点状隆起的出血囊

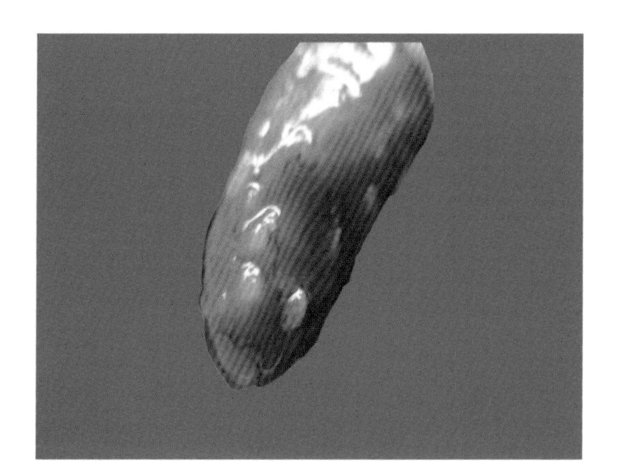

心脏形成梭状结节

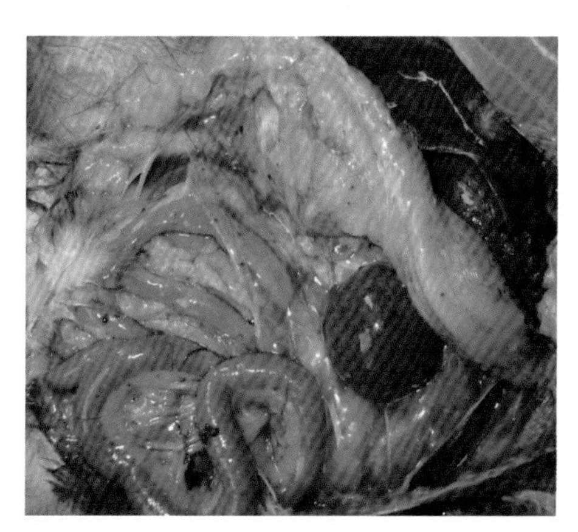

脾脏肿胀、出血，脂肪有出血囊

第五节　禽组织滴虫病

一、概述

禽组织滴虫病（avian histomoniasis）又名盲肠肝炎或黑头病，是由火鸡组织滴虫感染鸡和火鸡而引起的一种以肝脏和盲肠出现独特的坏死灶为病理特征的急性原虫病。本病病原火鸡组织滴虫主要寄生于盲肠和肝脏，对肉种鸡和蛋鸡影响大，死亡率和淘汰率高，长期影响产蛋。

二、病原特征

火鸡组织滴虫属于单毛滴虫科组织滴虫属，为多样性虫体，大小不一。非阿米巴阶段的火鸡组织滴虫近似球形，直径为3～16 μm。阿米巴阶段虫体高度多样性，常伸出一个或数个伪足，有一个简单的、粗壮的鞭毛，长6～11 μm；有一个大的小楯和一根完全包在体内的轴刺；副基体呈V形，位于核的前方；细胞核呈球形、椭圆形或卵圆形，平均大小为2.2 cm × 1.7 cm。

三、流行病学

传染源：组织滴虫在异刺线虫卵巢中繁殖，当该线虫排卵时滴虫也随之而出，滴虫有卵壳保护，存活期长，成为感染源。

传播途径：消化道感染为主，蚯蚓及节肢动物中的蝇、蚱蜢、土鳖、蟋蟀等都可作为机械传播者。

易感动物：多种禽类感染发病，如火鸡、鸡、松鸡、雉鸡、珍珠鸡、孔雀、鹌鹑、鹧鸪等均易感。4～6周龄的鸡最易感。

本病潜伏期7～12 d，病程1～3周，死亡率一般不超过30%，幼龄火鸡高达70%。四季均可发病，春夏温暖潮湿季节多发，鸡异刺线虫是组织滴虫的储藏宿主，也是本病的传播者。

四、临床症状

本病多发生于2～6周龄的鸡。

病禽头部皮肤、冠及肉髯呈蓝色或暗黑色，故又称“黑头病”。

病禽精神委顿，羽毛蓬松，两翅下垂，怕冷，瞌睡，食欲降低或拒食，粪便稀薄呈淡黄色或淡绿色，继而带血，或排大量鲜血等。

五、病理变化

本病以盲肠炎和肝炎为主。

一侧或两侧盲肠高度肿胀，比正常肿大2～5倍，盲肠壁增厚和充血，浆液性和出血性物充满盲肠，渗出物干酪化后形成肠芯；盲肠黏膜及黏膜下层甚至肌层充血、出血、溃疡。严重时盲肠壁溃疡、穿孔，引起腹膜炎等。

肝脏肿大呈紫褐色，表面有形状不一、大小不等的坏死灶，如车轮状、扣状或榆钱样等，有的坏死区融成片，形成大面积的病变区。

肺脏、肾脏、脾脏等部位偶见白色圆形坏死。

六、防治

1.预防

杀灭虫卵是预防本病的关键措施，同时加强饲养管理，鸡和火鸡隔离饲养；成年鸡和雏鸡分开饲养，及时转舍分群，上笼饲养，清除粪便，严格消毒等措施可降低发病率。

药物预防：每吨饲料添加二甲硝咪唑200 g。

2.治疗方案

甲硝唑、二甲硝咪唑、芬苯哒唑或异丙硝咪唑混料进行治疗，疗程7 d。如甲硝唑：治疗量按250 mg/kg混饲，3次/d，连用5 d。

龙胆草（酒炒）、栀子（炒）、黄芩、柴胡、生地黄、车前子、泽泻、木通、甘草、当归各20g，水煎，供100只鸡一次饮服。重症用注射器滴服。

禽组织滴虫病图

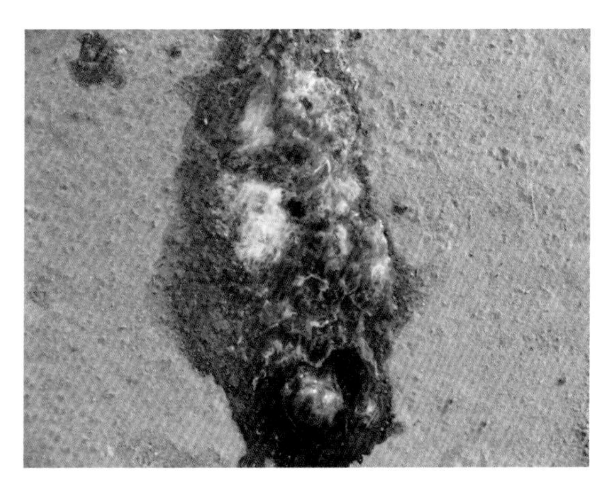

粪便呈黄白色稀便

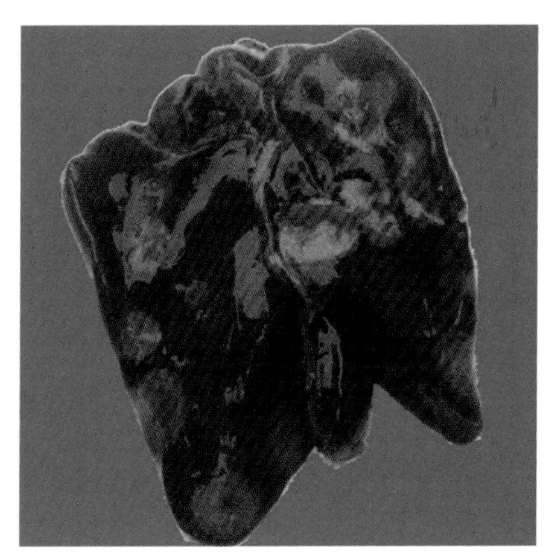

肝脏有黄白色车轮状坏死灶

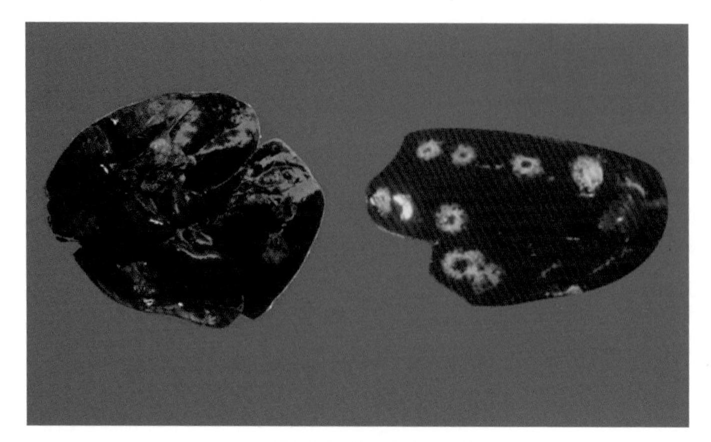

肝脏形成扣状坏死灶

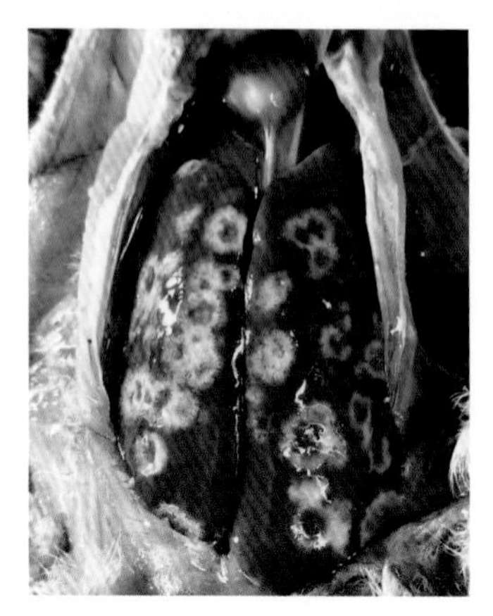

肝脏出血呈紫红色，表面有扣状白色坏死灶

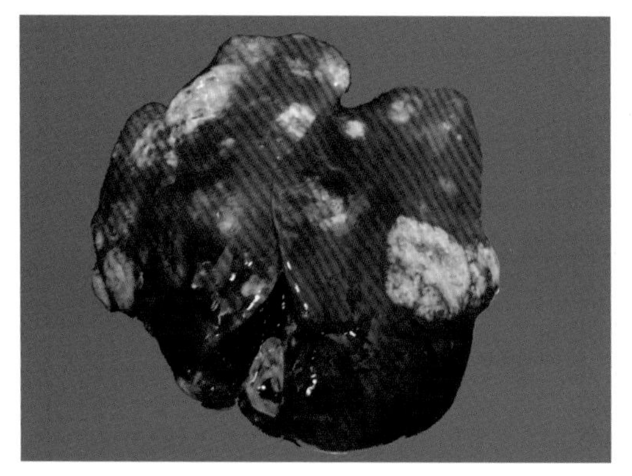

肝脏出血呈紫红色，表面有扣状坏死灶

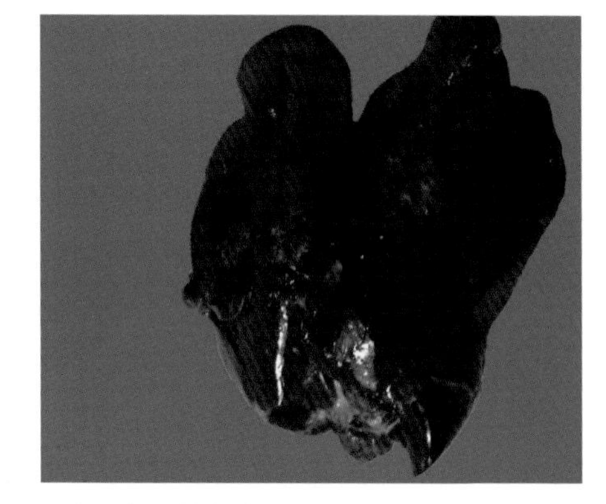

肝脏出血呈紫红色，表面有扣状坏死灶，有的坏死灶融合成片

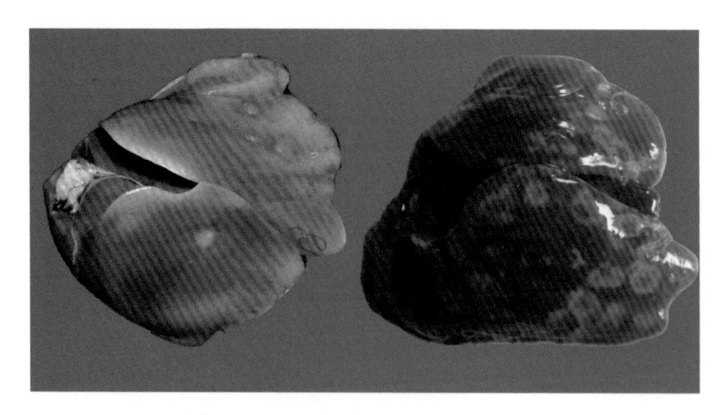

肝脏有榆钱样坏死

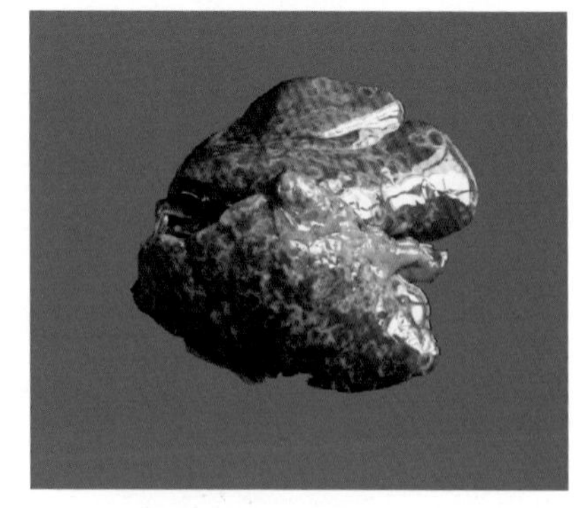

榆钱样坏死灶和周围组织分界明显

肝脏形成榆钱样坏死，部分坏死灶融合成片

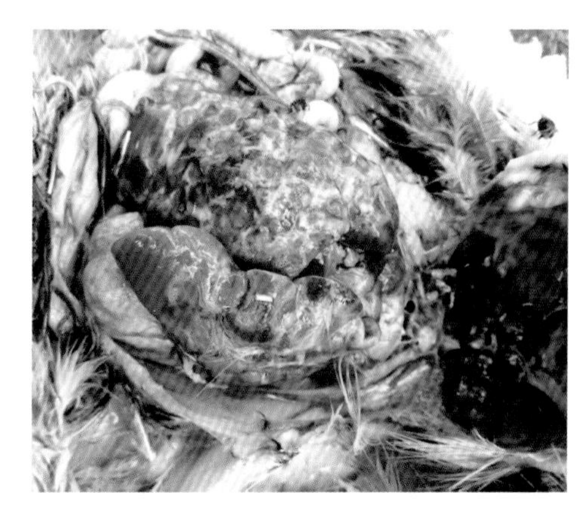
肝脏出血，坏死灶凹陷，融合成片，与周围组织界限分明

肝脏形成大面积的黄白色坏死灶

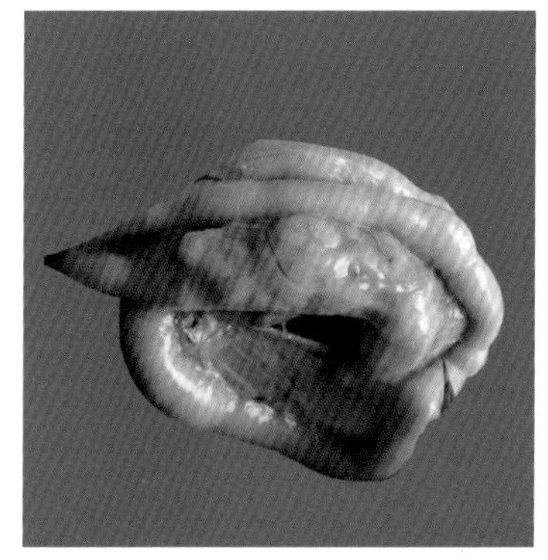
盲肠肿胀2~3倍，肠腔内形成肠芯

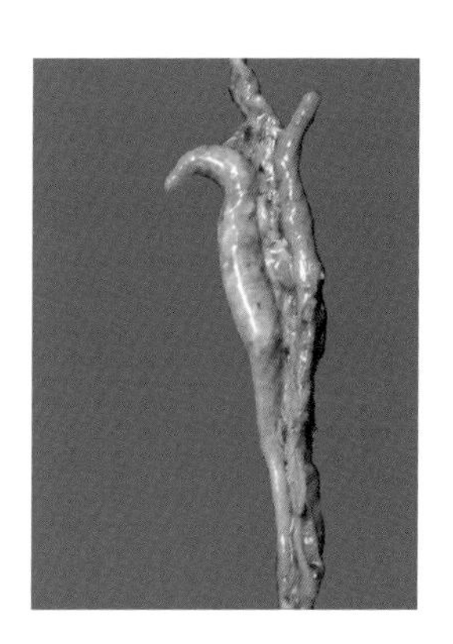
一侧盲肠高度肿胀

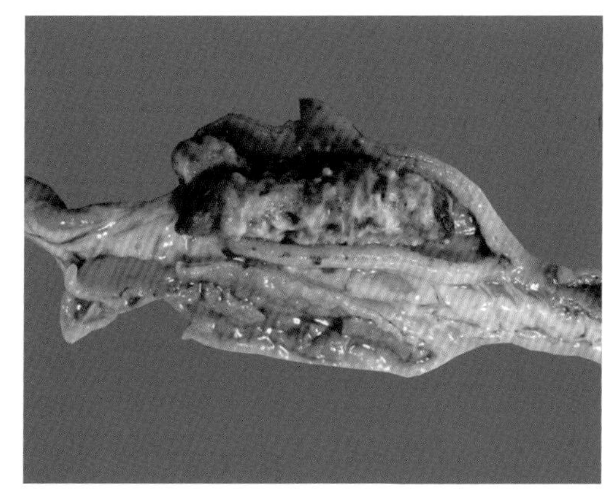
盲肠壁增厚，黏膜出血，浆液性和出血性物充满盲肠，渗出物干酪化后形成肠芯

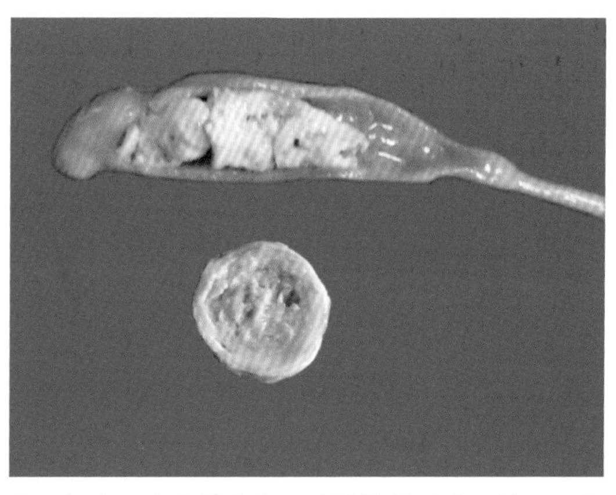
盲肠粗大，内有黄白色干酪样物并形成肠芯，肠芯呈同心圆状

第六节　禽绦虫病

一、概述

禽绦虫病（cestodiasis）是由白色、扁平、带状分节的绦虫感染引起多种禽类的寄生虫病。绦虫种类多，形态各异，各种禽类及野禽均可感染发病，绦虫主要寄生于肠道内，大量虫体感染时，常引起贫血、消瘦、下痢、生长迟缓、产蛋率下降等。

二、诊断要点

病禽以下痢为主，拉绿色或黄白色稀薄粪便，粪便带有脱落的虫体节片，有时混有血液；病禽精神不振，采食量下降或不食，饮水量增加，消瘦，生长迟缓，贫血，冠和黏膜苍白，头颈扭曲，运动失调，走路摇摆，尖叫，产蛋率下降，突然死亡等。

病理特征为肠黏膜机械性损伤、肿胀、出血，黏膜有针尖大褐色结节，结节中央凹陷，肠腔内有大量脱落的黏膜或黏膜上附有数量不等的绦虫虫体或虫体节片。严重感染时虫体聚集成团引起肠阻塞，导致肠破裂引起腹膜炎等。

三、防治

1.预防

搞好环境卫生，经常清除粪便，堆集发酵，利用生物热杀灭虫体和虫卵，保持禽舍清洁，做好消毒工作，用五氯酚钠等杀灭中间宿主，本病流行的养殖场每年定期进行驱虫2～3次。

2.药物治疗

（1）抗绦虫药拌料。原则：发生绦虫病时，及时对全群展开驱虫。

吡喹酮：5～15 mg/kg体重，拌料1次喂服。

芬苯哒唑：3×10^{-5}浓度拌料，对棘沟赖利绦虫有效率达92%。

硫双二氯酚：150～200 mg/kg体重，以1∶30的比例与饲料混匀，1次投服。

丙硫苯咪唑：10～30 mg/kg体重，拌料1次喂服。

氯硝柳胺：50～60 mg/kg体重，拌料1次喂服。

（2）中药辅助治疗。

【处方1】槟榔150 g，南瓜子120 g。

【用法与用量】水煎，首次加水2 000 mL煮沸30 min，第2次加水1 000 mL煮沸20 min，合并2次药汁，供600只35日龄肉鸡分2次混饲或混饮。混饲前鸡群停料6 h以上，混饮前停水

3～4 h。重症病鸡滴服。

【应用】用本方治疗散养崇仁麻鸡绦虫病，用药片刻后可见虫体及粪便排出。用药1 h后要将鸡群赶出用药地点，清扫和消毒栏舍，以防重复感染。本方有一定的毒性，用药后会出现口吐白沫现象，可皮下注射阿托品（按每千克体重0.02 mg）解毒。

【处方2】槟榔。

【用法与用量】研细粉，按5份槟榔粉、4份温开水、1份面粉的比例制丸（先将面粉倒入水内打浆，然后混入槟榔粉），每丸1 g（含槟榔粉0.5 g），晒干。按每千克体重2丸于早上空腹投服，服药后自由饮水。为巩固疗效，5～7 d后重复驱虫1次。

【应用】用本方治疗鸡绦虫病，用药30～40 min后开始排虫，5 d后治愈率达99%以上。

【处方3】石榴皮、槟榔各60 g。

【用法与用量】加水1 000 mL，煎至500 mL，每只鸡每次服2～5 mL，2～3次/d。鹅1 g/kg体重（按原生药材计），1次/d。

【应用】本方能有效驱除绦虫。

鸡绦虫病图

病鸡消瘦，精神差

肠道内有白色绦虫

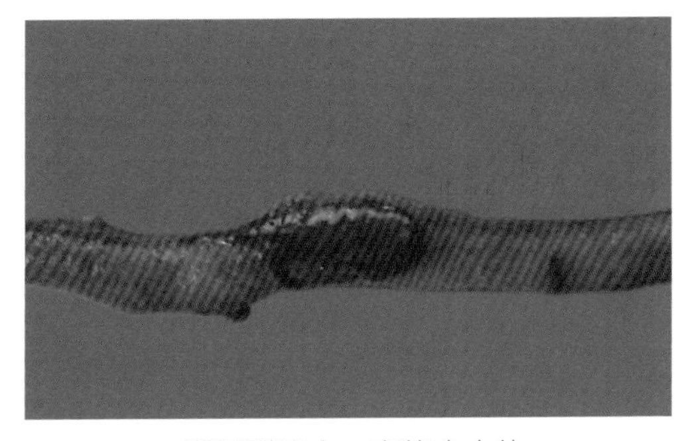

肠黏膜出血，有绦虫虫体

肠道内有绦虫

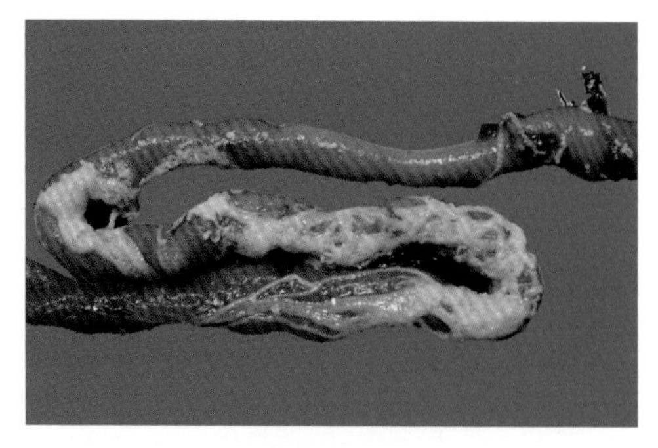

肠壁水肿，肠道内有大量白色绦虫虫体

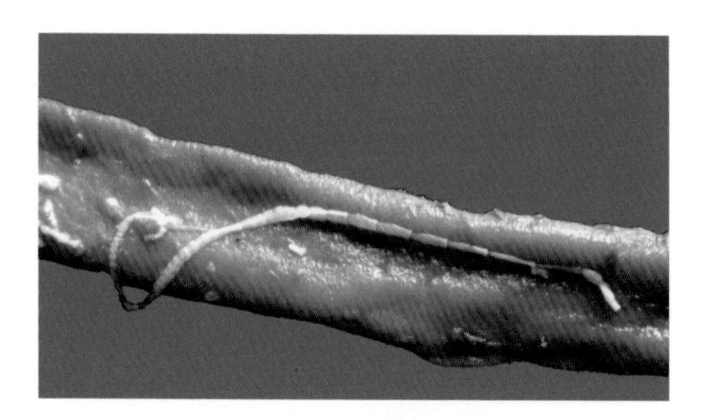

肠道内有脱落的节片及虫体

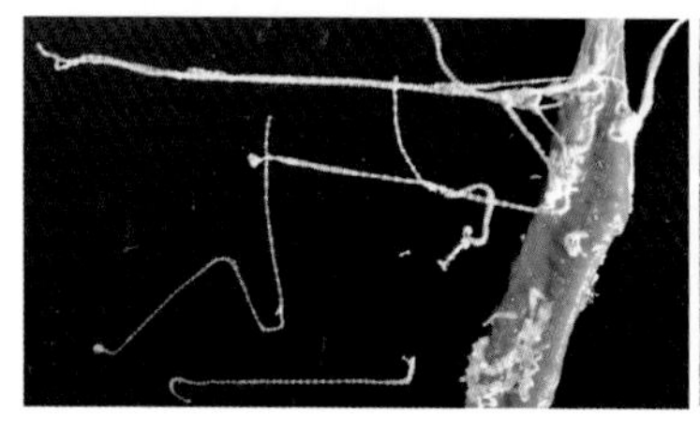

虫体呈节片状

驱虫后，排出白色绦虫虫体

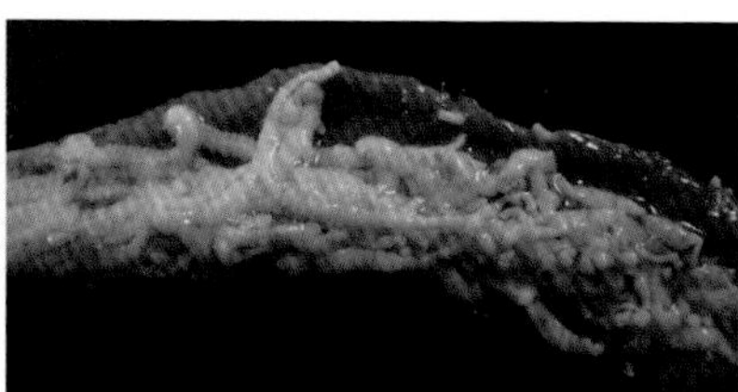

绦虫虫体堵塞肠道

鸭鹅绦虫病图

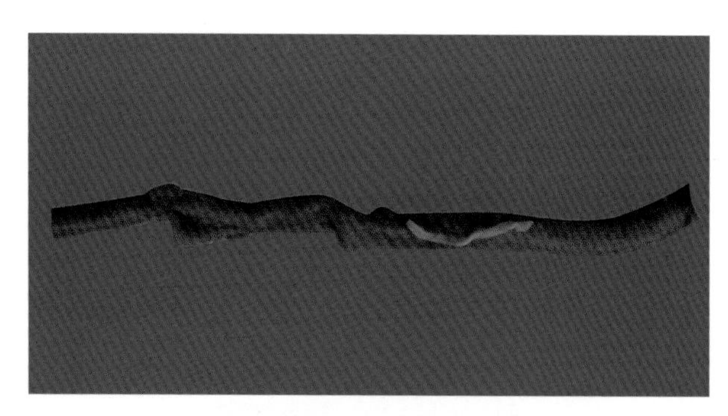

蛋鸭肠道内有绦虫或虫体节片

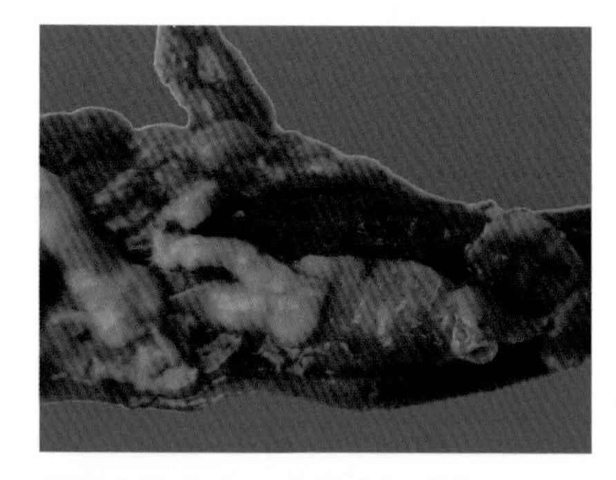

鹅膜壳绦虫病：虫体扁平带状，乳白色，长3～13 cm

第七节 禽蛔虫病

一、概述

禽蛔虫病（ascariasis）是禽蛔科禽蛔属的蛔虫寄生于家禽肠道的疾病。各种蛔虫生活史及感染引起的病理变化相似，但寄生具有种特异性，如鸡蛔虫寄生于鸡，鸽蛔虫寄生于鸽，以鸡蛔虫引起的症状最严重，感染后雏鸡生长受阻、顽固性拉稀，成鸡下痢、产蛋量下降和贫血等。本书主要介绍鸡蛔虫病。

二、病原特征

鸡蛔虫呈淡黄色，两头尖呈线状，头端有3片唇。雄虫长2.6 ~ 7 cm，雌虫长6.5 ~ 11 cm。虫卵椭圆形，大小为（70 ~ 90）μm ×（47 ~ 51）μm，壳硬而光滑，深灰色，新排出时含单个胚细胞。

鸽蛔虫雄虫长5 ~ 7 cm，交合器等长，1.2 ~ 1.9 mm；雌虫长2 ~ 9.5 cm。

禽蛔虫卵在潮湿阴凉的地方可长期存在，对消毒剂具有较强的抵抗力。

三、流行病学

传染源：蛔虫卵。

传播途径：因采食被虫卵污染的饲料、饮水、污物经口感染。

易感动物：3 ~ 4月内的禽易感，主要危害3 ~ 10月龄的禽，1年以上的禽多带虫。

本病的发生与饲养方式、环境密切相关，散养、闷热潮湿的环境感染率和发病率较高，散养鸡的感染率高达60%，笼养鸡感染率较低，死亡率因环境、饲养方式而不同。

四、临床症状

病鸡起病缓慢，贫血，持续1 ~ 2周后，瘦弱的鸡迅速增多，冠、脸黄白色，精神不振，羽毛蓬松，行走无力，呆立，粪便稀薄，常有少量未消化的饲料颗粒，粪便颜色多样化，以肉红色、绿白色多见，发病后期死亡率增加。产蛋禽产蛋率下降或停产，严重时因肠阻塞而死。

五、病理变化

病鸡消瘦、贫血，血液稀薄，十二指肠、空肠、回肠甚至肌胃等部位有大小不一数量不等的蛔虫，肠黏膜出血、发炎，肠壁有颗粒状化脓灶或结节；严重感染时，大量虫体相互缠结，导致肠阻塞、肠破裂等。

六、防治

1.预防

定期驱虫是预防本病的关键措施，同时加强饲养管理，搞好环境卫生，鸡舍要保持干燥和通风良好，饲喂优质饲料，粪便堆积发酵杀死虫卵，鸡舍与运动场清洗后用3%氢氧化钠热溶液喷洒，雏鸡和成年鸡分开饲养等措施可降低发病率。

2.治疗方案

治疗时选用下列药物全天饲喂，禁用敌百虫。

左旋咪唑：25～40 mg/kg体重，口服或拌料。

丙硫苯咪唑：15～20 mg/kg体重，口服或拌料。

甲苯咪唑：30 mg/kg体重，口服或拌料。

丁苯咪唑： 0.05%比例拌料。

潮霉素：6～12 mg/kg体重，拌料。

噻咪啶：15 mg/kg体重，口服。

丙硫咪唑： 5～20 mg/kg体重，口服。

配合驱虫散治疗效果更佳。

【处方】槟榔125g，南瓜子、石榴皮各75g。

【用法与用量】研成粉末，按2%比例拌料饲喂（喂前停食，空腹喂给），2次/d，连用2～3 d。

鸡蛔虫病图

病鸡闭眼或微张开，精神不振，呆立等

病鸡精神不振，羽毛蓬乱，翅膀下垂，不愿走动

病死鸡头颈部羽毛蓬乱

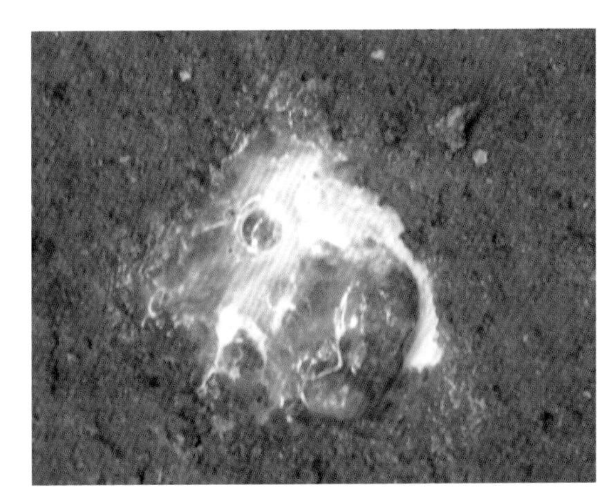
粪便呈肉红色，间或有乳白色

粪便常有少量未消化的饲料颗粒

粪便不成形呈黄绿色

粪便乳白色如牛奶状

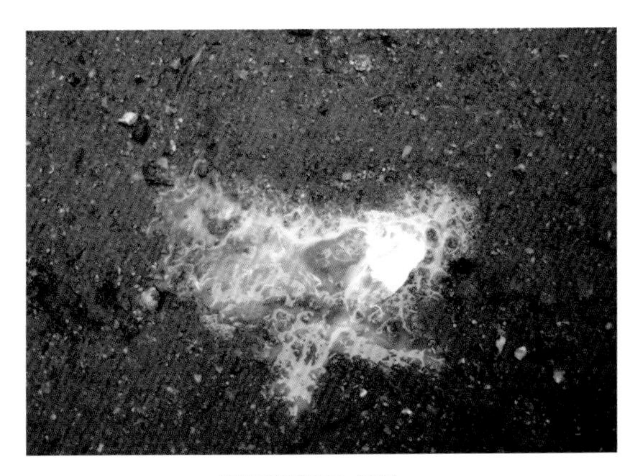
粪便稀薄不成形

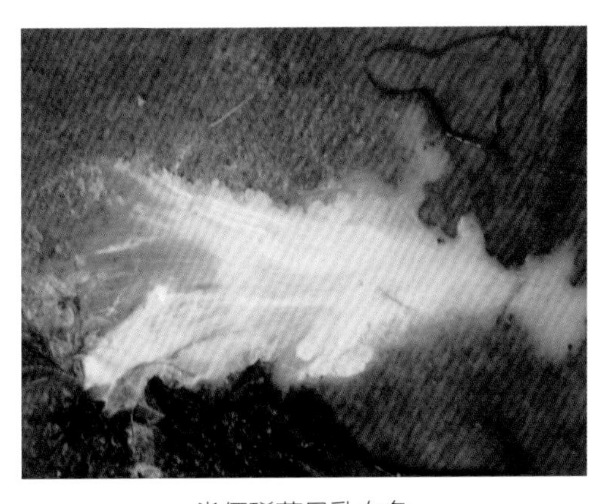
粪便稀薄呈乳白色

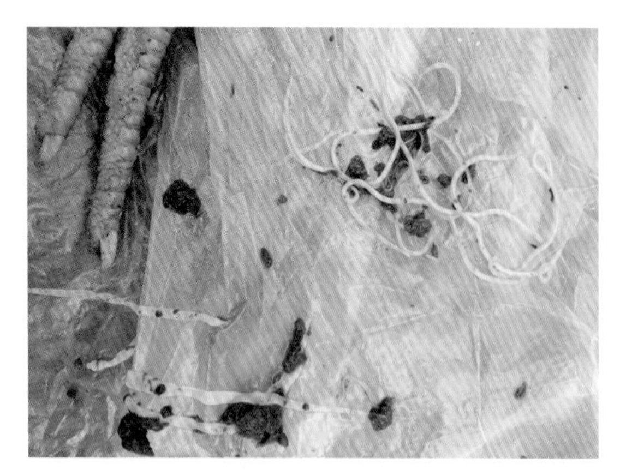
蛔虫虫体及节片

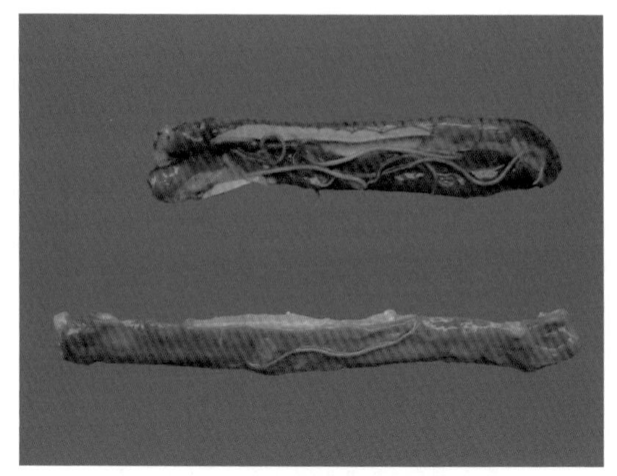
十二指肠和空肠有数量不等的蛔虫

肠黏膜肿胀、出血，内有大量蛔虫

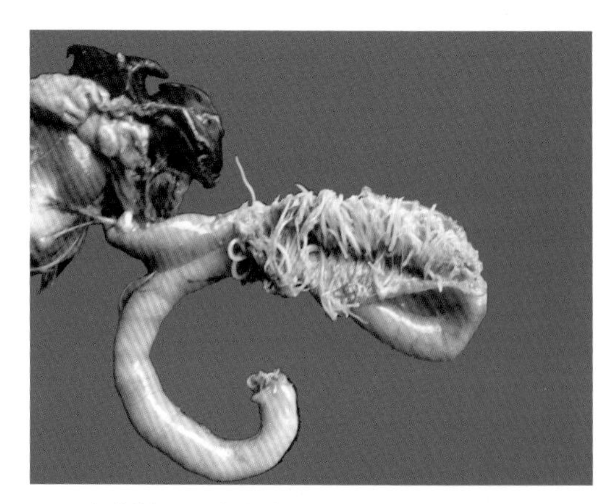
肠黏膜增厚，内有大量蛔虫如电缆样阻塞肠管

肠道内有大量蛔虫，如电缆线样阻塞肠管

随粪便排出的蛔虫

第八节 吸虫病

本书介绍前殖吸虫病、棘口吸虫病、棘头虫病和鸭毛毕吸虫病。

一、前殖吸虫病（prosthogonimiasis）

（一）概述

前殖吸虫又叫输卵管吸虫，主要寄生在鸡、鸭、鹅及鸟类的输卵管内，其次是法氏囊和泄殖腔内，常引起输卵管炎，以产蛋下降、产畸形蛋、薄壳蛋等为主要特征。我国各地都有发生，尤其以南方各地更为多见。

（二）诊断要点

初期产薄壳蛋，易破碎，后产蛋率下降，逐渐产畸形蛋或流出石灰样的液体，食欲减退，消瘦，腹部膨大、下垂，产蛋停止。

后期体温上升，渴欲增加，泄殖腔突出，肛门潮红。

输卵管黏膜初期充血、出血、水肿，后期输卵管壁变薄、破裂，输卵管黏膜有虫体。

（三）防治要点

1.预防

每年春秋两季定期药物驱虫，合理预防。在淡水螺滋生地施放药物，如硫酸铜和生石灰等消灭淡水螺类。在蜻蜓出现的季节，勿在早晨或傍晚及雨后到池塘岸边放养，防止家禽吃到蜻蜓及其稚虫，以防感染。及时清理粪便，堆积发酵杀灭虫卵。

2.药物治疗

吡喹酮：按10～20 mg/kg体重，均匀拌料，1次喂服。

硫双二氯酚：按30～50 mg/kg体重，均匀拌料，1次喂服。

丙硫苯咪唑：按20 mg/kg体重，均匀拌料，1次喂服。

二、棘口吸虫病（echinostomiasis）

（一）概述

棘口吸虫病是由卷棘口吸虫寄生于家禽直肠和盲肠的一种寄生虫病，对雏鸭、鹅的危害较为严重，家禽常因采食含有囊蚴的螺等第二中间宿主而感染。本病以食欲减退、下痢、出血、消瘦、生长缓慢和出血性肠炎为特征。

（二）诊断要点

虫体数量较少时，无症状或有轻度的肠炎和腹泻。

虫体数量稍多时，消化机能紊乱，食欲减退，贫血，消瘦，生长发育受阻，下痢，粪便中混有黏液，终因衰弱而死。

以出血性肠炎为主，肠黏膜附着大量虫体，肠黏膜脱落、出血等。

（三）防治要点

在本病流行区的鸭、鹅应定期驱虫，粪便堆积发酵杀灭虫卵，用化学药物或结合土壤改良消灭中间宿主，勿以蝌蚪、小鱼、贝类、浮萍或其他水草等饲喂。

治疗方案参考前殖吸虫病。

三、棘头虫病（acanthocephaliasis）

（一）概述

棘头虫病是由多形科多形属和细颈科细颈属的棘头虫寄生于鸭小肠内引起的一种寄生虫病。家禽因吞食含有棘头囊的虾、岸蟹和栉水蚤等中间宿主后感染，在其小肠内发育为成虫，当虫体过多时引起死亡。鸡、鸭、鹅均可发病，南方放养的鸭、鹅发病率高，鸭的感染率较鹅高些，幼禽最易感染，症状较为严重，死亡率较高。

（二）诊断要点

成年禽症状不明显，多为带虫者。

病禽精神沉郁，食欲减退或废绝，下痢，粪便常带血，消瘦，生长发育停滞，死亡等。

肠黏膜卡他性炎症、出血和溃疡，肠浆膜面有黄白色的小结节，肠壁有大量橘红色虫体，虫体固着部位有不同程度的创伤，虫体进入黏膜深部，穿过肠壁的浆膜层，造成肠壁穿孔而继发腹膜炎等。

（三）防治要点

1.预防

加强饲养管理，饲喂全价饲料，流行地区药物预防驱虫，雏禽与成年禽分水域放养，尽量避免接触中间宿主，选择无中间宿主的水域放养。

2.治疗方案

四氯化碳：按0.5～2 mg/kg体重，1次灌服。

丙硫苯咪唑：按15～20 mg/kg体重，均匀拌料，1次喂服。

二氯酚：按0.5 g/kg体重，均匀拌料，1次喂服。

硝硫氰醚：按100～125 mg/kg体重，均匀拌料，1次喂服。

四、鸭毛毕吸虫病（duck trichobilharzia disease）

（一）概述

鸭毛毕吸虫病是由裂体科毛毕属的多种吸虫寄生于鸭的肝门静脉和肠系膜静脉内引起的疾病。又称鸭血吸虫病，中间宿主为椎实螺，多在春末和夏季发病，另外其尾蚴阶段还会感染人，引起尾蚴性皮炎。

（二）诊断要点

病鸭食欲下降，消瘦，贫血，发育迟缓。

门静脉和肠系膜静脉内有虫卵，虫卵堆积在肠壁的微血管内形成小结节，有些虫卵穿过肠黏膜进入肠腔，引起肠黏膜发炎。

严重感染时，肝脏、胰脏、肾脏、肠壁和肺脏等均可发现虫体和虫卵结节。

（三）防治要点

粪便堆积发酵无害化处理，消灭中间宿主椎实螺，疫区内应尽量避免鸭群到水沟或稻田放养以防感染本病。

治疗方案参考前殖吸虫病。

第九节　隐孢子虫病

一、概述

隐孢子虫病（cryptosporidiosis）主要是由贝氏隐孢子虫寄生于家禽的呼吸道、消化道、法氏囊和泄殖腔内所引起的一种原虫病。临床以腹泻或呼吸困难为特征。本病在全球范围内广泛流行，在家禽、野禽及鸟类均有发现，我国家禽感染隐孢子虫的现象普遍存在。

二、病原特征

贝氏隐孢子虫属真球虫目、隐孢科，卵囊大多为椭圆形，部分为卵圆形和球形，大小为（4.5～7.0）μm×（4.0～6.5）μm；囊壁为单层，壁薄、光滑无色，无卵膜孔和极粒。孢子化卵囊内含4个裸露的子孢子和1个较大的残体，子孢子呈香蕉形，残体球形或椭圆形，中央为均匀物质组成的折光球，外周有1～2圈致密颗粒。卵囊在蔗糖溶液中呈粉红色，在硫酸镁溶液中无色。隐孢子虫的发育经历裂体生殖、配子生殖和孢子生殖3个阶段。隐孢子虫卵囊对环境抵抗力很强，在潮湿的环境中可存活数月之久。

三、流行病学

传染源：卵囊。

传播途径：经消化道和呼吸道水平传播。通过被卵囊污染的饲料、饮水、器具等经消化道感染，也可通过吸入环境中的卵囊经呼吸道感染。

易感动物：各种日龄的禽均易感，10日龄以内的雏鸡易感性最高，主要危害50日龄以下的雏禽，成年禽带虫而不显症状。

本病潜伏期一般为3～5 d，病程2～14 d不等，全年均可发生，温暖多雨的8～9月多发，潮湿的禽舍或养殖环境卫生较差的家禽更易发生。

四、临床症状

眼结膜感染：眼结膜水肿，流泪等。

消化道感染：精神沉郁，食欲减退，闭目嗜睡，腹泻，粪便为水样或黏稠样，白色或淡黄色，体重减轻，生长发育受阻，翅膀下垂，羽毛蓬乱，喜卧，不愿运动。

呼吸道感染：精神沉郁，鼻腔、气管分泌物增多，流出浆液性鼻液，咳嗽，打喷嚏，呼吸困难，伸颈，张口呼吸，卧地不起，声音嘶哑、失声，羽毛松乱无光，两翅下垂，双侧面部眶下窦肿大。

五、病理变化

鼻腔、喉、气管及支气管黏膜水肿，内有大量黏液性、泡沫状的渗出物。

两侧鼻窦内有大量白色液体，气囊壁增厚、混浊，呈云雾状。

肺脏有肝变或有浅红色斑点，胸腔积水。

法氏囊和泄殖腔黏膜出血、肿胀或坏死，肾脏苍白、水肿等。

六、防治

目前尚无治疗隐孢子虫病的有效药物。控制隐孢子虫病的重点是提高饲养管理水平，增强机体的免疫力。搞好环境卫生，及时清除粪便，并堆积发酵，杀灭隐孢子虫卵，用10%福尔马林溶液、50%漂白粉溶液对环境及场地进行消毒等。

第四章

普通病

第一节　维生素缺乏症

每一种维生素缺乏症（hypovitaminosis）都有其特征性的病变，其病因、诊断方法和防治方法基本相同，本书只对其临床特征、病理变化做简要描述。

一、维生素A缺乏症（vitamin A deficiency）

维生素A缺乏症是以黏膜、上皮角化，生长发育受阻和干眼病、夜盲症为特征的疾病。

病禽冠白而有皱褶，爪、喙色淡，流泪，眼睑或面部肿胀，眼睑粘连，内有乳白色干酪样物质，眼球凹陷，角膜混浊，重则失明；病情较长且严重时，出现共济失调、转圈、扭颈等症；蛋禽产蛋率下降，蛋黄颜色变淡，种蛋的受精率、孵化率也低于正常水平，死胚率增加，胚胎发育不良。

病禽口腔、咽部及消化道黏膜肿胀，黏膜有许多灰白色小结节，有时融合成片，成为假膜，假膜脱落后黏膜完整，无溃疡面和出血；气管和支气管黏膜上皮有假膜、小脓疱和坏死；肾脏肿大呈灰白色，输尿管内有尿酸盐沉积，输尿管、心、肝、脾表面有尿酸盐沉积。

二、维生素D缺乏症（vitamin D deficiency）

维生素D缺乏症是以幼禽发生佝偻病、骨软化症和笼养蛋鸡疲劳症为特征的营养代谢病。

病禽食欲减退，生长停滞，异嗜，喙和爪变软，跗关节肿大，腿无力，不能站立，侧卧或伏卧，呈企鹅姿势；雏禽以佝偻病为主。

产蛋禽或种禽发病时薄壳蛋或软壳蛋增加，产蛋率、孵化率下降，死胚增多等。

喙及骨质变软、弯曲、变形但不易折断，肋骨、胸骨、骨盆骨等发生畸形，尤其肋骨与软肋骨连接处膨大如珠状，龙骨呈“S”形弯曲；跗关节和肋骨关节肿大；成禽的甲状旁腺增大数倍，骨软且易碎，骨密质变薄。

三、维生素E-硒缺乏症（vitamin E-selenium deficiency）

本病以脑软化症、渗出性素质和肌营养不良症（白肌病）为特征。

1.脑软化症

特征性症状为病禽共济失调，头向后或向下弯曲挛缩或向一侧扭转，两腿阵发性痉挛抽搐，不完全麻痹，瘫痪，发育不良，终因衰竭而死。

小脑肿胀、柔软，脑膜水肿，表面散在出血点，脑回和脑沟闭合，坏死组织呈灰白色或黄绿色。

2.渗出性素质

病禽翅膀、胸部和颈部发生水肿，大面积皮下组织出血和全身性液体蓄积，腹部皮下蓄积最多，积液部分的皮肤呈蓝绿色，渗出液呈淡绿黄色胶冻样，心包积液，心脏扩张，肌肉有条纹状出血等。

3.肌营养不良（白肌病）

病禽贫血，冠白，眼流浆液性分泌物，眼睑半闭，软弱无力，共济失调，时而两腿呈痉挛性抽搐，时而闭目鸣叫等。

病禽胸肌、腿肌的肌纤维呈淡白色的条纹，心脏扩张，心肌色淡变白，肝脏肿大、质脆、呈黄白色。

火鸡多发生肌胃变性，柔软，色淡，切面有黄白色条纹。

蛋禽产蛋率和种蛋的孵化率降低，公鸡睾丸呈退行性变性，精子生成减少甚至停止，精液品质低劣。

火鸡多于2～3周龄发生一种颇具特征性的飞节肿胀。

四、维生素B_1缺乏症（vitamin B_1 deficiency）

维生素B_1缺乏症是以多发性神经炎和心肌代谢功能障碍为主要特征的营养代谢病。

雏禽发病率高于成年禽，2周内雏鸡及出壳不久的雏鸭、鹅易发病。

病禽精神不振，羽毛蓬松，冠呈蓝色，少食或停食，腿无力，继而腿部麻痹，不能站立和行走；头颈弯向背部，呈特征性的“观星姿势”或角弓反张，倒地，抽搐而死。

成年禽发病过程缓慢，病初厌食，体重减轻，继而神经症状逐渐明显，产蛋率下降，孵化率低，死胚增加等。

尸体消瘦，皮下有广泛性水肿，尤以雏禽最为严重；胃肠有炎症，十二指肠溃疡、萎缩，心脏右侧扩张（心房比心室明显）；生殖器官萎缩（睾丸比卵巢明显），肾上腺肥大，肝脏呈淡黄色，胆囊肿大等。

五、维生素B_2缺乏症（vitamin B_2 deficiency）

维生素B_2缺乏症又名蜷趾麻痹症、核黄素缺乏症，以消化功能障碍、肌肉出血、神经炎等为主要特征。

病禽羽毛粗糙（背部脱毛，皮肤干而粗糙）、厌食、消瘦、贫血、腹泻，跗关节以下呈麻痹状态，趾爪向内蜷缩，似握拳状，两腿叉开似游泳状，俗称“蜷爪麻痹症”。

蛋禽产蛋量下降，孵化率降低，胚胎死亡，孵出的雏禽趾爪蜷曲，皮肤表面有结节状绒毛。

臂神经和坐骨神经两侧对称性肿大，直径比正常大4～5倍，质地柔软而失去弹性，呈黄色，神经纤维横纹不清楚；心冠脂肪消失，胃肠有炎症，十二指肠溃疡、萎缩，胃肠道内容物为多量泡沫状，肝脏肿大、柔软；腿部、胸部肌肉呈斑点状出血。

六、泛酸缺乏症（pantothenic acid deficiency）

泛酸缺乏症以皮炎、羽毛发育不全和脱落为特征，无特征性肉眼可见的病理变化。

病禽头部羽毛脱落，口角、眼睑以及肛门周围有痂皮，上下眼睑被黏液渗出物黏着；趾间和足底皮肤发炎，表层皮肤脱落，产生小裂隙，裂隙扩大、加深，导致不能行走；足部皮肤增生角化形成疣性赘生物。

蛋禽产蛋率下降，种蛋孵化率下降，死胚增加。

七、烟酸缺乏症（nicotinic acid deficiency）

烟酸缺乏症以口炎、皮炎、下痢、跗关节肿大及骨短粗等为特征。

皮肤发炎，化脓性结节。

腿部关节肿胀，骨短粗，腿骨弯曲，跟腱极少滑脱，运动障碍，共济失调，站立困难。

口腔黏膜发炎，呈深红色，舌尖为白色，舌呈暗红黑色。

蛋禽脱毛，腿、爪等部位皮肤角化呈鳞片状。

口腔及食管内常有干酪样渗出物，胃和小肠黏膜萎缩，盲肠和直肠黏膜有豆腐渣样覆盖物，肠壁增厚易碎；肝脏萎缩、脂肪变性。

八、生物素缺乏症（biotin deficiency）

生物素缺乏症以喙底、皮肤、趾爪发生炎症，骨发育受阻呈现短骨为特征。

雏禽食欲减退，衰弱，生长迟缓，脚、喙和眼周围皮肤发炎，脚底粗糙、结痂，开裂出血等。

眼睑肿胀，分泌炎性渗出物，嗜睡，嘴角损伤，爪趾坏死、脱落，脚和腿上部皮肤干燥，麻痹等。

种禽产蛋率下降，孵化率降低，胚胎和孵出的鸭、鹅有先天性胫骨短粗、骨骼畸形、共济失调等症。

九、维生素B_6缺乏症（vitamin B_6 deficiency）

雏禽食欲减退，生长迟缓，贫血，胫骨粗短，异常兴奋，全身性痉挛，运动失调，身体向一侧偏倒，头颈和腿脚抽搐，终因衰竭而死。

成年禽贫血、苍白，无神经症状，皮下水肿，内脏器官肿大，脊髓和外周神经变性。

十、叶酸缺乏症（folic acid deficiency）

雏禽生长停滞，贫血，羽毛生长缓慢，色素消失，白羽，脚软弱症或骨短粗症。

种禽产蛋率和孵化率下降，因破壳困难而致胚胎窒息死亡，死亡胚的喙变形、下颌缺损和胫骨弯曲等。

十一、维生素K缺乏症（vitamin K deficiency）

病禽突然死亡，出血不止，凝血不良，死前全身营养状态良好，肌肉丰满。

慢性病例机体消瘦，精神沉郁，贫血，胸部、腹部、翅膀及腿部皮下有紫蓝色的出血点或出血斑。

胚胎死亡率增加，死胚胚胎出血。

肌肉苍白，腿肌和胸肌有大小不等的出血点或出血斑，肠黏膜、心肌、心冠沟脂肪及脑膜上有出血点或出血斑。

维生素缺乏症图

维生素A缺乏症：病鸡羽毛蓬松

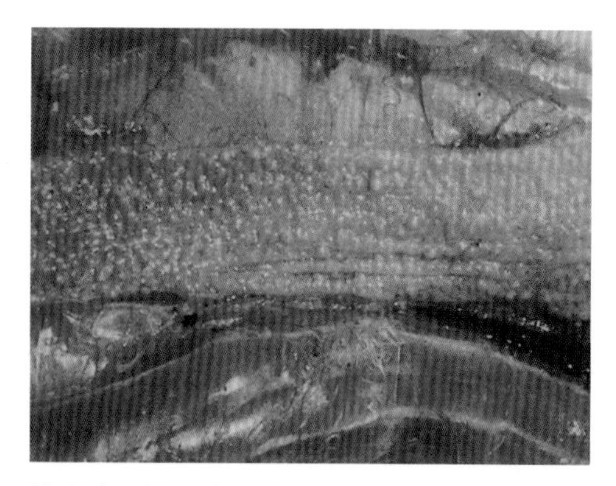

维生素A缺乏症：食管有大量细小结节凸出于表面

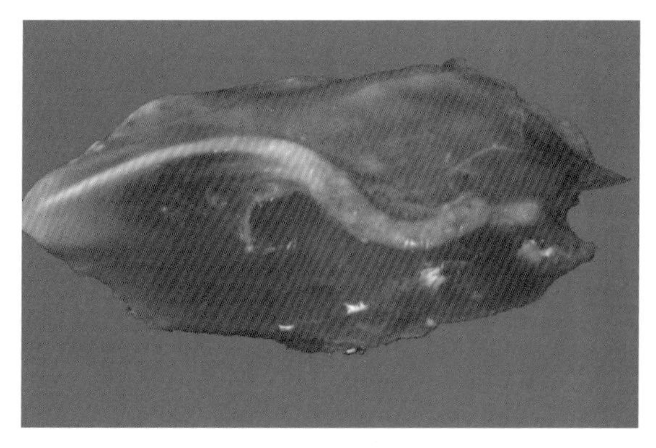
维生素D缺乏症：龙骨变形，弯曲呈“S”状

脑软化症：病雏鸡歪头扭颈，软脚

脑软化症：大脑半球后部组织严重缺损

渗出性素质：皮下有胶样渗出

渗出性素质：下颌部皮下组织水肿，皮肤外观呈蓝绿色

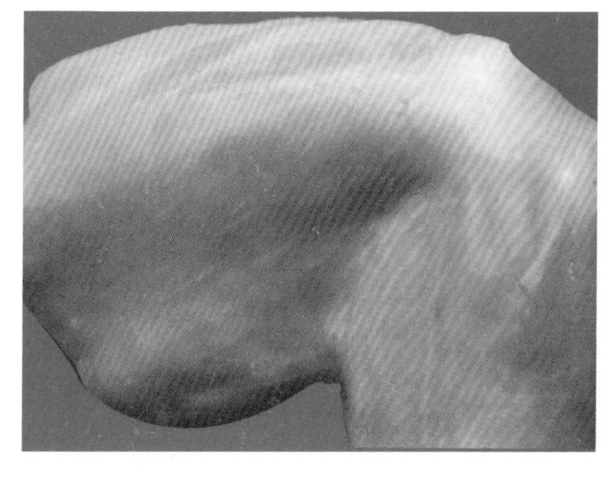
肌营养不良症：腿肌有条纹状变性和坏死

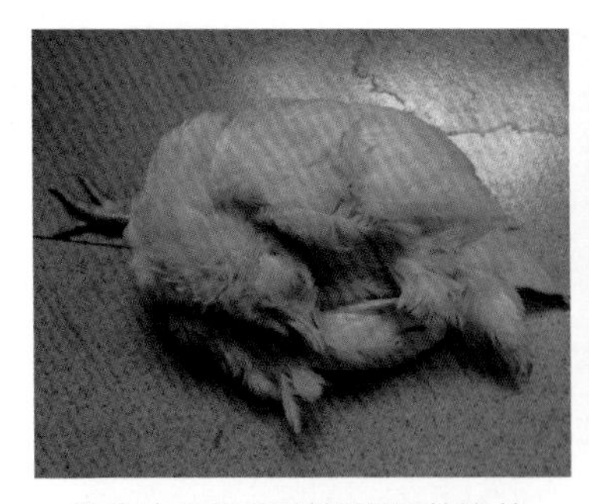

维生素B_1缺乏引起观星状姿势

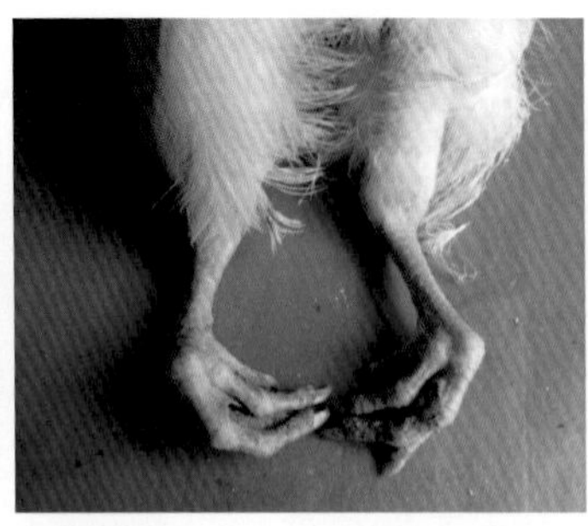

维生素B_2缺乏引起鸡爪卷曲

维生素B_2缺乏引起鸡爪弯曲，尤其是中趾弯曲

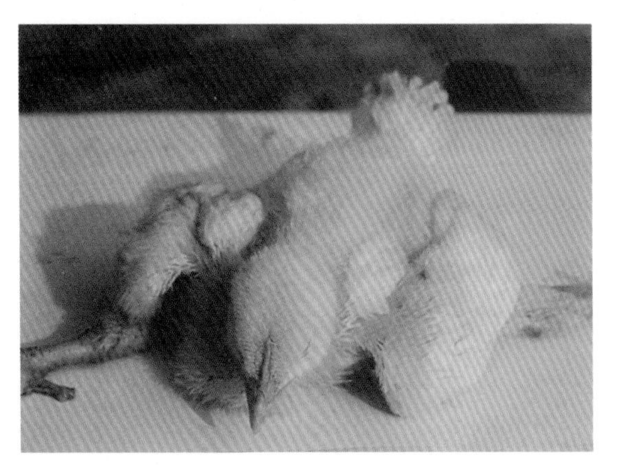

维生素B_2缺乏引起坐骨神经麻痹，双腿呈“劈叉状”张开

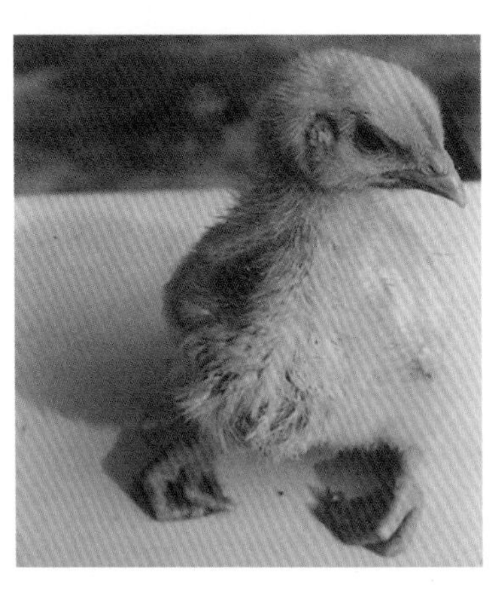

维生素B_2缺乏引起双脚趾爪向内卷曲，双腿以跗关节着地，不能站立

泛酸缺乏引起的皮肤增生角化形成疣性赘生物

泛酸缺乏引起的趾间皮肤发炎，表层皮肤脱落，产生小裂隙，裂隙扩大、加深

第二节　微量元素缺乏症

每一种微量元素缺乏症（deficiency of trace element）都有其特征性的病变，其病因、诊断方法和防治方法基本相同，本书只对其临床症状、病理变化做简要描述。

一、锰缺乏症（manganese deficiency）

锰缺乏症以骨的形成障碍、胫骨短粗和生长发育受阻为特征。

病禽胫骨短粗和脱腱症，即腿骨短粗，胫、跖骨关节肿大、扭转，骨弯曲变形，腓肠肌腱（后跟腱）从跗关节的骨槽中滑出而呈现脱腱症状，俗称“脱腱症”。

病禽跛行，关节着地，腿外展，常一只腿前伸、后伸或侧伸，头前伸或向下弯，或缩向背后，因采食不便衰竭而死。

病禽种蛋孵化率下降，大多数胚胎出壳前死亡，死胚软骨发育不良，翅短，腿短粗，头呈圆球状，喙短弯呈特征性的“鹦鹉嘴”。

二、锌缺乏症（zinc deficiency）

病禽食欲下降，消化不良，羽毛发育异常，翼羽、尾羽缺损，无羽毛，新羽不易生长；发生皮炎、角化呈鳞状，产生较多的鳞屑，腿和趾上有炎性渗出物或皮肤坏死，创伤不易愈合；生长发育迟缓或停滞；骨短粗，关节肿大；蛋禽产蛋率降低，蛋壳薄，孵化率低，易发生啄蛋癖。

三、钙、磷缺乏症（calcium and phosphorus deficiency）

病禽精神沉郁，食欲减退，生长缓慢，虚弱无力，站立不稳，喙、爪变软，易弯曲变形，两腿长骨骨质钙化不良，变薄变软，呈“O”或“X”形，常因采食、饮水障碍而衰竭死亡。

病禽胸骨变软、弯曲，龙骨呈“S”状，肋骨和肋软骨接合部出现球形肿大，形成“串珠状肋”。

蛋禽产蛋量减少，蛋壳变薄、易碎，软壳蛋或无壳蛋增多，骨质疏松，胸骨变软易骨折，瘫痪等。

微量元素缺乏症图

锰缺乏时病鸡运动障碍，胫骨变粗

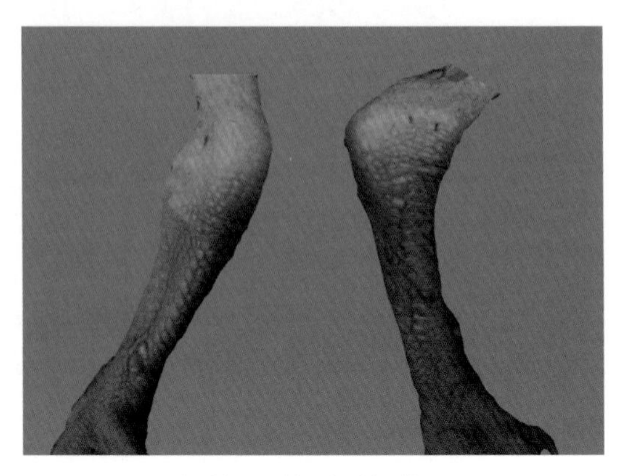
锰缺乏引起鸡肘部外翻

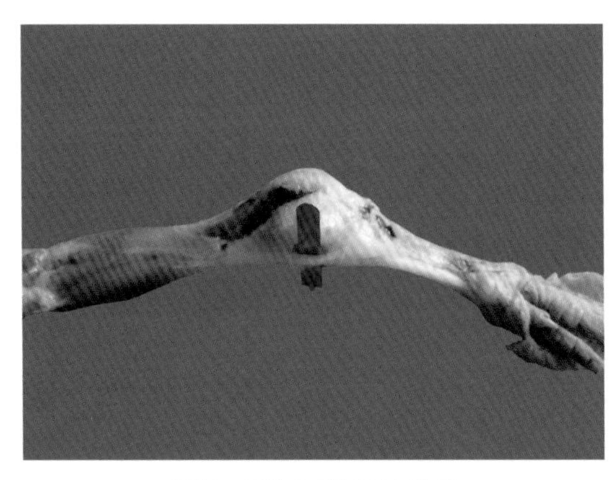
锰缺乏引起屈伸肌腱脱鞘

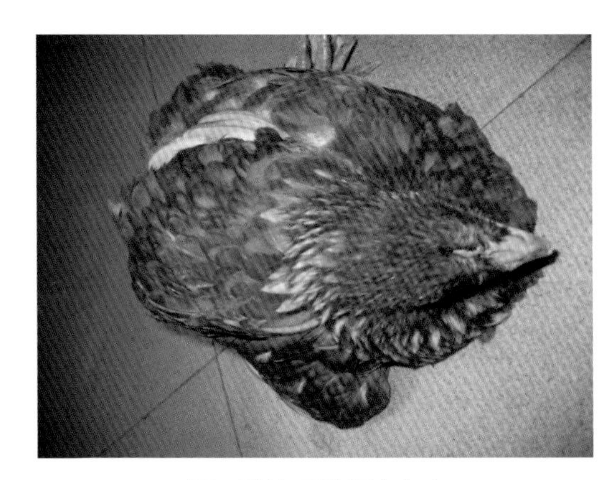
钙、磷缺乏引起的瘫痪

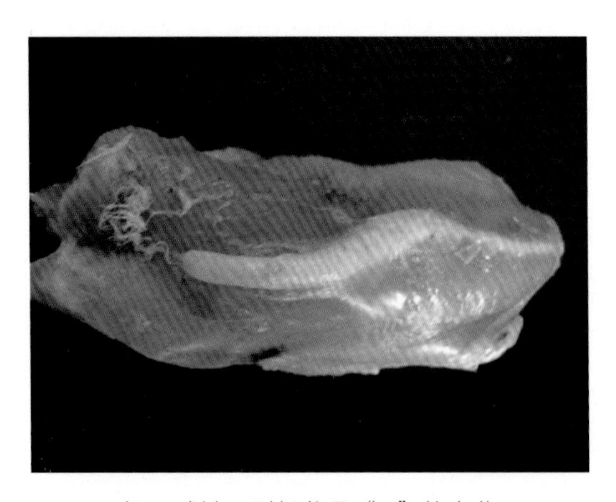
钙、磷缺乏引起龙骨“S”状弯曲

钙、磷缺乏引起肋骨串珠状增生

第三节　禽痛风

一、概述

禽痛风（poultry gout）称为尿酸盐沉积症，又称高尿酸血症，是由蛋白质代谢障碍和肾脏受损害，致使尿酸盐或尿酸积蓄体内引起的一种营养代谢病，以肾脏肿大苍白，体内各器官组织广泛沉积白色尿酸盐为典型病理特征。痛风不是一个疾病的名称，是高尿酸血症的一个临床特征。本书主要介绍鸡的痛风。

二、临床症状

痛风分为内脏型和关节型，内脏型痛风常见，发病率时高时低，死亡率较高，关节型痛风较少发生。

1.内脏型

病禽精神沉郁，羽毛松乱，冠苍白、贫血、萎缩，逐渐消瘦。

病禽食欲减退，皮肤脱水、发干，排白色水样或糊状稀粪，含多量尿酸盐，无力，喜卧。

病禽皮肤瘙痒，自啄羽毛，瘫痪，脱水而死。

病禽产蛋量下降，甚至停产，种蛋的孵化率降低。

2.关节型

病禽关节肿胀，疼痛，有豌豆至蚕豆大小的黄色坚硬结节，溃破后流出白色稠膏状的尿酸盐。

病禽因关节肿胀，致使行动迟缓，站立困难，跛行，伏卧，采食困难，逐渐虚弱，终因消瘦而死。

三、病理变化

1.内脏型

脱水，皮肤发绀。

肾脏肿大，色淡，表面有尿酸盐沉着形成的白色斑点，输尿管变粗，充塞石灰样沉淀物。

肝包膜和心包膜有尿酸盐沉积。

肠系膜及腹膜等处覆盖大量白色尿酸盐薄膜。

瞬膜、眶下窦、脾脏、气囊、腺胃、法氏囊、胆囊、肌肉（如腿肌、胸肌等）及输卵管等处有尿酸盐沉积。

2.关节型

病禽关节面及周围组织有白色尿酸盐沉积，切开肿胀关节，管腔内有白色石灰乳样尿酸盐沉积，有的关节面糜烂，有的呈结石样的沉积垢，又称为痛风石或痛风瘤。

四、防治

1.防治原则

消除病因，对症治疗，按照营养标准配料，减少动物性蛋白质含量，供应充足饮用水，避免过量使用磺胺类及氨基糖苷类等对肾脏有毒副作用的药物，提高维生素用量尤其是维生素A和维生素C等措施可有效降低发病率。

2.治疗方案

目前还没有特效疗法，治疗较为困难。一般发病后，采用增强尿酸盐排泄的药物对症治疗，消除肾肿，降低饲料蛋白质含量，补充大量维生素电解质尤其是维生素A和维生素C，采用清热解毒、通淋排石的中药方剂治疗，并供应充足的水，有较好的疗效。

（1）选用增强尿酸盐排泄的药物治疗。

丙磺舒：0.1 ~ 0.2 g/kg饲料。此药可抑制尿酸盐在肾小管的重吸收，增加尿酸盐的排泄。

别嘌呤醇：0.01 ~ 0.05 g/kg饲料。此药可竞争抑制体内的黄嘌呤氧化酶，减少尿酸合成。与丙磺舒并用，作用增强。

阿托方：0.2 ~ 0.5 g/kg体重，口服，2次/d。此药可提高肾脏排泄尿酸盐的能力，减轻关节疼痛，但长期使用对肝、肾有不良影响。

1%碳酸氢钠溶液或0.25%柠檬酸钠溶液：饮水，1次/d，连用2 ~ 3 d。

阿司匹林、碳酸氢钠联合用药：阿司匹林12.5 g、碳酸氢钠35 g，兑水200 kg，连用5 ~ 7 d。

枸橼酸钾、碳酸氢钠联合用药：枸橼酸钾100 g、碳酸氢钠100 g、葡萄糖50 g，兑水125 kg，连用2 ~ 5 d。

复方阿司匹林可溶性粉：阿司匹林99 g、氯化钠100 g、枸橼酸1 g、碳酸氢钠700 g、氯化钾100 g，混饮，每1 L水加本品3 g，连用3 d。

（2）选用清热解毒、通淋排石的中药制剂治疗。

【处方1】金钱草散

金钱草60 g，车前子、木通、石韦、瞿麦、冬葵果、甘草、虎杖、徐长卿各9 g，忍冬藤、滑石各15 g，大黄18 g。

【用法与用量】拌料混饲，鸡每1 kg饲料5 ~ 10 g。

【处方2】茵陈大腹皮散

茵陈100 g，车前子40 g，泽泻、百部各30 g，茯苓、板蓝根、大腹皮各50 g，地龙10 g，麻黄15 g，桂枝5 g。

【用法与用量】鸡1 g/只，连用3 d，雏鸡酌减。

【处方3】鸡痛风消散

木通、地榆、连翘各40 g，海金沙、甘草、车前子各30 g，诃子、猪苓、苍术各60 g，乌梅50 g。

【用法与用量】鸡1 g/只。

【处方4】地榆、连翘、金银花各30 g，海金沙、槐花、甘草各20 g，泽泻、乌梅、诃子、苍术、猪苓各50 g。

【用法与用量】粉碎过40目筛，按2%拌料饲喂，连喂5 d。食欲废绝的重病鸡可填喂。

【应用】治疗内脏型痛风。

【处方5】滑石粉、黄芩各80 g，茯苓、车前草各60 g，猪苓50 g，枳实、海金沙各40 g，小茴香30 g，甘草35 g。

【用法与用量】每剂上下午各煎水1次，加30%红糖让鸡群自饮，第2天取药渣拌料，全天饲喂，连用2～3剂为1个疗程。

【应用】治疗内脏型痛风。

禽痛风图

痛风引起雏鸡消瘦、瘫痪

肛门附近染有白色尿酸盐粪便，关节肿胀、变形

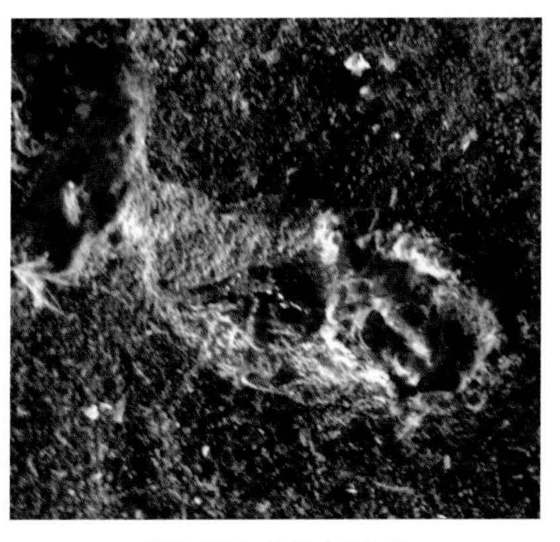

粪便混有白色尿酸盐

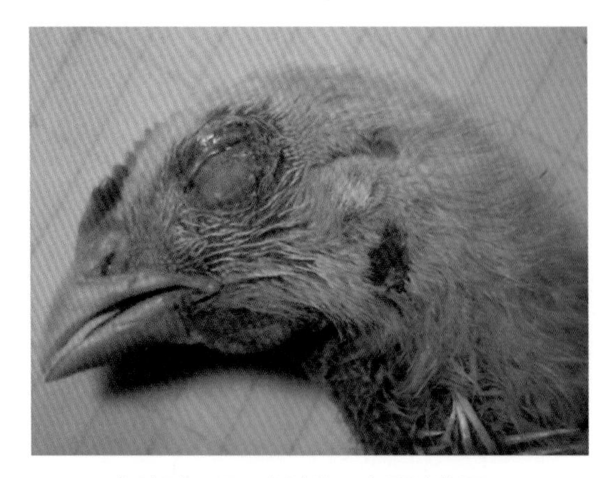
内脏型：眶下窦肿胀，有尿酸盐沉积

内脏型： 瞬膜及眶下窦有白色尿酸盐沉积

内脏型： 嗉囊有尿酸盐

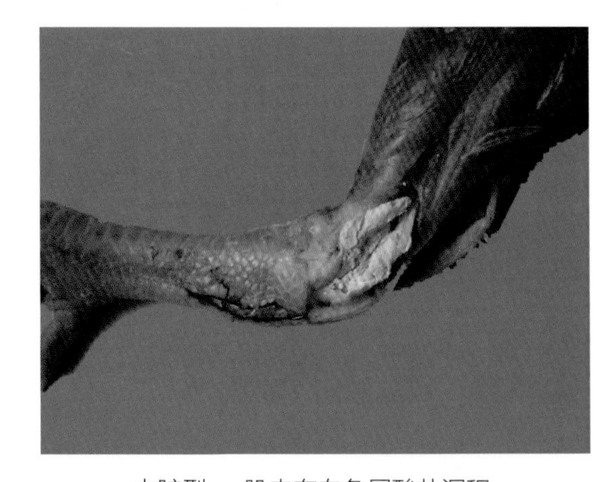
内脏型： 肌肉有白色尿酸盐沉积

内脏型： 肌肉有尿酸盐沉积

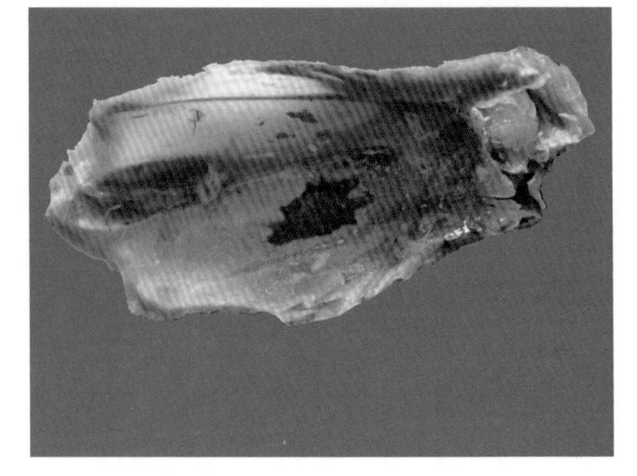
内脏型： 龙骨下有尿酸盐沉积

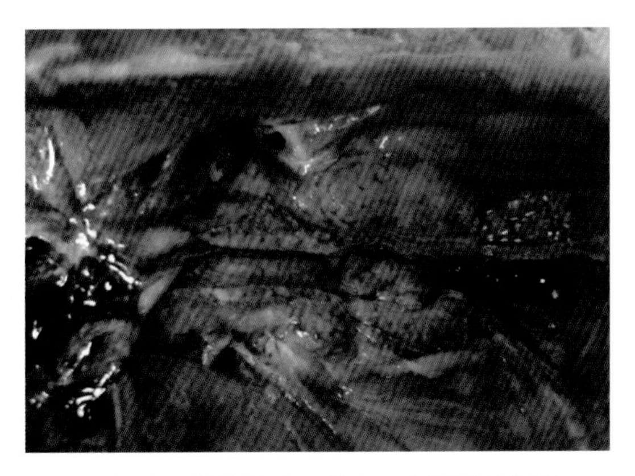

内脏型： 肾脏肿大、苍白，有尿酸盐沉积

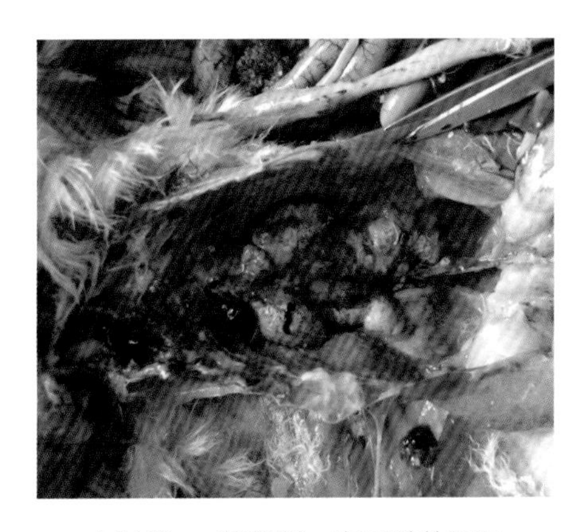

内脏型： 花斑肾，有尿酸盐沉积

内脏型：肝脏有大量白色点状尿酸盐沉积，心包膜与心肌之间沉积大量白色尿酸盐，粘连等

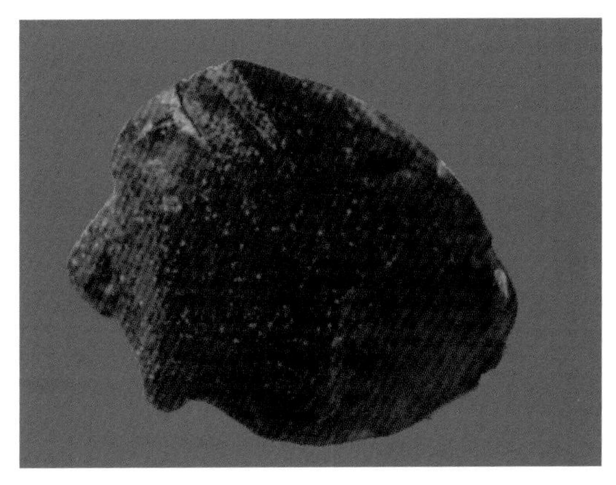

内脏型： 剥离肝被膜后，肝脏有大量白色尿酸盐沉积

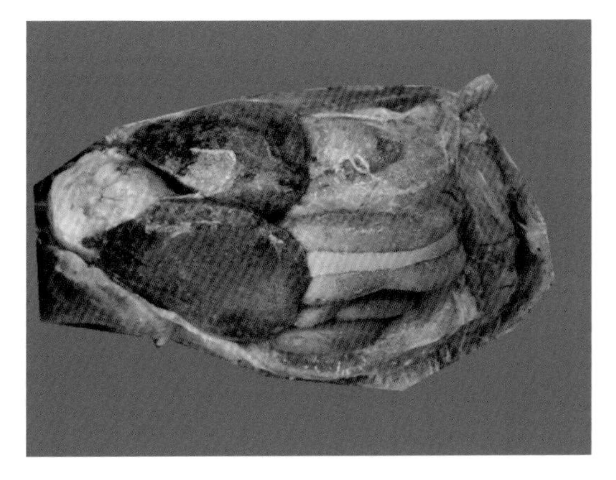

内脏型：心脏、肝脏及肠系膜等处被大量尿酸盐薄膜覆盖

内脏型： 胆囊充盈，内有大量尿酸盐沉积，胆囊浆膜被尿酸盐薄膜覆盖

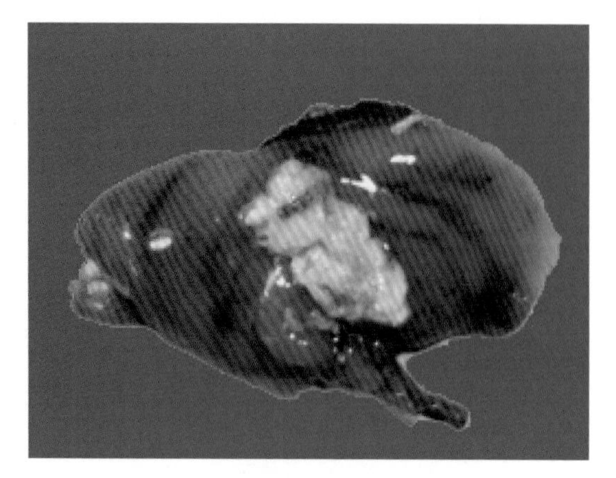

内脏型： 法氏囊内有白色尿酸盐沉积

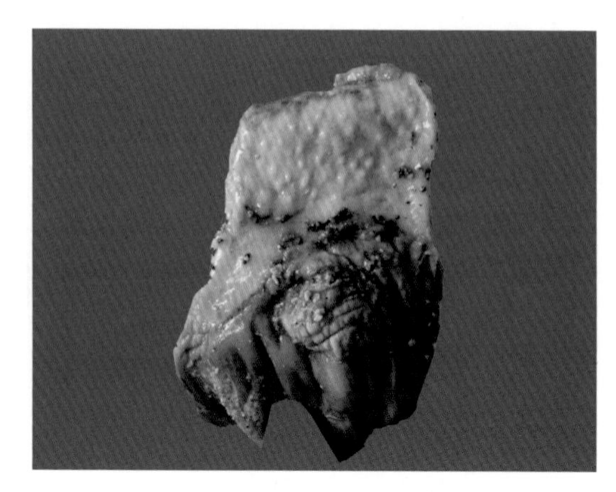

内脏型： 腺胃和肌胃交界处有尿酸盐沉积

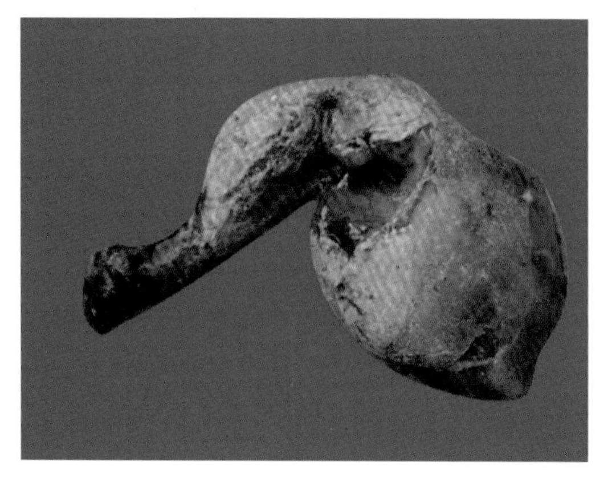

内脏型： 胃表面有白色尿酸盐沉积

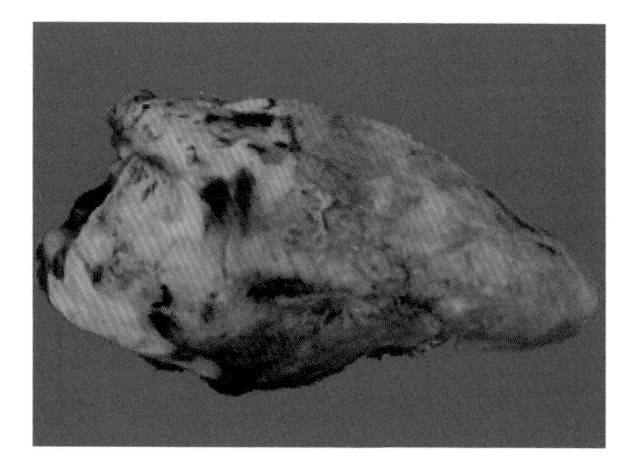

内脏型： 心包膜有大量白色尿酸盐沉积，心包膜与心肌粘连

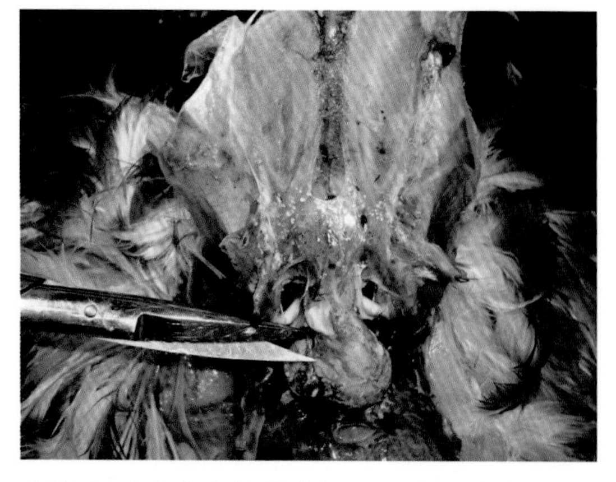

内脏型：心包有白色尿酸盐沉积，龙骨黏膜有尿酸盐沉积

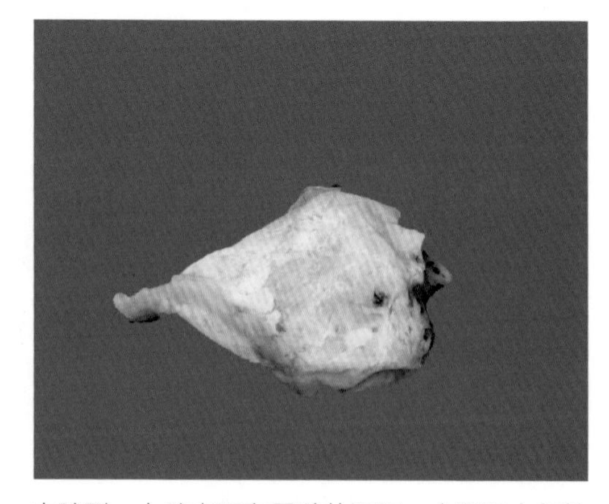

内脏型：心脏表面有尿酸盐沉积，心肌和心包粘连

内脏型：心脏呈白色，心包膜与心肌之间大量尿酸盐沉积，心包膜与心肌粘连，肝脏肿大、出血，肝被膜有尿酸盐沉积

内脏型：气囊有白色尿酸盐沉积

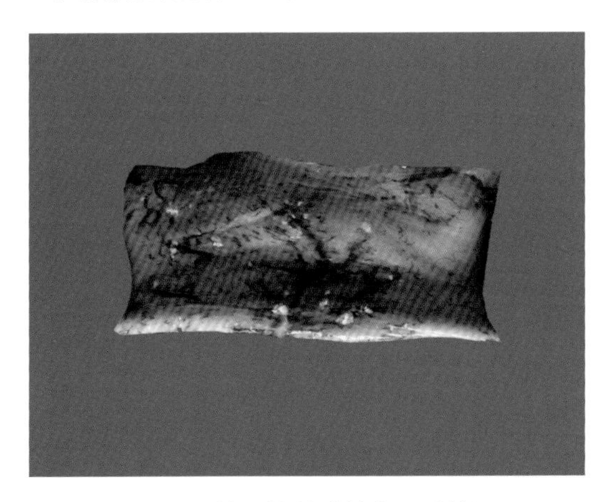

内脏型：输卵管浆膜外有尿酸盐沉积

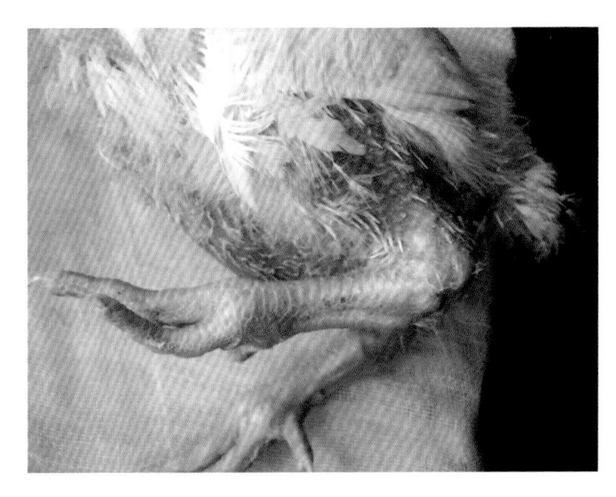

关节型：关节肿胀、变形，有大小不一隆起的白色结节

关节型：关节腔内积有尿酸盐

关节型：关节肿胀，关节面和周围组织中充满白色石灰样尿酸盐

第四节　禽脂肪肝综合征

一、概述

禽脂肪肝综合征（fatty liver syndrome of poultry）是以脂肪代谢障碍，肝脏脂肪变性为特征的家禽营养代谢病。本病主要发生于产蛋高峰的蛋鸭、蛋鸡。

二、临床症状

本病多发生于高产蛋禽或产蛋高峰期蛋禽及肉用仔鸭、鹅，从发病到死亡1～2 d，多数禽体况好，较肥胖，蛋禽产蛋率明显下降。

禽突然死亡，精神不振，采食量减少，喜卧，冠、肉髯褪色乃至苍白，嗜睡，瘫痪，腹部膨大且软绵下垂，拉稀，昏迷或痉挛而死。

三、病理变化

肝脏肿大，质脆易碎，边钝圆，呈黄色油腻状；表面有出血点和白色坏死灶，切面上有脂肪滴附着，肝脏破裂发生内出血时，肝脏表面和腹腔内有凝血块。

皮下、腹腔和肠系膜、肌胃、心脏等部位有多量脂肪沉积；肾脏略变黄，脾脏、心脏、肠道有小出血点，心肌变性呈黄白色。

四、防治

1.预防

合理搭配饲料，保持能量与蛋白质平衡，适当限制饲料喂量，禁止使用发霉饲料原料，保持体重适当，适当添加多种维生素、微量元素及氯化胆碱等，有利于减少本病的发生。发病后，应立即降低饲料中的能量水平，增加1%～2%的蛋白质，病情较严重的禽直接淘汰。

2.治疗方案

（1）每1 000 kg饲料中添加硫酸铜63 g、胆碱550～1 000 g、维生素B_{12} 12 mg、维生素E 2万IU、蛋氨酸500 g、肌醇1 000 g，连续饲喂10～15 d。

（2）每1 000 kg饲料中添加氯化胆碱1 000～2 000 g，连喂10 d，饮水中添加多种电解质维生素或复方维生素纳米乳，连饮1～2周。

（3）采用燥湿解毒、清热疏肝的中药制剂辅助治疗。

【处方1】柴胡30 g，黄芩、丹参、泽泻各20 g，五味子10 g。

【用法与用量】粉碎，按每只1 g，每天早晨拌料一次喂给。

【功效】清热舒肝，燥湿解毒。

【应用】治疗鸡脂肪肝，鸡产蛋率提高。

【处方2】柴胡30 g，黄芩、丹参、泽泻各20 g，五味子、绞股蓝各10 g，板蓝根15 g。

【用法与用量】粉碎，按每只1 ~ 3 g，拌料集中一次喂给，连用5 ~ 7 d。

【处方3】加减茯白散（河南省现代中兽医研究院研制）

板蓝根15 ~ 25 g，白芍10 ~ 20 g，茵陈20 ~ 30 g，龙胆草10 ~ 15 g，党参7.5 ~ 15 g，茯苓7.5 ~ 15 g，黄芩10 ~ 20 g，苦参10 ~ 20 g，甘草10 ~ 30 g，车前草10 ~ 30 g，金钱草15 ~ 45 g。

【用法与用量】治疗剂量：0.5 ~ 2.0 g/只，1次/d，连用5 ~ 7 d。

【应用】对脂肪肝综合征、包涵体肝炎、心包积液综合征、鸭病毒性肝炎、肝炎-脾肿大综合征、鸭呼肠孤病毒病等病引起的肝脏肿大等症具有治疗或缓解功效。

禽脂肪肝综合征图

肝脏颜色变浅，易破裂，肝脏表面或腹腔内有血凝块，腹腔内沉积大量脂肪

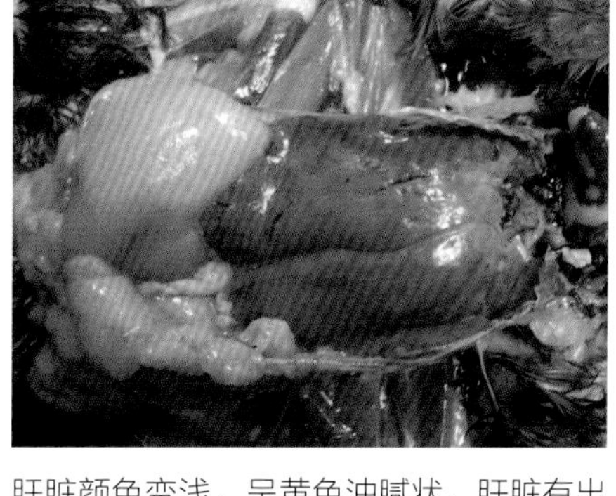

肝脏颜色变浅，呈黄色油腻状，肝脏有出血点或出血斑，腹腔内沉积大量脂肪

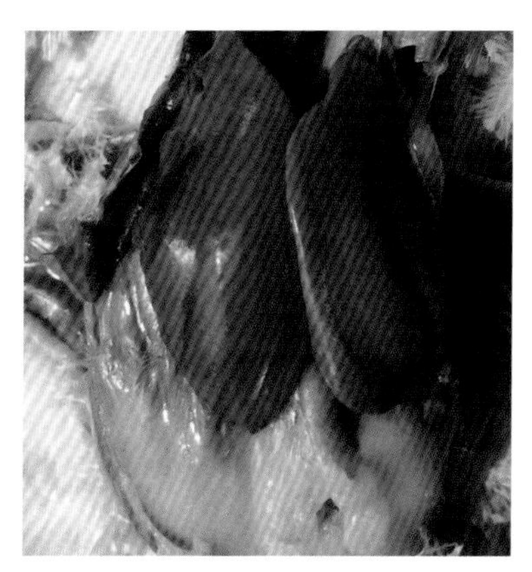

肝脏肿大、色淡，条状出血，腹腔沉积大量脂肪

肝脏肿大、质脆易碎，呈黄色油腻状，有出血条带，卵黄变性、坏死等

第五节 笼养蛋鸡疲劳综合征

一、概述

笼养蛋鸡疲劳综合征（cage layer fatigue）又名笼养软脚症，笼养产蛋鸡多发，以腿软、瘫痪为特征的一种营养代谢病。本病的原因很多，一般主要是因饲料中维生素D及钙磷缺乏或饲料中钙磷比例严重失调致使蛋鸡的甲状旁腺激素分泌增加，促使骨骼中钙盐溶解吸收供鸡体需要，导致钙的不足等引起本病的发生。

二、诊断要点

产蛋期多发，肥胖鸡高发，发病率可达15%～20%，零星死亡等。

病鸡行走不便，站立困难，常卧伏；喙、爪变软易弯曲等。

产蛋率下降，软壳蛋和破壳蛋增多等。

皮下瘀血，翅骨和腿骨易折裂，胸肌萎缩，胸骨凹陷呈“S”状弯曲等。

终因采食困难、消瘦而死。

三、防治

1.预防

加强饲养管理，搞好环境卫生，保持适宜的饲养密度与温湿度、合理的光照、良好的通风，饲喂营养均衡的饲料，适时上笼并选择合适的笼舍等可降低发病率。

2.治疗方案

及时查找病因，对症对因治疗。夜间加强光照，给以充足饮水，降低血液黏稠度，饮水中加多种电解质维生素，饲料中补充骨粉或鱼肝油或复方维生素纳米乳口服液，钙磷达到最高需要量或超出标准等措施可减少死亡。

第六节 蛋鸡开产期水样腹泻综合征

一、概述

蛋鸡开产期水样腹泻综合征（water-like diarrhea syndrome in starting laying hens）是临床上多见的一种疾病，也称为顽固性腹泻，以剧烈的水样腹泻为特征，多发生于开产前后的青年母鸡，夏季和初秋季节90～150日龄的蛋鸡易发病，一般不呈传染性，局部地区流行，肉鸡也会出现类似的症状。病因不确定，可能与开产前后饲料中的钙含量改变及其引起的应激有关，生理因素的应激也可能是本病的促进因素等。

二、临床症状

病鸡剧烈水样腹泻，粪便稀薄如水，混有白色黏液，如牛奶样，也有黄色、白色、绿色或脓样粪便，肛门附近羽毛被粪便污染。

病鸡精神状态较好，采食量正常，饮水量增加，翅膀下垂，鸡冠发白，机体消瘦，生长不良。

产蛋上升幅度与同日龄没有发生本病的健康鸡相比，无明显差异，产蛋率基本不受影响，蛋壳品质变差，蛋壳颜色发白，蛋个变小，蛋重变轻等。

三、病理变化

机体消瘦，肠黏膜充血、出血、脱落，严重时呈急性出血性肠炎，略肿胀；盲肠扁桃体出血。

输卵管水肿、充血、出血，卵黄性腹膜炎等。

四、防治

1.预防

平时加强饲养管理，饲喂优质饲料，减少应激，开产前30 d饲料中添加补中益气、调理脾胃的中药制剂，多种维生素电解质及有益菌等是减少本病发生的主要措施。

2.治疗

治疗以补肾固本、健脾和胃、涩肠燥湿、调理中气为原则，及时调整饲料中钙的含量等。发病后及时补充口服补液盐（葡萄糖88 g、氯化钠14 g、氯化钾6 g、碳酸氢钠10 g，溶解于4 000 mL水中，供鸡自由饮用），饲料中添加中草药、有益菌、葡萄糖氧化酶、低聚木糖、复方维生素纳米乳口服液等，有较好的疗效。中药制剂如下：

【处方1】白龙散

白头翁600 g，龙胆300 g，黄连100 g。

【功能】清热燥湿，凉血止痢。

【主治】湿热泻痢，热毒血痢。

【用法与用量】禽1～3 g/只。

【处方2】白头翁散

白头翁、秦皮各60 g，黄连30 g，黄柏45 g。

【功能】清热解毒，凉血止痢。

【主治】湿热泻痢，下痢脓血。

【用法与用量】禽2～3 g/只。

【处方3】泻必康散

白头翁、山药、马齿苋、地锦草、穿心莲、金樱子、赤石脂各40 g，黄连、厚朴各10 g，黄柏、秦皮、诃子、辣蓼、苍术、石榴皮各20 g，山楂（炭）、地榆各60 g。

【功能与主治】清热解毒，和胃止泻，主治鸡腹泻症等。

【用法与用量】拌料混饲，鸡1.5 g/d，连用5 d。

【处方4】化湿止泻散

茯苓、薏苡仁、车前子、苍术（炒）、炒扁豆、穿心莲、赤石脂各150 g，泽泻60 g，藿香、葛根、黄柏、麦芽、木香各100 g，石榴皮50 g，山楂90 g。

【功能】健脾化湿，清热解毒，涩肠止泻。

【主治】腹泻，特别适合各种原因引起的水样腹泻、粪便稀薄等症状。

【用法与用量】拌料混饲，鸡1 g/只，直至痊愈。

【处方5】杨树花口服液

杨树花。

【用法与用量】混饮，禽每1 L水1～2 mL（每1 mL相当于原生药材1 g）。

【处方6】金连散（河南省现代中兽医研究院研制）

金银花、黄连、连翘、乌梅各10 g，诃子、白矾、枳壳各9 g，地榆12 g，焦三仙45 g，陈皮、黄芪各8 g等。

【用法与用量】禽1～3 g/只。

【应用】治疗禽腹泻、坏死性肠炎等，连用5 d。

【处方7】止痢灵

苍术2份，厚朴、白术、干姜、肉桂、柴胡、白芍、龙胆草、黄芩各1份。

【用法与用量】制成粗粉，加入适量木炭末混匀。按大鸡每次5 g，小鸡每次2～3 g，拌入饲料中喂服，2次/d。

【功效】健脾燥湿，涩肠止泻。

【应用】用本方治疗鸡各种腹泻，一般4～6剂，重者连服4 d即愈，治愈率为91.2%。

蛋鸡开产期水样腹泻综合征图

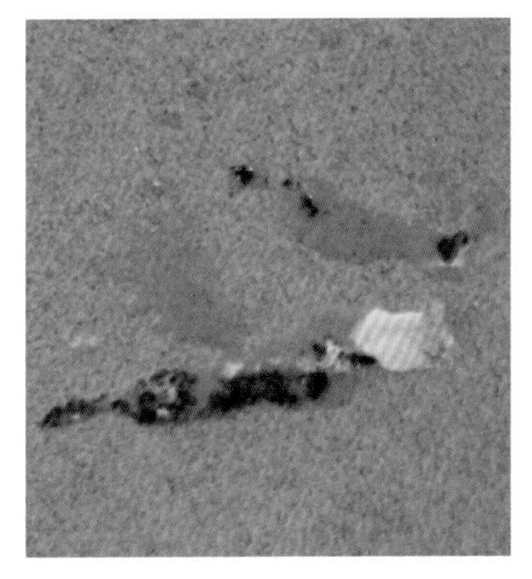

拉白色水样粪便，间或有棕褐色粪便

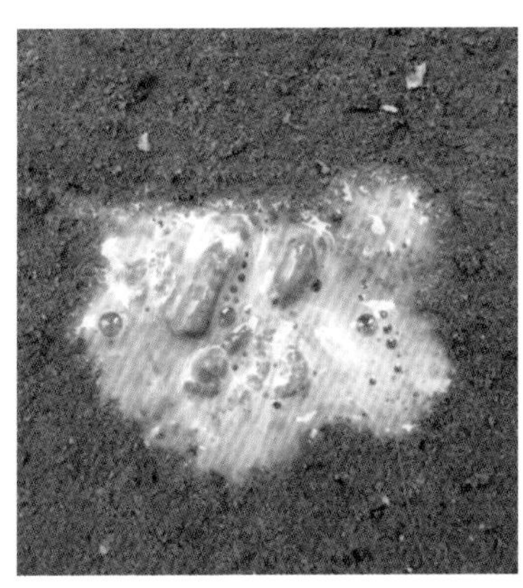

粪便不成形，呈黄白色

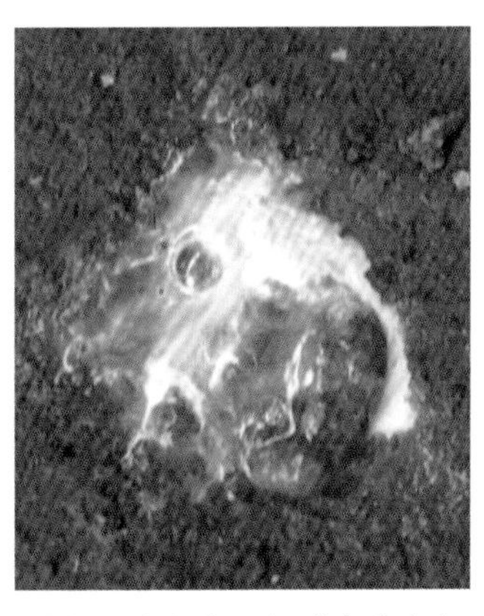

粪便呈肉红色，间或有乳白色

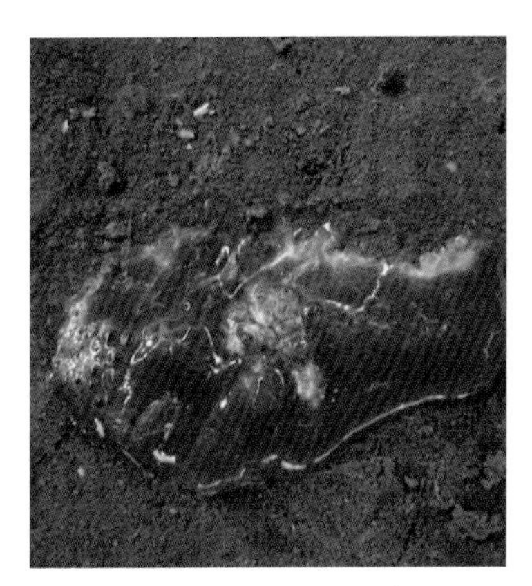

黄褐色或白色的稀粪

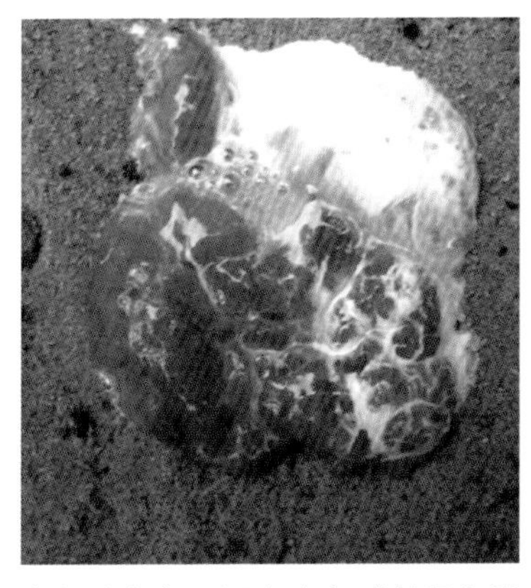

粪便乳白色，混有肉色或黄绿色粪便，呈黏稠状

粪便乳白色如牛奶状

第七节　啄　癖

一、概述

啄癖（cannibalism），也称为异食癖，是家禽之间相互啄食的一种疾病，以啄髯、啄冠、啄羽、啄肛、啄趾、啄头、啄蛋为特征，其中以啄羽、啄肛最为常见，多因营养失调所致，饲养环境条件恶劣、饲养管理不当、疾病等也是本病的诱因。任何日龄的禽均可发生，雏鸡发病率最高，其次产蛋蛋禽，轻型品种的鸡比重型品种的鸡更易发生；野禽比家禽的发病率高。

啄癖危害较大，影响生长发育，引起生产性能下降，造成死亡等。

二、诊断要点

本病以躯体羽毛脱落，肛门外翻，流血或直肠脱落、出血、溃疡，嗉囊有大量的羽毛、杂物等为特征。

啄羽癖：啄羽、啄尾，可自啄、被啄、互啄。

啄肉癖：啄肉、啄冠、啄头、啄背、啄趾。

啄肛癖：啄肛门，啄脱出肠。

啄蛋癖：啄蛋。

啄食癖：啄食杂物等。

三、防治要点

断喙或修喙是目前控制啄癖发生的最有效措施，平时加强饲养管理，改善饲养条件，及时通风，温度、湿度要适宜，密度适中，光照不宜过强，饲喂全价营养的饲料，补充各种维生素、矿物质及微量元素，限饲适当，定时喂水给料。

发现啄癖立即隔离饲养，饲料中添加微量元素、鱼肝油或复方维生素纳米乳口服液、适量的食盐，并使用一些中药制剂治疗。

【处方1】茯苓、防风、远志、郁金、酸枣仁、柏子仁、夜交藤各250 g，党参、栀子、黄芩、秦艽各200 g，黄柏、臭芜荑、炒神曲、炒麦芽、石膏（另包）各500 g，麻黄、甘草各150 g。

【用法与用量】上方药量为1 000只成年鸡5 d用量，1次/d，开水冲调，闷30 min，一次拌料，小鸡酌减。

【应用】用本方治疗鸡啄癖，治愈率90%。同时应用鱼肝油配合治疗，效果更佳。

【处方2】茯苓、钩藤各8 g，远志、柏子仁各10 g，甘草、五味子、浙贝母各6 g。

【用法与用量】水煎浓汁，供10只鸡1次内服，3次/d。

【应用】用本方治疗鸡啄癖，效果良好。还可以使用以下方：①牡蛎90 g，每1 kg体重每天3 g，拌料内服；②远志200 g、五味子100 g，共研细末，混于10 kg饲料中，供100只鸡1 d喂服；③羽毛粉，按3%的比例拌料饲喂。

【处方3】生石膏粉，苍术粉。

【用法与用量】在饲料中添加3% ~ 5%的生石膏及2% ~ 3%的苍术粉饲喂。

【应用】适用于鸡啄食羽毛癖。

【处方4】石膏。

【用法与用量】每只鸡每天在饲料中添加1 ~ 2 g。

【应用】适用于食羽癖。

【处方5】食盐。

【用法与用量】在饲料中加入1% ~ 2%的食盐，连喂3 ~ 4 d。

【应用】用于缺少食盐引起的啄肛、啄趾、啄翅膀恶癖。

啄癖图

翅膀、背部及尾根部等被啄出血

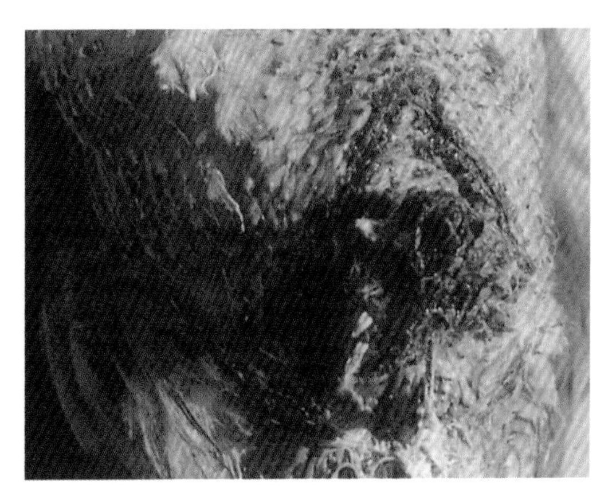

背部羽毛被啄光，尾椎被严重啄损

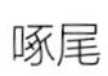

啄尾

啄肛

第八节　鸭淀粉样变性

一、概述

鸭淀粉样变性（duck amyloidosis）又名“鸭大肝病”“鸭水裆病”，是一种病因不明的慢性疾病，常因淀粉样物质在内脏器官中广泛沉着而引起鸭发病死亡。本病病因还不清楚，而饲料比例失调、日粮中蛋白质过高、机体对蛋白质吸收不良则会引起本病的发生。本病发病率通常为5%～10%，最高可达30%以上，对鸭业生产构成了潜在的威胁。

二、临床症状

本病见于成年鸭，主要是产蛋母鸭，公鸭则罕见。

病鸭精神沉郁，喜卧，不愿活动、下水或行动缓慢。

少数病鸭腿部肿胀，跛行，腹部膨大、下坠，触诊有波动感，呈企鹅样站立，有时也可触及质地较硬且肿大的肝脏。

三、病理变化

腹腔内充满透明浅黄色或血样腹水，腹水较多时，心脏体积增大，心壁变软，心肌柔软、松弛；肝脏肿大1～3倍，呈灰黄色、棕黄色或黄绿色，质地较硬、切面致密，呈地图样或斑驳状，有时肝破裂；脾脏正常或肿大，质脆易碎，瘀血；输卵管与卵巢萎缩，卵膜充血、出血，卵泡充血、出血、变形、变色、变性或表面被纤维素性渗出物覆盖或结缔组织包裹，卵黄性腹膜炎，肠粘连等。

少数病例气囊炎、心包炎、肝周炎等。

四、防治

因病因尚未查明，尚无有效防治方法。在饲养管理方面要注意两个问题：①饲喂优质饲料，确保各营养成分均衡，避免日粮中蛋白质及粗脂肪含量过高、碳水化合物含量低、维生素缺乏、钙磷比例失调等；②加强饲养管理，调整饲养密度，搞好鸭舍环境卫生，经常消毒，勤换饮水和垫料，保持食槽和饮水槽的清洁，不要在污秽的水中放养，采取常规疫苗的接种等是预防本病的重要措施。

第九节 中 毒 病

每一种中毒病（poisoning）都有其特征性的病变，其病因、诊断方法和防治方法基本相同，本书对其临床症状及病理变化简要论述。

一、食盐中毒

食盐中毒（poisoning caused by sodium chloride）是在家禽饮水不足的情况下，过量摄入食盐或含盐饲料而引起的以消化紊乱和神经症状为特征的中毒性疾病。

1.临床症状

慢性中毒：中毒禽持续性腹泻，厌食，饮水量异常增多，发育迟缓，精神不振。

急性中毒：中毒禽极度口渴，狂饮不止，食欲废绝，尖叫，口鼻流出大量的黏液，嗉囊软胀，剧烈下痢，运动失调，时而转圈、时而倒地，两腿无力，迅速死亡。

2.病理变化

病理变化以尸僵不全，血液黏稠、凝固不良为特征。

皮肤干燥，蜡黄色。

嗉囊膨大充满液体。

肺脏及头部皮下水肿。

腺胃黏膜充血，表面形成假膜。

急性卡他性肠炎或出血性肠炎，黏膜充血。

脑膜充血，有针尖大的出血点。

肝脏变硬，有出血点或出血斑。

肾脏肿大、色淡。

心肌、心冠脂肪有小出血点，腹腔和心包积液等。

二、喹乙醇中毒

喹乙醇是广泛用于禽类促生长和抗菌的新型药物，禽对其极为敏感，特别是幼禽，极易引起中毒死亡。不合理用药会导致喹乙醇中毒（poisoning caused by olaquindox）。

1.临床症状

慢性中毒：中毒禽冠和肉髯呈暗红或黑紫色，下痢，软脚，零星死亡。

急性中毒：中毒禽精神严重沉郁，缩头呆立，动作迟缓，流涎，采食量下降，饮水量增加，拉黄白色稀粪；部分中毒禽兴奋，呼吸急促，乱窜急跑，走路摇摆，甩头抽搐，痉挛，角弓反张，脚软瘫痪，衰竭死亡。

水禽（鸭、鹅）中毒后上喙有水泡，破裂脱皮，干涸龟裂，喙上短下长，单侧或双侧失明，或脚蹼变形，角质层坏死等。

2.病理变化

血液暗红，凝固不良，心肌弛缓，心外膜充血、出血，心包液增多。

肝脏肿大、出血，色暗红，质脆，表面有出血点。

肾脏肿大、瘀血，质脆软，肾小管及输尿管内含有灰白色尿酸盐。

腺胃黏膜出血，肌胃角质层下有出血点或出血斑，腺胃与肌胃交界处有出血带。

十二指肠与泄殖腔黏膜弥漫性出血，盲肠充血、出血，盲肠扁桃体肿胀、出血。

脑膜充血、出血；胸肌、腿肌有条状出血。

三、亚硝酸盐中毒

亚硝酸盐中毒（nitrite poisoning）是家禽摄入过量含有亚硝酸盐的植物或水，引起高铁血红蛋白血症，以皮肤、黏膜发绀及其他缺氧症状为特征的中毒病。

1.临床症状

急性中毒：中毒禽突然挣扎、倒地死亡，死后尸僵完全。

慢性中毒：中毒病禽精神不振，喙部发绀，食欲减退或废绝，流涎，口吐白沫，拉稀粪，步态不稳，驱赶时行走无力，摇摆不定。

病程稍长时，呼吸困难，口腔黏膜、眼结膜和胸、腹部皮肤发绀，全身抽搐，下肢瘫痪，卧地不起，因窒息死亡。

2.病理变化

皮肤发绀，心肌变软，血液稀薄，呈褐色酱油状，凝固不良。

肠黏膜充血，脱落或溃疡。

肝脏偶见针尖状出血点，色变暗。

肾脏为灰蓝色或浅灰色等。

四、磺胺类药物中毒

磺胺类药物是家禽临床上治疗细菌性疾病和球虫病常用的一类药物，副作用较大，常因过量使用或者方法不当引起磺胺类药物中毒（sulfa drugs poisoning），雏禽最为敏感。

1.临床症状

中毒禽精神沉郁，羽毛蓬松，眼半开似睡，不愿运动，躯体蜷缩，痉挛、麻痹，肌肉颤抖等。

中毒禽头部肿大，呈蓝色，眼结膜苍白、黄染。

中毒禽少食或拒食，饮欲增加；下痢，粪便呈酱色。

中毒禽皮下广泛性出血，多因出血过多而死亡，死前挣扎，鸣叫。

2.病理变化

皮下、肌肉广泛性出血，尤其是腿肌、胸肌更为明显，有出血斑点。

心内外膜有斑块出血，心肌有刷状出血和灰色结节区。

脑膜充血、水肿，胸、腹腔内有淡红色积液。

胃肠道黏膜充血、出血。

肝脏、脾脏肿大、出血。

肾脏肿大、苍白、出血，呈花斑状，输尿管变粗，管内充满白色尿酸盐。

五、黄曲霉素中毒

黄曲霉毒素中毒（aflatoxin poisoning）以全身出血、消化机能紊乱、腹水、神经症状等为特征，主要引起肝细胞变性、坏死、出血，胆管和肝细胞增生。

1.临床症状

中毒禽食欲减退，生长减慢，异常尖叫，啄羽，脚蹼出血，后期跛行，消瘦，贫血，共济失调，角弓反张等。

成年禽中毒后食欲减少，消瘦，贫血，产蛋率下降，小蛋增多，种蛋孵化率降低等。

2.病理变化

急性中毒病例：肝脏肿大，颜色变淡呈灰色，有出血斑点，表面呈网格状；肺脏表面及切面有大小不一的灰白色病灶；胆囊扩张；肾脏苍白、稍肿大；胸部皮下和肌肉有时出血。

慢性中毒病例：肝脏体积缩小呈黄色，质地坚硬，表面常有白色点状或结节状增生病灶。

六、生石灰中毒

生石灰中毒（quick lime poisoning）是因生石灰使用不当、家禽误饮或误食等引起的。常因破坏消化道的酸性环境，损坏消化道黏膜，引起消化道充血、灼伤、溃疡、坏死或穿孔等。

1.临床症状

中毒禽精神不振，羽毛蓬乱，翅膀下垂，只饮不食，拉灰白色稀粪，低头缩颈，呈昏睡状，终因虚脱而死。

2.病理变化

食道、嗉囊及气管充血。

肌胃角质层下有黄豆粒大或蚕豆粒大的糜烂斑。

十二指肠出血，直肠黏膜水肿、溃疡。

肝脏肿大易碎，脾脏肿大，胆囊胀满，胆汁黏稠等。

第十节　鸡肌胃糜烂病

一、概述

鸡肌胃糜烂病（gizzard erosion）是由多种致病因素引起鸡的肌胃角质膜糜烂、溃疡的一种消化道疾病，是一种与哺乳动物和人的胃肠溃疡出血相类似的非传染性疾病。本病主要发生于肉鸡，其次为蛋鸡和鸭，发病年龄多数在2周龄到2.5月龄。

本病以食欲减少，精神倦怠，呕吐黑色物，贫血、消瘦及肌胃角质膜糜烂、溃疡为特征，因而又曾被称为“黑色呕吐病”。

二、诊断要点

倒提病鸡时，口内流出黑褐色黏液。

厌食，精神不振，羽毛松乱，闭眼缩颈，蹲伏。

严重感染时腹泻，排出黑色混有血液的稀粪。

肌胃体积增大，胃壁变薄、松软，内容物为黑褐色，肌胃的皱襞深部有局部性糜烂。

病程长时整个肌胃角质膜弥漫性糜烂、溃疡，溃疡深达肌层深部，导致肌胃壁穿孔。

三、防治

1.预防

控制日粮中鱼粉的含量在8%以内，禁止添加含肌胃糜烂素高的鱼粉及霉变的饲料原料，平时加强饲养管理，搞好环境卫生，饲养密度适中，合理通风，避免热应激，消除应激因素等措施可降低发病率。

2.治疗方案

饮水：按照0.2%～0.4%比例添加碳酸氢钠，早晚各1次，连用2 d。

拌料：白及、甘草、白头翁、血见愁各5 kg，粉碎后连同500 g甲氰咪胍加入1 000 kg饲料中，混合均匀后使用，连用3 d后，再将上述中药继续饲喂5～7 d。

肌内注射：严重时，每只病鸡肌内注射维生素K_3 0.5～1 mg或酚磺乙胺50～100 mg，按1 kg体重注射青霉素5万IU。

鸡肌胃糜烂病图

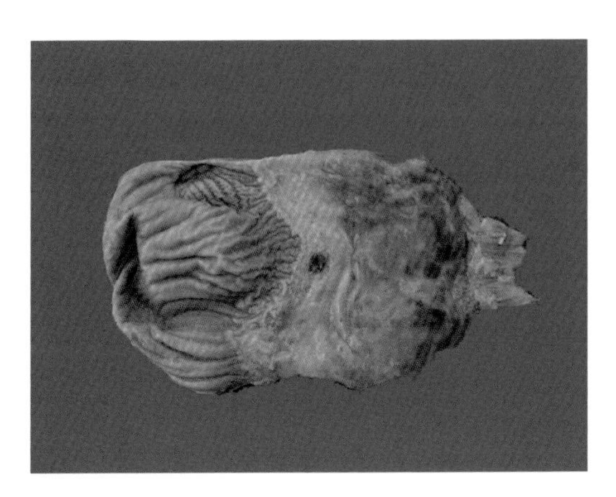

腺胃、肌胃松软，腺胃变薄，乳头消失，腺胃与肌胃交界处有溃疡灶，角质层易脱落

腺胃变薄，乳头出血，肌胃角质层溃疡

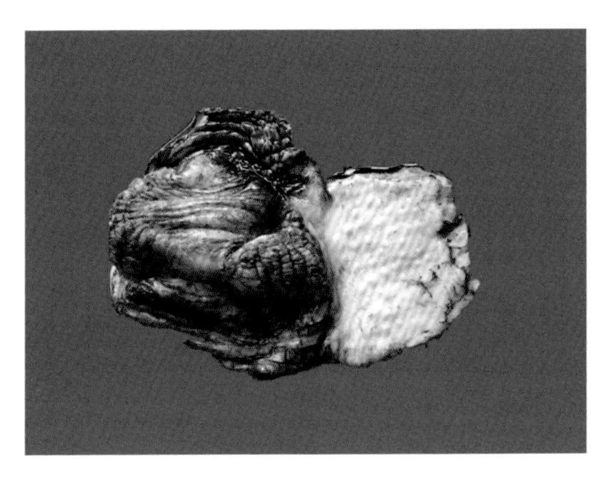

肌胃角质层糜烂、溃疡

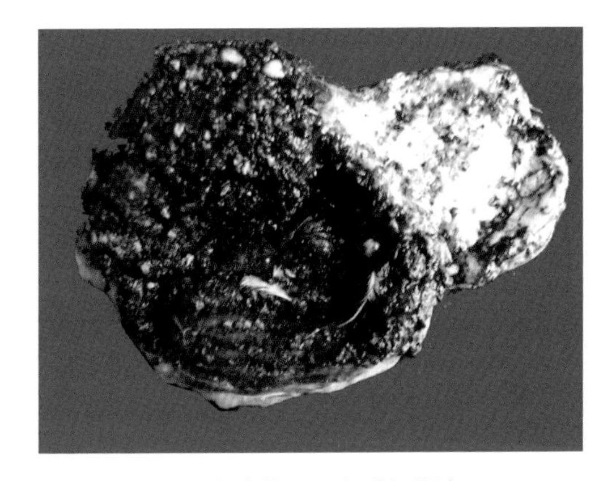

肌胃内容物呈黑色或深褐色

第十一节　鸭光过敏综合征

一、概述

鸭光过敏综合征（light allergy syndrome）是因鸭采食含有某些光过敏物质（如萵苣、油菜、荞麦、苕子草等）的饲料，在阳光照射后发生的一种植物毒素中毒症，而采食过量的喹乙醇或乙酰甲喹或喹诺酮类药也可诱发本病。本病以鸭上喙、脚蹼变形及角化层脱落为特征。

二、临床症状

病鸭精神委顿，采食量减少或不吃不喝，眼闭嗜睡，肿眼肿头，结膜充血，站立不稳，强行驱赶时打晃，惊叫不安，呼吸加快，常窒息而死。

病鸭上喙角质层有出血斑点或角质下层水肿，形成黄豆至蚕豆大小的水疱，水疱逐渐扩大、破溃，痂皮脱落，露出红色的角化层下层。病程进一步发展时，上喙变短，有的边缘向上翻卷。

部分病鸭脚蹼有水疱，破溃，脚蹼变形，行走困难，眼结膜炎，流泪，流涕，消瘦。

三、病理变化

腺胃、胰脏、肠道有出血点，胸腔、腹腔及心包积水，皮下出血，胃内残有灰菜等富含光敏物质的菜类。

四、防治

本病无特效治疗药，仅靠预防。

加强饲养管理，禁止饲喂灰菜、苜蓿、燕麦、红四叶、苕子等含感光物质的饲料。

禁止过量使用喹乙醇、乙酰甲喹及喹诺酮类药。

鸭群避免在强光下长时间照射，饲料中常添加多种维生素尤其是维生素C，具有一定的预防效果。

将病鸭立即转移到阴暗处，投喂适量葡萄糖、维生素 C，补充足量的维生素 A。

鸭光过敏综合征图

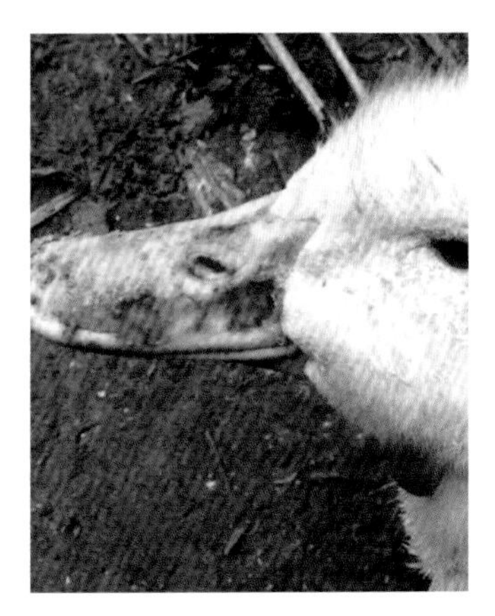

上喙角质层有出血斑点

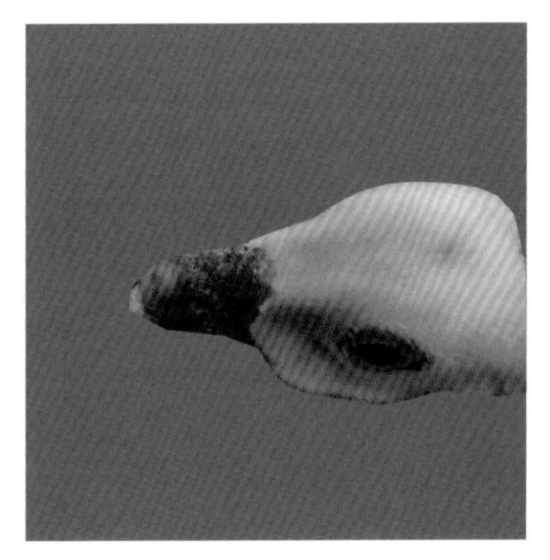

上喙角质层有出血斑点或角质下层水肿，形成黄豆至蚕豆大小的水疱，水疱逐渐扩大、破溃，痂皮脱落，露出红色的角化层下层。病程进一步发展时，上喙变短，有的边缘向上翻卷

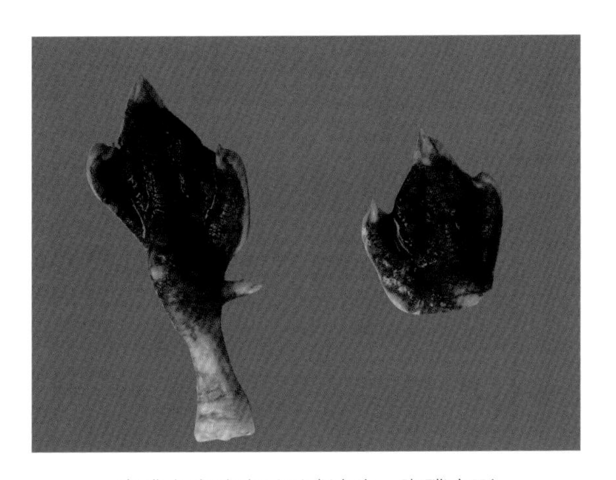

脚蹼水疱破溃后形成溃疡，脚蹼变形

关节及脚蹼肿胀、变形

第十二节　腹水综合征

一、概述

腹水综合征（ascites syndrome）多发生于肉禽，是由多种致病因子造成的以慢性缺氧、代谢机能紊乱而引起的右心室肥大扩张、肺瘀血水肿、肝脏肿大和腹腔大量积液为特征的疾病。

二、临床症状

本病四季均可发生，以冬季多发，死亡率高，最早3日龄雏鸡发病，3～6周龄的肉鸡多发，快大型品种肉鸡及肉鸭、肉鹅等易发病。

病禽精神沉郁，食欲减退，呼吸困难，冠髯发紫。

病禽腹部膨大，膨如水袋，下垂，触摸有明显波动感，腹部皮肤变薄发亮呈暗褐色。

病禽站立困难，以腹部着地呈企鹅状，行动缓慢，呈鸭步样。

病禽腹泻，排白色、黄色或绿色稀粪，有时怪叫，出现腹水后2 d左右死亡。

三、病理变化

腹腔中积有大量澄清透明液体或胶冻样积液，内有纤维蛋白凝块或絮状物，积液呈淡黄色或带血色，若肝脏破裂则出现带血腹水。

心脏体积增大，心壁变薄，右心室明显扩张、柔软，心包积液，积液有时呈胶冻状。

肝脏肿大、充血或瘀血或萎缩、硬化，实质部有圆形斑点或结节，表面有灰白色或淡黄色胶冻样物覆盖，类似蛋清。

肺脏瘀血、水肿；肾脏肿大、充血，有尿酸盐沉积；脾脏萎缩；胆囊充盈；肠道出血，肠管变细，内容物稀少；肌肉出血等。

四、防治

1.预防

（1）遗传选育。用科学的方法选育对缺氧和腹水有抗性的新品系。

（2）合理搭配饲料，减少粗蛋白含量，防止高脂饲料，添加饲料酶抑制剂和适时限饲，严格掌握饲料中食盐含量，加强饲养管理，搞好环境卫生，饲养密度适中，保持舍内合适的湿度及充足的氧气等措施均可降低发病率。

（3）药物预防。每1 000 g饲料中添加维生素C 0.5 g，维生素E 2 mg，亚硒酸钠0.1 mg，可降低本病的发生率。

2.治疗方案

及时消除病因，抗微生物药拌料或饮水控制细菌的继发感染，采用清热利湿、通淋、消肿的中药制剂消除和减少腹水，并限制饮水调整钠盐平衡。

【处方1】肾肿腹水消散

猪苓、泽泻各10 g，苍术、陈皮、滑石各30 g，桂枝、姜皮、木通、茯苓各20 g。

【用法与用量】拌料混饲，鸡每1 kg饲料5 g，连用3～5 d，预防用量减半。

【处方2】二苓车前子散

猪苓、茯苓、泽泻、白术、丹参、车前子、葶苈子、山楂、陈皮各20 g，桂枝、附子、炙甘草各10 g，滑石40 g，六神曲30 g。

【用法与用量】拌料混饲，鸡每1 kg饲料20 g。

【处方3】泽苓利水散

黄芪200 g，泽泻、紫草、茯苓各150 g，绞股蓝350 g。

【用法与用量】混饲或者拌料，鸡每1 kg饲料4 g。

【处方4】当归芍药散

当归、川芎、泽泻、白芍、茯苓、槟榔各30 g，白术、木香、生姜、陈皮、黄芩、龙胆草20 g，生麦芽10 g。

【用法与用量】混合粉碎，过100目筛，供100～150只7～35日龄肉仔鸡拌料饲喂，连用3 d为1个疗程。

【应用】用本方防治2 500只肉仔鸡，一般1～2个疗程治愈，治愈率达97.5%。

【处方5】腹水消

丹参50 g，川芎30 g，茯苓20 g。

【用法与用量】粉碎，混匀，每1 kg饲料加药4 g喂服。

【应用】还可将3种药物混合煮沸30 min，继续浸泡120 min，加开水调至每1 mL含生药1 g，每1 kg水加药2 mL饮服，2～3次/d，3～5 d为1个疗程。

【处方6】党参、陈皮各45 g，黄芪、甘草、赤芍各50 g，苍术、木通各30 g，瞿麦40 g，茯苓35 g。

【用法与用量】粉碎，按每1 kg体重1 g拌料饲喂，2次/d，连用3 d。

【应用】治疗肉鸡腹水综合征。

【处方7】陈皮、丹参、茯苓、白术、茵陈各50 g，黄芪10 g。

【用法与用量】煎服，供75～100只鸡饮用1 d，1次/d。

【应用】治疗肉鸡腹水综合征。

【处方8】黄芪、滑石各100 g，猪苓、泽泻、白术、白芍、柴胡各50 g，葶苈子、桔梗、大青叶、大枣、白头翁各60 g，大戟、甘遂各30 g。

【用法与用量】煎水，供400只20日龄鸡自饮1 d，第2剂减量1/3。

【应用】用本方治疗腹水和大肠杆菌感染，共3剂，病鸡停止死亡。发病较重者，服药2～3 d后呼吸困难得到缓解，7 d后基本治愈。

【处方9】猪苓、茯苓、苍术、黄芪、苦参、连翘、甘草各100 g。

【用法与用量】煎煮后药汁和药渣拌料，供100～200只鸭、鹅食用，连用3～5 d。

【处方10】大黄、泽泻各50 g，枳壳10 g，莱菔子、车前草各80 g，茯苓、青皮、陈皮、白术、茵陈各60 g，猪苓、木通、槟榔各40 g，苍术30 g。

【用法与用量】水煎后供100～150只鸭、鹅饮用，连服3～5 d。

【处方11】猪苓、茯苓、白术、黄芪、大腹皮各30 g，泽泻45 g，木香20 g。

【用法与用量】煎煮后药汁和药渣拌料，供100只鹅1 d食用，连用7 d。

腹水综合征图

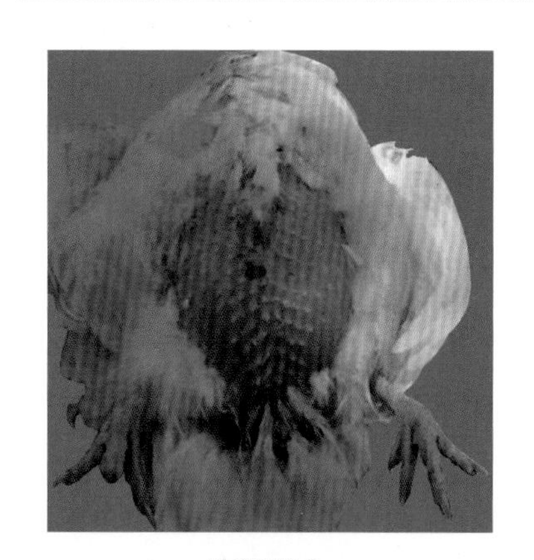

腹部膨大

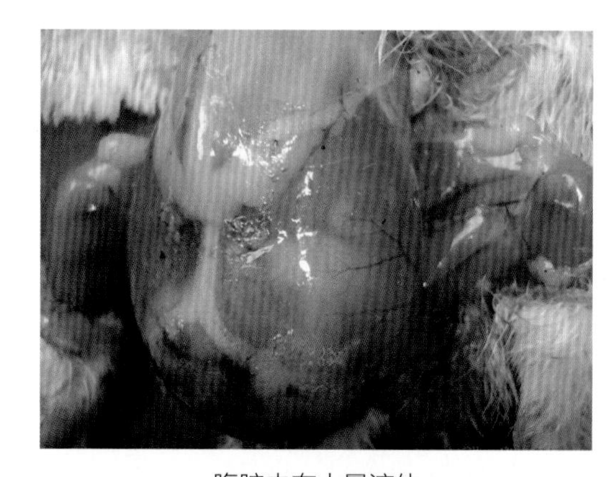

腹腔内有大量液体

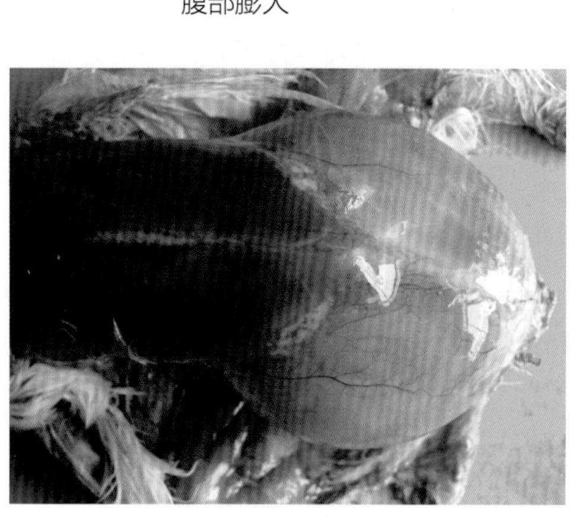

腹腔充满大量液体

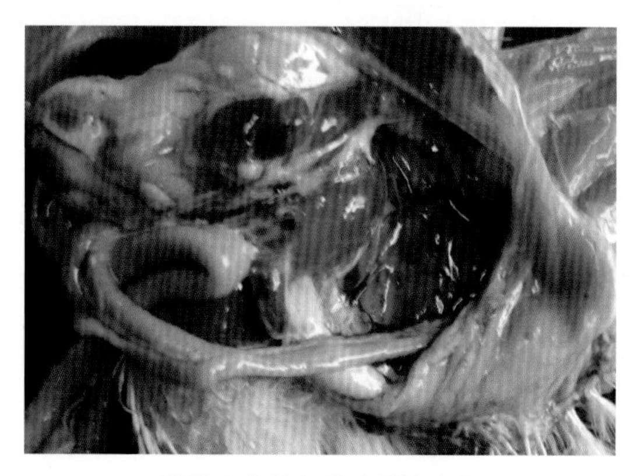

腹腔内有黄色胶冻样渗出物

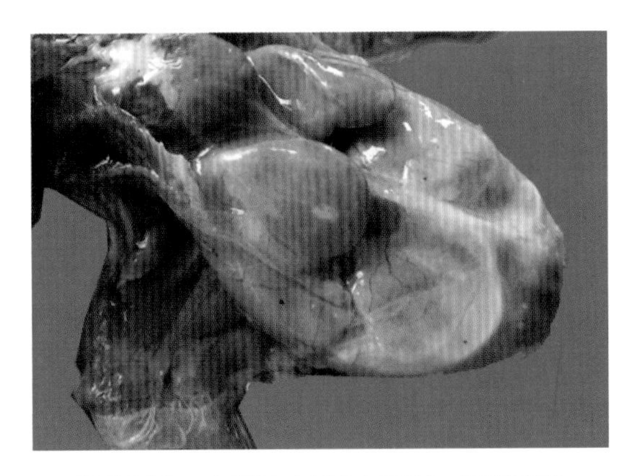

腹腔积液，心脏肿大且心包积液，肝脏变性

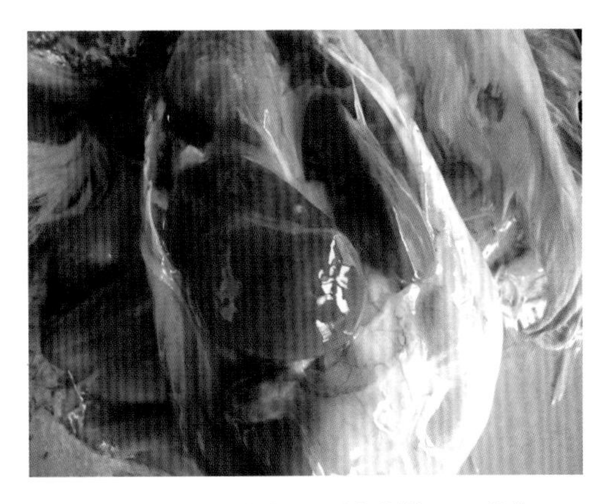

早期：　肝脏瘀血，肝被膜增厚，脱落

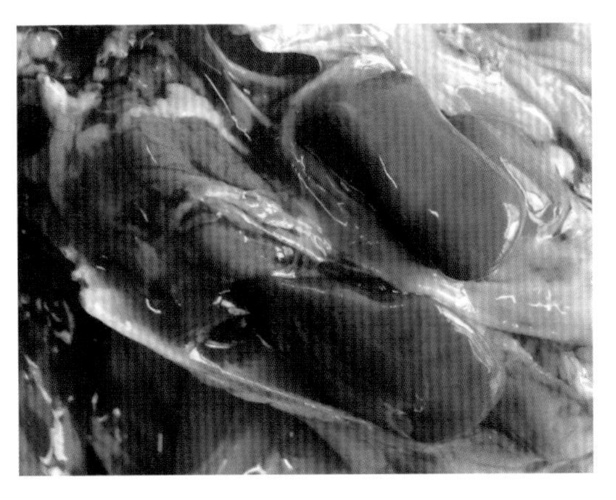

后期：　肝脏硬化

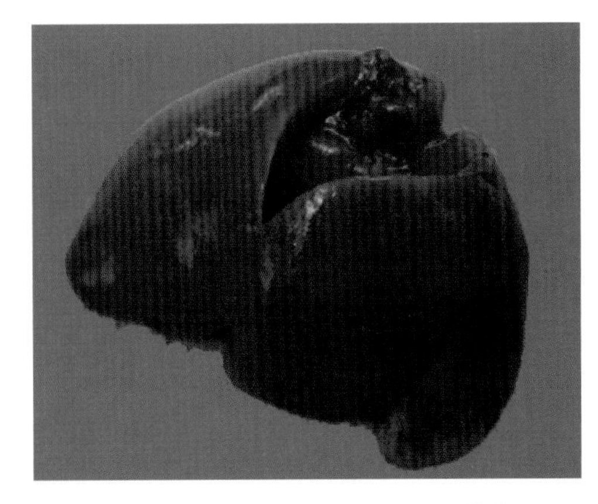

肝脏变性，表面有黄白色坏死灶散在

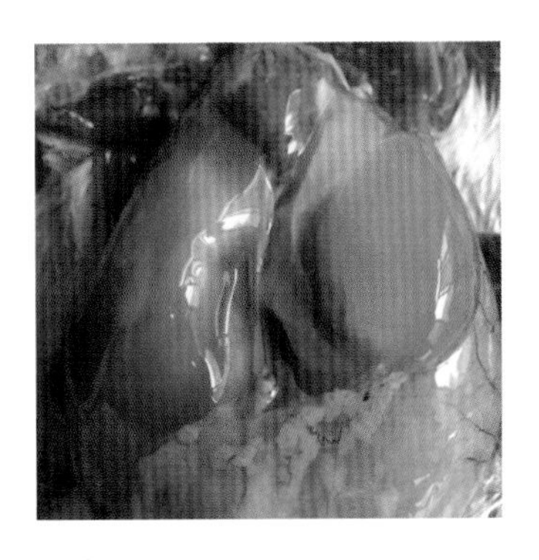

肝脏表面渗出大量淡黄色胶冻样物

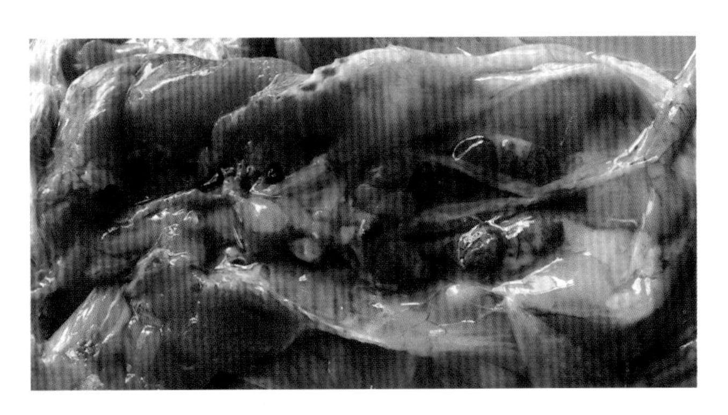

肺脏瘀血，水肿；肾脏肿大出血

肺脏出血

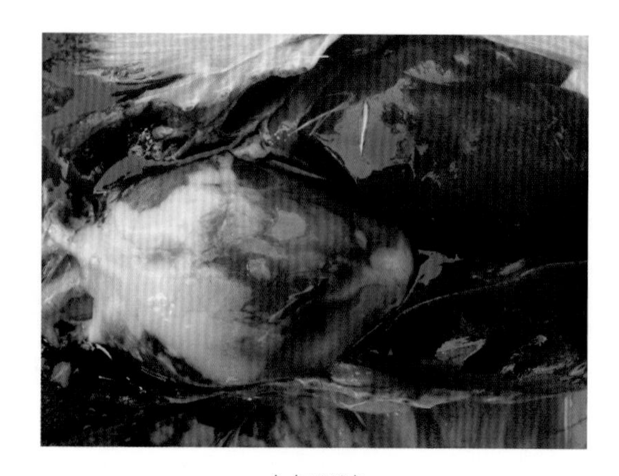

心包积液

左侧为正常心脏，右侧为腹水征的心脏呈代谢性肥大，心壁变薄

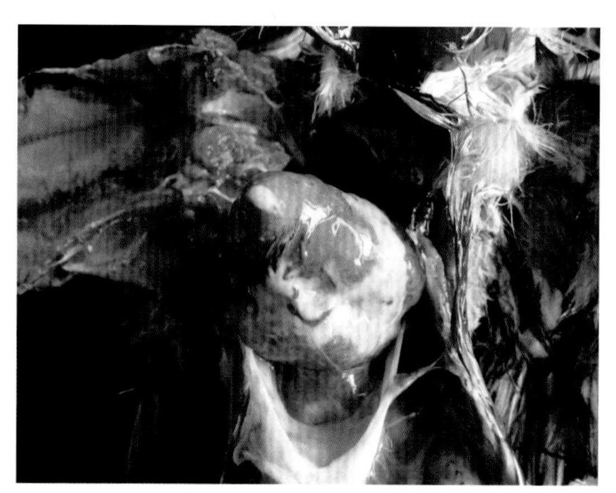

心脏体积明显增大

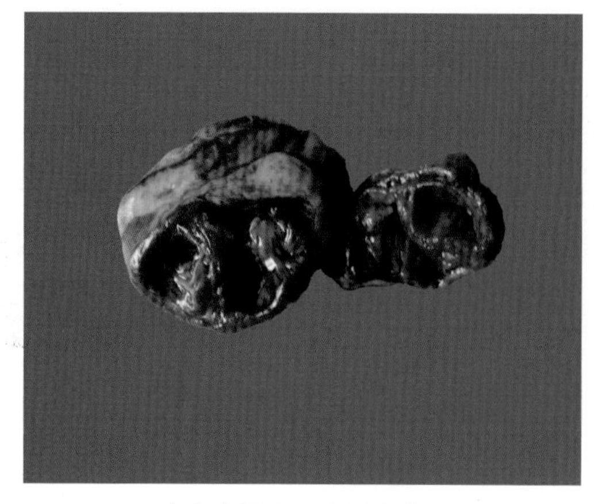

右心室肥大，心肌变薄

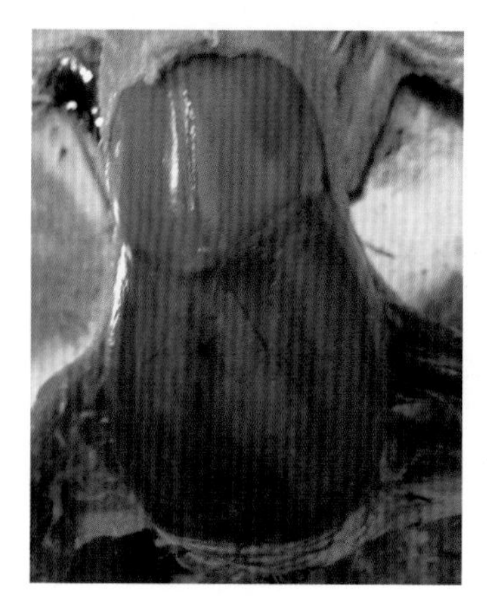

鹌鹑：　腹腔积液

第十三节 肠毒综合征

一、概述

肠毒综合征（enterotoxic syndrome）是诸多因素引起家禽的一种肠道炎症的总称，主要危害肉鸡、雏鸡及青年鸡。临床特征为腹泻、生长迟缓、消瘦、贫血，病理特征为肠黏膜脱落、出血。目前本病给养鸡业造成了巨大的经济损失。因引起本病的因素众多，故本书只做描述，不做定论。

二、流行病学

本病四季均可发病，夏、秋两季多见，地面平养发病早，网上平养发病晚，饲养密度过大、鸡舍潮湿闷热、通风不良、卫生条件差的发病率高，症状也较严重。不同品种的鸡均可感染发病，多发于12～30日龄的肉鸡和20～110日龄的蛋鸡。

虽然该病的病因是多方面的，球虫病仍是发病的主要原因，细菌病（如大肠杆菌病、沙门杆菌病、魏氏梭菌病等）及病毒感染（如呼肠孤病毒感染）、内外毒素（黄曲霉素，虫体细菌死亡、崩解等产生的毒素）、饲养管理不良、养殖环境恶劣及饲料中维生素、能量和蛋白质过高等因素均可诱发本病或加重病情。

三、临床症状

初期粪便稀薄、不成形，内含没有消化的饲料，2～3 d后，采食量明显下降，增重缓慢或发育不良，消瘦，贫血；中期精神沉郁，闭目呆立；后期尖叫、兴奋、跳跃、瘫痪、昏迷等，终因脱水衰竭死亡。

四、病理变化

发病早期肠黏膜增厚，颜色变浅，呈灰白色，像一层厚厚的麸皮，极易剥离，有的肠腔内没有内容物，有的内容物含有尚未消化的饲料。

发病中后期肠壁变薄，黏膜脱落，肠内容物呈白色蛋清样或黏脓样。

病情严重时，肠黏膜几乎完全脱落崩解，肠壁菲薄；肝脏、脾脏有细小的坏死灶散在。

五、防治

1.预防

加强饲养管理，搞好卫生与消毒，消除发病因素等可降低发病率。

2.药物治疗

发病后，按照多病因的治疗原则为思路，以增强机体免疫力为基础，治疗球虫病和肠道致病菌混合感染为前提，采用中西医治疗，标本兼治。

（1）采用抗微生物药与抗球虫药治疗（抗球虫药参考球虫病）。

（2）中药制剂治疗。

【处方1】青蒿白头翁散

青蒿60 g，白头翁、地榆、墨旱莲、白芍、山楂各15 g，黄芩、木香各10 g，山大黄20 g，鸦胆子、白矾各2 g，板蓝根25 g，雄黄1 g，甘草5 g。

【用法与用量】鸡球虫病，每1 kg饲料10.0 g（以球虫感染为主）。

【处方2】驱球止痢散

常山960 g，白头翁、仙鹤草、马齿苋各800 g，地锦草640 g。

【用法与用量】拌料混饲，禽每1 kg饲料2.0～2.5 g（以球虫感染为主）。

【处方3】白马黄柏散

白头翁、黄柏各300 g，马齿苋400 g。

【用法与用量】禽1.5～6 g/只。

【处方4】清瘟治痢散

大青叶、板蓝根、拳参、绵马贯众、白头翁各15 g，紫草、地黄、玄参、黄连、木香、柴胡各10 g，甘草6 g。

【用法与用量】拌料混饲，鸡每1 kg饲料5 g。

【处方5】三味拳参散

拳参1 400 g，穿心莲1 000 g，苦参1 600 g。

【用法与用量】拌料混饲，禽每1 kg饲料5 g。

【处方6】杨树花口服液

杨树花。

【用法与用量】混饮，禽每1 L水1～2 mL（每1 mL相当于原生药材1 g）。

【处方7】青胆散（河南省现代中兽医研究院研制）

青蒿、血见愁各10 g，苦参、龙芽草、地锦草、白头翁各9 g，地胆草、柴胡各8 g，太子参6 g等。

【功能】清热凉血，杀虫止痢。

【主治】球虫病、肠毒综合征、腹泻等。

【用法与用量】禽0.5～2.0 g/只。

肠毒综合征图

病鸡消瘦，精神沉郁，呆立

病鸡拉黄色稀粪

粪便表面有黏液，粪便中有未消化的颗粒状饲料

粪便中混有未消化的饲料及脱落的黏膜组织

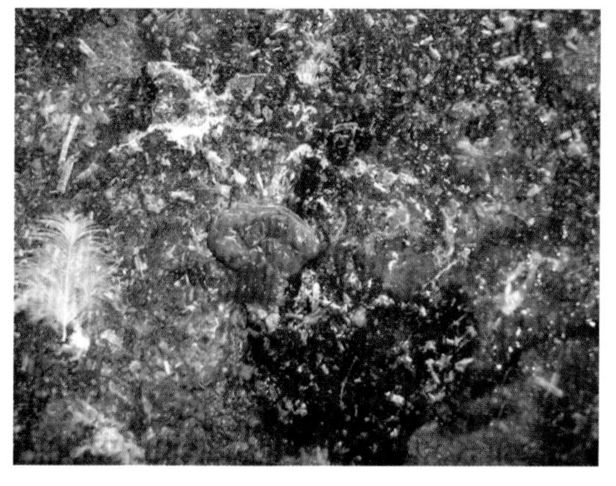
粪便中混有脱落的黏膜，间或有血液

有的粪便呈黄褐色，有的呈肉红色

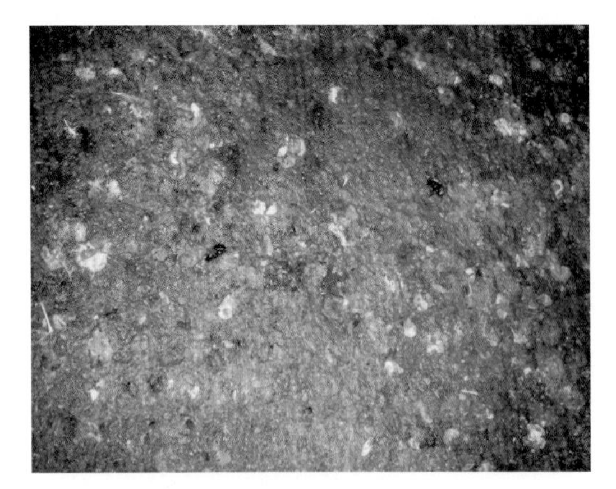

病鸡拉料粪

肠道高度肿胀，有出血斑，血管扩张明显

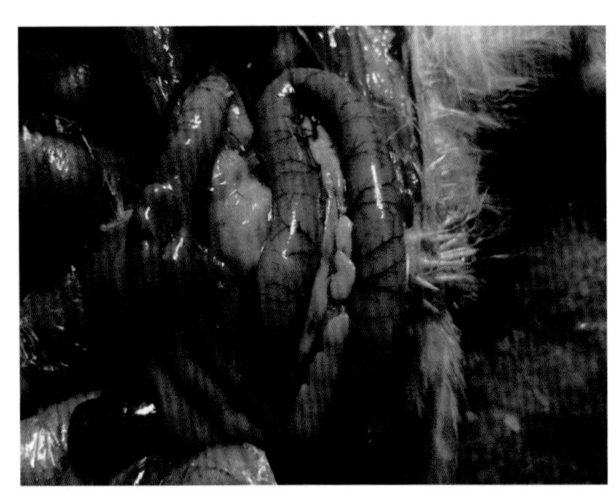

盲肠肿胀、出血

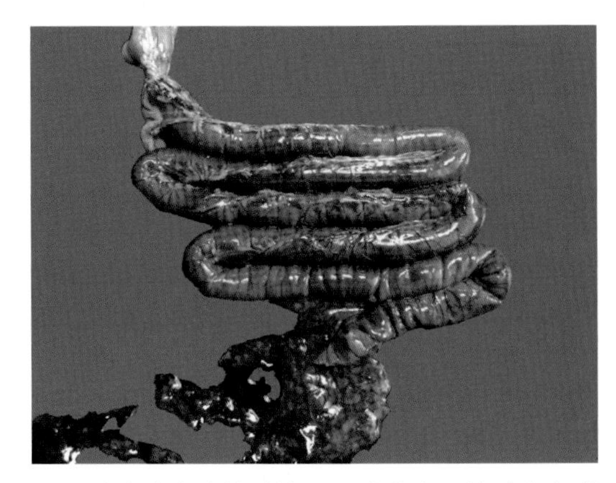

小肠球虫病为主的感染：肠道出血，管腔内有脱落的黏膜组织

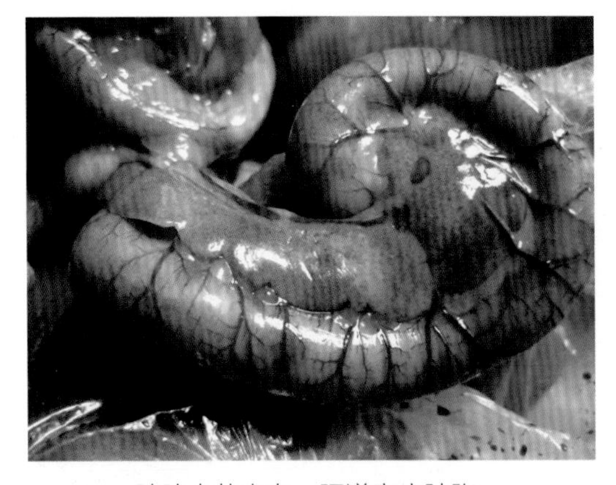

胰腺点状出血，肠道高度肿胀

胰腺点状出血，十二指肠肿胀，广泛性出血

第十四节 传染性腺肌胃炎

一、概述

传染性腺肌胃炎（transmissible of proventriculitis and gizzard）是一种以鸡生长不良、消瘦、整齐度差，腺胃肿大如乳白色球状，腺胃增厚，腺胃乳头凹陷、出血、溃疡，肌胃角质层易剥离、皲裂、溃疡、糜烂为主要特征的禽病。目前在肉鸡、蛋雏鸡和青年鸡发病呈上升趋势。该病病程长，死淘率高，给养殖业造成了很大的经济损失。本书只做描述，不做任何定论。

二、流行病学

本病的病因不明确，如生物胺、肌胃糜烂素、霉菌毒素（如呕吐毒素、T-2毒素）、传染性支气管炎病毒、传染性法氏囊病毒、马立克病毒、禽腺病毒、禽呼肠孤病毒、禽网状内皮组织增生症病毒、鸡传染性贫血病毒、圆圈病毒3型等均与该病有关。

本病四季均可发生，夏秋季节发病率高，尤其是6～9月。各品种鸡均可发病，肉杂鸡、白羽肉鸡发病率最高，黄鸡和蛋鸡次之，20～60日龄肉鸡多发。发病日龄不等，一般7～21 d高发，最早1日龄可见腺胃肿胀、肌胃溃疡。

本病常造成生长抑制和免疫抑制，导致家禽生长不良，均匀度差，色素沉着障碍，体重不达标，料肉比高，免疫器官发育迟缓、免疫应答弱、抗病力低、易感各种疾病。

病程不等，一般为10～15 d，长者可达35 d，发病后5～8 d为死亡高峰，耐过鸡生长速度缓慢，死淘率高，给养殖业造成很大的损失。

三、临床症状

病鸡精神沉郁，缩头垂尾，翅下垂，羽毛蓬乱不整，长出小尾巴，采食量及饮水量减少。

病鸡机体苍白，喙、鸡爪褪色，生长迟缓或停滞，极度消瘦，体重差异显著。

有些病鸡流泪、肿眼、咳嗽，排白色或绿色稀粪，粪便中常有未消化的饲料。

四、病理变化

腺胃肿大如球，呈乳白色，灰白色格状外观。

腺胃壁增厚、水肿，指压可流出浆液性液体。

腺胃黏膜肿胀、变厚，乳头肿胀、出血、溃疡，有的乳头已融合，界限不清。

肌胃角质层易剥离、皲裂、溃疡、糜烂等。

肌胃、胸腺、脾脏及法氏囊萎缩，肠道有不同程度的出血性炎症。

五、防治

1.预防

搞好环境卫生和做好环境消毒，针对主要病原进行相应的免疫接种，有助于将该病发病率控制在最低。

消除日粮中各种霉菌等真菌及其毒素、生物源性氨基酸（包括组胺、组氨酸、尸胺等）等是防治腺肌胃炎发生的重要措施。

2.治疗方案

因本病病因复杂，鸡群发病后应采取对症治疗的原则。

（1）抗微生物药饮水，控制细菌性疾病。配合复合维生素B可溶性粉或复方维生素纳米乳口服液，利于本病的康复。

（2）干扰素、转移因子、蜂毒肽等饮水辅助治疗。

（3）中药制剂治疗。

【处方1】胃康（河南省现代中兽医研究院研制）

生地黄、蒲公英、黄连、黄芩、黄柏、金银花各9 g，甘草6 g，板蓝根、白头翁、鱼腥草各12 g，焦山楂、炒麦芽各15 g。

【用法与用量】煎煮后供200只鸡饮用。

【应用】治疗腺胃炎，连用5 d，效果显著。

【处方2】胃肠康（河南省现代中兽医研究院研制）

神曲、麦芽、炒山楂、陈皮各15 g，枳壳9 g，党参8 g，黄芪11 g，乌梅、诃子、白矾各13 g，地榆15 g，黄连、连翘、金银花各11 g，甘草10 g。

【用法与用量】煎煮后供200～300只鸡1 d饮用。

【应用】治疗鸡腺胃炎、肌胃炎及肠炎等，连用5 d。

传染性腺肌胃炎图

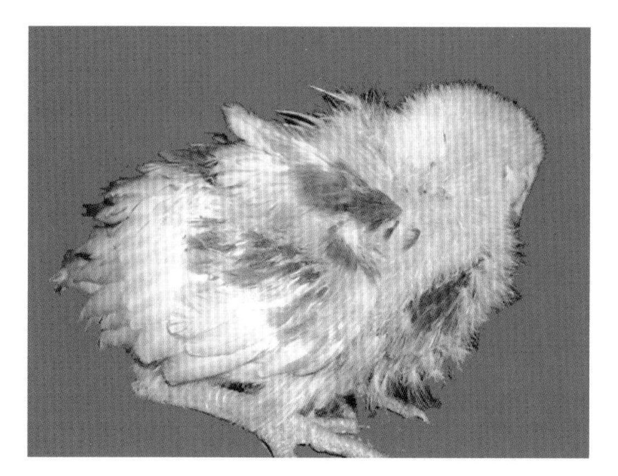
病鸡消瘦，羽毛蓬乱，精神沉郁

同一批次鸡大小差异显著，小尾巴

病鸡拉料粪

粪便中混有脱落的黏膜组织

病鸡拉黄白色牛奶样粪便

腺胃肿胀如球状，呈乳白色，肌胃与腺胃交界处变薄

腺胃肿胀如球状，脾脏坏死，肠胀气等

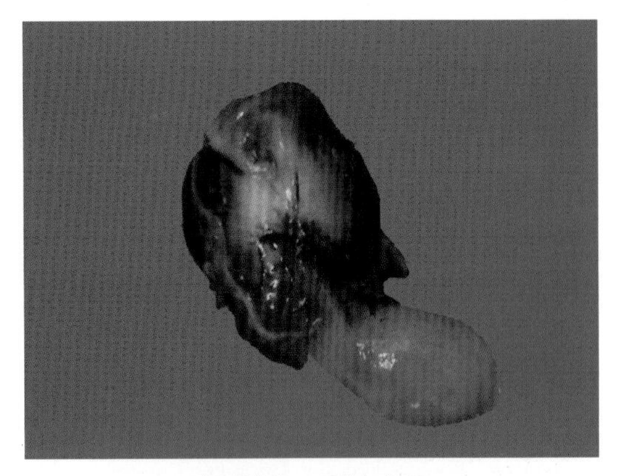

腺胃肿胀，质地变硬

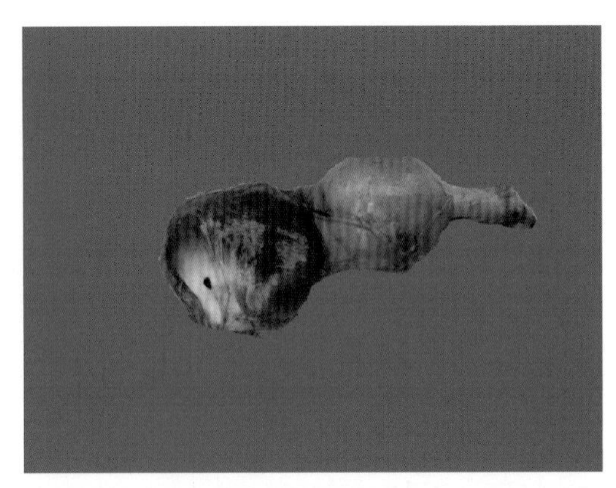

腺胃肿胀，质地变硬，腺胃和肌胃大小差异不显著

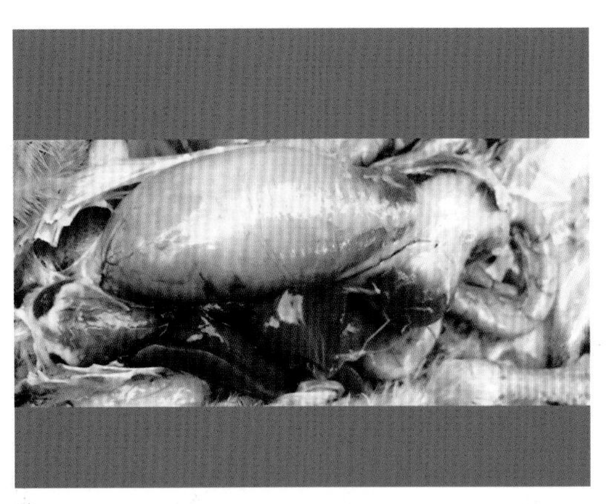

腺胃高度肿胀，体积变大，质地变软，变薄，呈苍白色

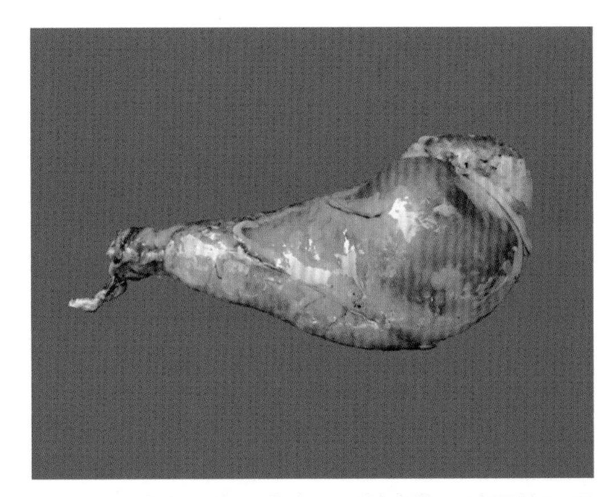

腺胃高度肿胀，体积变大，质地变软；腺胃体积显著大于肌胃，肌胃柔软

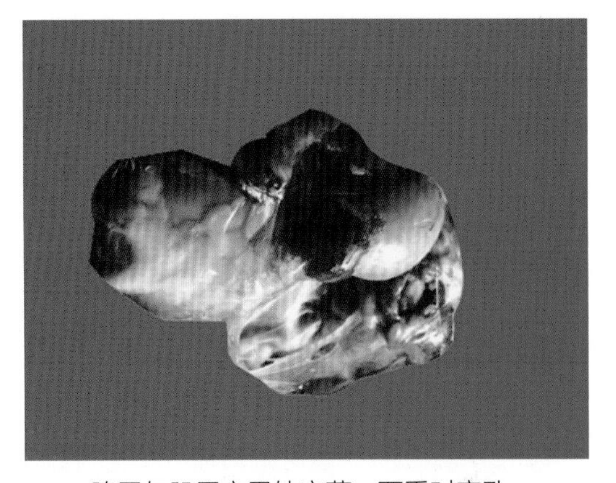

腺胃与肌胃交界处变薄，严重时穿孔

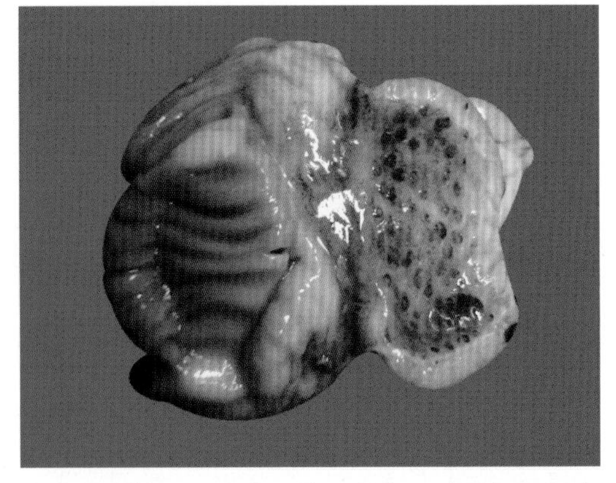

腺胃胃壁增厚，乳头凹陷、出血，腺胃与肌胃交界处出血

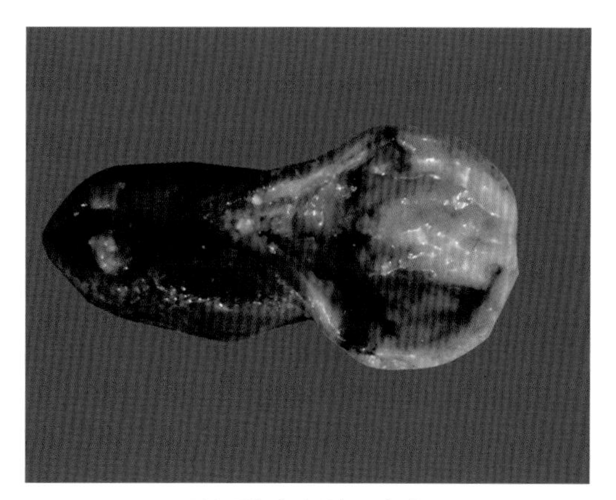
腺胃乳头水肿、出血

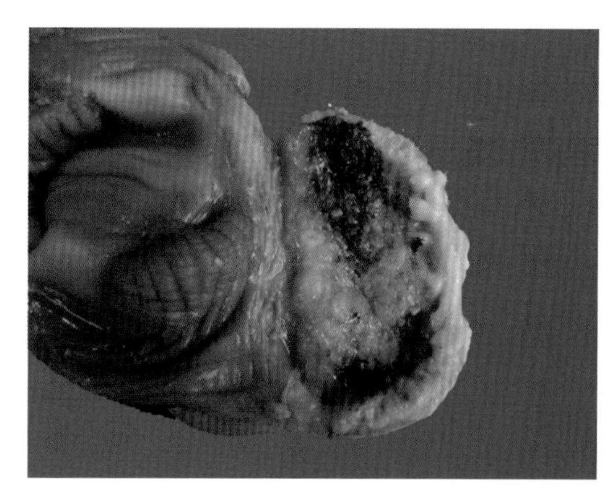
腺胃乳头出血、坏死、溃疡，严重时胃穿孔

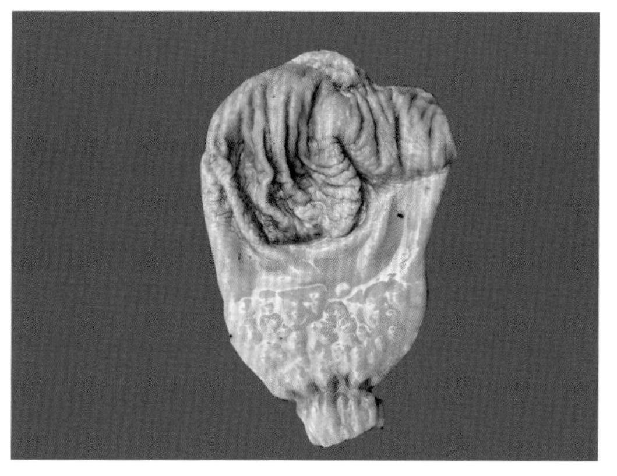
腺胃胃壁变薄，乳头水肿，肌胃角质层溃疡

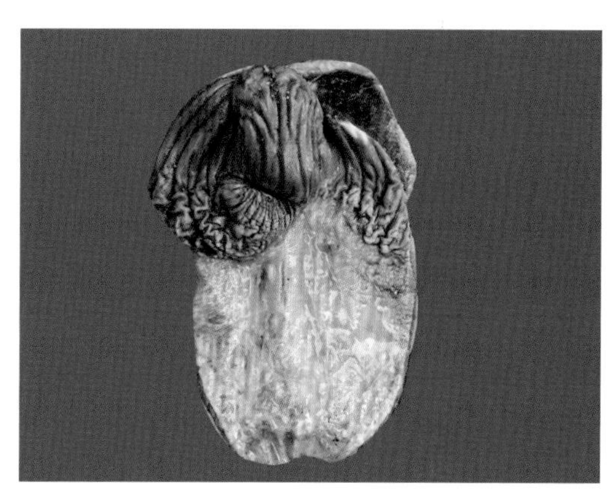
腺胃胃壁变薄，黏膜脱落，乳头消失，肌胃角质层溃疡

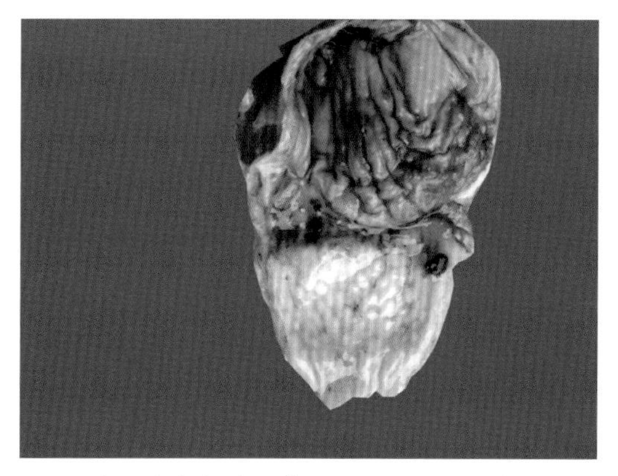
腺胃乳头水肿，腺胃肌胃交界处出血

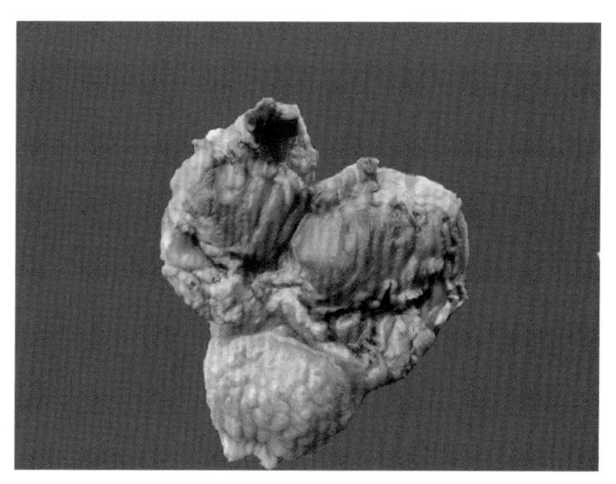
腺胃乳头水肿，肌胃角质层大面积溃疡

肌胃角质层出现不同程度的溃疡

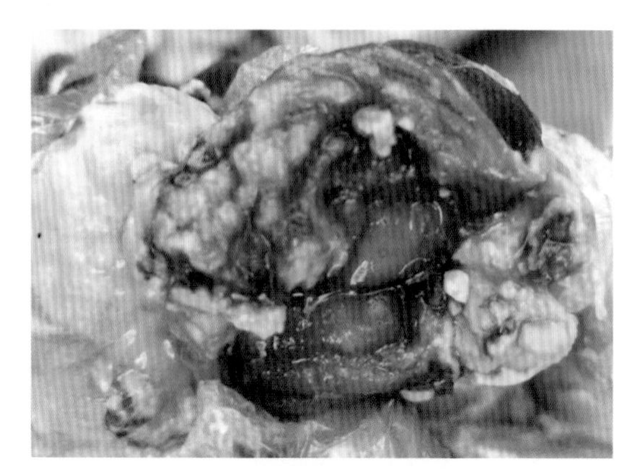

角质层大面积溃疡

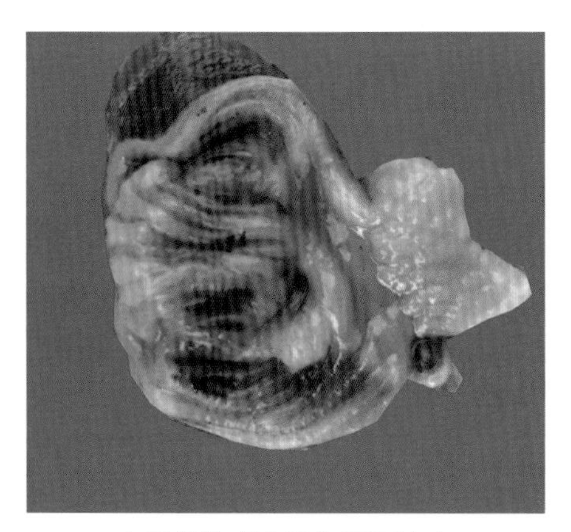

1 日龄雏鸡肌胃角质层溃疡

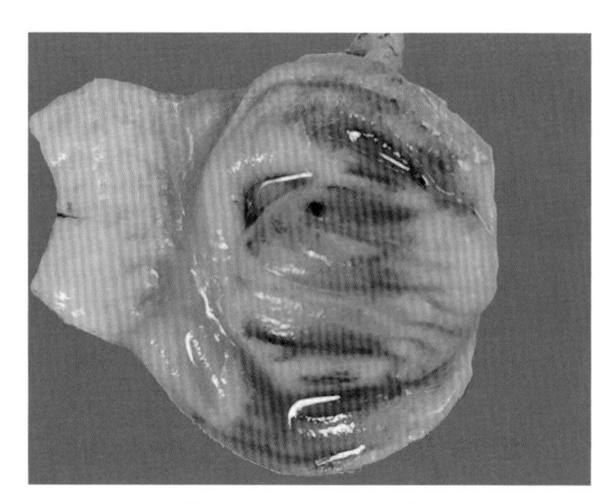

1 日龄雏鸡肌胃角质层出血、溃疡

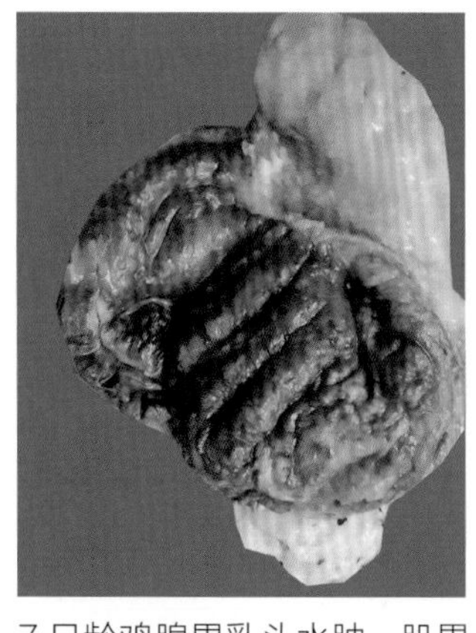

7 日龄鸡腺胃乳头水肿，肌胃角质层溃疡

18 日龄肉鸡角质层大面积溃疡

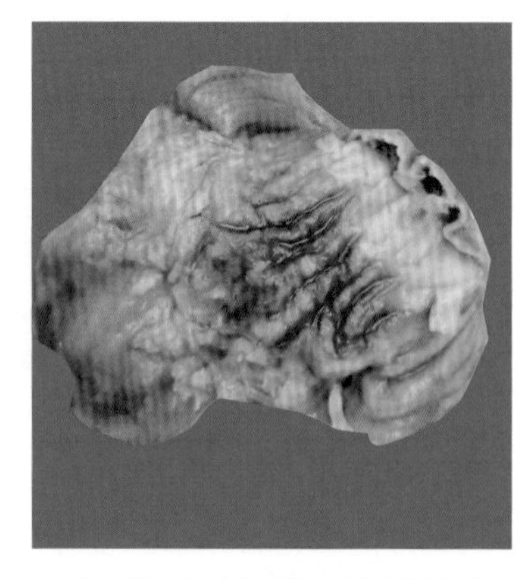

20 日龄肉鸡角质层大面积溃疡

第十五节　中　暑

一、概述

中暑（heatstroke）是因烈日暴晒、环境温度过高或舍内通风不良，过分拥挤，饮水供应不足等多因素导致家禽中枢神经紊乱、心衰猝死的一种急性病，包括日射病和热射病。

二、临床症状

肥胖的禽易发，刚死亡的禽胸腹腔内温度高，灼手。

热射病：突然发病，体温升高，呼吸急迫，张口喘气，两翅张开，晕眩，不站立，食欲减退或废绝，饮水增加或不饮水，昏迷，虚脱，惊厥，死亡等。

日射病：体温高，烦躁不安，战栗，麻痹，痉挛，昏迷而死等。

三、病理变化

全身静脉瘀血，血液凝固不良。

肌肉苍白、贫血，胸肌呈水煮样。

脑膜充血、出血、瘀血或水肿。

心冠脂肪点状出血，心包积液。

肺脏瘀血，水肿。

肝脏肿大，土黄色，有出血点。

腺胃变薄，乳头变小，胃穿孔。

肠黏膜脱落，肠壁变薄，肠腔内积有大量气体引起肠管变粗，泄殖腔外翻、出血。

卵泡充血，输卵管内有成形的蛋等。

四、防治

做好降暑工作是防治根本，饲料中添加小苏打和维生素C，并供应充足的饮用水等。

（1）发生中暑时，立即将病禽置于阴凉通风处或浸于冷水中片刻或凉水喷洒，以降低体温，同时禽舍采用凉水喷洒地面，同时做好人工通风工作等。个别严重禽采用藿香正气水灌服，每只5 ~ 10 mL。大群采用抗热应激药治疗。

1）碳酸氢钠：按照0.1%～0.2%的比例混饮，维生素C按照每吨饲料添加200～400 g。

2）口服补液盐：葡萄糖88 g、氯化钠14 g、氯化钾6 g、碳酸氢钠10 g，溶解于4 000 mL水中，供鸡自由饮用，缓解热应激引起的电解质紊乱。

3）复方氯化铵可溶性粉：氯化铵66.2 g、氯化钾33.3 g、维生素B_1 0.08 g、维生素B_2 0.08 g、维生素B_6 0.075 g、维生素E 0.27 g，饮水，鸡每1 L水2 g，用于鸡抗热应激反应，减少热应激引起的死亡。

（2）中药制剂辅助治疗。

【处方1】香薷散

香薷、黄连、当归、连翘、栀子、天花粉各30 g，黄芩45 g，甘草15 g，柴胡25 g。

【用法与用量】禽1～3 g/只。

【处方2】清暑散

香薷、白扁豆、薄荷、藿香、菊花各30 g，麦冬、木通、茵陈、石菖蒲、茯苓各25 g，猪牙皂20 g，金银花60 g，甘草15 g。

【用法与用量】禽1～3 g/只。

【处方3】应激安散

刺五加、酸枣仁、黄芪、白头翁、白术各80 g，远志60 g，茯苓、麦芽、陈皮、甘草、金银花、厚朴、秦皮、炒神曲、炒山楂、黄芩、黄柏、苦参、艾叶各30 g，延胡索15 g，木香20 g，黄连15 g，龙胆、党参各50 g。

【用法与用量】拌料或水煎，鸡每1 kg体重1～2 g， 2次/d。

【处方4】解暑抗热散

滑石粉51 g，甘草8.6 g，碳酸氢钠40 g，冰片0.4 g。

【用法与用量】禽1～3 g/只。混饲，鸡每1 kg饲料10 g。

中暑图

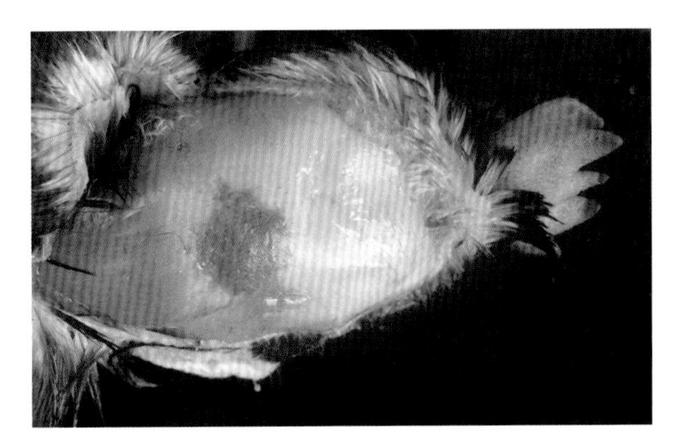

脑膜下充血、出血

龙骨下有血样渗出

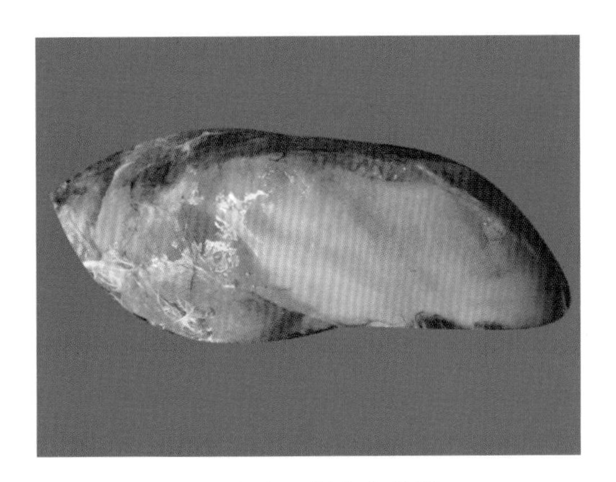

肌肉发白，似半煮熟样

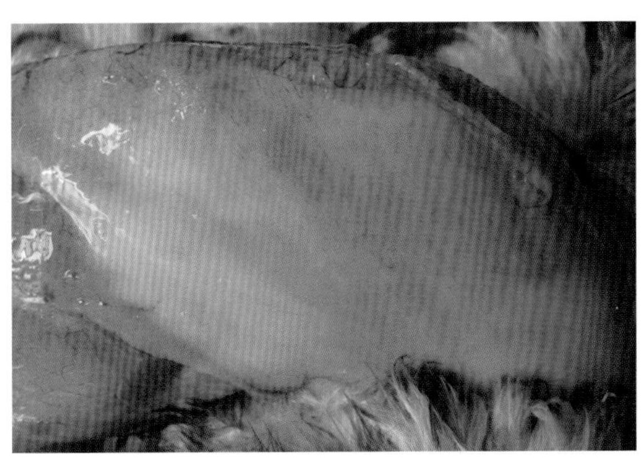

胸肌呈水煮样

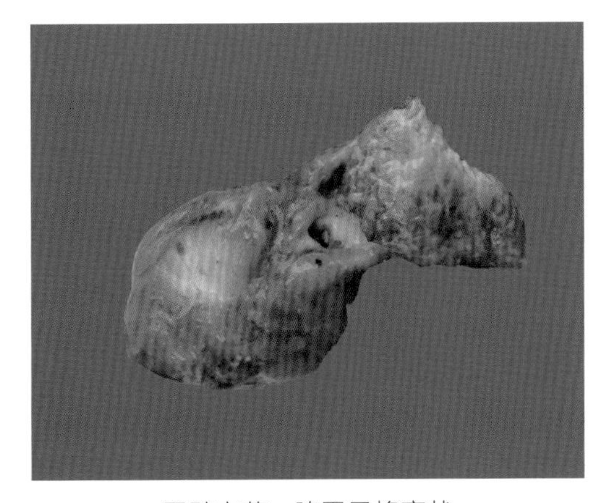

胃壁变薄，腺胃呈蜂窝状

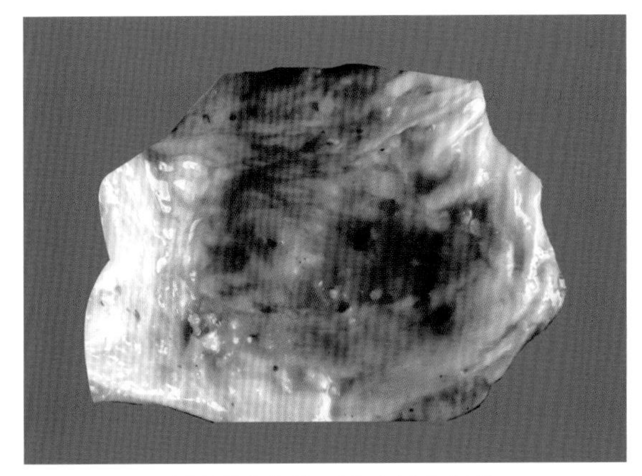

腺胃胃壁变薄，胃底部出血斑

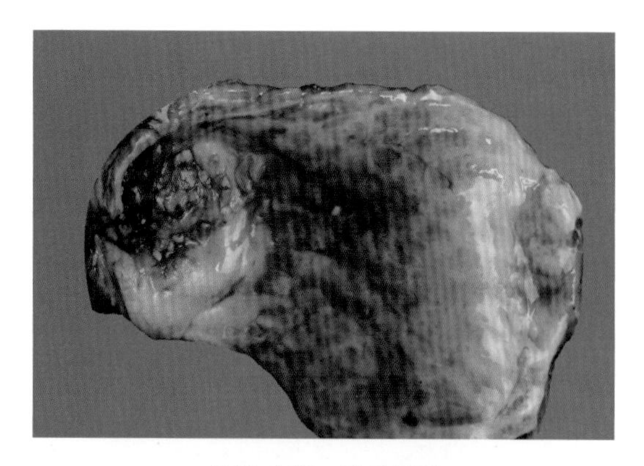

胃壁变薄，乳头消失

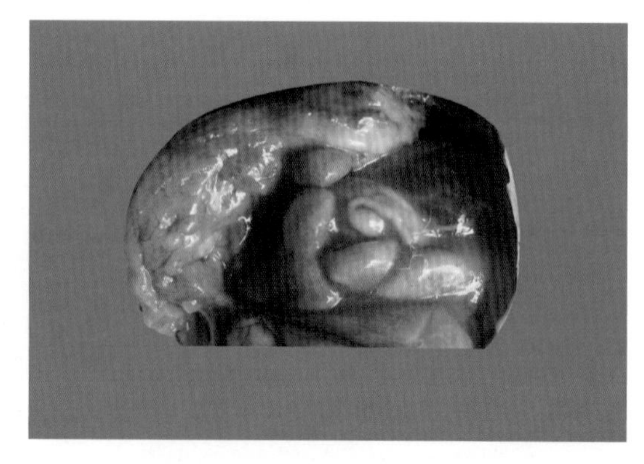

腺胃浆膜外出血，严重时腺胃穿孔

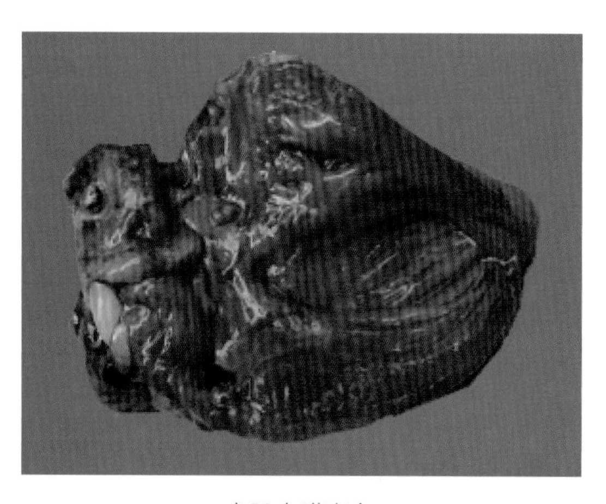

心肌内膜出血

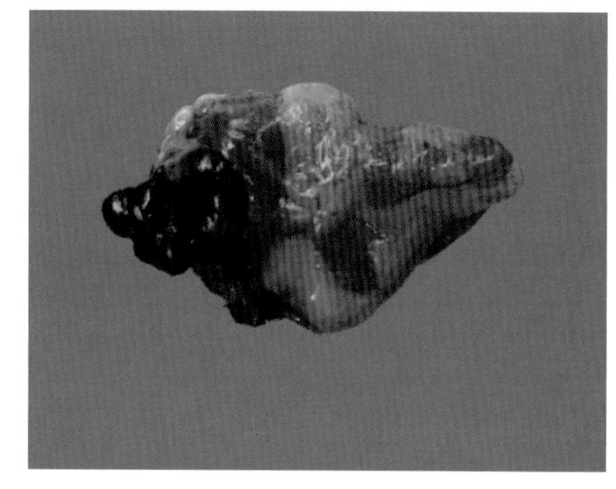

心冠脂肪出血

肝脏质脆易破裂，表面有血样渗出

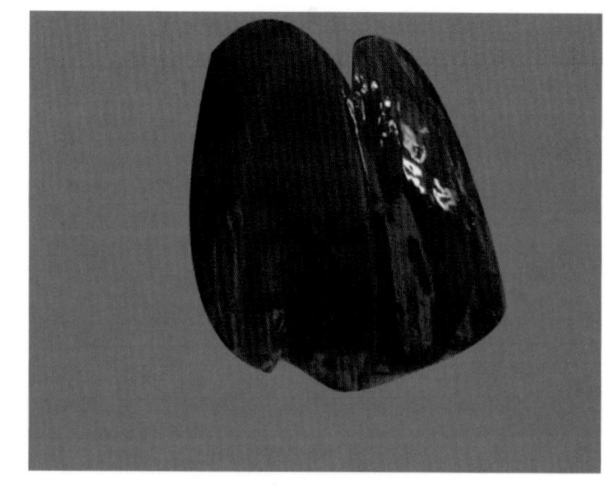

肝脏表面呈凹陷型出血

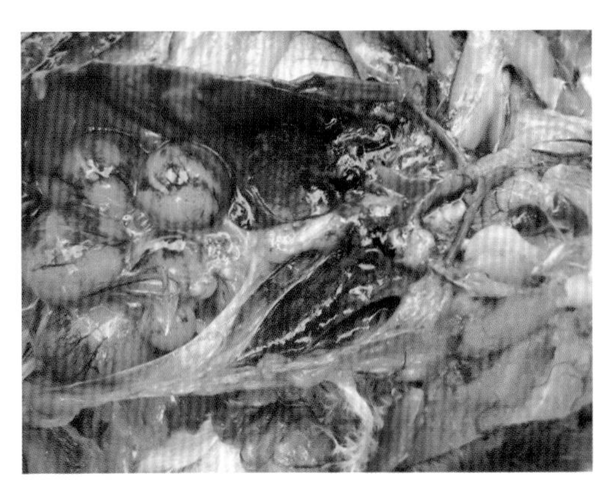

肺脏水肿、瘀血，卵泡充血

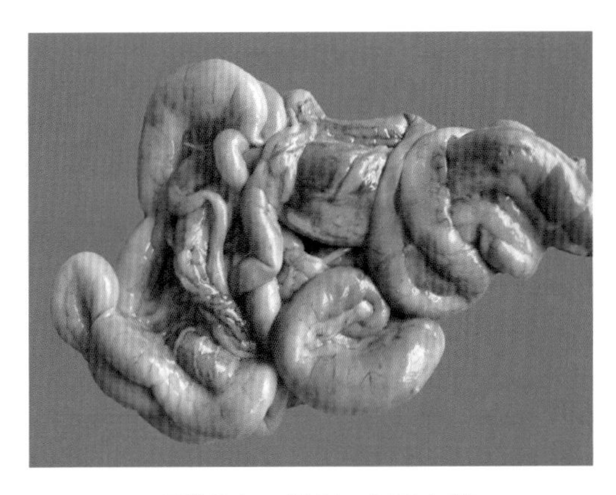

肠管胀气、发黑，肠壁变薄

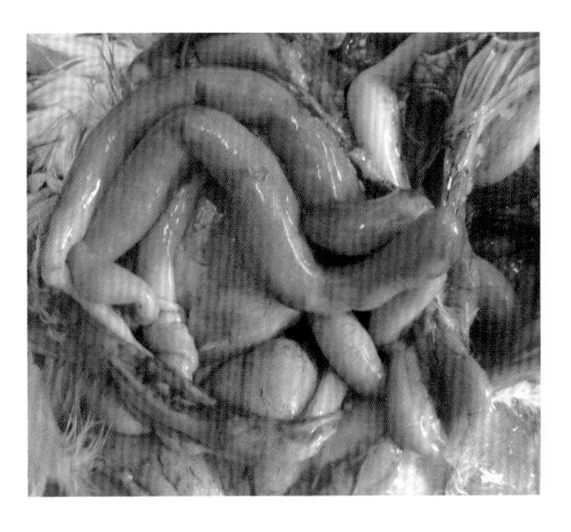

肠腔胀气

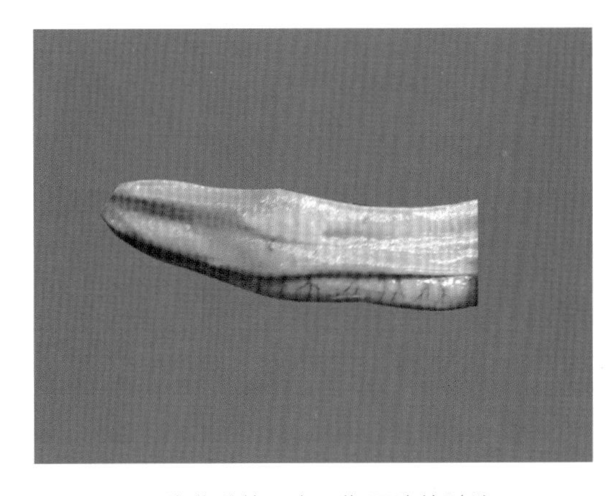

肠黏膜脱落，十二指肠腺体肿胀

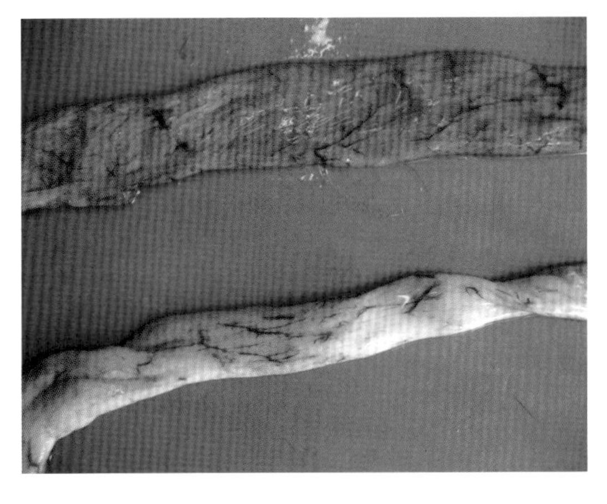

输卵管水肿

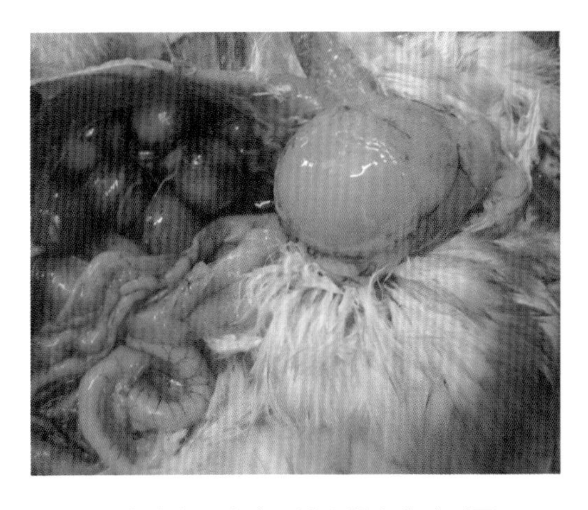

卵泡充血、出血，输卵管内有成形蛋

第十六节 鸡肿头综合征

一、概述

鸡肿头综合征（swollen head syndrome in chicken）是以头部高度肿胀及呼吸道症状为特征的一种急性传染病，4 ~ 7 周龄的商品肉鸡和育成鸡常发病，也见于成年蛋鸡，传播迅速，2 日内可波及全场各群，发病率一般为10% ~ 50%，病死率 1 % ~ 20%不等，病程为10 ~ 14 d。

二、流行病学

本病的病因尚未完全清楚，现在一般认为鸡首先感染禽偏肺病毒，引起鼻炎和皮肤搔伤，造成大肠杆菌感染，侵入面部皮下组织，引起肿头症状。

1.环境因素

潮湿、污浊的饲养环境加上通风不良等因素造成舍内有害细菌大量繁殖和有害气体含量严重超标，诱发肿头综合征。

2.疾病因素

禽偏肺病毒病、大肠杆菌病、慢性呼吸道病、传染性鼻炎、禽痘、流感等造成鸡群不同程度的肿头、肿脸，且呈现传播之势。

3.疫苗因素

传染性喉气管炎疫苗、传染性支气管炎疫苗、新城疫疫苗等滴鼻、点眼后，引起眼睑肿胀乃至整个头部肿大，特别是喉气管炎疫苗免疫后的肿头、肿脸长时间难以消除，药物或灭活疫苗如传染性鼻炎疫苗颈部皮下注射后造成脖颈部发炎肿胀，炎症波及面部及整个头部。

4.营养因素

饲料营养不平衡，如维生素A缺乏引起的眼部或面部肿胀。

三、临床症状

病初鼻窦和眶下窦及面部严重肿胀，精神沉郁，眼鼻流出分泌物，打喷嚏、咳嗽、喘鸣，爪不停地挠面部，48 h 后出现典型症状，头、面部、眼睑及肉髯明显浮肿，斜颈、定向障碍，结膜炎，眼内角呈卵圆形突出，眼裂变小、闭合，严重时因眼球受到压迫而致单侧或双侧失明，下颌和颈部高度水肿造成采食及饮水困难而死亡。

皮下肿胀，皮下组织充满胶冻状渗出物或干酪样坏死，肉髯发绀、坏死，结膜炎，角膜溃疡等。

蛋鸡为急性卵黄性腹膜炎，腹腔内有脱落的卵黄和蛋壳碎片等。

四、防治

1.预防

改善鸡舍卫生条件，降低饲养密度，合理通风与换气，减少空气中的氨气浓度，做好常规疫苗的接种等是预防本病的重要措施。

2.治疗方案

发病后选用敏感抗微生物药饮水或拌料，配合多种维生素电解质或复方维生素纳米乳饮水及转移因子、蜂毒肽，饲料中添加清热解毒、活血化瘀、止咳平喘的中药制剂辅助治疗。

【处方1】普济消毒散

大黄、连翘、板蓝根各30 g，黄芩、薄荷、玄参、升麻、柴胡、桔梗、荆芥、青黛各25 g，黄连、马勃、陈皮各20 g，甘草15 g，牛蒡子45 g，滑石80 g。

【用法与用量】禽1～3 g/只。

【处方2】黄连、玄参、陈皮、桔梗各1 000 g，黄芪、板蓝根、连翘各2 000 g，马勃、牛蒡子、薄荷、僵蚕、升麻、柴胡、甘草各500 g。

【用法与用量】分4份，每天1份，水煎取汁，早晚各服一次，供3 000只鸡饮用。3 d后痊愈，未复发。

【处方3】石竹散（河南省中兽医研究院研制）。

生石膏、水牛角各12 g，知母、生地黄、牡丹皮、板蓝根、淡竹叶各9 g，甘草、连翘各7 g，大青叶11 g，黄连、金银花各6 g，人参叶5 g。

【功能】清热解毒，凉血。

【主治】热毒上冲，头面、腮颊肿胀，发斑，高热神昏等症。

【用法与用量】禽0.25～1.5 g/只，1次/d，连用3～5 d。病情严重时加倍应用。

鸡肿头综合征图

肿头肿脸，闭目嗜睡

肿头肿脸

肿头，眼盲

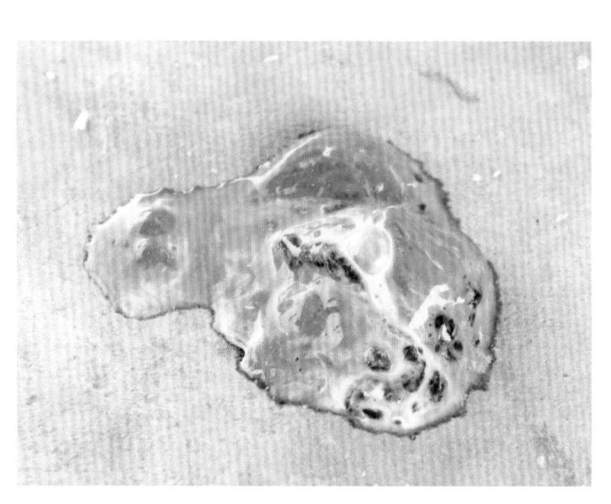

病鸡拉黄绿色粪便

第十七节　多病因呼吸道病

一、概述

多病因呼吸道病（multicausal respiratory disease）是一种病程漫长、病因复杂的呼吸道疾病的统称。本病的病因多样化，慢性呼吸道病、大肠杆菌病、新城疫、传染性支气管炎、禽流感等是引起本病的主要因素，发病过程复杂而漫长，治疗效果不佳，终因治愈率低而给养殖业带来很大的损失。

二、病因

1.呼吸道病之间的相互作用

一种或几种病毒性呼吸道病继发（或并发）一种或几种细菌性呼吸道疾病，且每种呼吸道病的症状互相协同或增加等引起多病因呼吸道病，病情比单一疾病感染更为严重。如慢性呼吸道病与新城疫、传染性支气管炎，或慢性呼吸道病与传染性鼻炎、禽流感，或疫苗病毒感染与慢性呼吸道病、大肠杆菌病等。

2.免疫抑制性病原体的影响

免疫抑制性病原体如传染性法氏囊病毒、马立克病毒、传染性贫血病毒等可使鸡对呼吸道感染的易感性大大增加。如用传染性法氏囊病毒攻击对鸡的抗体应答产生负面影响并降低对新城疫、传染性支气管炎、支原体病等的抵抗力。

3.环境因素的作用

环境因素与传染性病原体相互作用也是引起家禽呼吸道疾病的重要因素。饲养环境恶劣，如鸡舍封闭过严，舍内通风不良，氨气、CO_2、SO_2等有害气体浓度过大，或舍内高温高湿，或舍内干燥、尘埃等较多因素存在时，一是会刺激气管黏膜，造成黏膜发炎而引起发病；二是加重条件性致病菌大肠杆菌病的病情，气囊炎症状加重等。

4.疫苗反应

鸡对呼吸道病毒抵抗力依赖于广泛使用活的呼吸道病毒疫苗，所有的呼吸道病毒疫苗其病毒都在鸡体内复制，并引起某种程度的细胞损伤。这种病毒复制的临诊表现和导致的病理变化称为“疫苗接种反应”。产生严重的疫苗接种反应的诱发因素归纳起来主要是：免疫抑制可以妨碍鸡体限制呼吸道疫苗病毒复制的能力；接种呼吸道病毒活疫苗的鸡，其呼吸道被支原体、大肠杆菌、鸡波氏杆菌等其他病原体污染；有些ND、IB和ILT活疫苗，若部分鸡没有接种疫苗则会通过免疫的鸡散布疫苗病毒感染；舍内空气中氨的浓度高、尘埃多、高温等环境因素也可影响疫苗接种反应的严重程度；疫苗选用不当及免疫接种的方法不正确可以使疫苗接种反应增强，如不当的饮水免疫不能使所有的鸡得到免疫剂量的疫苗，让疫苗病毒有从鸡到鸡的传播机会。因此，在接种病毒性活疫苗的同时，适当配合使用某些抗生素，对消除和抑制某些细菌如大肠杆菌、支原体等引起的疫苗接种反应会有一定效果。

5.药物使用不当

用药对症不对因；或用药偏多，顾此失彼；或所用药物对该呼吸道病无根本性治疗作用；或用药疗程不够，如用药后见好就收，未能彻底治愈病情，从而造成本病反复复发。

三、流行病学

本病四季均可发生，秋冬季节多发，商品肉鸡高发，发病率为20%～75%，死亡率高达30%。发病过程一般分三个阶段。

第一阶段：鸡舍消毒不彻底、空棚时间短等原因导致鸡舍内存在大量的病原体。在饲养密度过大、湿度过大、通风换气不良、营养成分不均衡、长途运输、呼吸道受损等因素的存在下引起咳喘等呼吸道症状。

第二阶段：若家禽发生咳喘等呼吸道症状治疗不当，随着日龄增长，饲养环境变差，环境中的病原体如大肠杆菌的迅速繁殖导致大肠杆菌病的发生，造成病情加重，出现死亡等。

第三阶段：随着鸡群日龄的增长，饲养环境越来越恶劣、饲养管理难度增加、环境中各种病原体繁殖、免疫抑制病及免疫失败等诸多因素的存在造成多种疾病混合感染，如慢性呼吸道病、大肠杆菌病与新城疫（或传染性支气管炎、禽流感等病毒病）导致多病因呼吸道病的发生。

实际发病时，发病的过程可能三个阶段不会有明显区分，有可能直接发生第二阶段或第三阶段，这就要求在诊断时根据实际发病情况具体分析，做出正确判断，合理用药。

四、诊治要点

发病率为20%～75%，死亡率高达30%，肉鸡死亡率和发病率高于蛋鸡。

家禽采食量下降，精神委顿，肿头，流泪，呼噜、咳嗽或甩头；产蛋率下降幅度不大，蛋壳颜色发白，薄壳蛋、砂壳蛋增加等。

气管及支气管充血、出血，内有黏液或黄白色干酪样物，干酪样物堵塞喉头等；气囊混浊、增厚，气囊炎，心包炎，肝周炎；肠道多处出血，盲肠扁桃体肿胀、出血，肝脾肿大等。

五、防治

加强饲养管理，搞好环境卫生，严格对舍内外消毒，温湿度与饲养密度适宜，适时通风换气，做好常规疫苗的接种，消除各种发病因素。治疗时参考大肠杆菌病、慢性呼吸道病、新城疫、传染性支气管炎及禽流感等呼吸道病的方案。

新城疫疫苗接种引起的感染

鼻窦腔黏膜点状出血

鼻腔严重出血

眼睑出血

眼球出血

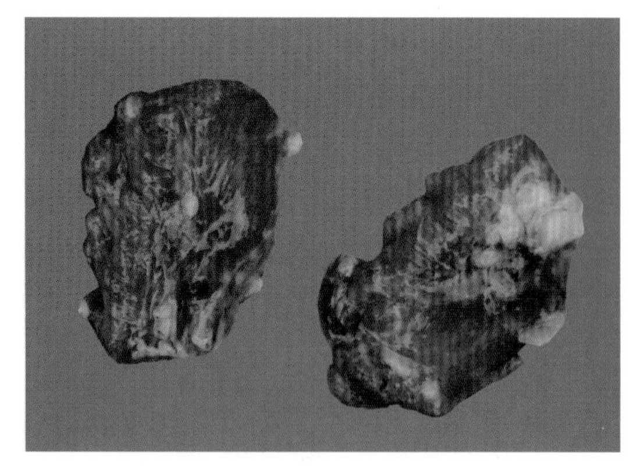

肺脏出血、坏死

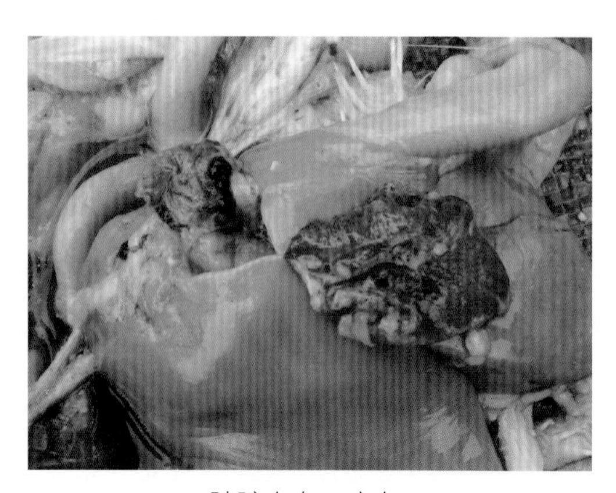

肺脏出血、瘀血

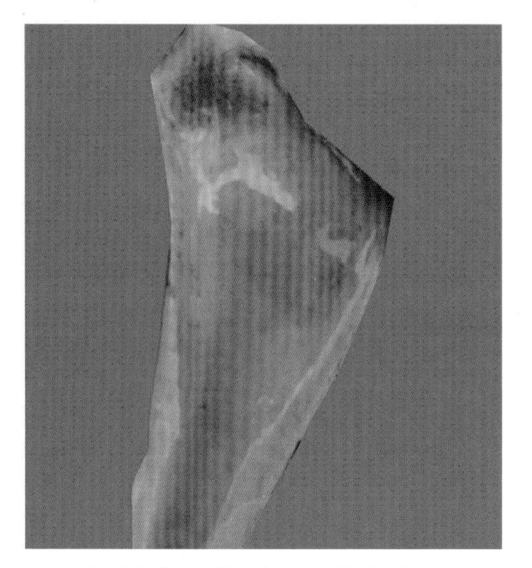

喉头黏膜点状出血，气管黏膜出血

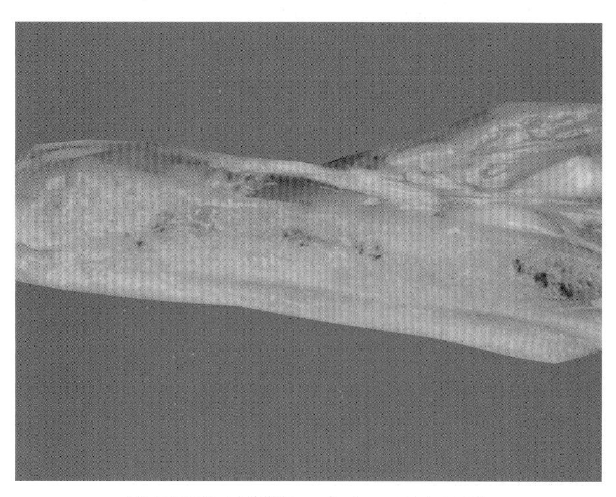

淋巴滤泡丛肿胀、出血，呈枣核样

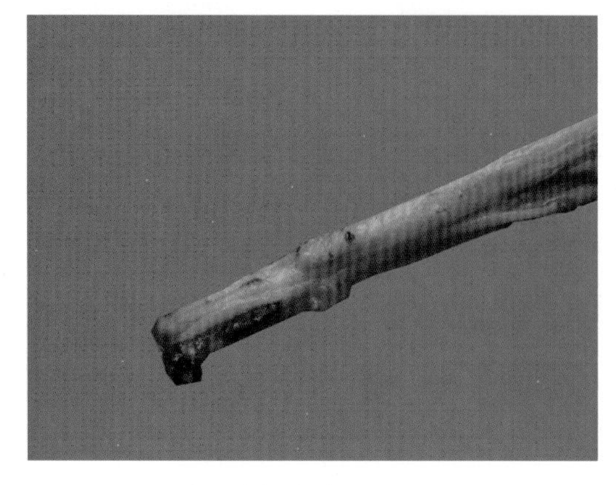

盲肠扁桃体肿胀、出血

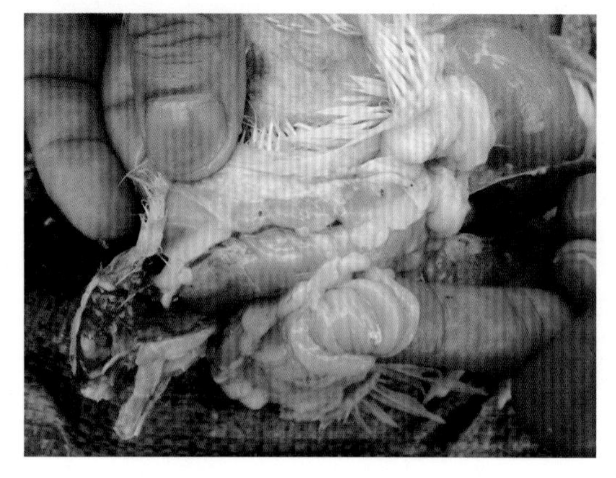

胸腺肿大，出血，法氏囊水肿

大肠杆菌病、慢性呼吸道病、传染性支气管炎与禽流感混合感染

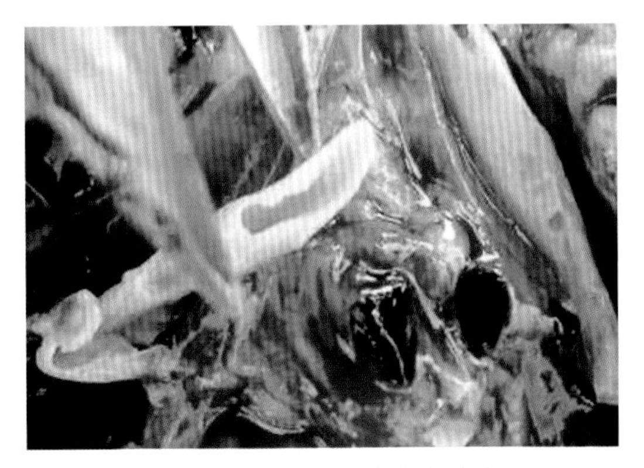

支气管管腔形成黄白色空心塞

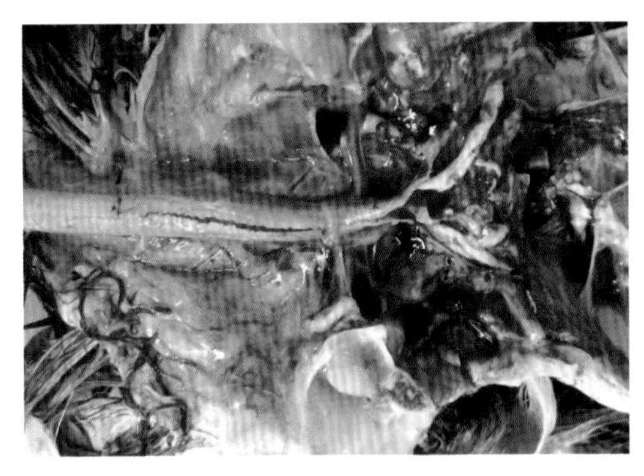

双侧支气管管腔形成黄白色实心塞

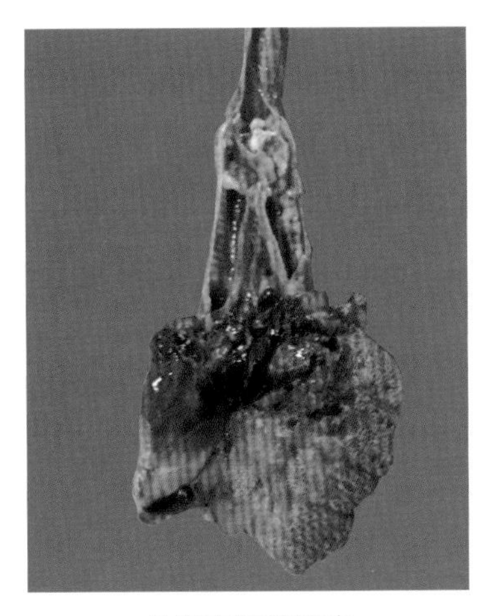

单侧支气管堵塞

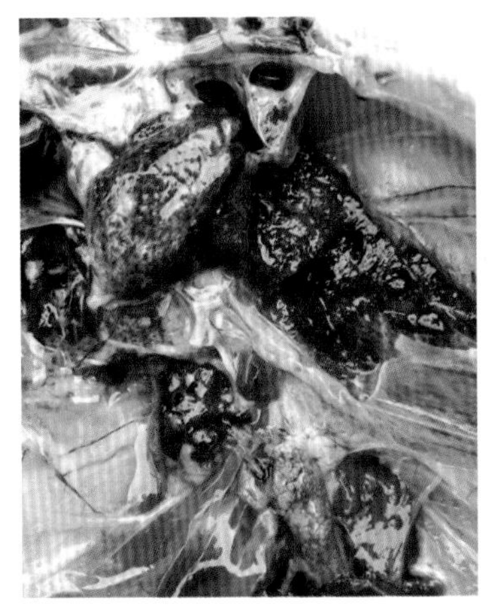

黑心肺

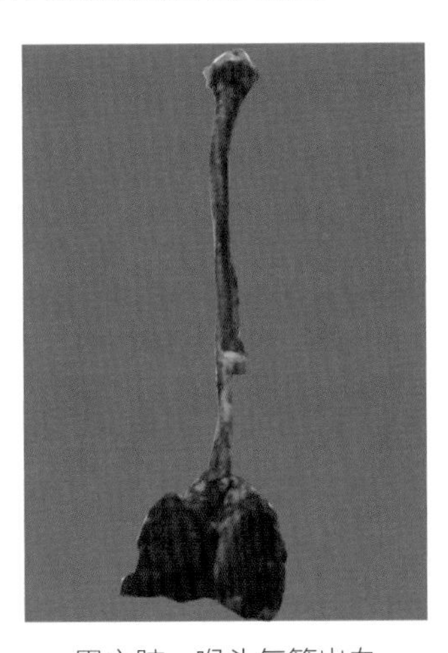

黑心肺，喉头气管出血

禽流感与大肠杆菌病混合感染

头面部肿胀

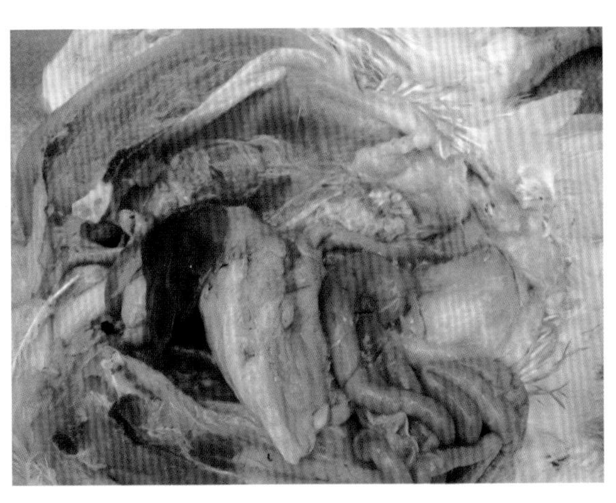

肝脏出血，气囊混浊，囊腔附有黄色干酪样物等

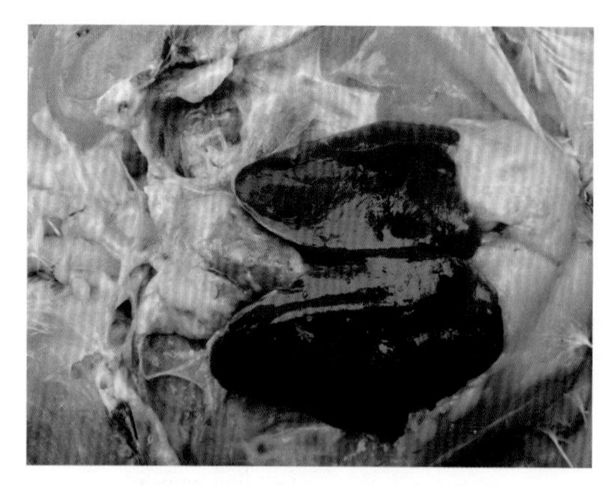

肝脏出血，肝周炎，气囊混浊等

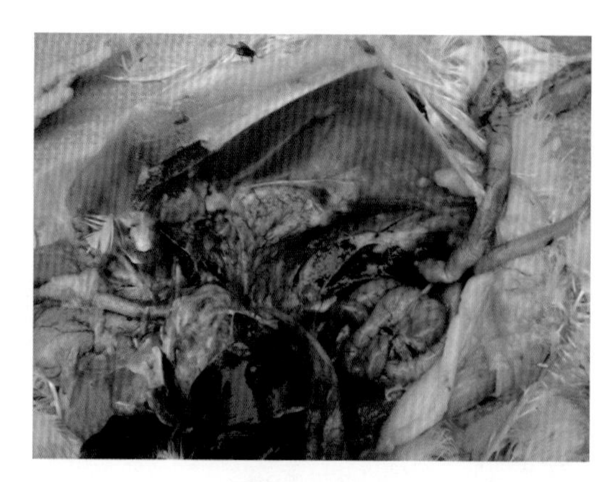

气囊炎、心包炎

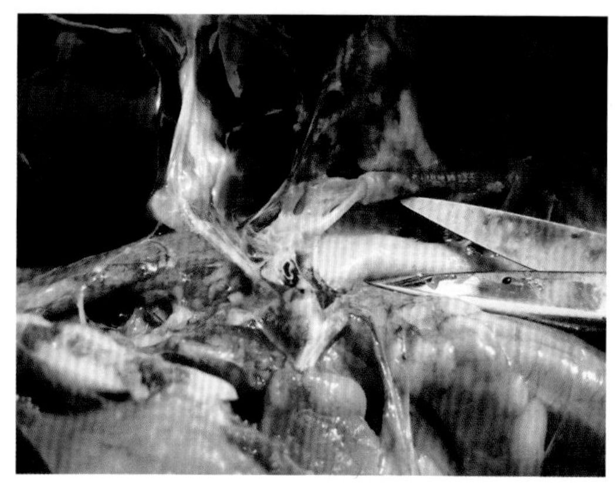

肝周炎、气囊炎，气管内有黄色果冻样物

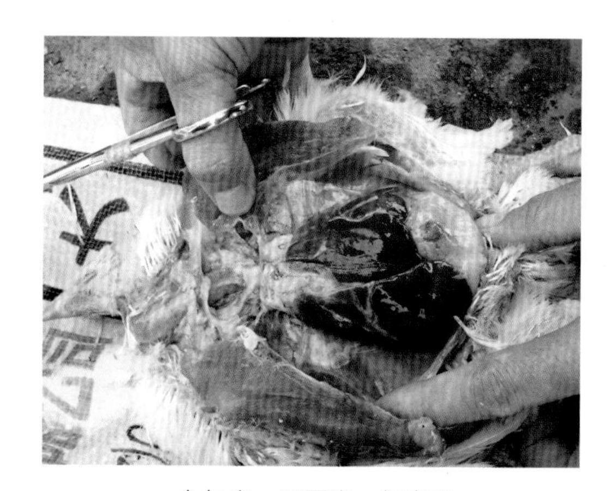

心包炎、肝周炎、气囊炎

大肠杆菌病、慢性呼吸道病与传染性鼻炎混合感染

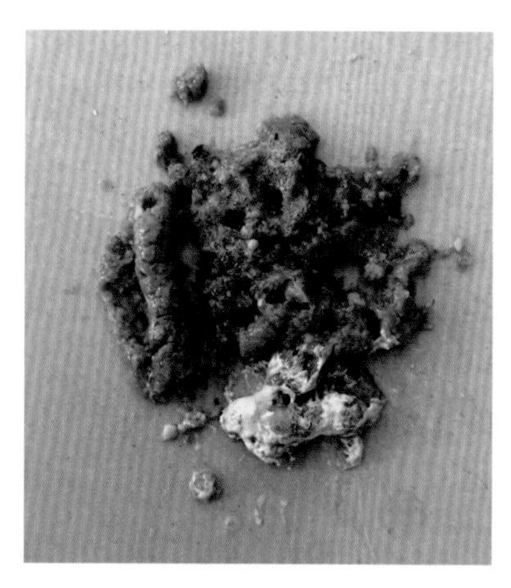

病鸡拉黄白色料粪，混有脱落的黏膜组织

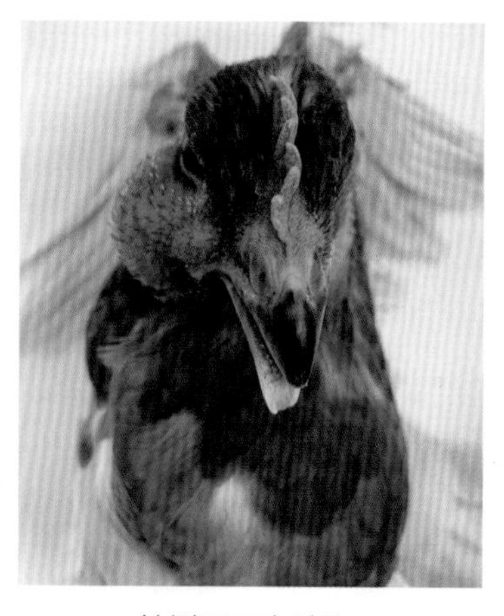

单侧眶下窦肿胀

双侧眶下窦肿胀

眶下窦肿胀，局部皮肤呈紫黑色

眶下窦肿胀，眼盲

眶下窦囊肿，局部皮肤变薄，眼球受到压迫外移，致使眼盲

眶下窦和下颌肿胀，致使上下喙无法闭合

剥离肿胀部位皮肤，可见出血斑点

眼球底部有出血斑

剥离肿胀的眶下窦，可见如鹌鹑蛋大小的黄白色囊肿，有出血斑点

剥离出的肿胀物大小不一，呈黄白色

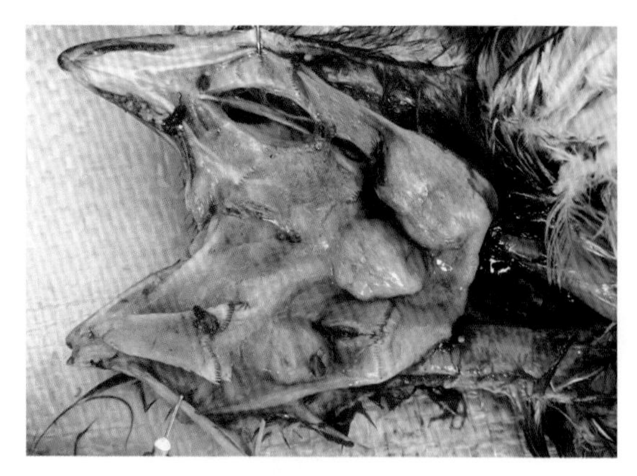

口腔黏膜形成类似肿瘤增生物

喉头周围形成类似肿瘤增生物，致使管腔变窄

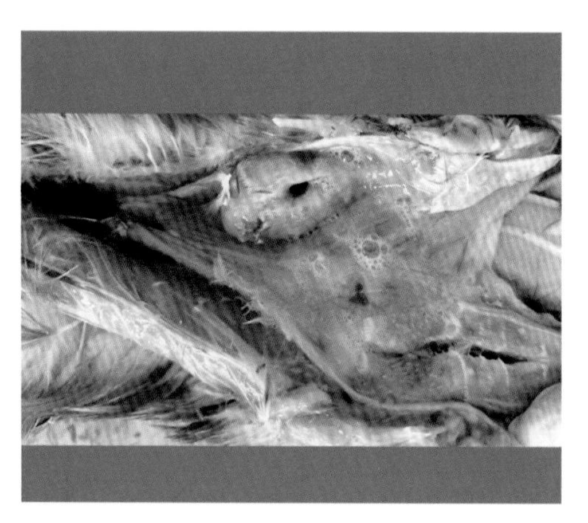

喉头周围形成类似肿瘤增生物，致使管腔变窄，口腔黏膜表面有大量黏液

喉头周围增生物为淡黄色豆腐渣样，管腔积有黏液、血凝块

剪开肿胀眶下窦，内容物为淡黄色豆腐渣样，填满整个腔隙

气囊壁附有黄色干酪样物

慢性呼吸道病与大肠杆菌病混合感染

眶下窦肿胀，眼睛内有气泡

眼盲，有白色脓性分泌物

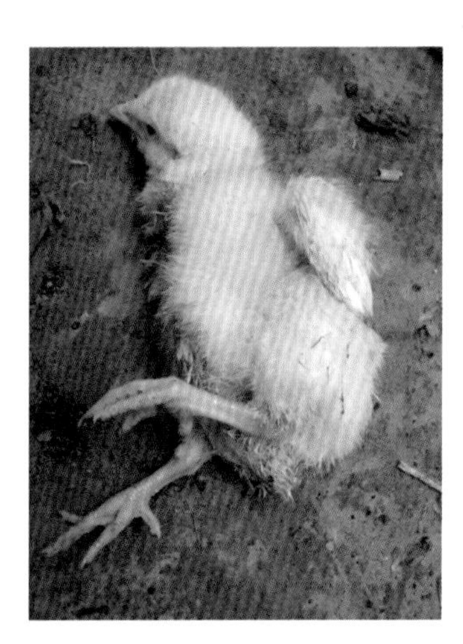
关节红肿、运动障碍

眶下窦内有豆腐渣样的干酪样物

眶下窦肿胀、增生、出血

气囊坏死、肝周炎、心包炎

第十八节　阴茎脱垂

一、概述

阴茎脱垂（penile prolapse）俗称“掉鞭”，是鸭、鹅常见的生殖器官疾病。本病以阴茎外伤、脱垂、炎症或溃疡，不能回缩泄殖腔为特征，因此不能留作种用而淘汰，进而导致公、母鸭比例失调，严重影响经济效益。

二、病因

交配后阴茎在外面被其他雄性咬伤或与地面摩擦受损，或阴茎粘上较多的河沙、垫草、粪尿等污物，或在水中被蚂蟥、鱼类咬伤，或公母比例不当而交配过频受损，感染细菌后导致本病发生。

三、诊断要点

病禽精神委顿，不愿运动与采食，阴茎脱垂不能收回，脱垂的阴茎长8～10 cm，呈潮红或紫红色。

少数病禽匍匐地面，体温高达43 ℃以上，不吃不喝，2～3 d后死亡。

阴茎基部有3～6 cm的黏膜发炎、肿胀、瘀血或出血、溃疡，阴茎萎缩，有的沾有灰白色糠皮状干酪样物质。

四、防治

1.预防

搞好环境卫生，及时清洗戏水池，勤换清洁水，注意垫草清洁等。

公母比例要合理，一般为1∶（6～8）。

开产前做好大肠杆菌病、传染性浆膜炎等病的预防。

2.治疗方案

发炎部位若出现溃疡、坏死时，无治疗价值，直接淘汰。

病初阴茎不能回收时，隔离治疗，用0.1%的高锰酸钾水冲洗阴茎，涂上凡士林、红霉素、磺胺软膏，并将阴茎推纳整复。

辅助药物治疗：青霉素、链霉素各2万～4万IU/只，肌内注射，2次/d，连续注射3 d。注射后第2天，饲料加入氟苯尼考粉、盐酸多西环素可溶性粉，混饲，连喂4～5 d，或饮用水中添加阿莫西林可溶性粉或氨苄西林钠可溶性粉等，连用4～5 d。

阴茎已发炎、体温升高的病例，除采用以上方法外，单独笼养，每天用 38℃高锰酸钾水清洗阴茎一次 ，人工辅助阴茎回收的同时，口服活血祛瘀、消肿止痛的中药煎液：桃仁、红花、乳香、牛膝、续断、杜仲各10 g，供10～15只鸭、鹅用，连用4～5 d。

第十九节　皮下气肿

一、概述

皮下气肿（subcutaneous emphysema）俗称“气嚷”或“气脖子”，是由于大量空气窜入颈部或胸腹部皮下所引起的臌气，以精神沉郁、呆立、呼吸困难、臌气为特征。本书主要介绍鸭、鹅的皮下气肿。

二、病因

因尖锐异物或寄生虫破坏气囊，致使颈部气囊或锁骨气囊及腹部气囊破裂，或乌喙骨和胸骨等有气腔的骨骼发生骨折，致使气体聚于皮下而发病，呼吸道的先天性缺陷可使气体逸于皮下。

三、诊断要点

病鸭、鹅精神沉郁，呆立，气喘，咳嗽，呼吸困难，食欲减退或废绝，颈部羽毛逆立，臌气扩散至胸背、腹部及至两腿部，致使胸腹围增大，全身皮肤紧张，似半透明圆筒状，叩诊呈浊鼓音，终因采食困难，衰竭而死。

寄生虫引起的气肿：病鸭、鹅因呼吸窒息而死，肺部有少量新旧出血性孔道，气管壁、副鼻窦或肺脏有数量不等的虫体。

物理损伤性气肿：尸体消瘦，全身臌气，剪破皮下有气体逸出，内脏器官无明显变化。

四、防治

加强饲养管理，降低饲养密度以防造成打堆，挤压等，避免摔伤，捕捉或提拿时动作轻柔以免损伤气囊，并定期做好舟形嗜气管吸虫病的预防。

发病后，隔离饲养。

寄生虫病引起的气肿：碘液1 mL/只，注入气管，连用5 d。

臌胀部位用灭菌针尖刺破，或用烧红的铁条烙口，缓解症状，逐渐痊愈，但因气体不断产生，因此必须不断重复。若有创口或细菌感染时采用抗生素治疗。

鸭的皮下气肿图

病鸭精神沉郁

病鸭气喘，咳嗽，呼吸困难

臌气可延至胸背、腹部及两腿部，致使胸腹围增大，全身皮肤紧张，似半透明圆筒状

全身皮肤紧绷，似半透明的筒状

第二十节　产蛋异常综合征

产蛋异常综合征（abnormal egg production syndrome）是蛋鸡无产蛋高峰、产蛋徘徊不前及产蛋下降的总称。

一、病因

1.无产蛋高峰的原因

蛋鸡在育雏时期患过某种疾病，如传染性支气管炎、禽流感等病，造成生殖系统受到严重的破坏，或生殖系统发育不良。

青年鸡发育不良，平均体重与胫骨长不达标，尤其体重达标而胫骨长不达标或常饲养不经改良的同一品种，致使生产性能下降。

营养水平偏低，不能满足高产时鸡对营养的需求，致使生殖功能低下，易歇产。

2.产蛋徘徊不前的原因

饲养管理不善，如鸡舍污染严重，环境太差，光照不合理如时间过短、光照过弱或光照时间不稳定，以及新城疫、大肠杆菌病、新母鸡病等隐性感染致使产蛋徘徊不前。

饲料营养偏低，不能满足高产的需求，或者蛋鸡开产之后未能及时而足量地补充钙源和蛋白质，致使产蛋增长缓慢。

3.产蛋下降的原因

新城疫、温和型禽流感等病毒病感染或大肠杆菌病等细菌病的存在，或菌毒混合感染等引起生殖系统炎症造成产蛋下降，白壳蛋、薄壳蛋、砂壳蛋、血斑蛋或粪斑蛋增加。

应激因素如药物（使用对产蛋有影响的药物、用药时断水时间及断料时间长短等）、饲料（饲料质量不稳定或更换饲料造成的换料应激等）、防疫（如疫苗反应）、惊吓、天气突变、异常噪声、外物入侵、光照不稳定等均可诱发本病。

二、诊断要点

产蛋高峰期无产蛋高峰，产蛋量在80%左右，或者比预产期的产蛋率低10%～15%，鸡群采食、精神均正常。

产蛋快速增长期（开产之后或疾病之后），产蛋率上升缓慢，甚至徘徊不前，或者忽高忽低呈反复状。

产蛋率缓慢下降，下降幅度不大，蛋质变差，白壳蛋、薄壳蛋、砂壳蛋或血斑蛋增加，采食量、饮水量及精神正常。

三、防治

采取综合防治措施，如饲喂优质饲料，搞好环境卫生，定期进行消毒，并做好常规疫苗的免疫接种，定期添加多种维生素电解质，防止各种应激等。发病后，针对病因、病症治疗，消除输卵管炎症，促进受损伤生殖系统功能恢复正常。

治疗方案：

第一，抗微生物药饮水或拌料治疗时，配合鱼肝油拌料或复方维生素纳米乳口服液饮水等。

第二，中药辅助治疗。

【处方1】益母增蛋散

黄芪、熟地黄各60 g，当归、山楂、板蓝根各80 g，淫羊藿、女贞子、益母草各150 g，丹参、紫花地丁、地榆各50 g，甘草40 g。

【主治】鸡输卵管炎及其引起的产蛋功能低下。

【用法与用量】拌料混饲，鸡每1 kg饲料5 ~ 10 g。

【处方2】加味激蛋散

松针、玄明粉各300 g，麦芽200 g，虎杖33.4 g，丹参26.6 g，菟丝子、当归、川芎、牡蛎、肉苁蓉各20 g，地榆16.7 g，丁香6.6 g，白芍26.7 g。

【主治】治疗产蛋功能低下。

【用法与用量】拌料混饲，鸡每1 kg饲料25 g，连用5 d。

【处方3】板蓝根当归散

板蓝根、当归、黄连各60 g，苍术40 g，金银花100 g，六神曲70 g，麦芽90 g，诃子20 g。

【主治】湿热内蕴胞宫所致的鸡产蛋机能下降。

【用法与用量】拌料混饲，鸡每1 kg饲料20 g，连用7 d。

【处方4】九味黄芪颗粒

黄芪、杜仲各225 g，续断、白术、补骨脂、大枣各150 g，白芍90 g，山药300 g，砂仁75 g。

【主治】肾亏阴虚引起的产蛋下降。

【用法与用量】混饮，鸡每1 L水0.5 g，连用3 ~ 5 d。

【处方5】激蛋散

虎杖100 g，丹参80 g，菟丝子、当归、川芎、牡蛎、肉苁蓉各60 g，地榆、白芍各

50 g，丁香20 g。

【主治】输卵管炎，产蛋功能低下。

【用法与用量】拌料混饲，鸡每1 kg饲料10 g。

【处方6】降脂激蛋散

刺五加、仙茅、何首乌、当归、艾叶各50 g，当归60 g，党参、白术各80 g，山楂、六神曲、麦芽各40 g，松针粉200 g。

【主治】产蛋下降。

【用法与用量】拌料混饲，鸡每1 kg饲料5～10 g。

产蛋异常综合征图

蛋壳颜色变浅，薄壳蛋、砂壳蛋增多，下面为正常鸡蛋

薄壳蛋、破壳蛋、焦壳蛋、砂壳蛋等增多

薄壳蛋、软壳蛋

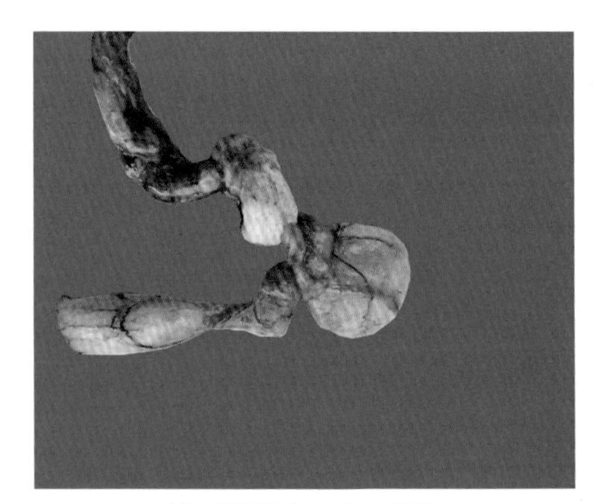

输卵管发育不良，囊肿

第二十一节　新母鸡病

一、概述

新母鸡病（the new hen disease）是近几年来我国蛋鸡生产中最为突出的条件病之一，给养鸡业带来很大损失。刚开产的鸡群当产蛋率超过20%时陆续暴发，凌晨1～2时为死亡高峰。

二、病因

本病的病因很多，公认病因如下：

滤过性病毒病（如冠状病毒病）引起。

输卵管炎或肾炎的存在或大肠杆菌病的继发。

应激因素包括生理性应激和环境性应激，如当夏季室内外温差太小或通风不良时造成血氧含量过低，热应激造成体温升高，呼吸加快造成大量CO_2流失，加上饮水不足，导致体内pH值上升，碱性偏高中毒等。

日粮中钙磷缺乏或比例失调，饲料配方不合理等。

三、临床症状

产蛋母鸡（150日龄左右）突然发病、死亡，初期发病率高，此后病鸡零星死亡，病程可达数周。

病鸡瘫痪不起，肛门处常有一成形蛋，挤出后可好转，或在夜间突然死亡。

病鸡精神沉郁，拉白色或水样稀便、蛋清样粪便，恶臭，肛门附近羽毛被沾污。

病鸡脱水，皮肤干燥，眼睛下陷，产蛋率上升缓慢或停止不前。

四、病理变化

皮肤脱水、干燥，鸡冠、肉髯及面部呈紫色。

肌肉瘀血或苍白，嗉囊扩张，内含多量刚食入的食物。

腺胃变薄、变软，溃疡或穿孔，腺胃乳头流出红褐色液体，黏膜有血水样脓性渗出物，肌胃内含有发酵饲料。

胸腔壁出血、潮红；肾脏肿大，有白色尿酸盐沉积；肝脏瘀血或有灰白色坏死灶，胰脏变性坏死，或呈黄白相间状；卡他性肠炎，肠道内有黏液栓塞物。

输卵管水肿，卵泡充血、出血，子宫部常有一硬壳成形蛋，多发生卵黄性腹膜炎。

五、防治

参考蛋鸡产蛋异常综合征。

新母鸡病图

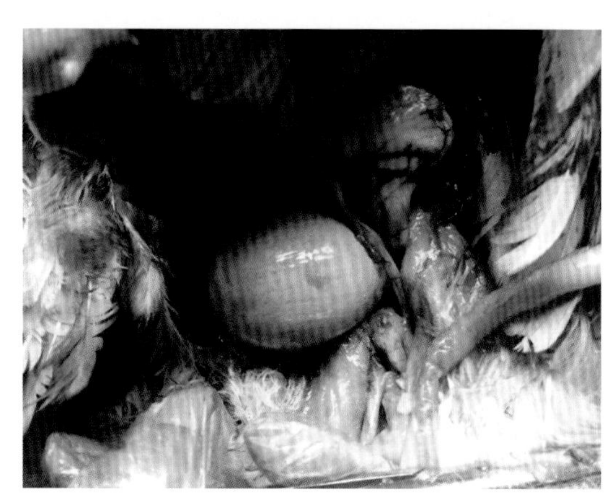

子宫部有成形蛋

卵黄坏死、破裂

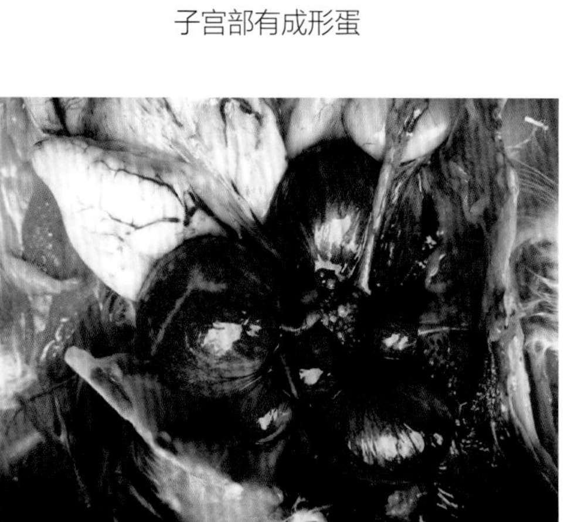

卵泡充血、出血、坏死

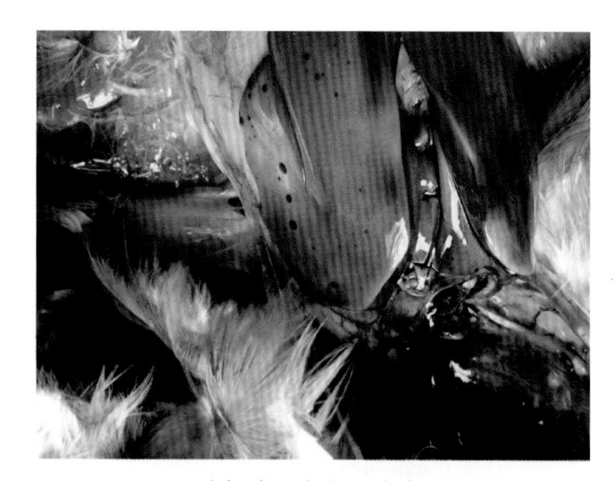

肝脏色淡，有圆形出血斑

肝脏肿大、出血

口腔有黏液

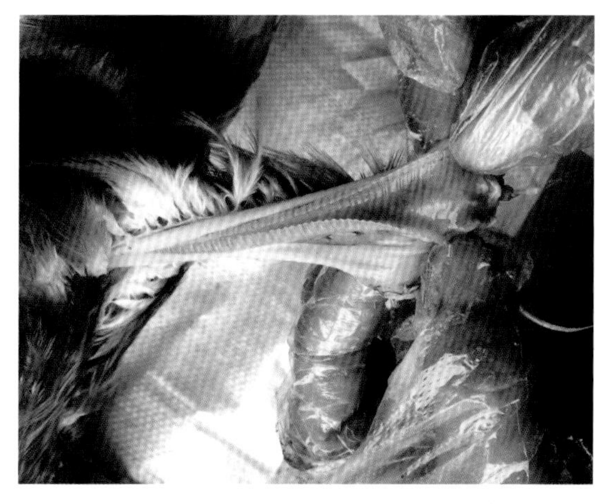

气管出血

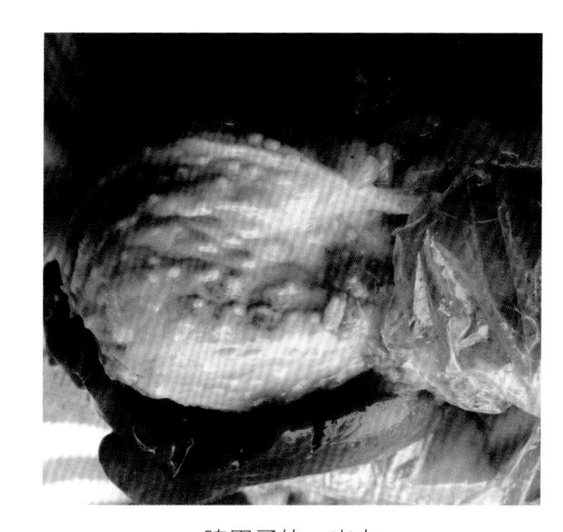

腺胃柔软、出血

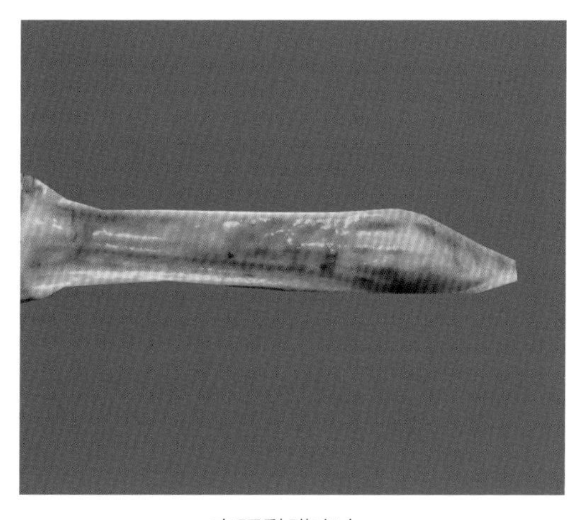

直肠黏膜出血

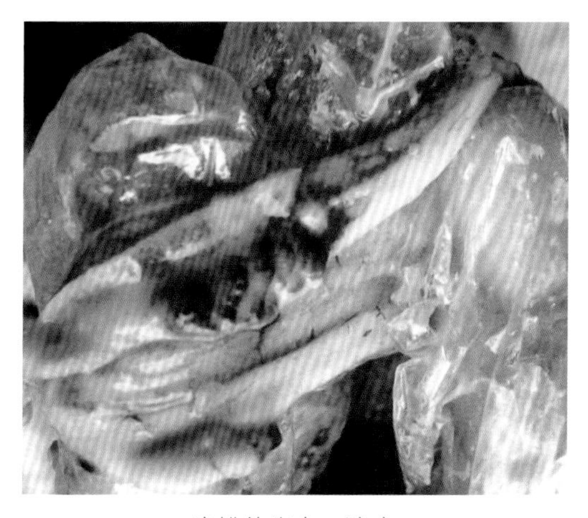

扁桃体出血、溃疡

第五章 抗微生物药

抗微生物药物是指能抑制或杀灭细菌、支原体、真菌等病原微生物的各种药物，包括抗菌药、抗支原体药、抗螺旋体药、抗真菌药、抗寄生虫药和抗病毒药等。它们在控制畜禽感染性疾病、促进动物生长、提高养殖经济效益等方面具有极为重要的作用。其中抗菌药根据其来源主要包括抗生素（天然抗生素及半合成抗生素）、合成抗菌药、抗菌中草药等。

临床中，抗菌药的分类方式较多。按照其抑制或杀灭病原微生物的范围可将其进一步分为广谱抗菌药和窄谱抗菌药，前者能同时对多种病原微生物发挥作用，即抑杀病原微生物的范围广，如土霉素就能同时对细菌、支原体、衣原体、螺旋体、立克次体和原虫发挥抑杀作用；而后者仅能对某种或某几种少数病原微生物有作用，如青霉素钠仅对革兰氏阳性菌和螺旋体有效，对其他病原微生物作用不明显。按照其抗菌活性的高低又可将抗菌药分为抑菌药和杀菌药，其中前者仅能抑制病原微生物的生长繁殖（如四环素），而后者不仅在较低浓度时能抑制病原微生物的生长繁殖，在较高浓度时还能杀灭病原微生物（如阿莫西林）。

病原微生物如果在后天的生长繁殖过程中有机会反复多次接触某种抗菌药物，就可能对该种药物产生耐药，结果导致此药的疗效下降甚至消失，此种现象即为耐药性（又称为抗药性），相应的细菌就称为耐药菌。如果一个细菌同时对某一类抗菌药的不同品种药物同时耐药，那此菌株即为交叉耐药菌；同理，如果一个细菌同时对多类（一般指三类及以上）抗菌药耐药，那其就为多重耐药菌；目前临床中已出现了更为严重的耐药菌，如泛耐药菌和全耐药菌等。

本书主要介绍抗生素、合成抗菌药、抗真菌药、抗微生物药合理选用。

第一节 抗 生 素

抗生素曾称为抗菌素，主要是由微生物产生的，以低微浓度能选择性抑制或杀灭病原体的代谢产物和次级代谢产物。目前，抗生素主要从放线菌、细菌、真菌等微生物的培养液中提取，有些已能半人工合成或全合成。抗生素不仅对细菌、真菌、放线菌、螺旋体、支原体、某些衣原体和立克次体等有作用，而且某些抗生素还有抗寄生虫、杀灭肿瘤细胞和促进动物生长的作用。

根据其抗菌范围或作用对象（即抗菌谱）及应用范围，主要可分为下列几类。

（1）主要作用于革兰氏阳性菌的抗生素：包括青霉素类、头孢菌素类、林可胺类、大环内酯类、杆菌肽等。

（2）主要作用于革兰氏阴性菌的抗生素：包括氨基糖苷类、多黏菌素等。

（3）主要作用于支原体的抗生素：如大环内酯类、截短侧耳素类等。

（4）广谱抗生素：包括四环素类、酰胺醇类。不仅对革兰氏阳性菌、阴性菌有作用，而且对某些支原体、螺旋体、衣原体和立克次体亦有作用。

（5）抗真菌抗生素：如灰黄霉素、制霉菌素、两性霉素B等。

（6）抗寄生虫抗生素：如越霉素A、伊维菌素、盐霉素、莫能菌素、马杜霉素等。

上述分类是相对的，如主要作用于革兰氏阴性菌的链霉素对支原体亦有作用，主要作用于支原体的北里霉素对革兰氏阳性菌亦有较强的作用。某些抗生素如泰妙菌素、泰乐菌素、离子载体类等为动物专用的抗生素。

一、青霉素类

本类抗生素在化学结构上属β-内酰胺类抗生素，其作用机制是抑制细菌细胞壁的合成，使细菌细胞壁缺损而失去屏障保护作用，引起菌体膨胀、变形，最后破裂、溶解死亡。它主要影响正在繁殖的细菌细胞，故也称为繁殖期杀菌剂。本类抗生素包括由发酵液得到的天然青霉素和半合成青霉素两类。前者（最常用的是青霉素G）杀菌力强、疗效高、毒性低、价格低廉，是治疗许多敏感细菌感染的首选药物，但抗菌谱窄，在水溶液中极不稳定，易被胃酸和青霉素酶（β-内酰胺酶）水解破坏。后者是对天然青霉素进行结构改造即半合成而得，具有广谱、耐β-内酰胺酶和抗假单胞菌的特点，常用的有氨苄西林、阿莫西林和羧苄青霉素等。

1.青霉素G Penicillin G

【适应证】用于革兰氏阳性菌感染，亦用于放线菌及钩端螺旋体等的感染。如家禽链球菌病、葡萄球菌病、螺旋体病、禽霍乱、霉形体病。

【用法与用量】肌内注射：一次量，禽5万IU，2～3次/d，连用2～3 d。

【药物相互作用】本品与四环素类、酰胺醇类、大环内酯类联用呈拮抗作用，药效下降，临床不宜联合应用。

2.氨苄西林（氨苄青霉素）Ampicillin

【适应证】主要用于对氨苄西林敏感的革兰氏阳性菌和革兰氏阴性菌感染。如治疗禽白痢、禽伤寒、霍乱、支气管炎、输卵管炎、大肠杆菌病等。

【用法与用量】

混饮：每1 L水，家禽50～100 mg，连用3～5 d。

内服：一次量，每1 kg体重，鸡20～50 mg，1～2次/d。

皮下或静脉注射：一次量，每1 kg体重，鸡10 mg，3次/d。

【药物相互作用】本品与庆大霉素等氨基糖苷类抗生素联用疗效增强。

3.阿莫西林（羟氨苄青霉素）Amoxicillin

【适应证】用于敏感菌所致的呼吸道、消化道、泌尿道及软组织等全身感染，对肺部细菌感染有较好疗效，如治疗禽伤寒、霍乱、鸡白痢、肺炎、支气管炎、输卵管炎、大肠杆菌病等。

【用法与用量】

混饮：每1 L水，家禽50～100 mg，连用3～5 d。

内服：一次量，每1 kg体重，鸡20～30 mg，2次/d，连用5 d。

肌内注射：每1 kg体重，鸡15～25 mg，2次/d。

4.海他西林（缩酮氨苄青霉素）Hetacillin

【适应证】主要用于对氨苄西林敏感的革兰氏阳性菌和革兰氏阴性菌感染。如治疗禽白痢、禽伤寒、霍乱、支气管炎、输卵管炎、大肠杆菌病等。

【用法与用量】内服：一次量，每1 kg体重，鸡5～10 mg，1～2次/d。

5.美西林Mecillinam

【适应证】用于肠杆菌属及克雷伯菌属等敏感菌所致的急慢性单纯和复杂性尿路感染，以及由此引起的败血症。与其他青霉素或头孢菌素联用可起协同作用，联合治疗阴性杆菌所致的败血症、脑膜炎、心内膜炎、骨髓炎、下呼吸道感染、腹腔感染及皮肤感染等。

【用法与用量】静脉注射或深部肌内注射：一日量，鸡0.11 g，分2次应用。

【药物相互作用】单独应用杀菌作用不强，若与β-内酰胺类（其他青霉素、头孢菌素）药物联用，可明显提高杀菌作用。

二、头孢菌素类

头孢菌素类是以头孢菌的培养液提取的头孢菌素C为原料，经催化水解得到7-氨基头孢烷酸，通过侧链改造而得到的半合成抗生素，临床应用与青霉素类相似。本类药具有抗菌谱广、对酸和β-内酰胺酶较青霉素类稳定、毒性小等优点。

1.头孢噻吩（头孢菌素Ⅰ）Cefalothin

【适应证】主要用于治疗金黄色葡萄球菌及部分革兰氏阴性杆菌（如大肠杆菌、沙门杆菌、巴氏杆菌等）引起的严重感染，如肺部感染、尿路感染、败血症、脑膜炎、腹膜炎及心内膜炎等。

【用法与用量】肌内注射：一次量，每1 kg体重，家禽10 mg，4次/d。

2.头孢氨苄（先锋霉素Ⅳ）Cefalexin

【适应证】主要用于金黄色葡萄球菌、溶血性链球菌、肺炎球菌、大肠杆菌、肺炎杆菌、奇异变形杆菌、流感嗜血杆菌等敏感菌所致的呼吸道、泌尿道、皮肤和软组织、生殖器官等部位的感染。

【用法与用量】内服：一次量，每1 kg体重，禽及鸟35～50 mg，4次/d。

3.头孢克洛Cefaclor

【适应证】主要用于金黄色葡萄球菌、溶血性链球菌、肺炎球菌、大肠杆菌、肺炎杆菌、奇异变形杆菌、流感嗜血杆菌、沙门杆菌等敏感菌所致的呼吸道、泌尿道、皮肤和软组织、生殖器官等部位的感染。

【用法与用量】

内服：一次量，每1 kg体重，鸡10～20 mg，2次/d。

混饮：每1 L水，禽100～200 mg，全天饮用。

4.头孢孟多Cefamandole

【适应证】用于大肠杆菌、奇异变形杆菌、流感嗜血杆菌、沙门杆菌、金黄色葡萄球菌、大部分厌氧菌及消化道球菌等敏感菌所致的各种感染，如呼吸道、泌尿道感染，腹膜炎、败血症及皮肤软组织感染等。

【用法与用量】肌内注射：一次量，每1 kg体重，禽40～50 mg，2～3次/d。

5.头孢噻肟Cefotaxime

【适应证】 用于耐青霉素、头孢菌素、氨基糖苷类抗生素的革兰氏阳性和阴性需氧菌和厌氧菌感染及大肠杆菌、沙门杆菌、肠杆菌属、奇异变形杆菌和流感杆菌等敏感菌所致的呼吸道感染、尿路感染、胃肠道感染、脑膜炎、败血症、软组织感染、骨科感染及生殖系统感染，如禽的慢性呼吸道病、大肠杆菌病、沙门杆菌病等。

【用法与用量】肌内注射：一次量，每1 kg体重，家禽50 ~ 100 mg，2 ~ 3次/d。

6.头孢噻呋Ceftiofur

【适应证】 用于巴氏杆菌、放线杆菌、嗜血杆菌、沙门杆菌、大肠杆菌、链球菌、葡萄球菌等敏感菌引起的感染，用于治疗雏鸡细菌病，如大肠杆菌病、沙门杆菌病等。

【用法与用量】肌内注射或颈部皮下注射：1日龄雏鸡，每只0.1 mg。

7.头孢喹诺Cefquinome

【适应证】用于溶血性或多杀性巴氏杆菌、沙门杆菌、大肠杆菌、链球菌、葡萄球菌等敏感菌引起的感染，多用于防治雏鸡细菌病，如大肠杆菌病、沙门杆菌病。

【用法与用量】肌内注射：每1 kg体重，家禽2.6 mg，连用2 ~ 3次。

三、β-内酰胺酶抑制剂

细菌对青霉素类、头孢菌素类等β-内酰胺类抗生素耐药的主要机制是产生了β-内酰胺酶（β - lactamase），水解抗生素的β-内酰胺环而使其失去抗菌活性。β-内酰胺酶抑制剂（β-lactamase inhibitors）是一类能与革兰氏阳性和阴性菌所产生的β-内酰胺酶发生结合而抑制酶活性的药物。目前临床上常用的抑制剂克拉维酸、舒巴坦和他唑巴坦均属于不可逆性抑制剂，此类抑制剂作用强，对葡萄球菌和多数革兰氏阳性菌产生的β-内酰胺酶均有作用。

1.舒巴坦Sulbactam

【适应证】 常与青霉素类及头孢菌素类联用治疗产生β-内酰胺酶的耐药菌株所致的动物呼吸道、胆道、泌尿道、皮肤软组织、骨和关节等部位感染以及败血症等。

【用法与用量】

内服：一次量，每1 kg体重，家禽5 ~ 20 mg，1 ~ 2次/d。

混饮：每1 L水，50 ~ 100 mg。

混饲：每1 000 g饲料100 mg，连用3 ~ 5 d。

2.克拉维酸Clavulanic Acid

【适应证】本品单独应用无效。常与青霉素类药物联合用于敏感菌所致的动物呼吸道和泌尿道感染。对伤寒、副伤寒等有较好疗效。

【用法与用量】参考舒巴坦。

3.他唑巴坦Tazobactam

本品适应证及用法和用量请参考舒巴坦。

四、氨基糖苷类

氨基糖苷类药物化学结构由氨基糖与氨基环醇以苷键结合而成，多数是从链霉菌或小单孢菌培养液中提取得到，少数为半合成制成。这类抗生素具有以下共同点：

（1）为碱性抗生素，其硫酸盐易溶于水，性质较青霉素G稳定。

（2）作用机制相似，均是抑制细菌蛋白质合成，使细菌合成异常的蛋白质而死亡。对静止期细菌杀菌作用较强。

（3）主要对革兰氏阴性需氧菌如大肠杆菌、沙门杆菌属、肺炎杆菌、肠杆菌属、变形杆菌属等作用较强，某些品种对铜绿假单胞菌、结核杆菌及金黄色葡萄球菌亦有较强作用，但对链球菌属及厌氧菌一般无效。

（4）内服不易吸收，主要用于肠道感染，治疗全身感染时需注射给药（新霉素除外）。

（5）毒性作用主要是耳毒性和肾脏毒性，对骨骼肌神经肌肉接头的传导也有不同程度的阻滞作用。

（6）细菌对本类药物易产生耐药性，各药之间可产生部分或完全的交叉耐药性。

（7）本类药与头孢菌素类联用时，肾毒性增强；与碱性药物（如碳酸氢钠、氨茶碱等）联合应用，抗菌效能可增强，但毒性也相应增强，必须慎用。

1.链霉素Streptomycin

【适应证】用于治疗结核杆菌及革兰氏阴性菌如大肠杆菌、沙门杆菌、巴氏杆菌、志贺痢疾杆菌、布氏杆菌、肺炎杆菌、痢疾杆菌、产气杆菌、鼻疽杆菌等敏感菌引起的感染，如大肠杆菌病、禽霍乱等。

【用法与用量】肌内注射：一次量，成年家禽100～200 mg/只，雏鸡、仔鸡20～50 mg/只，2次/d。

2.庆大霉素Gentamicin

【适应证】主要用于金黄色葡萄球菌、绿脓杆菌、大肠杆菌、肺炎杆菌、沙门杆菌、变形杆菌和其他敏感菌所引起的动物败血症、呼吸道感染、肠道感染、胆道感染、化脓性腹膜炎、颅内感染、尿路感染等。

【用法与用量】

混饮：每1 L水，家禽50～100 mg。

肌内或静脉注射：一次量，每1 kg体重，家禽3 mg，3次/d。

3.卡那霉素Kanamycin

【适应证】用于多数革兰氏阴性菌如大肠杆菌、沙门杆菌、肺炎杆菌、变形杆菌、巴氏杆菌和部分耐药金黄色葡萄球菌所引起的动物败血症及呼吸道、泌尿道感染等。内服用于肠道感染，如鸡白痢、禽伤寒、副伤寒、禽霍乱、禽大肠杆菌病、葡萄球菌病等。

【用法与用量】

混饲：每1 000 kg饲料，家禽150 ~ 250 g。

混饮：每1L水，家禽50 ~ 100 mg。

内服：一次量，每1 kg体重，禽20 ~ 40 mg，3次/d。

肌内注射：一次量，每1 kg体重，鸡、鸽10 ~ 30 mg，鸭20 ~ 40 mg，2次/d。

4.新霉素Neomycin

【适应证】内服用于治疗革兰氏阴性菌如痢疾杆菌、大肠杆菌、变形杆菌、沙门杆菌、产气杆菌、巴氏杆菌等敏感菌所致的胃肠道感染。

【用法与用量】

混饲：每1 000 kg饲料，鸡77 ~ 154 g。

混饮：每1L水，鸡50 ~ 75 mg，连用3 ~ 5 d。

5.丁胺卡那霉素（阿米卡星）Amikacin

【适应证】主要用于大肠杆菌、沙门杆菌、巴氏杆菌、绿脓杆菌、变形杆菌、金黄色葡萄球菌及对其他氨基糖苷类抗生素耐药的菌株和其他敏感菌所致的败血症、呼吸道感染、胆道感染和腹膜炎等。

【用法与用量】肌内或静脉注射：一次量，每1 kg体重，鸡、鸽10 ~ 30 mg，鸭20 ~ 40 mg，2次/d。

6.妥布霉素Tobramycin

【适应证】主要单用或与其他抗生素联用治疗革兰氏阳性菌和阴性菌等敏感菌所致的败血症及呼吸道、泌尿道、胆囊胆道及皮肤软组织感染等。

【用法与用量】肌内注射：一次量，每1 kg体重，禽3 ~ 5 mg，1次/d。

7.大观霉素（壮观霉素）Spectinomycin（Actinospectacin）

【适应证】用于治疗支原体感染及革兰氏阴性菌、阳性菌如金黄色葡萄球菌、链球菌、大肠杆菌、沙门杆菌、巴氏杆菌等敏感菌引起的感染，如治疗禽大肠杆菌病、沙门杆菌病、禽霍乱、支原体病、传染性滑液囊炎等。

【用法与用量】

混饮：每1 L水，鸡0.5 ~ 1.0 g，连用3 ~ 5 d；雏鸡0.25 ~ 0.4 g，连用3 ~ 5 d。

内服：一次量，雏鸡（1 ~ 3日龄）5 mg/只，育成鸡20 ~ 80 mg/只，成鸡100 mg/只。

肌内注射：一次量，每1 kg体重，禽30 mg，1次/d。

8.核糖霉素Ribostamycin

【适应证】主要用于敏感菌所致的呼吸道、泌尿道、皮肤及软组织、眼、耳、鼻部感染以及禽的大肠杆菌、沙门杆菌、巴氏杆菌、嗜血杆菌与支原体感染。

【用法与用量】

混饮：每1 L水，禽25 ~ 50 mg，连饮2 ~ 5 d；治疗鸡支原体感染和传染性滑膜炎100 ~ 200 mg，连饮3 ~ 4 d。

肌内注射：一次量，每1 kg体重，雏禽5 mg，成年禽10 ~ 20 mg，1次/d。

9.小诺米星Micronomicin

【适应证】主要用于敏感菌所致的败血症、腹膜炎，呼吸道、肠道、泌尿道感染和外伤感染（包括对其他氨基糖苷类抗生素耐药菌感染）等，如大肠杆菌、伤寒沙门杆菌、变形杆菌、绿脓杆菌、金黄色葡萄球菌等引起的感染。

【用法与用量】肌内注射：一次量，禽2 ~ 4 mg，2次/d。

10.安普霉素Apramycin

【适应证】用于治疗革兰氏阴性菌如大肠杆菌、沙门杆菌、变形杆菌、巴氏杆菌及葡萄球菌和支原体引起的感染，如治疗禽大肠杆菌病、沙门杆菌病及支原体病。

【用法与用量】混饮：每1 L水，鸡0.25 ~ 0.5 g（以安普霉素计），连用5 d。

11.庆大小诺霉素Gentamycin Micronomicin

【适应证】参考庆大霉素。

【用法与用量】肌内注射：一次量，每1 kg体重，禽2 ~ 4 mg，2次/d。

12.盐酸大观霉素盐酸林可霉素可溶性粉

【适应证】用于治疗革兰氏阴性菌、革兰氏阳性菌及支原体感染。仅用于5 ~ 7日龄雏鸡。

【用法与用量】混饮：以本品计，每1 L水，禽0.5 ~ 0.8 g，连用3 ~ 5 d。

【规格】

5 g：大观霉素2 g（200万u）与林可霉素1 g（以林可霉素计）。

50 g：大观霉素20 g（2 000万u）与林可霉素10 g（以林可霉素计）。

100 g：大观霉素40 g（4 000万u）与林可霉素20 g（以林可霉素计）。

五、四环素类

四环素类药物抗菌作用机制系抑制细菌蛋白质的合成。本类药物为酸碱两性化合物，在酸性溶液中较稳定，在碱性溶液中易降解。临床常用其盐酸盐，易溶于水。

1.四环素Tetracycline

【适应证】用于治疗某些革兰氏阴性菌、革兰氏阳性菌及支原体引起的感染，如禽大肠杆菌病、沙门杆菌病、禽霍乱、慢性呼吸道病等。

【用法与用量】禽混饮及混饲用量同土霉素。

2.土霉素Oxytetramycin

【适应证】 多用于治疗肠道多种病原菌感染，如鸡白痢、大肠杆菌病、禽霍乱等。

【用法与用量】

混饲：每1 kg饲料（以土霉素计），鸡、鸭0.1 ~ 0.3 g。

混饮：每1 L水，家禽150 ~ 250 mg，连用3 ~ 5 d；鸽263 ~ 396 mg（防治衣原体病），连用7 ~ 14 d。

内服：一次量，每1 kg体重，家禽25 ~ 50 mg，2 ~ 3次/d。

3.金霉素Aureomycin

【适应证】多用作饲料添加剂预防疾病，低剂量、中剂量可促进生长或提高饲料报酬，高剂量治疗疾病，如鸡慢性呼吸道病、大肠杆菌病、火鸡传染性鼻窦炎、滑膜炎、禽霍乱等。

【用法与用量】

混饮：每1 L水，鸡0.2 ~ 0.4 g。

混饲：促生长量，每1 000 kg饲料，肉鸡20 ~ 50 g；治疗量，每1 000 kg饲料，家禽100 ~ 200 g，鹦鹉、鸽200 g，连用7 d。

4.多西环素Doxycycline

【适应证】 用于治疗禽类的慢性呼吸道病、大肠杆菌病、沙门杆菌病和鹦鹉热等，对禽的细菌与支原体混合感染亦有较好疗效。

【用法与用量】

混饲：每1 000 kg饲料，家禽100 ~ 200 g。

混饮：每1 L水，家禽50 ~ 100 mg，鸽250 ~ 800 mg（防治支原体病、巴氏杆菌感染和衣原体病）。

内服：一次量，每1 kg体重，禽10 ~ 20 mg，1次/d，连用3 ~ 5 d。

肌内注射：一次量，每1 kg体重，禽10 mg，1次/d。

5.米诺环素Minocycline

【适应证】主要用于治疗革兰氏阳性菌和阴性菌、需氧菌和厌氧菌引起的感染，有很强的抗菌作用，如支原体、衣原体和螺旋体等敏感菌引起的尿路感染、胃肠道感染、产科疾病、眼及耳鼻咽喉感染、骨髓炎等。

【用法与用量】

混饲：每1 000 kg饲料，家禽100 ~ 200 g。

混饮：每1 L水，家禽50 ~ 100 mg。

内服 ：一次量，每1 kg体重，禽10 ~ 20 mg，1次/d。

六、大环内酯类

1.红霉素Erythromycin

【适应证】 主要用于治疗耐药金黄色葡萄球菌感染，也可用于多杀性巴氏杆菌、肺炎球菌、链球菌、炭疽杆菌、支原体等感染所致的疾病。

【用法与用量】

混饮：每1 L水，禽100 mg，连用3～5 d。

静脉注射（乳糖酸盐）：一次量，每1 kg体重，禽20 mg，2次/d。

肌内注射（硫氰酸盐）：一次量，每1 kg体重，禽20～30 mg，2次/d。

2.泰乐菌素Tylosin

【适应证】用于治疗支原体、革兰氏阳性菌所致的感染，如禽支原体病、坏死性肠炎等。

【用法与用量】

混饮：每1 L水，禽500 mg（以泰乐菌素计），连用3～5 d。

混饲：每1 000 kg饲料，鸡300～600 g（以磷酸泰乐菌素计）。

皮下或肌内注射： 一次量，每1 kg体重，以酒石酸泰乐菌素计，禽5～13 mg，2次/d，连用5 d。

3.吉他霉素Kitasamycin

【适应证】主要用于防治禽类支原体及革兰氏阳性菌（包括耐药金黄色葡萄球菌、链球菌）等所致的感染，如禽慢性呼吸道病、各种肠炎等。

【用法与用量】

混饮：每1 L水，禽250～500 mg，连用3～5 d。

混饲：每1 000 kg饲料， 100～300 g，连用5～7 d。

内服：一次量，每1 kg体重，禽25～50 mg，2次/d。

肌内注射或皮下注射：一次量，每1 kg体重，鸡25～50 mg，1次/d。

4.替米考星Tilmicosin

【适应证】用于敏感菌引起的感染，如禽慢性呼吸道病、禽霍乱等。

【用法与用量】混饮：每1 L水，鸡75 mg（以替米考星计），连用5 d。

5.泰万菌素Tylvalosin

【适应证】用于治疗禽支原体及其他敏感菌感染。

【用法与用量】

混饮：每1 L水，鸡200～300 mg，连用3～5 d。

混饲：每1 000 kg饲料，鸡100～300 g，连用7 d。

6.泰拉霉素Tulathromycin

【适应证】用于治疗禽支原体、巴氏杆菌及其他敏感菌所致的感染，如慢性呼吸道病、禽霍乱。

【用法与用量】参考泰乐菌素。

七、林可胺类

1.林可霉素Lincomycin

【适应证】主要用于治疗革兰氏阳性菌特别是耐青霉素、红霉素的革兰氏阳性菌所引起的各种感染，支原体引起的家禽慢性呼吸道病，厌氧菌感染如鸡的坏死性肠炎等。

【用法与用量】

混饲：每1 000 kg饲料，禽22 ~ 44 g（效价），连用1 ~ 3周。

混饮：每1 L水，鸡 20 ~ 40 mg。

内服：一次量，每1 kg体重，鸡15 ~ 30 mg，3次/d。

肌内或静脉注射：一日量，每1 kg体重，家禽20 ~ 40 mg，分2次注射。

2.盐酸林可霉素硫酸大观霉素可溶性粉

【适应证】用于治疗鸡沙门杆菌病、大肠杆菌性肠炎、支原体引起的家禽慢性呼吸道病等。

【用法与用量】混饮：每1 L水，鸡，1 ~ 4周龄150 mg；4周龄以上75 mg。

【规格】

30 g：林可霉素6.7 g（670万IU）与大观霉素13.3 g（1 330万IU）

150 g：林可霉素33.3 g（3 330万IU）与大观霉素66.7 g（6 670万IU）

3.克林霉素Clindamycin

【适应证】参考林可霉素。本品不能透过血脑屏障，不能用于脑膜炎。

【用法与用量】肌内或静脉注射：一日量，每1 kg体重，家禽20 ~ 40 mg，分2次注射。

八、多肽类

1.多黏菌素E Polymyxin E

【适应证】 防治鸡大肠杆菌、沙门杆菌等革兰氏阴性菌引起的肠道感染，也用于绿脓杆菌感染。

【用法与用量】以黏菌素计。

混饮：每1 L水，鸡20 ~ 60 mg。

混饲：每1 000 kg饲料，鸡2 ~ 20 g。

2.杆菌肽Bacitracin

【适应证】与多黏菌素配伍，防治细菌性肠道感染。

【用法与用量】

混饮：每1 L水，50～100 mg，连用5～7 d。

混饲：每1 000 kg饲料，雏鸡4～40 g。

3.维吉尼霉素Virginiamycin

【适应证】用于防治鸡白痢、坏死性肠炎。

【用法与用量】以维吉尼霉素计，混饲，每1 000 kg饲料，鸡5～20克。

九、酰胺醇类

酰胺醇类药物属于广谱抗生素，不仅对革兰氏阳性菌、阴性菌有作用，而且对放线菌、钩端螺旋体、某些支原体、部分衣原体和立克次体也有作用。主要通过抑制细菌蛋白质的合成而产生抑杀作用，属于快效抑菌药，与β－内酰胺类和氟喹诺酮类合用有拮抗作用。

1.甲砜霉素Thiamphenicol

【适应证】用于治疗肠道、呼吸道等细菌性感染，如禽大肠杆菌病、沙门杆菌病、禽支原体病、禽霍乱、鸭传染性浆膜炎等。

【用法与用量】

混饮：每1 L水，鸡50 mg，连用3～5 d。

混饲：每1 000 kg饲料，禽200～300 g。

内服、静脉注射、肌内注射：一次量，每1 kg体重，禽5～10 mg，2次/d。

2.氟苯尼考Florfenicol

【适应证】用于治疗禽敏感菌所致感染。如禽大肠杆菌病、沙门杆菌病、禽支原体病、禽霍乱、鸭传染性浆膜炎等。

【用法与用量】

混饮：每1 L水，鸡100～150 mg，连用3～5 d。

内服：一次量，每1 kg体重，禽20～30 mg，2次/d，连用3～5 d。

肌内注射：一次量，每1 kg体重，禽15～20 mg，每隔48 h 1次，连用2次。

十、主要作用于支原体的抗生素

截短侧耳素类（pleuromutilin）是一类主要对支原体有强大抑制作用的抗生素，其对其他病原体亦有一定的抗菌活性，主要包括泰妙菌素和沃尼妙林。

1.泰妙菌素Tiamulin

【适应证】用于防治鸡的慢性呼吸道病、葡萄球菌病、链球菌病。

【用法与用量】

混饲：每1 000 kg饲料，鸡400 g，连用3 ~ 5 d。

混饮：每1 L水，鸡125 ~ 250 mg，连用3 d（以泰妙菌素计）。

2.沃尼妙林Valnemulin

【适应证】本品用于防治禽的细菌性肠道病和呼吸道病，如慢性呼吸道病。

【用法与用量】混饲：每1 000 kg饲料，鸡200 ~ 500 g。

【药物相互作用】常与金霉素、多西环素配伍使用，呈现协同作用。

第二节　合成抗菌药

一、磺胺类

磺胺药为广谱抑菌药，其作用机制主要通过干扰细菌的叶酸代谢而抑制细菌的生长繁殖，对大多数革兰氏阳性菌和革兰氏阴性菌均有效。磺胺药单独使用，病原体易产生耐药性，与抗菌增效剂如甲氧苄啶或奥美普林等联用，抗菌范围扩大，疗效明显增强，在畜禽感染性疾病防治中的应用十分普遍。

1.磺胺嘧啶Sulfadiazine

【适应证】临床常与抗菌增效剂（TMP）5：1配伍，用于治疗敏感菌引起的脑部、呼吸道及消化道感染，如链球菌病、葡萄球菌病、禽霍乱、大肠杆菌病、伤寒、副伤寒和球虫感染等。

【用法与用量】

混饮：每1 L水，禽1 000 mg。

混饲：每1 000 kg饲料，禽2 000 g。

内服：一次量，每1 kg体重，禽0.07～0.14 g。

2.磺胺噻唑Sulfathiazole

【适应证】用于敏感菌所致的肺炎、出血性败血症、子宫内膜炎及禽霍乱、鸡白痢等。

【用法与用量】混饲：每1 000 kg饲料，磺胺噻唑250 g，磺胺二甲氧嘧啶250 g，连用3 d。

3.磺胺甲噁唑Sulfamethoxazole

【适应证】主要用于敏感菌引起的呼吸道、泌尿道和消化道感染，亦可用于球虫病。

【用法与用量】

混饮：每1 L水，禽600～800 mg。

混饲：每1 000 kg克饲料，禽1 000～2 000 g。

4.磺胺二甲嘧啶Sulfadimidine

【适应证】用于治疗敏感菌所引起的各种感染如巴氏杆菌病、葡萄球菌病、链球菌病、呼吸道感染、鸡白痢、住白细胞原虫病及球虫病等。

【用法与用量】

混饲：每1 000 kg饲料，禽2 000 g。

内服：一次量，每1 kg体重，禽0.07 ~ 0.14 g。

5.磺胺间甲氧嘧啶Sulfamonomethoxine

【适应证】用于治疗革兰氏阴性菌、革兰氏阳性菌、厌氧菌等敏感菌所引起的各种感染，如肺炎、菌痢、肠炎及泌尿道感染，临床用于球虫病、沙门杆菌病、鸡住白细胞原虫病等的治疗。

【用法与用量】

混饮:每1 L水，禽250 ~ 1 000 mg。

混饲:每1 000 kg饲料，禽1 000 ~ 2 000 g，预防减半。

内服:一次量，每1 kg体重，禽0.05 ~ 0.1 g，1 ~ 2次/d。

6.磺胺对甲氧嘧啶Sulfamethoxydiazine

【适应证】用于敏感菌引起的泌尿道、呼吸道及皮肤软组织等感染，也用于肠道细菌性感染和球虫病等。

【用法与用量】

混饮：每1 L水，禽250 ~ 1 000 mg。

混饲：每1 000 kg饲料，禽1 000 ~ 2 000 g，预防减半。

内服：一次量，每1 kg体重，禽0.05 ~ 0.1 g，1 ~ 2次/d。

7.磺胺邻二甲氧嘧啶Sulfadimoxine

【适应证】本品为长效磺胺，主要用于防治禽霍乱、传染性鼻炎、球虫病、鸡卡氏住白细胞原虫病，也可用于治疗其他敏感菌引起的呼吸道、泌尿道感染及菌痢等。

【用法与用量】

混饮：每1 L水，禽250 ~ 500 mg。

混饲：每1 000 kg饲料，禽500 ~ 1 000 g。

内服：一次量，每1 kg体重，禽首次量0.05 ~ 0.1 g，维持量0.025 ~ 0.5 g，1次/d。

8.磺胺氯哒嗪Sulfachlorpyridazine

【适应证】主要用于治疗鸡大肠杆菌和巴氏杆菌感染等。

【用法与用量】

内服：一次量，每1 kg体重，首次量50 ~ 100 mg，维持量25 ~ 50 mg，1 ~ 2次/d，连用3 ~ 5 d。

混饮：每1 L水，禽300 mg。

9.磺胺甲氧哒嗪Sulfamethoxypyridazine

【适应证】用于链球菌、葡萄球菌、肺炎球菌、大肠杆菌、李氏杆菌等敏感菌感染。

【用法与用量】内服：一次量，每1 kg体重，首次量50 ~ 100 mg，维持量25 ~ 50 mg，2次/d，连用3 ~ 5 d。

10.磺胺胍Sulfaguanidine

【适应证】适用于肠炎、下痢等肠道细菌性感染。

【用法与用量】

混饲：每1 000 kg饲料，禽2 000 ~ 4 000 g。

内服：每1 kg体重，禽0.2 g（首次量），0.1 g（维持量），2 ~ 3次/d。

11.甲氧苄啶Trimethoprime

【适应证】常以1：5与磺胺药配伍，其复方制剂主要用于治疗家禽大肠杆菌性败血症、鸡白痢、禽伤寒、鸡霍乱及呼吸道继发性细菌感染。

【用法与用量】

混饮：每1 L水，禽120 ~ 200 mg。

混饲：按本药和磺胺药二者总量计，每1 000 kg饲料，禽200 ~ 400 g。

内服：一次量，每1 kg体重，家禽0.02 g，2次/d。

12.二甲氧苄啶Diaveridine

【适应证】主要用于防治鸡球虫病、鸡白痢、禽霍乱等。多与磺胺药（如磺胺喹噁啉、磺胺甲噁唑、磺胺间甲氧嘧啶、磺胺对甲氧嘧啶等）1：5配合应用。

【用法与用量】

混饲：每1 000 kg饲料，禽200 g。

内服：一次量，每1 kg体重，禽10 mg。

二、喹诺酮类药物

喹诺酮类药物抗菌谱广、杀菌力强，除对支原体、大多数革兰氏阴性菌敏感外，对衣原体、某些革兰氏阳性菌及厌氧菌亦有作用，其杀菌浓度与抑菌浓度相同，或为抑菌浓度的 2 ~ 4倍，大多数组织中的药物浓度高于血清药物浓度，亦能渗入脑及乳汁，故对治疗全身感染和深部感染有效；使用方便，毒副作用小。此外利福平和酰胺醇类均可使本类药物的作用减弱，不宜配伍使用，镁、铝等盐类在肠道可与本类药物结合而影响吸收，从而降低血药浓度，亦应避免合用。

1.诺氟沙星Norfloxacin

【适应证】用于治疗禽的细菌性疾病和支原体感染，如大肠杆菌病、沙门杆菌病等。

【用法与用量】

混饮：每1 L水，禽50 ~ 100 mg，2次/d，连用3 ~ 5 d。

混饲：每1 000 kg饲料，禽100～200 g。

内服：一次量，每1 kg体重，禽10 mg，2次/d。

肌内注射：一次量，每1 kg体重，禽5 mg，2次/d。

【注意事项】自2016年12月31日起，食品动物中禁止使用本品。

2.环丙沙星Ciprofloxacin

【适应证】用于禽细菌性疾病和支原体感染。

【用法与用量】

混饮：每1 L水，禽15～25 mg，2次/d，连用3～5 d。

内服：一次量，每1 kg体重，禽5～10 mg，2次/d。

肌内注射：一次量，每1 kg体重，禽5～10 mg，2次/d。

3.恩诺沙星Enrofloxacin

【适应证】用于禽细菌性疾病和支原体感染，如传染性鼻炎、支原体感染、鸡白痢等。

【用法与用量】

混饮：每1 L水，禽50～75 mg，2次/d，连用3～5 d。

混饲：每1 000 kg饲料，禽100 g。

肌内注射：一次量，每1 kg体重，禽2.5～5 mg，2次/d，连用3 d。

4.氧氟沙星Ofloxacin

【适应证】主要用于敏感菌所致的急慢性呼吸道、泌尿道、胆道、肠道、皮肤软组织感染及家禽的各种霉形体感染等。

【用法与用量】

混饮：每1 L水，禽50～100 mg，2次/d，连用3～5 d。

肌内注射：一次量，每1 kg体重，禽2.5～5 mg，2次/d。

【注意事项】自2016年12月31日起，食品动物中禁止使用本品。

5.达氟沙星Danofloxacin

【适应证】主要用于禽大肠杆菌病、巴氏杆菌病、败血霉形体病等。

【用法与用量】

混饮：每1 L水，禽25～50 mg，连用3～5 d。

内服：一次量，每1 kg体重，鸡2.5～5 mg。1次/d，连用3 d。

6.沙拉沙星Sarafloxacin

【适应证】用于细菌性疾病与支原体病，如大肠杆菌病、沙门杆菌病、禽霍乱、支原体病和葡萄球菌感染等。

【用法与用量】

混饮：每1 L水，禽25 ~ 50 mg，连用3 ~ 5 d。

肌内注射：一次量，每1 kg体重，禽2.5 ~ 5 mg，2次/d，连用3 ~ 5 d。

混饲：每1 000 kg饲料，家禽50 ~ 100 g。

7.二氟沙星Difloxacin

【适应证】用于鸡细菌性疾病与支原体感染，如鸡的慢性呼吸道病、禽霍乱等。

【用法与用量】

混饮：每1 kg体重，鸡10 mg，2次/d，连用3 ~ 5 d。

内服：一次量，每1 kg体重，鸡5 ~ 10 mg，2次/d。

8.氟甲喹Flumequine

【适应证】主要用于革兰氏阴性菌所引起的消化道和呼吸道感染。

【用法与用量】

混饮：每1 L水，鸡30 ~ 60 mg，2次/d，连用3 ~ 5 d；首次量加倍。

内服：一次量，每1 kg体重，鸡3 ~ 6 mg，2次/d，连用3 ~ 5 d。

三、其他化学合成抗菌药

1.痢菌净（乙酰甲喹）Maquindox

【适应证】主要用于治疗禽霍乱、禽大肠杆菌病和沙门杆菌等引起的肠炎。

【用法与用量】

混饮：每1 L水，鸡50 ~ 100 mg。

内服：一次量，每1 kg体重，鸡5 ~ 10 mg，2次/d，连用3 d。

肌内注射：一次量，每1 kg体重，禽5 mg，2次/d。

2.喹乙醇Olaquindox

【适应证】用于治疗敏感菌引起的感染，如禽霍乱、大肠杆菌病等。

【用法与用量】

内服：每1 kg体重， 20 ~ 30 mg，1次/d，连用3 ~ 4 d。

混饲：每1 000 kg饲料，30 g。

3.甲硝唑Metronidazole

【适应证】临床主要用于治疗阿米巴痢疾、滴虫病、鞭毛虫病、小袋虫病等原虫感染及腹腔脓肿、腹膜炎、脓胸、生殖道感染、关节炎、脑膜炎及坏死组织中的厌氧菌感染。

【用法与用量】

混饮：每1 L水，禽250 ~ 500 mg，连用7 d。

静脉注射：一次量，每1 kg体重，鸡20 mg，1次/d，连用3 d。

4.地美硝唑Dimetridazole

【适应证】用于防治禽类的组织滴虫病。

【用法与用量】混饲：每1 000 kg饲料，500 g。

5.洛克沙胂Roxarsone

【适应证】用于预防鸡球虫病。

【用法与用量】混饲：每1 000 kg饲料，鸡50 g。

6.氨苯胂酸Arsanilic Acid

【适应证】用于预防鸡球虫病。

【用法与用量】混饲：每1 000 kg饲料，鸡100 g。

7.乌洛托品Methenamine

【适应证】用于磺胺类、抗生素疗效不好的尿路感染，促进尿酸排出。

【用法与用量】混饮：每1 L水，鸡0.5 ~ 1 g，连用3 ~ 5 d。

第三节 抗真菌药

兽医上应用的抗真菌药物，根据其来源和用途，主要分为以下四类，其中临床中常用的为前两类。

（1）抗真菌抗生素，常用的有灰黄霉素、两性霉素B、制霉菌素等。其中灰黄霉素仅对浅表真菌有效，其他两种药主要用于深部真菌感染。

（2）咪唑类合成抗真菌药，这类药抗真菌谱广，对深部真菌和浅表真菌均有作用，毒性低，真菌耐药性产生慢，常用的有克霉唑、酮康唑、咪康唑等。

（3）专用于治疗浅表真菌感染的外用药物，如水杨酸、十一烯酸、苯甲酸等，只对浅表真菌引起的皮肤感染有效。

（4）饲料防霉剂，如丙酸及丙酸盐、山梨酸钾、苯甲酸钠、柠檬酸等，添加于饲料中以防止饲料霉变。

1.灰黄霉素Grisefulvin

【作用与用途】为内服抗浅表真菌感染药，对各种皮肤真菌（毛癣菌、小孢子菌和表皮癣菌等）均有较强作用。以内服为主，但对家禽毛癣的疗效较差。

【用法与用量】内服：一日量，每1 kg体重，家禽40 mg。

2.制霉菌素Nystatin

【作用与用途】广谱抗真菌药，对念珠菌属的抗菌活性最为明显，对隐球菌、烟曲霉菌、毛癣菌、表皮癣菌和小孢子菌有较强抑制作用，对组织胞浆菌、芽生菌、球孢子菌亦有一定的抗菌活性。用于消化道真菌感染，如鸡、鸽的念珠菌病、鸡嗉囊真菌病、禽曲霉菌病等，外用治疗体表的真菌感染，如禽冠癣等。

【用法与用量】混饲：治疗白色念珠菌感染（如家禽鹅口疮），每1 kg体重，家禽50万～100万IU，连用1～3周。治疗雏鸡曲霉菌病，每100只，50万IU，2次/d，连用2～4 d。

气雾用药：鸡50万IU/m^3，吸入30～40 min。

内服：雏鸡、雏鸭5 000 IU，2次/d。

3.两性霉素B（芦山霉素）Amphotericin B

【作用与用途】广谱抗真菌药，对隐球菌、球孢子菌、组织胞浆菌、白色念珠菌、芽生菌等多种全身性深部真菌均有强大的抑制作用，其中皮炎芽生菌、组织胞浆菌、新型隐球菌、念珠菌属、球孢子菌对本品敏感，曲霉菌部分耐药，皮肤和毛癣菌等浅表真菌大多耐药。本品对细菌及其他病原体无效，是治疗深部真菌感染的首选药物，主要用于上述敏感真菌所引起的深部真菌病。

【用法与用量】混饮：雏鸡每只每天0.1 ~ 0.2 mg。

气雾：鸡25 mg/m^3，吸入30 ~ 40 min。

4.克霉唑（三苯甲咪唑、抗真菌Ⅰ号）Clotrimazole

【作用与用途】广谱抗真菌药，对多种致病性真菌有抑制作用，对皮肤浅表真菌的抗菌谱和抗菌效力与灰黄霉素相似，对内脏致病性真菌，如白色念珠菌、新型隐球菌、球孢子菌和组织胞浆菌等，有一定作用，但较两性霉素B差。本品内服易吸收，可内服治疗全身性及深部真菌感染，如烟曲霉菌病、白色念珠菌病、隐球菌病、球孢子菌病及真菌性败血症等。对严重的深部真菌感染，宜与两性霉素B合用。外用亦可治疗浅表真菌感染，如鸡冠癣等。

【用法与用量】混饲：雏鸡10 mg/只。

5.酮康唑Ketoconazole（Nizoral）

【作用与用途】广谱抗真菌药，对浅表及深部真菌感染均有作用，且低浓度抑菌，高浓度杀菌。对皮炎芽生菌、球孢子菌、组织胞浆菌、隐球菌、曲霉菌、小孢子菌、毛癣菌等均有抑制作用，疗效优于灰黄霉素和两性霉素B，且更安全。但本品对曲霉菌和孢子丝菌作用弱，一般白色念珠菌对本品耐药。适用于消化道、呼吸道及全身性真菌感染，外用治疗厌氧菌等引起的细菌性皮肤病以及鸡冠癣等浅表真菌感染。

【用法与用量】内服：一次量，每1 kg体重，鸡10 ~ 20 mg。

第四节　抗微生物药合理选用

一、治疗疾病时合理使用兽用抗菌药的原则

（一）选用抗菌药的前提

兽医在开具使用抗菌药物前，应首先根据患病动物的发病过程、临床症状、病理剖检、实验室检查或影像学检查等结果进行临床诊断，只有诊断为细菌、支原体、衣原体、螺旋体、立克次体及真菌等病原微生物感染时才能选用抗菌药物，如果经诊断不是上述病原微生物导致的感染或是病毒性感染时，不宜应用抗菌药物。

（二）经验性治疗

兽医临床初步诊断为细菌性感染时，在没有确证细菌的种类和药物敏感性结果前可根据动物的感染部位、发病情况、抗菌药用药史及治疗反应等推测可能的致感染病原微生物，并参考当地的细菌耐药性监测数据，给予抗菌药的经验治疗。

（三）根据感染病原的种类及药物敏感试验结果选用抗菌药

有条件的情况下，对已初步诊断为细菌性感染的动物应及时采集病料样本进行病原学检测及药物敏感性试验，并根据结果及时调整用药方案。当药物敏感性试验结果显示细菌对两种以上药物均敏感时，应根据药敏结果适当调整治疗方案，如果有老药和新药同时敏感，应首选老药；如果有抗菌谱不同的抗菌药同时敏感，应首选窄谱；如果有人兽共用和动物专用抗菌药同时敏感，应首选动物专用品种。

（四）抗菌药的药代动力学特点

此外，在选用适宜的抗菌药物时，还应考虑到其在动物体内的药代动力学特点。如动物的肠道感染应选用内服给药吸收较少的药物，如氨基糖苷类等；动物的细菌性或支原体性肺炎的治疗，不仅要选择对病原菌敏感的药物，而且还应考虑药物要在肺组织中达到较高的浓度，如替米考星、单诺沙星等。

（五）制订恰当的治疗方案

临床应根据病原微生物的种类、感染部位、感染的严重程度以及患病动物的种类、生理、病理状况制订适宜的抗菌药物治疗方案，如抗菌药品种的确定、给药剂量、给药途径、重复给药的时间间隔、用药疗程及联合用药等。

二、预防疾病时合理使用兽用抗菌药的原则

治疗性预防用药是指为了预防特定病原微生物在特定时间内或特定动物群体可能发生的感染性疾病的用药。一般病毒性疾病和其他非细菌性疾病不宜使用抗菌药物进行治疗性预防用药。临床采用治疗性预防用药的指征主要包括以下几点：

（1）尚无病原感染指征但已经暴露在致病微生物感染的高危动物群体。如某一养殖场出现了感染性动物，当患病动物被隔离并进行治疗的过程中，对于已接触过患病动物但临床暂时无感染症状的动物群体可进行治疗性预防用药。

（2）在某一特定时间内的动物，其可能发生具有严重后果的感染性疾病。如动物的长途运输、转群、季节变化、外科手术后等外部因素可能导致高风险感染时，可应用治疗性预防用药。严禁在养殖的任何时间段对无感染风险的健康动物群体进行常规治疗性预防用药，更不能用大规模预防用药来代替日常的饲养管理。

（3）采用治疗性预防用药可以治愈或纠正导致动物感染风险增加的原发性疾病，如原发性疾病不能被治愈或纠正时，则不宜采取治疗性预防用药。

（4）当某一群体动物处在未出现明显症状的感染早期或潜伏期时，可及时采用适当剂量进行早期防治。

在进行治疗性预防用药时，抗菌药物的选择应遵循以下四个原则：一是尽可能选择抗菌活性强、安全和经济的抗菌药物，应避免使用易引起交叉耐药的抗菌药；二是避免使用WHO认定的人医极为重要的抗菌药（如第三、四代头孢菌素类、氟喹诺酮类等）作为治疗性预防用药；三是在治疗性预防用药时尽量选择单一抗菌药，尽量避免不必要的联合用药；四是治疗性预防用药应是针对某一种或两种最可能的细菌感染，不宜同时针对多种细菌的多部位感染。

针对某一群体动物进行治疗性预防用药时，采用的给药途径多为混饲或混饮给药。难溶或不溶的药物采用混饲给药，溶解性好且溶液稳定的药物可采用混饮给药。严禁将抗菌药物的原料和残渣直接添加到饲料和饮水中进行治疗性预防用药。混饲或混饮给药时最好选用主要通过肾清除的药物，尽量避免应用通过粪便排泄的药物，以免排泄的原型药物及其活性代谢产物引起肠道菌群的耐药。

在进行治疗性预防用药时应合理控制用药时间，要避免长时间低剂量添加在饲料或饮水中；如确需长时间预防用药的，要依据当地耐药性监测结果和病情发展情况及时更换抗菌药物。同时，应确保在屠宰前有足够的休药期，严格控制抗菌药在畜禽体内的残留以确保动物性食品的安全。

附　录

附录 1　家禽免疫程序（天津瑞普生物技术股份有限公司提供）

附表1-1　种鸡免疫程序

日龄（周龄）	疾病名称	疫苗种类	免疫剂量	免疫途径
1 d	新城疫、传染性支气管炎	新支妥（La Sota+H120）	1羽份	喷雾
	马立克病	双欣立克（I+Ⅲ）	1羽份	颈部皮下注射
3 d	球虫病	球虫弱毒疫苗	1羽份	滴口或拌料
5 d	病毒性关节炎	关言妥（ZJS）	1羽份	颈部皮下注射
10 d	新城疫、传染性支气管炎、禽流感（H9）	优瑞泰（La Sota+M41+HP）	0.3 mL	颈部皮下注射
		信之妥（La Sota+H120）	1羽份	点眼
13 d	传染性法氏囊病	锐必法（B87）	1羽份	滴口
15 d	鸡痘、传染性喉气管炎	喉豆平（传染性喉气管炎、鸡痘基因工程苗）	1羽份	刺种
20 d	鸡毒支原体感染	枝力平（F株）	1羽份	点眼
3周	禽流感（H5+H7）、新城疫、传染性支气管炎	禽元	0.3 mL	皮下注射
		信之妥（La Sota+H120）	1羽份	点眼
4周	传染性法氏囊病	锐必法（B87）	1羽份	滴口
5周	新城疫、传染性支气管炎禽流感（H9）	优瑞康（La Sota+HP）	0.5 mL	皮下注射
		信之妥（La Sota+H120）	1羽份	点眼
6周	鸡毒支原体感染	慢呼净	0.5 mL	皮下注射
	传染性鼻炎	鼻妥	0.5 mL	皮下注射
7周	禽流感（H5+H7）	禽元	0.5 mL	皮下或肌内注射
	病毒性关节炎	关言妥	1羽份	皮下注射
10周	新城疫、传染性支气管炎禽流感（H9）	新支妥（La Sota+H120）	1羽份	点眼
		禽流感（H9）	0.5 mL	皮下注射

续表

日龄（周龄）	疾病名称	疫苗种类	免疫剂量	免疫途径
12周	鸡传染性喉气管炎	锐安（K317）	1羽份	点眼
13周	禽脑脊髓炎、鸡痘	豆严妥	1羽份	刺种
14周	传染性贫血	传染性贫血弱毒疫苗	1羽份	注射
	禽流感（H5+H7）	禽元	0.5 mL	皮下或肌内注射
	新城疫、传染性支气管炎	新支妥（La Sota+H120）	1羽份	点眼或喷雾
15周	新城疫、禽流感（H9）	优瑞康（La Sota+HP）	0.5 mL	皮下或肌内注射
17周	传染性鼻炎	鼻妥	0.5 mL	皮下注射
	鸡毒支原体感染	慢呼净	0.5 mL	皮下注射
20周	新城疫、传染性支气管炎、减蛋综合征	信之健（La Sota+M41+Z16）	0.5 mL	皮下或肌内注射
		新支妥（La Sota+H120）	1羽份	喷雾或点眼
23周	新城疫、传染性支气管炎、传染性法氏囊病、病毒性关节炎	信法关（La Sota+B87+S1133）	0.5 mL	皮下或肌内注射
24周	禽流感（H5+H7）	禽元	0.5 mL	皮下或肌内注射
	新城疫、传染性支气管炎	新支妥（La Sota+H120）	1羽份	点眼或喷雾
25周	新城疫、禽流感（H9）	优瑞康	0.5 mL	皮下或肌内注射
30周/40周/50周	新城疫、传染性支气管炎	新支妥（La Sota+H120）	1羽份	点眼或喷雾
45周	禽流感（H5+H7）	禽元	0.5 mL	皮下或肌内注射
35周/45周/55周	新城疫、传染性支气管炎	新支妥（La Sota+H120）	1羽份	喷雾或点眼

附表1-2　蛋鸡推荐免疫程序

日龄（d）	疾病名称	疫苗种类	免疫剂量	免疫途径
1	新城疫+传染性支气管炎	新支妥（La Sota+H120）	1羽份	点眼滴鼻
	新城疫+传染性法氏囊病	信法康（La Sota+ HQ）	0.2 mL	颈背部皮下注射
7	新城疫+传染性支气管炎	新支妥（La Sota +H120）	1羽份	点眼
	新城疫+传染性支气管炎+禽流感（H9）	优瑞泰（La Sota+M41+HP）	0.2 mL	颈背部皮下注射
21	禽流感	禽元	0.3 mL	皮下/肌内注射
	新城疫	新必妥（La Sota）	1羽份	点眼
28	禽痘	痘必妥	1羽份	翼翅下刺种
35	新城疫+传染性支气管炎	新支妥（La Sota+H120）	1.5羽份	点眼
	传染性鼻炎	鼻妥	0.3 mL	皮下/肌内注射
45	传染性喉气管炎	喉必妥（K317）	1羽份	点眼
	新城疫、禽流感（H9）	优瑞康（La Sota+ HP）	0.3 mL	皮下/肌内注射
55	禽流感	禽元	0.3 mL	皮下/肌内注射
65	新城疫+传染性支气管炎	新支妥（La Sota+H120）	2羽份	点眼
75	传染性鼻炎	鼻妥	0.5 mL	肌内注射
85	传染性喉气管炎	喉必妥（K317）	2羽份	点眼
95	禽脑脊髓炎、禽痘	豆严妥（AE+POX）	2羽份	刺种
105	新城疫+传染性支气管炎	新支妥（La Sota+H120）	2羽份	饮水
	新城疫+传染性支气管炎+减蛋综合征+禽流感（H9）	优瑞可（La Sota+M41+AV127+NJ02）	0.5 mL	皮下/肌内注射
110	禽流感	禽元	0.5 mL	皮下/肌内注射
280	禽流感	优瑞泰（La Sota+M41+HP）	0.5 mL	皮下/肌内注射
		禽元	0.5 mL	皮下/肌内注射
开产后，每30～45d锐必新、新支妥交替饮水				

附表1-3　白羽肉鸡推荐免疫程序

推荐冬季免疫程序				
日龄（d）	疾病名称	疫苗种类	免疫剂量	免疫途径
1	新城疫+禽流感（H9）	优瑞康（La Sota+ HP）	0.15 mL/羽	颈皮下注射
	传染性支气管炎	新支妥（La Sota+H120）	1羽份	喷雾
	传染性法氏囊病	威力克	0.1 mL/羽	颈部皮下注射
7	新城疫+传染性支气管炎	新支妥（La Sota+H120）	1羽份	点眼或饮水
21	新城疫	锐必新（La Sota）	2羽份	饮水
推荐夏季免疫程序				
日龄（d）	疾病名称	疫苗种类	免疫剂量	免疫途径
1	新城疫+传染性法氏囊病	信法康（La Sota+HQ）	0.2 mL/羽	颈皮下注射
	传染性支气管炎	新支妥（La Sota+H120）	1羽份	喷雾
7	新城疫+传染性支气管炎	新支妥（La Sota+H120）	1羽份	点眼或饮水
21	新城疫	锐必新（La Sota）	2羽份	饮水

附表1-4　种鸭推荐免疫程序

种鸭推荐免疫程序（北方）					
日龄（d）	疾病名称	疫苗名称	疫苗类别	剂量	注射部位
1	病毒性肝炎	雅甘康	抗体	1 mL	颈背部皮下
5	传染性浆膜炎	雅易安	灭活疫苗	0.2 mL	颈背部皮下
10	禽流感（H5+H7）	禽元	灭活疫苗	0.5 mL	肌内
14	鸭坦布苏病毒病	坦布舒	灭活疫苗	0.5 mL	颈背部皮下
21	鸭瘟	亚平宁	活疫苗	2羽份	颈背部皮下
30	禽流感（H5+H7）	禽元	灭活疫苗	0.8 mL	肌内
42	鸭坦布苏病毒病	坦布舒	灭活疫苗	0.5 mL	颈背部皮下
50	新城疫、禽流感（H9）	优瑞康	灭活疫苗	0.5 mL	肌内
56	鸭瘟	亚平宁	活疫苗	2羽份	颈背部皮下
77	新城疫+禽流感（H9）	优瑞康	灭活疫苗	1 mL	肌内
119	禽流感（H5+H7）	禽元	灭活疫苗	1 mL	颈背部皮下
133	鸭瘟	亚平宁	活疫苗	2羽份	肌内
140	鸭坦布苏病毒病	坦布舒	灭活疫苗	1 mL	颈背部皮下

续表

日龄（d）	疾病名称	疫苗名称	疫苗类别	剂量	注射部位
154	新城疫+禽流感（H9）	优瑞康	灭活疫苗	1 mL	胸肌
280	禽流感（H5+H7）	禽元	灭活疫苗	1 mL	肌内
336	鸭坦布苏病毒病	坦布舒	灭活疫苗	1 mL	颈背部皮下
406	新城疫+禽流感（H9）	优瑞康	灭活疫苗	1 mL	肌内

注：1.50周后根据抗体情况决定油苗免疫时间，ND、H9 HI≥7log2，H5则≥6log3。

2.免疫时间可以据鸭群情况适当调节。

种鸭建议免疫程序（南方）

日龄（d）	疾病名称	疫苗名称	疫苗类别	剂量	注射部位
5	传染性浆膜炎	雅易安	灭活苗	0.2 mL	颈背部皮下
10	禽流感（H5+H7）	禽元	灭活苗	0.5 mL	颈背部皮下
14	鸭坦布苏病毒病	坦布舒	灭活苗	0.5 mL	肌内
21	鸭瘟	亚平宁	活苗	2羽份	颈背部皮下
28	鸭坦布苏病毒病	坦布舒	灭活苗	0.5 mL	颈背部皮下
35	禽流感（H5+H7）	禽元	灭活苗	0.5 mL	肌内
56	禽霍乱	霍乱苗	灭活苗	0.5 mL	颈背部皮下
70	新城疫+禽流感（H9）	优瑞康	灭活苗	1 mL	肌内
77	新城疫+减蛋综合征	新减安	灭活苗	1 mL	颈背部皮下
96	禽流感（H5+H7）	禽元	灭活苗	1 mL	肌内
103	新城疫+禽流感（H9）	优瑞康	灭活苗	1 mL	颈背部皮下
119	鸭瘟	亚平宁	活苗	2羽份	肌内
126	鸭坦布苏病毒病	坦布舒	灭活苗	1 mL	颈背部皮下
140	传染性浆膜炎	雅易安	灭活苗	1 mL	胸肌
147	鸭坦布苏病毒病	坦布舒	灭活苗	1 mL	颈背部皮下
154	新城疫+禽流感（H9）	优瑞康	灭活苗	1 mL	胸肌
280	禽流感（H5+H7）	禽元	灭活苗	1 mL	颈背部皮下
336	鸭坦布苏病毒病	坦布舒	灭活苗	1 mL	颈背部皮下
406	新城疫+禽流感（H9）	优瑞康	灭活苗	1 mL	颈背部皮下

注：1.50周后根据抗体情况决定油苗免疫时间，ND、H9HI≥7log2，H5则≥6log3。

2.免疫时间可以根据鸭群情况适当调节。

附表1-5 商品蛋鸭参考免疫程序

日龄（d）	疾病名称	疫苗名称	疫苗类别	剂量	注射部位
1	病毒性肝炎	雅甘康	抗体	0.5 mL	颈背部皮下
5	传染性浆膜炎	雅易安	灭活苗	0.2 mL	颈背部皮下
10	鸭坦布苏病毒病	坦布舒	灭活苗	0.5 mL	颈背部皮下
15	禽流感（H5+H7）	禽元	灭活苗	0.5 mL	肌内
21	鸭坦布苏病毒病	坦布舒	灭活苗	0.5 mL	颈背部皮下
30	鸭瘟	亚平宁	活苗	2羽份	颈背部皮下
45	禽流感（H5+H7）	禽元	灭活苗	1 mL	肌内
90	鸭瘟	亚平宁	活苗	2羽份	颈背部皮下
100	鸭坦布苏病毒病	坦布舒	灭活苗	1 mL	颈背部皮下
110	禽流感（H5+H7）	禽元	灭活苗	1 mL	肌内
开产后每隔半年	鸭瘟	亚平宁	活苗	2羽份	颈背部皮下
	禽流感（H5+H7）	禽元	灭活苗	1 mL	肌内
	鸭坦布苏病毒病	坦布舒	灭活苗	1 mL	颈背部皮下

附表1-6 商品肉鸭推荐免疫程序

商品肉鸭参考免疫程序（夏季）					
日龄（d）	疾病名称	疫苗名称	疫苗类别	剂量	注射部位
1	病毒性肝炎	雅甘康	抗体	0.8 mL/羽	颈背部皮下
5~7	鸭坦布苏病毒病	坦布舒	灭活苗	0.4 mL	颈背部皮下
	传染性浆膜炎	雅易安	灭活苗	0.2 mL	颈背部皮下

注：1.鸭肝炎抗体根据自己鸭舍鸭病毒性肝炎病常发日龄前一两天进行注射预防。

2.浆膜炎疫苗可以和坦布苏疫苗混合注射。

商品肉鸭参考免疫程序（冬季）					
日龄（d）	疾病名称	疫苗名称	疫苗类别	剂量	注射部位
1	病毒性肝炎	雅甘康	抗体	0.8 mL/羽	颈背部皮下
5~7	禽流感（H5+H7）	禽元	灭活苗	0.4 mL	颈背部皮下
	传染性浆膜炎	雅易安	灭活苗	0.2 mL	颈背部皮下

注：1.鸭肝炎抗体根据自己鸭舍鸭病毒性肝炎病常发日龄前一两天进行注射预防。

2.传染性浆膜炎疫苗可以和禽流感疫苗混合注射。

附表1-7 鹅推荐免疫程序

商品肉鹅建议免疫程序					
日龄（d）	疾病名称	疫苗名称	疫苗类别	剂量	注射部位
1	小鹅瘟	稳康宁	抗体	0.6 ~ 0.8 mL	颈背部皮下
5	黄病毒感染	坦布舒	灭活苗	0.5 mL	颈背部皮下
7	小鹅瘟	稳康宁	抗体	1 ~ 1.2 mL	颈背部皮下
12	禽流感（H5+H7）	禽元	灭活苗	0.7 mL	颈背部皮下
	新城疫+禽流感（H9）	优瑞康	灭活苗	0.7 mL	肌内
种鹅建议免疫程序					
日龄（d）	疾病名称	疫苗名称	疫苗类别	剂量	注射部位
1	小鹅瘟	稳康宁	抗体	0.6 ~ 0.8 mL	颈背部皮下
5	黄病毒感染	坦布舒	灭活苗	0.5 mL	颈背部皮下
7	小鹅瘟	稳康宁	抗体	1 ~ 1.2 mL	颈背部皮下
12	禽流感（H5+H7）	禽元	灭活苗	0.5 mL	颈背部皮下
17	新城疫+禽流感（H9）	优瑞康	灭活苗	0.5 mL	颈背部皮下
22	黄病毒感染	坦布舒	灭活苗	0.8 mL	肌内
35	禽流感（H5+H7）	禽元	灭活苗	1.0 mL	颈背部皮下或肌内
42	新城疫+禽流感（H9）	优瑞康	灭活苗	1.0 mL	肌内
80	禽流感（H5+H7）	禽元	灭活苗	1.0 mL	肌内
90	新城疫+禽流感（H9）	优瑞康	灭活苗	1.0 mL	肌内
140	黄病毒感染	坦布舒	灭活苗	1.2 mL	肌内
150	禽流感（H5+H7）	禽元	灭活苗	1.2mL	左侧胸部肌内
	新城疫、禽流感（H9）	优瑞康	灭活苗	1.2 mL	右侧胸部肌内

注：开产后每隔3个月注射一次优瑞康，每次1.2 mL，霍乱疫苗根据具体情况选择使用。

附录2 相关新兽药的研究（河南牧翔动物药业有限公司提供）

一、国家二类新兽药香菇多糖粉

香菇多糖粉处方由香菇多糖组成，主要用于提高动物免疫力。本产品于2017年8月通过农业部审批，获得国家二类新兽药证书【证号：（2017）新兽药证字44号】。

1.香菇多糖粉临床效果研究

（1）对靶动物安全试验：考察了1倍、3倍、5倍剂量的香菇多糖对靶动物鸡的安全性，结果显示：在整个试验过程中，各组鸡均未出现任何不良反应；各组鸡的平均体重、血液学指标无显著性差异，剖检未见任何病理变化；在停药后第1 d，5倍、3倍剂量组血清尿素氮含量显著高于对照组，但到停药后第7 d各组均无显著性差异。该试验结果表明，香菇多糖按20～100 mg/L浓度混饮对靶动物鸡无明显毒副作用，临床应用安全。

（2）实验室临床试验：本试验用香菇多糖配合新城疫疫苗免疫雏鸡，测定免疫后血清抗体效价、外周血淋巴细胞增殖、免疫器官指数和体重的变化。抗体效价和淋巴细胞增殖的测定结果显示，香菇多糖能显著提高新城疫疫苗的体液免疫应答和细胞免疫应答，药物高剂量组（40 mg/L混饮）、中剂量组（20 mg/L混饮）的效果最好。免疫器官指数的测定结果显示，香菇多糖能促进免疫器官的发育，药物中剂量（20 mg/L混饮）的效果最好。体重增重结果显示，香菇多糖能显著促进雏鸡生长，药物高剂量组（40 mg/L混饮）、中剂量组（20 mg/L混饮）的效果最好。鉴于高、中剂量之间多无显著差异，推荐中剂量（20 mg/L混饮）为雏鸡的临床应用剂量。

（3）扩大临床试验：香菇多糖对商品代肉仔鸡的扩大临床试验结果显示，在免疫后各时间点，药物试验组的血清抗体效价均高于免疫对照组，在前3个时间点显著高于免疫对照组；在免疫后2个时间点，药物试验组的体重均重于免疫对照组和药物对照组；给药后鸡群未见任何不良反应，出栏死淘率低于免疫对照组。结果表明，混饮20 mg/L浓度的香菇多糖能显著增强鸡新城疫疫苗的免疫应答，促进增重，降低死淘率。

2.香菇多糖粉的用法用量

通过临床试验证明，采用混饮，鸡每1 L水0.5 g，连用3 d，用于提高鸡对新城疫疫苗的免疫应答，同时香菇多糖具有促进机体免疫功能、抗肿瘤、抗菌、抗氧化和抗病毒等广泛的免疫活性作用，是一种具有潜在优势的替代抗生素的天然绿色饲料添加剂，在畜禽生产上具有很好的应用前景。

二、国家三类新兽药蒲地蓝消炎颗粒

蒲地蓝消炎颗粒处方由板蓝根、黄芩、蒲公英和苦地丁组成，主要用于鸡传染性支气管炎病的预防和治疗。国家三类新兽药证书【证号：（2015）新兽药证字54号】。

1.蒲地蓝消炎颗粒处方及方解

蒲地蓝消炎颗粒主要成分为蒲公英、苦地丁、板蓝根、黄芩。方解：蒲公英为君药，清热解毒、消肿散结、利尿通淋；黄芩善清上焦肺热，苦地丁苦寒散火，共为臣药，助君药降上炎之火；板蓝根清热解毒、凉血利咽，为佐使药；诸药合用，共奏清热、泻火、解毒之功。

2.蒲地蓝消炎颗粒临床效果研究

（1）对靶动物安全试验：通过给予试验鸡推荐剂量1倍、3倍、5倍的蒲地蓝消炎颗粒，连续给药7 d，考察对靶动物鸡精神状态、血液生理生化、体重变化等多方面的影响，结果发现在3个给药剂量范围内，试验鸡与空白对照组相比未出现采食、精神等各方面异常；通过对采集的血液样本进行血常规和血生化测定，发现除5倍剂量组血红蛋白数量与空白对照组对比呈显著性差异（$P<0.05$），其余组对血常规和血生化指标均未造成显著性影响，说明在推荐剂量的5倍剂量范围蒲地蓝消炎颗粒对机体各项血液具有安全性；通过对试验鸡的解剖，仔细对照，各脏器外观良好，未发现试验用鸡主要脏器存在可见的病变，说明在推荐剂量的5倍剂量范围内蒲地蓝消炎颗粒对各主要脏器未造成直观影响。结果表明，蒲地蓝消炎颗粒在推荐剂量的5倍范围内连续使用7 d饮水给药是安全的。

（2）实验室临床试验：试验鸡于攻毒后48 h陆续发病，迅速波及全群，72 h后开始出现明显临床症状，病鸡主要表现为精神萎靡，不安，喜叫，食欲减退，饮欲增加，扎堆，甩头，抓鼻，流泪，流涕，部分鸡鼻窦肿胀，个别鸡出现拉稀现象。夜间能听到明显的咳嗽声和呼吸啰音。

蒲地蓝消炎颗粒各剂量组的疗效结果见附表2–1，各攻毒组的发病率均为100%，但均无鸡只死亡。通过给予不同剂量的蒲地蓝消炎颗粒3 d后与感染对照组比较，病情减轻，精神以及食欲好转，夜间观察咳嗽和啰音减少，其中以蒲地蓝消炎颗粒高剂量组最佳。用药结束后第1 d，观察各用药组试验鸡的精神状态明显好转，临床症状明显减轻，夜间仅有零星咳嗽声，啰音已消失。给药后第6 d观察，各用药组试验鸡的精神状态基本恢复正常，仅有少许的鸡出现不同频率的甩头现象。

给药后第7 d，每组随机抽取15只试验鸡，颈静脉放血处死，解剖观察各组试验鸡内脏器官的病变。结果：感染对照组鸡口腔和鼻窦中有大量的黏液，有的黏液呈胶冻样，气管都有明显的出血、充血现象；肺部有明显的充血、出血现象。各治疗组试验鸡的解剖病变较阳性对照组的轻。结果表明，蒲地蓝消炎颗粒对人工感染鸡传染性支气管炎治疗效果明显，可用于鸡传染性支气管炎的治疗。

附表2-1　蒲地蓝消炎颗粒对人工感染鸡传染性支气管炎治疗效果

组别	动物数	发病数	发病率	治愈数	治愈率（%）	有效数	有效率
1组（高剂量组）	30	30	100	27	90.00*	29	96.67
2组（中剂量组）	30	30	100	26	86.67*	28	93.33
3组（低剂量组）	30	30	100	24	80.00*	26	86.67
4组（药物对照组）	30	30	100	25	83.33*	26	86.67
5组（感染对照组）	30	30	100	19#	63.33#	/	/
6组（空白对照组）	30	0	0	/	/	/	/

注：与感染对照组比较，*$P<0.05$为差异显著。“#”表示自愈。

给药后第7 d对每组试验鸡分别称重。各试验组的相对增重率和免疫器官指数详见附表2-2。蒲地蓝消炎颗粒中剂量组的相对增重率最高。蒲地蓝消炎颗粒低剂量组脾脏指数、法氏囊指数与空白对照组有极显著差异（$P<0.01$）；药物对照组法氏囊指数与空白对照组有极显著差异（$P<0.01$）。

附表2-2　各试验组鸡的相对增重率和各免疫器官指数

组别	相对增重率（%）	法氏囊指数（mg/g）	胸腺指数（mg/g）	脾脏指数（mg/g）
1组（高剂量组）	90.87	5.30 ± 0.85	5.03 ± 1.47	1.50 ± 0.55
2组（中剂量组）	96.52	4.61 ± 1.44	5.70 ± 1.80	1.57 ± 0.45
3组（低剂量组）	91.55	3.38 ± 1.38*	6.05 ± 1.84	2.17 ± 0.59*
4组（药物对照组）	87.34	5.70 ± 0.80	6.61 ± 2.29	1.73 ± 0.34
5组（感染对照组）	90.77	5.10 ± 0.66	5.57 ± 1.32	1.57 ± 0.35
6组（空白对照组）	100	4.80 ± 1.13	5.62 ± 1.58	1.47 ± 0.43

注：与空白对照组比较，*$P<0.01$差异极显著。

蒲地蓝消炎颗粒对人工感染鸡传染性支气管炎病具有较好的疗效，高、中、低剂量组的治愈率分别为90%、86.67%、80%。蒲地蓝消炎颗粒高、中、低剂量组的相对增重率分别为90.87%、96.52%、91.55%，以中剂量组的相对增重率最高。

（3）扩大临床试验：产品清热解毒、抗炎消肿，主要用于家禽风热感冒所致的发热、精神沉郁、咳嗽、眼红流泪、喉头及气管发红、肺出血/瘀血等。

立华集团江苏某肉鸡养殖场，品种黄羽肉鸡，25日龄，9 000只，因大风降温天气舍内高温低湿，大群开始出现精神不振，触摸病鸡冠髯及全身发热，饮水量增加，干咳、甩鼻、吭哧、眼红，羽毛松乱无光泽，翅下垂，鼻腔流澄清浆性液体，鸡冠两侧的羽毛逆立，采食量降低10%左右，粪干且呈黄绿色，晚上呼吸道症状较重，个别鸡伸脖呼吸、怪叫，第3 d开始出现零星死亡。挑出6只有代表性的活鸡剖检，气管发红，喉头出血，鼻窦肿胀，支气管有少许黄色黏液，肺红肿出血，肠道淋巴滤泡发红，腹气囊有少量黄色泡沫样分泌物，当地驻场兽医判断为病毒性呼吸道病并继发支原体感染（热毒袭肺），采用蒲地蓝消炎颗粒每袋200 g兑水150 kg配合泰乐菌素（每1 L水0.5 g）治疗，集中饮水，连用4 d；治疗4 d后，大群呼吸道明显减轻，咳嗽、甩鼻明显减少，大群精神和采食量基本恢复正常，效果理想。

山东省章丘市某商品蛋鸡饲养场，品种为海兰褐蛋鸡，7 000只，250日龄，防疫后2 d出现呼吸道病，大群出现明显咳嗽、甩鼻、呼噜症状，个别打蔫，蛋壳颜色变浅，黄绿稀粪增多，产蛋及采食量正常，驻场兽医判断为疫苗应激引起的呼吸道症状（风热犯肺）。单用蒲地蓝消炎颗粒，每袋200 g兑水150 kg，集中饮水，治疗3 d后大群咳嗽比例显著减少，甩头、呼噜、黄绿稀便等症状基本消失，无打蔫鸡，大群精神基本恢复正常；又过3 d，蛋壳颜色基本恢复，全群发病症状基本恢复正常。

3.蒲地蓝消炎颗粒的用法用量

依据蒲地蓝消炎颗粒治疗效果，结合药物成本等因素综合考虑，蒲地蓝消炎颗粒治疗鸡传染性支气管炎的剂量：每1 L水中添加4 g，连用5 d。

三、国家三类新兽药鱼腥草芩蓝口服液

鱼腥草芩蓝口服液处方由鱼腥草、板蓝根、黄芩、金银花和连翘组成，主要用于鸡感冒的预防和治疗。国家三类新兽药证书【证号：（2018）新兽药证字05号】。

1.鱼腥草芩蓝口服液处方及方解

鱼腥草芩蓝口服液来源于《国家中成药标准汇编内科肺系（一）分册》收载的复方鱼腥草合剂，该制剂组成为鱼腥草、黄芩、板蓝根、连翘和金银花。方中鱼腥草辛能行散，微寒清热，主入肺经，功善清解肺经热毒，消痈排脓，利咽止痛，故为君药。黄芩、板蓝根性味苦寒，清热解毒，凉血利咽，用以为臣药，以加强君药清热解毒、利咽消肿之功。风热外侵，肺经蕴热，邪热攻冲咽喉，故配连翘、金银花疏散风热，清热解毒，散痈消肿，为佐药。诸药合用，共奏清热解毒，凉血消肿，散结止痛之功，使热清、邪散、肿消

而咽窍通利等诸病得以缓解。

2.鱼腥草芩蓝口服液临床效果研究

（1）对靶动物安全试验：通过给予靶动物鸡分别饮水给药临床推荐剂量的5倍、3倍和1倍量的鱼腥草芩蓝口服液，连续给药7 d，观察其对鸡临床体征、生产性能、血常规、血生化、脏器指数等指标的影响。结果表明，通过对试验鸡的临床症状、生产性能、血液学等指标的观察，5倍于临床推荐剂量的鱼腥草芩蓝口服液连续给药7 d，对鸡的生长发育、血常规、血生化以及脏器指数等指标无明显不良影响，表明鱼腥草芩蓝口服液对鸡临床用药是安全的。

（2）实验室临床试验：选择患有外感发热的自然发病鸡场，临床观察有精神不振、体温升高、流鼻涕、甩头等症状，将发病鸡从患病鸡群中拣出来，选取体重相近的病鸡随机分组，然后给予饮水添加不同剂量的鱼腥草芩蓝口服液，连续给药4 d，观察临床治疗效果，结果见附表2–3。

附表2–3　不同试验组对鸡外感发热的治疗效果

组别	病例数（只）	痊愈		有效		无效		总有效率（%）
		只	治愈率（%）	只	有效率（%）	只	无效率（%）	
低剂量组	30	14	46.67	4	13.33	12	40.00	60.00[a]
中剂量组	30	24	80.00	3	10.00	3	10.0	90.00[b]
高剂量组	30	26	86.67	2	6.67	2	6.67	93.33[b]
药物对照组	30	26	86.67	1	3.33	3	10.00	90.00[b]
阳性对照组	30	10	33.33	4	13.33	16	53.33	46.67[a]

注：小写字母不同，表示差异显著（$P<0.05$）。

结果表明，鱼腥草芩蓝口服液可以改善外感发热病鸡的临床症状，使体温恢复正常，减少患病鸡群的死亡率，并能改善生产性能指标，与对照药物双黄连口服液比较没有差异。

（3）扩大临床试验：选择患有外感发热的自然发病鸡场，临床观察表现为精神差，扎堆，羽毛松乱，翅膀下垂，触摸体表灼热，有轻度呼噜声，采食量下降，喜饮水，鸡群总体发病率为25%左右，死亡率为2.5%。给予饮水添加鱼腥草芩蓝口服液，连续给药4 d，观察临床治疗效果，结果见附表2–4。

附表2-4　鱼腥草芩蓝口服液扩大临床试验效果

组别	试验总鸡（只）	试验初病鸡（只）	治（自）愈鸡（只）	临床治（自）愈率（%）	有效鸡（只）	有效率（%）	无效鸡（只）	无效率（%）
试验组	300	76	63	82.89[E]（63/76）	8	10.53[A]（8/76）	5	6.58[A]（5/76）
药物对照组	300	77	63	81.82[E]（63/77）	9	11.69[A]（9/77）	5	6.49[A]（5/77）
阳性对照组	150	37	4	10.81[F]（4/37）	3	8.11[B]（3/37）	30	81.08[B]（30/37）

注：经χ^2检验，同列数据相比，$P<0.05$表示差异显著，不同大写字母表示差异极显著（$P<0.01$）。

结果表明，采用鱼腥草芩蓝口服液治疗后，大多数病鸡的发热、咳嗽等临床症状消失，精神状态明显好转，对外感发热病鸡的治愈率为82.89%，总有效率为93.42%，总体死亡率下降2.33%，与药物对照组效果相当，且临床中使用是安全的。

3.鱼腥草芩蓝口服液的用法用量

鱼腥草芩蓝口服液功能清热解毒，主治鸡外感发热。通过临床试验证明，采用混饮：每1 L水，鸡1 mL，连用4 d，可以明显改善外感发热的临床症状，用药后可降低体温，减少死亡率，提高生产性能。

四、国家三类新兽药柴桂口服液

柴桂口服液，国家三类新兽药证书【证号：（2021）新兽药证字26号】。

1.柴桂口服液处方及方解

柴桂口服液处方由柴胡、桂枝、黄芩、天花粉、牡蛎、干姜和炙甘草组成，主要用于鸡温差感冒。方中重用柴胡，味苦辛而性微寒，疏肝开郁，和解退热，能引邪达表而解，系透泄升散之要药；黄芩苦寒，功善降泄肺热，柴芩相伍，一散一清，清热枢机；天花粉，甘寒而微苦，可清热泻火，生津止渴；牡蛎，咸寒性涩，可软坚散结，调畅气机，天花粉伍以牡蛎润燥敛阴；桂枝、干姜通阳化阴，温通经脉；炙甘草调和诸药，固护胃气。诸药合用，临床适用于鸡的感冒，症见发热，精神不振，羽毛蓬乱，扎推，偶有稀粪等。

2.柴桂口服液临床效果研究

（1）靶动物安全性试验：本实验结果表明，分别以临床推荐剂量（每1 L水，鸡1 mL）的1、3、5、10倍，连续用药5 d后，各试验鸡均未见任何毒性症状，精神状态良好，食欲正常，观察剖检的脏器，也未发现任何病理变化；各试验鸡的脏器指数与空白对照组相比均无显著差异；各试验鸡的血常规指标和血液生化指标均在正常范围内变动，说明柴桂口服液在临床推荐剂量的1～10倍剂量范围对鸡的血液生理生化指标无不良影响。综合各项检查指标，表明柴桂口服液按临床推荐剂量的10倍量范围内连续给药5 d是安全的，停药观察，亦未出现迟发性不良反应。

（2）实验性临床治疗效果：采用随机分组原则，将240只13日龄试验鸡分成6组，每组40只，测定各组基础体温后，移出健康对照组单独饲养。另外5组试验鸡通过冷热交替建立鸡感冒模型后，筛选符合纳入标准的供试鸡每组30只，设第1～3组为高、中、低三个剂量组（分别给予柴桂口服液混饮，每1 L水，分别为2.0 mL、1.0 mL、0.5 mL，连用5 d），第4组为药物对照组（荆防败毒散），第5组为不处理对照组；另设第6组为健康对照组30只。依据临床疗效、组间增重情况、免疫器官指数和剖检情况等的差异性分析，对该药物的疗效做出综合评定。

柴桂口服液各剂量组和药物对照组的疗效结果，见表2-5所示。通过饮水给予不同剂量的柴桂口服液和对照药物后，试验鸡的病情明显减轻，精神及食欲好转，中剂量组恢复最明显，其次为高剂量组和低剂量组，且柴桂口服液低剂量组对稀便有一定改善，中、高剂量组用药后稀便消失，药物对照组改善不明显，不处理对照组基本无改善。实验结束后比较各治疗组的治愈率和有效率，发现高剂量组和中剂量组疗效最好，治愈率均为96.67%，其次是低剂量组、药物对照组，治愈率分别为93.33%、83.33%，总有效率分别为100%、96.67%、93.33%和93.33%；而不处理对照组的无效率为43.33%；健康对照组鸡未见异常表现。治疗组与不处理对照组比较，疗效优异。

表2-5　柴桂口服液对鸡感冒的治疗效果

组别	动物数	发病数	治愈数	治愈率（%）	有效数	有效率（%）	总有效率（%）	无效数	无效率（%）
高剂量组	30	30	29	96.67	1	3.33	100	0	0.00
中剂量组	30	30	29	96.67	0	0.00	96.67	1	3.33
低剂量组	30	30	28	93.33	0	0.00	93.33	2	6.67
药物对照组	30	30	25	83.33	3	10.00	93.33	2	6.67
不处理对照组	30	30	/	/	/	/	56.67▲	13	43.33
健康对照组	30	/	/	/	/	/	/	/	/

注：不处理对照组▲为自愈。

根据临床疗效、组间增重情况、免疫器官指数和剖检情况等试验结果分析，结合药物成本等因素综合考虑，推荐柴桂口服液治疗鸡感冒的临床应用剂量：混饮，每1 L水，鸡1.0 mL，连用5 d。

（3）扩大临床治疗效果：筛选符合纳入标准的自然发病鸡700只，分成A、B、C 3组，A、B组每组300只，C组100只，A组给予柴桂口服液混饮，每1 L水1.0 mL，连用5 d；B组为药物对照组，给予荆防败毒散，混饲，每1 kg饲料，鸡3.0 g，连用5 d；C组为发病不处理对照组。依据临床症候积分变化、增重情况等的差异性分析，对该药物的疗效进行评价。试验结果（表2-6）显示柴桂口服液对鸡感冒，症见发热，精神不振，羽毛蓬乱，扎推，偶有稀粪等具有较好的治疗效果，总有效率为100%，柴桂口服液的临床推荐用药方案为：混饮，每1 L水，鸡，1.0 mL，连用5 d。临床效果表现优异，性价比高。

表2-6　柴桂口服液对鸡感冒的治疗效果

序号	组 别	动物数（只）	治（自）愈数	治（自）愈率（%）	有效数	有效率（%）	总有效率（%）	无效数	无效率（%）
A	试验组	300	225	75.00	75	25.00	100.00	0	0.00
B	药物对照组	300	180	60.00	120	40.00	100.00	0	0.00
C	不处理对照组	100	/	/	/	/	36.00	64	64.00

从表2-6看出对感冒的鸡群分别通过饮水给予柴桂口服液和拌料给予荆防败毒散治疗后，试验鸡的病情均明显减轻，精神好转，体温恢复正常。结合症候积分和体重等指标的变化与C组（发病不处理对照组）比较分析，表明柴桂口服液对鸡感冒的疗效确切，稀粪改善情况优于荆防败毒散组。发病不处理对照组在试验结束时有部分鸡临床症状较发病时更加严重，对病死鸡进行剖检发现，喉头、气管有出血现象，部分鸡气囊和肺部出现干酪样渗出物，肠道有出血情况。结合鸡群在试验过程中外观症候，综合判断死淘鸡系表邪不解、风寒入里化热所致。在本次试验中试验动物存在正气偏虚，在没有药物协助的情况下难以驱邪外出，极易入里而化郁热致死。

3.柴桂口服液的用法用量

每1 L水1 mL，集中饮水，连用3~5 d。

五、国家四类新兽药磺胺氯吡嗪钠甲氧苄啶可溶性粉

磺胺氯吡嗪钠甲氧苄啶可溶性粉处方由磺胺氯吡嗪钠和甲氧苄啶组成，主要用于鸡球虫病的预防和治疗。国家四类新兽药证书【证号：（2019）新兽药证字47号】。

1.磺胺氯吡嗪钠甲氧苄啶可溶性粉处方研究

本复方制剂主药磺胺氯吡嗪钠与甲氧苄啶处方比例定为5：1，含量规格确定为含磺胺氯吡嗪钠20%+甲氧苄啶4%。

甲氧苄啶（TMP）水溶性差，为增加其溶解性，保证药物生物利用度，我们通过试验研究，利用固体分散技术，采用熔融法制备工艺，选择适宜的水溶性载体，使TMP均匀分散在载体中，制成TMP固体分散体（TMP-SD），可有效增大TMP的溶解度，满足本复方可溶性粉制剂临床应用要求。

2.磺胺氯吡嗪钠甲氧苄啶可溶性粉临床效果研究

（1）对靶动物安全试验：参照《VICH兽药靶动物安全性研究指导原则》的相关要

求，进行了磺胺氯吡嗪钠甲氧苄啶可溶性粉对靶动物鸡的安全性试验。研究了鸡多次不同剂量给予磺胺氯吡嗪钠甲氧苄啶可溶性粉可能产生的不良反应。研究结果表明：磺胺氯吡嗪钠甲氧苄啶可溶性粉从临床推荐剂量300 mg/L（以磺胺氯吡嗪钠计）至3倍推荐剂量900 mg/L（以磺胺氯吡嗪钠计），连续给药7 d，临床应用于靶动物鸡，鸡在临床表现、脏器系数、血液生理生化以及器官组织病理检查等方面均未造成影响，临床使用是安全的。

（2）实验室临床试验：本试验采用人工感染测定了磺胺氯吡嗪钠甲氧苄啶可溶性粉（20%磺胺氯吡嗪钠+4 %甲氧苄啶）对鸡球虫病的疗效，并与磺胺氯吡嗪钠可溶性粉相比较。受试药物与对照药物均经饮水给药，自由饮水，连用3 d或5 d。结果显示：磺胺氯吡嗪钠甲氧苄啶可溶性粉按300 mg/L、200 mg/L、100 mg/L浓度（以磺胺氯吡嗪钠计）连用5 d，抗球虫指数分别为198.2、199.4、200.0，197.6、201.6、198.9以及186.7、181.7、188.2，始终大于180，具有高效抗球虫作用；按300 mg/L、200 mg/L、100 mg/L浓度（以磺胺氯吡嗪钠计）连用3 d，抗球虫指数分别为197.4、197.5、198.1，194.5、194.8、195.4以及178.9、175.7、178.2，始终大于175，具有抗球虫高效或中效水平。3个剂量组的抗球虫水平均高于磺胺氯吡嗪钠可溶性粉。综合各项指标，以及与磺胺氯吡嗪钠可溶性粉的药效相比较，建议磺胺氯吡嗪钠甲氧苄啶可溶性粉的临床推荐用量为每升水中加本品1 ~ 1.5 g（相当于含磺胺氯吡嗪钠200 ~ 300 mg/L），连续饮用3 ~ 5 d。

（3）扩大临床试验：以磺胺氯吡嗪钠甲氧苄啶可溶性粉给药后鸡群球虫病发病率、病死率、病变记分和粪便卵囊减少率为评价指标，通过Ⅲ期临床治疗试验评价磺胺氯吡嗪钠甲氧苄啶可溶性粉对鸡球虫病的防治效果，并与磺胺氯吡嗪钠可溶性粉相比较。受试药物Ⅰ组和Ⅱ组按200 mg/L（以磺胺氯吡嗪钠计）浓度经饮水给药，连续5 d或3 d；药物对照组按300 mg/L（以磺胺氯吡嗪钠计）浓度经饮水给药，连续3 d。结果为，受试药物Ⅰ组、Ⅱ组和对照药物在用药第2 d或第3 d后再没出现新的病例，并停止死亡，鸡群的精神、食欲、饮水与排粪等情况良好；用药后新发病的发病率分别为3.8%、4.3%和6.3%，病死率分别为7.1%、9.3%和14.0%，较用药前2 d 8%的发病率和15%的病死率要低；给药后第8 d的平均病变记分分别为0.00、0.00和0.52；给药后第8 d、15 d，2个药物试验组的卵囊减少率均为100 %，药物对照组为73.13 %和86.94 %。结果表明，磺胺氯吡嗪钠甲氧苄啶可溶性粉能有效控制鸡球虫病的发生与死亡，显著减轻鸡球虫病引起的病变程度和减少卵囊的排出。建议临床推荐用量为每10 L水中加本品10 ~ 15 g（相当于200 ~ 300 mg/L），连续饮用3 ~ 5 d。

3.磺胺氯吡嗪钠甲氧苄啶可溶性粉的用法用量

磺胺氯吡嗪钠甲氧苄啶可溶性粉通过临床试验证明，采用混饮：以本品计，每1 L水，鸡1 ~ 1.5 g，连用3 ~ 5 d。用于治疗鸡球虫病疗效确切。